中 国 国 家 标 准 汇 编

2010 年修订-32

中国标准出版社　编

中国质检出版社
中国标准出版社
北　京

图书在版编目（CIP）数据

中国国家标准汇编：2010年修订. 32/中国标准出版社编. —北京：中国标准出版社，2011
ISBN 978-7-5066-6479-0

Ⅰ. ①中… Ⅱ. ①中… Ⅲ. ①国家标准-汇编-中国-2010 Ⅳ. ①T-652.1

中国版本图书馆CIP数据核字(2011)第187918号

中国质检出版社
中国标准出版社 出版发行
北京市朝阳区和平里西街甲2号(100013)
北京市西城区三里河北街16号(100045)

网址:www.spc.net.cn
总编室:(010)64275323 发行中心:(010)51780235
读者服务部:(010)68523946
中国标准出版社秦皇岛印刷厂印刷
各地新华书店经销

*

开本 880×1230 1/16 印张 35.25 字数 1 018 千字
2011年12月第一版 2011年12月第一次印刷

*

定价 220.00 元

如有印装差错 由本社发行中心调换

出 版 说 明

1.《中国国家标准汇编》是一部大型综合性国家标准全集。自1983年起，按国家标准顺序号以精装本、平装本两种装帧形式陆续分册汇编出版。它在一定程度上反映了我国建国以来标准化事业发展的基本情况和主要成就，是各级标准化管理机构，工矿企事业单位，农林牧副渔系统，科研、设计、教学等部门必不可少的工具书。

2.《中国国家标准汇编》收入我国每年正式发布的全部国家标准，分为"制定"卷和"修订"卷两种编辑版本。

"制定"卷收入上一年度我国发布的、新制定的国家标准，顺延前年度标准编号分成若干分册，封面和书脊上注明"20××年制定"字样及分册号，分册号一直连续。各分册中的标准是按照标准编号顺序连续排列的，如有标准顺序号缺号的，除特殊情况注明外，暂为空号。

"修订"卷收入上一年度我国发布的、被修订的国家标准，视篇幅分设若干分册，但与"制定"卷分册号无关联，仅在封面和书脊上注明"20××年修订-1，-2，-3，……"字样。"修订"卷各分册中的标准，仍按标准编号顺序排列（但不连续）；如有遗漏的，均在当年最后一分册中补齐。需提请读者注意的是，个别非顺延前年度标准编号的新制定的国家标准没有收入在"制定"卷中，而是收入在"修订"卷中。

读者配套购买《中国国家标准汇编》"制定"卷和"修订"卷则可收齐上一年度我国制定和修订的全部国家标准。

3. 由于读者需求的变化，自1996年起，《中国国家标准汇编》仅出版精装本。

4. 2010年我国制修订国家标准共2846项。本分册为"2010年修订-32"，收入新制修订的国家标准33项。

中国标准出版社

2011年8月

目　　录

目　录

ICS 35.240.20
L 67

中华人民共和国国家标准

GB/T 18790—2010
代替 GB/T 18790—2002

联机手写汉字识别系统技术要求与测试规程

Requirements and test procedure of on-line handwriting Chinese character recognition system

2011-01-14 发布 2011-05-01 实施

中华人民共和国国家质量监督检验检疫总局
中国国家标准化管理委员会 发布

前　言

本标准代替 GB/T 18790—2002《联机手写汉字识别技术要求与测试规程》。

本标准与 GB/T 18790—2002 的主要差别如下：

——扩大了识别字符集的范围；

——增加了识别系统应具备的功能；

——删除了 GB/T 18790—2002 的附录 C。

本标准的附录 A 和附录 B 是规范性附录。

本标准由全国信息技术标准化技术委员会提出并归口。

本标准主要起草单位：汉王科技股份有限公司、中国电子技术标准化研究所。

本标准主要起草人：刘迎建、陈静、钮兴昱、王欣、李鑫梅。

本标准所代替标准的历次版本发布情况为：

——GB/T 18790—2002。

联机手写汉字识别系统技术要求与测试规程

1 范围

本标准规定了联机手写汉字识别系统的技术要求和测试规程。

本标准适用于微型计算机、手持式信息处理设备等数字化设备中使用的联机手写汉字识别系统。

2 规范性引用文件

下列文件中的条款通过本标准的引用而成为本标准的条款。凡是注日期的引用文件，其随后所有的修改单(不包括勘误的内容)或修订版均不适用于本标准，然而，鼓励根据本标准达成协议的各方研究是否可使用这些文件的最新版本。凡是不注日期的引用文件，其最新版本适用于本标准。

GB 18030—2005 信息技术 中文编码字符集

3 术语和定义

下列术语和定义适用于本标准。

3.1

联机手写数据采集设备 on-line handwriting device

可将人们书写的汉字及字符轨迹实时转换成坐标点序列并形成电子数据的设备，如手写板、触摸屏、鼠标等。

3.2

联机手写汉字识别系统 on-line handwriting Chinese character recognition system

运行于微型计算机、手持式信息处理设备等具有计算能力的系统中，可将联机手写数据采集设备采集的汉字手写数据进行处理与辨识，输出相应的汉字标准字符的软件系统。

3.3

样本 sample

一个完整的、由联机手写数据采集设备采集的、符合附录B规定数据格式的数据称为一个样本。

3.4

样本文件 sample file

由多个样本按附录B规定的数据格式组成的文件。

3.5

样本库 library of sample files

多个同类型样本文件组成的文件集合。

3.6

工整样本库 library of printed-handwriting sample

由书写者使用联机手写数据采集设备、在工整书写提示下自然书写的汉字样本组成的样本库。

3.7

乱笔顺样本库 library of random-stroke-order sample

以随机方式打乱了笔划顺序的汉字样本组成的样本库。

3.8

自由手写体样本库　library of cursive-handwriting sample

由书写者使用联机手写数据采集设备、在自由书写提示下按照自身书写习惯自然书写的汉字样本组成的样本库。

3.9

平均首选识别率　average accuracy of hit-in 1

首选正确的样本数与样本库中样本总数的比值。

注：测试过程中，如识别系统对被测样本给出的首个候选字是正确结果，则该样本为首选正确的样本。

3.10

平均十选识别率　average accuracy of hit-in 10

十选正确的样本数与样本库中样本总数的比值。

注：测试过程中，如识别系统对被测样本给出的前10个候选字中包含正确结果，则该样本为十选正确的样本。

4　技术要求

4.1　识别字符集的范围

4.1.1　汉字字符

联机手写识别系统识别的汉字字符集应为GB 18030—2005中的全部汉字，或至少包括GB 18030—2005强制性部分中的全部汉字。

4.1.2　非汉字字符

联机手写汉字识别系统识别的非汉字字符应包括数字、拉丁字母、西文标点和符号、中文标点和符号，以及手写控制符，见附录A。

4.2　识别率

4.2.1　对工整样本库的识别要求

a)　对GB 18030—2005中强制性部分汉字的平均首选识别率应大于95%；

b)　对附录A中的非汉字字符的平均首选识别率应大于80%；

c)　对支持GB 18030—2005中的全部汉字字符的产品，平均首选识别率应大于85%。

4.2.2　自由手写体库识别要求

对自由手写体样本库的平均十选识别率应大于90%。

4.2.3　对乱笔顺样本库的识别要求

对乱笔顺样本库的平均十选识别率应大于80%。

4.3　功能要求

4.3.1　候选字

联机手写识别系统应具备候选字功能。

4.3.2　词组联想功能

联机手写识别系统应具备词组联想功能。

4.3.3　用户笔迹自适应

联机手写识别系统应具备用户笔迹自适应功能。即，当用户确认正确的识别结果出现在候选字中(非首选)时，识别系统可以自动学习当前对应的用户笔迹，使得当用户以后再次输入同一笔迹时，正确结果可以出现在首选结果中。

4.3.4　倾斜字识别

联机手写识别系统应具备倾斜字识别功能。即，给定屏幕内的垂直坐标为0°方向，识别系统应能正确识别±45°以内倾斜方向书写的用户笔迹。

4.3.5　混合识别

联机手写识别系统应具备识别中、英、数、符混合输入的功能。即，当用户手写输入汉字、英文字母、数字、符号时，用户不需要设定或改变当前识别范围，识别系统就可以识别所有笔迹。

4.3.6 简(体)繁(体)转换

联机手写识别系统应具备写繁出简的功能，即当用户书写笔迹为繁体字时，系统自动输出为对应的简体字识别结果；同时应提供选项设置，以实现写简出繁、写繁出繁。

5 测试规程

5.1 测试样本库

测试样本库包括工整样本库、乱笔顺样本库和自由手写体样本库。

5.2 测试样本库的建立

5.2.1 工整样本库的建立

使用联机手写数据采集设备，采集由一定数量的书写者按照笔顺规范工整书写的汉字及符号的笔迹数据。

数据套数不应少于30套，书写者的数量不应少于30人，同一书写者不能重复书写相同字符。

应选取不同年龄、不同性别、不同文化程度的书写者。

每套数据的内容，应包含GB 18030—2005中全部或强制性部分包含的所有汉字，及附录A中列出的所有字符。

5.2.2 笔顺样本库的建立

将工整样本库中的样本，以随机方式打乱笔顺后形成乱笔顺样本库。

5.2.3 自由手写体样本库的建立

使用联机手写数据采集设备，采集由一定数量的书写者按照自身书写习惯书写的汉字及符号的笔迹数据。

数据套数不应少于30套，书写者的数量不应少于30人，同一书写者不能重复书写相同字符。

应选取不同年龄、不同性别、不同文化程度的书写者。

每套数据的内容，应包含GB 18030—2005强制性部分中双字节编码2区包含的所有汉字，及附录A中列出的所有字符。

5.3 测试方法

5.3.1 识别字符集的范围

使用被测联机手写识别系统，对全部工整样本进行识别，验证系统所能识别的汉字字符及非汉字字符，应符合4.1的要求。

5.3.2 识别率

使用被测联机手写识别系统，分别对全部工整样本和乱笔顺样本进行识别，记录每个样本中每个字符的识别结果，并按下列公式计算平均首选识别率和平均十选识别率。

$$\text{平均首选识别率} = CN/NN \qquad (1)$$

式中：

NN——样本库中样本总数；

CN——经统计首选识别结果正确的样本数。

$$\text{平均十选识别率} = CN10/NN \qquad (2)$$

式中：

NN——样本库中样本总数；

CN10——经统计前10选识别结果中包含正确结果的样本数。

5.3.3 功能要求

采用被测联机手写识别系统进行实际输入，判定是否具备4.3要求的各项功能。

附 录 A
（规范性附录）
联机手写汉字识别系统的识别字符集中的非汉字字符集

联机手写汉字识别系统至少应识别如下非汉字字符：

A.1 数字

0 1 2 3 4 5 6 7 8 9

A.2 大写英文字符

A B C D E F G H I J K L M N O P Q R S T U V W X Y Z

A.3 小写英文字符

a b c d e f g h i j k l m n o p q r s t u v w x y z

A.4 西文标点、符号

!"#$%&'()*+,-./:;<=>?@[\]^_`{|}~€£¢

A.5 中文标点、符号

！？，。、：； “” ‘’ ——……～ （） 〔〕 ｛｝ 〈〉 《》 ￥

A.6 手写控制符

手写控制符与内码对应关系见表 A.1。

表 A.1 手写控制符与内码对应关系

名称/Name	内码/Code	手写控制符/Figure
退格/Backspace	0x0008	
制表/Tab	0x0009	
回车/ Return	0x000D	
空格/ Space	0x0020	
撤销/Undo(Ctrl+Z)	0x001A	^Z
拷贝/Copy(Ctrl+C)	0x001B	^C
粘贴/Paste(Ctrl+V)	0x001C	^V
剪/Cut(Ctrl+X)	0x001D	^X
Tab、Return、Space 书写时均要求宽度大于高度。 “^”要求一笔写成，不能写成两笔的“八”字。 注：图中的箭头只表示书写方向，不需要书写。		

附　录　B
（规范性附录）
关于标准测试样本文件的规定

本附录规定了标准测试样本库中的样本文件的扩展名和文件格式。

本附录对于提供和使用联机手写汉字识别系统的各方提出共同遵从的约定。

B.1　标准测试样本文件的扩展名

标准测试样本文件的扩展名统一为“.POT”。

B.2　标准测试样本文件格式

文件格式：标准测试样本文件中存放的是连续的 POT 数据块；无其他额外的格式信息。

POT 数据块定义：每个 POT 数据块中包含一个手写汉字的字型采样数据和内码等信息，详见下表。

位移	内容
0 WORD	数据块长度，以字节(BYTE)为单位，假设为 n
2 DWORD	本数据块所代表的汉字内码，例如“啊”＝ 0x0000b0a1
6 WORD	手写样本的总笔划数，假设为 N
8 WORD	第一笔的第一个点的 X 方向坐标值
10 WORD	第一笔的第一个点的 Y 方向坐标值
…	
i WORD	0xFFFF，第一笔的结束标志
i＋1 WORD	0x0000，第一笔的结束标志
…	
n－7 WORD	0xFFFF，第 N 笔的结束标志
n－5 WORD	0x0000，第 N 笔的结束标志
n－3 WORD	0xFFFF，本字的结束标志
n－1 WORD	0xFFFF，本字的结束标志

注：1 WORD＝2 BYTE(低字节在前，高字节在后)，例如：0x1234，在文件中的字节排列顺序为 34H，12H；
1 DWORD ＝ 2 WORD(低字在前，高字在后)，例如：0x12345678，在文件中的字节排列顺序为 78H，56H，34H，12H。

ICS 35.040
A 24

中华人民共和国国家标准

GB/T 18804—2010
代替 GB/T 18804—2002

运输工具类型代码

Codes for types of means of transport

(UN/CEFACT RECOMMENDATION No.28,Revision 2,2007,MOD)

2011-01-14 发布

2011-06-01 实施

中华人民共和国国家质量监督检验检疫总局
中国国家标准化管理委员会 发布

前　言

本标准按照GB/T 1.1—2009的规定编制。

本标准代替GB/T 18804—2002《运输工具类型代码》。本标准与GB/T 18804—2002相比主要变化为：

——本标准修改采用联合国欧经会贸易简化与电子业务委员会(UN/CEFACT)第28号建议《运输工具类型代码》第2次修订版，而GB/T 18804—2002修改采用UN/CEFACT第28号建议《运输工具类型代码》第1版；

——取消了术语和定义中的“简化”、“货物”和“程序”；

——对第4章进行了重新描述；

——重新编排了标准的章节。

本标准使用重新起草法修改采用UN/CEFACT第28号建议《运输工具类型代码》第2次修订版。本标准与UN/CEFACT第28号建议的主要差异如下：

——增加了规范性引用文件；

——仅保留了术语和定义中的“运输工具”和“运输方式”；

——对章条号作了调整。

请注意本文件的某些内容可能涉及专利。本文件的发布机构不承担识别这些专利的责任。

本标准由全国电子业务标准化技术委员会(SAC/TC 83)提出并归口。

本标准起草单位：中国标准化研究院、青岛港(集团)有限公司、宁波港(集团)有限公司、天津港(集团)有限公司。

本标准主要起草人：胡涵景、王凌云、张蕾、龚天法、刘玉明、陈兵、高纪刚。

本标准所代替标准的历次版本发布情况为：

——GB/T 18804—2002。

运输工具类型代码

1 范围

本标准规定了运输工具类型的代码结构和代码。

本标准适用于信息交换与处理过程中对运输工具类型代码的表示。

2 规范性引用文件

下列文件对于本文件的应用是必不可少的。凡是注日期的引用文件,仅注日期的版本适用于本文件。凡是不注日期的引用文件,其最新版本(包括所有的修改单)适用于本文件。

GB/T 6512 运输方式代码

3 术语和定义

下列术语和定义适用于本文件。

3.1

运输工具 means of transport

用于运输货物或人员的工具。

3.2

运输方式 mode of transport

用于货物或人员运输的方式。

4 代码表结构与表示

4.1 运输工具类型代码表由运输方式代码、类型代码、运输工具类型名称和说明四个部分组成。

4.2 运输方式代码按 GB/T 6512 的规定给出,见表 1:

表 1 运输方式代码表

代 码	运输方式
1	海上运输
2	铁路运输
3	公路运输
4	航空运输
6	多式联运
7	固定设施运输
8	内河运输

4.3 类型代码值由 1～3 位字母数字字符组成。在某些情况下,代码值可能结构化,其中前两位为一般

性描述,第三位为从属或子类型特定描述。

示例:

对于运输工具类型代码为“1502”,“1”表示海上运输,“50”表示“杂货船”,“2”是一个从属代码,代码值“502”表示“木材/原木运输船”。

为查找方便,特定代码值由“A”和“B”两部分表示(如“50 1”),在实际使用时,代码值应为无间隔的单一数值(如“501”)。

5 运输工具类型代码表

5.1 运输工具类型代码表见表2。

5.2 航空运输的运输工具类型代码在国际航空运输协会(IATA)发布的《航班调度标准信息手册(SSIM)》中规定。

注:由于知识产权的原因,在此不便给出代码表。有关用户如要获得进一步信息请与国际航空运输协会(IATA)联系。详细联系信息如下:

IATA
800 Place Victoria
P. O. Box 113
Montreal,Quebec H4Z 1M1
Phone:+1(514)874-0202
Fax:+1(514)874-9632
http://www.iata.org

表2 运输工具类型代码表

运输方式代码	类型代码		运输工具类型名称	说明
	A	B		
1	50		杂货船	用于运输杂货的船舶
1	50	1	粮食运输船	用于运输粮食的船舶
1	50	2	木材/原木运输船	用于运输原木和木材的船舶
1	50	3	木浆运输船	用于运输木浆的船舶
1	50	4	钢材运输船	用于运输钢材的船舶
1	50	5	杂货/集装箱两用运输船	用于运输杂货和集装箱的船舶
1	50	6	温控货物运输船	用于运输温控货物的船舶
1	51		成组货载运输船	用于运输成组货载的船舶
1	51	1	全集装箱船	专门用于运输集装箱货载的船舶
1	51	2	滚装船	装有跳板用于运载滚装货物的船舶
1	51	3	汽车运输船	用于运输汽车及其组装部件的船舶
1	51	4	活牲畜运输船	用于运输活牲畜的船舶
1	51	5	载驳船——子母船	用于运输驳船的船舶。子母船指载有驳船的母船
1	51	6	化工品运输船	用于运输散装或桶装化工品的船舶,液体散装化工品除外

表 2（续）

运输方式代码	类型代码		运输工具类型名称	说　明
	A	B		
1	51	7	放射性燃料运输船	用于运输放射性燃料的船舶
1	51	8	重大件货物运输船	用于运输重大件货物的船舶
1	51	9	集装箱/滚装货物两用运输船	集装箱和滚装货物都可运载的船舶
1	52		散装货物运输船	用于运输散装货物的船舶
1	52	1	干散货船	用于运输干散货的船舶
1	52	2	矿砂运输船	用于运输矿砂的船舶
1	52	3	水泥运输船	用于运输水泥的船舶
1	52	4	砾石运输船	用于运输砾石的船舶
1	52	5	煤炭运输船	用于运输煤炭的船舶
1	53		液体货物运输船	液体货物完全以储罐装备的货运船舶
1	53	1	原油运输船	用于运输散装液体原油的船舶
1	53	2	近海化工品运输船	用于近海运输散装液体化工品的船舶
1	53	3	远洋化工品运输船	用于远洋运输散装液体化工品的船舶
1	53	4	油类及其他衍生物运输船	用于运输油类及其他衍生物的船舶
1	54		液化气运输船	用于运输液化气的船舶
1	54	1	液化石油气运输船	用于运输液化石油气的船舶
1	54	2	液化天然气运输船	用于运输液化天然气的船舶
1	54	3	液化天然气/石油气运输船	用于运输液化天然气和液化石油气的船舶
1	55		其他特种液体货物运输船	用于运输其他特种液体货物的船舶
1	55	1	沥青/柏油运输船	用于运输沥青和柏油的船舶
1	55	2	糖浆运输船	用于运输糖浆的船舶
1	55	3	植物油运输船	用于运输植物油的船舶
1	57		客货船	用于运输货物和旅客的船舶
1	59		客船	设计载客为 12 名以上的船舶
1	59	1	旅游船	在特定航线运载游客的客船
1	59	2	渡轮	在两个或更多港口间定期往返的客运船舶
1	59	3	其他客运船舶	未列明的其他客运船舶
1	59	4	客运帆船	主要以风帆推进的客运船舶
1	60		救助船	用于提供海难救助的船舶
1	60	1	拖轮，无拖带	用于海上拖带作业的船舶，但处于单独航行状态

表 2（续）

运输方式代码	类型代码		运输工具类型名称	说　明
	A	B		
1	60	2	拖轮，有拖带	用于海上拖带作业的船舶，但处于拖带航行状态
1	60	3	救捞船	用于救捞作业的船舶
1	60	4	救生船	用于实施救援行动的船舶
1	60	5	油污处理船	用于处理油污泄漏的船舶
1	60	6	石油钻井平台	海上石油钻井平台
1	60	7	医疗船	用于提供海上医疗服务的船舶
1	70		其他海上船舶	未列明的其他海上船舶
1	71	1	引航船	用于在各艘船舶间接送引航员往返的船舶
1	71	2	巡逻/测量船	用于警戒、巡逻或测量的船舶
1	72		工程船	用于工程辅助作业的船舶
1	72	1	补给船	用于提供补给的船舶
1	72	3	近海辅助作业船	用于提供近海辅助作业的船舶
1	72	4	趸船	以平甲板覆盖的平底船
1	72	5	抛石船	用于倾卸石料的船舶
1	72	6	布缆船	用于敷设电缆的船舶
1	72	7	设标船	用于浮标或浮筒作业的船舶
1	72	8	破冰船	用于破冰的船舶
1	72	9	布管船	用于敷设管道的船舶
1	73		顶推船	用于推进其他船只的船舶
1	74		挖泥船	用于挖掘或吸取泥沙的船舶
1	75		渔船	用于渔业生产的船舶
1	75	1	拖网渔船	用于拖网捕鱼的船舶
1	75	2	船载小艇	可为大船携带的小型船只
1	75	3	渔业加工船	用于渔业加工的船舶
1	76		研究和教学船	用于研究和教学的船舶
1	76	1	渔业研究船	用于渔业研究的船舶
1	76	2	气候观测船	用于观测气候的船舶
1	76	3	环境监测船	用于监测环境的船舶
1	76	4	科学考察船	用于科学研究的船舶
1	76	5	航海教学船	以风帆为动力的用于培训的船舶
1	76	6	训练船	用于训练的船舶
1	77		海军舰船	由海军管辖的船舶

表 2（续）

运输方式代码	类型代码		运输工具类型名称	说　明
	A	B		
1	78		浮动建筑	任何浮动建筑
1	78	1	浮吊	安装在驳船或趸船上的起重机
1	78	2	浮船坞	用作船坞的可下潜的浮动建筑
1	80		游艇	用于游乐的船舶
1	81		竞速艇	常用于游乐的高速快艇
1	82		机动帆船	配备有辅助发动机的帆船
1	83		风帆游艇	以风帆为动力多用于游乐的特种船舶
1	84		钓鱼运动船	用于钓鱼运动的船舶
1	85		长度超过 20 m 的游艇	用于游乐的长度超过 20 m 的游艇
1	89		其他游艇	未列明的其他游艇
1	90		快船	各种快速船舶
1	91		水翼船	装有水翼以在水面高速行驶的船舶
1	92		双体快船	有两个平行船身的快船
2	10		铁路列车	在铁路上由一台或多台机车牵引或推进，或自行驱动行驶的一节或一列火车
2	20		旅客列车	用于运载旅客的列车
2	20	1	特快列车	高速列车
2	20	2	卧铺列车	配有卧铺车厢的旅客列车
2	20	3	整列租用的旅客列车	一列租用的客车
2	30		货运列车	用于货物运输的列车
2	30	1	编组列车	开往同一目的地的货运列车
2	30	2	集装箱列车	用于运载集装箱的列车
2	30	3	单节车皮列车	只挂单节货运车皮的列车
2	30	4	2～20 节车皮列车	挂有 2～20 节货运车皮的列车
2	30	5	20 节以上车皮列车	挂有 20 节以上货运车皮的列车
3	1		卡车	用于运载货物的机动车
3	2		槽罐车	装备液体货物运输槽罐的机动车
3	3		牵引车	牵引车为拖车，后面的为挂车
3	4		小型厢式货车	装有货运封闭车厢的小型机动车
3	4	1	送货车	用于快速送货的小型机动车
3	4	2	轻型厢式货车	轻型货运机动车
3	4	3	家具运输车	用于运输家具的货车
3	5		自卸槽罐车	配备自卸槽罐的机动车

表 2（续）

运输方式代码	类型代码		运输工具类型名称	说明
	A	B		
3	6		干散货运输车	用于运载干散货的机动车
3	7		集装箱运输车	用于运载集装箱的机动车
3	8		轿车运输车	用于运载轿车的机动车
3	9		冷藏车	用于运载冷藏货物的机动车
3	10		邮件运输车	用于运载邮件的机动车
3	11		自卸卡车	具有自行倾倒货物能力的机动车
3	12		叉车	用于升降货物或重物的机动车
3	13		铲车	用于铲挖沙土或其他散装货物的机动车
3	14		车载平台，固定	装有一固定平台的机动车
3	15		跨运车	用于起吊和输送集装箱的机动车
3	20		车载起重机	配备起货机的机动车
3	20	1	车载升降台	配备升降工作平台的机动车
3	30		客运汽车	设计载客 8 人以上(包括司机在内)的机动车
3	30	1	客运挂车	用于运载乘客和/或行李的挂车
3	30	2	长途客车	用于长途客运的机动车
3	30	3	观光客车	用于观光的机动车
3	30	4	机场旅客班车	用于在机场和城市间运载旅客及其行李的机动车
3	60		工业牵引车	用于牵引一辆或更多挂车的机动车
3	62		挂接温控货运挂车的冷冻车	用于运载冷冻货物的机动车，拖带一辆运载温控货物的挂车
3	63		挂接温控货运挂车的机动车	拖带一辆运载温控货物挂车的机动车
3	64		挂接温控货运挂车的冷藏车	用于运载冷藏货物的机动车，挂带一辆运载温控货物的挂车
3	65		挂接冷藏货运拖车的冷冻车	用于运载冷冻货物的机动车，拖带一辆运载冷藏货物的挂车
3	66		挂接冷藏货运拖车的温控货物运输车	用于运载温控货物的机动车，拖带一辆运载冷藏货物的挂车
3	67		带有可伸展挂车的开底式货车	底部可打开带有可伸展挂车的货车
3	68		带槽罐挂车的罐式货车	可带一个槽罐挂车的货车
3	69		挂接槽罐拖车的散货运输车	用于散货运输的机动车，拖带一辆槽罐挂车
3	70		带槽罐挂车的整体罐车	可带一个槽罐挂车，自备一个槽罐的整体货车
3	71		挂接散货挂车的散货运输车	机动车及拖带的挂车，都用于运载散货

表 2（续）

运输方式代码	类型代码 A	类型代码 B	运输工具类型名称	说　明
3	72		带有可伸展挂车的蓬式货车	带有可伸展挂车的蓬式货车
3	73		带有可开顶可伸展挂车的蓬式货车	带有可开顶可伸展挂车的蓬式货车
3	74		带有可伸展挂车的散装货车	带有可伸展挂车的散装货车
3	75		挂接冷冻拖车的冷藏货物运输车	用于运载冷藏货物的机动车，拖带一辆冷冻货运挂车
3	76		挂接冷冻拖车的温控货物运输车	用于运载温控货物的机动车，拖带一辆冷冻货运挂车
3	77		挂接拖车的家具运输车	用于运载家具的机动车，拖带一辆挂车
3	78		带有家具挂车的蓬式货车	带有挂车的运输家具的货车
3	79		可开顶的带有家具挂车的蓬式货车	顶部可打开带有挂车的运输家具的货车
3	80		挂接敞蓬顶挂车的自卸卡车	具有自卸能力的机动车，拖带一辆敞蓬挂车
3	81		带敞蓬挂车的蓬式货车	带有一辆敞蓬挂车的蓬式货车
3	82		带敞蓬挂车的开顶式蓬式货车	带有一辆敞蓬挂车的顶部可打开蓬式货车
3	83		带敞蓬挂车的开底式货车	带有一辆敞蓬挂车的开底式蓬式货车
3	84		挂接敞蓬挂车的散货运输车	用于运载散货的机动车，拖带一辆敞蓬挂车
3	85		带有可伸展敞蓬挂车的自卸式货车	带有可伸展敞蓬挂车的有自卸能力的货车
3	86		带有可伸展敞蓬挂车的蓬式货车	带有可伸展敞蓬挂车的蓬式货车
3	87		带有可伸展敞蓬挂车的可开顶蓬式货车	带有可伸展敞蓬挂车的顶部可打开的蓬式货车
3	88		带有可伸展敞蓬挂车的可扩展蓬式货车	带有可扩展敞蓬挂车的开底蓬式货车
3	89		带有可伸展敞蓬挂车的散装货车	带有可扩展挂车载运的散装货车
3	90		带开底挂车的自卸式货车	带有底部可打开的有自卸能力的货车
3	91		带开底挂车的蓬式货车	带有底部可打开的蓬式货车
3	92		带开底挂车可开顶的蓬式货车	带有底部可打开顶部可打开的蓬式货车
3	93		带开底挂车的开底货车	底部均可打开的带挂车的货车
3	94		带开底挂车的散货车	带有底部可打开的挂车的运散货车辆
3	95		挂接挂车的卡车	用于拖带挂车的机动车，拖接一辆挂车
3	96		挂接翻斗挂车的翻斗卡车	均具有翻斗能力的机动车及其拖带的挂车
3	97		挂接冷藏货运挂车的冷藏货运卡车	均具有运载冷藏货物能力的机动车及其拖带的挂车

表2(续)

运输方式代码	类型代码		运输工具类型名称	说　明
	A	B		
3	98		挂接冷冻货运挂车的冷冻货运卡车	均具有运载冷冻货物能力的机动车及其拖带的挂车
3	99		挂接搬迁货运挂车的搬迁货运卡车	均具有运载家用物品能力的机动车及其拖带的挂车
3	100		带挂车的蓬式货车	载运家庭物品的带挂车的蓬式货车
3	101		带挂车可开顶的蓬式货车	载运家庭物品的带挂车可开顶的蓬式货车
3	102		挂接起居挂车的轿车	轿车,拖带一辆起居挂车
3	103		25 t蓬式货车	装载能力25 t的蓬式货车
3	104		25 t可开顶蓬式货车	装载能力25 t可开顶的蓬式货车
3	105		铰接式25 t平板运输车	与25 t平板车铰接的机动车
3	106		配备10 m吊机的24 t铰接式平板运输车	与25 t平板车铰接的机动车,配有10 m起重机
3	107		配备15 m吊机的24 t铰接式平板运输车	与25 t平板车铰接的机动车,配有15 m起重机
3	108		配备18 m吊机的24 t铰接式平板运输车	与25 t平板车铰接的机动车,配有18 m起重机
3	109		10 t铰接式平板运输车	与10 t平板车铰接的机动车
3	110		25 t带90 m^3 挂车的蓬式货车	装载能力25 t带90 m^3 挂车的蓬式货车
3	111		25吨带120 m^3 挂车的蓬式货车	装载能力25 t带120 m^3 挂车的蓬式货车
3	112		挂接拖车和10 m吊机的平板运输车	平板运输车,拖带一辆拖车和10 m起重机
3	113		铰接式槽罐平板车	与运载液体货物的槽罐拖车铰接的机动车
3	114		15 t平板车	具有15 t装载能力的平板运输车
3	115		配备吊机的15 t平板车	具有15 t装载能力并配备起重机的平板运输车
3	116		温控货运汽车	用于运载温控货物的机动车
3	117		冷藏车	用于运载冷藏货物的机动车
3	118		厢式冷冻货车	用于运载冷冻货物的机动车
3	119		厢式温控货车	用于运载温控货物的机动车
3	120		厢式冷藏货车	用于运载冷藏货物的机动车
3	121		散货运输车	用于运载散装货物的机动车
3	122		自卸卡车	具有自卸能力的机动车
3	123		铰接式自卸车	具有自卸能力的铰接式机动车
3	124		罐式固定连接卡车	带有罐子的固定连接机动车

表 2（续）

运输方式代码	类型代码		运输工具类型名称	说　明
	A	B		
3	125		蓬式货车	四周为非刚性的蓬式货车
3	126		可开顶的蓬式货车	顶部可打开的蓬式货车
3	127		开底式货车	底部可打开的蓬式货车
3	128		冷藏货运汽车	用于运载冷冻货物的机动车
3	129		为搬移货物配有起重机的卡车，无挂车	为搬移货物装有起重设备的卡车，无挂车
3	130		为搬移货物配有起重机的卡车，有挂车	为搬移货物装有起重设备的卡车，有挂车
3	131		为起吊货物配备起重机的卡车，无挂车	为起吊货物装有起重设备的卡车，无挂车
3	132		为起吊货物配备起重机的卡车，有挂车	为起吊货物装有起重设备的卡车，有挂车
3	133		出租车	特许从事出租的机动车辆
3	134		家具运输车	用于运输家具的机动车辆
3	135		油泵车	从固定装置向运输工具供油的机动车辆
3	136		小客车	载运少量乘客的机动车辆
3	137		装有车尾升降机的卡车	为装卸货物在车尾装有液压升降机的机动车辆
3	138		防弹车	为提高防护性能而加强车体的机动车辆
6	0		多式联运，类型不明	类型未明的多式联运
7	0		固定运输设施，类型不明	类型未明的固定运输设施
7	1		管道	一条或多条管道组成的持续输送液体或气体商品的线路
7	2		输电线路	一条或多条电缆或电线组成的持续输送电力的线路
8	0		船舶，类型不明	类型不明的船舶
8	1		机动货船	用于运载杂货的机动船舶
8	2		液体货物机动运输船	用于运载液体货物的机动船舶
8	3		集装箱船	用于运载集装箱的船舶
8	4		气体货物运输船	装有储罐的用于运载气体货物的船舶
8	5		有拖带能力的机动货船	用于运载货物并具有拖带能力的机动船舶
8	6		有拖带能力的液体货物运输船	用于运载液体货物并具有拖带能力的机动船舶
8	7		舷侧拖挂一艘或多艘船舶的机动货船	用于运载杂货的机动船舶，舷侧拖挂一艘或多艘船舶

表 2（续）

运输方式代码	类型代码		运输工具类型名称	说　明
	A	B		
8	8		舷侧拖挂液体货物运输船的机动货船	用于运载杂货的机动船舶，舷侧拖挂液体货物运输船
8	9		顶推一艘或多艘货船的机动货船	用于运载杂货的机动船，顶推一艘或多艘杂货船
8	10		至少顶推一艘液体货物运输船的机动货船	用于运载杂货的机动船，至少顶推一艘液体货物运输船
8	11		具有载货能力的拖轮	用于顶推或拖带其他船只的船舶，也有运载杂货的能力
8	12		具有运载液体货物能力的拖轮	用于顶推或拖带其他船只的船舶，也有运载液体货物的能力
8	13		与其他船只挂接的具有载货能力的拖轮	用于顶推或拖带其他船只的船舶，也有运载杂货的能力，与一艘或多艘其他船只挂接
8	14		与其他船只挂接的具有运载杂货和液体货能力的拖轮	用于顶推或拖带其他船只的船舶，也有运载杂货或液体货的能力，与一艘或多艘其他船只挂接
8	15		货运驳船	用于运输杂货的驳船
8	16		液体货物运输驳船	用于运输液体货物的驳船
8	17		集装箱运输驳船	用于运载集装箱的驳船
8	18		气体货物运输驳船	用于运载气体货物的驳船
8	21		挂接一艘货运驳船的顶推船/拖轮	用于顶推/拖带的船舶，挂接一艘货运驳船
8	22		挂接两艘货运驳船的顶推/拖驳船队	用于挂接两艘货运驳船编组的顶推/拖驳船队
8	23		挂接三艘货运驳船的顶推/拖驳船队	用于挂接三艘货运驳船编组的顶推/拖驳船队
8	24		挂接四艘货运驳船的顶推/拖驳船队	用于挂接四艘货运驳船编组的顶推/拖驳船队
8	25		挂接五艘货运驳船的顶推/拖驳船队	用于挂接五艘货运驳船编组的顶推/拖驳船队
8	26		挂接六艘货运驳船的顶推/拖驳船队	用于挂接六艘货运驳船编组的顶推/拖驳船队
8	27		挂接七艘货运驳船的顶推/拖驳船队	用于挂接七艘货运驳船编组的顶推/拖驳船队
8	28		挂接八艘货运驳船的顶推/拖驳船队	用于挂接八艘货运驳船编组的顶推/拖驳船队
8	29		挂接九艘货运驳船的顶推/拖驳船队	用于挂接九艘或更多货运驳船编组的顶推/拖驳船队
8	31		挂接一艘气体/液体货运驳船的顶推船/拖轮	用于挂接一艘液体或气体货运驳船编组的顶推/拖驳船队
8	32		挂接两艘驳船，其中至少一艘气体/液体货运驳船的顶推/拖驳船队	用于挂接两艘驳船，其中至少一艘气体/液体货运驳船编组的顶推/拖驳船队

表 2（续）

运输方式代码	类型代码 A	类型代码 B	运输工具类型名称	说　明
8	33		挂接三艘驳船，其中至少一艘气体/液体货运驳船的顶推/拖驳船队	用于挂接三艘驳船，其中至少一艘气体/液体货运驳船编组的顶推/拖驳船队
8	34		挂接四艘驳船，其中至少一艘气体/液体货运驳船的顶推/拖驳船队	用于挂接四艘驳船，其中至少一艘气体/液体货运驳船编组的顶推/拖驳船队
8	35		挂接五艘驳船，其中至少一艘气体/液体货运驳船的顶推/拖驳船队	用于挂接五艘驳船，其中至少一艘气体/液体货运驳船编组的顶推/拖驳船队
8	36		挂接六艘驳船，其中至少一艘气体/液体货运驳船的顶推/拖驳船队	用于挂接六艘驳船，其中至少一艘气体/液体货运驳船编组的顶推/拖驳船队
8	37		挂接七艘驳船，其中至少一艘气体/液体货运驳船的顶推/拖驳船队	用于挂接七艘驳船，其中至少一艘气体/液体货运驳船编组的顶推/拖驳船队
8	38		挂接八艘驳船，其中至少一艘气体/液体货运驳船的顶推/拖驳船队	用于挂接八艘驳船，其中至少一艘气体/液体货运驳船编组的顶推/拖驳船队
8	39		挂接九艘或更多驳船，其中至少一艘气体/液体货运驳船的顶推/拖驳船队	用于挂接九艘或更多驳船，其中至少一艘气体/液体货运驳船编组的顶推/拖驳船队
8	40		拖轮	用于推进另一船只的专用拖轮
8	41		编入拖驳船队的拖轮	编入拖驳船队用于推进其他船只的船舶
8	42		协助其他船只编组的拖轮	用于推进其他船只的船舶，以协助船只或拖驳船队的编组作业
8	43		顶推船	用于顶推的船舶
8	44		客船、渡船、红十字会船、旅游船	用于载客的船舶
8	45		勤务船、警务巡逻艇、港务作业船	用于特别勤务的专用船舶
8	46		工程维修船、浮吊、布缆船、设标船、挖泥船	用于特种作业的船舶
8	47		未列明的拖带物	未列明的拖带物
8	48		渔船	用于捕鱼的船舶
8	49		供油船	用于运载并供给燃油的船舶
8	50		液体化工品货运驳船	用于运载液体散装化工品的船舶
8	51		未列明的漂浮物体	未列明的漂浮物体

参 考 文 献

[1] 航班调度标准信息手册(SSIM)

ICS 65.120
B 46

GB

中华人民共和国国家标准

GB/T 18823—2010
代替 GB/T 18823—2002

饲料检测结果判定的允许误差

Permitted tolerants for judgement of testing results in feeds

2011-01-14 发布　　2011-07-01 实施

中华人民共和国国家质量监督检验检疫总局
中国国家标准化管理委员会　发布

前　言

本标准按照 GB/T 1.1—2009 给出的规则起草。

本标准代替 GB/T 18823—2002《饲料检测结果判定的允许误差》。

本标准与 GB/T 18823—2002 相比，主要技术差异如下：

——增加第 2 章“规范性引用文件”；

——将原标准表格中“营养指标”与“卫生指标”栏目改为“标准规定值”；

——将原标准表格中“允许误差”栏目中的“＋”、“－”、“±”符号均删去，其相关含义在新增加的“4　判定方法与规则”中加以说明；

——在第 3 章中增加中性洗涤纤维、盐酸不溶性灰分/砂分、肉碱、锡、有机磷杀虫剂、氨基甲酸酯类杀虫剂、拟除虫菊酯类杀虫剂、霉菌毒素、苯并(*a*)芘、多氯联苯、酸价、过氧化值、挥发性盐基氮等 13 个测定项目的允许误差值；

——将原标准中测定项目“钙、镁”与“总磷”两个栏目合并为一个栏目“钙、镁、总磷”；

——将原标准中测定项目“赖氨酸、蛋氨酸”更改为“除色氨酸外的其他氨基酸”；

——将原标准中某些“测定项目”在表格中的排列顺序作了调整；

——将原标准中测定项目“砷(以总砷计)”更改为“砷(以 As 计)”；

——将氨基酸、维生素 A、镉和钙、镁、总磷的允许误差值作了调整；

——增加第 4 章“判定方法与规则”。

本标准由全国饲料工业标准化技术委员会(SAC/TC 76)提出并归口。

本标准起草单位：华中农业大学。

本标准主要起草人：于炎湖、齐德生、张妮娅、易俊东、黄炳堂。

本标准所代替标准的历次版本发布情况为：

——GB/T 18823—2002。

饲料检测结果判定的允许误差

1 范围

本标准规定了在饲料检测时对检测结果判定的允许误差值。

本标准适用于对饲料检测结果的判定。

2 规范性引用文件

下列文件对于本文件的应用是必不可少的。凡是注日期的引用文件，仅注日期的版本适用于本文件。凡是不注日期的引用文件，其最新版本(包括所有修改单)适用于本文件。

GB/T 8170 数值修约规则与极限数值的表示和判定

3 要求

饲料营养成分与卫生指标检测结果判定的允许误差见表1～表5。

表 1 饲料中一般营养指标检测结果判定的允许误差

测定项目	标准规定值 %	允许误差 (绝对误差) %	测定项目	标准规定值 %	允许误差 (绝对误差) %
水 分	<5	0.2	粗脂肪	<2	0.2
	5～10	0.3		2～3	0.3
	>10～15	0.4		>3～4	0.4
	>15～20	0.5		>4～6	0.5
	>20～30	0.6		>6～9	0.6
	>30～40	0.8		>9～12	0.7
	>40	1.0		>12～15	0.8
粗蛋白质	<5	0.3		>15	1.0
	5～10	0.4	粗纤维	<3	0.4
	>10～15	0.6		3～5	0.6
	>15～20	0.8		>5～7	0.8
	>20～25	1.0		>7～9	1.0
	>25～30	1.1		>9～12	1.2
	>30～40	1.2		>12～15	1.4
	>40～50	1.3		>15	1.6
	>50～60	1.4	粗灰分	<5	0.1
	>60～70	1.5		5～7	0.2
	>70	1.6		>7～9	0.3

表 1（续）

测定项目	标准规定值 %	允许误差 （绝对误差） %	测定项目	标准规定值 %	允许误差 （绝对误差） %
粗灰分	＞9～11	0.4	中性洗涤纤维	10～20	1.5
	＞11～13	0.5		＞20～30	2.0
	＞13～16	0.6		＞30	2.5
	＞16～20	0.7	盐酸不溶性灰分/砂分	＜0.5	0.1
	＞20	0.8		0.5～2	0.2
钙、镁、总磷	＜0.1	0.01		＞2～5	0.4
	0.1～0.3	0.05		＞5～10	0.6
	＞0.3～0.5	0.1		＞10～15	1.0
	＞0.5～1	0.15		＞15	1.5
	＞1～2	0.2	色氨酸	＜0.2	0.04
	＞2～3	0.3		0.2～0.5	0.06
	＞3～4	0.4		＞0.5～1	0.10
	＞4～5	0.6		＞1～2	0.15
	＞5～10	0.9		＞2～3	0.20
	＞10～15	1.2		＞3	0.30
	＞15	1.5	除色氨酸外的其他氨基酸	＜0.2	0.04
食盐	＜0.3	0.05		0.2～0.5	0.08
	0.3～1	0.1		＞0.5～1	0.12
	＞1～2	0.2		＞1～2	0.20
	＞2～3	0.3		＞2～3	0.30
	＞3～4	0.4		＞3～4	0.40
	＞4～5	0.5		＞4～5	0.50
	＞5	0.6		＞5～8	0.70
中性洗涤纤维	＜10	1.2		＞8	1.0

表 2　饲料中维生素含量检测结果判定的允许误差

测定项目	标准规定值 mg/kg 或 IU/kg	允许误差 （相对误差） %	测定项目	标准规定值 mg/kg 或 IU/kg	允许误差 （相对误差） %
维生素 A[a]	＜5 000	50	维生素 A[a]	＞1 000 000～10 000 000	10
	5 000～10 000	40		＞10 000 000	5
	＞10 000～100 000	30	维生素 D_2、维生素 D_3[a]	＜1 000	50
	＞100 000～500 000	20		1 000～10 000	40
	＞500 000～1 000 000	15		＞10 000～100 000	30

表 2（续）

测定项目	标准规定值 mg/kg 或 IU/kg	允许误差 （相对误差） %	测定项目	标准规定值 mg/kg 或 IU/kg	允许误差 （相对误差） %
维生素 D_2、维生素 D_3[a]	＞100 000～800 000	20	维生素 B_{12}	＞5～8	20
	＞800 000	15		＞8	15
维生素 E[a]	＜50	50	烟酸	＜50	40
	50～500	40		50～500	30
	＞500～5 000	30		＞500～5 000	20
	＞5 000～10 000	20		＞5 000～15 000	15
	＞10 000	10		＞15 000	10
维生素 K	＜5	50	泛酸	＜40	40
	5～50	40		40～400	30
	＞50～500	30		＞400～4 000	20
	＞500～1 000	20		＞4 000～8 000	15
	＞1 000	10		＞8 000	10
维生素 C	＜500	40	叶酸	＜5	40
	500～5 000	30		5～50	30
	＞5 000～10 000	20		＞50～500	20
	＞10 000～50 000	15		＞500～1 000	15
	＞50 000	10		＞1 000	10
维生素 B_1	＜5	40	生物素	＜2	50
	5～50	30		2～20	40
	＞50～500	20		＞20～200	30
	＞500～2 000	15		＞200～500	20
	＞2 000	10		＞500	15
维生素 B_2	＜10	40	氯化胆碱	＜1 000	40
	10～100	30		1 000～10 000	30
	＞100～1 000	20		＞10 000～40 000	20
	＞1 000～4 000	15		＞40 000～80 000	15
	＞4 000	10		＞80 000	10
维生素 B_6	＜10	40	肉碱	＜200	40
	10～100	30		200～500	35
	＞100～1 000	20		＞500～1 000	30
	＞1 000～2 000	15		＞1 000～5 000	25
	＞2 000	10		＞5 000～10 000	20
维生素 B_{12}	＜0.5	50		＞10 000～50 000	15
	0.5～2	40		＞50 000	10
	＞2～5	30			

[a] 标准规定值单位为 IU/kg，其他测定项目的标准规定值单位为 mg/kg。

表 3 饲料中微量元素含量检测结果判定的允许误差

测定项目	标准规定值 mg/kg	允许误差 （相对误差） %	测定项目	标准规定值 mg/kg	允许误差 （相对误差） %
铁	＜100	35	锰	＞1 500～5 000	20
	100～500	30		＞5 000～10 000	15
	＞500～2 000	25		＞10 000	10
	＞2 000～8 000	20	碘	＜2	45
	＞8 000～15 000	15		2～20	40
	＞15 000	10		＞20～50	35
铜	＜50	35		＞50～100	30
	50～400	30		＞100～200	20
	＞400～2 000	25		＞200	15
	＞2 000～8 000	20	钴	＜2	45
	＞8 000～20 000	15		2～20	40
	＞20 000	10		＞20～50	35
锌	＜100	40		＞50～100	30
	100～500	35		＞100～200	20
	＞500～2 000	30		＞200	15
	＞2 000～8 000	25	硒	＜0.5	50
	＞8 000～15 000	20		0.5～5	40
	＞15 000～25 000	15		＞5～10	35
	＞25 000	10		＞10～30	30
锰	＜100	35		＞30～50	20
	100～500	30		＞50	15
	＞500～1 500	25			

表 4 饲料卫生指标检测结果判定的允许误差（Ⅰ）

测定项目	标准规定值 mg/kg	允许误差（绝对误差） mg/kg	测定项目	标准规定值 mg/kg	允许误差（绝对误差） mg/kg
铅 （以 Pb 计）	＜5	1.0	铅 （以 Pb 计）	＞40～60	2.8
	5～8	1.2		＞60～80	3.2
	＞8～12	1.5		＞80	3.5
	＞12～15	1.8	砷 （以 As 计）	＜2	0.3
	＞15～20	2.0		2～3	0.4
	＞20～30	2.2		＞3～5	0.6
	＞30～40	2.4		＞5～8	0.8

表 4（续）

测定项目	标准规定值 mg/kg	允许误差(绝对误差) mg/kg
砷(以 As 计)	>8～11	1.0
	>11～15	1.2
	>15～20	1.4
	>20～30	1.7
	>30～40	2.0
	>40	2.2
镉(以 Cd 计)	<0.3	0.1
	0.3～0.5	0.2
	>0.5～1	0.3
	>1～2	0.4
	>2～3	0.5
	>3～8	0.6
	>8～15	0.8
	>15	1.0
汞(以 Hg 计)	<0.1	0.04
	0.1～0.2	0.05
	>0.2～0.4	0.08
	>0.4～0.6	0.10
	>0.6	0.12
铬(以 Cr 计)	<10	2
	10～20	4
	>20～40	8
	>40～60	12
	>60～80	16
	>80～120	22
	>120～200	28
	>200	32
锡(以 Sn 计)	<20	8
	20～50	15
	>50～150	20
	>150～250	30
	>250	40
氟(以 F 计)	<50	10

测定项目	标准规定值 mg/kg	允许误差(绝对误差) mg/kg
氟(以 F 计)	50～100	20
	>100～200	30
	>200～300	35
	>300～400	40
	>400～500	50
	>500～800	80
	>800～1 200	100
	>1 200～1 700	140
	>1 700～2 400	190
	>2 400	240
氰化物(以 HCN 计)	<50	8
	50～100	10
	>100～200	20
	>200～300	30
	>300	35
亚硝酸钠(以 $NaNO_2$ 计)	<2	0.5
	2～5	1.0
	>5～10	2.0
	>10～15	3.0
	>15～30	5.0
	>30～60	7.0
	>60～90	9.0
	>90	10.0
游离棉酚	<50	8
	50～100	15
	>100～200	25
	>200～300	40
	>300～400	60
	>400～600	80
	>600～900	100
	>900～1 200	110
	>1 200	120

表 4（续）

测定项目	标准规定值 mg/kg	允许误差（绝对误差） mg/kg	测定项目	标准规定值 mg/kg	允许误差（绝对误差） mg/kg
异硫氰酸酯（以丙烯基异硫氰酸酯计）	＜100	20	六六六	＜0.05	0.02
	100～300	40		0.05～0.1	0.03
	＞300～500	80		＞0.1～0.3	0.05
	＞500～1 000	120		＞0.3～0.5	0.08
	＞1 000～2 000	160		＞0.5～1.0	0.15
	＞2 000～3 000	240		＞1.0～1.5	0.23
	＞3 000～4 000	320		＞1.5～2.0	0.30
	＞4 000	400		＞2.0	0.35
噁唑烷硫酮	＜500	80	滴滴涕	＜0.05	0.01
	500～1 000	120		0.05～0.1	0.02
	＞1 000～2 000	180		＞0.1～0.2	0.04
	＞2 000～3 000	260		＞0.2～0.5	0.08
	＞3 000～4 000	340		＞0.5～0.8	0.12
	＞4 000～5 000	420		＞0.8～1.2	0.16
	＞5 000～6 000	500		＞1.20	0.20
	＞6 000	580			

表 5　饲料卫生指标检测结果判定的允许误差（Ⅱ）

测定项目	标准规定值 mg/kg	允许误差 （相对误差） %	测定项目	标准规定值 mg/kg	允许误差 （相对误差） %
有机磷杀虫剂	＜0.2	35	氨基甲酸酯类杀虫剂	＞3	5
	0.2～0.5	30			
	＞0.5～1	25	拟除虫菊酯类杀虫剂	＜0.2	40
	＞1～2	20		0.2～0.5	35
	＞2～3	15		＞0.5～1	30
	＞3～5	10		＞1～3	25
	＞5	5		＞3～5	20
氨基甲酸酯类杀虫剂	＜0.1	40		＞5～10	10
	0.1～0.3	35		＞10	5
	＞0.3～0.5	30	霉菌毒素	＜0.01	35
	＞0.5～1	25		0.01～0.05	30
	＞1～2	20		＞0.05～0.1	25
	＞2～3	10		＞0.1～0.5	20

表 5（续）

测定项目	标准规定值 mg/kg	允许误差 （相对误差） %	测定项目	标准规定值 mg/kg	允许误差 （相对误差） %
霉菌毒素	＞0.5～1	15	酸价[b]	＞11～15	15
	＞1～2	10		＞15～20	10
	＞2	5		＞20	5
苯并(*a*)芘[a]	＜4	30	挥发性盐基氮[c]	＜110	35
	4～6	25		110～130	30
	＞6～8	20		＞130～150	25
	＞8～10	15		＞150～170	20
	＞10	10		＞170～190	15
多氯联苯	＜0.5	30		＞190	10
	0.5～2	25	过氧化值[d]	＜5	35
	＞2～3	20		5～8	30
	＞3～5	15		＞8～10	25
	＞5	10		＞10～12	20
酸价[b]	＜3	30		＞12～15	15
	3～7	25		＞15	10
	＞7～11	20			

[a] 标准规定值单位为 μg/kg。
[b] 标准规定值单位为 mg/g。
[c] 标准规定值单位为 mg/100 g。
[d] 标准规定值单位为 mmol/kg。

4 判定方法与规则

4.1 在判定饲料产品某测定项目的检测结果是否合格时，应按该测定项目的保证值在第 3 章相应表格的标准规定值范围中查出对应的允许误差值。

4.2 当饲料产品某测定项目的保证值正好处在本标准规定值分档的界限值时，应按该测定项目保证值数值所在的档次来查出对应的允许误差值。例如，某产品粗蛋白质保证值(%)为“≥20”时，“20”是处在“＞15～20”档次，此时允许误差值应取与“＞15～20”相对应的“0.8%”，而不取与“＞20～25”相对应的“1.0%”。

4.3 如果在饲料产品某测定项目的保证值中仅规定有下限值(最低含量)时，在产品保证值上减去相应的允许误差值后进行判定。

4.4 如果在饲料产品某测定项目的保证值中仅规定有上限值(最高含量)时，在产品保证值上加上相应的允许误差值后进行判定。

4.5 如果在饲料产品某测定项目的保证值中同时规定有下限值和上限值时，对下限值的判定按 4.3 进行，对上限值的判定按 4.4 进行。

示例：

某配合饲料产品食盐含量的保证值为 0.3%～0.8% 。

查表 1，食盐含量保证值的下限值 0.3%和上限值 0.8%均处于表格中标准规定值的“0.3～1”档次，其对应的允许误差值均为 0.1% 。

计算：

判定合格的下限值为 0.3%－0.1%＝0.2%；

判定合格的上限值为 0.8%＋0.1%＝0.9%。

4.6 本标准中所列的允许误差有绝对误差与相对误差两种表示方式。当允许误差用相对误差表示时(如表 2、表 3 和表 5)，其计算示例如下。

示例：

某仔猪代乳料产品中锌的最高限量为 200 mg/kg 。

查表 3，锌含量标准规定值在 100 mg/kg～500 mg/kg 时，相对应的允许误差(相对误差)为 35% 。

计算：

判定合格的上限值为 200＋(200×35%)＝270(mg/kg)。

4.7 数值修约按照 GB/T 8170 执行。产品项目检测结果与保证值的比较按 GB/T 8170 中的“修约值比较法”执行。

ICS 13.110
J 09

中华人民共和国国家标准

GB/T 18831—2010
代替 GB/T 18831—2002

机械安全 带防护装置的联锁装置设计和选择原则

Safety of machinery—Interlocking devices associated with guards—Principles for design and selection

(ISO 14119:1998,MOD)

2010-08-09 发布 2010-12-31 实施

中华人民共和国国家质量监督检验检疫总局
中国国家标准化管理委员会 发布

前　言

本标准修改采用国际标准 ISO 14119:1998 和第一次修正案 Amd.1:2007《机械安全　带防护装置的联锁装置　设计和选择原则 Amd.1:通过设计将失效可能性降至最低》(英文版)。

本标准根据 ISO 14119:1998 和第一次修正案 Amd.1:2007 重新起草,本标准对 ISO 14119:1998 和第一次修正案 Amd.1:2007 的主要修改如下:

——用“本标准”代替“本国际标准”;

——删除了 ISO 前言,重新编写了前言;

——将规范性引用文件的导语按 GB/T 1.1—2000 进行了修改,并将 ISO 14119:1998 和第一次修正案 Amd.1:2007 引用的国际标准改为对应的国家标准;

——按照 GB/T 18831—2002,增加了 ISO 14119:1998 的第一次修正案 Amd.1:2007 的内容;

——将 GB/T 18831—2002 中引用的标准改为最新的版本。

本标准是对 GB/T 18831—2002《机械安全　带防护装置的联锁装置　设计和选择原则》的修订。

本标准对 GB/T 18831—2002 做了如下技术修改:

——在第 2 章中增加了对 GB/T 14048.13 和 IEC 62061 的规范性引用;

——增加了其他使联锁装置失效可能性降至最低的措施;

——修改了图 5,防止卡舌致动开关失效的示例;

——修改了图 6,防止接近开关或磁力开关失效的示例;

——按照 GB/T 1.1 的要求,以字母表的顺序重新编排了附录;

——图 G.1 等增加了图题,其他图示进行了相应处理。

本标准代替 GB/T 18831—2002。

本标准的附录 A、附录 B、附录 C、附录 D、附录 E、附录 F、附录 G、附录 H、附录 I、附录 J、附录 K、附录 L 和附录 M 均为资料性附录。

本标准由全国机械安全标准化技术委员会提出并归口。

本标准起草单位:中机生产力促进中心、南京林业大学光机电仪工程研究所、苏州市华测检测技术有限公司、长春试验机研究所有限公司。

本标准主要起草人:张晓飞、李勤、居荣华、朱平、王学智、李波、宁燕、富锐、张一宁、赵宝林。

本标准所代替标准的历次版本发布情况为:

——GB/T 18831—2002。

引　言

机械领域安全标准的结构如下：

——A类标准(基础安全标准)，给出适用于所有机械的基本概念、设计原则和一般特征；

——B类标准(通用安全标准)，涉及在机械的一种安全特征或使用范围较宽的一类安全装置：

- B1类，特定的安全特征(如安全距离、表面温度、噪声)标准；
- B2类，安全装置(如双手操纵装置、联锁装置、压敏装置、防护装置)标准。

——C类标准(机器安全标准)，对一种特定的机器或一组机器规定出详细的安全要求的标准。

根据GB/T 15706.1，本部分属于B类标准。

本标准是为指导机械设计人员或产品安全标准的编写人员如何设计或选择带防护装置的联锁装置而制定的。本标准也可用于专用机器没有产品安全标准时作为控制风险的指导。

本标准的有关章节无论单独使用或与其他标准联合使用，都可作为某一装置联锁功能适用性检验规程的基础。

制造商在没在引用具体条款而声明联锁装置符合本标准是毫无意义的。

附录A至附录M仅包含符合本标准中所陈述的原则的一些示例，并且其应用已经过验证。如果其他的解决方案符合同样的原则，则也可采纳。

本次修订规定了更准确的要求，主要目的是通过改进相关条款将操作者使防护装置失效的可能性降至最低。很多领域的研究表明：操作者经常试图通过使联锁装置失效而使防护联锁安全功能失效，失效可能性主要归因于机器设计的缺点。

机械安全 带防护装置的联锁装置 设计和选择原则

1 范围

本标准规定了不受能源类型限制的带防护装置的联锁装置(GB/T 15706.1—2007 中给出下列各条的定义:3.26.1“联锁装置”,3.25.4“联锁防护装置”和 3.25.5“带防护锁的联锁装置”)的设计和选择的原则。

本标准也对电气联锁装置提出了特别的要求(见第 6 章)。

本标准适用于启动联锁装置的防护装置的各部件。

注:GB/T 16855.1 中涉及到对联锁装置停止机器并使其不运动时产生信号的处理。

2 规范性引用文件

下列文件中的条款通过本标准的引用而成为本标准的条款。凡是注日期的引用文件,其随后所有的修改单(不包括勘误的内容)或修订版均不适用于本标准,然而,鼓励根据本标准达成协议的各方研究是否可使用这些文件的最新版本。凡是不注日期的引用文件,其最新版本适用于本标准。

GB 5226.1—2008 机械电气安全 机械电气设备 第 1 部分:通用技术条件(IEC 60204-1:2005,IDT)

GB 14048.5—2008 低压开关设备和控制设备 第 5-1 部分:控制电路电器和开关元件 机电式控制电路电器(IEC 60947-5-1:2003,MOD)

GB/T 14048.13 低压开关设备和控制设备 第 5-3 部分:控制电路电器和开关元件 在故障条件下具有确定功能的接近开关(PDF)的要求(GB/T 14048.13—2006,IEC 60947-5-3:1999,IDT)

GB/T 15706.1—2007 机械安全 基本概念与设计通则 第 1 部分:基本术语和方法(ISO 12100-1:2003,IDT)

GB/T 15706.2—2007 机械安全 基本概念与设计通则 第 2 部分:技术原则(ISO 12100-2:2003,IDT)

GB/T 16855.1 机械安全 控制系统有关安全部件 第 1 部分:设计通则(GB/T 16855.1—2008,ISO 13849-1:2006,IDT)

GB/T 16856.1 机械安全 风险评价 第 1 部分:原则(GB/T 16856.1—2008,ISO 14121-1:2007,IDT)

GB/T 19670 机械安全 防止意外启动(GB/T 19670—2005,ISO 14118:2000,MOD)

GB 23821 机械安全 防止上下肢触及危险区的安全距离(GB 23821—2009,ISO 13857:2008,IDT)

IEC 62061 机械安全 与安全有关的电气、电子和可编程序电子控制系统的功能安全

3 术语和定义

下列术语和定义适用于本标准。

3.1

联锁装置 Interlocking device

联锁 Interlock

用于防止危险机器功能在特定条件下(通常是指只要防护装置未关闭)运行的机械、电气或其他类型的装置。

[见 GB/T 15706.1—2007,3.26.1]

3.2

联锁防护装置 interlocking guard

与联锁装置联用的防护装置,同机器控制系统一起实现以下功能:

——在防护装置关闭前,其"抑制"的危险的机器功能不能执行;

——在危险机器功能运行时,若打开防护装置,则发出停机指令;

——在防护装置关闭后,防护装置"抑制"的危险的机器功能可以运行,防护装置本身的关闭和锁定不会启动危险机器功能。

[见 GB/T 15706.1—2007,3.25.4]

3.3

带防护锁的联锁防护装置 interlocking guard with guard locking

与联锁装置、防护锁定装置联用的防护装置,同机器控制系统一起实现以下功能:

——在防护装置关闭和锁定前,其"抑制"的危险机器功能不能执行;

——在防护装置"抑制"的危险机器功能所产生的风险消失之前,防护装置保持关闭和锁定状态;

——在防护装置关闭和锁定后,被防护装置"抑制"的危险机器功能可以运行,防护装置本身的关闭和锁定不会启动危险机器功能。

[见 GB/T 15706.1—2007,3.25.5]

3.4

防护锁定装置 guard locking device

用于把防护装置锁定在关闭位置并连接到控制系统的装置:

——防护装置关闭并锁定机器才能运转;

——风险没有消除则防护装置保持锁定。

3.5

自动监控 automatic monitoring

如果部件或元件执行其功能的能力减弱时,或是发生了危险而使过程条件改变时,确保启动安全措施的后备安全功能。

注:有两类自动监控:

a) "连续"自动监控,失效发生时依靠安全措施立即启动;

b) "非连续"自动监控,如果失效已经发生,在下一个机器循环中安全措施立即启动。

3.6

强制模式致动 positive mode actuation

如果一个运动的机械元件是通过直接接触或通过刚性元件使另一个元件不可避免地随之运动,那么称第二个元件被第一个元件以强制模式致动。

[基于 GB/T 15706.2—2007]

3.7

接触元件的强制断开操作 positive opening operation of a contact element

触点分离的效果就像开关器件通过非弹性元件(例如,不依靠弹簧的作用)的特定运动直接作用的结果一样。

注：对于流体动力，等效的概念可称为“强制模式中断”。

3.8

停止时间　stopping time

危险消除时间　time for hazard elimination

联锁装置启动停机指令时刻与危险机器功能带来的风险得到消除时刻之间的时间间隔。

3.9

进入时间　access time

进入危险区的时间　time for access to a danger zone

联锁装置启动停机指令后进入危险机器部位所用的时间。此时间可以根据不同情况下的接近速度来计算。

4　带防护装置的联锁装置的工作原理和典型形式

4.1　联锁原理

4.1.1　控制式联锁

联锁装置发出停机指令传入控制系统以断开对机器致动机构的能源供应，或通过控制系统触发使运动零件与机器致动机构以产生机器断开(间接断开：见图1中的A级和B级)。

4.1.2　动力联锁

来自联锁装置的停机指令直接断开对机器致动机构的能源供应或把运动件与机器致动机构分离(见图1中的C级)。“直接地”的意思与控制式联锁不同(见4.1.1)，控制系统在联锁功能中不担任任何中间作用。

4.2　联锁装置的典型形式

4.2.1　不带防护锁定的联锁装置[见表1和图3a]

打开防护装置总是可能的。一旦防护装置不再关闭，联锁装置就产生停机指令。由于在机器(或危险机器元件)运行期间打开防护装置是可能的，这就是联锁装置如GB/T 15706.1—2007的3.25.4定义的功能。

附录A、附录B、附录F、附录G、附录I、附录J和附录K中给出了不带防护锁定的联锁装置的示例。

4.2.2　带防护锁定的联锁装置[见表1和图3b]

防护锁定装置(见3.4)使防护装置保持关闭。有两种类型的装置：

——在任何时间操纵者都可以启动开锁的防护装置[无条件开锁：见表1和图3b1)]；

——仅在满足一定条件时才开锁的防护装置，这样确保危险已被消除[条件开锁：见表1和图3b2)]。

防护锁定装置(见3.4)可以是联锁装置的组成部分或分立单元。

在防护锁定装置中，用于锁定/开锁防护装置的部件可以是：

——手动结合，手动脱开[参见附录M中的图M.1]；

——弹簧结合，动力脱开[见图2a)]；

——动力结合，弹簧脱开[见图2b)]；

——动力结合，动力脱开[见图2c)]。

附录C、附录D、附录E、附录H、附录L和附录M中给出了带防护锁定的联锁装置的示例。

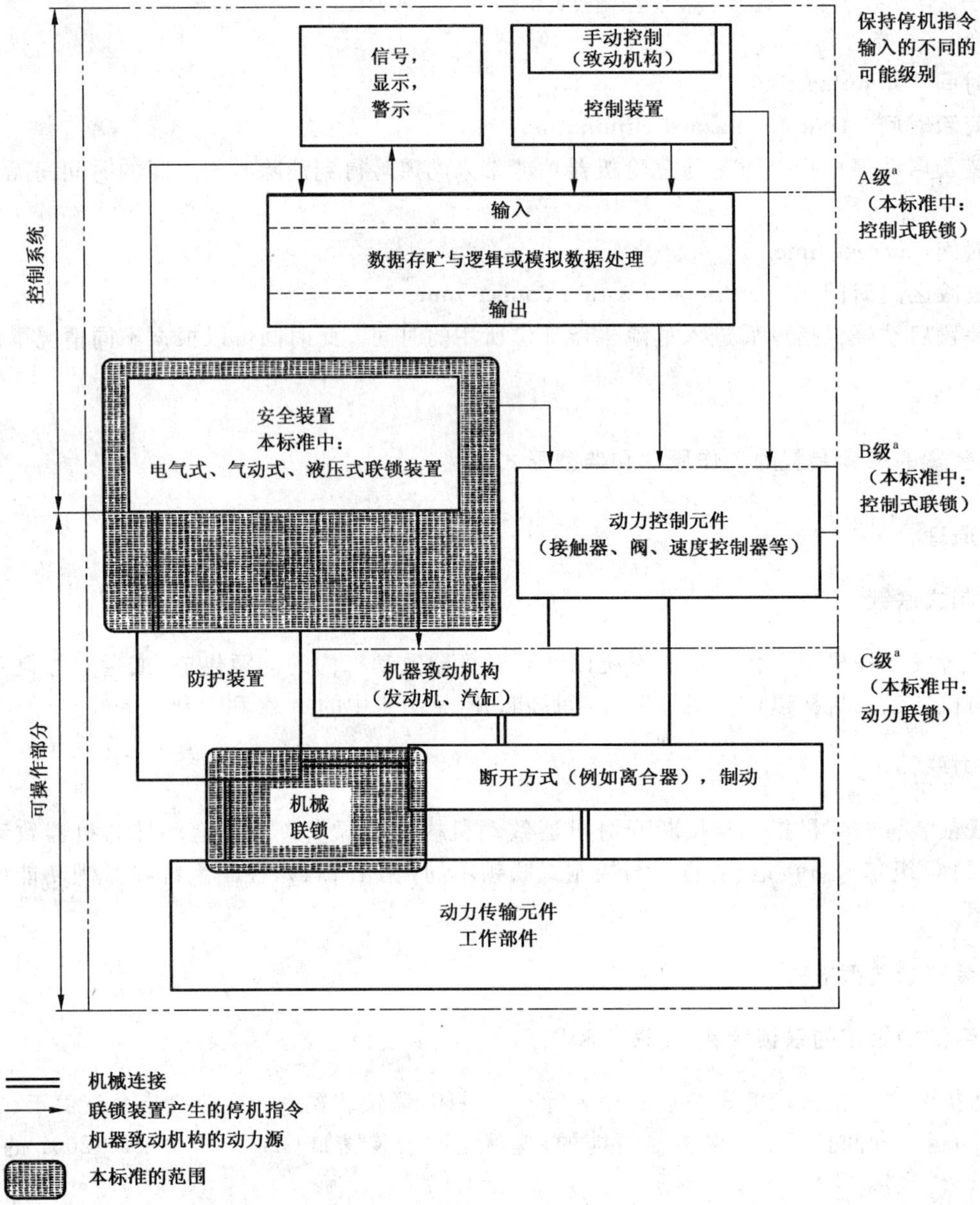

[a] 与 GB/T 19670 一致。

图 1 联锁装置在机器中的位置

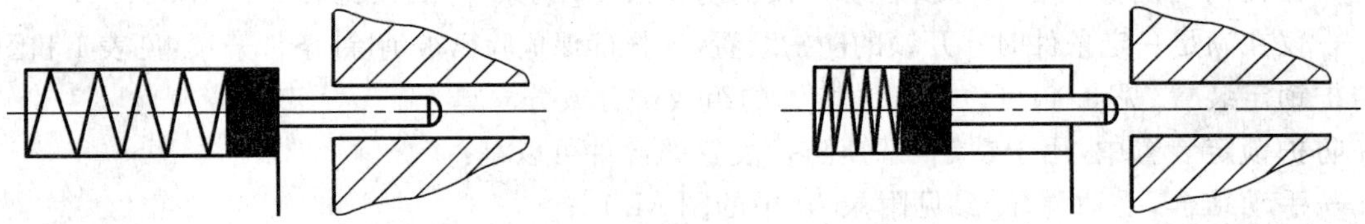

a） 弹簧结合… …动力脱开

图 2 动力致动防护锁定装置中的防护锁定装置的操纵模式

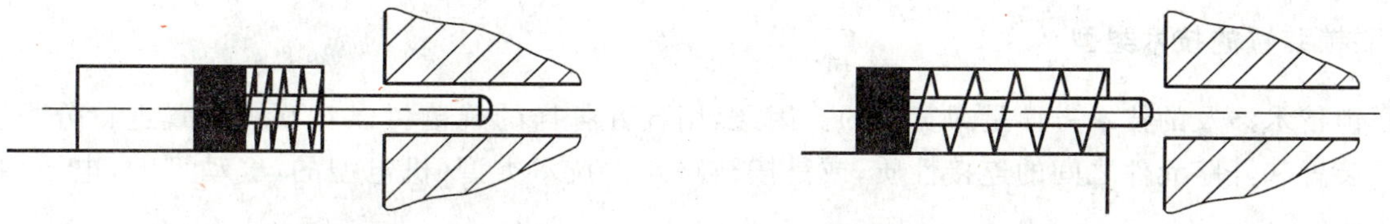

b） 动力结合… …弹簧脱开

c） 动力结合… …动力脱开

图 2 动力致动防护锁定装置中的防护锁定装置的操纵模式（续）

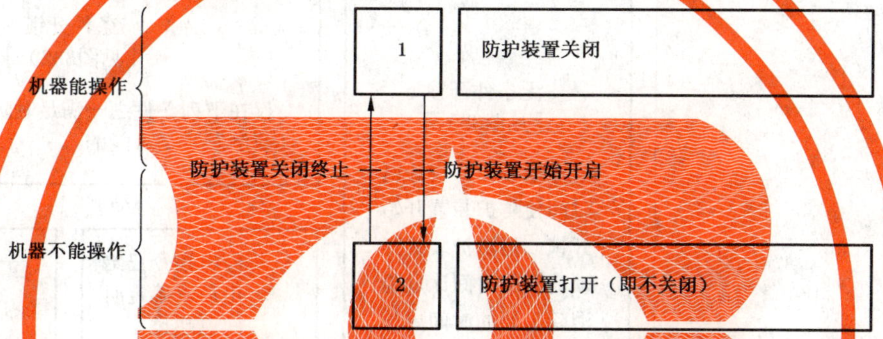

a） 不带防护锁定的联锁装置（“双态联锁”）

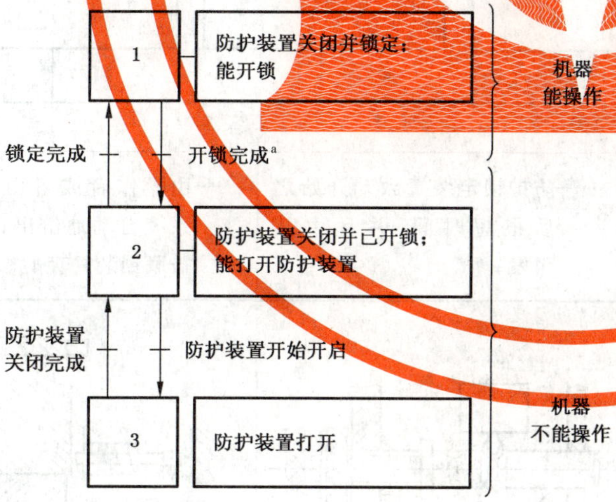

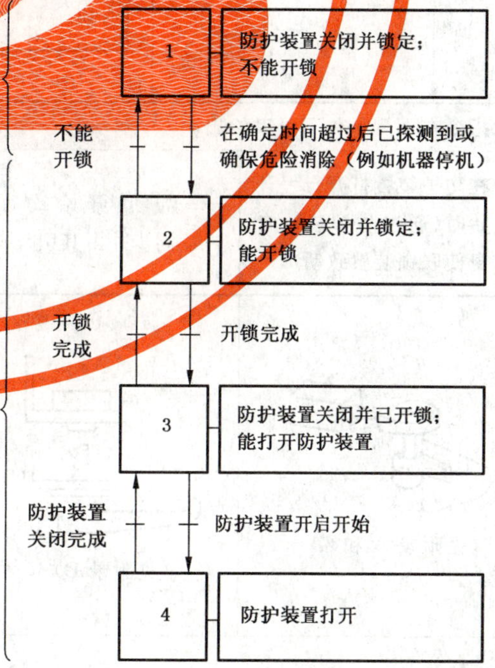

[a] “开锁完成”隐含如下意思：

——开锁装置开始动作的同时引发停机指令的启动，并成为其结果；

——防护装置开锁所需的时间比危险消除所需的时间要长。

b1）无条件开锁（“三态联锁”） b2）有条件开锁（“四态联锁”）

b）带防护锁定的联锁装置

图 3 不同类型联锁装置的功能图

4.3 联锁装置的技术类型

联锁技术涉及的技术方面是很宽广的。因此，用各种各样的规范可以对联锁装置进行分类。例如按防护装置和开路元件之间的连接性质，或是按开路元件技术类型（机电型的，气动型的，电子型的等）分类。

表 2 建立了联锁装置的主要技术类型与本标准所涉及的要素之间的联系。

表 1　带或不带防护锁定的联锁装置的不同特征

不带防护锁定的联锁装置
［见4.2.1和3a）］

带防护锁定的联锁装置
［见4.2.2和3b）］

无条件开锁
［见图3b）］
操纵者可以在任何时间使防护装置开始开锁，但防护装置开锁需要的时间比危险消除需要的时间更长

条件开锁
［见图3b2）］
仅在下列条件之一满足时防护装置的开锁（或触发）是可能的

——停机指令已给出后，确定时间已超过[b]

——探测到危险已消除（例如零速探测）

<table>
<tr><td colspan="4">停机指令在下列条件下可以给出。</td></tr>
<tr><td>——在防护装置打开行程开始时（通过防护装置自身使联锁装置致动）；</td><td>——与锁[a]开始致动同步并由其引发；</td><td>——防护锁定装置致动开始之后很短时间，并且由其引发；</td><td>——由操作者或者由控制系统自动地给出，然后被联锁装置存贮。</td></tr>
<tr><td>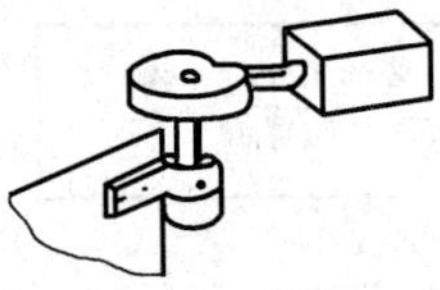
（见附录 A 和 G）</td><td>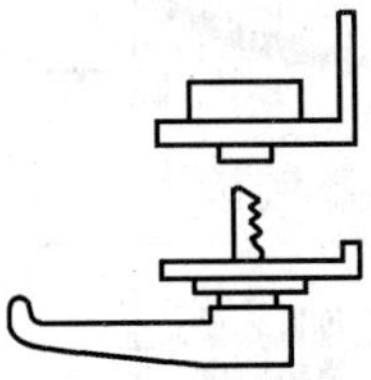
（见附录 D）</td><td>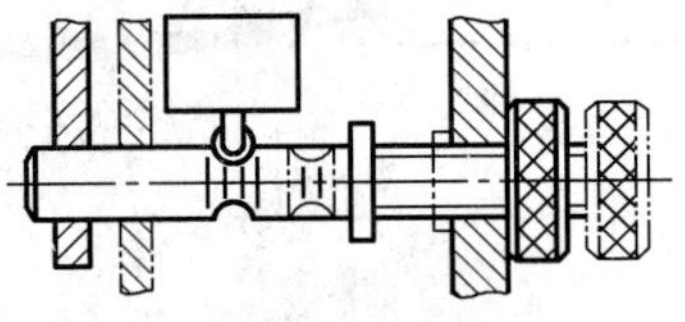
（见附录 M）</td><td>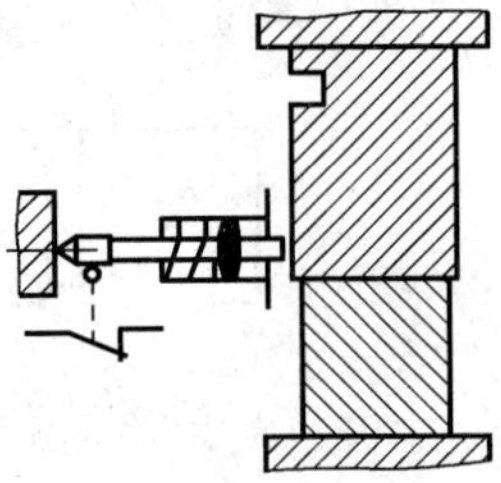
（见附录 L）</td></tr>
<tr><td colspan="4">典型示例</td></tr>
<tr><td colspan="4">[a] 严格地说，防护装置是在停机指令开始之后才开锁。“停机指令一给出，”（任何情况下防护装置被开锁之前）危险就已消除，这种功能确保与那些带防护锁定的联锁防护装置的功能是相当的。
[b] 比危险消除所需的时间长。</td></tr>
</table>

表 2　联锁装置的技术类型

技术类型	对应条号	示例所在的附录
带机械致动探测器的联锁装置： ——用凸轮致动探测器 ——用卡舌探测器	5.1～5.4、5.7.2、6.2 5.7.2.1 5.7.2.2	A、G、K、L B
带非机械致动探测器的联锁装置： ——带磁性启动开关 ——带电子接近开关	 5.7.3～6.3 5.7.3～6.3	 I J
带钥匙系统： ——内嵌式钥匙系统； ——插入式钥匙系统。		 D E
插头-插座系统	5.7.4	F
防护装置与运动件间的机械联锁		H

5　联锁装置的设计规定(与能源的类型无关)

5.1　机械致动位置探测器的致动模式

单个探测器用于产生停机指令时，应以强制模式使其致动(见表 3 和 3.6)。非强制模式致动只有与带强制模式致动探测器结合在一起时才是允许的，在这种情况下，特别要避免常因的失效(见 5.4.1)。致动机构的设计应尽可能的简单，因为这样可以减少失效的概率。

表 3　强制模式和非强制模式下位置探测器的致动

致动模式	防护装置关闭	防护装置打开	工作模式
强制模式	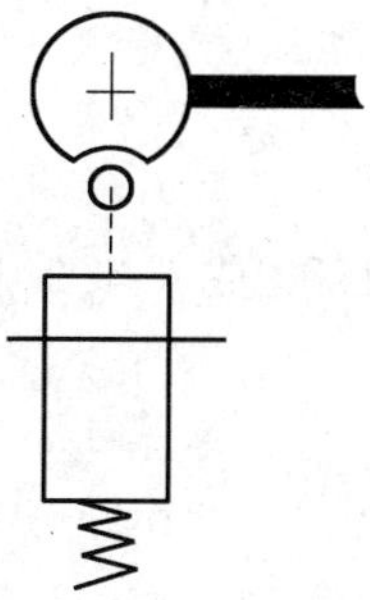	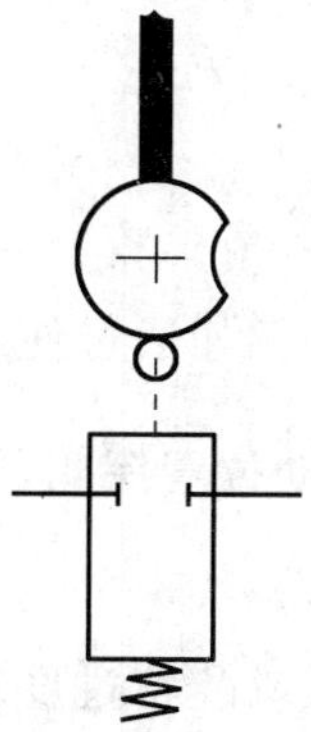	只要防护装置打开，凸轮就使探测器触杆(致动机构)保持在压下状态。 防护装置关闭时，在复位弹簧的作用下探测器改变其状态
非强制模式	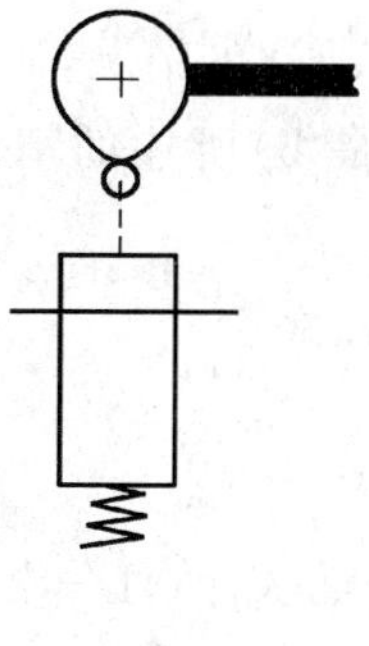	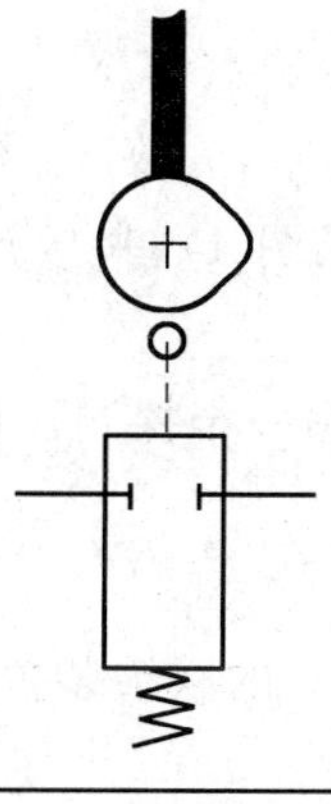	只要防护装置关闭，凸轮就使探测器触杆(致动机构)保持在压下状态。 防护装置打开时，在复位弹簧的作用下探测器改变其状态

5.2 探测器的安装和固定

5.2.1 对位置探测器的安装应充分做到防止其位置的变化。为了达到这一要求：

a) 位置探测器的紧固件应该是可靠的，并且应需工具才能松开紧固件；

b) 间隙仅限于用做初始调整；

c) 调整后应采取可靠的定位方式(例如通过钉或销的方式)。

不需要做任何重新调整就可更换探测器。

5.2.2 另外，还应满足下列要求：

a) 应预防探测器和其致动机构的自松动或损毁；

b) 位置探测器的支撑应有足够的刚性以维持其正常工作；

c) 因机械致动产生的行程应保持在位置探测器规定的操作范围内，以确保正常工作和/或防止超程；

d) 在位置探测器改变其状态之前移动防护装置，不应削弱防护装置的保护作用(对于进入危险区，见 GB 23821)；

e) 位置探测器不能用作机械止动器；

f) 位置探测器应被定位并且在必要时得到保护，以避免来自外部的可预见原因的破坏；

g) 为了正常的运转时的维护和检查，应确保能够容易地进入位置探测器安装处。

5.3 凸轮的安装和固定

用于机械致动位置探测器的旋转和直线凸轮的设计应满足下列要求：

——定位准确，并且需要用工具才能松开的紧固件来固定；

——能防止自松动；

——只能安装在正确的位置上；

——不能损伤位置探测器或削弱其耐用性。

注：这些规定不包括磨擦组件。

5.4 减小共因失效的可能性

当开关元件做成冗余时，应避免共因失效，例如通过使用在 5.4.1 和/或 5.4.2 中所述的措施。

5.4.1 强制模式和非强制模式组合的机械致动位置探测器(见 5.1)

机械致动位置探测器失效的典型原因如下：

a) 致动机构(例如活塞或滚子)过度磨损或凸轮过度磨损而与防护装置接触；凸轮与致动机构没有对准；

b) 致动机构(活塞)卡住致使不可能由弹簧致动。

探测器以强制模式致动，如 D_1 所示(见图 4)，失效产生危险是 a)所述的情况，而非 b)所述的情况。

探测器以非强制模式致动，如 D_2 所示(见图 4)，失效产生危险是 b)所述的情况，而非 a)所述的情况。

这样，在 D_1 或 D_2 失效情况下，可以通过另一个探测器保证断开回路。

5.4.2 动力介质多样性

为了使常因失效的概率最小，可将两个独立的联锁装置与防护装置联合，每一个联锁装置都可与不同的能源断开供应(见图 K.3 给出的示例)。

5.5 防护锁定装置(见3.4和4.2.2)

防护装置锁定应是由两个刚性部件相接合产生的(强制定位)。

用于锁定防护装置的部件(闩)应是“弹簧接合-动力脱开”式的[见图2a)]。

特殊情况下,如果其他系统[例如图2b)、图2c)]能提供同等级别的安全性,那么也可以使用。

对于“弹簧接合-动力脱开”系统[见图2a)],应提供工具以完成对手工开锁装置的操作。任何规定这样一个防护锁定装置的C类标准也宜规定手工开锁装置的特性。

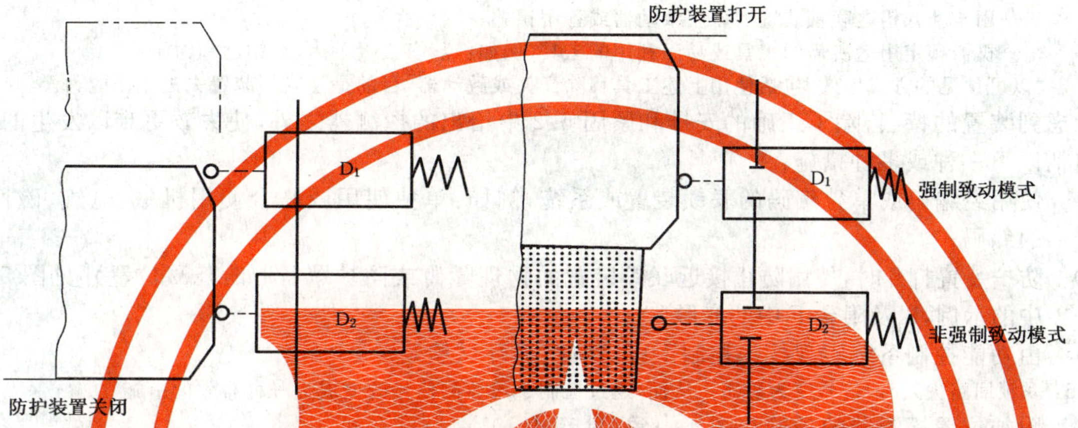

图4 通过使用联合的强制模式和非强制模式致动避免两个机械致动位置探测器的常因失效

闩的位置应受监控(例如通过在强制模式下致动的探测器),以使闩处于充分啮合位置(参见附录L)机器才能被开动。

闩应能承受防护装置在预期的正常操作期间的力。闩所能承受的、不会损坏以致影响以后使用的力宜标在防护锁定装置上或随该装置提供的使用手册中。

注:防护锁定装置可以用于诸如在机器/过程达到确定的状态之前,预防自动化装置周围的防护罩被打开,这样就可以防止信息丢失或材料损坏。

5.6 延时装置

使用延时装置(定时器)时,该装置的失效不应减少延时。

5.7 通过设计将失效可能性降至最低

5.7.1 一般要求

如果安全联锁功能已采用将失效可能性降至最低的其他措施,则不必考虑本节(5.7)使联锁装置失效可能性降至最低的要求。其他措施包括:

——用于将失效可能性降至最低的安全联锁功能的技术要求已在系统级实现,则不必依赖联锁装置本身(例如:循环试验、状态指示、时间限制)。见注1。

——用于将失效可能性降至最低的安全联锁功能的技术规范通过消除可预见的试图使开关失效的动机来实现。这包括在机器的全部寿命周期中,便于安全有效完成所有可预见的任务的特定操作模式的条款。见注1和注2。

注1:安全功能技术规范和实现这些技术规范的有关安全控制系统的设计已超出了本标准的范围。这方面的信息参见GB/T 15706(所有部分)、IEC 62061和GB/T 16855.1。

注2:这种方法在防止使安全功能失效时很有效。

如果安全联锁功能的规格可能使得联锁装置自身通过可预见的动作单独使安全功能失效,并且可依靠装置本身来防止失效,则宜提供将失效可能性降至最低的措施。这些措施的应用范围取决于发生试图使装置失效的可能性,以及安全功能失效导致的风险。本信息应由风险评价产生(见 GB/T 16856.1)。

这些措施包括下面给出的规定,但也不限于这些规定。

应对联锁装置进行设计或给出其安装和维护的说明书,从而使可预见的方式不能使其失效。

注 3:执行可选择的操作模式能避免失效的诱因。

注 4:“以可预见的方式失效”需要考虑特殊应用的特征,因此需要基于风险评价。典型情况下,这是指“手动或易利用的物体达到想要的操作”。易于利用的物体可以是:

——螺钉、针、金属片;

——日常使用的物品,例如:钥匙和硬币;

——用于插入钥匙联锁装置的备用致动器或备用钥匙;

——机器预定用途所需的工具或易于利用的工具(例如:螺丝刀、扳手、六角钥匙和钳子)。

“以可预见的方式失效”包括使用上述工具移除开关或致动器,目的是使联锁装置失去工作能力。

考虑到装置的特点,除了正确的安排和紧固 5.2 中给出的探测器之外,使失效更难以发生的条款可能还包括以下一种或多种措施:

a) 使用经编码或单独编码的联锁装置或系统,例如:单独使用或联合使用机械、电气、磁性、光学的编码;

b) 防护装置打开时,使用防止接近联锁装置的物理障碍或防护罩(例如:隐藏位置)[见图 5 和图 6 中的示例,以及附录 F 中的变形 b)];

c) 由功能控制系统实现技术控制手段(例如:循环试验);

注 5:联锁回路失效时,信号变为静态。从而,通过控制手段监测信号改变成为一种有效的措施。

d) 附加位置探测器的条款与图 4 一致(见 5.4.1);

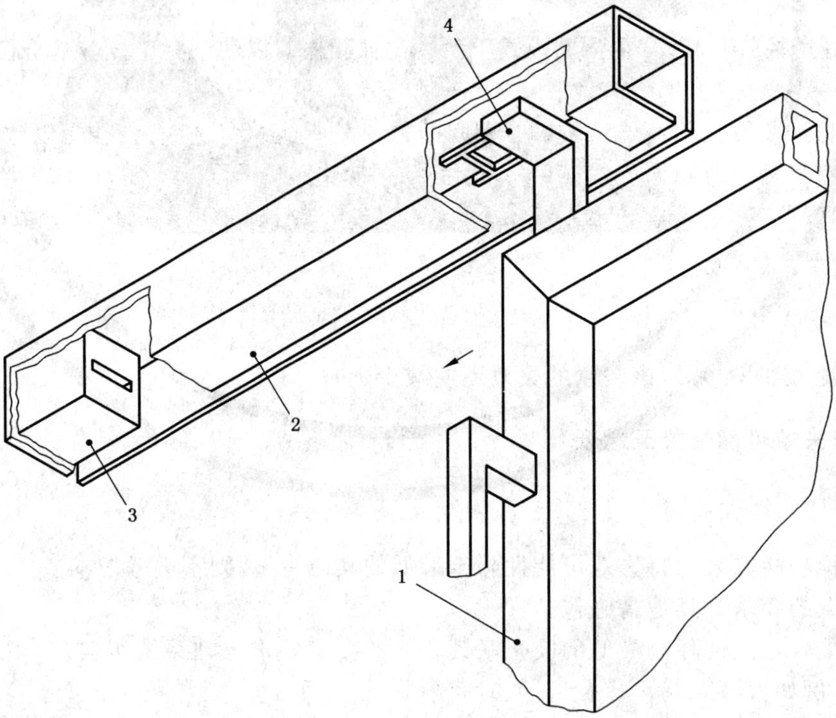

1——滑动防护装置(打开);

2——防护罩;

3——开关;

4——卡舌。

图 5 防止卡舌致动开关失效的示例

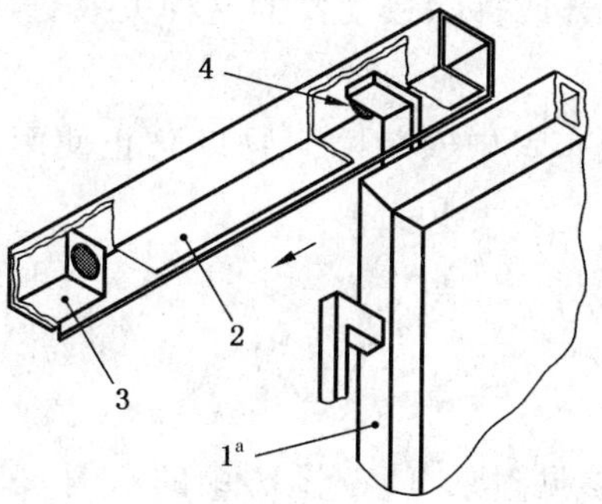

a）滑动防护装置

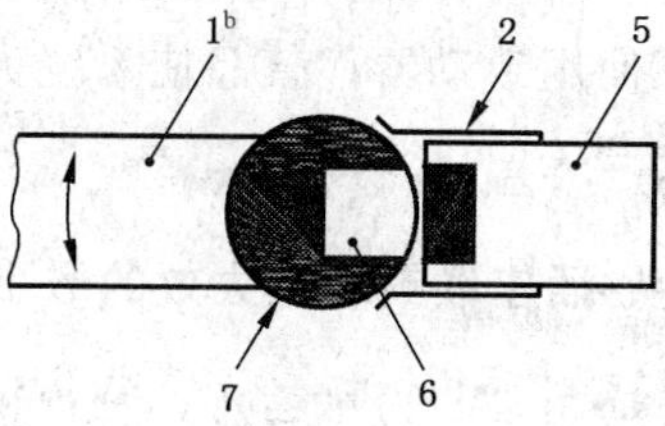

b）旋转防护装置

1——防护装置；

2——防护罩(固定部分)；

3——接近开关；

4——致动器；

5——磁力开关(探测到防护装置时触点打开)；

6——无法探测到的部分；

7——可探测到的部分。

注：防护罩[a)和 b)]或在探测器之前存在防护装置[只是 b)]，使得很难使探测器失效。

[a] 打开。

[b] 关闭。

图 6 防止接近开关或磁力开关失效的示例

e） 其他等效的措施。

当联锁系统依靠专门的致动器或钥匙(经编码的或未经编码的)时，应在关于可用的备用致动器或钥匙和主钥匙风险的说明书手册中给出建议。

5.7.2 设计机械致动位置探测器的附加要求

5.7.2.1 单独凸轮操纵的位置探测器

使用单个探测器时，应以强制模式致动(见 5.1)，因为这种致动模式连同其他特性一起防止了以简单方式使探测器失效(参见附录 A)。

此外，应通过不易释放的固定方式使简单释放和转向探测器更困难。

注：使用单个探测器时，可达到防止失效的更高的保护水平，例如：在同一机体内，给凸轮和探测器加上防护罩。

5.7.2.2 卡舌操作开关

开关的设计，尤其是卡舌/开关机构组合的设计应防止“可预见方式的失效”，可通过将由工具或物体而不是卡舌来致动的可能性降至最低来实现。

注：对于“可预见方式的失效”见 5.7.1。

除 5.7.1 中的要求之外，应通过一个不易分开的装配使分开或拆除致动器的这种失效更加困难，例如：通过焊接、铆接、防退螺丝、胶合或有孔螺钉头连接。

5.7.3 接近开关和磁力开关失效的最小化设计

接近开关和磁力开关的选择、安装和(或)防护开关的设计应使得它们不能失效，例如：以可预见的方式使用磁铁或金属片(见图 6)。

注：选择合适开关的指南见 GB/T 14048.13。该标准根据抗故障能力和故障时的性能，定义了四种类型的接近开关。

除5.7.1中的要求之外，应通过一个不易分开的装配使分开或拆除致动器的这种失效更加困难，例如：通过焊接、铆接、防退螺丝、胶合或有孔螺钉头连接。

当存在使用致动器代替品使系统失效的风险时，应在机械布置中安装障碍物以防止使用致动器代替品来致动开关（见图6）。

5.7.4 插头-插座联锁装置失效的最小化设计的附加要求

防止失效可通过以下至少一种保护措施：

a) 通过插座的定位，防止在防护装置打开时进入其中[参见附录F，变形b)中的示例]；

b) 通过使用其配线隐藏的多脚插头-插座系统，以使回路恢复连续性更为困难[参见附录F，变形a)中的示例]；

c) 通过使用针对每个特殊应用而设计的插头-插座系统或备件不易得到的插头-插座系统。

d) 其他等效的措施。

注：图F.1和图F.2中所示的配线（指定的环形回路）使其有必要使用在末端带有插头、插座的附加电缆，以便在防护装置打开时恢复回路的连续性，这种做法有助于防止失效。

5.8 环境方面的考虑

联锁装置和（或）其元件的选择应考虑到预期使用它们的环境（例如：温度），见GB/T 15706.2—2007的4.11和GB/T 16855.1。

6 电气联锁装置的附加技术要求

6.1 符合GB 5226.1的要求

电气联锁装置应符合GB 5226.1的要求，特别是：

——防止固体和液体进入时符合GB 5226.1—2008的11.3“防护等级”中的要求；

——位置开关符合GB 5226.1—2008的10.1.4“位置传感器”中的要求。

注：本标准中“位置传感器”、“位置探测器”和“位置开关”被视为同类装置。

——排放源与采样平面之间没有操作人员和附加设备（例如：排气、分离或加湿装置）。

6.2 组合在机械致动位置开关的联锁装置

6.2.1 组合在单个机械致动位置开关的联锁装置

6.2.1.1 位置开关应能在强制模式下致动（见GB/T 15706.2—2007中的4.5和本标准中的3.6和5.1）。

6.2.1.2 位置开关断开触点应是“强制断开操作”型（也可见3.7）。

参见附录A、附录B中的示例。

6.2.2 带两个机械致动位置开关的联锁装置

位置探测器应在相反的模式下工作：

——一个带有常闭触点（断开触点），由防护装置以强制模式致动（GB/T 15706.2—2007中的4.5和本标准中的3.6和5.1）；

——另一个带常开触点（闭合触点），由防护装置以非强制模式致动（见5.1）。

参见附录G中的示例。

注：这是一种惯例。合理时，经过验证不排除应用两个开关在强制模式下致动。

6.3 带非机械致动位置开关(接近开关和磁力开关)的联锁装置

当防护装置能从机器中完全移除和/或在环境条件需要密封开关(或多个密封开关)时,可以使用带非机械致动位置开关的联锁装置,如图6、附录I和附录J中所示,以解决使用机械致动开关发生的问题。

6.3.1 机械致动位置开关的等效性

使用非机械致动位置开关时,所达到的安全水平不应低于机械致动位置开关所达到的安全水平。

例如等效安全可以通过以下方法达到:

——尽量减小失效的可能性(见5.7.3);

——除了采用避免常因[普通模式]失效的多种设计和/或工艺外,还可应用GB/T 15706.2—2007的4.7中描述的技术,特别是关键件加倍(或冗余)技术和自动探测技术。

6.3.2 抗干扰性

应选择和使用用于联锁的接近开关和磁力开关,以使可预见的外部环境不削弱它们的功能。

6.3.3 相互影响

接近开关的安装应防止由于相互影响引起的故障。

6.3.4 电气运行条件

当接近开关和磁力开关用于联锁装置时,应采取必要的技术措施以防止由电压波动、瞬时过压等引起的故障。

6.3.5 磁力开关的特殊规定

磁力开关没有使用附加措施的,例如没有过电流保护和/或冗余以及自动探测,通常不适合联锁技术应用,主要是因为它们的失效会产生危险。应防止振动产生的故障(见5.7.3和附录I)。

7 联锁装置的选择

7.1 通则

本章的目的是就如何选择向机器设计者和C类标准的制定者提供符合7.2～7.6中所述一致的适用于特殊应用的联锁装置建议。

选择机器联锁装置时,应考虑联锁装置寿命周期的所有阶段。

最重要的选择准则为:

——机器(见7.2)的使用条件和预定使用条件(GB/T 15706.1—2007的3.22);

——机器中存在的危险(见GB/T 15706.1—2007中的第4章和本标准中的7.3);

——可能伤害的严重程度(见7.3);

——联锁装置失效的概率(见7.3);

——停止时间和进入时间(见7.4);

——进入的频次(见7.5和7.3);

——人员暴露于危险的持续时间(见7.3);

——性能方面的考虑(见7.6)。

7.2 使用条件和预定使用条件

应考虑所有的联锁装置的技术以确保选择的联锁装置类型适用于使用条件(例如环境、卫生)和机器的预定使用条件。

7.3 风险评价

为了给已规定使用条件的给定机器选择最适当的联锁装置,设计者应进行风险评价(按 GB/T 16856.1 中的规定),要考虑不同类型的联锁装置直至达到足够的安全水平。

被评价的风险是如果联锁装置的安全功能没有执行就会发生的那些风险。

7.4 停止时间和进入时间

应在停止时间(见 3.8 中的定义)大于人员到达危险区所需的时间(称为进入时间,见 3.9)的情况下使用带防护锁定的联锁装置。

7.5 进入频次(打开防护装置进入危险区的频次)

7.5.1 为了应用而要求频繁进入时,宜选择联锁装置以对防护装置进行操作时提供最少的障碍(考虑 7.2、7.3 和 7.4 中的要求)。

注:在下列两者之间宜明确区别:

——“频繁进入”的概念是由机器正常运转所要求的,例如每个工作循环进行一次向机器进料并取出制成品;

——“偶然进入”的概念,例如进入危险区进行调整或维修活动,或随机的校正活动。

这些概念中的每一个都与人员进入到危险区中的频次有很大关系(例如在每个循环进入一次的情况下是每小时 100 次,又如在自动化生产过程中偶然进入以调整和维修情况下的每天几次)。

7.5.2 对于使用带自动探测器的联锁装置的应用,每次装置改变其状态,即在每次进入时,可进行功能测试(见 GB 5226.1—2008 的 9.4.2.4),在这种情况下,如果仅是偶然进入,宜使用带附加措施的联锁装置,例如条件防护装置开锁[见图 3 b2)],因为两个连续功能测试之间出现末监测到的失效的可能性增加了。

7.6 性能方面的考虑

控制联锁装置是机器控制系统有关安全的部件(见 GB/T 16855.1)。因此控制联锁装置应与机器控制系统协调一致,以确保达到在相关的 C 类标准中规定的安全性能的要求。

如果使用动力联锁装置,部件应有合适的断开能力,要考虑所有的可预见状态(例如过载)。

附 录 A
（资料性附录）
带一个凸轮式位置探测器的防护操纵的联锁装置（见引言）

A.1 原理

用一个在强制模式下致动的单探测器探测防护装置的位置（见 5.1）。

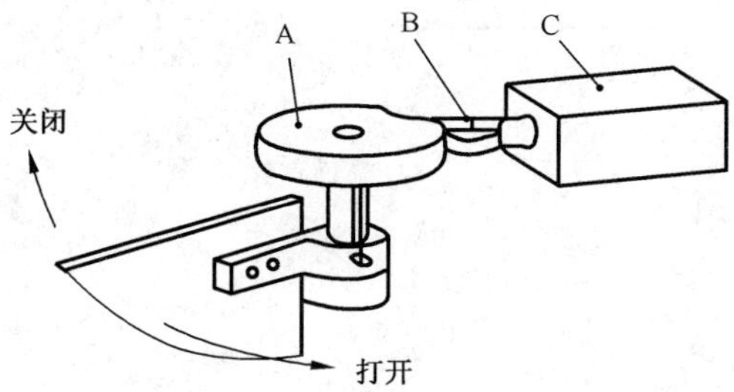

图 A.1 带滚动防护装置

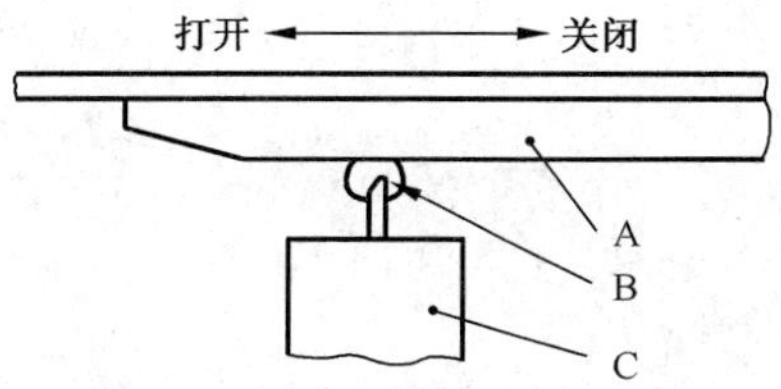

图 A.2 带滑动防护装置

A.2 优点

用一个在强制模式下致动的单探测器探测防护装置的位置（见 5.1）。

a) 位置探测器（C）的致动机构（B）上的凸轮（A）引起的强制机械动作。

b) 手动操纵致动机构而不移动凸轮或探测器就不可能失效。

A.3 缺点

在下列情况下防护失效：

——因致动机构工作不正常而引起磨损、断裂等；

——探测器与凸轮间失调。

A.4 评注

a) 在未探测到防护装置不存在时，没有工具则不能拆除防护装置是至关重要的。

b) 也可参见：

——5.2 位置探测器的安装和固定；

——5.3 凸轮的安装和固定。

示例：带一个凸轮操纵开关的电气联锁装置（见 6.2.1）

优点

1) 防护装置在开关致动机构上引起强制机械动作。

2) 开关断开触点的强制打开操作（见 3.7）。

缺点

在下列情况下对防护失效：

——防护装置与开关间的机械连接失效；

——开关的电气旁路。

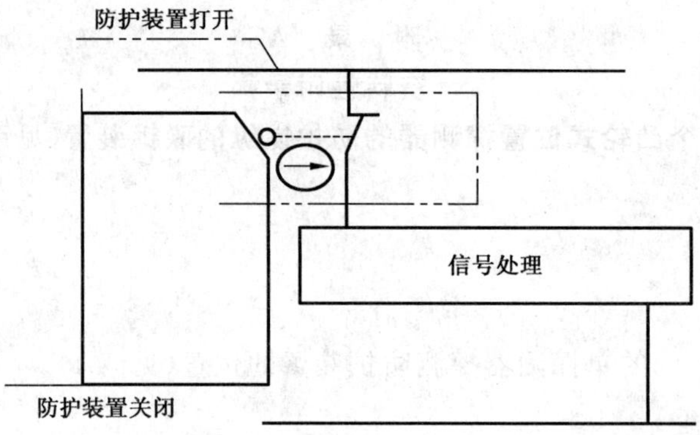

 按照 GB/T 4728.7—2008 中 S00226 的强制打开操作

图 A.3 示意图

附 录 B
（资料性附录）
带卡舌式操纵开关的防护操纵联锁装置(见引言)

B.1 原理

本装置包括：

——回路断开元件(D)；

——操作时即引起回路断开元件打开和关闭的机械装置(对于电气装置：强制打开操作，见3.7)。

特殊形状的零件(卡舌)被固定在防护装置上(例如铆接)，以使该卡舌不易被移除。

卡舌插入探测器时回路断开元件仅确保回路的连续性。

卡舌撤出时(在打开防护装置时)，它以强制模式使打开回路断开元件的机械装置工作。

用一个在强制模式下致动的单探测器探测防护装置的位置(见5.1)。

B.2 优点

a) 防护装置仅需要小的移动就可改变探测器状态。

b) 特别适合于：

——在防护装置的打开端(门)的边缘使用；

——与不用工具就能够移除的防护装置一起使用；

——与既没有铰链也没有导向件将其与机器相连的防护装置一起使用。

B.3 缺点

使用没有连接到防护装置上的卡舌可能会失效。

B.4 评注

防止失效的措施见5.7.2.2。

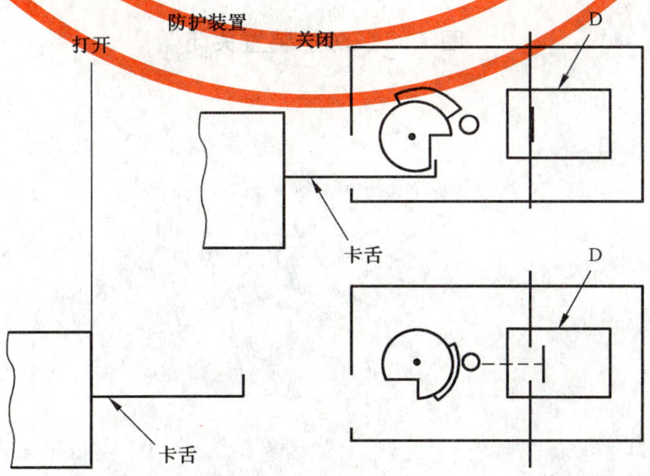

图 B.1 带卡舌式操纵开关的联锁装置

附　录　C
（资料性附录）
防护装置与开始/停止手动控制杆之间的直接（机械）联锁（见引言）

C.1　原理

当“开始/停止”手动控制杆（在这种情况下一个杆）处于抬起位置的时候，它就防止防护装置被打开。压下控制杆就使其致动装置以强制模式中断回路的连续性（这样，如果装置是动力回路的一部分，或者如果它是一个控制装置而产生停机指令就直接中断了给致动机构的动力）。杆处于低位的时候，打开防护装置是可能的。只要防护装置打开，它就防止杆被抬起。

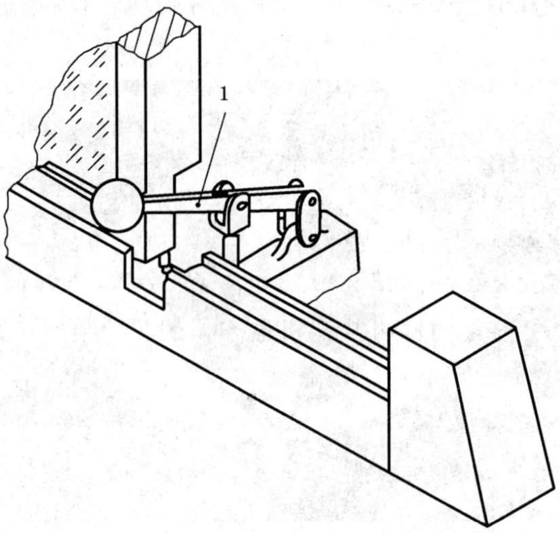

1——杆。

“开始/停止”杆防止打开防护装置。

图 C.1　防护装置关闭

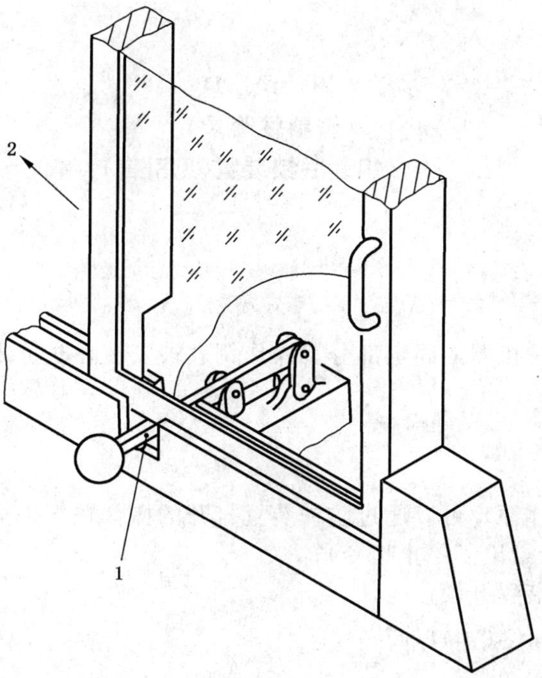

1——杆；

2——关闭。

防护装置防止“开始/停止”杆抬起，这样防止了回路连续性的回复。

图 C.2 防护装置打开

C.2 优点

简单可靠，特别是用作动力联锁装置时（见 4.1.2）。

C.3 评注

杆（或其等效物）要设计成能承受预期的力并且不能被轻易地拆除。机械阻挡防止了防护装置的超程。

附 录 D
（资料性附录）
内嵌钥匙联锁装置(见引言)

D.1 描述

开关和锁的组合用于保护机器的固定部分。操作钥匙被安装在防护装置的移动部分。

D.2 原理

内嵌钥匙联锁装置的工作原理可以通过防护装置打开的操作顺序来描述：

1) 转动手柄开关关闭(给出了停止指令)；
2) 进一步转动使防护装置开锁；
3) 打开防护装置(钥匙从锁上分离)。

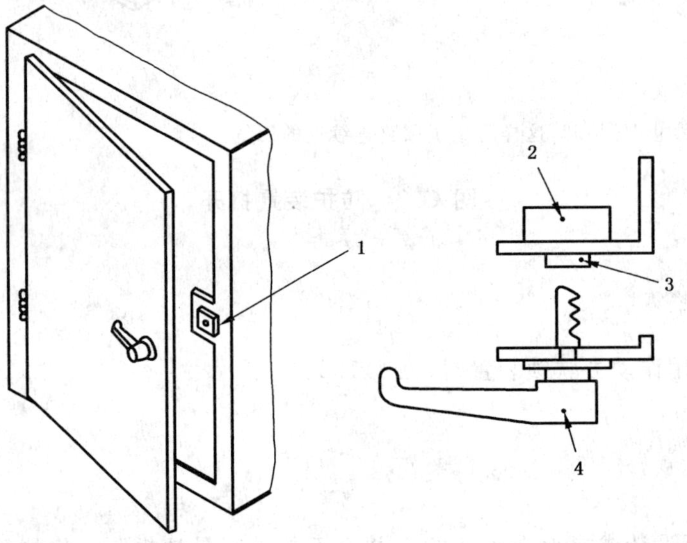

1——锁和开关；
2——开关；
3——锁；
4——带钥匙的手柄。

图 D.1 内装钥匙联锁装置

D.3 优点

a) 确保回路断开元件在防护装置打开之前打开。
b) 尤其适用于被铰接时或可以被彻底拆除时的防护装置。

D.4 评注

a) 可以与延时装置组合。这样,它就成为带防护锁定的条件开锁的联锁装置[见图 3 b2)中的描述]。
b) 在钥匙插入锁之前通过提供一个定位销或多个在套筒中啮合的销可以辅助钥匙和锁的对中。

附 录 E
（资料性附录）
插入钥匙联锁装置（见引言）

E.1 原理

插入钥匙联锁装置是依靠控制元件与固定于防护装置（防护锁）上的锁之间的钥匙进行转移的一种联锁装置。

在插入钥匙联锁装置中，防护锁和也内装了锁的开关元件是分别以相反方向被组装到单独的装置中，就像在内建钥匙联锁装置中那样。

该系统的本质特性是可移动的钥匙或装在防护锁中，或装在开关锁中。防护装置上的锁的安置是为了只有防护装置被关闭和锁定时才能取出钥匙。这样就使钥匙从防护装置转移到开关锁。关闭开关就插入钥匙，致使开关在“开”的位置时插入钥匙不至被取出。

1——控制元件；

2——防护装置。

图 E.1 基本图示

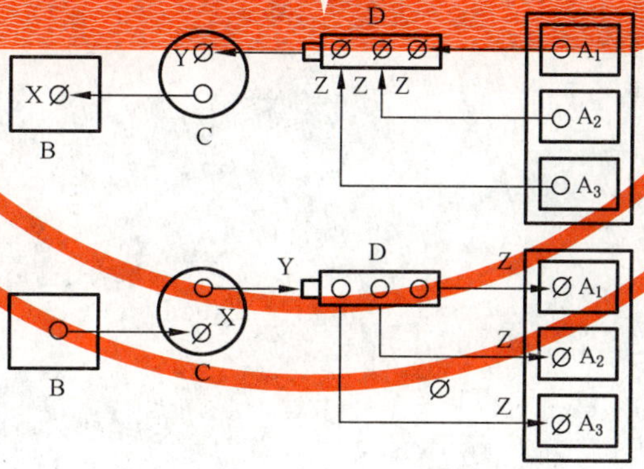

A(A_1，A_2，A_3)——防护装置上的锁；

B——回路断开元件上的锁；

X，Y，Z——钥匙；

○——未插入钥匙的锁；

Ø——插入钥匙的锁。

图 E.2 具有延时装置(C)和钥匙交换箱[1](D)的变形

1） 防护装置与两个或多个机器控制装置联锁，或是两个或多个防护装置与一个机器控制器联锁时，需要一个钥匙交换箱。

如果有不止一个动力源，因而要致动回路的断开元件也不止一个，那么就必须要一个钥匙交换箱(D)，在进入钥匙之前所有的钥匙只能被转移并锁定到交换箱中，进入钥匙具有不同形状，可被取出以转移至防护锁。在不止有一个防护装置的场合，交换箱中要存放与防护装置数量相等的进入钥匙。

出于过程和安全的目的，一些操作必须按确定的顺序进行，这样可转移的钥匙在每个阶段就被锁定并按不同的操作进行交换。交换箱可以与锁构成为一个整体。

E.2 优点

a) 不因防护装置和控制系统之间的距离而减少整体性。

b) 不需要对每个防护装置进行电器布线。

c) 适用于防护装置安置在不良的环境的场合。

d) 能够在防护装置完全被移除时使用。

e) 特别适合于提供了几种不同类型的动力源的机器和动力联锁的场合。

f) 可发放个人钥匙以使人员进入可能被关在其中的封闭区域。

E.3 缺点

a) 不适于在要求很快的进入的场合使用。

b) 失效时可使用复制的钥匙(见 5.7.1)。

E.4 评注

打开回路断开元件与防护装置开锁之间的延时仅能由钥匙转移时间(如果有必要，由延时装置来增加转移时间)来保证。

附 录 F
（资料性附录）
插头-插座式联锁装置（插头/插座组合）（见引言）

F.1 原理

拔掉插头断开回路。

插头和插座（或基座）用作联锁装置，一部分装在机器上，另一部分装在防护装置上。

F.2 优点

简单可靠。

F.3 缺点

通常不适合应用在需要非常频繁进入的场合。

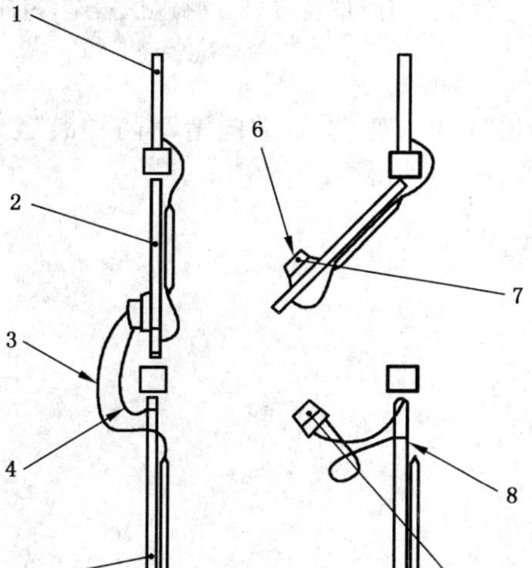

1——固定式防护装置；
2——移动式防护装置；
3——尽可能最短的电缆；
4——链；
5——固定式防护装置；
6——固定式多销连接器；
7——防工具打开基座（点焊的螺母或螺丝）；
8——环形回路；
9——可拆式多销连接器。

注：当插头从插座上拔掉时，销和插座都是可接近的。这样在防护装置打开时用导线可轻易的使回路闭合。使用多销连接器是一个防止这种方法失效的可行的措施。由于布线是复杂，所以在防护装置打开时较难恢复回路的连续性。

图 F.1 变型 a）铰接（回转）式防护装置

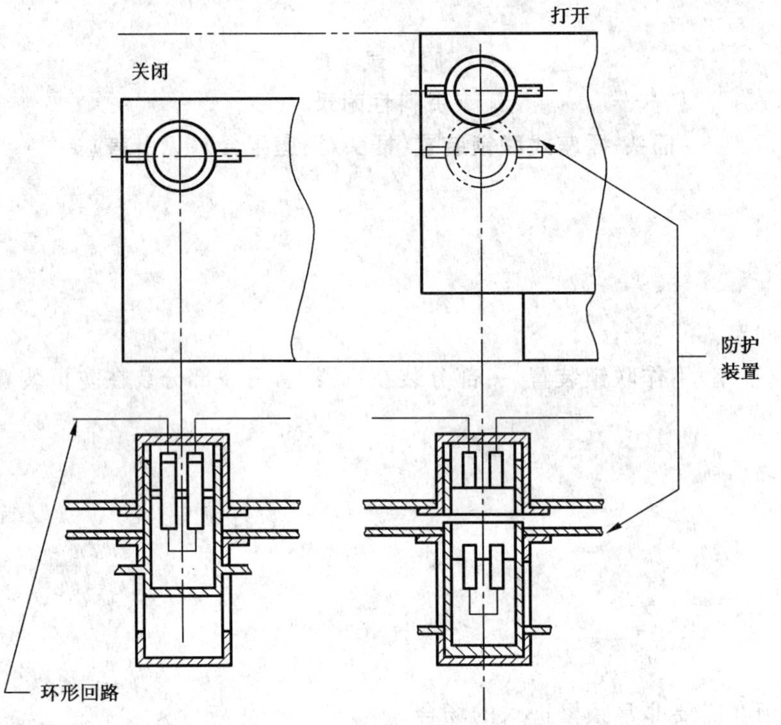

注1：插头的两个销相连，以确保在防护装置关闭和插头插入插座时回路闭合。

注2：由于插头对防护装置保持固定状态且当防护装置打开时遮住插座，因此不可能通过把桥式接头插入插座而恢复回路的完整性。

图 F.2 变型 b)横向滑动防护装置

附 录 G
（资料性附录）
带两个凸轮式位置探测器的防护操纵联锁装置（见引言）

G.1 原理

一个探测器在强制模式下致动，另一个在非强制模式下致动（见5.1）。

G.2 优点

a） 双探测器在单个失效的情况下可避免对防护失效。
b） 冗余元件的多样性减小了常因失效产生的风险。
c） 非强制致动探测器探测是否缺少防护装置。

G.3 评注

一个故障探测器在未探测时保持不探测状态，直到第二个探测器失效导致对防护失效时为止才开始工作。

图 G.1 带两个凸轮式位置探测器的防护操纵联锁装置

示例:带两个凸轮式开关的电气联锁装置(见 6.2.2)

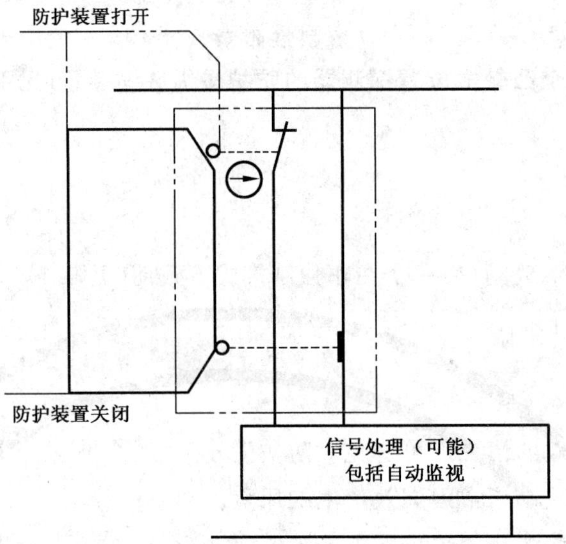

⊖ 按照 GB/T 4728.7—2008 中 S00226 的强制打开操作(参见参考文献)

图 G.2 带两个凸轮式开关的电气联锁装置(见 6.2.2)

附 录 H
（资料性附录）
在防护装置与可移动元件之间的机械联锁（见引言）

H.1 原理

防护装置和危险的可移动元件之间的直接机械联锁。

所确保的功能是带防护锁定的联锁防护装置的功能。

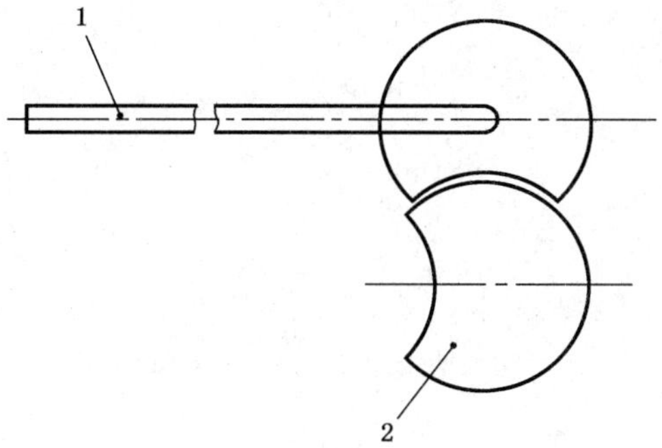

1——防护装置关闭；
2——可移动元件处于自由状态。
只要可移动元件未处于静止状态，防护装置就被锁定在关闭位置。

图 H.1 防护装置关闭

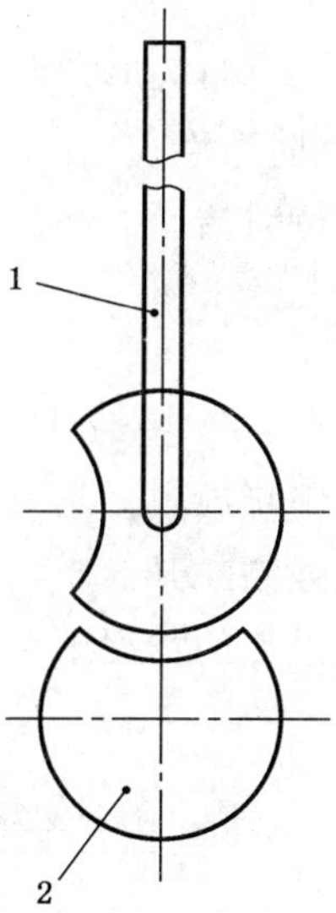

1——防护装置打开；
2——可移动元件处于阻滞状态。
只要防护装置不再处于关闭位置，可移动元件就被阻滞。

图 H.2 防护装置打开

H.2 评注

a） 限于很简单机构使用。

b） 可能需要可移动部件的手动定位以使其能打开防护装置。

防护装置和危险的可移动元件之间的直接机械联锁。

附 录 I
（资料性附录）
带磁致动（磁力）开关的电气联锁装置（见引言）

I.1 原理

安装在防护装置上的编码磁铁致动常开和常闭的簧片开关。

I.2 优点

a） 紧凑，无外部移动零件。
b） 高防尘、防液性。
c） 易于保持清洁。

I.3 缺点

a） 对电磁干扰敏感。
b） 触点非强制断开。
c） 触点在过流的情况下可能熔焊。

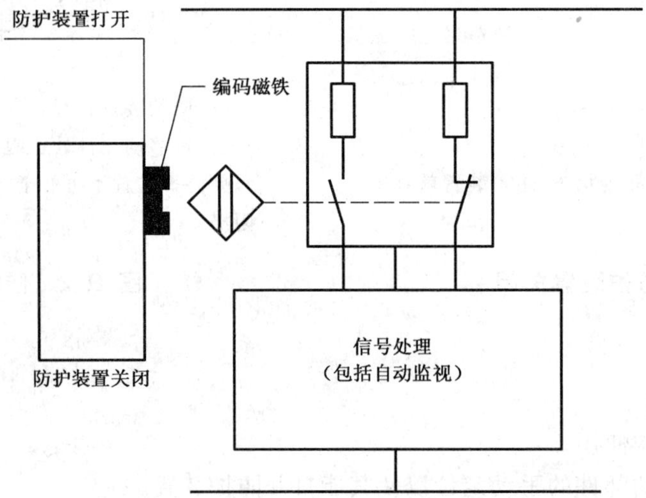

图 I.1 带磁致动（磁力）开关的电气联锁装置

I.4 评注

a） 上述缺点使其需要在每个开关循环中都要自动检查磁力开关，并要提供过流保护（见 6.3.5）。
b） 对该装置的设计要求有编码磁铁以使装置致动，这样做可防止其在简单方式下失效。

附 录 J
（资料性附录）
带两个接近探测器的电气联锁装置（见引言）

J.1 原理

D_1 和 D_2 是接近探测器，能探测金属部件（在此情况下是防护装置）。

图 J.1 带两个接近探测器的电气联锁装置

J.2 优点

a） 无移动部件。
b） 高防尘、防液性。
c） 易于保持清洁。
d） 紧凑。

J.3 缺点

a） 对电气干扰敏感。
b） 触点非强制断开操作。
c） 如果没有过流保护的保证，有可能因触点熔焊而引起对防护失效。

J.4 评注

a） 只要防护装置打开，它就把 D_1 隐藏起来，以此防止探测器以简单方式失效。
b） 在联锁装置中，有两个具有完全不同技术特性的开关可能是一个优点，这样相同的假象对它们同时产生影响的可能性极小（这被称为多样性或异类冗余，并被用于防止“常因失效”）。

附 录 K
（资料性附录）
气动/液压联锁装置(见引言)

K.1 原理

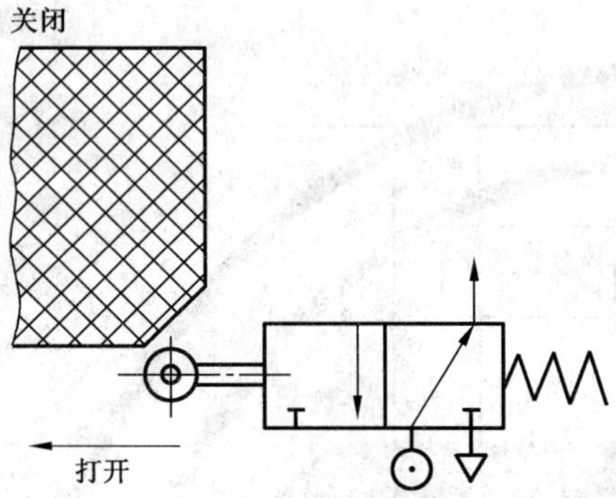

图 K.1 借助防护装置以强制模式致动单体阀的单回路断开元件(阀)

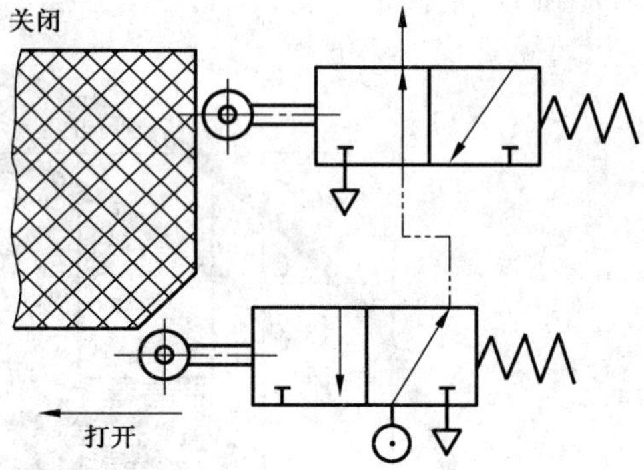

图 K.2 双回路断开元件(阀)

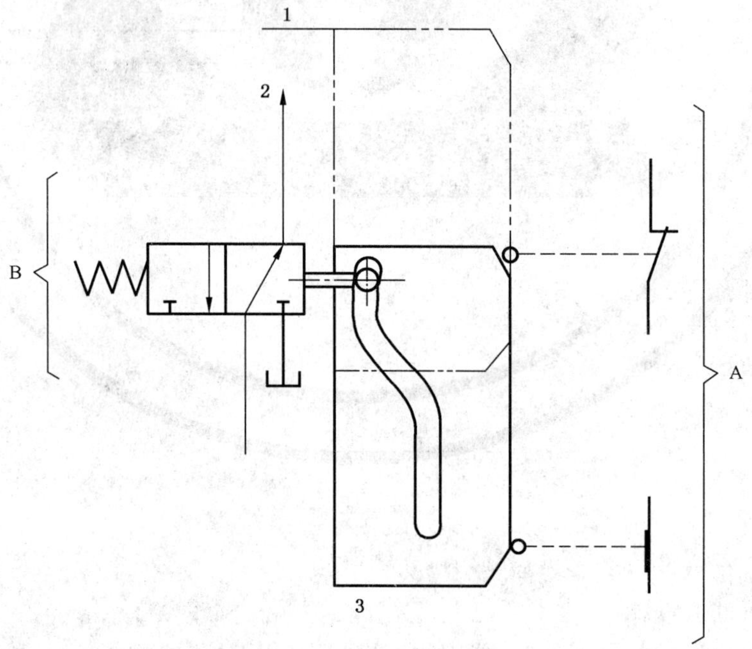

1——防护装置打开；

2——通向机器致动机构；

3——防护装置关闭。

提供了两个独立的联锁装置(A 和 B)：A 在电气控制回路(带自动探测)动作；B 在液压回路(动力联锁，见 4.1.2，在可能直接断开动力回路时)动作。

图 K.3 混合(电气和液压)联锁装置

K.2 评注

混合联锁装置对于很恶劣的环境条件具有特殊意义，这种环境条件对于采用相同技术的元件可能诱发“共因失效”（即具有相同原因的同时失效），例如一台在热状态下工作的机器上导体绝缘层熔化，或者在电气或电磁干扰作用下两个接近探测器的同时失效。

附 录 L
(资料性附录)
带弹簧结合/动力脱开防护锁定装置的联锁装置

L.1 变形 A:通过分别探测防护装置位置和锁的位置确保联锁功能

原理

C_1 探测防护装置的位置。C_2 探测锁的位置。

可以通过一个定时装置(定时器)或一个停机-探测装置控制锁在危险消除时打开。

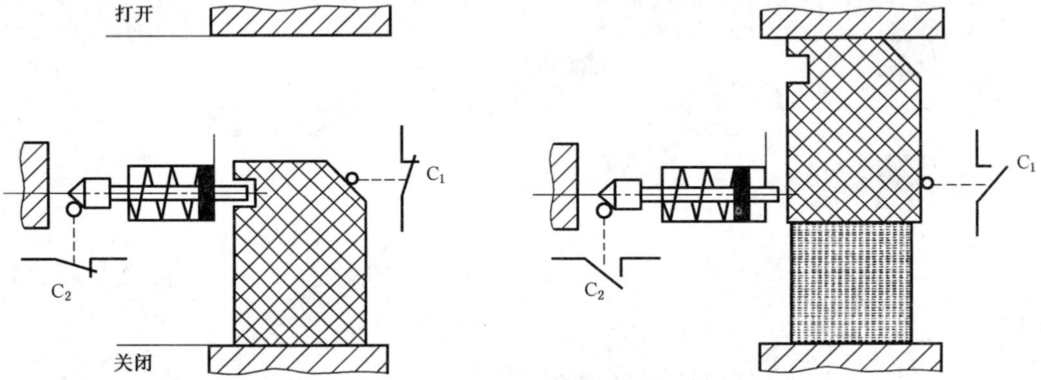

C_1 和 C_2 可以是任何技术类型(见 4.3)的探测器

图 L.1 防护装置位置的分别探测

L.2 变型 B:通过只探测锁的位置确保联锁功能

原理

假如通过"防护装置-锁-触点(C)"这一组合装置的良好设计和构造,而使"如果防护装置不关闭,C 不能关闭"这个条件得到了严格、可靠的履行,在探测锁的位置时,一个单独的探测器(C)也能探测防护装置的位置。

可以通过一个定时装置(定时器)或一个停机-探测装置控制锁在危险消失时打开。

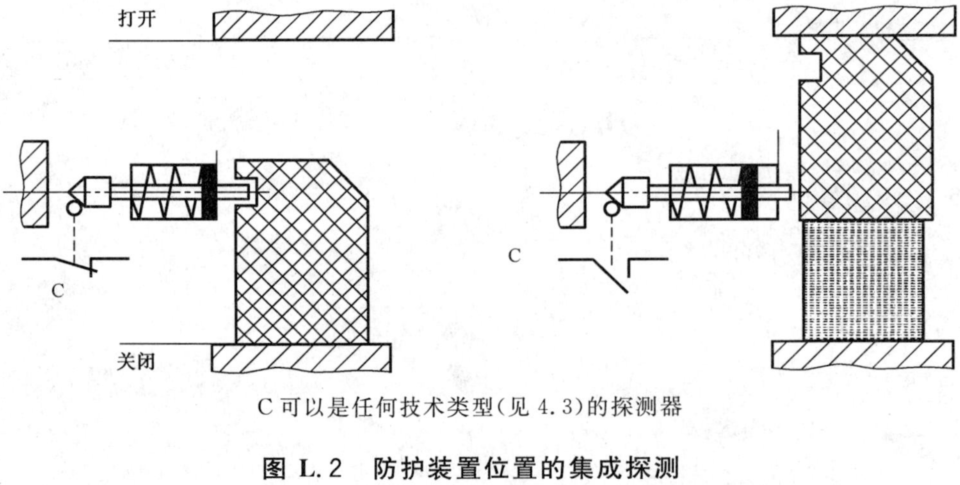

C 可以是任何技术类型(见 4.3)的探测器

图 L.2 防护装置位置的集成探测

L.3 评注(对两个变型均有效)

无论何种用来致动锁以使防护装置保持关闭的装置(电磁铁、气缸等),其本质都是建立失效-安全条件:即,如果切断动力供应,锁始终保持在那个能使防护装置不能移动的位置上。

附　录　M
（资料性附录）
带手动操作延时装置的带防护锁定的联锁装置

M.1　原理

用手转动螺纹销[无条件开锁，按照图 3 b1)]。设定开关断开和防护装置脱开之间经历的时间以使其长于停止危险功能所用的时间。

防护装置打开时，防止销再次被旋入，从而闭合开关触点。

M.2　优点

简单可靠。

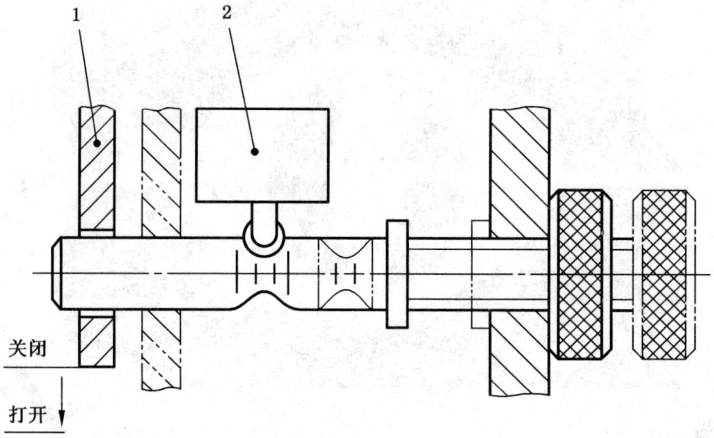

1——防护装置；
2——位置探测器。

图 M.1　带手动操作延时装置的带防护锁定的联锁装置

参 考 文 献

[1] GB/T 4728.7—2008 电气简图用图表图形符号 第7部分:开关、控制和保护器件。

ICS 27.180
F 11

GB

中华人民共和国国家标准

GB/T 19072—2010
代替 GB/T 19072—2003

风力发电机组 塔架

Tower of wind turbine generator system

2010-11-10 发布 2011-03-01 实施

中华人民共和国国家质量监督检验检疫总局
中国国家标准化管理委员会 发布

前　言

本标准代替 GB/T 19072—2003《风力发电机组　塔架》。

本标准与 GB/T 19072—2003 相比主要技术变化如下：

——扩大了标准的适用范围；

——补充了设计原则、设计条件和设计要求；

——对塔架主要材料的要求作出了具体规定；

——增加了塔架制造的内容；

——修改了检测项目的内容；

——增加了附件制作与安装的内容；

——补充了竣工资料及随机文件的要求；

——补充了标志、包装、储存及运输的要求。

本标准由中国机械工业联合会提出。

本标准由全国风力机械标准化技术委员会归口。

本标准起草单位：浙江运达风力发电工程有限公司、上海泰胜风能装备股份有限公司、华电电力科学研究院。

本标准主要起草人：叶杭冶、黄京明、应光伟、陈棋、张福林、范炜、王峰、孙长坤、斯建龙、刘全鑫、王青。

本标准所代替标准的历次版本发布情况为：

——GB/T 19072—2003。

风力发电机组　塔架

1　范围

本标准规定了风力发电机组塔架的设计原则、设计条件、设计要求、材料要求、塔架制造、焊缝无损检测、表面防腐处理、附件制作与安装、竣工资料及随机文件、标志、包装、储存及运输等要求。

本标准适用于风轮扫掠面积等于或大于200 m^2 的水平轴风力发电机组钢制管状塔架(以下简称塔架)的设计、制造和验收，其他种类的风力发电机组塔架可参照执行。

2　规范性引用文件

下列文件中的条款通过本标准的引用而成为本标准的条款。凡是注日期的引用文件，其随后所有的修改单(不包括勘误的内容)或修订版均不适用于本标准，然而，鼓励根据本标准达成协议的各方研究是否可使用这些文件的最新版本。凡是不注日期的引用文件，其最新版本适用于本标准。

GB/T 470　锌锭(GB/T 470—2008，ISO 752:2004，MOD)

GB/T 700　碳素结构钢(GB/T 700—2006，ISO 630:1995，NEQ)

GB/T 709　热扎钢板和钢带的尺寸、外型、重量及允许偏差(GB/T 709—2006，ISO 7452:2002，ISO 16160:2000，NEQ)

GB/T 985.1　气焊、焊条电弧焊、气体保护焊和高能束焊的推荐坡口(GB/T 985.1—2008，ISO 9692-1:2003，MOD)

GB/T 985.2　埋弧焊的推荐坡口(GB/T 985.2—2008，ISO 9692-2:1998，MOD)

GB/T 1228　钢结构用高强度大六角头螺栓(GB/T 1228—2006，ISO 7412:1984，NEQ)

GB/T 1229　钢结构用高强度大六角螺母(GB/T 1229—2006，ISO 4775:1984，NEQ)

GB/T 1230　钢结构用高强度垫圈(GB/T 1230—2006，ISO 7416:1984，NEQ)

GB/T 1231　钢结构用高强度大六角头螺栓、大六角螺母、垫圈技术条件

GB/T 1591　低合金高强度结构钢

GB/T 1720　漆膜附着力测定法

GB/T 2970　厚钢板超声波检测方法

GB/T 3098.1　紧固件机械性能　螺栓、螺钉和螺柱(GB/T 3098.1—2000，ISO 898-1:1999，IDT)

GB/T 3098.2　紧固件机械性能　螺母　粗牙螺纹(GB/T 3098.2—2000，ISO 898-2:1992，IDT)

GB/T 3274　碳素结构钢和低合金结构钢　热轧厚钢板和钢带(GB/T 3274—2007，ISO 13976:2005，ISO 630:1995，NEQ)

GB/T 5117　碳钢焊条

GB/T 5118　低合金钢焊条

GB/T 5293　埋弧焊用碳钢焊丝和焊剂

GB/T 5313　厚度方向性能钢板(GB/T 5313—1985，eqv ISO 7778:1983)

GB/T 5782　六角头螺栓(GB/T 5782—2000，ISO 4014:1999，EQV)

GB/T 8110　气体保护电弧焊用碳钢、低合金钢焊丝

GB/T 8923　涂装前钢材表面锈蚀等级和除锈等级(GB/T 8923—1988，eqv ISO 8501-1:1988)

GB/T 9286　色漆和清漆　漆膜的划格试验(GB/T 9286—1998，eqv ISO 2409:1992)

GB/T 9445　无损检测　人员资格鉴定与认证(GB/T 9445—2008，ISO 9712:2005，IDT)

GB/T 12470　埋弧焊用低合金钢焊丝和焊剂

GB/T 13306　标牌

GB/T 14977　热轧钢板表面质量的一般要求

GB 18451.1—2001　风力发电机组　安全要求（IEC 61400-1:1999,IDT）

GB/T 19804　焊接结构的一般尺寸公差和形位公差（GB/T 19804—2005,ISO 13920:1996,IDT）

JB 4708　钢制压力容器焊接工艺评定

JB/T 4709　钢制压力容器焊接规程

JB/T 4730.3　承压设备无损检测　第3部分　超声检测

JB/T 4730.4　承压设备无损检测　第4部分　磁粉检测

JB/T 4730.5　承压设备无损检测　第5部分　渗透检测

JB/T 10045.3　热切割　气割质量和尺寸偏差

ISO 12944-5　色漆和清漆-防护漆体系对钢结构的防腐蚀保护　第5部分：防护漆体系

3　设计原则

3.1　塔架应在全部设计载荷情况下，稳定、安全地支撑风轮和机舱（包括发电机和传动系统等部件）。

3.2　塔架应具有足够的强度，承受作用在风轮、机舱和塔架上的静载荷和动载荷，满足风力发电机组的设计寿命。

3.3　应通过计算分析或试验确定塔架（在整机状态下）的固有频率和阻尼特性，并进行共振计算分析，使其固有频率避开风轮旋转频率及叶片通过频率。

3.4　应根据安全等级确定载荷局部安全系数和材料局部安全系数及按构件失效后果选取重要性局部安全系数。

3.5　通过塔架设计、材料选择和防护措施减少外部条件对塔架安全性和完整性的影响。

3.6　塔架设计应考虑防雷接地要求。

4　设计条件

4.1　应给出下列设计条件：

a)　设计载荷；

b)　使用寿命；

c)　环境条件；

d)　工作温度。

4.2　应给出塔架的下列数据：

4.2.1　塔架分段：

分段应考虑以下因素：

a)　运输限制；

b)　生产条件和批量。

4.2.2　塔架顶部直径、顶部法兰上的螺栓孔分布和尺寸。

4.2.3　塔架底部直径的确定需考虑塔架的强度和经济性，以及运输等条件。

4.2.4　门框的尺寸要求：在满足安装作业、维修人员通过及维护物件搬运要求下，尺寸宜小。门孔处应具有足够的强度，强度不足处应采用不低于筒体材质性能的材料加强。

5　设计要求

5.1　塔架计算分析

5.1.1　总则

本标准规定的计算及其方法是验收塔架结构的最低依据，所有计算应以设计条件为基础。

5.1.2 塔架的强度分析

5.1.2.1 塔架的静强度分析

塔架静强度分析应符合 GB 18451.1—2001 中 7.6.2 的规定。

5.1.2.2 塔架的固有特性分析

塔架的固有特性分析应考虑：

a) 弯曲固有频率 $f_{0,n}$ 和激振频率 f_R、$f_{R,m}$ 之间应有适当的间隔，可根据下述公式计算：

$$\frac{f_R}{f_{0,1}} \leqslant 0.95 \qquad \cdots\cdots(1)$$

$$\frac{f_{R,m}}{f_{0,n}} \leqslant 0.95 \text{ 或 } \frac{f_{R,m}}{f_{0,n}} \geqslant 1.05 \qquad \cdots\cdots(2)$$

式中：

f_R——正常运行范围内风轮的最大旋转频率；

$f_{0,1}$——塔架(在整机状态下)的第一阶固有频率；

$f_{R,m}$——m 个风轮叶片的通过频率；

$f_{0,n}$——塔架(在整机状态下)的第 n 阶固有频率。

b) 计算固有频率时，应考虑基础的影响；

c) 在计算固有频率时为了考虑不确定性因素的影响，频率应有±5%的浮动；

d) 设计时还应考虑各种风况引起的不同方向的振动。塔架可能存在共振情况时，允许通过调整控制策略等方法来避开共振点。

5.1.2.3 塔架的疲劳分析

塔架的疲劳分析可按 GB 18451.1—2001 中 7.6.3 的规定。塔架焊缝疲劳分析包括以下方面：

a) 塔架环焊缝的疲劳分析；

b) 塔架门框与筒体连接位置上焊缝的疲劳分析。

5.1.3 塔架的涡激振动分析

应考虑塔架安装或维修时可能产生的涡激振动对塔架的影响，并进行计算分析。

5.2 法兰与螺栓强度分析

5.2.1 法兰极限强度分析

法兰的极限强度分析一般采用有限元分析或其他适用的计算方法。

对于法兰联接的计算可采用简化计算方法。当使用的计算方法没有考虑螺栓中的弯矩影响时，应用适当的疲劳等级来确定螺栓的疲劳安全。采用有限元方法而不考虑法兰间隙的计算，以及其它导致相似结果的计算方法都是不允许的。

5.2.2 法兰联接螺栓极限强度和疲劳强度分析

法兰联接螺栓应进行极限强度和疲劳强度分析。

所有钢结构高强度大六角头螺栓、大六角螺母、垫圈的技术条件应符合 GB/T 1228、GB/T 1229、GB/T 1230、GB/T 1231 的规定。大于 M30 的螺栓可参照相关标准。

5.3 塔架门框开口强度分析

5.3.1 筒体门框开口区域的屈曲安全可采用有限元分析来验证。

5.3.2 对于采用纵向加强筋的开口区域(见图 1a))，可按有关规范或标准，进行简化的屈曲分析。

5.3.3 对于采用环形加强筋的开口区域(见图 1b)1、b)2)，以及未开口的筒体可用简化的方法进行屈曲分析。

5.3.4 筒体门框开口区域还应进行极限强度、疲劳分析，在进行极限强度分析时，应考虑应力集中。

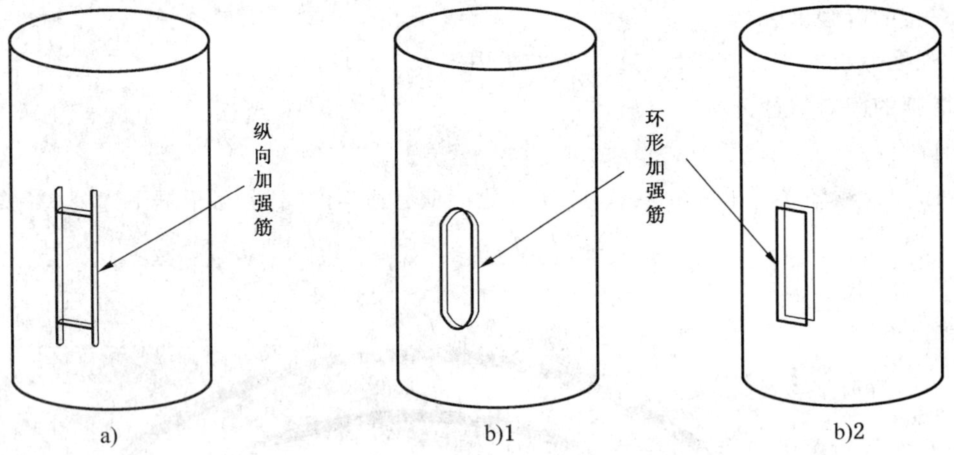

图 1 a)采用纵向加强筋的开口;b1、b2 采用环形加强筋的开口

5.4 塔架内部附件

塔架内部附件的设计和安装应满足操作人员能安全地进行安装、维护和进入机舱的要求。塔架内应设有：

a) 必要的防坠落装置等安全保护设施；

b) 导电轨及电缆固定设施；

c) 梯、栏；

d) 安全平台；

e) 照明及电气设备安装附件；

f) 门；

g) 必要时应设有助爬器、提升机、电梯等。

附件尽量设计成多功能，减少附件安装支耳与筒体的焊接。

6 材料要求

6.1 钢材要求

6.1.1 塔架主体（包括筒体、法兰、门框）用钢应考虑塔架的强度、使用环境温度、材料的焊接及制造工艺以及经济性，可根据 GB/T 700 和 GB/T 1591 选择使用。非塔架主体用钢与塔架主体焊接时，应与塔架主体材料相容。

6.1.2 塔架用钢板的尺寸、外形及允许的偏差应符合 GB/T 709 规定，钢板表面质量应符合 GB/T 14977 要求。如钢板厚度方向有性能要求，应符合 GB/T 5313 规定。如钢板有超声波要求，应符合 GB/T 2970 规定。

6.1.3 塔架材料的订货内容、技术要求、试验方法、检验规则、包装、标志、质量证明书等，应符合 GB/T 3274 规定。

6.1.4 塔架制造单位应按质量证明书检验项目进行验收，如质量证明书所列项目不齐全或数据有疑问，则应对该炉批号钢材进行取样复验。

6.1.5 塔架制造所用钢材的各项性能指标应符合设计文件要求。若需采用替代材料，应由制造单位提出申请，并通过取样检验，表明所采用的替代材料满足设计要求，经设计单位确认后方可执行。

6.1.6 拼焊法兰毛坯不宜超过六片拼接，且螺栓孔不能在焊缝上。环锻法兰按照相关国家标准执行。法兰使用的钢材质量等级应等于或高于塔架筒体使用钢材的质量等级。

6.2 焊材要求

用于塔架制造的焊接材料(焊条、焊丝、焊剂)应与母材匹配,并符合 GB/T 5117、GB/T 5118、GB/T 5293、GB/T 8110、GB/T 12470 等相关标准和设计要求。

6.3 紧固件要求

用于塔架连接的紧固件用钢及性能等级由设计单位根据 GB/T 5782、GB/T 3098.1、GB/T 3098.2、GB/T 1228、GB/T 1231 等标准进行选用,并在设计文件中明确其性能要求。考虑到塔架的使用工况,塔架附件用螺母宜采用自锁螺母。

7 塔架制造

7.1 工艺文件

塔架制作前,应根据设计图样和技术规范编制塔架制作、焊接、防腐及检测工艺文件。

7.2 下料

7.2.1 钢板应按塔架制作工艺文件中所规定的尺寸采用数控切割机下料,并按焊接工艺文件切割焊接坡口。

7.2.2 钢板切割表面不得有裂纹、分层、夹杂等缺陷,应不影响焊接及产品外观质量。

7.2.3 筒节下料的尺寸偏差应符合下列要求:

a) 大小口弦长偏差≤±2 mm;

b) 对角线长度偏差≤±3 mm。

7.2.4 塔架主体钢板下料后应有材料的可追溯标识。需采用无应力钢印标识,深度≤1 mm。

7.2.5 门框下料尺寸公差≤±3 mm,成型后切割边不得有任何微裂纹,切割边缘圆滑过渡。

7.3 成型

7.3.1 筒节卷制

7.3.1.1 筒节卷制应严格控制圆度、对口的错边量、局部凹凸度。

7.3.1.2 筒节任意截面圆度公差要求为$(D_{max}-D_{min})/D_{nom}\leqslant 0.005$,如图 2 所示。

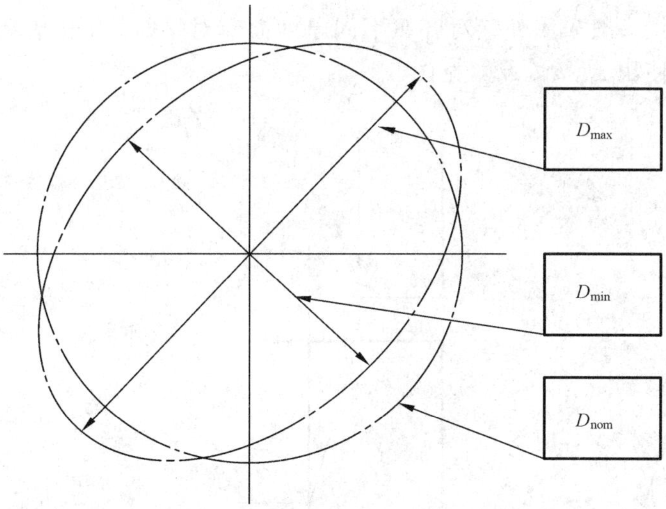

D_{max}——测量出的最大内径;

D_{min}——测量出的最小内径;

D_{nom}——公称内径。

图 2 任意截面圆度示意图

7.3.1.3　纵缝对口错边量(见图 3)$h \leqslant 0.1t$,且最大不超过 3 mm,t 为钢板厚度(mm)。

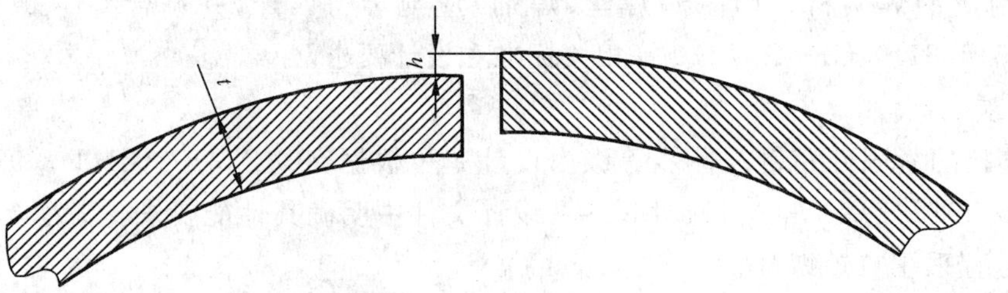

图 3　纵缝对口错边量示意图

7.3.1.4　筒节纵缝棱角和环向表面局部凹凸度要求如下：

钢板厚度 $t \leqslant 30$ mm 时,用弦长 $L=1/6D_{nom}$,且$\geqslant 400$ mm 的内或外样板检查(见图 4a)、b)),其凹凸度 E 值应$\leqslant(0.1t+1)$mm。

钢板厚度 $t>30$ mm 时,用弦长 $L=1/6D_{nom}$,且$\geqslant 600$ mm 的内或外样板检查(见图 4a)、b)),其凹凸度 E 值应$\leqslant(0.1t+1)$mm。

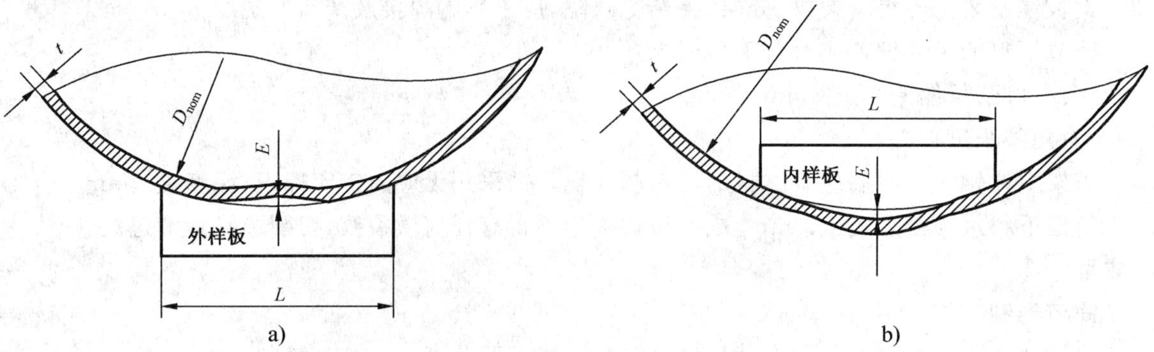

图 4　纵缝棱角及环向局部凹凸度测量示意图

7.3.2　组对

7.3.2.1　筒节与筒节对接一般采用外壁对齐。不同厚度筒节对接时,当板厚差 $\Delta t \geqslant 4$ mm 时,应对较厚的板作削薄处理,推荐使用 $\Delta t/h \leqslant 1/4$,见图 5。

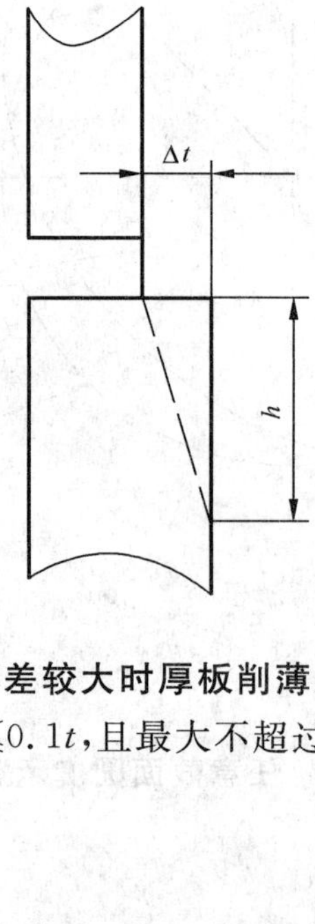

图 5　板厚差较大时厚板削薄处理示意图

7.3.2.2　环缝对口错边量(见图 6)h 应$\leqslant 0.1t$,且最大不超过 2 mm,在测量对口错边量 h 时,不应计入两板厚度差值,t 为钢板厚度(mm)。

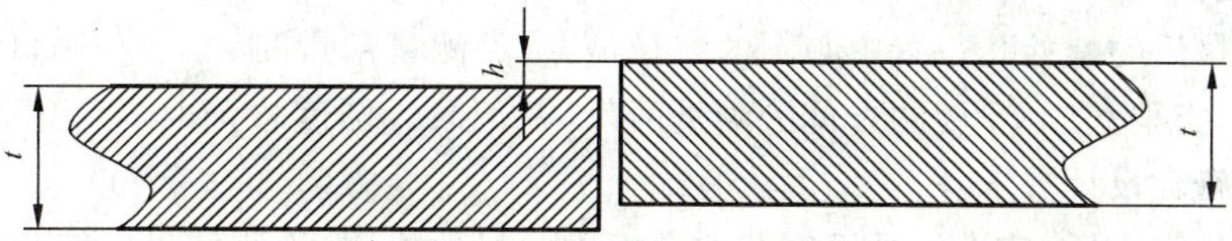

图 6　环缝对口错边量示意图

7.3.2.3　环缝棱角和纵向表面局部凹凸度要求如下(见图 7)：

用 L=600 mm 长的直尺检查环缝两侧的棱角或筒体表面局部凹凸度，其凹凸度 E 值应≤(0.1t+1)mm。

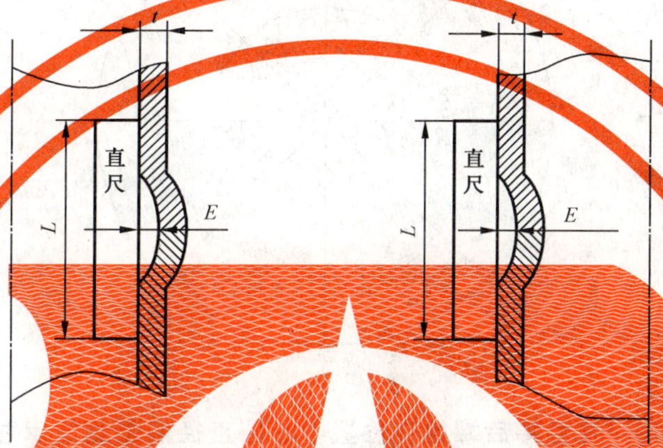

图 7　环缝棱角及纵向局部凹凸度测量示意图

7.3.2.4　塔架的圆度、棱角及局部凹凸度公差应保证不影响安装平台板。

7.3.2.5　塔段直线度，高度公差可参考 GB/T 19804 执行，相应等级应由设计单位决定，在没有要求时，执行下列条款要求。

7.3.2.6　塔段直线度 L 按下列要求：

a)　塔段高度 H≤20 000 mm 时，L≤H/1 000 mm；

b)　塔段高度 H>20 000 mm 时，L≤(0.5H/1 000+10)mm。

7.3.2.7　塔段两端面平行度允许偏差为 5.0 mm。

7.3.2.8　塔段垂直度 V≤H/1 000 mm(见图 8)。

V——垂直度：以塔段一端法兰面为基准面，两法兰中心连线在垂直于基准面的圆柱面内区域变动，这个圆柱的直径就是公差值，即垂直度。

H——塔段高度。

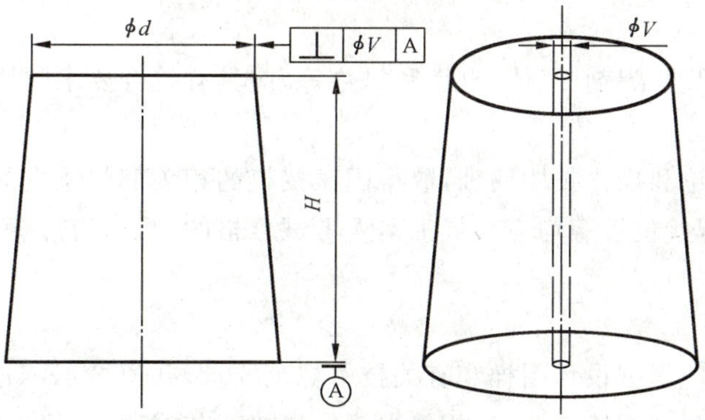

图 8　塔段垂直度示意图

7.3.2.9　塔段高度偏差 $\Delta H \leqslant \pm 20$ mm。

7.3.2.10　法兰焊接后的螺栓孔位置中心圆的直径偏差(见测量示意图9)：

在法兰表面上，与垂直成45度的方位上测量两次，并记录。圆度检测时应考虑产品重量对圆度的影响。所测结果应符合设计要求。

7.3.2.11　法兰焊接完成后，应进行平面度和法兰面内倾量的检测，检测结果应符合设计文件的相关规定。内倾量是指法兰内圈相对于法兰外圈的高度差(见图10)。

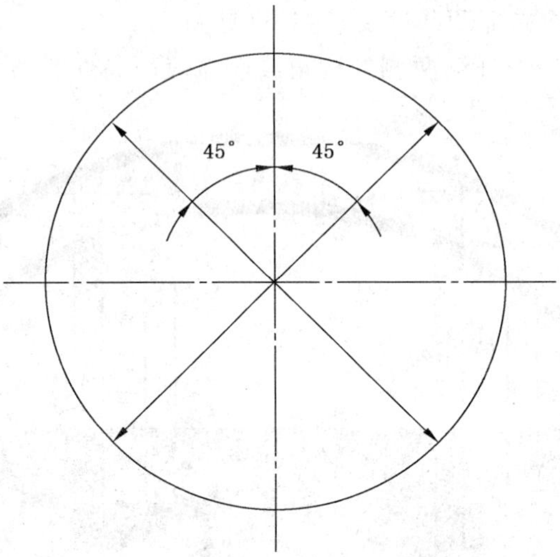

图9　法兰焊后螺栓孔位置中心圆直径偏差测量示意图

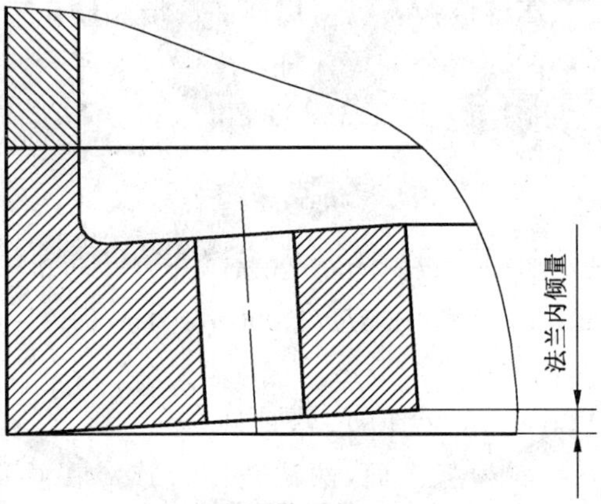

图10　法兰内倾量示意图

7.4　焊接

7.4.1　焊接材料

焊接材料包括焊条、焊丝、焊剂、气体、电极和衬垫等，应具有符合要求的质量证明书。

7.4.2　焊接人员资格

焊工应经过专门的理论和操作技能培训，取得国家授权的相关部门颁发的资格证书，并且焊工焊接的钢材种类、焊接方法和焊接位置等均应与焊工本人考试合格的项目相符。

7.4.3　焊接工艺

7.4.3.1　焊接工艺文件

焊接工艺规程的编制应根据设计图样和有关技术规范要求，并遵循JB 4708及JB/T 4709的规定。

焊接工艺规程文件应包括焊缝布置图、相关焊缝的焊接工艺规程、焊缝返修和表面补焊工艺及相关检验要求等内容。

7.4.3.2 焊接工艺规程的评定

筒体的焊缝以及与筒体相焊的焊缝(包括门框)的焊接工艺应有相应的焊接工艺评定的支持。焊接工艺评定应按 JB 4708 的规定进行,并编制焊接工艺评定报告,焊接工艺评定报告应包含所使用的材料质量证明书。

返修焊缝和全焊透的角焊缝的焊接工艺应单独评定。

7.4.4 焊前准备

7.4.4.1 焊接坡口应根据 GB/T 985.1、GB/T 985.2 要求设计并经工艺评定确定选择坡口形式和尺寸。

7.4.4.2 焊接坡口加工方法:机械方法、火焰切割、等离子切割等加工方法。火焰切割或等离子切割表面质量按 JB/T 10045.3 中的Ⅱ级要求,切割加工的坡口应去除坡口表面的氧化皮、熔渣及影响焊接质量的表面层。

7.4.4.3 坡口及其内外侧表面≥20 mm 范围内的油、漆、垢、锈、毛刺及镀锌层等应清除干净,且不得有裂纹、夹层等缺陷。

7.4.4.4 焊接环境温度低于 5 ℃时应在施焊处 100 mm 范围内进行预热。

7.4.4.5 不同厚度的钢板,焊前预热温度由制造厂家在焊接工艺评定中确定。

7.4.4.6 焊接作业一般应在室内进行,特殊情况需露天作业,应满足图样和技术规范要求。出现下列情况之一且无有效措施时,不得施焊:

a) 风速:气体保护焊时>2 m/s,焊条电弧焊时>5 m/s;

b) 相对湿度>90%;

c) 雨雪环境。

7.4.5 焊接修复

7.4.5.1 表面修复

焊缝及母材表面的所有超标缺陷,应按工艺要求修复。

7.4.5.2 焊缝返修

对需要进行返修的焊缝,应当分析内部缺陷产生的原因,提出改进措施,按评定合格的焊接返修工艺进行返修。

8 焊缝无损检测

8.1 无损检测在焊接变形矫正和所要求的热处理完成后进行。

8.2 塔架的无损检测主要包括以下几种方法:

a) 目视检测(VT);

b) 超声波检测(UT);

c) 磁粉检测(MT);

d) 渗透检测(PT);

e) 射线检测(RT)。

8.3 无损检测人员应按 GB/T 9445 或国家法律法规进行资格鉴定与认证。

8.4 Ⅱ级资质以上的无损检测(VT、UT、MT、PT、RT)人员方有资格进行独立操作,判定检测结果合格与否,并出具报告。Ⅰ级资质人员应在Ⅱ级资质人员的监督下操作。

8.5 无损检测设备应按相关标准进行定期校验和检测,检测记录应保存。

8.6 无损检测前,应根据设计技术规范编制相关的无损检测工艺,该工艺由Ⅱ级或Ⅱ级以上资质人员编写、审核。

8.7 如需采用两种以上检测方法,先进行 100%VT,再进行 MT(或 PT),后 UT 或 RT。

8.7.1 目视检测(VT)

应对焊缝的外观质量、焊接材料、焊接工艺规程的执行、焊接设备的完好状况、焊工的资格及相关记录进行检查。

要求检测的表面清洁,无油污、油脂、砂土、划伤或其它影响检测结果的情况。

8.7.2 磁粉检测(MT)或渗透检测(PT)

按 JB/T 4730.4 或 JB/T 4730.5 规定进行 MT 或 PT 的焊缝及区域,合格级别为Ⅰ级。

8.7.3 超声波检测(UT)

塔架主体对接焊缝按 JB/T 4730.3 进行 100%超声波检测,各部位焊缝的合格级别分别如下:

a) 合格级别为Ⅰ级的焊缝:
   1) 筒节与筒节焊接的环缝;
   2) 门框与筒体焊接的焊缝;
   3) 筒节与法兰焊接的环缝(包括基础段筒节与上法兰的环缝);
   4) 筒节的纵缝;
   5) 法兰的拼接焊缝(不包括基础段底法兰拼接焊缝);
   6) 钢板卷制的门框对接焊缝。
b) 合格级别为Ⅱ级的焊缝:
   基础段筒节与基础段底环法兰焊接的 T 形焊缝。
c) 合格级别为Ⅲ级的焊缝:
   基础段底法兰的拼接焊缝。

8.7.4 射线检测(RT)

塔架产品的射线检测适用于设计有要求和对 UT 有疑问时作抽查。

8.7.5 重复检测

经 VT、MT、PT、UT、RT 检测发现有超标缺陷的,应在缺陷清除干净后,进行必要的修磨或补焊,并对该部位采用原检测方法重新检测,直至合格。

对于设计要求为部分抽检的焊缝,若发现超标缺陷时,应按设计要求增加检测数量。

9 表面防腐处理

9.1 防腐总体要求

塔架各部件(位)防腐方式按照设计要求执行。

9.2 涂装前筒体处理

9.2.1 筒体除锈前应清除钢板表面的油污、油脂及各种残留物等。

9.2.2 筒体喷涂前宜采用喷砂或喷钢丸除锈,喷砂或喷丸后工件表面应干燥、无灰尘、无油污、无氧化皮、无锈迹,筒体表面粗糙度应达到 Rz40 μm～Rz100 μm,除锈等级达到 GB/T 8923 中的 Sa2.5 级规定,热喷锌区域要求达到 Sa3 级规定。

9.2.3 除涂层修补外,钢结构涂装应在室内完成。

9.2.4 喷砂或喷丸除锈后应尽快进行涂装施工,在符合技术规范条件下,涂装间隔时间按涂料施工技术要求执行。

9.3 涂装施工

9.3.1 塔段表面的整体或局部热喷涂锌要求按 GB/T 9793 的规定,锌层厚度应在 50 μm～100 μm。热喷锌时相对湿度不得超过 80%,钢板温度应高于露点温度 3 ℃以上。

9.3.2 涂装施工应符合 ISO 12944-5 的规定。

9.3.3 涂层干膜厚度:底漆、中间漆及面漆的种类和相应厚度应按设计要求执行,干膜总厚度应符合 9.5.3.3 的要求。涂层表面均匀,色泽一致,不允许有针孔、鼓泡、挂流、裂纹、掉块及其它影响涂层质量的缺陷存在。

9.3.4 喷涂过程中,每一层涂层厚度都应进行检查并记录。

9.4 **热镀锌**

9.4.1 可拆卸的塔架钢制附件一般用热镀锌防腐。熔融锌中的杂质总含量(铁、锡除外)不应超过总质量的1.5%,所指杂质按GB/T 470的规定。

9.4.2 热镀锌应根据设备制定酸洗、镀锌的温度、时间、钝化、清洗等工艺、工序。

9.4.3 镀锌层表面应连续、完整、光滑,不得有过酸洗、漏镀、结瘤、积锌、毛刺等缺陷。镀锌表面颜色一般呈灰色或暗灰色。

9.4.4 镀锌层厚度和镀锌层附着量应符合设计文件规定。

9.5 **涂装过程检查**

9.5.1 **施工前检查**

9.5.1.1 确认塔段表面已经全面清除干净。

9.5.1.2 确认所用涂料的牌号及色号正确无误,与涂漆工艺规范相符。

9.5.1.3 确认涂料的包装完好无损,产品合格证及生产日期符合要求。

9.5.1.4 确认施工环境的温度、相对湿度、空气露点温度等符合规定要求。

9.5.2 **施工过程检查**

9.5.2.1 每道涂层不允许存在漏涂、针孔、起泡、流挂、起皱等超标缺陷。

9.5.2.2 施工中及时进行湿膜厚度测量,以便控制干膜厚度。

9.5.3 **完工检查**

9.5.3.1 涂层外观应色泽均匀、平整、并有光泽,表面不允许有咬底、裂纹、剥落、针孔、流挂、起皱、起泡等缺陷。

9.5.3.2 干膜测厚区位置应随机选择,塔段内外表面至少每5 m^2 为一个测区,每区不少于3个测量点。测厚区3点的平均值作为该区的涂层干膜厚度值,塔段所有测区的干膜厚的平均值作为该段塔架的干膜厚度值。

9.5.3.3 塔段表面涂层各层厚度值由设计单位按下列三个规则选用一个,作为检查的依据:

a) 80-20评定规则:所有测量点中80%测点的测量值不得低于规定的干膜厚度,其余20%测点的测量值不得低于规定干膜厚度的80%;

b) 90-10评定规则:所有测量点中90%测点的测量值不得低于规定的干膜厚度,其余10%测点的测量值不得低于规定干膜厚度的90%;

c) 最小干膜厚度原则:所有测点的测量值不得低于设计要求的规定值。

9.5.3.4 最大干膜厚度不得大于规定值的2.0倍。

9.5.3.5 必要时应制作涂层试板,涂层附着力按GB/T 9286或GB/T 1720进行检测。

10 附件制作与安装

10.1 制作

塔架所有钢制附件按施工图样下料、制作,尺寸公差≤±3 mm,切割边缘倒角 $R \geqslant 2$ mm。棱角处应圆滑过度,祛除边角处的毛刺。

10.2 表面处理

要求喷涂的附件按设计要求与塔段同工艺喷涂。

要求热镀锌的附件按本标准9.4条规定进行,并符合设计文件的规定。

10.3 安装

10.3.1 塔内涂层应充分干燥后,方可进行附件安装。

10.3.2 安装过程中,应保持塔内表面的清洁,避免损伤漆面。

10.3.3 梯子及梯子支撑应安装牢固，上下成直线。

10.3.4 门板装配应保证与门框贴合紧密，开闭灵活，无卡阻现象，门板开启后应有锁定装置。

10.3.5 塔架平台板的支撑梁或相应支撑结构的上平面在装配时应粘贴厚度为 3 mm～5 mm 的橡胶板。

10.3.6 附件装配时螺栓连接件应按设计规定的力矩紧固。

11 竣工资料及随机文件

11.1 竣工资料内容

塔架竣工后应及时汇编各工序的检测报告，包括但不限于以下文件。

11.1.1 塔段的制作和焊接

主体钢材质量证明书；

材料追踪列表；

焊接日志；

法兰质量检测报告；

拼焊法兰的热处理报告(若存在时)；

无损检测报告；

塔段的几何尺寸检测报告；

减震装置的泄漏试验报告(若存在时)。

11.1.2 表面处理

表面处理方案；

表面处理记录；

表面处理返修记录。

11.1.3 最终检验和交付

附件安装检验报告；

第三方监理报告(若存在时)；

产品发货清单。

11.1.4 其他

制作过程中的设计变更文件(若存在时)。

11.2 竣工资料存档

制造厂对竣工资料应存档，保存期至少 5 年。

12 标志、包装、储存及运输

12.1 标志

12.1.1 标牌，生产厂家可按 GB/T 13306 制作标牌，标牌内容应包括制造单位名称、产品名称、出厂编号、出厂日期。

12.1.2 同一台塔架上、下段对接标识，塔体下法兰与基础环上法兰对接标志按有关图样要求标注。

12.2 包装

12.2.1 包装应根据塔架的结构尺寸、重量大小、运输方法(铁路、公路、水路)等特点进行，保证其安全可靠地运达目的地。

12.2.2 塔架应待涂层完全干燥并经检验合格后，方可进行包装。

12.3 储存

12.3.1 塔架露天存放时，法兰两端应安装专用支脚。

12.3.2 塔段存放时最低点离地面至少 100 mm；存放时间较长时，应采取防护措施，防止塔段变形。

12.4 运输

12.4.1 塔架的搬运和吊装不允许损伤防护层，吊装工具应采取可靠防护措施，避免与防腐层直接接触。

12.4.2 应选用合适的捆绑索具和支架，保证塔架在运输过程中捆绑牢固，以防止运输过程中摩擦损伤防腐层。塔段两端用防雨布封堵，防止污物等进入筒体。

12.4.3 为了防止塔段法兰在运输过程中变形，法兰应采取有效方式支撑固定。

ICS 97.220
Y 55

中华人民共和国国家标准

GB 19079.19—2010

体育场所开放条件与技术要求 第19部分:拓展场所

Operation conditions and technical requirements for gymnasium and playground—Part 19: Tuozhan place

2011-01-14 发布　　2011-06-01 实施

中华人民共和国国家质量监督检验检疫总局
中国国家标准化管理委员会　发布

前　言

GB 19079 的本部分的全部技术内容为强制性。

GB 19079《体育场所开放条件与技术要求》分为以下几个部分：

——第 1 部分：游泳场所；

——第 2 部分：卡丁车场所；

——第 3 部分：蹦极场所；

——第 4 部分：攀岩场所；

——第 5 部分：轮滑场所；

——第 6 部分：滑雪场所；

——第 7 部分：滑冰场所；

——第 8 部分：射击场所；

——第 9 部分：射箭场所；

——第 10 部分：潜水场所；

——第 11 部分：漂流场所；

——第 12 部分：滑翔伞场所；

——第 13 部分：热气球场所；

——第 14 部分：动力滑翔伞场所；

——第 19 部分：拓展场所；

……

本部分为 GB 19079《体育场所开放条件与技术要求》的第 19 部分。

本部分的附录 A 为资料性附录。

本部分由国家体育总局提出。

本部分由国家体育总局归口。

本部分起草单位：国家体育总局登山运动管理中心、北京体育大学、中国人民解放军第七四三五工厂。

本部分主要起草人：张丽萍、蔡有志、李石、崔恩文、陈道耘、邓立岩、张贵廷、姚昆、李伟、王征。

体育场所开放条件与技术要求
第19部分:拓展场所

1 范围

GB 19079 的本部分规定了拓展场所开放应具备的基本条件与基本技术要求。

本部分适用于各种、各类拓展场所。

2 规范性引用文件

下列文件中的条款通过本部分的引用而成为本部分的条款。凡是注日期的引用文件,其随后所有的修改单(不包括勘误的内容)或修订版均不适用于本部分,然而,鼓励根据本标准达成协议的各方研究是否可使用这些文件的最新版本。凡是不注日期的引用文件,其最新版本适用于本部分。

GB 3097 海水水质标准

GB 3838 地表水环境质量标准

GB 4053.3 固定式钢梯及平台安全要求 第3部分:工业防护栏杆及钢平台

GB 8408—2008 游乐设施安全规范

GB 8918 重要用途钢丝绳

GB 9668 体育馆卫生标准

GB/T 10001.1 标志用公共信息图形符号 第1部分:通用符号

GB 50007 建筑地基基础设计规范

GB 50009 建筑结构荷载规范

GB 50010 混凝土结构设计规范

GB 50017 钢结构设计规范

GB 50204 混凝土结构工程施工质量验收规范

GB 50205 钢结构工程施工质量验收规范

GB 50300 建筑工程施工质量验收统一标准

3 术语和定义

下列术语和定义适用于本部分。

3.1

拓展 Tuozhan

满足人们在指导人员的指导下,利用特定的场地、设施设备,为得到磨练意志、激发潜能、完善人格和熔炼团队等方面的提高而进行的穿越、上升、下降和跳跃等活动。

3.2

拓展指导人员 Tuozhan instructor

传授拓展理论和技能,指导开展拓展活动的人员。

3.3

活动空间 minimum space

训练人员使用设施设备安全活动时所占有的最小三维空间。

4 从业人员资格

拓展运动从业者中拓展指导、医疗救护、设施设备安检等人员应持有国家相关执业资格证明方能上岗。

5 场地、设施设备要求

5.1 场地要求

5.1.1 拓展场地面积室外应不小于 800 m^2、室内应不小于 600 m^2。

5.1.2 拓展场地内至少应有进行 6 个高度 2 m 以上的穿越、上升、下降、跳跃项目和 6 个高度 2 m 以下的穿越、上升、下降、跳跃项目的设施。

5.1.3 拓展场地内有保护装备项目的活动空间投影地面应具有缓冲作用。

5.1.4 拓展场地基础的设计应符合 GB 50007 的要求；混凝土结构设计应符合 GB 50010 的要求；基础上表面的预埋件附近局部应高出地面 150 mm；基础表面高出地面的部分应进行无锐角、尖锐棱边处理，使圆角半径不小于 20 mm；基础表面高出地面部分还应进行缓冲处理。场地施工质量应符合GB 50204 的要求。

5.1.5 拓展场地距离电力设施的水平距离不小于 8 m；距离地下管线的水平距离不小于 2 m；距离各类建筑的水平距离不小于 5 m。

5.1.6 拓展场地应远离易燃、易爆和有毒、有害的物品。

5.1.7 应避免活动空间的光干扰。

5.2 设施设备条件

5.2.1 设施设备结构性能要求

5.2.1.1 设施的主立柱上端应与横梁可靠地连接；各立柱应与安装地面垂直，垂直度应不大于 1/200；设施中垂直竖立的面状结构的承载力不小于场地环境中 30 年一遇的风荷载，并不小于其上活动人员对其产生的冲击载荷；水平布置的面状结构的承载力应不小于所处的环境中 30 年一遇的雪荷载，并不小于 3 kN/m^2。风荷载、雪荷载的取值及计算应符合 GB 50009 的规定。

5.2.1.2 上方保护点的构件承载力应不小于 10 kN；地面保护点的构件承载力应不小于 5 kN。

5.2.1.3 承接跳跃冲击的悬挂件的承载力应不小于 7.5 kN。

5.2.1.4 梯子的踏板和登高脚架的承载力应不小于 2 kN。其他攀爬支承件的承载力应不小于 3 kN。

5.2.1.5 钢丝绳的抗拉力应不小于 15 kN，其他性能应符合 GB/T 8918 的相关规定。

5.2.1.6 钢丝绳的端部固定应符合 GB 8408—2008 中 8.11 的规定。

5.2.1.7 设施设备的设计使用年限按 10 年执行；设施设备中钢结构的其他性能条件应符合 GB 50017 的规定；钢结构施工质量应符合 GB 50205 的规定；非钢结构设施施工质量应符合 GB 50300 的规定。

5.2.2 设施设备安全要求

5.2.2.1 设施设备在使用过程中，不应存在一个活动空间与另一活动空间、活动空间与器材相互干涉等的可能。

5.2.2.2 人体可达范围内器械的尖角、锐角、凸缘应进行圆滑处理，上述部位的圆角半径不小于 3 mm。

5.2.2.3 需要设置护栏时，护栏应满足 GB 4053.3 的规定。

5.2.2.4 设施不应在人体可达范围存在这样的结构形式：活动人员因其身体、身体的一部分或衣服的非主观原因进入构件的封闭或非封闭开口并被限制而产生伤害。设施所使用的材料还应避免在使用过程中因弯曲、变形而产生上述结构形式。这类结构形式参见附录 A。

5.2.2.5 人员站立面的静摩擦系数不小于 0.5；或在踏板的主运动方向和易滑脱方向设置高度不低于 0.03 m 的防滑脱凸台或护板。

5.2.2.6　对可能与人体发生碰撞的突出部位应进行缓冲处理;对设施设备活动部件和固定部件易发生或可能发生刚性碰撞的部位应设置弹性缓冲装置,缓冲装置的接触面积应不小于 1 m^2。例如:安装橡胶垫等缓冲装置。

5.2.2.7　构件表面应进行防锈处理或防腐处理,涂层无毒。钢结构的表面保护处理应符合 GB 50205。

5.2.2.8　高空设施应加装避雷装置。

5.2.2.9　用于稳定设施作用的斜拉线和支架等,在距地面以上 1.5 m 处,应加装明显警示色彩或提示性标志。

6　安全装备

6.1　所有拓展活动中使用的安全装备(包括安全带、安全头盔、主锁、动力绳、静力绳、成型扁带、安全防护垫、快挂、上升器、下降器、制动保护器等),应具有产品检验合格证明。

6.2　场地应至少配 4 个半身安全带、2 个全身安全带、100 m 动力绳、4 个下降器、8 个主锁、4 个快挂、4 个 60 cm 成型扁带、4 个 120 cm 成型扁带、4 个安全头盔。

7　辅助设施设备

7.1　拓展场所的照度室内应不小于 150 lx,室外应不小于 300 lx。

7.2　拓展场所应设置对外通讯设备,保证与外界联络渠道的畅通。

7.3　拓展场所应设置广播设施、卫生间、器材存放仓库。

8　卫生、环境管理要求

8.1　拓展场所的环境卫生应符合 GB 9668 的规定。

8.2　拓展场所在水面的,淡水的水质应符合 GB 3838 Ⅲ类标准,海水的水质应符合 GB 3097 第二类标准。

8.3　拓展设施设备使用的塑料、橡胶和皮革等非金属零部件及金属表面涂饰层,在正常使用过程中,不应存在染色、掉沫以及感官所能觉察到的较浓异味等现象。

8.4　公共指示用标识应符合 GB/T 10001.1 的要求。

8.5　拓展设施设备在正常使用时产生的噪声,应不大于 65 dB。

9　安全保障

9.1　拓展活动场地和设施周围应有醒目的安全告示及安全警示。应避免广告牌遮挡培训人员、保护人员的视线。

9.2　拓展场所应建立针对突发事件的应急预案。

9.3　各类上岗人员有明显标识。

9.4　急救药品和器械应摆在便于取用的明显位置。

9.5　对所有的设施设备有健全的定期检查、维护、使用登记制度。每次活动前应进行安全检查。

9.6　有健全的拓展指导、安全保护、医疗救护、治安保卫、卫生检查、设施设备维修的人员岗位责任制度。

9.7　场地拓展场所应具有封闭性,能够有效控制、杜绝非相关人员破坏和无专业保护情况下私自攀爬、使用拓展运动器材的行为。

9.8　在场地或设施设备的醒目位置应设置使用须知。

附　录　A
（资料性附录）
可能致人伤害的结构形式示意图

	封闭开口		非封闭开口		
	非刚性的或刚性的		V形开口、裂口	直开口、裂口	活动部件的可变开口
手指的伤害	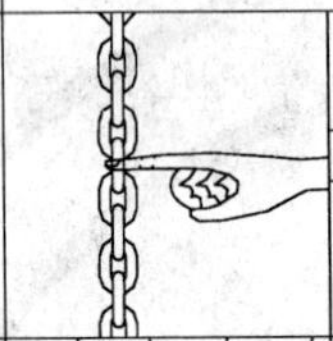	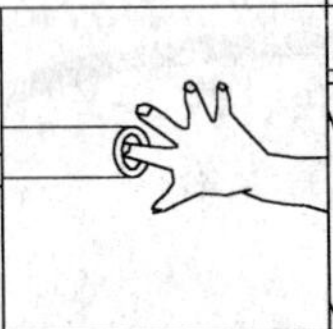	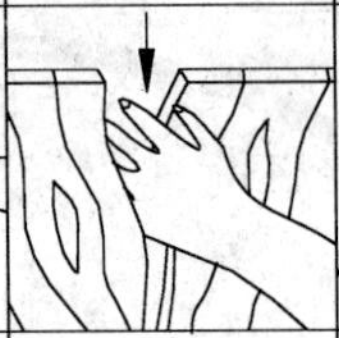	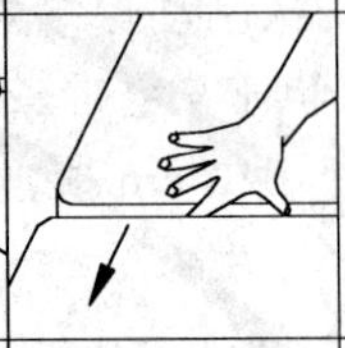	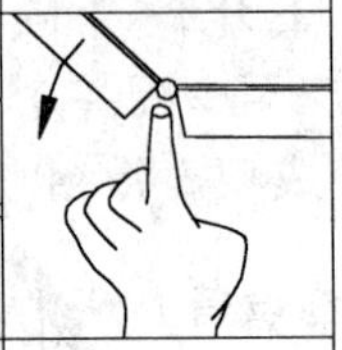
头、脚先入对头和颈的伤害			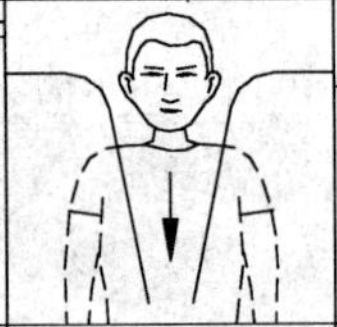		

腿和脚的伤害	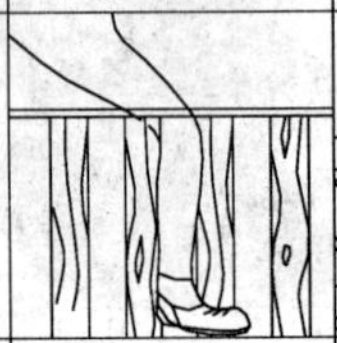	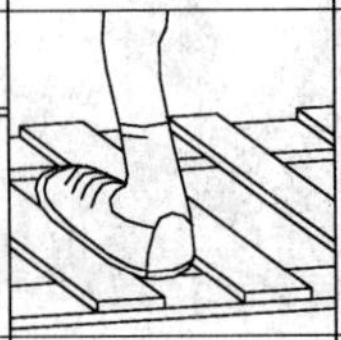		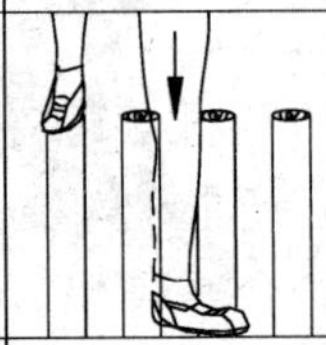	
衣服限制对身体的伤害			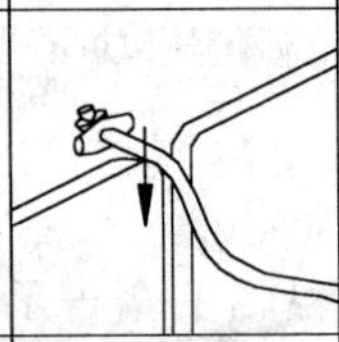		
整个身体部分					

图 A.1　可能致人伤害的结构形式示意图

ICS 11.100
C 44

中华人民共和国国家标准

GB 19083—2010
代替 GB 19083—2003

医用防护口罩技术要求

Technical requirements for protective face mask for medical use

2010-09-02 发布　　2011-08-01 实施

中华人民共和国国家质量监督检验检疫总局
中国国家标准化管理委员会　发布

前言

本标准的 4.10 为推荐性,其余的为强制性。

本标准代替 GB 19083—2003《医用防护口罩技术要求》。

本标准与 GB 19083—2003 标准相比,主要变化内容如下:

——修改了标准适用“范围”;

——补充和修订了“规范性引用文件”;

——增加和编辑性修改了术语和定义;

——删除了口罩的尺寸要求;

——删除了对鼻夹长度的要求;

——增加了“密合性”要求和试验方法;

——依据 GB/T 16886.10—2005 修订了“皮肤刺激性”技术要求,明确了试验方法;

——删除了标志与使用说明书的技术要求;

——环氧乙烷残留量对应试验方法,用 GB/T 14233.1—2008 中的气相色谱法代替了原来的 GB 15980—1995 中规定的检测方法;

——修订了微生物指标的测试方法。

本标准的附录 B 为规范性附录,附录 A 为资料性附录。

本标准由国家食品药品监督管理局提出。

本标准由全国医用临床检验实验室和体外诊断系统标准化技术委员会归口。

本标准起草单位:北京市医疗器械检验所。

本标准主要起草人:苏健、毕春雷、廖晓曼、章兆园。

本标准所代替标准的历次版本发布情况为:

——GB 19083—2003。

医用防护口罩技术要求

1 范围

本标准规定了医用防护口罩(以下简称口罩)的技术要求、试验方法、标志与使用说明及包装、运输和贮存。

本标准适用于医疗工作环境下,过滤空气中的颗粒物,阻隔飞沫、血液、体液、分泌物等的自吸过滤式医用防护口罩。

2 规范性引用文件

下列文件中的条款通过本标准的引用而成为本标准的条款。凡是注日期的引用文件,其随后所有的修改单(不包括勘误的内容)或修订版均不适用于本标准,然而,鼓励根据本标准达成协议的各方研究是否可使用这些文件的最新版本。凡是不注日期的引用文件,其最新版本适用于本标准。

GB/T 191 包装储运图示标志

GB/T 2428—1998 成年人头面部尺寸

GB/T 4745—1997 纺织织物 表面抗湿性测定 沾水试验

GB/T 5549—1990 表面活性剂 用拉起液膜法测定表面张力

GB/T 14233.1—2008 医用输液、输血、注射器具检验方法 第1部分:化学分析方法

GB/T 14233.2—2005 医用输液、输血、注射器具检验方法 第2部分:生物学试验方法

GB 15979—2002 一次性使用卫生用品卫生标准

GB/T 16886.10—2005 医疗器械生物学评价 第10部分:刺激与迟发型超敏反应试验

GB/T 18664—2002 呼吸防护用品的选择、使用与维护

YY/T 0691—2008 传染性病原体防护装备 医用面罩抗合成血穿透性试验方法(固定体积、水平喷射)

YY/T 0700—2008 血液和体液防护装备 防护服材料抗血液和体液穿透性能测试 合成血试验方法

3 术语和定义

下列术语和定义适用于本标准。

3.1

过滤效率 filtering efficiency

在规定条件下,口罩对空气中的颗粒物滤除的百分数。

3.2

密合性 fit

口罩周边与具体使用者面部的密合程度。

3.3

适合因数 fit factor

在人佩戴口罩模拟作业活动过程中,定量测量口罩外部检验剂浓度与漏入内部的浓度的比值。

4 技术要求

4.1 口罩基本要求

口罩应覆盖佩戴者的口鼻部,应有良好的面部密合性,表面不得有破洞、污渍,不应有呼气阀。

4.2 鼻夹

4.2.1 口罩上应配有鼻夹。

4.2.2 鼻夹应具有可调节性。

4.3 口罩带

4.3.1 口罩带应调节方便。

4.3.2 应有足够强度固定口罩位置。每根口罩带与口罩体连接点的断裂强力应不小于10 N。

4.4 过滤效率

在气体流量为85 L/min情况下,口罩对非油性颗粒过滤效率应符合表1的要求。

表1 过滤效率等级

等级	过滤效率 %
1级	≥95
2级	≥99
3级	≥99.97

4.5 气流阻力

在气体流量为85 L/min情况下,口罩的吸气阻力不得超过343.2 Pa(35 mm H_2O)。

4.6 合成血液穿透

将2 mL合成血液以10.7 kPa (80 mmHg)压力喷向口罩,口罩内侧不应出现渗透。

4.7 表面抗湿性

口罩外表面沾水等级应不低于GB/T 4745—1997中3级的规定。

4.8 微生物指标

4.8.1 口罩应符合GB 15979—2002中微生物指标的要求,见表2。

4.8.2 包装标志上有灭菌或无菌字样的口罩应无菌。

表2 口罩微生物指标

细菌菌落总数 CFU/g	大肠菌群	绿脓杆菌	金黄色 葡萄球菌	溶血性 链球菌	真菌菌落总数 CFU/g
≤200	不得检出	不得检出	不得检出	不得检出	≤100

4.9 环氧乙烷残留量

经环氧乙烷灭菌的口罩,其环氧乙烷残留量应不超过10 μg/g。

4.10 阻燃性能

所用材料不应具有易燃性。续燃时间应不超过5 s。

4.11 皮肤刺激性

口罩材料原发性刺激记分应不超过1。

4.12 密合性

口罩设计应提供良好的密合性,口罩总适合因数应不低于100。

5 试验方法

5.1 口罩基本要求

取3个口罩,在300 lx～700 lx的照度下目力检查,应符合4.1要求。

5.2 鼻夹

按照说明书规定的使用方法调节,应符合4.2要求。

5.3 口罩带

5.3.1 样品数量:取4个口罩,打开包装,其中2个进行温度预处理,2个不进行预处理。

5.3.2 温度预处理条件:

预处理条件为:

a) 70 ℃±3 ℃环境试验箱中放置24 h;

b) −30 ℃±3 ℃环境试验箱中放置24 h。

经温度预处理后应在室温条件下恢复至少4 h。

5.3.3 通过目力检查和拉力试验装置测量,结果均应符合4.3要求。

5.4 过滤效率与气流阻力试验

5.4.1 样品数量:应该使用6个口罩样品进行试验。3个经过温度预处理,3个不经过预处理。

5.4.2 温度预处理条件:

预处理条件为:

a) 70 ℃±3 ℃环境试验箱中放置24 h;

b) −30 ℃±3 ℃环境试验箱中放置24 h。

经温度预处理后应在室温条件下恢复至少4 h。

5.4.3 气体流量应该稳定至85 L/min±2 L/min。

规定试验条件用的氯化钠(NaCl)气溶胶颗粒大小分布应为粒数中值直径(CMD)在0.075 μm±0.020 μm,几何标准差不超过1.86(相当于空气动力学质量中值直径(MMAD)0.24 μm±0.06 μm)。浓度不超过200 mg/m^3。

5.4.3.1 过滤效率测定结果均应符合4.4的要求。

5.4.3.2 吸气阻力测定结果均应符合4.5的要求。

5.5 合成血液穿透

5.5.1 样品数量:应该使用5个口罩样品进行试验。

5.5.2 预处理条件:口罩样品在21 ℃±5 ℃,相对湿度85%±5%环境试验箱中预处理至少4 h。口罩样品从环境箱中取出1 min内作测试。

5.5.3 按照YY/T 0691—2008的试验方法进行试验,其结果应符合4.6的规定。合成血的配制方法见附录A。

5.6 表面抗湿性试验

取3个口罩,参照GB/T 4745—1997规定的方法进行测试,其结果均应符合4.7的要求。

5.7 微生物指标

5.7.1 按照GB 15979—2002中附录B规定的方法进行试验,结果应符合4.8.1的要求。

5.7.2 标志为灭菌或无菌的口罩按照GB/T 14233.2—2005规定的方法进行试验,结果应符合4.8.2的要求。

5.8 环氧乙烷残留量

5.8.1 气相色谱仪条件

气相色谱仪应满足下列条件:

a) 氢焰检定器:灵敏度不小于2×10^{-11} g/s〔苯,二硫化碳(CS_2)〕。

b) 色谱柱:所用色谱柱应能使试样中杂质和环氧乙烷完全分开,并有一定的耐水性。色谱柱可选用表3推荐的条件。

表3 色谱柱推荐条件

柱长	内径	担体	柱温
1 m～2 m	2 mm～3 mm	GDX-407 177 μm～147 μm(80目～100目)	约130 ℃
		Porapak q-s 177 μm～147 μm(80目～100目)	约120 ℃

c) 仪器各部件温度

气化室:200 ℃;

检测室:250 ℃。

d) 气流量

N_2:15 mL/min～30 mL/min;

H_2:30 mL/min;

空气:300 mL/min。

5.8.2 测试步骤

按照 GB/T 14233.1—2008 9.4 GB 15980—1995 中附录 G 规定的极限浸提法,以水为溶剂进行平行试验,按照 GB/T 14233.1—2008 9.5.2 GB 15980—1995 中附录 G 规定的相对含量法进行测定,结果以算术平均值计算,如一份合格,另一份不合格,不得平均计算,应重新测定。

结果应符合 4.9 的要求。

5.9 阻燃性能

5.9.1 样品数量:应检测 4 个口罩样品。2 个经过温度预处理,2 个不经过预处理。

5.9.2 温度预处理条件:

预处理条件为:

a) 70 ℃±3 ℃空气中 24 h;

b) −30 ℃±3 ℃空气中 24 h。

在温度预处理后应在室温恢复至少 4 h。

5.9.3 步骤:

5.9.3.1 将口罩戴在金属头模上,燃烧器的顶端和口罩的最低部分(当直接对着燃烧器放置时)的距离应设置在 20 mm±2 mm。

5.9.3.2 将火焰高度调节在 40 mm±4 mm。在燃烧器顶端上方 20 mm±2 mm 处用金属隔离的热电偶探针测量火焰的温度,应为 800 ℃±50 ℃。

5.9.3.3 将头模以 60 mm/s±5 mm/s 运动线速度通过火焰,并记录口罩通过一次火焰后的燃烧状态。结果应符合 4.10 要求。

5.10 皮肤刺激性

按照 GB/T 16886.10—2005 中规定的原发皮肤刺激方法进行试验,其结果应符合本标准 4.11 的规定。

5.11 密合性

选 10 名受试者,按照使用说明书佩带好口罩,作 6 个规定动作,按照附录 B 中规定方法测试,应至少有 8 名受试者总适合因数符合要求。

6 标志与使用说明

6.1 标志

6.1.1 口罩最小包装的标志

口罩最小包装上至少应有以下清楚易认的标志,如果包装是透明的,应可以透过包装看到标志:

a) 产品名称、型号;

b) 生产企业或供货商的名称;

c) 执行标准号;

d) 产品注册号;

e) 滤料级别或相应说明;

f) "使用前请参见使用说明"的文字或符号;

g) 贮存条件及有效期；

h) 一次性使用产品应标明“一次性使用”或相当字样；

i) 如为灭菌产品应注明灭菌有效期及灭菌方式。

6.1.2 包装箱标志：

包装箱上至少应有以下内容或标志：

a) 生产企业或供货商名称和地址；

b) 产品名称、型号；

c) 执行标准号；

d) 产品注册号；

e) 规格数量；

f) 生产日期或批号；

g) 防晒，怕湿等字样和标志，标志应符合 GB/T 191 的规定；

h) 贮存条件及有效期。

6.2 使用说明

使用说明至少应使用中文，并应至少给出下列内容：

a) 用途和使用限制；

b) 产品颜色代码的意义(如适用)；

c) 使用前需进行的检查；

d) 佩戴适合性；

e) 使用方法；

f) 贮存条件；

g) 所使用的符号和(或)图示的含义；

h) 应给出可能会出现的问题及注意事项；

i) 有关口罩使用时间的建议；

j) 执行标准号；

k) 产品注册号。

7 包装和贮存

7.1 包装

7.1.1 口罩的包装应该能够防止机械损坏和使用前的污染。

7.1.2 口罩按数量装箱。

7.2 贮存

按使用说明的规定进行。

附 录 A
（资料性附录）
合成血液配制方法

A.1 试剂

按照如下配方制备 1 L 合成血液：

羧甲基纤维素钠[例如，CMC-Sigma 9004-32-4 中粘度]	2 g
聚氧乙烯(20)山梨糖醇酐单月桂酸酯{例如，吐温 20[Fluka 9377]}	0.04 g
氯化钠(分析纯)	2.4 g
苋莱红染料[例如，Sigma 915-67-3](915-67-3)	1.0 g
磷酸二氢钾(KH_2PO_4)	1.2 g
磷酸氢二钠(Na_2HPO_4)	4.3 g
蒸馏水或去离子水	加至 1 L

注 1：可在合成血液中加入 2-甲基-4-异噻唑啉-3-酮盐酸盐(MIT)(0.5 g/L)以延长溶液的贮存期。

注 2：Sigma 9004-32-4，Fluka 9377，Sigma 915-67-3 以及 Fluka 9377 是合适的商用产品举例。给出这一信息是为了方便本标准的使用者，并不代表对该产品的认可。

A.2 配制方法

将羧甲基纤维素钠溶解在 0.5 L 水中，在磁力搅拌器上混匀 60 min。

在一个小烧杯中称量吐温 20，加入水混匀。

将吐温 20 溶液加到羧甲基纤维素钠溶液中，用蒸馏水将烧杯洗几次加到前溶液中。

将 NaCl 溶解在溶液中。将 KH_2PO_4 和 Na_2HPO_4 溶解在溶液中。

加入 MIT(如使用)和苋莱红染料。

用水将溶液稀释近 1 000 mL。

用磷酸盐缓冲液将合成血液的 pH 调节至 7.3±0.1，定容至 1 000 mL。

按照 GB/T 5549—1990 测量合成血液的表面张力，结果应是 0.042 N/m±0.002 N/m。

附　录　B
（规范性附录）
适合性试验方法

B.1　试验环境

试验空间大小应能容纳受试者自由进行规定的测试动作。空气中颗粒数应不小于 70×10^6 个/m^3。如颗粒数过少，可使用气溶胶发生器增加环境中的颗粒，气溶胶发生器产生颗粒的粒数中值直径（CMD）在约为 0.04 μm，几何标准差约为 2.2（相当于空气动力学质量中值直径（MMAD）0.26 μm）。如使用氯化钠气溶胶，则空气的相对湿度应不大于 50%。

B.2　安装口罩采样管

在口罩接近佩带者口鼻部的“呼吸区域”穿刺，安装采样管。采样管应在受试者颈部佩戴的支持装置上固定以减小试验过程中对口罩的干扰。

B.3　试验步骤

选 10 名受试者，男女各半，头型符合 GB/T 2428—1998 中国头型系列。男性刮掉胡须。按照使用说明佩戴好口罩。测试前应进行检查，包括口罩无移动趋势、口罩带不要过松或过紧、鼻夹贴适鼻梁，周边不要漏气等。测试过程进行中不允许再调整。要求受试者做以下 6 个规定动作，每个动作做 1 min：

a)　正常呼吸——站立姿势，正常呼吸速度，不说话。
b)　深呼吸——站立姿势，慢慢深呼吸，注意不要呼气过度。
c)　左右转头——站立姿势，缓缓向一侧转头到极限位置后再转向另一侧，在每个极限位置都应有吸气。
d)　上下活动头部——缓缓低头，再缓缓抬头，在抬头的极限位置应有吸气动作。
e)　说话——大声缓慢说话。让受试者从 100 倒数或读一段文章。
f)　正常呼吸——同 a)。

B.4　计算适合因数

B.4.1　通过计算测得的口罩外部颗粒的平均浓度和口罩内部平均浓度的比值来计算每个动作的适合因数。

B.4.2　口罩外的颗粒平均浓度可以用试验前后（6 个动作）浓度的算术平均值，或每个动作前后浓度的平均值，也可用连续测量的真实平均值。

B.4.3　口罩内的浓度用下列方法之一计算：

a)　平均峰值穿透法：用带状记录仪、积分器或计算机确定进入口罩内的颗粒数量。对每一个动作，通过计算记录纸上平均峰值高度或通过计算机积分来确定颗粒数量。也可用积分器或计算机计算实际进入口罩内颗粒数量。
b)　最大峰值穿透法：用带状记录仪确定进入口罩内的颗粒数量。每个给定动作颗粒穿过的最高峰代表该动作进入口罩内的平均进入量。
c)　面积积分法：对每个动作峰值下的面积积分计算。包括计算机积分。
d)　计算总适合因数：先将每个动作的适合因数转换为穿透值，计算平均值，然后再把结果转换回适合因数。如式（B.1）。

$$FF=\frac{6}{1/ff_a+1/ff_b+1/ff_c+1/ff_d+1/ff_e+1/ff_f} \quad \cdots\cdots\cdots\cdots\cdots\cdots(B.1)$$

式中：

FF——总适合因数；

ff_a——正常呼吸的适合因数；

ff_b——深呼吸的适合因数；

ff_c——左右转头的适合因数；

ff_d——上下活动头部的适合因数；

ff_e——说话的适合因数；

ff_f——正常呼吸的适合因数。

ICS 25.040.40
L 67

中华人民共和国国家标准

GB/T 19114.43—2010/ISO 15531-43:2006

工业自动化系统与集成 工业制造管理数据 第43部分:制造流程管理数据:流程监控与制造数据交换的数据模型

Industrial automation systems and integration—Industrial manufacturing management data—Part 43:Manufacturing flow management data:Data model for flow monitoring and manufacturing data exchange

(ISO 15531-43:2006,IDT)

2011-01-14 发布 2011-05-01 实施

中华人民共和国国家质量监督检验检疫总局
中国国家标准化管理委员会 发布

前　言

GB/T 19114《工业自动化系统与集成　工业制造管理数据》分为下列部分：

——第1部分:工业制造管理数据:综述；

——第21部分:规范外部交换产品数据的表达；

——第31部分到第33部分:制造资源应用管理数据的表达；

——第41部分到第44部分:制造流程管理数据的表达。

GB/T 19114《工业自动化系统与集成　工业制造管理数据》现已发布和即将发布的包括以下部分：

——第1部分:工业制造管理数据:综述

——第31部分:资源信息模型

——第32部分:资源应用管理数据的概念模型

——第42部分:时间模型

——第43部分:制造流程管理数据:流程监控与数据交换的数据模型

——第44部分:车间级数据采集的制造管理信息建模

本部分是GB/T 19114的第43部分,本部分等同采用ISO 15531-43:2006,在技术内容和结构方面与ISO 15531-43:2006一致。在编写规则上符合GB/T 1.1—2000,为便于使用,做了如下编辑性修改:

a) 删去了ISO前言；

b) 将"本国际标准"和ISO 15531改为"GB/T 19114"；

c) 将规范性引用文件中已转化为国家标准的国际标准编号改为国家标准编号,并在其后的原括号内给出了该国家标准当前的适用版本编号及其对应的国际标准版本编号。未转化的仍引用国际标准。

本部分的附录A为规范性附录,附录B和附录C为资料性附录。

本部分由中国机械工业联合会提出。

本部分由全国自动化系统与集成标准化技术委员会(SAC/TC 159)归口。

本部分主要起草单位:中国标准化研究院、重庆市标准化研究院。

本部分主要起草人:刘守华、王志强、洪岩、余松华、唐良富、李文武、杨青海。

引　言

工业产品的制造过程所产生的信息对于该产品的生命周期是非常重要的，尤其在一个可持续发展的环境中。制造可被定义为由原材料或半成品向成品的转化。制造管理在整个生产周期中，从下料到成品的交付都起着指导和调节物流的作用，包括对资源管理的影响。

一个制造管理系统管理着整个制造链的物流和信息流，从供应商、制造商、集成商到分销商，有时还包括客户。

为了便于电子信息交换，合作者之间可以以数据的形式确定并构成。那么在交换时信息处理必须通过使用产品和制造数据建模标准，以一种能被大多数合作者共享的方式来标识、建模和表达。

供应厂家的生产计划功能和主厂家的主要生产计划人员有很大的关系，他向供应厂家提供信息以便供应商计划他们的生产。主厂家的运作计划系统不断地向供应商发出定单以确保构件、部件和其他生产和装配过程所需的资源。

GB/T 19114 是一项工业制造管理数据的计算机可解释的表达和交换的标准。其目的是提供一个中性机制，这个机制能够通过在相同的工业公司和它的外部环境之间的生产过程来描述工业制造管理数据，它独立于任何特殊的系统。这种描述的实质使它不仅适用于中性的文件交换，也可以作为一个实现和共享制造管理数据库和归档的基础。

该标准由多部分组成，每部分单独出版，该标准分为：外部交换产品数据、制造资源应用管理数据、时间模型管理和制造流程管理数据。

GB/T 19114 的本部分通过制造流程和过程的数据模型的建立描述了与制造流程和过程管理相关的数据表达，并且着重强调了本部分与 ISO TC 184/SC 4 所制定的其他标准：如 ISO 10303（GB/T 16656），ISO 13584（GB/T 17645），ISO 15926（GB/T 18975）之间的关系，除此之外，本部分的制定应用了 GB/T 16656.11 第二版中的 EXPRESS 语言，它是 GB/T 16656.41 几种结构的扩展应用，并且还引用了 GB/T 17645 字典。

工业自动化系统与集成　工业制造管理数据　第43部分：制造流程管理数据：流程监控与制造数据交换的数据模型

1　范围

GB/T 19114 的本部分为流程管理提供了一种数据模型和一个相关的构造块集，与 GB/T 19114 的第 42 部分的时间模型不同。物流和信息流的计划、调度、控制和监控的标准的数据模型和表达都是通过数据模型和构造块集来描述的。

因此本部分通过建立一种概念流程模型来提供一种在制造过程中的关于流程控制和管理的数据表达。

本部分适用于：

——与制造流程管理和控制相关的数据的表达。

注：该信息通常在主厂家内部提供，在不同的车间或生产单元间进行交换。

本部分不适用于：

——有关外部交换信息建模；

——有关制造过程中资源应用的信息建模；

——有关时间表达的信息建模。

2　规范性引用文件

下列文件中的条款通过 GB/T 19114 的本部分的引用而成为本部分的条款。凡是注日期的引用文件，其随后所有的修改单(不包括勘误的内容)或修订版均不适用于本部分，然而，鼓励根据本部分达成协议的各方研究是否可使用这些文件的最新版本。凡是不注日期的引用文件，其最新版本适用于本部分。

GB/T 16262.1　信息技术　抽象语法记法一(ASN.1)第 1 部分：基本记法规范(GB/T 16262.1—2006,ISO/IEC 8824-1:2002,IDT)

GB/T 16656.11　工业自动化系统与集成　产品数据表达与交换　第 11 部分：描述方法：EXPRESS 语言参考手册(GB/T 16656.11—2010,ISO 10303-11:2004,IDT)

GB/T 16656.41　工业自动化系统与集成　产品数据表达与交换　第 41 部分：产品描述与支持原理(GB/T 16656.41—2010,ISO 10303-41:2005,IDT)

GB/T 16656.49 工业自动化系统与集成　产品数据表达与交换　第 49 部分：工艺过程结构和特性(GB/T 16656.49—2003,ISO 10303-49:1998,IDT)

GB/T 17645.1　工业自动化系统与集成　零件库　第 1 部分：综述与基本原理(GB/T 17645.1—2008,ISO 13584-1:2001,IDT)。

GB/T 17645.24　工业自动化系统与集成　零件库　第 24 部分：逻辑资源：供应商库的逻辑模型(GB/T 17645.24—2003,ISO 13584-24:2002,IDT)

GB/T 17645.42　工业自动化系统与集成　零件库　第 42 部分：描述方法学：构造零件族的方法学(GB/T 17645.42—2001,ISO 13584-42:1998,IDT)

GB/T 19114.1　工业自动化系统与集成　工业制造管理数据　第 1 部分：综述(GB/T 19114.1—2003,ISO FDIS 15531-1:2000,IDT)

GB/T 19114.31—2008　工业自动化系统与集成　工业制造管理数据　第31部分:工业制造管理数据(ISO DIS 15531-31:2002,IDT)

GB/T 19114.32　工业自动化系统与集成　工业制造管理数据:资源应用管理　第32部分:资源应用管理数据的概念模型(GB/T 19114.32—2008,ISO 15531-32:2005,IDT)

GB/T 19114.42　工业自动化系统与集成　工业制造管理数据:资源应用管理　第42部分:时间模型(GB/T 19114.42—2008,ISO 15531-42:2005,IDT)

GB/T 20720.1—2006　企业控制系统集成　第1部分:模型和术语(ISO 62264-1:2003,IDT)

ISO 10303-1　工业自动化系统与集成　产品数据表达与交换　第1部分:综述和基本原理

3　术语和定义、缩略语

3.1　术语和定义

下列术语和定义适用于GB/T 19114的本部分。

3.1.1

性能　capability

能够执行特定活动的特性。

注:性能由一组描述制造资源或系统的功能方面的特征所定义。

[GB/T 19114.1]

3.1.2

能力　capacity

一个系统、子系统或资源从数量的观点上实现所预期功能的能力。

例:一个系统或资源在一定期限内生产预期数量的产品的能力。

注:对于一个给定的系统或资源,对可应用能力和所要求能力加以区分可能是有用的。

[改自GB/T 19114.1]

3.1.3

运送过程　carrying process

传输过程　transportation process

支持其他过程间流程的过程。

注:其他过程可以是制造过程和/或者其他运送过程。运送过程是一个特殊化的过程,同时也可以被认为是一个特殊化的制造过程。然而,在流程管理环境中,应清楚区别直接支持制造的过程和更多物流及面向设备的过程。

3.1.4

数据　data

一种形式化的信息表达,它适合于人或计算机进行通信、解释或处理。

[ISO 10303-1]

3.1.5

数据交换　data exchange

数据的存储、访问、传输和归档。

[ISO 10303-1]

3.1.6

装置　device

任何确定的不属于软件、数据集或人力资源类的物理设备、系统或子系统。

注:然而装置可以包含软件。

[GB/T 19114.1]

3.1.7

离散制造　discrete manufacturing

离散性产品的生产。

例:汽车、器具或计算机。

[GB/T 19114.1]

3.1.8

分离过程　division process

把一个流程分成多个流程的运送过程。

3.1.9

实体　entity

由共同特性定义的信息类。

[GB/T 16656.11]

3.1.10

企业实体　enterprise entity

一个企业论述范围内任何具体或抽象的东西。

注:这里提到的概念属于广义实体概念,如同在 GB/T 18757[1] 里所定义的。为避免和 GB/T 16656.11 所定义的实体术语相矛盾,那些标准里定义的概念在这里有所限制。那么除了在论域内的定义,GB/T 19114 的术语实体与 GB/T 16656.11 提供的定义一致。

[改自 GB/T 19114.1]

3.1.11

环境　environment

论域的一部分,但并不属于系统自身。

示例:系统的输入和输出,如原材料、最终产品等,属于系统的环境,但不用于系统或时间。

[GB/T 19114.42]

3.1.12

流程　flow

物质或信息对象集合在空间和时间上的运动。

[GB/T 19114.1]

3.1.13

流程控制　flow control

一个特定的生产控制系统,它主要以生产率和供应工作为基础满足计划进度,监控生产。

注:根据其特定目的,它也包括检查和操纵流程。该术语也可应用在功能或服务上。定义来自 APICS 字典[3]。

[GB/T 19114.1]

3.1.14

流程模型　flow model

与制造相关的流程的一种表达或描述,它只描述与其目的相关的方面。

[GB/T 19114.1]

3.1.15

信息　information

事实、概念或指令。

[ISO 10303-1]

3.1.16

合流过程　junction process

使几个流程组合变成一个或多个其他的流程的运送过程。

3.1.17

制造　manufacturing

将原材料或半成品转换成成品的功能或行为。

注：定义采自 APICS 字典[3]。

［GB/T 19114.1］

3.1.18

制造管理　manufacturing management

在整个生产周期中指导和调节物流的功能和行为，从下料到产品的交付，包括对资源管理的影响。

［GB/T 19114.1］

3.1.19

制造过程　manufacturing process

一套结构化的活动或操作，它完成了将原材料或半成品向半成品或成品的转化。

注：制造过程可以按过程、产品、单元或固定位置等方式组织。根据战略性应用和物资的分配，制造过程可被用于支持按库存生产，按订单生产，按订单装配。

［改自 GB/T 19114.1］

3.1.20

模型　model

一种实体或系统的表达或描述，只对认为和其目的相关的方面进行描述。

注：这里所用的实体不是 GB 16656.11 提供的，而是由 GB/T 20720.1—2006 给出的。

［GB/T 19114.1］

3.1.21

工序　operation

包含一个或多个作业单元的工作或任务，该工作或任务通常必须在一个位置完成。

注：定义采自 APICS 字典[3]。

3.1.22

计划　planning

过程顺序、资源需求和需要达到特定操作的流程管理受控的分析和设计。

［ISO 10303-1］

3.1.23

过程　process

涉及各种企业实体的活动的结构化组合，这些活动是为给定目的设计和组织的。

注：这里所提供的定义和 GB/T 16656.49 的定义非常接近。然而 GB/T 19114 需要活动的结构化组合的观念，对于时间和步骤没有任何预先确定。另外，从流程管理的观点来看，为同步目的需要一些空过程，尽管实际上它们不起任何作用。

［改自 GB/T 19114.1］

3.1.24

产品　product

由天然或人工过程形成的事物。

［改自 ISO 10303-1］

3.1.25

产品数据　product data

适合于人或计算机进行通信、解释或处理的，以形式化方法表达的有关产品的信息。

［ISO 10303-1］

3.1.26

资源 resource

企业用于生产产品或提供服务的任何设备、工具和手段。

注1：本定义改写自GB/T 19114.1—2003，所以该标准中定义的资源(除了原材料、产品和组件是从一个系统理论的观点来考虑)是作为系统环境的部分而非属于系统本身。而且该定义包括GB/T 16656.49定义，但它也包括在应用于同样包括原材料和消耗品的本部分、GB/T 20719.44以及GB/T 20719.13的定义中。

注2：这里所定义的资源包括人力资源，作为一种具有给定能力和性能的特定的手段。这些工具通过指派任务而被认为涉及制造过程。除了它们在制造过程中完成给定的任务(即原材料或零部件的转换、物流服务保证)的能力外，不包括人力资源的个体或通用人类行为模型。作为包括人力手段的其他资源，仅从它们的功能、能力、状态(即空闲、忙)，它不包括任何方面的个体或共同的社会行为模型或表达。

[改写GB/T 19114.1—2003的3.6.43]

3.1.27

调度 scheduling

制造活动计划事件的行为、功能或结果。

[GB/T 19114.1]

3.1.28

时间单位 unit of time

时域中时间测度必须引用的单位，它隐式或显式地表示为国际单位制中定义的秒的若干倍。

注1：换句话说时间单位是引用时间时所选的时间定量值，它也可按时间的其他定量值表示。秒就是国际单位制定义的时间单位。

注2：倍数可能大于1，或小于1。

[GB/T 19114.42]

3.1.29

论域 universe of discourse

属于一个真实世界领域的具体或抽象的事物的集合，根据其在模块化的系统和相应环境上的重要性进行选择。

注：定义采自ISO/CEN 19439[3]。

[GB/T 19114.1]

3.2 缩略语

下列缩略语适用于本部分

MANDATE：制造管理数据交换(MANufacturing management DATa Exchange)

STEP：产品模型数据交换标准(STandard for the Exchange of Product model data)

4 GB/T 19114目的和范围

GB/T 19114也叫MANDATE，它规定了整个工业过程中制造管理信息表达的特征。它提供必要的机制和定义，使得制造管理数据在工厂内部或与其他工厂或企业之间共享和交换。

交换贯穿于不同的计算机系统以及和整个工业过程相关的环境中。本标准关注离散制造业，但不仅限于此。而且，本标准也适用于任何其他的与本标准基本原则不矛盾的非离散制造工业过程。

以下内容属于GB/T 19114的范围：

——生产和资源信息的表达，包括：性能、能力、监控、维护的约束和控制；

注：按其对流程控制的影响，维护约束以及维护管理相关的数据也是本标准考虑的内容。

——生产和资源信息的共享和交换，包括：存储、传送、访问和存档。

以下内容不属于GB/T 19114的范围：

——企业建模；

注：企业总体建模的工具、结构和方法学不属于GB/T 19114的范围。

——产品数据(产品信息的表达和交换)；

——组件数据(零件库:计算机可解释的零部件库信息的表达和交换);
——刀具(刀具数据的电子表达和交换);
——技术维护信息(如设备的修理,操作和维护手册这样的技术信息)。

5 制造流程管理数据

5.1 制造流程管理

GB/T 19114 的本部分对制造流程管理和车间或工厂中流程控制的数据模型进行了说明。制造流程模型被提供在同时和/或相继发生的不同过程环境之中,它提供一个或多个产品和/或组件,同时也包含图 1 所示的众多资源。

在这个环境中,一个组件可以是几个过程的输入,一个过程可以同时或连续地提供不同的组件和/或产品,不同的过程可以连续地使用同样的资源。

示例 1:图 1 所示:同样的组件(或原材料)C2 是过程 A 和 F 的输入,同理,组件(或原材料)C3 是过程 F 和 L 的输入。

示例 2:图 1 所示:过程 A 为过程 B 和 D 提供了组件:过程 F 为过程 C、K 和 G 提供组件;过程 L 为过程 H 和 M 提供组件等,这些过程可以同时发生或连续发生的。

示例 3:图 1 所示:过程 E 从过程 D 和 C 中得到组件,并提供产品(或组件)p2 和 p3;过程 D 提供产品(或组件)p1 和过程 E 的组件,过程 N 从过程 H 和 M 中取得组件来提供产品(或组件)p7 和 p8。所有的这些操作可以同时地或相继地发生。

示例 4:过程 B 和 C 相继使用同样的资源,过程 G 和 H 相继使用其他同样的资源。

本部分为数据建模提供了方法,该数据需要管理多个复杂的流程,当此流程在工厂中同时或相继发生在不同制造过程中时需要引起重视。这部分包括产品、组件或原材料流程以及服务流程(如信息流程)。

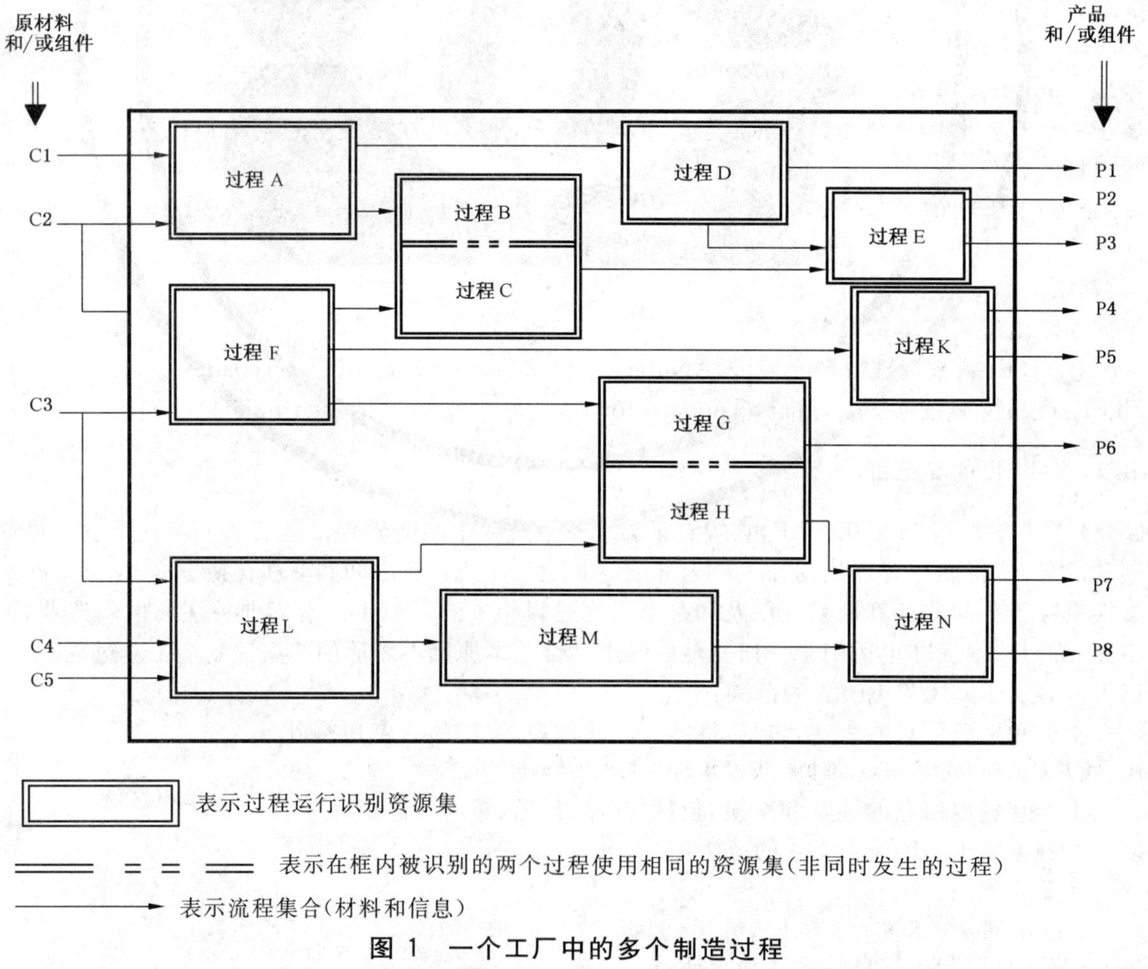

图 1 一个工厂中的多个制造过程

本部分中的论域是指在工厂中的整个制造过程，所考虑的流程管理数据也包括用以管理来自工厂环境的流程的数据(作为一个系统)以及进入该环境的流程的数据。

示例5：管理公司的其他工厂或供应商的组件流程所需要的数据。

根据这些需求，本部分在5.2中定义了 manufacturing_flow_management_data_schema 的基本概念和原理。5.3详细说明了该模式，该模式为在计划、调度、监测和控制环境中提供了制造流程过程的结构。本部分中的以下条款中，EXPRESS结构与GB/T 16656.11的模式一致，考虑了制造过程中的计划、调度、监控以及控制的相关约束的表达。

注：虽然本部分是为离散性制造流程管理数据设计的，但是所有的模式也可用在连续过程中。

5.2 基本概念和假设

需要两类独立的概念或企业实体来构造过程A和过程B之间的材料或信息对象流模型。

示例1：执行过程A的铣床和执行过程B的钻床之间的材料和信息流。

第一类概念描述了执行过程A和过程B间的相关对象的运送的物理过程的建模。该物理过程也称为运送过程或运输过程，它区别于单纯的制造或机械过程，该物理过程像其他过程一样是一个系统。它有输入(来自过程A)和输出(到过程B)，如GB/T 19114.31—2008附录D和GB/T 20720.1—2006附录F中所述，它包括一个物理系统(本身的资源)和一个控制系统(管理系统)。图2通过箭头为过程A和过程B间的关系提供了一个基本表达，箭头表示两个过程间的整个流程，图3通过对运送过程的描述详细说明了整个流程。

第二类概念则更加抽象。它详细描述了介于过程A和过程B间的对象转换特征。该描述是通过流程内容识别，流程逻辑起点和流程逻辑终点目标展开的，同时也依据了每单位时间内转换的对象数量。所有这些信息都是流程管理数据，它们的建模是本部分的目的。

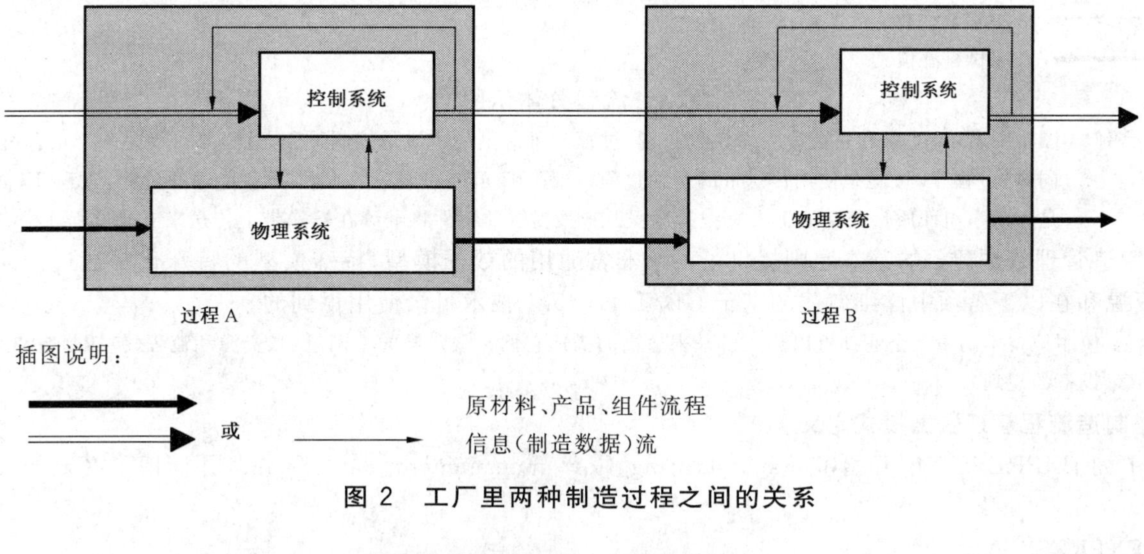

图2 工厂里两种制造过程之间的关系

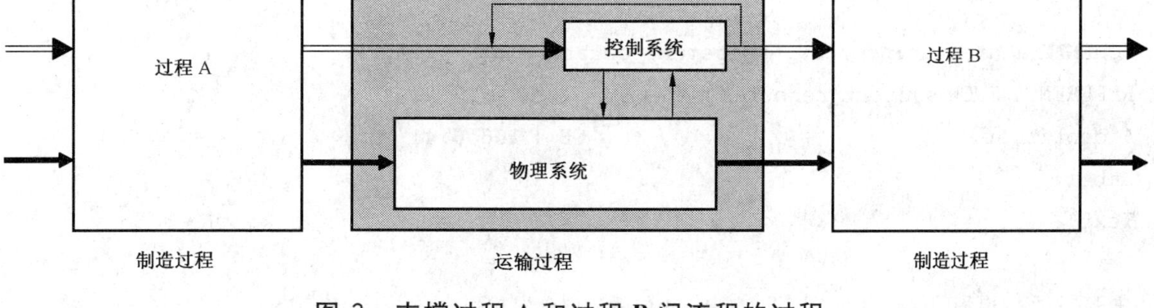

图3 支撑过程A和过程B间流程的过程

随着制造流程所需的两类企业实体之间的分离，管理它们所需的数据被建模，这种建模独立于任何支持这些制造流程的过程和/或资源。所有制造流程的物理特征，包括拓扑特征都是通过过程、资源和其他支持传送过程的第一类企业实体的建模来被分别描述的。

示例 2：传送资源可以包括传送带(包括他们的拓扑描述)，自动载运，叉车司机(包括从过程 A 位置到过程 B 位置的方式)，网络电缆等。

通过对各种运送过程的集合的建模，制造流程的所有拓扑特征被建模。图 4 提供了流程分离和相应的运送过程的表达。用相同的方式表述合二为一的流程结合，该流程结合由一个结合过程而非分离过程支持。相应的图表与图 4 相称。

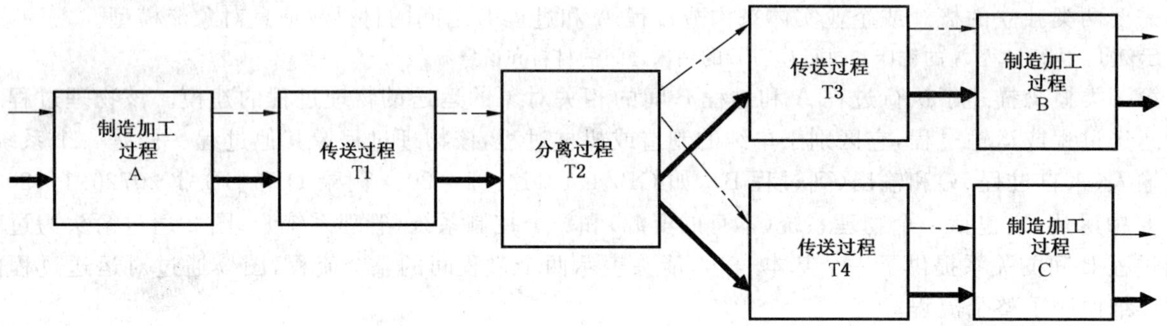

插图说明：

A、B、C　表示制造加工过程；

T1、T2、T3、T4　表示支撑过程 A 和过程 B 间的传送过程；

—·—→　表示信息流程；

━━→　表示材料流程。

图 4　流程分体示图

示例 3：图 4 中所示，过程 A 可能是一个铣削过程，过程 B 可能是一个质量控制过程，过程 C 可能是一个钻孔过程。同样，过程 T1 可能是使用传送带的运输过程，过程 T2 可能是将一些组件分发传送的过程，过程 T3 可能是由从事组件质量控制的工人操作的过程。未被提取的组件将继续在输送带上传送来支持过程 T4。

制造管理数据建模的基本原则提供了一个非常通用的数据模型，特殊模型的特殊化是通过描述过程、资源和在以下各项中详细叙述的基于 GB/T 17645.1 技术目录使用得到的。

注：使用该技术的每个企业都可以建立目录来适当的描述它们必须建模的不同过程、资源和流程(包括制造和运输设备的规划)。

5.3　制造流程管理数据模式定义

下列 EXPRESS 声明开始了 manufacturing_flow_management_dataschema，并标识了必要的外部引用。

EXPRESS 描述：

```
*)
SCHEMA manufacturing_flow_management_dataschema;
REFERENCE FROM support_resource_schema
(identifier,                          --GB/T 16656.41
Label,
Text);
(*
```

注 1：上面所引用的模式可在 GB/T 16656.41 的下述部分中找到：

Support_resource_schema：第 20 章

注 2：本模式使用 EXPRESS-G 注释，相关的图形表示见附录 C。

```
*)
REFERENCE FROM product_definition_schema
(product);                                    --GB/T 16656.41
(*
```

注 3：上面所引用的模式可在 GB/T 16656.41 的下述部分中找到：

Product_definition_schema：第 5 章

```
*)
REFERENCE FROM resource_usage_management_schema
(resource);                                           --GB/T 19114.32
(*
```

注 4：上面所引用的模式可在 ISO 15531-32 的下述部分中找到：

Resource_usage_management_schema：第 4 章

```
*)
REFERENCE FROM time_domain_schema
(interval_of_time,                                    --GB/T 19114.32
Point_in_time);
(*
```

注 5：上面所引用的模式可在 GB/T 19114.42 的下述部分中找到：

Time_domain_schema：第 5 章

```
*)
REFERENCE FROM IEC 61360-2_dictionary_schema
(property_bsu);
(*
```

注 6：上面所引用的模式可在 IEC 61360-2 中找到(资料副本也在 GB/T 17645.42 中出版)。

```
*)
REFERENCE FROM ISO 13584_instance_resource_schema
(primitive_value);
(*
```

注 7：上面所引用的模式可在 GB/T 17645.24 的下述部分中找到。

Instance_resource_schema：第 6 章

5.4 制造流程管理数据类型定义

5.4.1 type_of_flow

type_of_flow(流程类型)是一组用于标识流程的字符串。它不需要通过自然语言来理解。

EXPRESS 描述：

```
*)
TYPE type_of_flow = STRING;
END_TYPE;
(*
```

5.4.2 type_of_material_flow

type_of_material_flow(原材料流程类型)是可用于对 material_flow 进行分类的一个字符串。它不需要通过自然语言来理解。

EXPRESS 描述：

```
*)
```

```
TYPE type_of_material_flow = STRING;
END_TYPE;
(*
```

5.5 制造流程管理数据子类型约束定义

5.5.1 material_information

Material_information(物料信息)是用于定义分类所需的 flow 的子类型的子类型约束。

EXPRESS 描述:

```
*)
SUBTYPE_CONSTRAINT material_information FOR material_flow;
    ONEOF (raw_material,component);
END_SUBTYPE_CONSTRAINT;
(*
```

5.5.2 rawmat_component

rawmat_component(原材料组件)是用于定义分类所需的 material_flow 的子类型的子类型约束。

EXPRESS 描述:

```
*)
SUBTYPE_CONSTRAINT rawmat_component FOR material_flow;
    ONEOF (raw_material,component);
END_SUBTYPE_CONSTRAINT;
(*
```

5.6 制造流程管理数据实体定义

5.6.1 process

Process(过程)是涉及各种企业实体的活动的结构集,是为特定的目的设计和组织的。

注:这里所提供的定义采自标准 GB/T 19114.1。

示例:一个制造过程可以是钻孔操作、装配操作。

EXPRESS 描述:

```
*)
ENTITY process;
    Id: identifier;
    Name: label;
    Description: text;
    Operates_on: process_flow_assignment;
    Process_characterised_by: process_property_value;
    Starts_at: point_in_time;
    Corresponds_to: interval_of_time;
    Uses: resource;
    Decomposes_into: SET[0:?]  OF process;
UNIQUE
    UR1:id;
END_ENTITY;
(*
```

属性定义:

id:process 的标识。

Name:process 的名称。

Description:process 的主要特征的描述。

Operates_on:process 处理的 Flow。

Process_characterised_by:表示 process 的特征值 process_property_value。

Starts_at：表示 process 开始的时间点 point_in_time。

Corresponds_to： 表示 process 持续的时间段 interval_of_time。

Uses：process 所需要的 resource 。

Decomposes_into： 组成 process 的一系列 process。

形式限制：

UR1：过程标识应是唯一的。

5.6.2 flow

Flow(流程)是指物质或信息对象集合在空间和时间上的运动。

注：这里所提供的定义采自标准 GB/T 19114.1。

示例：组件从一个铣床到一个钻床或数据集从一个计算机到另一个计算机。

EXPRESS 描述：

```
*)
ENTITY flow;
        Id：identifier;
        Name：label;
        Description：text;
        Corresponds_to：process_flow_assignment;
        Flow_characterised_by：flow_property_value;
        Classification：type_of_flow;
        Decomposes_into:SET[0:?]OF flow;
UNIQUE
        UR1：id;
END_ENTITY;
(*
```

属性定义：

id：flow 的标识。

name：flow 的名称。

description：flow 的主要特征的描述。

corresponds_to：flow 对应的 process。

flow_characterised_by:表示 flow 的特征值 flow_property_value。

classification：type_of_flow 提供了将不同 flow 分类的方法。

decomposes_into：组成 flow 的一系列 flow。

形式限制：

UR1:flow 标识应是唯一的。

5.6.3 Process_flow_assignment

Process_flow_assignment(过程流程分配)定义了过程和流程实体间联系的表达。

EXPRESS 描述：

```
*)
ENTITY process_flow_assignment;
END_ENTITY;
(*
```

5.6.4 **process_property_value**

process_property_value(过程特性值)通过与标准 GB/T 17645 相关实体结合定义了 process 特性。

EXPRESS 描述：

```
*)
ENTITY process_property_value;
      Val: primitive_value;
      Is_described_by: property_bsu;
END_ENTITY;
(*
```

属性定义：

Value：特性的 primitive_value，由 GB/T 17645 的外部引用提供。

Is_described_by：特性外部字典的引用。

5.6.5 **flow_property_value**

flow_property_value(流程特性值)通过与标准 GB/T 17645 的相关实体的结合定义了流程的特性。

EXPRESS 描述：

```
*)
ENTITY flow_property_value;
      Val: primitive_value;
      Is_described_by: property_bsu;
END_ENTITY;
(*
```

属性定义：

Value：特性的 primitive_value，由 GB/T 17645 的外部引用提供。

Is_described_by：特性外部字典的引用。

5.6.6 **material_flow**

material_flow(物流)是物理对象集合在空间和时间上的运动。

注：这里所提供的定义采自标准 GB/T 19114.1。

例：从钻床到磨床的钻孔运动。

EXPRESS 描述：

```
*)
ENTITY material_flow
SUBTYPE OF (flow);
      Classification: type_of_material_flow;
END_ENTITY;
(*
```

属性定义：

分类：type_of_material_flow 提供了一个将不同 material_flows 分类的方法。

5.6.7 **Information_flow**

Information_flow(信息流程)是信息对象集合在空间和时间上的运动。

注：这里提供的定义采自标准 GB/T 19114.1。

例：数据集从一台计算机转移到另一台计算机，或者是通过打电话转移信息。

EXPRESS 描述：

```
*)
ENTITY information_flow
SUBTYPE OF (flow);
END_ENTITY;
(*
```

5.6.8 raw_material

raw_material(原材料)是 material_flow 的子类型，特征通过未精练的或未处理的材料的运动而描述。

例：橡胶和钢材是生产轮胎的原材料。

EXPRESS 描述：

```
*)
ENTITY raw_material
SUBTYPE OF (material_flow);
    Refers_to: product;
END_ENTITY;
(*
```

属性定义：

产品：原材料的标识。

5.6.9 component

Component(组件)是 material_flow 的子类型，特征通过子装配在组成更复杂结构之前的运动而描述。

EXPRESS 描述：

```
*)
ENTITY component
SUBTYPE OF (material_flow);
    Refers_to: product;
END_ENTITY;
(*
```

属性定义：

产品：组件标识。

```
END_SCHEMA;-- manufacturing_flow_management_data_schema
(*
```

附 录 A
（规范性附录）
SC4 标准中 ASN.1 的标识符

为了在开放系统中提供信息对象的无二义性标识，赋予本部分的对象标识符是：

iso standard 15531 part 43 version 1

该值的意义在 GB/T 16262.1 中定义，在 GB/T 19114.1 中描述。

附 录 B
（资料性附录）
EXPRESS 列表

本附录提供了一个本部分描述的 EXPRESS 的列表。不包括文本和注释。本部分的计算机可解释的形式在文件 ISO TC 184/SC 4/JWG8 N462 中提供。

```
(*
    TC184/SC4/JWG 8 N462   2005-02-15
    EXPRESS DECLARATIONS FOR GB/T 19114.43
*)
SCHEMA manufacturing_flow_management_data_schema;
REFERENCE FROM support_resource_schema
(identifier,                                --GB/T 16656.41
Label,
Text);

REFERENCE FROM product_definition_schema
(product);                            --GB/T 16656.41

REFERENCE FROM resource_usage_management_schema
(resource);                                 --GB/T 19114.32

REFERENCE FROM time_domain_schema
(interval_of_time,                          --GB/T 19114.42
Point_in_time);

REFERENCE FROM ISO 13584_IEC 61360_dictionary_schema
(property_bsu);

REFERENCE FROM ISO 13584_IEC 61360_instance_resource_schema
(primitive_value);

TYPE type_of_flow = STRING;
END_TYPE;

TYPE type_of_material_flow = STRING;
END_TYPE;

SUBTYPE_CONSTRAINT material_information FOR flow;
    ONEOF (material_flow, information_flow);
END_SUBTYPE_CONSTRAINT;
```

```
SUBTYPE_CONSTRAINT rawmat_component FOR material_flow;
    ONEOF (raw_material,component);
END_SUBTYPE_CONSTRAINT;
ENTITY process;
    Id:identifier;
    Name: label;
    Description: text;
    Operates_on: process_flow_assignment;
    Starts_at: point_in_time;                          --GB/T 19114.42
    Corresponds_to: interval_of_time;                  --GB/T 19114.42
    Uses: resource;                                    --GB/T 19114.32
    Decomposes_into: SET[0:?]  OF process;
UNIQUE
    UR1:id;
END_ENTITY;

ENTITY flow;
    Id: identifier;
    Name: label;
    Description: text;
    Corresponds_to: process_flow_assignment;
    Classification: type_of_flow;
    Decomposes_into: SET [0:?]  OF flow;

UNIQUE
    UR1: id;
END_ENTITY;

ENTITY process_flow_assignment;
END_ENTITY;

ENTITY process_property_value;
    Val: primitive_value;
    Is_described_by: property_bsu;
END_ENTITY;

ENTITY flow_property_value;
    Val: primitive_value;
    Is_described_by: property_bsu;
END_ENTITY;

ENTITY material_flow
SUBTYPE OF (flow);
```

```
    Classification: type_of_material_flow;
END_ENTITY;

ENTITY information_flow
SUBTYPE OF (flow);
END_ENTITY;

ENTITY raw_material
SUBTYPE OF (material_flow);
    Refers_to: product;
END_ENTITY;

ENTITY component
SUBTYPE OF (material_flow);
    Refers_to: product;
END_ENTITY;

END_SCHEMA;-- manufacturing_flow_management_data_schema
```

附　录　C
（资料性附录）
EXPRESS-G 图

图 C.1 与附录 B 给出的列表一致。使用了 EXPRESS-G 图形表示法来表达 EXPRESS 语言。GB/T 16656.11 给出了 EXPRESS-G 的定义。

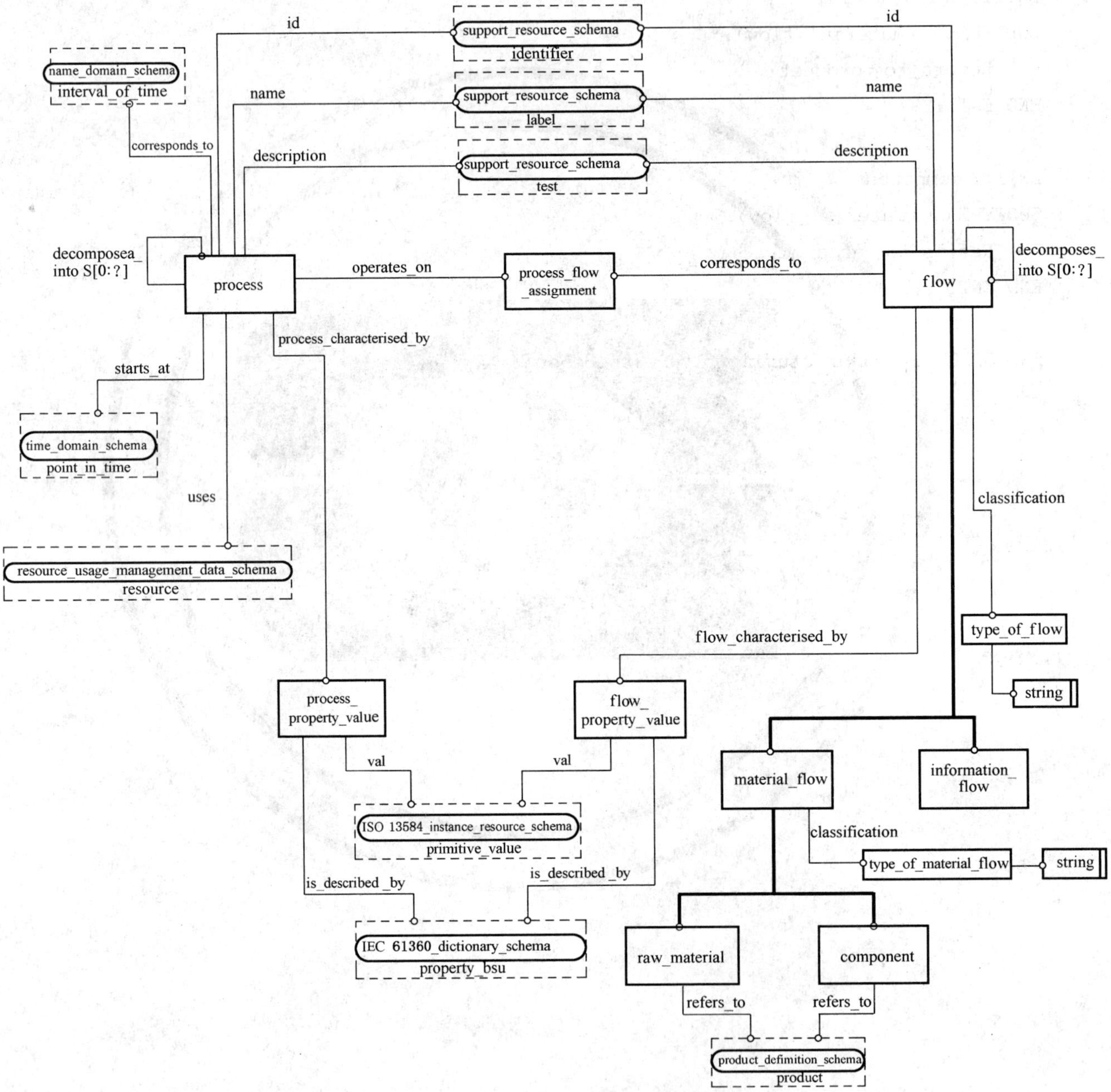

图 C.1　Manufacturing_flow_management_data_schema

参 考 文 献

［1］ GB/T 18757—2008 工业自动化系统 企业参考体系与方法论的需求(ISO 15704:2000,IDT)

［2］ GB/T 20719.13—2010 工业自动化系统与集成 过程规范语言 第13部分:时序理论(ISO 18629-13:2006,IDT)

［3］ GB/T 20719.44—2010 工业自动化系统与集成 过程规范语言 第44部分:定义性扩展:资源扩展(ISO 18629-44:2006,IDT)

［4］ ISO/CEN 19439 企业集成 企业建模框架

［5］ APICS字典.第8版(网址:http://www.apics.org).

ICS 75-010
E 11

中华人民共和国国家标准

GB/T 19144—2010
代替 GB/T 19144—2003

沉积岩中干酪根分离方法

Isolation method for kerogen from sedimentary rock

2010-09-02 发布 2010-12-01 实施

中华人民共和国国家质量监督检验检疫总局
中国国家标准化管理委员会 发布

前　言

本标准代替 GB/T 19144—2003《沉积岩中干酪根分离方法》。

本标准与 GB/T 19144—2003 相比，主要差异如下：

——细化了操作条件及设备的规定；

——增加了碳酸盐岩的处理条款；

——增加了膏岩的处理条款；

——细化了黄铁矿处理的步骤。

本标准的附录 A 为规范性附录。

本标准由中国石油天然气集团公司提出。

本标准由石油地质勘探专业标准化委员会归口。

本标准负责起草单位：中国石油勘探开发研究院石油地质实验研究中心。

本标准参加起草单位：中国石油化工股份有限公司胜利油田分公司地质科学研究院、中国天然气股份有限公司西南油气田分公司勘探开发研究院、中国天然气股份有限公司辽河油田分公司勘探开发研究院、中国石油化工股份有限公司石油勘探开发研究院无锡实验地质研究所、中国天然气股份有限公司青海油田分公司勘探开发研究院、中国天然气股份有限公司长庆油田分公司勘探开发研究院。

本标准起草人：王汇彤、林鹏、黎萍、李剑锋、蒋文春、王骏、王兰生、黄毅。

本标准于 2003 年首次发布。

沉积岩中干酪根分离方法

1 范围

本标准规定了干酪根分离的仪器、设备、试剂、样品的准备，分离步骤及质量要求。

本标准适用于沉积岩样品的干酪根分离，也适用于现代沉积物不溶有机质分离。

2 原理

干酪根分离采用化学、物理的方法，除去岩石中的无机矿物及氯仿可溶有机质，使其他有机质富集。

3 仪器和设备

3.1 酸反应装置：耐氢氟酸腐蚀的材料制成。

3.2 加热搅拌装置：可加热至约 90 ℃，转速可调。

3.3 离心机：最高转速不低于 4 000 r/min，配带体积约 400 mL、50 mL、10 mL 的离心管。

3.4 电热干燥箱：最高温度不低于 200 ℃。

3.5 电冰箱：冷冻温度低于 −5 ℃。

3.6 超声波清洗器或振荡器：输出功率 250 W。

3.7 高温炉：温控 1 000 ℃±20 ℃。

3.8 分析天平：分辨率 0.1 mg。

3.9 玛瑙研钵：直径约 8 cm。

3.10 坩埚：耐 1 000 ℃高温。

3.11 密封式化验制样粉碎机。

3.12 标准检验筛：0.18 mm、0.5 mm、1.0 mm。

3.13 天平：分辨率 0.5 g，最大称量 500 g。

3.14 密度计：相对密度测量范围在 1.00 g/mL～2.50 g/mL。

4 试剂和材料

4.1 盐酸：化学纯，配成约 1 mol/L、6 mol/L、8 mol/L 的溶液。

4.2 氢氟酸：化学纯。

4.3 冰醋酸：化学纯。

4.4 无砷锌粒：分析纯。

4.5 氯仿：分析纯。

4.6 硝酸银：分析纯，配成 1% 溶液。

4.7 氢氧化钠：分析纯，配成 0.5 mol/L 溶液。

4.8 重液：相对密度 d_4^{20} 为 2.0 g/mL～2.1 g/mL 的有关溶液，具体配制方法见附录 A。

4.9 pH 试纸：pH1～pH12。

5 样品制备

5.1 岩样

分离干酪根的岩样，其有机碳含量应符合表 1 规定。

表 1　分离干酪根的岩样有机碳含量

岩　　性	有机碳含量/%
泥岩、页岩	≥0.4
碳酸盐岩	≥0.1

5.2　碎样

岩样经粗碎、缩分后，依据干酪根用途再细碎为粗粒级及细粒级两种岩样。两种岩样粒径应符合表 2 规定。

表 2　细碎岩样的粒级和粒径

粒　　级	粒径/mm
粗粒级样品	1.0～0.5
细粒级样品	<0.18

5.3　取样量

为保证测试项目所需干酪根的数量，根据岩石中有机碳的含量，按表 3 确定取样量。有机碳含量较低时，可适当增加取样量。

经氯仿抽提后的细粒级岩石样品取样量按本条执行。

表 3　取样量

岩石中有机碳含量/%	取样量/g
<0.4	>50
0.4～1.0	≥30～≤50
>1.0	<30

6　分离步骤

6.1　前处理

称取一定量岩样，放入酸反应容器中，用蒸馏水浸泡，使岩样中的泥质充分膨胀，2 h～4 h 后除去上部清液。

6.2　酸处理

按 6.2.1～6.2.5 步骤依次完成五步酸处理。

警告：氢氟酸是剧毒强腐蚀危险品，应采取有效安全措施加以防范。

6.2.1　按每克样品加入 6 mL～8 mL 盐酸的比例，将浓度为 6 mol/L 的盐酸在搅拌状态下慢慢加入样品中，在 60 ℃～70 ℃下搅拌 1 h～2 h，使碳酸盐岩充分分解，除去酸液，用蒸馏水洗涤至弱酸性，除去清液。

6.2.2　按表 4 规定的比例在搅拌下依次加入浓度为 6 mol/L 盐酸及浓度为 40%的氢氟酸。在 60 ℃～70 ℃ 下搅拌 2 h，除去酸液，用 1 mol/L 盐酸洗涤三次，除去清液。

表 4　岩样与盐酸、氢氟酸的比例

岩样量/g	6 mol/L 盐酸/mL	40%氢氟酸/mL
1	2.4	3.6

6.2.3　按每克样品加入 6 mL～8 mL 盐酸的比例，将浓度为 6 mol/L 盐酸加入样品中，于 60 ℃～70 ℃ 搅拌 1 h，除去酸液后，用 1 mol/L 盐酸洗涤三次，除去清液。

6.2.4　按表 4 规定的比例在搅拌下依次加入浓度为 6 mol/L 盐酸及浓度为 40%氢氟酸再次处理样

品，搅拌 4 h，其他操作同 6.2.2。

6.2.5 重复 6.2.3。再用蒸馏水洗涤至弱酸性，除去清液。

6.2.6 对于碳酸盐岩样品，可不进行 6.2.4 和 6.2.5，但在 6.2.3 中用盐酸洗涤后，须用蒸馏水洗涤至近中性，并除去清液。

6.2.7 对于含石膏的样品，用浓度 8 mol/L 的盐酸替代 6 mol/L 的盐酸。

6.2.8 6.2.1～6.2.5 可在干酪根自动处理仪上完成。

6.3 碱处理

碱处理适用于现代沉积物样品。

取 0.5 mol/L 氢氧化钠溶液 200 mL 于 6.2.5 处理后的样品中，连续搅拌 30 min，去除碱液。重复进行上述操作，直至碱液无色。去除碱液后，用蒸馏水洗涤至中性。

6.4 黄铁矿的处理

有黄铁矿存在的样品进行以下处理：在富集的样品中，反复加入 6 mol/L 盐酸及无砷锌粒，待反应所产气体无硫化氢臭味时，用蒸馏水洗涤，重液浮选所得干酪根用蒸馏水洗涤至无卤离子。

6.5 重液浮选

6.5.1 将 6.2 及 6.3 所得干酪根置于离心管内，加入相对密度为 2.0 g/mL～2.1 g/mL 的重液，用超声波或振荡器处理，使其在重液中充分分散。在离心机中用转速 2 000 r/min～3 000 r/min 离心 20 min，待分层后取出上部干酪根，底部剩余物再用重液进行第二次浮选，分层后取出上部干酪根。合并二次浮选后的干酪根再用重液浮选一次，分层后取出上部干酪根，然后用蒸馏水洗涤至无卤离子。

6.5.2 粗粒级岩样所分离的干酪根离心富集后，一部分即可湿封备用，一部分按 6.5 处理。

6.6 冷冻、干燥

将 6.4 细粒级和部分粗粒级分离的干酪根置于电冰箱内，在约 −5 ℃下冷冻 6 h。取出，待冰融化后，在干燥箱中低于 60 ℃下进行干燥，亦可用氮气吹干。粗粒级岩样所分离的干酪根密封备用。

6.7 氯仿清洗可溶有机质

干燥后的细粒级干酪根用氯仿清洗，除去可溶有机质。风干，在烘箱中小于 60 ℃下干燥，称量、研细后装瓶备用。

6.8 烧失量的测定

称取 10 mg～20 mg 干酪根样品，置于恒重的坩埚内，在 100 ℃的干燥箱中第一次烘 1h，第二次以后每次烘 30 min 直至恒重，然后将其放入高温炉中升至 800 ℃，灼烧 1 h，取出冷却 30 min 后称重。再灼烧 30 min，冷却，称量，直至恒重(±0.2 mg)，逸失部分即为烧失量，其计算方法如式(1)所示：

$$w=\frac{m_2-m_a}{m_2-m_1}\times 100\% \qquad \cdots\cdots(1)$$

式中：

w——烧失量质量分数，%；

m_1——坩埚质量，单位为克(g)；

m_2——干酪根样品加坩埚质量，单位为克(g)；

m_a——视灰分[1]加坩埚质量，单位为克(g)。

所得结果修约到 2 位小数。

7 质量要求

干酪根的烧失量应大于 75%。

---

1) 视灰分指 800 ℃灼烧时所得灰分。

8 安全环保要求

8.1 安全防护:氢氟酸是剧毒、强腐蚀试剂,要求分析人员要配备必要的防护用品,操作应在通风良好的环境下进行。

8.2 环境保护:对分析过程中产生的废液、废气的处理应严格按照国家环保部门的有关规定进行。

附　录　A
（规范性附录）
重液的制备方法

A.1　氯化锌重液的制备

先将 500 g 氯化锌倒入 1 000 mL 的玻璃烧杯中，加入 150 mL 的蒸馏水，放在搅拌器上搅拌，待氯化锌完全溶解后加入 180 g 的碘化钾，继续搅拌，直到碘化钾完全溶解，加入 10 mL 冰乙酸，并调节使溶液相对密度在 2.01 g/mL～2.10 g/mL 范围内。经双层滤纸过滤到棕色瓶内保存。

A.2　溴化锌重液的制备

取饱和的溴化锌溶液 1 000 mL 于瓷钵中，边加热搅拌边加入 650 g 的溴化钾，溴化钾完全溶解后，冷却，加入 10 mL 冰乙酸，使溶液密度在 2.01 g/mL～2.10 g/mL 范围内。加溴化锌饱和溶液或加热挥发水蒸气可以调节相对密度。经双层滤纸过滤到棕色瓶内保存。

A.3　碘化锌重液的制备

先将 145 g 锌粒倒入蒸发皿内，慢慢加入 656 mL 氢碘酸，使其充分反应，待反应停止后加入 644 g 碘化钾，充分搅拌，完全溶解后，静置 12 h，液体变为无色透明时，加入 10 mL 冰乙酸，加热蒸发到所需相对密度，冷却后经双层滤纸过滤到棕色瓶内保存。

ICS 17.200.20
N 11

中华人民共和国国家标准

GB/T 19146—2010
代替 GB/T 19146—2003

红外人体表面温度快速筛检仪

Infrared devices for instant screening of human skin temperature

2010-09-02 发布　　　　2010-12-01 实施

中华人民共和国国家质量监督检验检疫总局
中国国家标准化管理委员会　发布

前　言

本标准代替 GB/T 19146—2003《红外人体表面温度快速筛检仪通用技术条件》。

本标准与 GB/T 19146—2003 相比主要变化如下：

——主要参考了 ASTM E 1965-98(2003)《间歇测定病人体温用的红外温度计的标准规范》；

——增加了产品的分类、检验规则、包装运输贮存 3 个章条；

——更新了规范性引用文件，并删去了不适用于本标准的引用文件；

——补充了一些术语并对原标准的术语和定义进行了修改或删除；

——重新编写了要求、试验方法 2 章；

——增加了对检验设备的要求，对试验方法进行了具体描述；

——删除原标准名称中“通用技术条件”6 字。

本标准由中国机械工业联合会提出。

本标准由全国工业过程测量和控制标准化技术委员会第一分技术委员会(SAC/TC 124/SC 1)归口。

本标准主要起草单位：深圳市计量质量检测研究院、深圳市欧普士电子技术有限公司、深圳市高圣电子技术有限公司、深圳华盛昌机械实业有限公司。

本标准主要起草人：李翔、朱崇全、陈成新、许莹、成胜涛、许涛、潘晖、袁剑敏、马志同、金秀月。

本标准所代替标准的历次版本发布情况为：

——GB/T 19146—2003。

红外人体表面温度快速筛检仪

1 范围

本标准规定了红外人体表面温度快速筛检仪的分类、要求、试验方法、检验规则、标志和使用说明书等。

本标准适用于红外人体表面温度快速筛检仪(以下简称筛检仪)的设计定型、生产与检验。

2 规范性引用文件

下列文件中的条款通过本标准的引用而成为本标准的条款。凡是注日期的引用文件,其随后所有的修改单(不包括勘误的内容)或修订版均不适用于本标准,然而,鼓励根据本标准达成协议的各方研究是否可使用这些文件的最新版本。凡是不注日期的引用文件,其最新版本适用于本标准。

GB/T 191—2008 包装储运图示标志(ISO 780:1997,MOD)

GB/T 2423.5—1995 电工电子产品环境试验 第2部分:试验方法 试验Ea和导则:冲击(idt IEC 60068-2-27:1987)

GB/T 2423.10—2008 电工电子产品环境试验 第2部分:试验方法 试验Fc和导则:振动(正弦)(IEC 60068-2-6:1995,IDT)

GB 9706.1—2007 医用电气设备 第1部分:安全通用要求(IEC 60601-1:1988,IDT)

GB/T 9969 工业产品使用说明书 总则

GB/T 16886.1—2001 医疗器械生物学评价 第1部分:评价与试验(idt ISO 10993-1:1997)

GB/T 18268—2000 测量、控制和实验室用的电设备 电磁兼容性要求(idt IEC 61326-1:1997)

3 术语和定义

下列术语和定义适用于本标准。

3.1

红外人体表面温度快速筛检仪 infrared devices for instant screening of human skin temperature

利用红外测温技术对人体表面温度进行非接触式的快速测量,当被测温度达到或超过预设警示温度值时进行警示的仪器。

3.2

校准模式 calibration mode

筛检仪指示黑体温度的一种显示模式。

注:校准模式也称为未调整模式。这时筛检仪显示的是未对发射率、身体部位等因素进行修正的温度值。

3.3

体温模式 body temperature mode

筛检仪测量被测对象的温度,并针对环境温度、发射率、身体部位等因素修正该温度后,输出相应体温的一种显示模式。

注:体温模式也称为调整模式、估算模式,此模式下筛检仪显示人体某一部位的温度,例如:口腔温度、直肠温度。

3.4

黑体 blackbody

一种红外辐射温度参考源,通常以空腔形状制成,其特性为空腔壁的温度精确已知,在空腔开口处的有效发射率近似等于1。

3.5

体温　body temperature

从人体腔室内部测量到的温度，例如：肺动脉、食管末端、膀胱、耳腔、口腔或直肠。

3.6

实验室误差　laboratory error

在规定的环境温、湿度和黑体温度条件下，筛检仪在校准模式测得的温度与黑体温度的差异。

3.7

警示温度值　alarm temperature value

筛检仪可预设的临界温度值，当筛检仪测量后的显示温度达到或超过这一温度值时，筛检仪发出警示。

3.8

警示响应时间　alarm response time

当被测对象温度达到或超过警示温度值时，筛检仪从接受激励到发出警示的时间。

3.9

测温一致性　measurement uniformity

在热像式筛检仪视场内的不同区域，温度测量结果的一致性。

4　产品的分类

筛检仪的类型一般可分为：

a)　点温式筛检仪：

点温式筛检仪是指通过单个红外探测器对人体表面温度进行测量并筛检的仪器。

点温式筛检仪按其使用形式又可分为：便携式、固定式。

b)　多点式筛检仪：

多点式筛检仪是指通过多个红外探测器同时对人体表面温度进行测量并筛检的仪器。

多点式筛检仪按红外探测器的排列方式分为：直列式、矩阵式。

c)　热像式筛检仪：

热像式筛检仪是指通过红外摄像头对视场范围内的温度进行测量并筛检的仪器。

5　要求

5.1　基本要求

5.1.1　筛检仪所有可能与操作者或测量对象发生接触的外壳材料必须无毒。

5.1.2　筛检仪外表面及其各种配件的壳体应整洁，色泽均匀，不应出现明显的划痕、凹陷、变形、脱漆、污迹及裂纹等缺陷。

5.2　功能

5.2.1　显示和界面

筛检仪应具有温度显示及状态指示功能，应优先使用中文界面；对于多点式筛检仪至少可实时显示最高温度点的测量结果。

筛检仪应使用摄氏温度单位，其显示分辨力应为 0.1 ℃或更优。

筛检仪应在下列项目超出制造商规定的限度时提示操作者：显示范围、电源电压、环境温度。

5.2.2　模式

筛检仪应具有体温模式，并指示所设定的显示模式。

筛检仪的校准模式应可以直接设定或通过体温模式的换算技术来获得。

5.2.3 警示功能

筛检仪的警示方式应有灯亮、声音、屏幕指示等中的一种或几种。

筛检仪的警示温度值可由操作者设置(可选项)。

筛检仪的警示音量可调、警示功能可关闭(可选项)。

5.2.4 热像式筛检仪还应具备的功能

热像式筛检仪还应具备以下功能:

a) 调焦功能,筛检仪对测温距离内的物体可调节图像至最清晰;

b) 热图像中单点或多点的温度显示功能;

c) 热图像中最高温区的指示和跟踪功能;

d) 筛检仪发出警示时,可以自动存储热图像的功能(可选项);

e) 温场屏蔽功能,即对热图像中的某些区域不进行测温的功能(可选项);

f) 热图像的冻结功能(可选项)。

5.3 性能

5.3.1 温度显示范围

在任何显示模式下,筛检仪的温度显示范围应不窄于 28.0 ℃~42.0 ℃。

5.3.2 实验室误差

在规定的工作环境条件下,当黑体温度为 33 ℃~37 ℃时,筛检仪的实验室误差应不大于 0.4 ℃。

在规定的工作环境条件下,当黑体温度低于 33 ℃或高于 37 ℃时,筛检仪的实验室误差不大于 0.6 ℃。

5.3.3 警示响应时间

筛检仪的警示响应时间应不大于 2 s。

5.3.4 测温一致性

热像式筛检仪的测温一致性应不超过±0.2 ℃。

5.4 气候环境适应性

5.4.1 正常工作环境条件

在下列环境条件下,筛检仪应正常工作,其实验室误差应符合 5.3.2 的规定。

环境温度:16 ℃~32 ℃;

相对湿度:上限至少不低于 85%。

5.4.2 贮存运输环境条件

在温度-20 ℃~50 ℃,相对湿度高达 90%无凝结的环境中,经过 7 d 的贮存或运输后,筛检仪的实验室误差应符合 5.3.2 的规定。

5.5 机械环境适应性

机械环境的试验条件应符合表 1 的规定,试验后,筛检仪的实验室误差应符合 5.3.2 的规定。

表 1 机械环境试验条件

机械环境条件		参数
冲击(非包装状态)	加速度	150 m/s²
	脉冲持续时间	11 ms
	冲击次数	3 个互相垂直方向,每一方向连续 3 次
	工作状态	非工作状态
	脉冲波形	半正弦,Δυ=1.0 m/s

表 1（续）

机械环境条件		参　数
振动 （非包装状态）	频率范围	10 Hz～55 Hz～10 Hz
	振动幅值	0.15 mm
	持续时间	10 min
	工作状态	非工作状态
	振动方向	3 个互相垂直的轴线上
	循环次数	2 次
跌落 （便携式筛检仪）	跌落高度	1 m
	硬质表面密度	>700 kg/m^3
	跌落次数	2 次

5.6　电气安全

对于使用交流 220 V 供电的筛检仪，其保护接地、功能接地和电位均衡应符合 GB 9706.1—2007 的要求。

5.7　电磁兼容性

5.7.1　抗扰度

应符合 GB/T 18268—2000 第 6 章表 2 中“连续监控运行”判据规定。

5.7.2　发射限值

应符合 GB/T 18268—2000 中第 7 章表 3 的规定。

6　试验方法

6.1　实验室条件

实验室的温度(23±3)℃，相对湿度(55±15)%RH，实验室的照明应使筛检仪测量结果和图像质量(热像式)不受到明显的影响，实验室的空气达到清洁要求。

6.2　实验设备的要求

6.2.1　试验所使用的仪器设备应经有资质的校准实验室检定或校准。

6.2.2　黑体应符合以下要求：

温度范围：覆盖本标准试验要求所需的全部温度范围，且连续可调；

有效发射率：≥0.997

温度的不确定度：不超过 0.13 ℃

温度稳定度：0.05 ℃/10 min

黑体的有效靶面应能满足被测筛检仪的试验要求。

6.3　基本要求

6.3.1　筛检仪机身上与操作者或被测对象接触的所有材料按 GB/T 16886.1—2001 进行评价，确认其是否符合 5.1.1 的规定。

6.3.2　目测和手感检查筛检仪，确认其是否符合 5.1.2 的规定。

6.4　功能

6.4.1　显示和界面

目测和操作筛检仪，检查其显示和界面是否符合 5.2.1 的规定。

6.4.2　模式

目测和操作筛检仪，检查其模式是否符合 5.2.2 的规定。

6.4.3 警示功能

目测和操作筛检仪,检查其是否具备 5.2.3 规定的功能。

6.4.4 热像式筛检仪还应具备的功能

目测和操作热像式筛检仪,检查其是否具有 5.2.4 规定的功能。

6.5 性能

6.5.1 温度显示范围

在 6.1 的实验室条件下,分别将黑体的温度设定在 5.3.1 规定的显示范围上、下限附近,使被测筛检仪对黑体的温度进行读数测量,测量过程中使黑体温度缓慢变化,并不断观察筛检仪的读数,确认其温度显示范围是否符合 5.3.1 的规定。

多点式筛检仪需对其所有的红外探测单元进行检测(可采用遮挡法);热像式筛检仪应把黑体放置于筛检仪测量视场的中心。

6.5.2 实验室误差

试验前筛检仪在规定的环境温度和湿度条件下稳定 30 min 以上的时间。

筛检仪应在校准模式下进行试验。若不能提供校准模式,则应遵照制造商推荐的修正方法将筛检仪体温模式下的温度读数转换成校准模式下的温度值。

在表 2 所列的各组温湿度环境条件下,黑体的温度分别设定为 31 ℃、35 ℃及 39 ℃(不超过 ±0.5 ℃),筛检仪按制造商建议的方法分别对黑体的温度进行读数测量。在每组温湿度环境条件下,对每个黑体温度进行 6 次测量。

表 2 进行实验室误差试验的温湿度环境条件

环境温度 ℃	相对湿度 %
16～18	低于 50
24～26	40～65
30～32	75～85

每次测量的误差按式(1)计算:

$$\delta_j = | t_j - t_{BB} | \qquad \cdots\cdots(1)$$

式中:

δ_j——每次测量的误差;

t_{BB}——黑体的温度;

t_j——显示或计算得出的校准模式下的温度;

j——读数顺序号。

试验后对应黑体 3 个设定温度形成 3 组数据集合,每组数据集合由在相同的黑体温度下,针对所有温湿度环境条件组合所获得的 δ_j 值组成。最大的 δ_j 值就是筛检仪的实验室误差,筛检仪的实验室误差应符合 5.3.2 的规定。

多点式筛检仪需对其所有的红外探测器进行检测(可采用遮挡法);热像式筛检仪应把黑体源放置于筛检仪测量视场的中心。

6.5.3 警示响应时间

将黑体温度设定为比警示温度值略高(约 0.4 ℃),将挡光板置于黑体和筛检仪之间,用快速移开挡光板的方法产生温度阶跃(激励),观察筛检仪对黑体温度测量情况。用秒表直接记录警示响应时间,确认试验结果是否符合 5.3.3 的要求。

6.5.4 测温一致性

在 6.1 的实验室条件下,试验前筛检仪稳定 30 min 以上的时间,设定黑体的温度为 35 ℃(不超过

±0.5 ℃)。

将筛检仪的成像画面划分为 5 个区域(如图 1),让黑体分别清晰成像在 5 个区域中心位置。试验时,选取各区域内黑体的中心点为测量点,使用筛检仪分别读取各测量点的温度,每个测量点连续读取 4 次,计算 4 次的平均值。

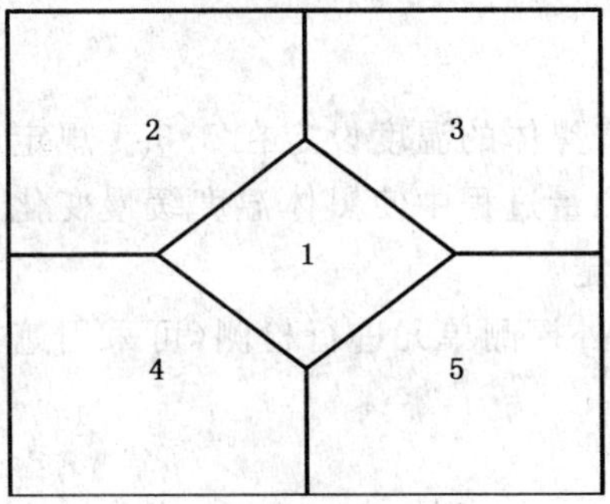

图 1

测温一致性按式(2)计算:

$$\phi_n = \bar{t}_1 - \bar{t}_n \qquad (2)$$

式中:

ϕ_n——测温一致性;

$\bar{t}_1$——第 1 区域温度的平均值;

$\bar{t}_n$——第 n 区域温度的平均值;

n——2~5。

确认试验结果是否符合 5.3.4 的要求。

6.6 气候环境适应性

6.6.1 正常工作环境条件

正常工作环境条件的试验方法和判断已包含在 6.5.2 中。

6.6.2 贮存运输环境条件

6.6.2.1 筛检仪处于包装状态或简易包装状态,在温度为-20 ℃、相对湿度低于 50%的环境试验箱内放置 7 d,在温度为 50 ℃、相对湿度不低于 75%无凝结的环境试验箱内放置 7 d。在每个放置期结束后,恢复足够时间。

6.6.2.2 筛检仪在 6.1 的实验室条件下稳定 30 min 以上的时间。按制造商建议的方法对设定在 35 ℃(不超过±0.5 ℃)的黑体的温度进行读数测量,共测量 5 次。每次测量的误差按式(1)计算,取最大的 δ_j 值为实验室误差,确认其结果是否符合 5.3.2 的规定。

筛检仪应在校准模式下进行试验,若不能提供校准模式,则应按照制造商建议的修正方法将体温模式下的温度读数转换成校准模式下的温度值。

6.7 机械环境适应性

6.7.1 冲击

按表 1 及 GB/T 2423.5—1995"试验 Ea"进行。

试验后按 6.6.2.2 进行测量,确认其是否符合 5.3.2 的规定。

6.7.2 振动

按表 1 及 GB/T 2423.10—1995"试验 Fc"进行。

试验后按 6.6.2.2 进行测量,确认其是否符合 5.3.2 的规定。

6.7.3 跌落(适用于便携式筛检仪)

在 6.1 的实验室条件下,将筛检仪从 1 m 的高处跌落到 50 mm 厚、平放在坚固基座(水泥块)上、密度大于 700 kg/m^3 的硬木板上。

跌落应在筛检仪探测器朝下方向，针对两条轴线各进行一次。一条轴线为探测器的光学轴线，另一条轴线为筛检仪重心与探测器窗口的连线。如果无法明确筛检仪的上述轴线，跌落方向应采用能产生最大损坏的方向。

试验后按 6.6.2.2 进行测量，确认其是否符合 5.3.2 的规定。

6.8 电气安全

按 GB 9706.1—2007 中的 18f)进行，确认试验结果是否符合 5.6 的规定。

6.9 电磁兼容性

6.9.1 抗扰度

按 GB/T 18268—2000 第 6 章进行，确认试验结果是否符合 5.7.1 的规定。

6.9.2 发射限值

按 GB/T 18268—2000 第 7 章进行，确认试验结果是否符合 5.7.2 的规定。

7 检验规则

7.1 出厂检验

按规定的程序文件对生产的每一台产品进行出厂检验，检验项目见表 3。

7.2 型式检验

具有下列情况之一时，应进行型式检验：

a) 新产品投产前(包括老产品转产)；

b) 连续生产中的产品，每年不少于 1 次定期检查；

c) 在设计、工艺或产品材料结构有重大改变时(允许只进行同这些改变相关的试验项目)；

d) 间隔一年以上再投产时；

e) 国家质量监督部门对产品质量进行监督检查时。

型式检验的样品应从出厂检验合格的产品中抽取样机，同时提供出厂检验报告。

型式检验的检验项目见表 3。

表 3 检验项目

序号	检验项目名称	型式检验	出厂检验	要求章条	试验方法章条
1	基本要求	√	√	5.1.2	6.3.2
2	显示和界面	√	—	5.2.1	6.4.1
3	模式	√	—	5.2.2	6.4.2
4	警示功能	√	√	5.2.3	6.4.3
5	热像式筛检仪还应具备的功能	√	—	5.2.4	6.4.4
6	温度显示范围	√	√	5.3.1	6.5.1
7	实验室误差	√	√	5.3.2	6.5.2
8	警示响应时间	√	√	5.3.3	6.5.3
9	测温一致性	√	√	5.3.4	6.5.4
10	气候环境适应性	√	—	5.4	6.6
11	机械环境适应性	√	—	5.5	6.7
12	电气安全	√	—	5.6	6.8
13	电磁兼容性	√	—	5.7	6.9

8 标志和使用说明书

8.1 标志

8.1.1 筛检仪机身上的适当位置,应有下列标志:

a) 产品名称、型号及出厂编号;

b) 制造商或分销商的名称;

c) 电源电压、频率及输入功率(若适用);

d) 执行标准号、产品注册号(可选项)。

8.1.2 每台筛检仪应附有检验合格证,应有下列标志:

a) 产品名称、型号和出厂编号;

b) 制造商或分销商的名称;

c) 检验日期;

d) 检验员代号。

8.1.3 筛检仪包装箱上的标志应符合 GB/T 191—2008 的规定。

8.2 使用说明书

每台筛检仪应提供使用说明书,使用说明书的编写应符合 GB/T 9969 的规定。

说明书中的规格,应包括但不限于以下的内容:

a) 温度显示范围;

b) 最大实验室误差;

c) 适用的测量人体表面温度的部位;

d) 建议的操作方法;

e) 重新校准或检验的期限(如适用);

f) 操作及贮存的环境温度及相对湿度范围。

说明书中应有详细的使用方法说明,及如果发生任何以下情况可能会对筛检仪的性能造成影响的警告信息:

a) 在规定的测量对象温度范围以外进行操作;

b) 在规定的工作温度和湿度范围以外进行操作;

c) 在规定的环境温度和湿度范围以外进行贮存、运输;

d) 光学元件沾污或损坏;

e) 发生机械性震动或撞击。

为使购买者识别产品符合本标准要求,生产商及分销商应在筛检仪标签上或使用说明书中给出以下符合性声明:

“本产品符合国家标准 GB/T 19146—2010 的规定要求,(生产商或分销商名称)对本产品符合该标准承担全部责任”。

如果筛检仪不符合本标准的一项或几项规定,则应给出提示性声明。

8.3 维修手册

如果制造商允许操作者对筛检仪进行校准或维修,则应提供详细的维护手册。

维护手册可包括但不限于以下内容:

a) 给出将体温模式下的测量读数转换成校准模式下温度值的修正方法;

b) 筛检仪的校准方法;

c) 校准时使用的黑体类型;

d) 发现并修理故障的方法指南。

9 包装、运输、贮存

9.1 包装

外包装箱应能保证产品不受自然损坏，箱内应有防雨、防湿装置和软性衬垫等。

随机文件、附件等，应装入用中性材料制成的包装袋中，并置于包装箱内的明显位置。

热像式筛检仪的摄像头应单独包装。

9.2 运输

筛检仪的运输方法和要求，由产品规范规定或按定货合同的规定。

9.3 贮存

经包装后的产品贮存环境为－20 ℃～50 ℃、相对湿度不超过 90％、无凝结无腐蚀性气体、通风良好、清洁的室内。

ICS 65.150
B 52

中华人民共和国国家标准

GB/T 19163—2010
代替 GB 19163—2003

牛蛙

Bull frog

2011-01-10 发布　　2011-06-01 实施

中华人民共和国国家质量监督检验检疫总局
中国国家标准化管理委员会　发布

前　言

本标准代替 GB 19163—2003《牛蛙》。

本标准与 GB 19163—2003 相比主要变化如下：

——标准性质改为推荐性；

——增加了牛蛙年龄鉴定方法；

——增加了引用标准 GB/T 18654.1、GB/T 18654.2、GB/T 18654.12、GB/T 25884；

——删除了原标准的附录 A。

本标准的附录 A 为规范性附录。

本标准由中华人民共和国农业部提出。

本标准由全国水产标准化技术委员会淡水养殖分技术委员会归口。

本标准起草单位：湖南农业大学、湖南生物机电学院。

本标准主要起草人：王晓清、王宇、肖克宇、何湘蓉、詹炜。

本标准所代替标准的历次版本发布情况为：

——GB 19163—2003。

牛　　　蛙

1　范围

本标准确立了牛蛙(*Rana catesbeiana* Shaw)的名称与分类、主要形态构造特征、生长与繁殖、遗传学特性、检测方法及结果判断。

本标准适用于牛蛙的种质检测与鉴定。

2　规范性引用文件

下列文件中的条款通过本标准的引用而成为本标准的条款。凡是注日期的引用文件,其随后所有的修改单(不包括勘误的内容)或修订版均不适用于本标准,然而,鼓励根据本标准达成协议的各方研究是否可使用这些文件的最新版本。凡是不注日期的引用文件,其最新版本适用于本标准。

GB/T 18654.1　养殖鱼类种质检验　第1部分:检验规则

GB/T 18654.2　养殖鱼类种质检验　第2部分:抽样方法

GB/T 18654.12　养殖鱼类种质检验　第12部分:染色体组型分析

GB/T 25884　蛙类形态性状测定

3　术语和定义

GB/T 25884 确立的术语和定义适用于本标准。

4　名称与分类

4.1　学名

牛蛙(*Rana catesbeiana* Shaw)。

4.2　分类地位

无尾目(Anura)、蛙科(Ranidae)、蛙属(*Rana*)。

5　主要形态构造特征

5.1　外部形态特征

5.1.1　外形

身体粗短,头部宽而扁,略呈三角形,1对圆形鼓膜位于眼后方,鼓膜颜色与头部背面颜色基本一致,沿眼后到鼓膜上方有明显的皮肤褶。皮肤较光滑,背部略显粗糙,有极微细的肤棱。前肢4指,无蹼,指序为Ⅱ、Ⅰ、Ⅳ、Ⅲ,雄蛙第一指内侧有发达的婚垫,生殖季节显著增大,雌蛙没有婚垫;后肢特别发达,5趾,全蹼,蹼不完全达趾端,趾序为Ⅰ、Ⅱ、Ⅴ、Ⅲ、Ⅳ。

体色随栖息环境、年龄、性别、营养状况而异。通常头部为绿色,背部为绿褐色、黄褐色或黑褐色,有深浅不一的不规则状斑块或斑纹,腹部为灰白色,有暗灰色斑纹。成熟雄蛙下颌部为金黄色,雌蛙则与腹部颜色一致。

牛蛙外部形态见图1。

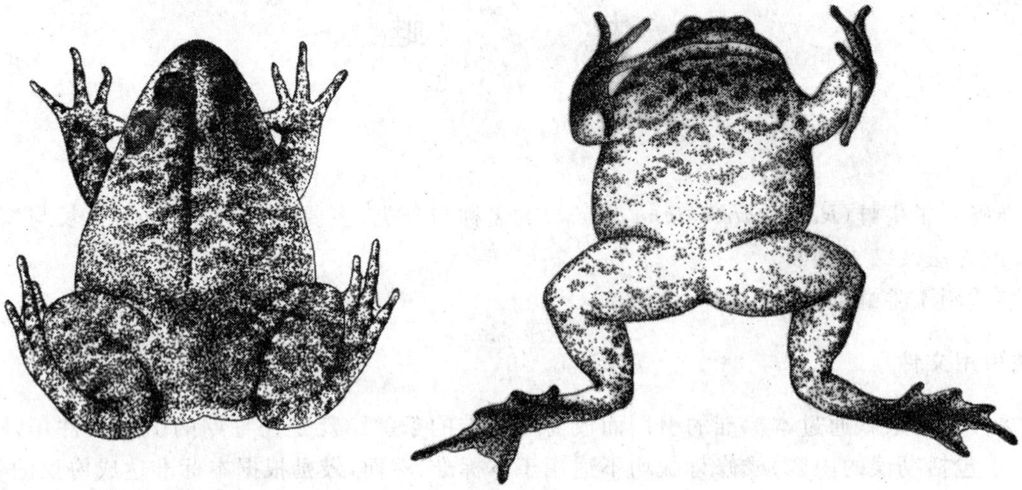

背面观　　　　腹面观

图 1　牛蛙外形(♂)

5.1.2　可量性状

对于体长 10.3 cm～16.1 cm，体重 175.2 g～548.7 g 的牛蛙，实测性状比例值见表 1。

表 1　实测可量性状比例值

性别	体长/头长	头宽/头长	鼓膜径/眼径	后肢长/体长	足长/前臂长	Ⅳ趾长/Ⅳ-Ⅴ趾蹼宽
♀	3.093±0.247	1.162±0.096	0.942±0.098	1.467±0.078	1.609±0.119	1.770±0.242
♂	2.981±0.243	1.168±0.089	1.338±0.154	1.475±0.102	1.613±0.115	1.708±0.244

5.2　内部构造特征

5.2.1　声囊

雄蛙咽部有 1 对内声囊，开口于口咽腔；雌蛙无声囊。

5.2.2　脊椎

颈椎骨 1 枚、躯椎骨 7 枚、荐椎骨 1 枚、尾杆骨 1 枚。属前凹后凸的参差型椎体。

5.2.3　生殖系统

成熟雄体有一对浅黄色卵圆形的精巢，保留有退化状态的缪勒氏管。成熟雌体有一对囊状结构的卵巢，卵巢内含有淡黄色的早期卵和动物极为黑色、植物极为乳白色的成熟卵或接近成熟卵。

生殖腺的前方各有一个指状脂肪体，性成熟前为白色或淡黄色，性成熟后为黄色，大小随季节及营养状况等因素变化。

6　生长与繁殖

6.1　生长

养殖条件下牛蛙体长、体重的实测值见表 2。

表 2　养殖条件下牛蛙的体长、体重实测值

体长/cm	4.63±0.31	7.21±0.43	10.20±0.47	12.24±0.28	13.47±0.39	14.33±0.29	14.96±0.35	15.58±0.42	16.15±0.52
体重/g	11.09±0.80	42.43±4.61	115.73±15.02	202.40±17.56	294.45±17.77	373.82±21.15	441.32±28.26	500.84±34.13	546.55±38.97

6.2 繁殖

6.2.1 性成熟年龄

性成熟年龄为 2 龄。

6.2.2 产卵季节

北方地区为 5 月份～8 月份，湖南、湖北等省为 4 月份～9 月份，广东、福建等省为 3 月份～11 月份，适宜产卵水温 20 ℃～30 ℃。

6.2.3 产卵次数与类型

性成熟雌蛙每年可产卵 1 次～2 次，并以春季产卵为主。卵球形，卵径 1.2 mm～1.5 mm，动物极深黑色，植物极乳白色，产出的卵外包胶质膜，相互粘连成单层或团状卵块。

6.2.4 怀卵量

性成熟雌蛙生殖季节卵巢系数为 12.6%～27.6%，绝对怀卵量(5.0±0.77)×10^4 粒，相对怀卵量(106.7±8.69)粒/g。

7 遗传学特性

7.1 细胞遗传学特性

牛蛙体细胞染色体数：$2n=26$，臂数(NF)：52，核型公式：$2n=22$ m+4 sm。

牛蛙染色体组型见图 2。

图 2 牛蛙染色体组型图

7.2 生化遗传特性

牛蛙心肌的乳酸脱氢酶(LDH)同工酶电泳酶谱见图 3，酶带扫描图见图 4。

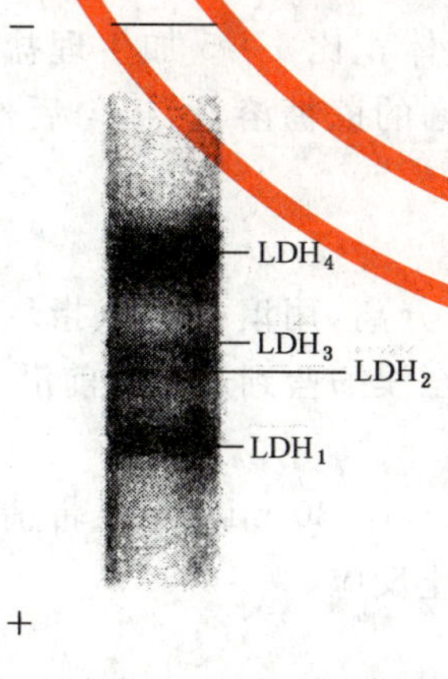

图 3 牛蛙心肌 LDH 同工酶电泳酶谱

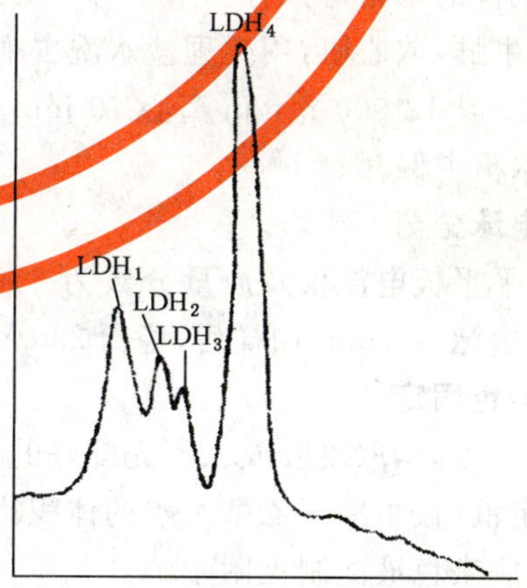

图 4 牛蛙心肌 LDH 同工酶酶带扫描图

8 检测方法

8.1 抽样

按 GB/T 18654.2 的规定执行。

8.2 年龄鉴定

8.2.1 取样

剪取牛蛙第2趾骨，清洗晾干。

8.2.2 操作步骤

将材料放入80%乙醇中硬化10 h～15 h，在3%硝酸溶液中脱钙24 h左右，使其软化，然后按常规石蜡切片方法制片。

8.2.3 观察年龄

在显微镜(10×20)下可观察到黑色狭窄带与淡红色宽带间隔的排列，黑色带即为年轮标志，1个年轮记为1龄，2个年轮记为2龄，依此类推。

8.3 生物学性状测定

按GB/T 25884的规定执行。

8.4 繁殖力的测定

在繁殖季节，解剖未产卵的雌亲蛙，取出卵巢，用电子秤称重，再称取1.0 g卵，2个样品，分别计数每克卵的平均卵粒数。卵巢中所含的全部卵粒数即为绝对怀卵量，单位体重(g)所含的卵粒数为相对怀卵量。

8.5 染色体的测定

8.5.1 标本制备

术前8 h～12 h腹腔注射质量分数为0.1%的植物血凝聚素(PHA)0.5 mL～1.0 mL(每100 g体重)，术前4 h～6 h腹腔注射秋水仙素溶液(每克体重10 μg～15 μg)；解剖牛蛙，从股骨和胫骨中取骨髓放入质量分数为0.4%的氯化钾(KCl)溶液中，37 ℃水浴15 min～20 min。以1 000 r/min离心10 min，弃其上清液，加1 mL固定液(甲醇：冰乙酸为3：1)，4 ℃条件下固定20 min，重复固定2次。再加少量固定液，制取细胞悬液；取细胞悬液滴片，在酒精灯上文火烘干，浸没在吉姆萨(Giemsa)工作液(配制按GB/T 18654.12的规定执行)中染色30 min，用蒸馏水冲去多余染液，空气干燥制片。

8.5.2 染色体计数和组型分析

按GB/T 18654.12的规定执行。

8.6 生化遗传分析

8.6.1 试样的制备与保存

解剖牛蛙，取心肌，用生理盐水洗去血液后称重、切碎，按质量体积比1：5加生理盐水低温匀浆，4 ℃条件下以12 000 r/min离心10 min。取上清液加入等量40%的蔗糖溶液，摇匀后作好标记置于−25 ℃冰箱中保存。

8.6.2 电泳分离

用水平平板电泳仪及质量分数为6%的聚丙烯酰胺凝胶电泳分离，用溴酚蓝作指示剂。加样前，50 mA预电泳30 min；加样后，稳压280 V，电泳80 min～90 min，至溴酚蓝到达距胶前沿1 cm处停止。

8.6.3 染色固定

电泳结束后，取凝胶放入预先配好的染色液中，37 ℃温浴10 min～30 min，至条带清晰，倾出染色液，用固定液(按甲醇：乙酸：水的体积比为45：12：43配制)终止反应。

同工酶染色液配制见附录A。

8.6.4 扫描测定

用激光扫描仪对电泳图谱进行扫描分析。

9 结果判断

按GB/T 18654.1的规定执行。

附 录 A
（规范性附录）
同工酶染色液的配制

A.1 磷酸盐缓冲液(0.5 mol/L)的配制

取磷酸二氢钾(KH_2PO_4)6.8 g 溶于约 80 mL 蒸馏水中，以氢氧化钠(NaOH)溶液(2 mol/L)调节 pH 至 7.4，再用蒸馏水定容至 100 mL。

A.2 氯化硝基四氮唑蓝(NBT)贮液(mg/mL)的配制

取 50 mg 氯化硝基四氮唑蓝(NBT)定容于 50 mL 蒸馏水中，4 ℃保存。

A.3 辅酶Ⅰ(NAD)贮液(mg/mL)的配制

取 100 mg 辅酶Ⅰ(NAD)定容于 10 mL 蒸馏水中。

A.4 吩嗪甲酯硫酸盐(PMS)贮液(mg/mL)的配制

取 50 mg 吩嗪甲酯硫酸盐(PMS)定容于 50 mL 蒸馏水中，4 ℃暗处保存。

A.5 氯化钠(NaCl)溶液(0.1 mol/L) 的配制

取氯化钠 584 mg 定容于 100 mL 蒸馏水中。

A.6 氯化镁($MgCl_2$)溶液(0.005 mol/L)的配制

取氯化镁($MgCl_2 \cdot 6H_2O$)100 mg 定容于 100 mL 蒸馏水中。

A.7 乳酸钠溶液(1 mol/L)的配制

取 DL-乳酸钠 9.35 mL(浓度 600 mg/mL)加蒸馏水至 50 mL。

A.8 染色液的配制

取磷酸盐缓冲液(A.1)7.5 mL，加氯化硝基四氮唑蓝溶液(A.2)7.5 mL、辅酶Ⅰ溶液(A.3)3.0 mL、吩嗪甲酯硫酸盐溶液(A.4)0.75 mL、氯化钠溶液(A.5)3.0 mL、氯化镁溶液(A.6)3.0 mL、乳酸钠溶液(A.7)3.0 mL，混匀即成。

ICS 65.020.20
B 61

GB

中华人民共和国国家标准

GB 19173—2010
代替 GB 19173—2003

桑树种子和苗木

Seed and sapling of mulberry

2011-01-14 发布　　2012-01-01 实施

中华人民共和国国家质量监督检验检疫总局
中国国家标准化管理委员会　发布

前　言

本标准的全部技术内容为强制性。

本标准代替 GB 19173—2003《桑树种子和苗木》。

本标准与 GB 19173—2003 相比，主要变化如下：

——修订了术语和定义；

——修改了桑树种子的质量要求；

——修改了实生苗、杂交苗、嫁接苗、扦插苗的级别及质量要求；

——修订了检验规则；

——删除了附录。

本标准由中华人民共和国农业部提出。

本标准由全国农作物种子标准化技术委员会归口。

本标准起草单位：中国农业科学院蚕业研究所、农业部蚕桑产业产品质量监督检验测试中心（镇江）、浙江省农业厅经济作物管理局、广东省农业科学院蚕业与农产品加工研究所、广东省蚕业产品检测中心、江苏省农林厅蚕桑生产管理处。

本标准主要起草人：潘一乐、李奕仁、刘利、程嘉翎、吴福安、周勤、肖更生、余爱群、胡建。

本标准所代替标准的历次版本发布情况为：

——GB 19173—2003。

桑树种子和苗木

1 范围

本标准规定了桑树(*Morus* L.)种子和苗木的术语和定义、质量要求、检验方法、检验规则及包装、标志和运输要求。

本标准适用于中华人民共和国境内生产、销售的桑树实生种、杂交种、实生苗、杂交苗、嫁接苗及扦插苗。

2 规范性引用文件

下列文件中的条款通过本标准的引用而成为本标准的条款。凡是注日期的引用文件,其随后所有的修改单(不包括勘误的内容)或修订版均不适用于本标准,然而,鼓励根据本标准达成协议的各方研究是否可使用这些文件的最新版本。凡是不注日期的引用文件,其最新版本适用于本标准。

GB/T 19177 桑树种子和苗木检验规程

GB 20464 农作物种子标签通则

3 术语和定义

下列术语和定义适用于本标准。

3.1

实生种 common mulberry seed

桑树自然受粉产生的种子。

3.2

杂交种 hybrid mulberry seed

通过人为配制优良杂交组合生产的种子。

3.3

实生苗 common mulberry seedling

用实生种直接繁育的苗木。

3.4

杂交苗 hybrid mulberry seedling

用杂交种直接繁育的苗木。

3.5

嫁接苗 grafted mulberry sapling

采用嫁接法繁育的苗木。

3.6

扦插苗 cutting mulberry sapling

采用扦插法繁育的苗木。

4 质量要求

4.1 种子

桑树种子质量应符合表1的最低要求。

表 1

%

种子类别	品种纯度 不低于	净度(净种子) 不低于	发芽率 不低于	水分 不高于
实生种	—	95.0	80	12.0
杂交种	95.0	98.0	85	12.0

4.2 苗木

桑树苗木质量应符合表 2 的最低要求。

表 2

苗木类别	苗径/mm 不低于	品种纯度/% 不低于	根 系	外 观
实生苗	3.5	—	主根完整,根长不低于 100.0 mm	苗木新鲜,苗干充实,桑芽饱满
杂交苗	2.5	95.0	主根完整,根长不低于 100.0 mm	苗木新鲜,苗干充实,桑芽饱满
嫁接苗、扦插苗	5.0	98.0	根系较完整,根长不低于 150.0 mm	苗木新鲜,苗干充实,桑芽饱满

5 检验方法

执行 GB/T 19177 的规定,其中杂交种品种纯度检验在苗木生长期进行,杂交苗、嫁接苗、扦插苗品种纯度检验在起苗后或生长期进行。

6 检验规则

6.1 抽样

桑树种子检验应分批次,按总重量 0.2%的比例随机扦样;桑树苗木检验在起苗后进行,按表 3 规定的数量进行抽样。

表 3

总株数(n)/株	$n \leqslant 10\ 000$	$10\ 000 < n \leqslant 50\ 000$	$50\ 000 < n \leqslant 200\ 000$	$200\ 000 < n \leqslant 1\ 000\ 000$	$n > 1\ 000\ 000$
检验株数/株	300	500	1 000	2 000	4 000

6.2 质量判定规则

种子净度、发芽率、水分、品种纯度中任一项指标达不到规定要求的(见表 1),即为不合格种子。苗木根系、外观、苗径中任一项指标达不到规定要求的(见表 2),即为不合格苗木。不合格苗木的比例高于 5.0%,或苗木品种纯度达不到规定要求的(见表 2),该批苗木不合格。

7 包装、标志和运输

7.1 包装

种子包装以布袋为宜,每袋不宜超过 15 kg;实生苗、杂交苗每 100 株扎成一捆,嫁接苗、扦插苗每 50 株或 100 株扎成一捆。

7.2 标志

桑树种子及苗木应附标签,标签应符合 GB 20464 的规定。

7.3 运输

种子运输过程中应防止日晒、雨淋、受潮、发热;苗木运输过程中应防止长时间堆积重压、风吹日晒及冻害。

ICS 65.020.20
B 61

中华人民共和国国家标准

GB 19174—2010
代替 GB 19174—2003

猕猴桃苗木

Kiwifruit nursery plants

2011-01-14 发布　　2012-01-01 实施

中华人民共和国国家质量监督检验检疫总局
中国国家标准化管理委员会　发布

前　言

本标准的全部技术内容为强制性。

本标准参考了英国标准3936第三部分:果树规格(BS 3936 Part 3:1990),美国苗木标准(American Standard for Nursery Stock),新西兰苗木进口标准(Biosecurity New Zealand Standard 155.02.06 Importation of Nursery Stock)和法国标准(NF V 12-031;NF V 12-032;NF V 12-051;NF V 12-052)。

本标准代替GB 19174—2003《猕猴桃苗木》。

本标准与GB 19174—2003相比,主要变化如下:

——明确了适用范围;

——修订了术语和定义;

——增加了猕猴桃苗木质量指标;

——修改了猕猴桃苗木类型和分级;

——修订了检验方法;

——修订了检验规则。

本标准由中华人民共和国农业部提出。

本标准由全国农作物种子标准化技术委员会归口。

本标准起草单位:中国农业科学院郑州果树研究所、陕西省西安市园艺技术推广中心。

本标准主要起草人:韩礼星、李明、严潇、雷玉山、齐秀娟。

本标准所代替标准的历次版本发布情况为:

——GB 19174—2003。

猕猴桃苗木

1 范围

本标准规定了猕猴桃(*Actinidia* Lindl.)苗木的质量要求、检验方法、检验规则以及保管、包装和运输要求。

本标准适用于1年生～2年生的猕猴桃实生苗、自根营养系苗和嫁接苗。

2 规范性引用文件

下列文件中的条款通过本标准的引用而成为本标准的条款。凡是注日期的引用文件,其随后所有的修改单(不包括勘误的内容)或修订版均不适用于本标准,然而,鼓励根据本标准达成协议的各方研究是否可使用这些文件的最新版本。凡是不注日期的引用文件,其最新版本适用于本标准。

GB 20464 农作物种子标签通则

3 术语和定义

下列术语和定义适用于本标准。

3.1

实生苗 seedling

用种子繁育的苗木。

3.2

自根营养系苗 self-root nursery plant

用扦插、分株、压条或组织培养等方法繁育的苗木。

3.3

嫁接苗 grafted nursery plant

在实生苗或自根营养系苗上嫁接了栽培品种的苗木。

3.4

侧根数量 number of side roots

实生苗主根或自根营养系苗地下茎段直接长出的侧根数。

3.5

侧根粗度 diameter of side roots

侧根距主根或茎基部2 cm处的直径大小。

3.6

侧根长度 length of side roots

侧根基部至先端的距离大小。

3.7

苗干高度 height of nursery plant

实生苗和自根营养系苗指根茎部以上木质化苗干部分的长度,嫁接苗指根茎部至嫁接品种茎干木质化顶端芽基部的距离大小。

3.8

苗干直曲度 property of strait or bendy of nursery plant

苗干垂直向上生长的直立程度,以最弯处测算。

3.9

苗干粗度　diameter of nursery plant

苗干指定部位的直径大小。当年生实生苗和自根营养系苗指根茎部以上 5 cm 处芽节间苗干直径大小；二年生实生苗和自根营养系苗指根茎部以上 160 cm 处芽节间苗干直径大小；嫁接苗指嫁接部位以上 5 cm 处芽节间苗干直径大小。

3.10

嫁接部位　graft sit

砧木与接穗接合的部位。低位嫁接在根茎部以上 5 cm～10 cm 处，高位嫁接在根茎部以上 150 cm～160 cm 处。

3.11

根皮与茎皮损伤　bark damage of stems and roots

因自然、人为、机械或病虫引起的损伤。无愈伤组织的为新损伤处，有环状愈伤组织的为老损伤处。

3.12

饱满芽　full developed bud

苗干上生长发育良好的健康芽。

3.13

接合部愈合程度　property of healing of graft union

砧穗嫁接口的愈合程度。

3.14

苗干木质化程度　maturity of nursery plant

苗干木质部的木质化程度。

4　质量要求

猕猴桃苗木质量应符合表 1 的最低要求，不允许使用三年生及以上的苗木。

表 1

项目			级别		
			一级	二级	三级
品种与砧木			品种与砧木纯正。与雌株品种配套的雄株品种花期应与雌株品种基本同步，最好是同步。实生苗和嫁接苗砧木应是美味猕猴桃		
根	侧根形态		侧根没有缺失和劈裂伤		
	侧根分布		均匀、舒展而不卷曲		
	侧根数量/条		≥4		
	侧根长度/cm		当年生苗≥20.0，二年生苗≥30.0		
	侧根粗度/cm		≥0.5	≥0.4	≥0.3
苗干	苗干直曲度/(°)		≤15.0		
	高度	当年生实生苗/cm	≥100.0	≥80.0	≥60.0
		当年生嫁接苗/cm	≥90.0	≥70.0	≥50.0
		当年生自根营养系苗/cm	≥100.0	≥80.0	≥60.0
		二年生实生苗/cm	≥200.0	≥185.0	≥170.0
		二年生嫁接苗/cm	≥190.0	≥180.0	≥170.0
		二年生自根营养系苗/cm	≥200.0	≥185.0	≥170.0
	苗干粗度/cm		≥0.8	≥0.7	≥0.6

表1(续)

项目	级别		
	一级	二级	三级
根皮与茎皮	无干缩皱皮,无新损伤,老损伤处总面积不超过 1.0 cm^2		
嫁接苗品种部饱满芽数/个	≥5	≥4	≥3
接合部愈合情况	愈合良好。枝接要求接口部位砧穗粗细一致,没有大脚(砧木粗、接穗细)、小脚(砧木细、接穗粗)或嫁接部位凸起臃肿现象;芽接要求接口愈合完整,没有空、翘现象		
木质化程度	完全木质化		
病虫害	除国家规定的检疫对象外,还不应携带以下病虫害:根结线虫、介壳虫、根腐病、溃疡病、飞虱、螨类		
注:苗木质量不符合标准规定或苗数不足时,生产单位应按用苗单位购买的同级苗总数补足株数,计算方法如下:差数(%)=(苗木质量不符合标准的株数+苗木数量不足数)/抽样苗数×100,补足株数=购买的同级苗总数×同级苗差数百分数(%)。			

5 检验方法

5.1 品种与砧木

根据品种与砧木的植物学特征,检验品种与砧木。

5.2 根

检验侧根形态、分布和数量采用目测法,测量侧根长度用钢卷尺,测量侧根粗度用游标卡尺。

5.3 苗干

测量苗干直曲度用量角器,测量苗干高度用钢卷尺,测量苗干粗度用游标卡尺。

5.4 根皮与茎皮

测量老损伤处,用透明薄膜覆盖伤口绘出面积,再复印到坐标纸上计算总面积。

5.5 嫁接苗品种部饱满芽数

采用目测法。

5.6 接合部愈合情况

采用目测法。

5.7 木质化程度

采用目测法。

5.8 病虫害

5.8.1 根结线虫

采用目测法和室内镜检法。根部有不规则膨大结节,数量和大小不一,颜色同健康根。在解剖镜下解剖结节可看到半透明状线虫体。

5.8.2 介壳虫

采用目测法。在苗干上附着有被白色蜡粉的褐色或黑色介壳虫体。

5.8.3 根腐病

采用目测法。根茎部或整个根系呈水浸状病斑,褐色,腐烂后有酒糟味。

5.8.4 溃疡病

采用目测法。苗干部有溃烂,伴有白色至铁锈色汁液流出;或溃烂后留下的干疤,有纵裂痕,纵裂两侧韧皮部木栓化并加厚。

5.8.5 飞虱和螨类

采用目测法。在根部或苗干上存在飞虱和螨类的卵、幼虫、成虫或蛹等。

6 检验规则

6.1 抽样方法

采用随机抽样法。999 株以下抽样 10%；千株以上，在 999 株以下抽样 10%的基础上，对其余株数再抽样 2%。

a） 999 株以下抽样数＝具体株数×10%；

b） 千株以上抽样数＝999 株以下抽样数＋[（具体株数－999 株）×2%]。

计算到小数点后两位数，四舍五入取整数。

6.2 质量判定规则

质量判定规则应执行 GB 20464 的规定。

7 保管、包装和运输

7.1 保管

冬天落叶后起苗，起苗后应对苗木进行修剪，剪去过长或受伤的根。应做好苗木越冬保管工作，通常保管在保持一定湿度的假植沟中。假植沟应选在背风、向阳、高燥处，沟宽 50 cm～100 cm，沟深和沟长分别视苗高、气象条件和苗量确定。挖两条以上假植沟时，沟间距离应在 150 cm 以上。沟底铺湿沙或湿润细土 10 cm 厚，苗梢朝南，按砧木类型、品种和苗级清点数量，做好明显的标志，斜埋于假植沟内，填入湿沙或湿润细土，使苗的根、茎与沙土密接。苗木无越冬冻害或无春季“抽条”现象的地区，苗梢露出土堆外 10 cm 左右；苗木有越冬冻害或有春季“抽条”现象的地区，苗梢应埋入土堆以下 10 cm。冬季多雨雪的地区，应在假植沟四周挖排水沟。

7.2 包装

苗木运输前，应用稻草、草帘、蒲包、麻袋和草绳等包裹捆牢。每包 50 株，或根据用苗单位要求的数量包装，包内苗干和根部应填充保湿材料，以达到不霉、不烂、不干、不冻、不受损伤。长途运输时，包装前应在根部蘸上泥浆。包内外应附有苗木标签，标签应符合 GB 20464 的规定。雌株株数∶雄株株数应为 6∶1～8∶1，雄株苗单独包装。

7.3 运输

苗木运输应注意适时，运输途中应有帆布篷覆盖，做好防雨、防冻、防干、防火等工作。到达目的地后，应及时接收，并尽快定植或假植。

ICS 65.020.20
B 61

中华人民共和国国家标准

GB 19175—2010
代替 GB 19175—2003

桃 苗 木

Peach nursery plants

2011-01-14 发布 2012-01-01 实施

中华人民共和国国家质量监督检验检疫总局
中国国家标准化管理委员会 发布

前　言

本标准的全部技术内容为强制性。

本标准根据《中华人民共和国种子法》的有关规定修订并代替 GB 19175—2003《桃苗木》。

本标准与 GB 19175—2003 相比，主要变化如下：

——修订了术语和定义；

——修订了质量要求；

——修订了检验方法；

——修订了检验规则。

本标准由中华人民共和国农业部提出。

本标准由全国农作物种子标准化技术委员会归口。

本标准起草单位：中国农业科学院郑州果树研究所、江苏省农业科学院园艺研究所、北京市农林科学院林业果树研究所。

本标准主要起草人：王力荣、朱更瑞、俞明亮、马瑞娟、姜全、方伟超、郭继英。

本标准所代替标准的历次版本发布情况为：

——GB 19175—2003。

桃 苗 木

1 范围

本标准规定了李属(*Prunus* L.)桃亚属(*Amygdalus* L.)植物实生砧、营养砧嫁接的桃一年生苗、二年生苗和芽苗的质量要求、检验方法、检验规则及起苗、包装要求。

本标准适用于中华人民共和国境内生产、销售的桃苗木。

2 规范性引用文件

下列文件中的条款通过本标准的引用而成为本标准的条款。凡是注日期的引用文件,其随后所有的修改单(不包括勘误的内容)或修订版均不适用于本标准,然而,鼓励根据本标准达成协议的各方研究是否可使用这些文件的最新版本。凡是不注日期的引用文件,其最新版本适用于本标准。

GB 9847 苹果苗木

GB 20464 农作物种子标签通则

3 术语和定义

下列术语和定义适用于本标准。

3.1

实生砧 seedling rootstock

用种子繁育的砧木。

注:实生砧包括普通桃[*Prunus persica* (L.)Batsch]、山桃[*Prunus davidiana* (Carr.) Franch]、甘肃桃(*Prunus kansuensis* Rehd.)、新疆桃(*Prunus ferganensis* Kost. et Riab.)和光核桃(*Prunus mira* Koehne)砧木,其中普通桃砧木为野生类型或品种化砧木。

3.2

营养砧 clone rootstock

通过营养繁殖的方法生产的砧木。

3.3

侧根 lateral root

从实生砧和营养砧主根上直接长出的根。

3.4

侧根粗度 diameter of lateral root

侧根基部2 cm处的直径大小。

3.5

侧根长度 length of lateral root

侧根基部至顶端的长度大小。

3.6

侧根数量 number of lateral root

符合侧根粗度和长度要求的侧根数量。

3.7

砧段长度 length of rootstock

根砧的根茎部位至嫁接口基部的距离大小。

3.8

砧段粗度　diameter of rootstock

距离地表 3 cm 处的砧段直径大小。

3.9

苗木粗度　diameter of nursery plant

嫁接口以上 5 cm 处茎的直径大小。

3.10

苗木高度　height of nursery plant

根茎处至茎顶端的距离大小。

3.11

茎倾斜度　gradient

嫁接口上下砧段与茎段之间的倾斜角度。

3.12

整形带　shaping strip

一年生苗、二年生苗地上部分 30 cm～60 cm 之间或定干处以下 20 cm 范围内的茎段。

3.13

饱满芽　plump bud

整形带内生长发育良好的健康叶芽。

3.14

一年生苗　June-budded nursery plant

当年播种、嫁接，并在当年接芽萌发、生长成苗、出圃的苗木，又称速生苗。

3.15

二年生苗　August-budded nursery plant

当年播种、嫁接，接芽不萌发或第二年春天嫁接，接芽经过一个生长季节，于秋季落叶后出圃的苗木。

3.16

芽苗　August-budded nursery plant without sprouting

当年播种、嫁接成活，且接芽当年不萌发的苗木，又称半成品苗。

4　质量要求

4.1　单株质量要求

4.1.1　一年生苗

一年生苗的质量要求见表 1。

表 1

项目				级别	
				一级	二级
品种与砧木纯度/%				≥95.0	
根	侧根数量/条	实生砧	普通桃、新疆桃、光核桃	≥5	≥4
			山桃、甘肃桃	≥4	≥3
		营养砧		≥4	≥3
	侧根粗度/cm			≥0.5	≥0.4

表 1（续）

<table>
<tr><th colspan="2" rowspan="2">项　　目</th><th colspan="2">级　别</th></tr>
<tr><th>一级</th><th>二级</th></tr>
<tr><td rowspan="3">根</td><td>侧根长度/cm</td><td colspan="2">≥15.0</td></tr>
<tr><td>侧根分布</td><td colspan="2">均匀，舒展而不卷曲</td></tr>
<tr><td>病虫害</td><td colspan="2">无根癌病、根结线虫病和根腐病</td></tr>
<tr><td colspan="2">砧段长度/cm</td><td colspan="2">10.0～15.0</td></tr>
<tr><td colspan="2">苗木高度/cm</td><td>≥90.0</td><td>≥80.0</td></tr>
<tr><td colspan="2">苗木粗度/cm</td><td>≥1.0</td><td>≥0.8</td></tr>
<tr><td colspan="2">茎倾斜度/(°)</td><td colspan="2">≤15.0</td></tr>
<tr><td colspan="2">根皮与茎皮</td><td colspan="2">无干缩皱皮和新损伤处，老损伤处总面积≤1.0 cm²</td></tr>
<tr><td colspan="2">枝干病虫害</td><td colspan="2">无介壳虫和流胶病</td></tr>
<tr><td rowspan="3">芽</td><td>整形带内饱满叶芽数/个</td><td>≥8</td><td>≥6</td></tr>
<tr><td>接合部愈合程度</td><td colspan="2">愈合良好</td></tr>
<tr><td>砧桩处理与愈合程度</td><td colspan="2">砧桩剪除，剪口环状愈合或完全愈合</td></tr>
</table>

4.1.2　二年生苗

二年生苗的质量要求见表 2。

表 2

<table>
<tr><th colspan="4" rowspan="2">项　　目</th><th colspan="2">级　别</th></tr>
<tr><th>一级</th><th>二级</th></tr>
<tr><td colspan="4">品种与砧木纯度/%</td><td colspan="2">≥95.0</td></tr>
<tr><td rowspan="7">根</td><td rowspan="3">侧根数量/条</td><td rowspan="2">实生砧</td><td>普通桃、新疆桃、光核桃</td><td>≥5</td><td>≥4</td></tr>
<tr><td>山桃、甘肃桃</td><td>≥4</td><td>≥3</td></tr>
<tr><td colspan="2">营养砧</td><td>≥4</td><td>≥3</td></tr>
<tr><td colspan="3">侧根粗度/cm</td><td>≥0.5</td><td>≥0.4</td></tr>
<tr><td colspan="3">侧根长度/cm</td><td colspan="2">≥20.0</td></tr>
<tr><td colspan="3">侧根分布</td><td colspan="2">均匀，舒展而不卷曲</td></tr>
<tr><td colspan="3">病虫害</td><td colspan="2">无根癌病、根结线虫病和根腐病</td></tr>
<tr><td colspan="4">砧段长度/cm</td><td colspan="2">10.0～15.0</td></tr>
<tr><td colspan="4">苗木高度/cm</td><td>≥100.0</td><td>≥90.0</td></tr>
<tr><td colspan="4">苗木粗度/cm</td><td>≥1.5</td><td>≥1.0</td></tr>
<tr><td colspan="4">茎倾斜度/(°)</td><td colspan="2">≤15.0</td></tr>
<tr><td colspan="4">根皮与茎皮</td><td colspan="2">无干缩皱皮和新损伤处，老损伤处总面积≤1.0 cm²</td></tr>
<tr><td colspan="4">枝干病虫害</td><td colspan="2">无介壳虫和流胶病</td></tr>
<tr><td rowspan="3">芽</td><td colspan="3">整形带内饱满叶芽数/个</td><td>≥10</td><td>≥8</td></tr>
<tr><td colspan="3">接合部愈合程度</td><td colspan="2">愈合良好</td></tr>
<tr><td colspan="3">砧桩处理与愈合程度</td><td colspan="2">砧桩剪除，剪口环状愈合或完全愈合</td></tr>
</table>

4.1.3 芽苗

芽苗的质量要求见表3。

表3

<table>
<tr><td colspan="4">项　目</td><td>要　求</td></tr>
<tr><td colspan="4">品种与砧木纯度/%</td><td>≥95.0</td></tr>
<tr><td rowspan="7">根</td><td rowspan="3">侧根数量/条</td><td rowspan="2">实生砧</td><td>普通桃、新疆桃、光核桃</td><td>≥5</td></tr>
<tr><td>山桃、甘肃桃</td><td>≥4</td></tr>
<tr><td colspan="2">营养砧</td><td>≥4</td></tr>
<tr><td colspan="3">侧根粗度/cm</td><td>≥0.5</td></tr>
<tr><td colspan="3">侧根长度/cm</td><td>≥20.0</td></tr>
<tr><td colspan="3">侧根分布</td><td>均匀，舒展而不卷曲</td></tr>
<tr><td colspan="3">病虫害</td><td>无根癌病、根结线虫病和根腐病</td></tr>
<tr><td rowspan="3">茎</td><td colspan="3">砧段长度/cm</td><td>10.0～15.0</td></tr>
<tr><td colspan="3">砧段粗度/cm</td><td>≥1.2</td></tr>
<tr><td colspan="3">病虫害</td><td>无介壳虫和流胶病</td></tr>
<tr><td>芽</td><td colspan="4">饱满，不萌发，接芽愈合良好，芽眼露出</td></tr>
</table>

4.2 批次质量要求

每批次的合格苗木比例不应低于95.0%。一级苗木批次允许包含的不合格苗木应符合二级苗木的标准；二级苗木批次允许包含的不合格苗木的苗木粗度、苗木高度、芽眼数不能低于二级苗木标准的20%，其他质量指标的要求同二级苗木标准。芽苗批次所允许包含的不合格苗木的砧段长度不能低于或高于标准的20%。

5 检验方法

5.1 病虫害

采用目测法、室内镜检或接种培养法。

5.2 品种纯度

依据品种的植物学特征、生物学特性进行纯度检验。

5.3 侧根数量

采用目测法计数。

5.4 侧根粗度与苗木粗度

用游标卡尺测量直径。

5.5 侧根长度、苗木高度、砧段长度

用钢卷尺测量。

5.6 接口部愈合程度

采用目测法或对接合部纵剖观测。

5.7 倾斜度

用量角器测量。

5.8 接芽饱满程度

采用目测法。

5.9 芽眼数

采用目测法计数。

5.10 机械损伤

采用目测法。

5.11 合格率

对每批苗木进行抽样检验时，记录不合格苗木的各项质量指标，如果一株苗木的任一项规定质量指标不合格，均按不合格苗木计算。合格率以合格苗木占被检苗木总数的百分率表示。

6 检验规则

6.1 抽样

抽样应执行 GB 9847 的规定。

6.2 质量判定规则

质量判定规则应执行 GB 20464 的规定。

7 起苗、包装

7.1 起苗

秋末(以全树 80%以上自然落叶为准)至春季萌芽前起苗。

7.2 包装

每捆 50 株，或根据用户要求的数量进行包装。每包装单位应附有苗木标签，标签应符合 GB 20464 的规定。

ICS 65.020.20
B 61

中华人民共和国国家标准

GB 19176—2010
代替 GB 19176—2003

糖用甜菜种子

Sugar beet seed

2011-01-14 发布　　2012-01-01 实施

中华人民共和国国家质量监督检验检疫总局
中国国家标准化管理委员会　发布

前　言

本标准的全部技术内容为强制性。

本标准参考了《国际种子检验规程》1996 版，根据《中华人民共和国种子法》的有关规定修订并代替 GB 19176—2003《糖用甜菜种子》。

本标准与 GB 19176—2003 相比，主要变化如下：

——修订了规范性引用文件；

——修订了术语和定义；

——修改了种子类别及部分技术指标；

——增加了粒径测定方法；

——修改了包装、标志、运输、贮存要求；

——修订了附录 A(规范性附录)净度分析；

——修订了附录 B(规范性附录)发芽试验；

——修订了附录 C(规范性附录)三倍体率检验。

本标准的附录 A、附录 B、附录 C 均为规范性附录。

本标准由中华人民共和国农业部提出。

本标准由全国农作物种子标准化技术委员会归口。

本标准起草单位：农业部甜菜品质监督检验测试中心、中国农业科学院甜菜研究所、全国农业技术推广服务中心、新疆伊犁州种子管理总站(新疆伊犁州农作物种子质量监督检验测试中心)、黑龙江省甜菜种子管理站、内蒙古包头华资实业股份有限公司、黑龙江大学。

本标准主要起草人：吴玉梅、陈连江、吴庆峰、滕佰谦、吕晓刚、夏文省、秦树才。

本标准所代替标准的历次版本发布情况为：

——GB 19176—2003。

糖用甜菜种子

1 范围

本标准规定了糖用甜菜(*Beta vulgaris* var. *saccharifera*)种子的术语和定义、质量要求、检验方法、检验规则及包装、标志、运输和贮存要求。

本标准适用于中华人民共和国境内生产、销售的糖用甜菜种子。

2 规范性引用文件

下列文件中的条款通过本标准的引用而成为本标准的条款。凡是注日期的引用文件,其随后所有的修改单(不包括勘误的内容)或修订版均不适用于本标准,然而,鼓励根据本标准达成协议的各方研究是否可使用这些文件的最新版本。凡是不注日期的引用文件,其最新版本适用于本标准。

GB/T 3543.2 农作物种子检验规程 扦样

GB/T 3543.3 农作物种子检验规程 净度分析

GB/T 3543.6 农作物种子检验规程 水分测定

GB/T 3543.7 农作物种子检验规程 其他项目检验

GB 20464 农作物种子标签通则

3 术语和定义

下列术语和定义适用于本标准。

3.1

糖用甜菜种子 sugar beet seed

用于生产制糖原料的甜菜种子。

3.2

育种家种子 breeder seed

育种家育成的遗传性状稳定、特征特性一致的家系或品系种子。

3.3

原种 basic seed

用育种家种子繁殖的第一代至第三代,经确认达到规定质量要求的种子。

3.4

二倍体 diploid

在甜菜体细胞中,含有两个染色体组(2x=18 条染色体)。

3.5

三倍体 triploid

在甜菜体细胞中,含有三个染色体组(3x=27 条染色体)。

3.6

四倍体 tetraploid

在甜菜体细胞中,含有四个染色体组(4x=36 条染色体)。

3.7

普通多倍体 exoploid

以二倍体品系和四倍体品系互为父母本,按一定的比例自然杂交所获得的种子。

3.8

雄性不育多倍体 polyploid based on CMS

以雄性不育二倍体(或四倍体)品系为母本,具正常花粉的四倍体(或二倍体)品系为父本,按一定比例自然杂交配制的杂种一代。

3.9

甜菜雄性不育 beet male sterile

因甜菜花粉母细胞退化而不具有授粉能力,又称甜菜雄不育。

3.10

单胚种 genetic monogerm seed

通过遗传获得的种球内只含有一个种胚的种子,又称单粒种、单果种、单芽种。

3.11

多胚种 multigerm seed

种球内含有两个以上(包括两个)种胚的种子,又称多粒种、复果种、多芽种。

3.12

磨光种 polished seed

经简单加工去掉种球表面花萼,除遗传本质外,其他特性(如粒径、比重等)有明显改变的甜菜种子。

3.13

丸化种 pelleted seed

为适应精量播种,将甜菜种子做成在大小和形状上没有明显差异的类似球状的单粒种子。丸化种子除添加丸化物质外,可能含有杀虫剂、杀菌剂、染料或其他添加剂。

3.14

包衣种 coated seed

形状类似于原来的种子,可能含有杀虫剂、杀菌剂、染料或其他添加剂的种子。

3.15

净种子 pure seed

不同类型的甜菜种子用规定方法和规定孔径筛子筛理后留在筛子上的完整甜菜种球及破损种球。

3.16

其他植物种子 other seed

除净种子以外的任何植物种子,包括杂草种子和异作物种子。

3.17

杂质 inert matter

除净种子和其他植物种子以外的所有其他物质。

3.18

净度 percentage purity

种子清洁干净的程度,一般是指供检样品中净种子的百分率。

3.19

发芽率 percentage germination

在规定的条件和时间内(见附录B),长成的正常幼苗种球数占供检种球数的百分数。

3.20

单粒率 percentage monogerm seed

单胚种子粒数占供检种子粒数的百分数。

3.21

三倍体率 percentage triploid

三倍体种子粒数占供检种子粒数的百分数。

3.22

水分　moisture content

按规定程序把种子样品烘干所失去的质量,以失去质量占供检样品原始质量的百分率表示。

3.23

千粒重　the weight of 1 000 seeds

符合国家甜菜种子质量标准规定水分的1 000粒甜菜种子的质量,以克为单位。

3.24

单位　unit

单胚种的标准包装规格，一个单位包含100 000粒种子。

4　质量要求

4.1　糖用甜菜多胚种子

糖用甜菜多胚种子质量应符合表1的最低要求。

表1　糖用甜菜多胚种子质量要求

种子类别			发芽率/% 不低于	净度/% 不低于	三倍体率/% 不低于	水分/% 不高于	粒径/mm
二倍体	原种		80	98.0	—	14.0	≥2.5
	大田用种	磨光种	80	98.0	—	14.0	≥2.0
		包衣种	90	98.0	—	12.0	2.0～4.5
多倍体	原种		70	98.0	—	14.0	≥3.0
	大田用种	磨光种	75	98.0	45(普通多倍体)或 90(雄性不育多倍体)	14.0	≥2.5
		包衣种	85	98.0		12.0	2.5～4.5

4.2　糖用甜菜单胚种子

糖用甜菜单胚种子质量应符合表2的最低要求。

表2　糖用甜菜单胚种子质量要求

种子类别		单粒率/% 不低于	发芽率/% 不低于	净度/% 不低于	三倍体率/% 不低于	水分/% 不高于	粒径/mm
原种		95	80	98.0	—	12.0	≥2.0
大田用种	磨光种	95	80	98.0	95	12.0	≥2.0
	包衣种	95	90	99.0	95	12.0	≥2.0
	丸化种	95	95	99.0	98	12.0	3.5～4.75

注1：二倍体单胚种子不检三倍体率项目。

注2：本表中三倍体率指标系指雄性不育多倍体品种。

5　检验方法

5.1　净度分析

按附录A执行。

5.2　发芽试验

按附录B执行。

5.3 三倍体率检验

按附录C执行。

5.4 单粒率检验

从净度分析后的净种子中，用数粒仪或手工随机数取400粒种子，每100粒为一次重复，观测每一重复中单胚种子的百分数。四次重复百分数的平均数即为单粒率，其结果修约到最近似的整数。

5.5 粒径测定

供粒径测定的送验样品质量至少达到250 g，样品应装入密闭容器内。从净度分析后的净种子中，称取两份试验样品各约50.00 g，将每个试验样品分别置入规定的套筛中(每层筛孔相差0.5 mm，从上到下依次叠放)，用筛选器筛理3 min；手工筛理方法是往复20次，转变至90°，再往复20次，拍打一下后结束。筛理后将每只筛中的净种子分别称重，保留两位小数。用净种子质量较大的相邻三只筛子的孔径表示种子粒径范围，保留一位小数。

如果三只相邻筛子中的净种子质量之和不小于试验样品质量的70.0%，并且两个重复测定结果的差值不高于5.0%，测定结果用两份试验样品的平均数表示。否则，须再分析约50.00 g的样品，直至有两份试样的测定结果达到要求为止，并以该两份试样的测定结果的平均值作为测定结果。

5.6 水分测定

按GB/T 3543.6的规定执行。

5.7 千粒重测定

按GB/T 3543.7的规定执行。

5.8 包衣种子检验

按GB/T 3543.7的规定执行。

6 检验规则

6.1 扦样

扦样方法和种子批的确定应执行GB/T 3543.2的规定。

6.2 质量判定规则

质量判定规则应执行GB 20464的规定。

7 包装、标志、运输和贮存

7.1 包装

糖用甜菜种子可采用塑料袋、纸板盒、纸袋、编织袋或麻袋等包装物包装。丸化种以一个单位为最小包装单位，每个单位100 000粒。粒径在规定分级的范围内，各部分的质量占总质量的百分率总和应不低于98.5%。其他类型的糖用甜菜种子，每个最小包装单位内，规定粒径的种子应不低于70.0%。

7.2 标志

销售的袋装和箱装(包括箱内每个单独包装)甜菜种子应当附有标签。标签应符合GB 20464的规定。

7.3 运输

禁止与有害、有毒或其他可造成污染的物品混贮、混运，严防潮湿。车辆运输时应有苫布盖严，船舶运输时应有下垫层。

7.4 贮存

甜菜种子贮存场所要具备防雨、防湿、防火、防鼠、通风等条件，仓库有附属晒场，禁止与易燃、易爆品及化肥、农药等物资共同贮存。甜菜种子垛贮应方便种子扦样。种子出库前应经过各项检验，不合格种子不准出库。

附　录　A
（规范性附录）
净　度　分　析

A.1　仪器和用具

分样器；不同孔径的套筛（包括振荡器）；天平：感量 0.1 g，0.01 g 和 0.001 g。

A.2　测定程序

采用一份试样分析。

A.2.1　重型混杂物的检查

在称取至少 250.0 g（单胚种 125.0 g）(M)的送验样品中，挑出与甜菜种子大小或质量上明显不同且严重影响结果的混杂物，如土块、小石块或其他大粒种子等称重(m)，再将重型混杂物(m)分离为其他植物种子(m_1)和杂质(m_2)。

A.2.2　试验样品的分取

净度分析的试验样品（一份）应从已挑出重型混杂物的送验样品中分取（按 GB/T 3543.2 中实验室试验样品的分取方法）约 50.000 g，称重。

A.2.3　试样的分离

将试验样品置入规定孔径的检验筛中筛理。种子筛选器筛理 2 min（包衣种 1 min）；手工筛理方法是往复 20 次（包衣种往复 10 次），转变至 90°，再往复 20 次（包衣种再往复 10 次），拍打一下后结束。然后将筛子上净种子（甜菜种球及破损种球）中的杂质如小石块、土块、鼠雀粪、甜菜植物茎叶及脱下的小花、碎屑等非甜菜种子及其他植物种子挑出、分离；同时也将筛下的其他植物种子从杂质中挑出、分离。

最后将筛上和筛下的杂质、其他植物种子分别合并在一起，如此将试样分离成净种子、其他植物种子和杂质三种成分。然后将三种成分分别称重（精确至 0.001 g），以克(g)表示，折算成为百分数。

标准检验筛的规格：圆孔筛和长孔筛的筛高均为 50 mm，直径 200 mm。圆孔筛单孔直径大于等于 2.0 mm，每 0.25 mm 为一个级差；长孔筛单孔长 20 mm，宽大于等于 2.0 mm，以 0.5 mm 为一个级差；检验单胚种用圆孔筛，检验多胚种用长孔筛。

A.3　结果计算与表示

按 GB/T 3543.3 的规定执行。

附 录 B
（规范性附录）
发 芽 试 验

采用盒式皱褶纸纸间法。

B.1 仪器、用具和试剂

数粒仪；发芽盒（规格：200 mm×110 mm×75 mm）；发芽皱褶纸（每平方米质量为 70 g～90 g，吸水率为 220%～250%）；发芽箱或发芽室；次氯酸钠；福美双等。

B.2 试验程序

B.2.1 取样

从经过充分混合的净种子中，用数粒仪或手工随机数取 400 粒种子。应该注意不能挑选种子，以避免结果产生偏差。通常以 100 粒为一次重复，重复四次。

B.2.2 种子冲洗

将供检种子样品放在网丝袋里，用 20 ℃～25 ℃水冲洗（多胚种 2 h，单胚种 4 h）。

B.2.3 种子消毒

把冲洗好的种子放入 0.3%～0.5%的福美双水溶液中浸种 10 min。

B.2.4 种子风干

在室温、通风条件下进行种子风干。多胚种风干 10 min～30 min，单胚种风干 1 h。

B.2.5 发芽盒消毒

发芽盒使用前置于 0.1%的次氯酸钠水溶液中浸泡 3 min～5 min，然后用清水洗净晾干。

B.2.6 装盒方法

先将覆盖纸铺在发芽盒底层，再将发芽皱褶纸展开放在覆盖纸上。然后用定量喷雾器将 32 mL～34 mL（单胚种 30 mL～32 mL）蒸馏水均匀喷洒在发芽纸上。最后在每个皱褶内放两粒种子，间距要均匀，相邻皱褶间种子位置要错开，每盒装 100 粒种子。折盖覆盖纸，盖严盒盖，套上塑料袋，置入发芽箱（室）内的发芽架上。

B.2.7 发芽温度

发芽采用恒温进行，发芽箱（室）的发芽温度在发芽期间应尽可能一致。规定温度在 23 ℃～25 ℃。

B.2.8 发芽光照

在有光照条件下进行，光照强度为 1 000 lx～1 500 lx，光照时间为 8 h。

B.2.9 试验持续时间

试验持续时间为 10 d。初次计数时间为 4 d，末次计数时间为 10 d。均以正常幼苗数计算。

B.2.10 幼苗鉴定

每株幼苗都必须按规定的标准（B.2.10.1～B.2.10.2）进行鉴定。鉴定要在幼苗主要结构已发育到一定时期时进行。在计数过程中，发育良好的正常幼苗应从发芽皱褶纸中捡出，对可疑的或损伤、畸形或不均衡的幼苗，通常列到末次计数。严重腐烂的幼苗或发霉的种子应从发芽皱褶纸中除去，并随时计数。

B.2.10.1 正常幼苗

完整幼苗、带有轻微缺陷或次生感染的幼苗均为正常幼苗。鉴定正常幼苗的具体标准如下。

B.2.10.1.1 完整幼苗

幼苗主要构造生长良好、完全、均匀和健康。

a） 细长的初生根，通常长满根毛，末端细尖；

b） 具有一个直立、细长并有伸长能力的下胚轴；

c） 具有两片展开呈叶状的绿色子叶。

B.2.10.1.2 带有轻微缺陷的幼苗

幼苗主要构造出现某种轻微缺陷，但在其他方面能均衡生长，并与同一试验中的完整幼苗相当。

B.2.10.1.3 次生感染的幼苗

由真菌或细菌感染引起，使幼苗主要构造发病和腐烂，但有证据表明病源不来自种子本身。

B.2.10.2 不正常幼苗

整个幼苗畸形；断裂；子叶比根先长出；两株幼苗连在一起；黄化或白化；纤细；水肿状；由初生根感染所引起的腐烂。

B.3 重新试验

当试验出现下列情况时，应重新试验。

B.3.1 当发现试验条件、幼苗鉴定或计数有差错时，应采用同样方法进行重新试验。

B.3.2 当发芽试验的四次重复间的差距超过表B.1的最大容许差距时，应采用同样方法进行重新试验。如果重新试验与第一次结果相符合，其差距不超过表B.2的最大容许差距时，则将两次试验的平均数填报在结果单上；如果重新试验与第一次结果不相符合，其差距超过表B.2所示的最大容许差距，则采用同样方法进行第三次试验，直至有两次试验的结果相一致为止，并将该两次试验的平均数填报在结果单上。

B.3.3 如遇停电，发芽箱（室）不能维持种子发芽所需的条件要求时，该批试样应重新测定。

表B.1 同一发芽试验四次重复间的最大容许差距

（2.5%显著水平的两尾测定）

%

平均发芽率		最大容许差距
50%以上	50%以下	
99	2	5
98	3	6
97	4	7
96	5	8
95	6	9
93～94	7～8	10
91～92	9～10	11
89～90	11～12	12
87～88	13～14	13
84～86	15～17	14
81～83	18～20	15
78～80	21～23	16
73～77	24～28	17
67～72	29～34	18
56～66	35～45	19
51～55	46～50	20

表 B.2 同一或不同实验室来自相同或不同送验样品间发芽试验的容许差距

(2.5%显著水平的两尾测定)

%

平均发芽率		最大容许差距
50%以上	50%以下	
98～99	2～3	2
95～97	4～6	3
91～94	7～10	4
85～90	11～16	5
77～84	17～24	6
60～76	25～41	7
51～59	42～50	8

B.4 结果计算和表示

试验结果以粒数的百分率表示。当一个试验的四次重复的正常幼苗百分率都在最大容许差距内(见表 B.1)，则用其平均数表示发芽百分率。正常幼苗、不正常幼苗和未发芽种子的百分数总和必须为100，平均数百分率修约到最近似的整数。填报发芽结果时，若其中任何一次结果为零，则将符号"—0—"填入该格中。

$$发芽率=\frac{发芽终期全部正常幼苗种球数}{供试种球数}\times 100\% \quad\cdots\cdots\cdots\cdots(B.1)$$

B.5 容许误差

同一发芽试验四次重复间的容许差距按表 B.1 执行；同一或不同实验室来自相同或不同送验样品间发芽试验的容许差距按表 B.2 执行；在抽检、统检、仲裁检验、定期检查时发芽试验的容许差距按表 B.3 执行，规定值指质量标准、合同、标签等规定的技术指标。

表 B.3 发芽试验与规定值比较的容许差距

(5%显著水平的一尾测定)

%

标准规定发芽率		容许差距
50%以上	50%以下	
99	2	1
96～98	3～5	2
92～95	6～9	3
87～91	10～14	4
80～86	15～21	5
71～79	22～30	6
58～70	31～43	7
51～57	44～50	8

附 录 C
（规范性附录）
三倍体率检验

采用乙酸地衣红染色法，检验幼胚根尖细胞核中的染色体数目，确定三倍体率。

C.1 试剂及制备

卡诺固定液：无水乙醇三份加冰乙酸一份混匀。

软化剂：浓盐酸一份加 95%乙醇一份混匀。

2%乙酸地衣红溶液：称取 2.0 g 地衣红试剂，溶解于 100 mL 的 45%冰乙酸溶液中。

45%冰乙酸。

预处理液：8-羟基喹啉或对二氯苯等。

C.2 仪器和用具

发芽箱；生物显微镜；载玻片；盖片；称量瓶等。

C.3 检验程序

C.3.1 发芽与取材

取 100 粒左右试验样品进行发芽，在幼胚根尖细胞分裂高峰期（一般在萌芽后的 2 d～3 d），选取白色、粗壮、长度在 8 mm～15 mm 的幼根根尖 3 mm～5 mm 部分。

C.3.2 预处理

将所取根尖放入装有 8-羟基喹啉或对二氯苯饱和溶液的称量瓶中，盖上瓶盖，在室温 20 ℃±2 ℃下处理 2 h。或将根尖装入盛有蒸馏水的称量瓶中，放入冰箱，在 2 ℃～3 ℃条件下预处理 24 h，使细胞分裂停留在有丝分裂中期使染色体缩短变粗，便于观察。

C.3.3 固定与离析（软化）

将预处理后的根尖用蒸馏水冲洗两次到三次后放入卡诺固定液中 2 h～3 h；然后把固定后的材料取出，用蒸馏水冲洗后放入软化剂中，在室温下处理至根尖呈透明状为适度（约 5 min）。

C.3.4 染色与制片

把离析好的材料用蒸馏水冲洗两次到三次，切取根尖 2 mm～3 mm 放在载玻片上，滴加 2%乙酸地衣红溶液染色 5 min～15 min。然后滴一滴 45%乙酸，使其分色 1 min～5 min。加盖片，上面垫上滤纸后轻轻敲压，使根尖压得薄而不散为宜。

C.3.5 检验

先在低倍镜下寻找分裂的细胞位置，而后转入高倍镜下观察，辨认分裂相中染色体数目，确定三倍体。一个试验样品必须镜检出 50 个有效片，每片检查出两个有效分裂相后确定染色体数目。

C.4 结果计算与表示

检验结果以 50 个有效片中的三倍体片数的百分率表示。计算结果修约到最近似的整数。

$$P=\frac{T}{50}\times 100\% \qquad \cdots\cdots\cdots\cdots (C.1)$$

式中：

P——三倍体率；

T——三倍体片数，片；

50——规定的有效片数量，片。

ICS 03.100.20
A 10

中华人民共和国国家标准

GB/T 19252—2010
代替 GB/T 19252—2003

电子商务协议样本

Model for electronic commerce agreement

(UN/CEFACT Recommendation No. 31, Electronic commerce agreement, MOD)

2010-12-01 发布　　2011-05-01 实施

中华人民共和国国家质量监督检验检疫总局
中国国家标准化管理委员会　发布

前　言

本标准修改采用联合国欧经会贸易程序简化与电子业务委员会(UN/CEFACT)第31号建议《电子商务协议》。

本标准与UN/CEFACT第31号建议(英文版)的主要差异如下:

——新增术语和定义一章;

——将UN/CEFACT第31号建议中的有关说明性材料调整为本标准的附录A;

——章条号作了调整。

本标准代替GB/T 19252—2003《电子商务协议》。

本标准与GB/T 19252—2003相比主要变化为:

——将原标准的名称《电子商务协议》修改为《电子商务协议样本》;

——修改了标准的前言;

——修改了标准的引言;

——将原标准第1章中的限制部分放在附录A中;

——删去原标准第2章;

——对原标准第3章中的术语和定义进行了修改(本标准第2章);

——将原标准第4章的名称"符号约定"改为"电子商务协议样本的结构与符号约定"(本标准第3章),并增加了电子商务协议样本结构内容。

本标准的附录A为资料性附录。

本标准由全国电子业务标准化技术委员会提出并归口。

本标准起草单位:中国标准化研究院、中国对外贸易经济合作企业协会、商务部配额许可证局。

本标准主要起草人:胡涵景、钟小林、王凌云、刘颖、隋媛、马建红、李佳伟、熊虹艳。

本标准所代替标准的历次发布情况为:

——GB/T 19252—2003。

引　言

电子商务为提高商业运作效率、降低与贸易过程相关的成本提供了新的机遇，同时也使利用这种新的经营和贸易方式的企业增强了竞争优势。

电子商务平台的出现和互联网的使用，为用户传输数据、以电子形式签约以及管理可发展为新型业务模式的业务流程提供了一系列新技术。

传统的、基于纸质的业务手续和诸如手工签名之类的业务要求的法律框架，目前正处于适应这些新技术的进程之中。就全球范围而言，1996 年联合国国际贸易法委员会(UNCITRAL)所通过的电子商务示范法(Model Law)为制修订相关法律提供了一个框架。一些国际组织，如世界贸易组织(WTO)、联合国欧经会贸易程序简化与电子业务委员会(UN/CEFACT)、经济合作与发展组织(OECD)、联合国贸易和发展委员会(UNCTAD)、国际商会(ICC)等都在积极地就全球电子商务市场的出现而产生的一些关键法律问题与政府和企业进行商讨。就区域或地方而言，针对这些问题而新制定的法律正在提出或颁布。

尽管有关全球电子商务市场的法律框架正在形成和完善，并对建立更好的电子商务市场的诚信环境起着极为重要的作用，但是，在电子商务应用中出现的许多问题，采用契约的形式解决仍然是一个较好的解决办法。

为了建立商务实体之间的信任环境，在借鉴制定 EDI 交换协议(UN/CEFACT 第 26 号建议，GB/T 17629—1998)所获得的经验的基础上，UN/CEFACT 于 2000 年 3 月通过了本建议，并作为 UN/CEFACT 的第 31 号建议书。

UN/CEFACT 建议用本建议书作为以契约形式运作电子商务的协议样本。该样本考虑了有待商务实体商定的基本条款的框架，并结合了处理日常商务交易所需的灵活性。

电子商务协议旨在满足企业与企业间的电子商务伙伴的商务需求，它包括一套基本条款，这些条款能够保证商务伙伴间的一项或多项电子商务交易在健全的法律框架下完成。

电子商务协议着重于表述可供电子商务交易的所有电子通信方式。建议仅在 EDI 基础上订立合同关系的商业伙伴继续采用 EDI 交换协议；建议在包括 EDI 在内的一系列电子商务技术的基础上订立合同关系的商业伙伴采用电子商务协议，必要时，全部用电子商务协议取代 EDI 交换协议。

电子商务协议样本

1 范围

本标准规定了以契约形式管理电子商务的协议样本。

本标准适用于企业与企业间(B2B)的电子商务。

2 术语和定义

下列术语和定义适用于本标准。

2.1

要约方 proposer

发出要约通知的一方。

2.2

接受要约方 accepter

发出接受要约通知的一方。

2.3

要约通知 instrument of offer

一个参与方通过电子方式提出订立商业契约关系而向另一参与方发送或开出的据此进行交易的契约。要约通知也可供不接受最初所提条款的参与方所用,并在对其修改后,向原发送方发出一份新的要约通知。

2.4

接受要约通知 instrument of acceptance

要约通知的接收方在接受要约通知中所规定的条款后,返回给要约方的通知。

3 电子商务协议样本的结构与符号约定

3.1 电子商务协议样本的结构

电子商务协议样本由要约通知和接受要约通知两部分组成。要约通知和接受要约通知均由电子商务协议和电子商务交易组成。有关协议样本的使用说明参见附录 A。

3.2 符号约定

电子商务协议样本包含若干供参与方在两个或多个选项中进行选择的条款。这些选项被标注在括号([ ])内,并被斜线(/)分割。如果参与方未对选项进行选择,则以带有下划线的选项作为默认项,忽略没有下划线的选项。

4 电子商务协议样本

4.1 参与方间约定

当签署本协议的参与方之间出现争议时,应以签署本协议的约定为准。

4.2 要约通知

4.2.1 概述

要约方向接受要约方提议订立下述协议。此后,参与方间任何受本协议约束的通信均应通过[<u>“电子商务协议”字样</u>/指定其他标识代码或以其他方式指称本协议]来引用本协议。

要约契约的接受和电子商务协议的订立,并不意味着参与方间有义务订立任何进一步的合同关系。

要约契约的接受应由接受要约方发送正式填写的接受要约契约，并被要约方在[接受要约方接收到要约契约 24 h/另行指定接收到的时间]之内接收(见 4.2.2.2.3.1)到后才能成立。如果要约通知在此时间期限内被接受，以下条款即构成参与方间的协议。

4.2.2 电子商务协议

4.2.2.1 要约方标识

要约方和接受要约方间采用 4.2.2.2.1 规定的通信方式进行报文交换而订立的任何合同应由下列法人实体完成：

[插入要约方完整的和准确的：

- 公司名称；
- 公司地址；
- 标识号/公司注册号/专业登记号(选择适合的项)；
- 增值税或税务登记号；
- 电话号码、传真号码和电子邮件地址或网站地址]。

4.2.2.2 通信

4.2.2.2.1 通信方式

参与方应规定通信方式。

要约方提议参与方均采用表 1 列出的通信方式进行通信：

[任何电子通信方式/具体商定的通信方式]

表 1 通信方式

报文类型	通信方式			
	网站	电子数据交换(EDI)	电子邮件	其他方式[指定]
邀请要约/磋商				
要约				
接受要约				
撤消				
确认				
通知				
[添加其他适宜的报文]				

在接受要约通知中，接受要约方应阐明可接受的通信方式。

4.2.2.2.2 通信标准、软件和第三方提供商

要约方提议参与方间使用下列通信标准、软件和第三方提供商(必要时)：

- 通信标准名称；
- 软件产品/版本号；
- 第三方提供商。

每一参与方在对系统运行、硬件或软件进行可能影响参与方之间的通信或改变 4.2.2.2.1 和 4.2.2.2.2 所规定的信息的任何变更之前，都应通知另一参与方。在这一通知中，通知方应要求另一参与方告知通知方是否能够接受这些变更。仅当另一参与方接受这些变更时，该变更才能生效。

4.2.2.2.3 接收和对接收的确认

4.2.2.2.3.1 接收的定义

当报文[可由接收方从其所用电子地址获取/其他定义的接收方式]时，才被认为是接收。

4.2.2.2.3.2 对接收的确认

[除非发送方要求确认]，否则接收方[有/无]义务对报文的接收进行确认。

确认可以通过[规定报文类型/接收方以自动或其他方式进行的任何通信，或接收方任何足以向发

送方表明报文已经收到的行为]完成。

在发送方已指明或法律已规定报文受接收确认约束的情况下，在收到确认前，该报文被视为从未发送过。

在接收方有责任对接收提供确认且发送方并未指明该报文受接收确认约束的情况下，如果发送方在[规定确认时间/合理的时间]范围内未收到确认，发送方：

a) 可以通知接收方，声明没有收到确认并规定一个合理收到确认的时间期限；

b) 如果在 4.2.2.2.3.2a)规定的时间内仍未收到确认，则向接收方发送通知，并视为从未发送过该报文，行使发送方所具有的任何其他权力。

当发送方收到接收方的接收确认时，即认定该报文已被接收方接收。但这并不意味着该报文与收到的报文相符。如果该确认给出对收到的报文的相关说明，则该说明被认定为是正确的。

4.2.2.2.4 通信错误

参与方[应/不应]把那些阻碍对报文进行进一步处理的情况(包括所收到的传输中的技术错误)通知其他参与方。这一通知应[尽快/在规定的时间期限内]发出。

接收方有权视每一份收到的报文为一份独立的报文，并据此认定进行运作，除非该报文是另一报文的副本且接收方通过谨慎的处理或采用商定的程序获知或应已获知该报文是一个副本。

接收方有权视收到的报文为按发送方意愿发送的报文，并据此认定进行运作。但接收方通过谨慎的处理或采用商定的程序知晓或应已知晓该传输有错误或被延迟时，则无权据此认定进行运作。

4.2.2.3 电子商务交易的有效性和电子商务交易的达成

4.2.2.3.1 有效性

本条款应以书面形式呈现并/或经签署。

参与方商定，报文通信可生成有效的和强制的义务。当参与方间的通信均采用电子方式进行时，就意味着参与方明确放弃反对电子商务协议和任何电子商务交易的有效性和/或可接受性的权力。

4.2.2.3.2 电子商务交易的达成

4.2.2.3.2.1 概述

当接受要约的报文按 4.2.2.3.2.5 的规定被接受后，即形成一项电子商务交易。

4.2.2.3.2.2 要约的定义

如果一个报文包含着向特定的一方或多方提议订立一个合同的建议，而且该建议足够明确并表明发送方要约的意图，则该报文即构成一个要约。

除非另有声明，否则以电子形式广泛发送的报文不能构成一个要约。

4.2.2.3.2.3 撤消

除非另有协议或在要约中明确规定，否则任何要约均[可/不可]撤消。如果是可撤消的，只有当撤消通知在[要约方接收到/接受要约方向要约方发出]接受之前被[接受要约方接收到/要约方向接受要约方发出]时，要约才能被撤消。

任何接受均[可/不可]撤消。如果是可撤消的，只有当撤消通知在拟被撤消的接受被收到之前收到才能有效。

4.2.2.3.2.4 接受期限

一个要约应在该要约被接收到[24 h/规定其他时间期限]后失效，除非在该要约中另有规定或该要约在前述的时间期限内已被接受。如果在要约失效后收到对该要约的接受，接收方可视该接受为一个新的要约。

4.2.2.3.2.5 接受

当要约方在规定的时间期限内收到一个对要约(见 4.2.2.3.2.2)的无条件接受时，该要约即被接受。

4.2.2.4 其他条款

4.2.2.4.1 法律的选择

除了相互冲突的法律条款外，本电子商务协议应受[指定国家/要约方所在地/符合国际司法适用规则]的法律管辖。

电子商务交易应受[指定国家/要约方所在地,不包括相互冲突的法律条款/符合国际司法规则或符合电子商务交易所选择的国家]的法律管辖。

4.2.2.4.2 **可分割性**

当电子商务协议的某一条款由于某种原因而无效或无约束力时,其他所有条款仍应保持完整的约束力和效力。

4.2.2.4.3 **终止**

任何参与方均可发出终止通知终止本协议,但终止通知至少应提前[30 d/其他时间期限]发出。终止应不影响终止之前发生的任何通信或有关交易的履行。本质上具有持续性责任的条款应不受终止的影响并继续具有对参与方的约束力。

4.2.2.4.4 **完整的协议**

本电子商务协议在主要内容上构成参与方的完整协议。

4.2.2.4.5 **司法选择**

本条款应以书面形式呈现并/或经签署。参与方可选择适合本地的选项作为争议解决办法。

[选项1:司法条款:任何由本电子商务协议引起的或与本电子商务协议有关的争议,应提交到4.2.2.4.1中规定的地点的法庭解决/指明国家和城市或地区的法庭解决]。但是,参与方仍有权在对方所在地的法庭提出诉讼。

[选项2:仲裁条款:任何由本电子商务协议引起的或与本电子商务协议有关的争议,包括有关协议的存在性、有效性或其终止问题,应提交给由参与方商定的一个或三个仲裁人作最终解决,若无法就仲裁人人选达成协议,应按照和遵从____的程序规则由____指定。]

任何由电子商务交易引起的或与电子商务交易有关的争议应提交到[能够按照国际司法相关规则审理的法庭/上款提到的法庭或仲裁法庭/指明国家和城市的法庭]解决。

参与方应在争议发生后的30 d期限内,尽其所能解决争议。

4.2.3 **电子商务交易**

电子商务交易应受下列条款和条件的约束:

[如果需要,在此处根据拟开展的电子商务交易类型列出适用于电子商务交易条款的特别条款,包括交货条款、支付类型和条款、产权和所有权、风险转移、权利等/列出适用条款的参考]。

适用于电子商务交易的条款应按照本电子商务协议解释。在发生冲突的情况下,应以[本协议4.2.2所述条款/本协议4.2.3所述条款,包括所引用的通用条款]为优先选择。

4.3 **接受要约通知**

4.3.1 **电子商务协议**

电子商务协议[插入要约通知中规定的其他标识代码]。

据此接受要约方接受[插入日期]来自[插入要约方名称]的要约通知。

4.3.2 **接受要约方的标识**

要约方和接受要约方间的电子商务交易应由下列法人实体完成:

[插入接受要约方完整的和准确的:

- 公司名称;
- 公司地址;
- 标识号/公司注册号/专业登记号(选择适合的项);
- 增值税或税务登记号;
- 电话号码、传真号码和电子邮件地址或网站地址]。

4.3.3 **通信**

参与方应规定通信方式。

接受要约方同意通过4.2.2.2.1所述的全部或部分通信方式进行通信:

[任何电子通信/具体商定的通信方式]。

附　录　A
（资料性附录）
电子商务协议样本的使用说明

A.1　参与方应采取的行动

电子商务协议为进行电子商务交易提供了框架。电子商务协议在多处向参与方提供选项供其选择。在这些选项的选取过程中，参与方应对其进行认真审核，以决定是采用默认项或其他选项。此外，在达成电子商务协议之前，参与方应注意采取以下行动：

- 确定将使用哪些通信方式和报文，并在 4.2.2.2.1 中予以规定；
- 确定哪些条款和条件适用于随后进行的电子商务交易，并在 4.2.3 予以规定。

参与方还应注意到，由于国家或地方差异，可能会影响到本协议的某些条款，或者产生一些应予关注的问题。因此，除了订立电子商务协议外，每一参与方还应采取适当的步骤，以确保遵守本国和本地的法律，尤其是在下列几个方面：

- 报文的存储；
- 增值税及其他税务法规；
- 数据保护，包括在关于数据保护的欧盟 95/46/EEC 号指令中的规则（如果参与方中的一方常驻欧盟）。

参与方还应确保其所实行的安全等级对电子商务交易是适当的。例如，参与方可以考虑使用公钥加密或其他措施来抵御通信错误和报文拦截，并提高参与方电子通信纪录作为证据的价值。

许多司法管辖权均要求对双方商定并通过引用而纳入协议的条款提供严谨的证据。为尽量减少证据方面的问题，建议参与方商定在执行电子商务交易时引用电子商务协议的方法，并在所有受电子商务协议条款约束的通信中都包含这样的引用。这种引用可以通过加入一项标识代码或引用“电子商务协议”字样并在随后进行的通信中使用这一代码或字样来实现。

还应当指出的是，在许多情况下，电子商务均涉及国际性交易，而由于法律的复杂性所产生的问题并不是用一个标准协议就能解决的。因此，对本协议进行补充也是十分必要的。

A.2　如何使用电子商务协议

电子商务协议既可用于一项交易，也可用于多项交易。即便是仅用于一项交易，也应在电子商务交易之前订立电子商务协议。因此，电子商务协议应确定适用于交易的基本规则，如果在电子商务协议中包括 4.2.2 所述的电子商务交易，还应确定适用于执行交易的基本规则。当订立电子商务协议后，在随后的与商业交易有关的通信中，应引用电子商务协议，并由此将通信纳入由电子商务协议建立的框架之中。

接受要约方可以选择一种或多种由要约方提议的通信方式。如果接受要约方选择的通信方式少于要约方提出的，则要约方和接受要约方都应仅使用由接受要约方选定的方式。

电子商务协议由要约通知和接受要约通知两部分构成。

在发送双方均可接受的要约通知之前，参与方可就电子商务协议的内容进行反复磋商。

经过要约通知和接受要约通知的交换/组合，电子商务协议即可订立，且不需要其他更多的手续。由于通过两个通知的交换，使得参与方之间的协议条款是明确的，因此签署不再是强制性的。但是，在保存通知的记录方面则需要谨慎。双方都应当记录和保存这两个通知。在某些国家，证据及仲裁条款可能要求提供经签署的书面文件。因此，对于这些规定，应谨慎行事。

参与方订立电子商务协议后，便可根据电子商务协议中规定的方式进行电子商务交易，即通常由发送方(可以是要约方,也可以是接受要约方)发送或出示一个要约,并由另一参与方发送一个接受要约。

在电子商务协议的电子版本中,接受要约通知所包括的通信方式应仅限于要约方提出的范围。

A.3 限制

本标准也可用于企业与消费者间的电子商务,但由于本标准未考虑任何有关保护消费者的条款,而消费者保护法通常是强制性的,并在大多数情况下,一旦与消费者达成交易,消费者所在国和所在地的国家级和地方性的消费者保护法就会立即对其适用,因此,采用本标准与消费者订立合同关系的企业应认识到要遵守国家和地方的消费者保护法。

此外,如果本标准被用于与行政或官方机构的电子商务,应进行适当修改。

参 考 文 献

[1] GB/T 17629 国际贸易用电子数据交换协议样本

ICS 47.020
U 10

中华人民共和国国家标准

GB/T 19283—2010
代替 GB/T 19283—2003

三峡枢纽过坝集装箱船主尺度系列

Dimensions series of container ship passing—the lock of Three Gorges Dam

2011-01-14 发布　　　　2011-06-01 实施

中华人民共和国国家质量监督检验检疫总局
中国国家标准化管理委员会　发布

前　言

本标准代替 GB/T 19283—2003《三峡枢纽过坝集装箱船主尺度系列》。

本标准与 GB/T 19283—2003 相比主要变化如下：

——按载箱量级进行分类；根据新的航运条件对各类船型主尺度进行调整(见表 1)。

——船舶总长为一变化范围(见表 1)。

——新增 300TEU 对应的主尺度(见表 1)。

本标准由中华人民共和国交通运输部提出。

本标准由全国内河船标准化技术委员会(SAC/TC 130)归口。

本标准起草单位：武汉理工大学、中国船级社武汉规范研究所。

本标准主要起草人：陈顺怀、王丽铮、张征波、余金生、李俊敏。

本标准所代替标准的历次版本发布情况为：

——GB/T 19283—2003。

三峡枢纽过坝集装箱船主尺度系列

1 范围

本标准规定了三峡枢纽过坝的集装箱船船型主尺度系列。

本标准适用于长江水系通过三峡枢纽及葛洲坝枢纽的集装箱船。

2 术语和定义

下列术语和定义适用于本标准。

2.1

总长 overall length

船体(包括永久性固定结构在内的)最前端至最后端间垂直于舯站面方向量度的距离。符号：L_{OA}。

2.2

总宽 overall breadth

从船舶的一舷到另一舷垂直于中线面方向量度(量至船壳外板、护舷材或缘饰材的外侧)的最大距离。符号：B_{OA}。

2.3

船宽 breadth

不包括船壳板在内的船体最大宽度，舷伸甲板宽度不计入。符号：B。

3 三峡枢纽过坝的集装箱船船型主尺度系列

三峡枢纽过坝的集装箱船船型主尺度系列应符合表1的要求。

表1 三峡枢纽过坝的集装箱船船型主尺度系列

载箱量级 TEU	总长 L_{OA}/m	船宽 B/m	参考设计吃水 T/m
50	62～64	10.8	2.0～2.4
60	67～70	13.0	2.0～2.6
100	72～75	13.0	2.6～3.0
150	85～90	13.6	2.8～3.2
200	85～90	14.8	2.8～3.2
		16.2	3.0～3.5
250	92～98	16.2	3.5～4.0
	105～110		3.5～4.0
300	105～110	17.2	3.5～4.0

注1：以上载箱量为装载20英尺标准箱(TEU)货箱载箱量，货箱平均重为13吨/TEU。

注2：本系列船型采用平板型护舷材，船舶应满足规定的总长、船宽要求。

注3：船舶吃水满足主管机关的相关限制要求。

中华人民共和国国家标准

GB 19301—2010

食品安全国家标准
生　　　乳

National food safety standard

Raw milk

2010-03-26 发布　　　　2010-06-01 实施

中华人民共和国卫生部　发布

前　言

本标准代替 GB 19301—2003《鲜乳卫生标准》及第 1 号修改单。

本标准与 GB 19301—2003 相比，主要变化如下：

——标准名称改为《生乳》；

——增加了“术语和定义”；

——“污染物限量”直接引用 GB 2762 的规定；

——“真菌毒素限量”直接引用 GB 2761 的规定；

——“农药残留限量”直接引用 GB 2763 及国家有关规定和公告；

——修改了“微生物指标”。

本标准所代替标准的历次版本发布情况为：

——GBn 33—1977、GB 19301—2003。

食品安全国家标准
生　　乳

1　范围

本标准适用于生乳，不适用于即食生乳。

2　规范性引用文件

本标准中引用的文件对于本标准的应用是必不可少的。凡是注日期的引用文件，仅所注日期的版本适用于本标准。凡是不注日期的引用文件，其最新版本(包括所有的修改单)适用于本标准。

3　术语和定义

3.1　生乳　raw milk

从符合国家有关要求的健康奶畜乳房中挤出的无任何成分改变的常乳。产犊后七天的初乳、应用抗生素期间和休药期间的乳汁、变质乳不应用作生乳。

4　技术要求

4.1　感官要求：应符合表1的规定。

表1　感官要求

项　目	要　求	检 验 方 法
色泽	呈乳白色或微黄色。	取适量试样置于50 mL烧杯中，在自然光下观察色泽和组织状态。闻其气味，用温开水漱口，品尝滋味。
滋味、气味	具有乳固有的香味，无异味。	
组织状态	呈均匀一致液体，无凝块、无沉淀、无正常视力可见异物。	

4.2　理化指标：应符合表2的规定。

表2　理化指标

项　目		指　标	检 验 方 法
冰点[a,b]/(℃)		−0.500～−0.560	GB 5413.38
相对密度/(20 ℃/4 ℃)	≥	1.027	GB 5413.33
蛋白质/(g/100 g)	≥	2.8	GB 5009.5
脂肪/(g/100 g)	≥	3.1	GB 5413.3
杂质度/(mg/kg)	≤	4.0	GB 5413.30
非脂乳固体/(g/100 g)	≥	8.1	GB 5413.39
酸度/(°T) 牛乳[b] 羊乳		 12～18 6～13	GB 5413.34
[a] 挤出3 h后检测。 [b] 仅适用于荷斯坦奶牛。			

4.3 **污染物限量**:应符合 GB 2762 的规定。

4.4 **真菌毒素限量**:应符合 GB 2761 的规定。

4.5 **微生物限量**:应符合表 3 的规定。

表 3 微生物限量

项　　目	限量/[CFU/g(mL)]	检 验 方 法
菌落总数　　≤	2×10^6	GB 4789.2

4.6 农药残留限量和兽药残留限量

4.6.1 农药残留量应符合 GB 2763 及国家有关规定和公告。

4.6.2 兽药残留量应符合国家有关规定和公告。

中华人民共和国国家标准

GB 19302—2010

食品安全国家标准
发　酵　乳

National food safety standard

Fermented milk

2010-03-26 发布　　　　2010-12-01 实施

中华人民共和国卫生部　发布

前　言

本标准对应于国际食品法典委员会(CAC)的标准 Codex Stan 243—2003(Revision 2008) Codex Standard for Fermented Milks,本标准与 Codex Stan 243—2003(Revision 2008)的一致性程度为非等效。

本标准代替 GB 19302—2003《酸乳卫生标准》和第 1 号修改单以及 GB 2746—1999《酸牛乳》中的部分指标,GB 2746—1999《酸牛乳》中涉及到本标准的指标以本标准为准。

本标准与 GB 19302—2003 相比,主要变化如下:

——标准名称改为《发酵乳》;

——修改了"范围"的描述;

——明确了"术语和定义";

——修改了"感官指标";

——取消了脱脂、部分脱脂产品的脂肪要求;

——取消了风味发酵乳产品中非脂乳固体指标;

——取消了总固形物要求;

——"污染物限量"直接引用 GB 2762 的规定;

——"真菌毒素限量"直接引用 GB 2761 的规定;

——修改了"微生物指标"的表示方法;

——取消了致病菌中志贺氏菌的要求;

——修改了产品中乳酸菌数的要求;

——增加了对营养强化剂的要求。

本标准所代替标准的历次版本发布情况为:

——GB 19302—2003。

食品安全国家标准
发 酵 乳

1 范围

本标准适用于全脂、脱脂和部分脱脂发酵乳。

2 规范性引用文件

本标准中引用的文件对于本标准的应用是必不可少的。凡是注日期的引用文件，仅所注日期的版本适用于本标准。凡是不注日期的引用文件，其最新版本（包括所有的修改单）适用于本标准。

3 术语和定义

3.1 发酵乳 fermented milk

以生牛（羊）乳或乳粉为原料，经杀菌、发酵后制成的 pH 值降低的产品。

3.1.1 酸乳 yoghurt

以生牛（羊）乳或乳粉为原料，经杀菌、接种嗜热链球菌和保加利亚乳杆菌（德氏乳杆菌保加利亚亚种）发酵制成的产品。

3.2 风味发酵乳 flavored fermented milk

以 80％以上生牛（羊）乳或乳粉为原料，添加其他原料，经杀菌、发酵后 pH 值降低，发酵前或后添加或不添加食品添加剂、营养强化剂、果蔬、谷物等制成的产品。

3.2.1 风味酸乳 flavored yoghurt

以 80％以上生牛（羊）乳或乳粉为原料，添加其他原料，经杀菌、接种嗜热链球菌和保加利亚乳杆菌（德氏乳杆菌保加利亚亚种）发酵前或后添加或不添加食品添加剂、营养强化剂、果蔬、谷物等制成的产品。

4 指标要求

4.1 原料要求

4.1.1 生乳：应符合 GB 19301 规定。

4.1.2 其他原料：应符合相应安全标准和/或有关规定。

4.1.3 发酵菌种：保加利亚乳杆菌（德氏乳杆菌保加利亚亚种）、嗜热链球菌或其他由国务院卫生行政部门批准使用的菌种。

4.2 感官要求：应符合表 1 的规定。

表 1 感官要求

项 目	要 求		检 验 方 法
	发酵乳	风味发酵乳	
色泽	色泽均匀一致，呈乳白色或微黄色。	具有与添加成分相符的色泽。	取适量试样置于 50 mL 烧杯中，在自然光下观察色泽和组织状态。闻其气味，用温开水漱口，品尝滋味。
滋味、气味	具有发酵乳特有的滋味、气味。	具有与添加成分相符的滋味和气味。	
组织状态	组织细腻、均匀，允许有少量乳清析出；风味发酵乳具有添加成分特有的组织状态。		

4.3 **理化指标**：应符合表 2 的规定。

表 2 理化指标

项 目		指 标		检 验 方 法
		发酵乳	风味发酵乳	
脂肪[a]/(g/100 g)	≥	3.1	2.5	GB 5413.3
非脂乳固体/(g/100 g)	≥	8.1	—	GB 5413.39
蛋白质/(g/100 g)	≥	2.9	2.3	GB 5009.5
酸度/(°T)	≥	70.0		GB 5413.34
[a] 仅适用于全脂产品。				

4.4 **污染物限量**：应符合 GB 2762 的规定。

4.5 **真菌毒素限量**：应符合 GB 2761 的规定。

4.6 **微生物限量**：应符合表 3 的规定。

表 3 微生物限量

项 目		采样方案[a] 及限量(若非指定，均以 CFU/g 或 CFU/mL 表示)				检 验 方 法
		n	c	m	M	
大肠菌群		5	2	1	5	GB 4789.3 平板计数法
金黄色葡萄球菌		5	0	0/25 g(mL)	—	GB 4789.10 定性检验
沙门氏菌		5	0	0/25 g(mL)	—	GB 4789.4
酵母	≤	100				GB 4789.15
霉菌	≤	30				
[a] 样品的分析及处理按 GB 4789.1 和 GB 4789.18 执行。						

4.7 **乳酸菌数**：应符合表 4 的规定。

表 4 乳酸菌数

项 目		限量/[CFU/g(mL)]	检 验 方 法
乳酸菌数[a]	≥	1×10^6	GB 4789.35
[a] 发酵后经热处理的产品对乳酸菌数不作要求。			

4.8 **食品添加剂和营养强化剂**

4.8.1 食品添加剂和营养强化剂质量应符合相应的安全标准和有关规定。

4.8.2 食品添加剂和营养强化剂的使用应符合 GB 2760 和 GB 14880 的规定。

5 其他

5.1 发酵后经热处理的产品应标识“××热处理发酵乳”、“××热处理风味发酵乳”、“××热处理酸乳/奶”或“××热处理风味酸乳/奶”。

5.2 全部用乳粉生产的产品应在产品名称紧邻部位标明“复原乳”或“复原奶”;在生牛(羊)乳中添加部分乳粉生产的产品应在产品名称紧邻部位标明“含××%复原乳”或“含××%复原奶”。

注:“××%”是指所添加乳粉占产品中全乳固体的质量分数。

5.3 “复原乳”或“复原奶”与产品名称应标识在包装容器的同一主要展示版面;标识的“复原乳”或“复原奶”字样应醒目,其字号不小于产品名称的字号,字体高度不小于主要展示版面高度的五分之一。

ICS 47.080
U 37

中华人民共和国国家标准

GB/T 19319—2010/ISO 15085:2003
代替 GB/T 19319—2003

小艇　防止人员落水和重新登艇

Small craft—Man-overboard prevention and recovery

(ISO 15085:2003,IDT)

2010-08-09 发布　　　　2010-12-01 实施

中华人民共和国国家质量监督检验检疫总局
中国国家标准化管理委员会　发布

前　言

本标准等同采用 ISO 15085:2003《小艇　防止人员落水和重新登艇》。

本标准等同翻译 ISO 15085:2003。

为便于使用，本标准做了下列编辑性修改：

a) "本国际标准"一词改为"本标准"；

b) 用小数点"."代替作为小数点的逗号","；

c) 删除国际标准的前言。

本标准代替 GB/T 19319—2003《小艇　防止人员落水和重新登艇》。

本标准与 GB/T 19319—2003 相比，主要变化以下内容：

a) 若引用的 ISO 标准已有相应的国标，则在 ISO 标准前注明相应的国标：
如：原"ISO 8666:2002　小艇　主要数据"现改为"GB/T 19916—2005　小艇　主要数据(ISO 8666:2002,IDT)；

b) 对部分术语和定义作了修订：
如：表 1 中，原"波高"改为"有义波高"；
"3.12　护墙"改为"3.12　安全栏"；
"3.15　吊钩点"改为"3.15　安全钩系点"；

c) 9.2 和图 3 所示的"从工作甲板外缘至艇内间距小于 300 mm 处配置的扶手至少应位于高出甲板平面"原为"500 mm"现修改为"350 mm"。

本标准由中国船舶工业集团公司提出。

本标准由全国小艇标准化技术委员会归口。

本标准起草单位：中国船舶工业集团公司第七〇八研究所。

本标准主要起草人：吴军。

本标准所代替标准的历次版本发布情况为：

——GB/T 19319—2003。

小艇　防止人员落水和重新登艇

1　范围

本标准规定了使人员落水风险减至最小和便于落水人员重新登艇的安全装置和布置的设计、建造及强度要求。

本标准所述为单独使用或组合使用以达到上述目的的装置，适用于艇体长度不大于 24 m 的小艇。

本标准不适用于下列类型的艇：

——玩具艇；

——独木舟、皮艇或宽度小于 1.1 m 的其他艇；

——ISO 13590 所含个人艇；

——GB/T 20897 所含艇长小于 8 m 的充气艇。

2　规范性引用文件

下列文件中的条款通过本标准的引用而成为本标准的条款。凡是注日期的引用文件，其随后所有的修改单(不包括勘误的内容)或修订版均不适用于本标准，然而，鼓励根据本标准达成协议的各方研究是否可使用这些文件的最新版本。凡是不注日期的引用文件，其最新版本适用于本标准。

GB/T 19916—2005　小艇　主要数据(ISO 8666:2002,IDT)

GB/T 20895—2007(所有部分)　小艇　稳性和浮性的评定与分类[ISO 12217:2002(所有部分),IDT]

3　术语和定义

下列术语和定义适用于本标准。

3.1

设计类别　design category

评定艇所适合的海况和风力的描述。

注：设计类别见表 1。

表 1　设计类别定义

设计类别	蒲氏风级	有义波高/m
A“远海”	>8	>4
B“近海”	≤8	≤4
C“沿海”	≤6	≤2
D“遮蔽水域”	≤4	≤0.3

3.2

艇体长度　length of hull

L_H

按 GB/T 19916—2005 定义的艇体长度。

注：艇体长度以 m 表示。

3.3

帆艇　sailing boat

按 GB/T 19916—2005 定义设计成以帆为主要推进手段的艇。

3.4

非帆艇 non-sailing boat

不符合帆艇定义的艇。

例如:机动艇、划艇。

3.5

高速艇 high speed boat

最大速度以 kn 计大于 $10\sqrt{L_H}$ 或 25 kn(取大者)的机动艇。

3.6

工作甲板 working deck

艇制造厂所定义的艇正常航行时用于人站立或行走的外部区域。

注 1:工作甲板通常由艇的刚性部件组成,诸如甲板、舱顶棚、上层建筑、露天航行驾驶台等,但也可由柔性部件组成,如弹性孔板和网。

注 2:在某些艇上的工作甲板仅限于艉驾驶处所,前甲板只作为通往前端加强点的通道。

注 3:除非艇制造者特殊说明,相对水平纵向倾斜大于 25°或横向倾斜大于 30°的区域不认为是工作甲板。

3.7

防滑面 slip-resistant surface

通过特别处理,机械加工、涂覆、模压等方法制成,以增加脚(或鞋)与甲板表面之间摩擦的表面。

例如:具有"防滑"性能的油漆、菱形突出图案、模压甲板、"防滑"涂层、未油漆的木甲板、蹦床等。

3.8

脚挡 foot-stop

机械加工的、模压的或装配式的、甲板凸出花纹或突出物,或其他任何装置,在艇横倾或横摇时对人脚予以阻挡或支撑。

例如:底部围栏、舷墙、舱口围板等。

3.9

护栏 guard-rail

防止人员落水的永久性刚性结构。

注:可能需要中间栏索/栏(见第 10 章),可以是柔性的。

例如:木质的或金属的刚性栏杆。

3.10

护索 guard line

由刚性结构或支柱支撑,防止人员落水的柔性绳索系统。

注:可能需要中间栏索/栏(见第 10 章),可以是柔性的。

3.11

支柱 stanchion

支撑护栏或护索的垂向杆或柱。

3.12

安全栏 pulpit

护索/护栏的替代或延伸的刚性构架。

例如:艇艏安全栏、桅安全栏、艇尾安全栏。

注:通常艇艏安全栏称为"pulpit",在艇尾称"pushpit"。

3.13

围板 coaming

甲板或上层建筑的升高部分。常用于减少水进入被保护区域。

3.14

扶手 handhold

人手可抓住以减少落水危险的艇的任何部分，即使这不是其主要功能。

例如：把手、横桅索、座位边缘、羊角、挡风玻璃顶部，操舵轮、小帆艇的脚索。

3.15

安全钩系点 hooking point

能直接将安全索系牢的吊环、零件或任何其他装置，即使不是主要功能。例如：水手索、侧支索和杆状桅侧支索牵条等，但只要可围绕它在工作甲板上移动均可视为安全钩系点。

3.16

水手索 jack-line

用于系住安全索的柔性索或刚性杆，而且当系住时允许艇员沿其长度方向安全移动。

3.17

重新登艇设施 reboarding means

人毋需援助就能借其登艇的刚性或柔性的装备或艇体部件。

3.18

强力点 strong point

用于以下用途之一的点，每项可能有多种用途：

——锚泊；

——系泊；

——拖曳或被拖。

4 一般要求

4.1 工作甲板功能

应通过工作甲板、艇内或两者的组合提供到达下列区域的安全通道：

——操舵处所，含应急操舵；

——强力点；

——帆的操纵和整理处所；

——艇内部；

——机舱。

如可能，应在艇主手册中用文字或简图标明由艇制造商定义的工作甲板区域。

4.2 防护设施

应选用表3或表4所列的一种合适方法防止人员从工作甲板落水，选择时应考虑到艇的类型或设计及其在所选择的设计类别范围内的预期用途。

对艇的特定区域可能使用不同的选项。

4.3 甲板的最小宽度

为能安全的踏脚，邻近舷侧外缘的工作甲板区域，无论横向或纵向，都应：

——当船在正浮状态时，工作甲板应是畅通的，连续的；与水平的横倾角不大于15°；

——D类艇最小宽度至少为100 mm，C类艇最小宽度至少为120 mm，A类和B类艇最小宽度至少为150 mm。

此宽度为垂直测量至：

——脚挡内部边界；

——如无脚挡，则至甲板横向舷侧外缘。

注：以上要求意味着，宽度小于以上要求的甲板不能认为是工作甲板的一部分，相邻甲板边或艉驾驶处的围板应满足横向甲板的要求，如第10章中有关的栏杆高度要求(如有关)。

4.4 工作甲板的连续性

工作甲板区域应是连续的，也包含通往艇内的通道。

在高度改变或有障碍物必须跨越之处应有专门的规定：应避免踏步高度大于 500 mm 的台阶[见图 1a)]，以及长度或高度大于 500 mm 的障碍物[见图 1b)和 c)]。

单位为毫米

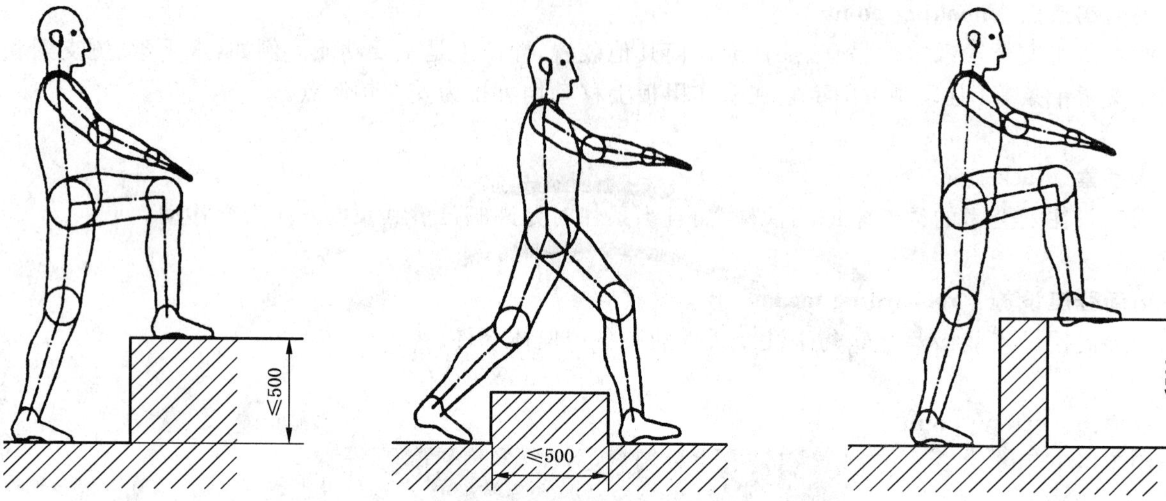

a) 台阶　　b) 长障碍物　　c) 高障碍物

图 1　解释 4.4 要求的简图

5　安全装置

每种安全装置的特殊要求按第 6 章规定。

本标准中使用的 9 种不同安全装置及要求的章条号见表 2。

表 2　安全装置

序　号	安全装置	要求的章条号
1	防滑表面	7
2	脚挡	8
3	扶手	9
4	低护栏或低护索(h≥450 mm)	10,11
5	高护栏或高护索(h≥600 mm)	11,12
6	安全钩系点	13
7	水手索系着点	14
8	高速艇人体支撑(如有关)	15
9	重新登艇设施	16

注：所列的安全装置不按重要性排列：表中序号 1～5 的装置是设在甲板以上，序号 8 的装置只适用于高速艇，序号 9 的装置适用于任何艇。

6　具体要求

6.1　一般要求

安全装置的具体要求见表 3 和表 4，对每一种设计类别，以符号×表示对应的安全装置的要求。

当有要求时，安全装置应满足有关条款的所有要求。

表 3 非帆艇要求

安全装置	序号	选择					
		1	2	3	4	5	6
		艇类别					
		A	B $L_H > 8.5$ m	B $L_H \leqslant 8.5$ m	B	C	D
防滑表面	1	×	×	×	×	×	×
脚挡	2	×	×	×	×	—	—
扶手	3	×	×	×	×	×	×
低护栏或低护索	4	—	—	×	—	—	—
高护栏或高护索	5	×	×	—	—	—	—
安全钩系点	6	×	—	—	—	—	—
高速艇上人体支撑(如有关)	8	×	×	×	×	×	×
重新登艇设施	9	×	×	×	×	×	×
注 1:对任何类别,可使用比其要求更高的艇类别的要求。 注 2:满足 13 章要求的扶手也可作为安全钩系点。 注 3:只要满足该类别的最低要求,可混合选择。 例如:满足位于工作甲板前端小于 300 mm 的扶手和后端扶手要求的护栏。							

表 4 帆艇要求

安全装置	序号	选择					
		1	2	3	4	5	6
		设计类别					
		A	B 和 C $L_H > 8.5$ m	B 和 C $L_H \leqslant 8.5$ m	C[a] 白天	C[b]	D
防滑面	1	×	×	×	×	×	×
脚挡	2	×	×	×	×	—	—
扶手	3	×	×	×	×	×	×
低护栏或低护索	4	—	—	×	—	—	—
高护栏或高护索	5	×	×	—	—	—	—
安全钩系点(见注 2)	6	×	×	×	×	—	—
水手索系着点	7	×	×	×	—	—	—
重新登艇设施	9	×	×	×	×	×	×
注 1:对任何类别,可使用比其要求更高的设计类别的要求。 注 2:满足 13 章要求的扶手也可作为安全钩系点。多体船倾覆另见 13.2 中对安全钩系点的要求。 注 3:只要满足该类别的最低要求,可混合选择。							
a 选择 4 限于只在白天航行的艇,即不在夜间航行。此说明应在艇主手册中注明。 b 选择 5 限于按 GB/T 20895 在倾覆或严重倾侧状态能够自扶正或设有漂浮装置的帆艇。							
例如:满足位于工作甲板前端小于 300 mm 的扶手和后端扶手要求的护栏。							

6.2 非帆艇要求

对B类艇,制造商有两种选择(2和3)。

注:对于不同艇的类别,表3的各种选择允许有灵活性。

6.3 帆艇要求

下列选择适用于制造商,对B类艇,根据艇的尺度有两种选择(2和3);对于C类艇,按照艇的尺寸和类型,有4种选择(2、3、4和5)。

注:对于不同艇的类别,表4的各种选择允许有灵活性。

7 防滑区具体要求

7.1 一般要求

工作甲板区域应防滑,这些表面不要求连续,但防滑区域之间的间距应不大于:

——非光滑区域75 mm;

——光滑区域500 mm,除非该区域的横向侧边按第8章设有脚挡。

注1:"光滑区域"指由诸如玻璃、聚丙烯、聚碳酸脂等半透明材料覆盖的区域。

注2:第2项要求,对500 mm×500 mm甲板舱盖允许不设防滑涂层,可直接跨越,但600 mm×600 mm的舱盖需设防滑涂层。

在小帆艇上,只需在人员经常走动的部位铺设防滑表面,不必到处铺设。

7.2 弹性孔板和网要求

作为工作甲板之一部分的弹性孔板和网应有防滑特性。

工作甲板区域内所有深度大于1 m,且未被舱口盖或罩所覆盖的开口,应按第9章要求用护栏围住或设置弹性孔板或网。

例如,双体艇艇体之间的弹性孔板。

弹性孔板或网与艇的结合点不应有任何卡住脚的危险。

弹性孔板和网与艇连接应有足够强度,能承受3 000 N/m^{2}的均布载荷或50%最大许可艇员重量,取小者。

8 脚挡要求

8.1 一般要求

图2给出了一部分脚挡的示例。

当第6章有要求时,脚挡应满足8.2~8.7的要求。

8.2 脚挡规定

脚挡应尽可能地靠近工作甲板的舷侧边缘。

下列情况毋需设脚挡:

——自扶正小帆艇;

——艇航行时人员不打算走动仅供坐的工作甲板部分,如帆艇甲板端艇员检修处;

——单体船工作甲板的尾端(与纵向垂直),即端板顶部;

——多体船工作甲板的刚性部分的尾端(与纵向垂直);

——多体船的前、后横梁(与纵向垂直)。

8.3 最小脚挡高度和角度

脚挡上缘高出相邻甲板的高度应不小于:

a) 对C类艇

——帆艇25 mm;

——非帆艇20 mm。

b) 对A和B类艇
——帆艇 30 mm；
——非帆艇 25 mm。

这些高度为最小高度，从脚挡的内侧最高点至离脚挡 100 mm 以内的甲板最高点的最小距离，垂直于甲板测量[见图 2a)]。

如果脚挡的侧面是半径大于 5 mm 的圆角，则脚挡的高度应在这些圆角间最靠近的点之间测量[见图 2b)]。

为防止脚滑向舷外，内表面(或其切线)与垂线间的角度不应大于 30°[见图 2c)]，使用 8.4 所述装置(仅用于非帆艇)的非帆艇除外。

8.4 由斜面组成的脚挡

在C类和D类的非帆艇上允许有斜面脚挡，这些斜面与水平方向所成的角度应不小于 20°，其高度应按 8.3[见图 2d)]。

这些斜面应是防滑的。

8.5 最大脚挡间距

如果甲板与脚挡面之间有垂向间距，则甲板面与脚挡最低点之间的距离应不大于 40 mm[见图 2e)]。

例如：如平行于工作甲板的柔性或刚性索。

8.6 脚挡处的工作甲板连续性

为保证脚挡起作用，离脚挡 100 mm 之内的工作甲板平面上应无高于 15 mm 的台阶[见图 2a)]。

单位为毫米

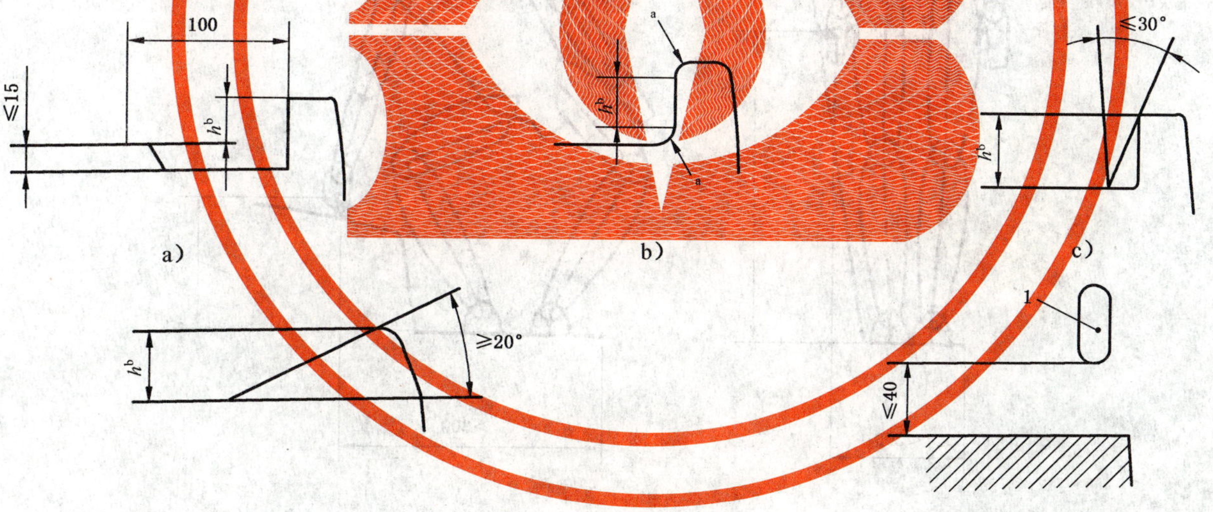

1——高于甲板面的脚挡；
[a] 圆弧半径大于 5 mm；
[b] h 按 8.3。

图 2 8.3、8.4、8.5 和 8.6 要求的简图

8.7 脚挡围栏的间断

为设置撑杆、艏艉安全栏、系缆柱等，或为疏水，脚挡围栏允许中断，但至相邻舾装件边缘或脚挡围栏的每一间隔距离应不大于 100 mm。该距离应平行于脚挡中心线测量。

能提供脚挡作用的舾装件可认为是该处的脚挡。

例如：撑杆、艏艉安全栏、系缆柱等。

9 扶手要求

9.1 一般要求

当第 6 章有要求时，扶手应满足 9.2 和 9.3 要求。

9.2 舷侧位置

从工作甲板外缘至艇内壁间距小于 300 mm 处配置的扶手至少应位于高出甲板平面 350 mm，但不必高于相邻甲板的上层建筑。

从工作甲板边缘外至艇内壁间距大于 300 mm 处配置的扶手可置于任何高度。

图 3 说明了该要求。

注：提出此要求是基于在狭窄的通道上，人只能直立通行，因此低的扶手不能被握到。

沿工作甲板外缘，两相邻扶手间距应不超过 1.5 m。

单位为毫米

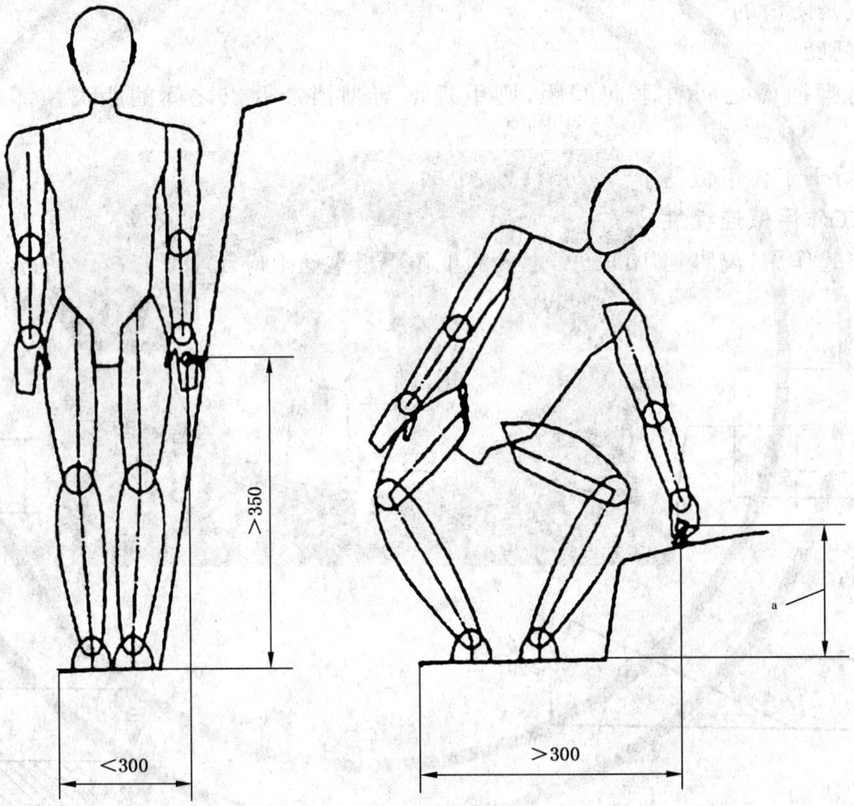

[a] 任何高度。

图 3 9.2 要求的简图

9.3 强度

当建造和安装时，扶手应能承受 1 500 N 的水平力而不断裂，此要求可通过试验或计算予以验证。

10 高、低护栏和护索的通用要求

10.1 一般要求

根据第 6 章选择时，按 10.2 规定护栏可能是低护栏/低护索（$h \geqslant 450$ mm）或高护栏/护索（$h \geqslant 600$ mm）。

护栏应完全围绕工作甲板的外缘，10.3、10.6 和 10.8 允许的横向护栏除外。

10.2 护栏或护索的高度

低护栏/低护索高度至少应为 450 mm。

高护栏/高护索高度至少应为 600 mm。

若工作甲板面不是连续的，则最低护栏/护索与甲板或脚挡、围板、舷墙等之间的垂向高度(取大者)应不大于：

——对低护栏或低护索为 560 mm[见图 4a)]；

——对高护栏或高护索的中间护索为 380 mm[见图 4b)]。

当平行于护栏/护索指定方向测量时[见图 4a)和图 4b)]，主甲板区域的这些间断长度应不大于 600 mm。

10.3 中间护索，垂向间距和最大空隙

对非帆艇，刚性高护栏和护墙不需配置中间护索。

如果安装了高护栏/高护索，则应设置中间护索，中间护索和甲板、脚挡、舷墙等的垂直最大间隙(取大值)应不大于 300 mm。

作为选择，中间护索也可被在任何方向上相邻两个间距小于 380 mm 的保护装置所代替[见图 4c)]。

例如：有小间距支脚的护墙、三脚支撑的护墙。

单位为毫米

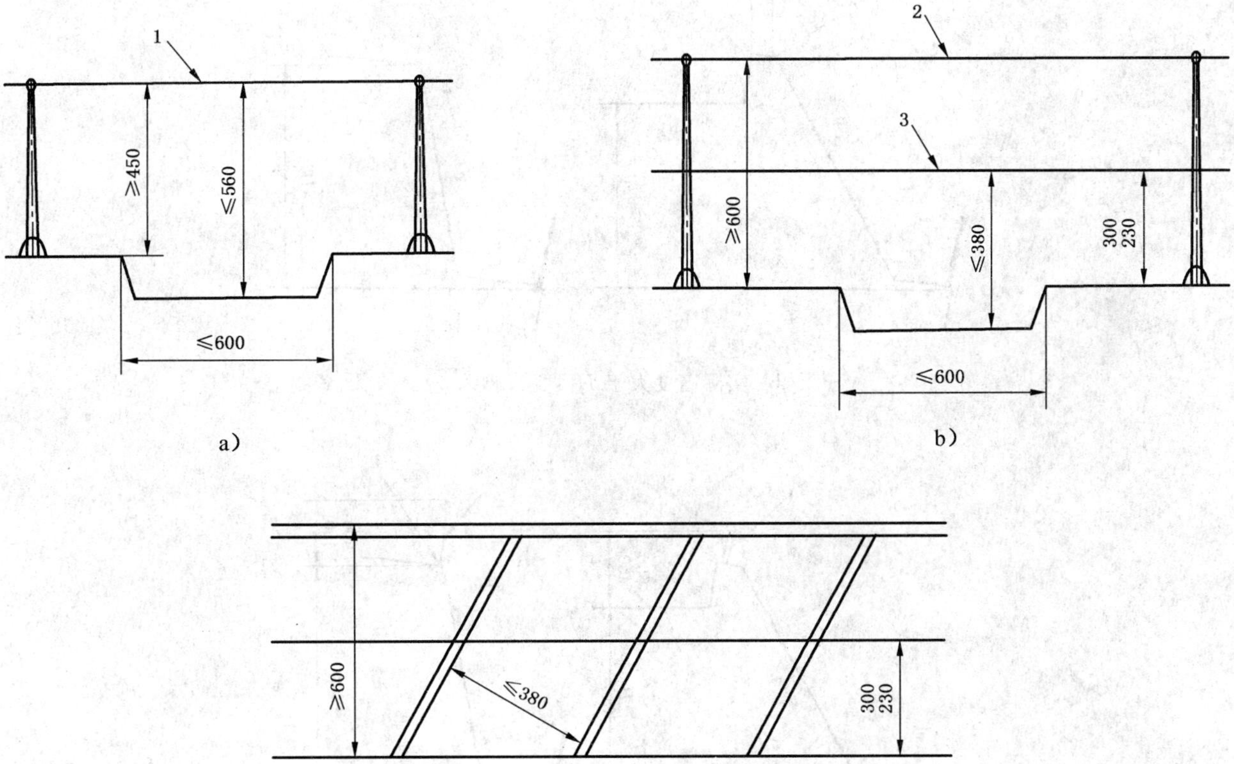

1——低护索(450 mm)；

2——高护索(600 mm)；

3——中间护索。

图 4 解释 10.2 和 10.3 要求的简图

10.4 从高处跌落舷外的危险

即使有护栏/护索防止落水，人员仍有从工作甲板较高区域落水的危险。

因此：

——任何比相邻工作甲板区域高出大于 H_1 以上的工作甲板区域，至少应按第 8 章的要求设脚挡；

——任何比相邻工作甲板区域高出大于 H_2 以上的工作甲板区域，至少应按第 8 章的要求设脚挡和与在该甲板外缘设置相同高度的护栏/护索（见图 5）。

单位为毫米

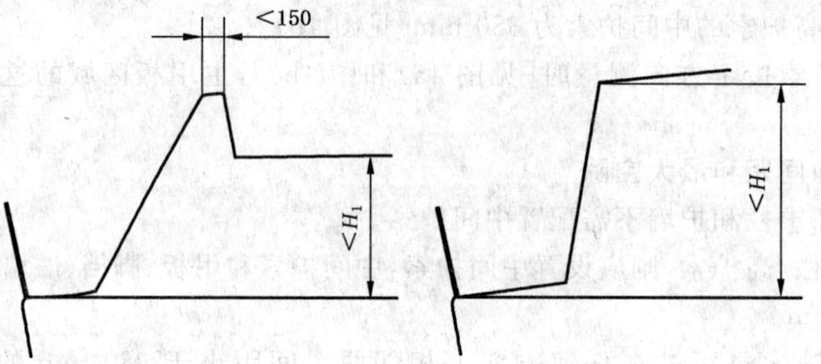

a）实际高度小于 H_1：无特殊要求

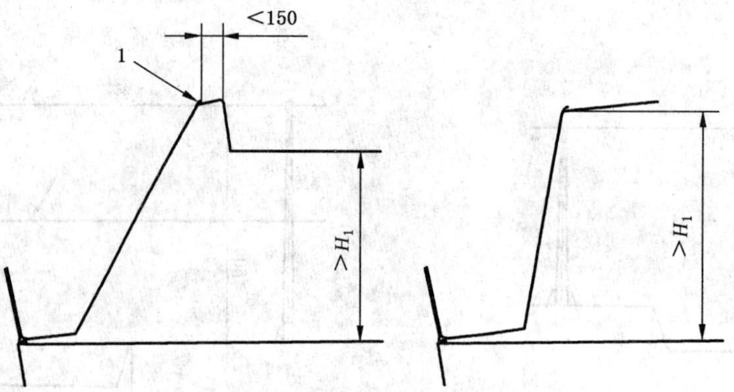

b）实际高度大于 H_1：要有脚挡

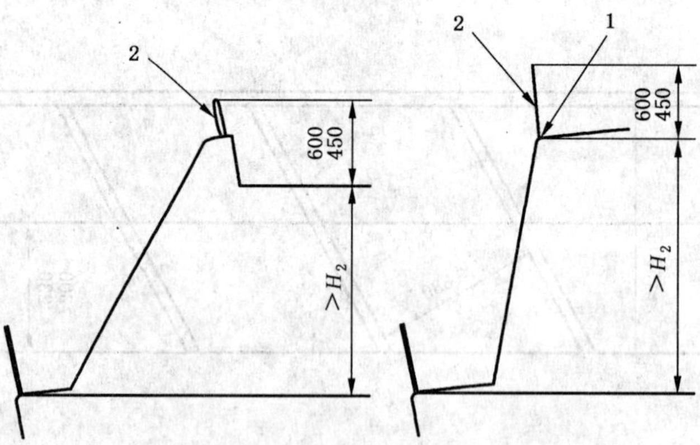

c）实际高度大于 H_2：要有脚挡和护栏/护索

1——脚挡；

2——护栏/护索。

图 5　10.4 要求的简图

H_1 和 H_2 是护栏/护索高度的函数，见表 5。

表 5 按护栏/护索高度确定的 H_1 和 H_2 值

单位为毫米

护栏/护索高度	H_1	H_2
450	700	1 200
600	900	1 500

注：露天驾驶台上，由制造商定义的工作甲板区域通常就是露天驾驶台的底板。

上述要求只在与护栏/护索垂直的距离大于 300 mm 的水平凸出区域才给予考虑。

10.5 护栏/护索开口

为便于人员登艇、重新登艇或搬运设备，允许在护栏/护索中间开口。条件是在开口中应设置永久性固定并能快速操作的活动部件。这些活动部件应设计成不会被无意打开。

如果栏杆间间隙不大于 150 mm，带开口的护栏/护索在航行时也允许用于通道。

10.6 帆艇艏安全栏

艏安全栏可以开口，但安全栏和艇任何部分之间的开口绝不应大于 360 mm。

该要求可通过现场用直径为 360 mm 的圆型物在开口内测量。图 6 解释了该测量方法。

单位为毫米

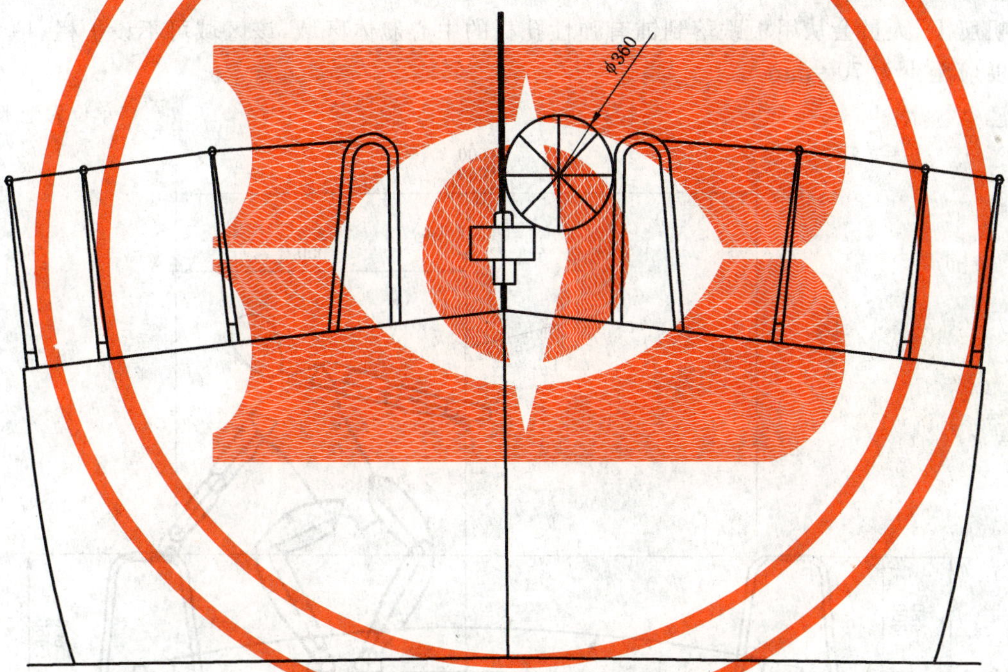

图 6 解释 10.6 要求的简图

10.7 帆艇艉端护栏/护索

10.7.1 艇上要求高护栏/护索处所

a) 在艉端板或护栏支撑处的后安全栏高度应至少为 600 mm。

b) 下列横向护索不必满足 10.1、10.2、10.3 和 12.2.1 的要求，只要：

——护索高度高于座位任何部分至少 450 mm；

——护索高度高于艉驾驶室底部任何部位至少 800 mm；

——按第 9 章设置的扶手并还设置横向可抓住的高于 600 mm 的护索，扶手离护索末端不大于 1 250 mm；

——两相邻支撑之间的水平间距不大于 2 500 mm。

见图 7。

10.7.2 艇上要求低护栏/护索的处所

a) 在艉端板或护索支撑处的后安全栏高度应至少为 450 mm。

b) 下列横向护索不必满足 10.1、10.2、10.3 和 12.2.1 的要求，只要：

——护索高度高于座位任何部分至少 300 mm；

——护索高度高于艉驾驶室底部任何部位至少 650 mm；

——按第 9 章设置的扶手并还设有可以横向抓住的高于 600 mm 护索，扶手离护索末端不大于 1 000 mm；

——两相邻支撑之间的水平间距不大于 2 000 mm。

见图 7。

10.8 双体帆艇前横梁

在双体帆艇上，固定在前横梁上的索/杆和支柱可认为是护栏/护索，即使其高度从最低要求高度变化至横梁端部的零高度。该索/杆中心线的最小高度应按用于护栏/护索高度的表 4 选择。

同样地，只要横向构件上扶手点和纵向护栏之间的最大间距不大于 0.75 m，前横梁处艇体边缘处纵向护栏/护索的高度可以降低为零。

10.9 三体帆艇的主艇体

三体帆艇上，人员会从甲板跌落到铺有弹性孔板的中心艇体区域，该区域可不设护栏/护索，但弹性孔板的宽度应至少为 700 mm。

单位为毫米

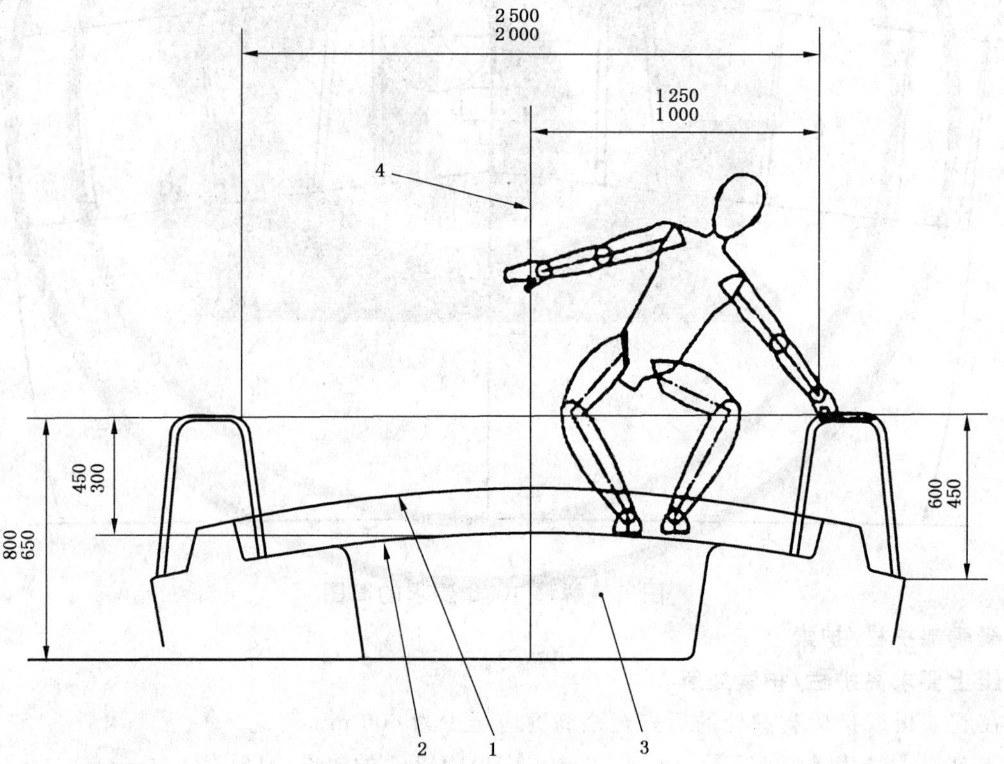

1——艉部围板；

2——座椅平面；

3——艉驾驶处所；

4——扶手(桅杆后支索，雷达柱等)。

图 7 10.7 要求的后视艉部图

11　护栏或低护栏强度要求

护栏顶部任何一点应能承受作用于根部并与护栏本身垂直的下列舷外力，其应达到下列结果：

——280 N 水平力，其受力方向上的偏移小于 50 mm。从护栏及其支撑中任选一根在根部和顶部之间测量偏移。如果支撑和支撑底部之间有空隙，则应在支撑偏斜到无残留间隙时测量该偏移。当卸除该力后，护栏和支撑应无永久性变形；

——能承受 560 N 的水平力而不损坏。

符合这些要求应通过计算或试验予以证实，用后者时，试验可以在艇上进行或将护栏及其支撑置于试验架上测量。

12　护索的要求

12.1　高护索、低护索和中间索要求

高护索、低护索和中间索的强度应满足表 6 要求。

如果使用合成纤维索，应是耐磨损的，或者耐磨损保护的。尤其是在支柱上和安全栏上的支撑区域处的索。

如由于老化，紫外线或磨损而需定期检查或更换合成纤维索，应在艇主手册中指明其检查或维修的时间间隔及应完成的操作(见第 17 章)。

表 6　高护索、低护索和中间护索要求摘要

设计艇类别	护索的最小极限强度 N	相当于 1×19 AISI 316 钢丝绳[a] 直径 mm	相当于 7×19 AISI 316 钢丝绳[a] 直径 mm
A	13 000	4	5
B 和 C	9 000	3.5	4.5
注：所给出的直径仅指绳子的直径，不含任何覆盖层。			
[a] 应与制造厂商一起对已指明直径的绳的耐腐蚀性进行检验。			

应绷紧护索以提供坚实的支撑，故应设有护索张紧装置。

形成护索一部分的任何设备，当其安装后应能承受表 6 所规定的基本负荷。这些要求应由试验或计算验证。

12.2　对支柱或护索支撑要求

12.2.1　间距

支柱或护索支撑之间的间距应不大于 2.2 m。

12.2.2　强度

支柱或护索的支撑，应能承受作用于其顶端并垂直于支柱的下列舷外力，其应达到下列结果：

——280 N 水平力，支柱或支撑在该水平作用力下的偏移不大于 50 mm，如果支柱与其基座之间有间隙，则在支撑偏移到无残留间隙时测量。当去掉该力后支柱或支撑应无永久性变形；

——(施加)560 N 的水平力而不损坏。

在评定上述要求时，支柱应是单独的，上面没有护索。

这些要求可通过至少对一套装置样品(支柱或护索支撑、基座、固定系统)计算或试验予以验证。在试验情况下，偏移和强度不必在艇上测量，支柱及其支撑可在试验架上测量。

12.2.3　支柱和护索支撑的紧固和布置

支柱/护索支撑应以机械方式紧固于其基点，护索的绷紧不可视为满足此要求。

护索应被支柱/护索支撑垂向和横向拉紧。

在高出甲板 50 mm 的任何区域内,支柱的垂向外倾角度不应超过 10°。

13 安全钩系点

13.1 一般要求

第 6 章要求的安全钩系点应满足 13.2～13.4 的要求。

13.2 位置

安全钩系点应置于下列部位:

a) 主通道舱口/门边 1 m 以内;

b) 所有外部操舵部位 2 m 以内;

c) 帆艇桅 2 m 以内;

d) 帆艇绞盘部位 2 m 以内;

e) 起锚或拖曳加强点 2 m 以内。

安全钩系点间距应不大于 3 m。

对满足 A 类和 B 类艇要求的可居住的多体帆艇,在每一个逃生舱口附近应至少设置一个安全钩系点,为该艇处于倾覆状态时使用。

13.3 尺寸

为了能使安全钩正确闭合,任何安全钩系点都应可接受直径为 15 mm 以内的安全钩。

13.4 强度

对 C 类艇,安全钩系点应承受 3 600 N 的水平力;对 A 类和 B 类艇,安全钩系点应承受 6 000 N 的水平力。此要求可用试验或计算予以验证。如果安全钩系点具有 14.3 所要求的强度特性,则水手索可以系着到这些点上。

注:不必为此目的而特殊设计安全钩系点,但应有强度要求。

例如:羊角、安全栏支柱基座。

14 水手索系着点

14.1 一般要求

按第 6 章要求,用于水手索的系着点应满足以下要求。

14.2 设置

甲板上应设置水手索的系点,左右舷都应提供用于水手索的系紧装置。

这些索应有足够的长度以允许人员在操纵艇时可在工作甲板上移动。

水手索可分段固定,但每段应尽可能实用。系着点的每段末端应紧固。

14.3 强度

水手索系着点应能承受不大于与其所连接的索成 30°角方向的 20 000 N 水平力,并通过试验或计算予以验证。

注:不必为此目的而特殊设计系点。

例如:羊角、安全栏支柱基座。

15 高速艇上人体支撑

15.1 一般要求

任何设计类别的高速艇,应为每一位乘员配备支撑设施。在艇航行时,当艇处于急转弯、急剧加速或在海上运动时限制人员被抛出艇外的风险。

此要求仅针对落水危险,并不针对落入工作甲板或艉驾驶台。

应选择下列之一，为每位乘员提供支撑：

——按第 9 章要求的一个扶手，加上 15.2 中所要求的人体支撑；

——按第 9 章要求，允许双手同时握住的两个扶手。

15.2 人体的支撑

如果乘员是坐着的，则人体支撑的高度应高出座位刚性底(若配置有坐垫，则坐垫处于完全压缩状态时)不小于 120 mm。

如果乘员是站着或斜靠着的，则人体支撑可只提供背或躯干的支撑。

如果乘员是横跨骑在座位上的，人体支撑可通过对人体膝部的作用来实现。

16 重新登艇设施

艇应设有人员从水中重新登艇的设施。

例如：梯子、踏步、扶手、托架。

如设施是梯子，则当艇处于空载水线状态时，重新登艇梯子最低踏步的上表面应至少低于该水线以下 300 mm。

这些登艇设施应容易到达和使用，并应安装在适当位置，无需艇上人员的帮助就能够使用。

注："容易到达"意味着能很快到达，且无需使用工具。

某些艇由于其特性，可能不需要特殊的登艇设施。

如果按 GB/T 19916，一艘艇空载状态时最小干舷高小于 500 mm，则只需要一只扶手，该扶手应处于适当位置以使人员登艇，并考虑艇的稳性。

17 艇主手册

随艇提供的艇主手册应按本标准有关条文要求，说明表 7 中规定的内容。

表 7 对艇主手册的要求

本标准条文	艇主手册要求注明
4.1	如果合适，艇主手册中应用文字或简图说明艇制造厂商定义的工作区域。
6.3 和表 4 中的选项 4	如果使用选项 4，在艇主手册中应用文字说明此艇仅限于在白天航行，并不在夜间航行。
12.1	如果合适，护索维护要求的信息，指明由紫外线老化和磨损以致可能需要更换合成索的定期检查要求。
16 章	人员重新登艇的说明。

参 考 文 献

[1] GB/T 20897(所有部分)—2007 充气艇[ISO 6185(所有部分):2001]

[2] GB/T 19919—2005 小艇 窗、舷窗、舱口盖、风暴盖和门 强度和密封性要求(ISO 12216:2002,IDT)

[3] ISO 12401:—[1] 小艇 游览艇 甲板安全索具和安全索 安全要求和试验方法

[4] ISO 13590:1997 小艇 个人艇 建造和系统安装要求

1) 正在出版中。

ICS 27.200
J 73

中华人民共和国国家标准

GB/T 19413—2010
代替 GB/T 19413—2003

计算机和数据处理机房用单元式空气调节机

Unitary air-conditioners for computer and data processing room

2011-01-10 发布　　2011-10-01 实施

中华人民共和国国家质量监督检验检疫总局
中国国家标准化管理委员会　发布

前　言

本标准按 GB/T 1.1—2009 给出的规则起草。

本标准代替 GB/T 19413—2003《计算机和数据处理机房用单元式空气调节机》。本标准与 GB/T 19413—2003 相比主要变化如下：

——增加了机房空调“全年能效比”的定义、计算方法及限值要求(见 3.7、5.4.6)；

——删除 IPLV 考核方法；

——修改了对机房空调室外机侧噪声限值的要求(见 5.4.5)；

——修改了部分试验工况(见表 6)；

——修改了机房空调的加湿量的试验方法(见附录 A)；

——对机房空调的型式分类进行了调整(见第 4 章)。

本标准由中国机械工业联合会提出。

本标准由全国冷冻空调设备标准化技术委员会(SAC/TC 238)归口。

本标准主要起草单位：艾默生网络能源有限公司、合肥通用机械研究院、广东吉荣空调有限公司广东美的制冷设备有限公司、珠海格力电器股份有限公司、施耐德电气信息技术(中国)有限公司、广东申菱空调设备有限公司、南京五洲制冷集团有限公司、浙江盾安人工环境股份有限公司、阿尔西制冷工程技术(北京)有限公司、世图兹空调技术系统(上海)有限公司、四川依米康环境科技股份有限公司、优力(珠海)电器制造有限公司、南京佳力图空调机电有限公司。

本标准参加起草单位：海信(山东)空调有限公司、上海三菱电机·上菱空调机电器有限公司、三菱重工海尔(青岛)空调机有限公司、广东力优环境系统股份有限公司。

本标准主要起草人：苗华、陈川、田旭东、赵薰、殷飞平、张龙、龙荣、邱肇光、谭来仔、刘世权、刘安全、任群、王倩、刘必龙、王铁旺、史文伯、童杏生、相金波、孙莹豪、方沛明。

本标准由全国冷冻空调设备标准化委员会负责解释。

本标准所代替标准的历次版本发布情况为：

——GB/T 19413—2003。

计算机和数据处理机房用单元式空气调节机

1 范围

本标准规定了计算机和数据处理机房(以下简称“机房”)用单元式空气调节机(以下简称“机房空调”)的术语和定义、型式和基本参数、要求、试验方法、检验规则、标志、包装、运输和贮存等。

本标准适用于计算机、数据处理机和程控交换机等机房用单元式空气调节机。

2 规范性引用文件

下列文件对于本文件的应用是必不可少的。凡是注日期的引用文件,仅注日期的版本适用于本文件。凡是不注日期的引用文件,其最新版本(包括所有的修改单)适用于本文件。

GB 4208 外壳防护等级(IP 代码)

GB 4343.1 家用电器、电动工具和类似器具的电磁兼容要求 第1部分:发射

GB 4343.2 家用电器、电动工具和类似器具的电磁兼容要求 第2部分:抗扰度

GB 4706.1 家用和类似用途电器的安全 第1部分:通用要求

GB 4706.32 家用和类似用途的电器的安全 热泵、空调器和除湿机的特殊要求

GB 5226.1 机械电气安全 机械电气设备 第1部分:通用技术条件

GB/T 7778 制冷剂编号方法和安全性分类

GB 8624 建筑材料燃烧性能分级方法

GB 9237 制冷和供热用机械制冷系统 安全要求

GB 17625.1 电磁兼容 限值 谐波电流发射限值(设每相输入电流≤16 A)

GB/T 17758—2010 单元式空气调节机

GB 25130 单元式空气调节机 安全要求

3 术语和定义

GB/T 17758 界定的以及下列术语和定义适用于本文件。

3.1

机房用单元式空气调节机 unitary air-conditioners for computer and data processing room

一种向机房提供空气循环、空气过滤、冷却、再热及湿度控制的单元式空气调节机。

3.2

制冷量 cooling capacity

在规定的制冷量试验条件下,机房空调从机房除去的显热和潜热之和,单位为瓦(W)。制冷量等于显热制冷量和潜热制冷量之和。

3.3

制冷消耗功率 refrigerating consumed power

在规定的制冷量试验条件下,机房空调所消耗的总功率,单位为瓦(W)。

3.4

能效比(EER)　energy efficiency ratio (EER)

机房空调的制冷量与制冷消耗功率之比。

3.5

显热制冷量　sensible cooling capacity

在规定的制冷量试验条件下,机房空调从机房除去的显热部分的热量,单位为瓦(W)。以下简称“显冷量”。

3.6

显热比　sensible heat ratio

显热制冷量与制冷量之比。用等于1或小于1的数值表示,显热比的标称值为0.01的整数倍。

3.7

全年能效比(AEER)　annual energy efficiency ratio (AEER)

机房空调进行全年制冷时从室内除去的热量总和与消耗的电量总和之比。

3.8

乙二醇(或水)干式冷却器　glycol (water) drycooler

由室外空气对管内带有排热量的乙二醇溶液(或水)进行冷却的冷却器。被冷却的乙二醇溶液(或水)可以用于制冷系统冷凝器的冷却介质,或者低温季节采用乙二醇自然循环冷却器用于冷却机房内的循环空气。以下简称“干冷器”。

3.9

乙二醇(或水)自然循环节能冷却器　glycol (water) free cooling fluid economizer cycle cooler

在室外温度较低时,由在管内的乙二醇溶液(或水)冷却机房内循环空气的冷却器,以达到节能效果。以下简称“经济冷却器”。

3.10

冷水式　chilled water cool

采用外部提供的冷水制冷并具有机房空调功能的机组。

3.11

双冷源式　dual cool

在风冷式、水冷式或冷水式机房空调吸热侧的空气处理通道中,再附加一套冷水盘管,其冷水由其他冷源提供,可实现以不同冷源制冷运行的机房空调。

4　型式和基本参数

4.1　型式

4.1.1　机房空调按表1所示的室外侧冷却方式和室内侧(使用侧)冷却方式分为:

a)　风冷式;

b)　水冷式;

c)　冷水式;

d)　乙二醇经济冷却式;

e)　双冷源式:

——风冷双冷源式;

——水冷双冷源式;

——双冷水式。

表 1 机房空调的型式

机房空调的型式	冷却方式						
	室外侧冷却方式			室内侧(使用侧)冷却介质			
				第一冷却介质		第二冷却介质	
	风冷	水冷	乙二醇冷却	制冷剂	冷水	乙二醇	冷水
a) 风冷式	√	—	—	√	—	—	—
b) 水冷式	—	√	—	√	—	—	—
c) 冷水式	—	—	—	—	√	—	—
d) 乙二醇经济冷却式	—	—	√	√	—	√	—
e) 双冷源式							
——风冷双冷源式	√	—	—	√	—	—	√
——水冷双冷源式	—	√	—	√	—	—	√
——双冷水式	—	—	—		√	—	√
注:"√"为选用的冷却方式。							

4.1.2 机房空调按结构型式分为:

a) 整体型;

b) 分体型。

4.1.3 机房空调按送风型式分为:

a) 下送风;

b) 上送风:

——直接吹出型;

——接风管型;

c) 水平送风。

4.2 型号

机房空调型号的编制可由制造商自行确定,型号中应体现名义工况下机房空调的制冷量。

5 要求

5.1 一般要求

机房空调应符合本标准的要求,并应按规定程序批准的图样和技术文件制造。

5.2 工作条件

5.2.1 机房空调的电气设备在下列条件下应能正常工作:

a) 输入交流电源电压的波动范围,在单相 220 V 和三相 380 V、50 Hz 时为额定电压的 90%~110%;

b) 室外环境温度为:−35 ℃~+50 ℃;

c) 电气设备应能在海拔高度 1 000 m 以下正常工作;当海拔高度超过 1 000 m 时,制造厂与用户根据协议增加有关措施。

5.2.2 机房空调在下列条件下应能正常工作：

a) 水冷式机房空调冷凝器进水温度为7 ℃～34 ℃；

b) 风冷式机房空调室外冷凝器环境温度为－15 ℃～＋45 ℃，宜配置适于低温运行的选配件或方案，可适应最低室外环境温度至－35 ℃；

c) 乙二醇经济冷却式机房空调配置的干式冷却器的环境温度为－25 ℃～＋43 ℃。

5.2.3 机房空调的控制精度应达到如下要求。

a) 当机房空调的回风温度设在17 ℃～28 ℃时，温度控制精度为±1 ℃；

b) 当机房空调相对湿度设定在40％～60％时，相对湿度控制精度为±10％。

5.3 安全要求

机房空调的安全要求除应符合GB 25130中有关规定外，还应符合以下要求：

a) 制冷系统

——设计应符合GB 9237的有关规定。

——应有高压、低压及其他保护器件。压缩机电机应有过热或过载保护器。

——应采用GB/T 7778中安全分类为A1或A1/A1类的制冷剂。

b) 电气控制和安全保护

——设计和检验应符合GB 4706.1、GB 4706.32(公众不易触及的器具)及GB 5226.1的有关规定，室外机电气控制设备防水等级应符合GB 4208规定的IPX4器具要求。

——应设有自动和手动控制功能、并配备显示屏和完善的安全报警功能。

——除通常的安全保护功能外，还应有以下安全保护器件：

- 电再加热器应和室内送风机联锁，并设温度过高保护器；
- 送风系统应设置滤网堵塞和风压过低等报警功能；
- 水冷式和乙二醇经济冷却式机房空调的水系统应设置断水和防冻等安全保护器；
- 按制造厂和用户协议，机房空调还可留有火灾、烟感、漏水等报警以及与其他安全器件联锁接口。

——电气控制设备采用微处理器时，其电磁兼容性应符合以下规定：

- 电气控制应具有抑制电磁干扰和谐波电流的性能。其连续干扰电压、连续干扰功率、断续干扰电压等值应不超过GB 4343.1规定的干扰特性允许值；谐波电流值应不超过GB 17625.1规定的A类设备的谐波电流限值；
- 电气控制应具有抗电磁干扰的性能，并不应超过GB 4343.2规定的Ⅱ类器具抗扰度要求。

——在故障停电恢复供电后应能自动启动或按要求延缓和顺序启动。

——电气控制设备的远距离监控：

1) 应具备通讯接口，且规格符合有关规定。

2) 按制造厂和用户协议可设置以下项目中的一项或数项：

- 远距离监测项目；
- 远距离显示和报警项目；
- 远距离控制项目；
- 远距离监控项目的准确度。

——应具备避免各机组之间竞争运行的功能，如避免除湿与加湿、制冷与加热等相反的功能同时运行。

c) 材料防火

——空气过滤器材料应符合GB 8624中难燃材料(B1级)的要求。

——隔热和消声敷层材料应符合GB 8624中不燃材料(A级)的要求。

d) 振动

按制造厂和用户协议，机房空调应配置防震支座，室内外机之间管道连接应有防震措施，使机房空调承受振动试验后仍能正常工作。

5.4 性能要求

5.4.1 名义制冷一般要求

在制冷试验名义工况下测试，机房空调的显热比不应低于表2规定的限值。

表2 机房空调的显热比限值

型式	显热比
风冷式	0.90
水冷式	
冷水式	0.87

5.4.2 性能要求

5.4.2.1 机房空调在正常工作时，制冷系统各部分不应有制冷剂泄漏。

5.4.2.2 机房空调在正常运转时，所测电流、电压、输入功率等参数应符合设计要求。

5.4.2.3 机房空调在名义工况下实测制冷量不应小于明示值的95%。

5.4.2.4 机房空调在名义工况下实测的制冷消耗功率不应大于名义制冷消耗功率的110%。

5.4.2.5 在最大负荷制冷工况运行时：

a) 机房空调各部件不应损坏，并能正常运行；

b) 机房空调过载保护器不应跳开；

c) 当机房空调停机3 min后，再启动连续运行1 h，但在启动运行的最初5 min内允许过载保护器跳开，其后不允许动作；在运行的最初5 min内过载保护器不复位时，在停机不超过30 min内复位的，应连续运行1 h；

d) 对于手动复位的过载保护器，在最初5 min内跳开的，并应在跳开10 min后使其强行复位，应能够再连续运行1 h。

5.4.2.6 机房空调在低温工况运行时，启动10 min后，再进行4 h运行中，安全装置不应跳开，蒸发器面不应有结冰。

5.4.2.7 在凝露工况运行时，机房空调外表面不应有水滴下，室内送风不应带有水滴，机房空调下方不应有滴水。

5.4.2.8 在凝露工况运行时，机房空调不应有凝结水从排水口以外溢出或吹出。

5.4.2.9 按表6规定的制冷工况进行试验时，通过机房空调的水压压降不应大于表3规定的限值。如果使用乙二醇溶液，其水压降不应大于表3规定限值的1.5倍。

表3 机房空调的水压降限值

单位为千帕

型　　式	压 降 限 值
水冷式	100
冷水式	150
乙二醇经济冷却式	150

表 3（续）

单位为千帕

<table>
<tr><th colspan="2">型　　式</th><th>压 降 限 值</th></tr>
<tr><td colspan="2">风冷双冷源式</td><td>150</td></tr>
<tr><td rowspan="2">水冷双冷源式</td><td>冷却水</td><td>100</td></tr>
<tr><td>冷水</td><td>150</td></tr>
<tr><td colspan="2">双冷水式</td><td>150</td></tr>
</table>

5.4.3 再加热量要求

机房空调实测的再加热量不应小于明示值的 95%，且不应大于明示值的 110%。

5.4.4 加湿量要求

5.4.4.1 机房空调的实测加湿量应大于加湿工况下因制冷运行造成的除湿量。

5.4.4.2 机房空调的实测加湿量不应小于明示值的 95%，加湿量的明示值为 0.25 kg/h 的整数倍。

5.4.5 噪声

机房空调噪声的限值如表 4 所示。如果明示值小于表 4 的限值，测试结果不应大于明示值 3 dB(A)并不大于表 4 的限值。

表 4　机房空调噪声限值（声压级）

<table>
<tr><th rowspan="2">名义制冷量
W</th><th colspan="2">室内侧
dB(A)</th><th rowspan="2">室外侧
dB (A)</th></tr>
<tr><th>接风管</th><th>不接风管</th></tr>
<tr><td>≤14 000</td><td>—</td><td rowspan="2">66</td><td rowspan="3">64</td></tr>
<tr><td>>14 000～28 000</td><td>68</td></tr>
<tr><td>>28 000～50 000</td><td>71</td><td>69</td></tr>
<tr><td>>50 000～70 000</td><td rowspan="2">74</td><td rowspan="2">72</td><td>66</td></tr>
<tr><td>>70 000</td><td>68</td></tr>
</table>

5.4.6 全年能效比(AEER)

在制冷试验名义工况下测试，机房空调的全年能效比(AEER)不小于明示值的 95%，且应不小于表 5的限值。

表 5　机房空调的全年能效(AEER)比限值

型　　式	全年能效比(AEER)
风冷式	3.0
水冷式	3.5
乙二醇经济冷却式	3.2

表 5（续）

型　　式	全年能效比（AEER）
风冷双冷源式	2.9
水冷双冷源式	3.4
注：双冷源机组能效比指直接蒸发制冷模式下的能效比。	

6 试验

6.1 试验条件

6.1.1 机房空调制冷量、再加热量的试验装置见 GB/T 17758—2010 附录 A。加湿量的试验装置见附录 A。

6.1.2 机房空调的试验工况见表 6。

表 6 机房空调的试验工况

单位为摄氏度

<table>
<tr><td colspan="2" rowspan="3">项　　目</td><td colspan="2">室内侧</td><td colspan="3">放热侧</td></tr>
<tr><td colspan="2">空气入口状态</td><td>空气入口状态</td><td colspan="2">水冷</td></tr>
<tr><td>干球温度</td><td>湿球温度</td><td>干球温度</td><td>进水温度</td><td>出水温度</td></tr>
<tr><td rowspan="2">名义制冷</td><td>风冷式、水冷式、乙二醇经济冷却式</td><td rowspan="2">24</td><td rowspan="2">17</td><td>35</td><td>30</td><td>35</td></tr>
<tr><td>冷水式</td><td>—</td><td>7</td><td>12</td></tr>
<tr><td colspan="2">最大负荷制冷</td><td>30</td><td>19</td><td>43</td><td>34</td><td>—</td></tr>
<tr><td colspan="2">凝露</td><td>25</td><td>21</td><td>23</td><td rowspan="4">—</td><td>23</td></tr>
<tr><td colspan="2">低温制冷</td><td>20</td><td>14</td><td>21</td><td>21</td></tr>
<tr><td colspan="2">加湿</td><td>24</td><td rowspan="2">16</td><td rowspan="2">—</td><td rowspan="2">—</td></tr>
<tr><td colspan="2">送风量、静压[a]</td><td>20</td></tr>
<tr><td colspan="7">[a] 风量测量时机外静压的波动应在测定时间内稳定在规定静压的±10%以内，但是规定静压少于 98 Pa 时应取±9.8 Pa。</td></tr>
</table>

6.1.3 机房空调的全年能效比试验工况见表 7。

表 7 机房空调全年能效比（AEER）试验工况

单位为摄氏度

<table>
<tr><td colspan="2" rowspan="2">项　　目</td><td colspan="5">全年制冷工况（用于计算 AEER）</td></tr>
<tr><td>A</td><td>B</td><td>C</td><td>D</td><td>E</td></tr>
<tr><td rowspan="2">室内机回风侧</td><td>干球温度</td><td>24</td><td>24</td><td>24</td><td>24</td><td>24</td></tr>
<tr><td>湿球温度</td><td>17</td><td>17</td><td>17</td><td>17</td><td>17</td></tr>
</table>

表 7（续）

单位为摄氏度

项目			全年制冷工况(用于计算 AEER)				
			A	B	C	D	E
室外机环境条件	风冷式	入口干球温度	35	25	15	5	−5
	水冷式	冷却水进口温度	30	25	18	10	10
		冷却水出口温度	35	出口温度由机组内置阀门控制			
	乙二醇经济冷却式	溶液进口温度	40	30	20	10	5
		溶液出口温度	46	溶液出口温度由机组内置阀门控制			

6.1.4 仪器仪表的型式及准确度

a) 试验用的仪器仪表应符合 GB/T 17758—2010 中表 4 的规定。

b) 乙二醇溶液密度测量采用密度计，仪表准确度应在±1%以内。

6.2 一般要求

6.2.1 试验的一般要求应符合 GB/T 17758—2010 中 6.2 的规定。

6.2.2 试验应在额定电压和额定频率下进行，工况参数的读数允差应符合 GB/T 17758—2010 中表 5 的规定。

6.3 试验方法

6.3.1 制冷系统密封性

机房空调的制冷系统在正常的制冷剂充灌量下，用下列灵敏度的制冷剂检漏仪进行检验：制冷量小于等于 28 000 W 的机房空调，灵敏度为 1×10^{-6} Pa·m³/s；制冷量大于 28 000 W 的机房空调，灵敏度为 1×10^{-5} Pa·m³/s。

6.3.2 运转试验

机房空调应在接近名义制冷工况的条件下连续运行，分别测量机房空调的输入功率，运转电流和进、出风温度。检查安全保护装置的灵敏度和可靠性，检验温度、电器等控制元件的动作是否正常。

6.3.3 制冷量试验

按表 6 规定的试验工况和 GB/T 17758—2010 附录 A 规定的方法进行试验。试验还应符合以下规定：

a) 应包括制冷量和显热制冷量；

b) 风冷式机房空调的制冷量消耗功率应包括压缩机、风机、电气控制设备、风冷冷凝器以及其他做为机房空调组成部件的功率；

c) 水冷式机房空调以实测制冷量的 3%作为冷水循环泵和冷却塔风机的消耗功率；

d) 乙二醇经济冷却式机房空调以实测压缩机制冷系统制冷量的 5%做为干冷器风机和循环泵的消耗功率；

e) 室外机组风量应符合机房空调的规定条件，并应在机房空调室外机的组成结构不改变的情况下进行试验。

6.3.4 制冷消耗功率试验

在制冷量试验的同时，测定机房空调的输入功率和运转电流。

6.3.5 最大负荷制冷试验

机房空调按表 6 规定的最大负荷工况运行，稳定后连续运行 1 h；然后停机 3 min（此间电压上升不超过 3%），再启动运行 1 h。

6.3.6 低温工况试验

按表 6 规定的低温制冷工况进行试验，机房空调启动并制冷运行 4 h。

6.3.7 凝露试验

在不违反制造厂规定下，将机房空调的温度控制器、风机速度等调到最易凝结水的状态进行制冷运行，达到表 6 规定的凝露工况后，机房空调连续运行 4 h。

6.3.8 凝结水排除能力试验

在不违反制造厂规定下，将机房空调的温度控制器、风机速度等调到最易凝结水的状态，在接水盘注满水即达到排水口流水后，按表 6 规定的凝露工况运行，当接水盘的水位稳定后，再连续运行 4 h。

6.3.9 再加热量试验

6.3.9.1 试验是在不开启机房空调的制冷和加湿设备的情况下进行。再加热量包括再加热器、风机电机、电气控制设备和其他一些部件的消耗功率。

6.3.9.2 再加热器的风量应与制冷量试验时相同。

6.3.10 加湿量试验

6.3.10.1 按表 6 规定试验工况试验。

6.3.10.2 试验时，机房空调的风量应与制冷量试验时的风量相同。

6.3.10.3 试验时，关闭机房空调的制冷运行，以消除制冷运行对加湿量试验的影响。

6.3.10.4 加湿功耗为加湿器自身的功耗，不包含风机、控制器件等的功耗。

6.3.11 噪声试验

机房空调的噪声试验按 GB/T 17758—2010 附录 D 规定的方法进行。

6.3.12 全年能效比性能试验

6.3.12.1 全年能效比的测试

a) 机房空调在表 7 规定的工况下，测试 A、B、C、D、E 五个工况点的制冷性能，包括制冷量、制冷消耗功率和能效比(EER)；

b) 确定每个工况点所代表的温度区间在全年温度分布比例，即温度分布系数 T_a、T_b、T_c、T_d、T_e。全国部分城市的温度分布系数，见附录 B，本标准采用北京的温度分布系数，如表 8 所示。

表 8 温度分布系数

温度分布系数	T_a	T_b	T_c	T_d	T_e
数值	7.2%	28.1%	23.1%	21.0%	20.6%

6.3.12.2 全年能效比(AEER)的计算

机房空调的全年能效比(AEER)按式(1)计算:

$$AEER = T_a \times EERa + T_b \times EERb + T_c \times EERc + T_d \times EERd + T_e \times EERe \quad \cdots\cdots\cdots\cdots(1)$$

式中:

AEER ——机房空调的全年能效比;

EERa~EERe ——在表7中A~E工况条件下的能效比;

$T_a \sim T_e$ ——A~E工况温度分布系数,其数值按表8的规定。

示例1:

一台机房空调测试的各工况点EER值如下:

工况点	A	B	C	D	E
EER	2.51	3.12	3.71	3.76	3.78

则本机房空调的全年能效比:

$$\begin{aligned} AEER &= 2.51\times7.2\% + 3.12\times28.1\% + 3.71\times23.1\% + 3.76\times21.0\% + 3.78\times20.6\% \\ &= 3.48 \end{aligned}$$

6.3.13 振动试验

6.3.13.1 机房空调在试验台上安装方法与状态应与实际安装情况相同。

6.3.13.2 试验方法:

a) 在机房空调安装状态下的前后、左右和上下(垂直)方向分别做15 s振动试验;

b) 振动频率4 Hz,全振幅5 mm,加速度全振幅为1 g(9.8 m/s^2)。

6.3.13.3 试验完成后,机房空调应能正常工作,并符合5.3.5的要求。

7 检验规则

7.1 分类

机房空调检验分为出厂检验、抽样检验和型式检验。

7.2 出厂检验

每台机房空调均应做出厂检验,检验项目和试验方法按表9规定。

表9 检验项目

序号	项目	出厂检验	抽样检验	型式试验	技术要求	试验方法
1	一般要求	√	√	√	5.1	视检
2	标志				8.1	
3	包装				8.2	
4	电气强度				GB 25130	GB 4706.1—2005 中 16.3
5	接地电阻					GB 4706.1—2005 中 27.5
6	制冷系统密封性				5.4.2.1	6.3.1
7	运转				5.4.2.2	6.3.2

表 9（续）

序号	项　　目	出厂检验	抽样检验	型式试验	技术要求	试验方法
8	制冷量	—	√	√	5.4.2.3	6.3.3
9	显热比				5.4.1	6.3.3
10	制冷消耗功率				5.4.2.4	6.3.4
11	再加热量				5.4.3	6.3.9
12	加湿量				5.4.4	6.3.10
13	噪声				5.4.5	6.3.11
14	全年能效比				5.4.6	6.3.12
15	最大负荷制冷	—	—	√	5.4.2.5	6.3.5
16	低温制冷				5.4.2.6	6.3.6
17	凝露				5.4.2.7	6.3.7
18	凝结水排除能力				5.4.2.8	6.3.8
19	电磁兼容性				5.3b)	GB 4343.1、GB 4343.2 GB 17625.1
20	振动				5.3d)	6.3.13
注：“√”表示需要检验项目，“—”表示不需要检验项目。						

7.3　抽样检验

7.3.1　机房空调应从出厂检验合格的产品中抽样，检验项目和试验方法按表 9 规定。

7.3.2　机房空调抽样检验工况如表 10 规定。

7.3.3　抽样检验适用于国家质检部门的检验和制造厂批量生产的首台检验。

表 10　抽样检验工况

单位为摄氏度

项　　目		室内侧		放热侧		
		空气入口状态		空气入口状态	水冷	
		干球温度	湿球温度	干球温度	进水温度	出水温度
名义制冷	风冷、水冷、乙二醇经济冷却	24	17	35	30	35
	冷水				7	12

7.4　型式检验

7.4.1　新产品或定型产品作重大改进的第一台产品作型式检验，检验项目按表 9 的规定。

7.4.2　型式检验时间不应少于试验方法中规定的时间，运行时如有故障则排除故障后重新检验。

8 标志、包装、运输和贮存

8.1 标志

8.1.1 每台机房空调应在明显部位固定永久性铭牌，铭牌上应标示下列内容：

a) 制造厂的名称；

b) 产品型号和名称；

c) 主要技术性能参数，包括：额定制冷量、制冷剂代号、全年能效比、额定电压、最大电流、频率、相数、质量；

d) 产品出厂编号；

e) 制造年月。

8.1.2 机房空调上应有标明运行状态的标志，如风机旋转方向、指示仪表和控制按钮的标记等。

8.1.3 出厂文件

每台机房空调上应随带下列技术文件：

a) 产品合格证，内容包括：

——产品型号和名称；

——产品出厂编号；

——检验员签字或印章；

——检验日期。

b) 产品技术文件可以纸质件或电子件的形式提供，内容包括：

——产品型号和名称、适用范围、执行标准；

——产品的结构示意图、制冷系统图、电路图及接线图；

——备件目录和必要的易损零件图；

——安装说明和要求；

——使用说明、维修和保养注意事项。

8.1.4 装箱单

8.2 包装

8.2.1 机房空调在包装前应进行清洁处理。制造厂根据机房空调的型式和工程安装需要，充注额定量制冷剂或干燥氮气。氮气压力宜控制在 0.03 MPa～0.1 MPa 范围内。

8.2.2 机房空调应外套塑料袋或防潮纸并应固定在箱内，以免运输中受潮和发生机械损伤。

8.2.3 机房空调包装箱上应有下列标志：

a) 制造单位名称；

b) 产品型号和名称；

c) 净质量、毛质量；

d) 外形尺寸；

e) “小心轻放”、“向上”、“怕湿”和堆放层数等。

8.3 运输和贮存

8.3.1 机房空调在运输过程中不应碰撞、倾斜、雨雪淋袭。

8.3.2 机房空调应贮存在干燥通风良好的仓库中。

附 录 A
（规范性附录）
机房空调加湿量试验方法

A.1 试验方法

A.1.1 本附录规定了机房空调的加湿量试验方法——称重法。

A.1.2 机房空调加湿量试验的名义工况按表 6 的规定，加湿器进水温度为 20 ℃±5 ℃。

A.1.3 对配置电极式加湿器的机房空调测试时，供水的导电系数可调整到 300 $\mu\Omega/cm^3$～315 $\mu\Omega/cm^3$。

A.2 称重法

A.2.1 称重法是通过测定加湿器注水量和排水量，确定机房空调的加湿量的一种试验方法。

A.2.2 试验装置采用图 A.1 布置。

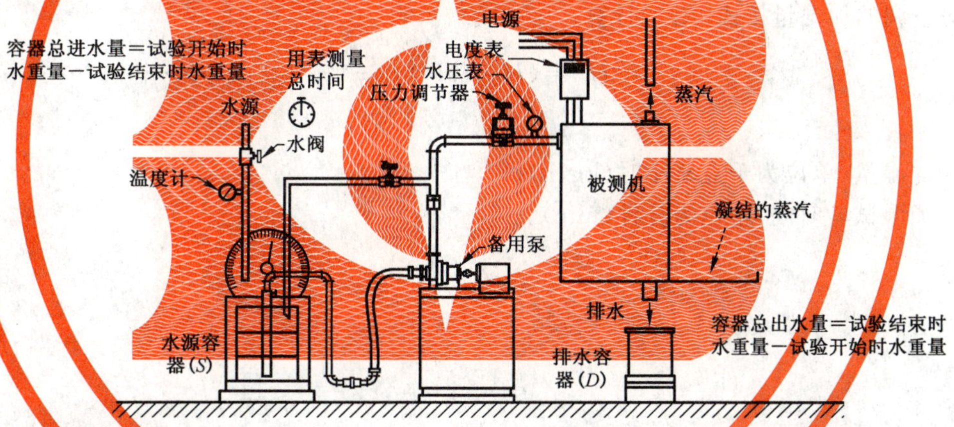

图 A.1 加湿量试验装置

A.2.3 测试用仪器仪表的准确度符合 GB 17758—2010 中 6.1.4 的规定。

A.2.4 性能测试

A.2.4.1 试验前按图 A.1 连接好测试装置，调节测试工况达到加湿测试要求。按照机房空调厂家的技术文件，调整被测机加湿器进水压力至要求值，设置机房空调进入加湿模式，进入预测试。预测试时间至少持续 30 min，观察被测机进入稳定加湿状态后，关闭水源容器进水阀，并读取加湿试验起始数据，开始计时，进入加湿量试验状态。

A.2.4.2 加湿试验过程中，由机房空调自动控制加湿器的动作，加湿试验至少持续 60 min。

A.2.4.3 读取加湿试验结束数据。

a) 水量

项　　目	水源容器(S)重量 kg	排水容器(D)重量 kg
试验开始读数	M_{S1}	M_{D1}
试验结束读数	M_{S2}	M_{D2}

b） 耗电量

以电度表读数计算试验期耗电量，千瓦时(kWh)。

A.2.4.4 试验时间

机房空调加湿试验时间(T)不小于 60 min。

A.3 加湿量计算

A.3.1 机房空调的实测注水量和排水量分别按式(A.1)和式(A.2)计算。

$$H_S = M_{S1} - M_{S2} \quad \cdots\cdots (A.1)$$

$$H_D = M_{D2} - M_{D1} \quad \cdots\cdots (A.2)$$

式中：

H_S ——注水量，单位为千克(kg)；

M_{S1} ——试验开始时，水源容器的重量，单位为千克(kg)；

M_{S2} ——试验结束时，水源容器的重量，单位为千克(kg)；

H_D ——排水量，单位为千克(kg)；

M_{D2} ——试验开始时，排水容器的重量，单位为千克(kg)；

M_{D1} ——试验结束时，排水容器的重量，单位为千克(kg)。

A.3.2 机房空调的加湿量按式(A.3)计算。

$$H_m = (H_S - H_D) \times \frac{60}{T} \quad \cdots\cdots (A.3)$$

式中：

H_m ——加湿量，单位为千克每小时(kg/h)；

T ——加湿试验时间，单位为分钟(min)。

附 录 B
（资料性附录）
部分城市温度分布系数

温度分布系数是当地干球温度在所设区间的小时数占全年小时数的百分比。部分城市的温度分布系数如表B.1。

表B.1 温度分布系数

温度分布系数	T_a	T_b	T_c	T_d	T_e
城市	温度区间/℃				
	≥30	≥20,＜30	≥10,＜20	≥0,＜10	＜0
兰州	3.3%	20.5%	30.1%	25.7%	20.4%
贵阳	0.8%	33.1%	37.3%	28.2%	0.6%
石家庄	9.3%	27.2%	24.5%	24.9%	14.2%
哈尔滨	2.2%	19.1%	22.7%	18.7%	37.4%
长春	0.6%	19.1%	24.8%	18.5%	37.1%
沈阳	4.1%	22.2%	23.5%	21.6%	28.7%
呼和浩特	3.6%	19.8%	26.0%	18.5%	32.1%
西宁	0.7%	8.6%	29.5%	28.7%	32.5%
银川	1.6%	20.9%	28.1%	22.7%	26.7%
太原	1.4%	23.9%	28.2%	25.9%	20.5%
成都	3.7%	33.0%	39.4%	23.5%	0.4%
拉萨	0.0%	8.6%	41.2%	34.5%	15.6%
乌鲁木齐	4.0%	22.8%	22.4%	17.1%	33.7%
昆明	0.0%	21.9%	52.5%	23.9%	1.7%
合肥	8.2%	34.3%	27.3%	28.0%	2.3%
北京	7.2%	28.1%	23.1%	21.0%	20.6%
福州	8.7%	44.7%	36.2%	10.4%	0.0%
广州	12.7%	54.0%	28.3%	5.1%	0.0%
桂林	7.0%	42.7%	32.4%	17.9%	0.0%
南宁	12.3%	54.4%	29.0%	4.3%	0.0%
海口	12.8%	63.2%	22.4%	1.6%	0.0%
郑州	6.9%	29.6%	25.5%	23.0%	15.0%
武汉	12.8%	33.1%	27.8%	25.0%	1.3%
长沙	11.5%	33.3%	27.1%	26.2%	1.9%
南京	7.7%	29.8%	26.9%	27.6%	7.9%
南昌	12.9%	34.9%	27.3%	24.1%	0.8%

表 B.1（续）

温度分布系数	T_a	T_b	T_c	T_d	T_e
城市	温度区间/℃				
	≥30	≥20，<30	≥10，<20	≥0，<10	<0
济南	10.8%	28.4%	24.8%	27.0%	9.0%
西安	6.0%	27.8%	28.8%	26.7%	10.8%
天津	6.6%	26.9%	24.6%	23.8%	18.0%
上海	8.4%	34.1%	28.8%	26.6%	2.1%
杭州	6.0%	37.3%	28.8%	26.6%	1.3%
重庆	9.4%	32.4%	40.5%	17.7%	0.0%

注：数据来源于中国气象局气象信息中心气象资料室和清华大学建筑技术科学系编著的《中国建筑热环境分析专用气象数据集》。该数据集以全国270个地面气象站从1971年到2003年共30年的实测气象数据为基础。

ICS 31.240
K 05

中华人民共和国国家标准

GB/T 19520.17—2010/IEC 60297-3-105:2008

电子设备机械结构 482.6 mm(19 in)系列机械结构尺寸 第3-105部分:1*U*高度机箱的尺寸和设计要求

Mechanical structures for electronic equipment—Dimension of mechanical structures of the 482.6 mm (19 in) series—Part 3-105: Dimensions and design aspects for 1*U* high chassis

(IEC 60297-3-105:2008,IDT)

2010-11-10 发布　　　　2011-05-01 实施

中华人民共和国国家质量监督检验检疫总局
中国国家标准化管理委员会　发布

前　言

GB/T 19520《电子设备机械结构　482.6 mm(19 in)系列机械结构尺寸》分为以下部分：

——第1部分：面板和机架(GB/T 19520.1,IEC 60297-1,IDT)；

——第2部分：机柜和机架结构的格距(GB/T 19520.2,IEC 60297-2,IDT)；

——第3-100部分：面板、插箱、机箱、机架和机柜的基本尺寸(IEC 60297-3-100)；

——第3-101部分：插箱及其插件(GB/T 19520.12,IEC 60297-3-101,IDT)；

——第3-102部分：插拔器手柄(GB/T 19520.13,IEC 60297-3-102,IDT)；

——第3-103部分：编码键和定位销(GB/T 19520.14,IEC 60297-3-103,IDT)；

——第3-104部分：基于连接器的插箱和插件的接口尺寸(GB/T 19520.15,IEC 60297-3-104,IDT)；

——第3-105部分：1*U*高度机箱的尺寸和设计要求(GB/T 19520.17,IEC 60297-3-105,IDT)。

本部分为GB/T 19520的第3-105部分。

本部分按照GB/T 1.1—2009给出的规则起草。

本部分使用翻译法等同采用IEC 60297-3-105:2008《电子设备机械结构　482.6 mm(19 in)系列机械结构尺寸　第3-105部分：1*U*高度机箱的尺寸和设计要求》。

与本部分中规范性引用的国际文件有一致性对应关系的我国文件如下：

——GB/T 4210—2001　电工术语　电子设备用机电元件(IEC 60050(581):1978,IDT)

——GB/T 18663.1—2008　电子设备机械结构　公制系列和英制系列的试验　第1部分：机柜、机架、插箱和机箱的气候、机械试验及安全要求(IEC 61587-1:2007,IDT)

——GB/T 18663.2—2007　电子设备机械结构　公制系列和英制系列的试验　第2部分：机柜和机架的地震试验(IEC 61587-2:2000,IDT)

——GB/T 18663.3—2007　电子设备机械结构　公制系列和英制系列的试验　第3部分：机柜、机架和插箱的电磁屏蔽性能试验(IEC 61587-3:2006,IDT)

——GB/T 19290.1—2003　发展中的电子设备构体机械结构模数序列　第1部分：总规范(IEC 60917-1:1998,IDT)

本部分在技术上与国际标准完全一致，仅做了下列编辑性修改：

a)　"本标准"一词改为"本部分"；

b)　删除了国际标准的前言；

c)　小数点","改为"."。

本部分由全国电工电子设备结构综合标准化技术委员会(SAC/TC 34)提出并归口。

本部分负责起草单位：四方电气(集团)有限公司、连云港沈大金属型材有限公司。

本部分参加起草单位：机械工业北京电工技术经济研究所、国网电力科学研究院、华为技术有限公司、国电南京自动化股份有限公司、中兴通讯股份有限公司、南瑞继保电气有限公司、许继电气股份有限公司、中国船舶重工集团公司第715研究所。

本部分主要起草人：张开国、田蘅、张永军、李剑侠、张钰、张实、王民、吴蓓、王蔚、尹东海、张洋、庞海鸥。

引　言

基于 1*U* 机箱设计的微型计算机系统已经成为用于服务器、工业电子、信息技术(IT)及通信设备最重要的平台之一。1*U* 机箱有时也称作“比萨盒”。

1*U* 机箱的应用得到了广泛扩展，并在电子工业的每个领域都可找到解决方案。

IEC 60297-3-100 规定了机架和机柜的尺寸细节，例如可利用的框口和面板安装尺寸。然而，IEC 60297-3-100 对于将 1*U* 机箱以单个或多个($n\times 1U$ 的层叠)的方式组装在这些符合 GB/T 19520 的机架、机柜之内，提供指南或尺寸要求却显得不足。

本部分为 1*U* 机箱的承载重量、物理尺寸及适用性等提供指南和尺寸要求。

根据应用上的需求，本部分还规定了不同的机箱类型。

允许为不同类型机箱所规定的接口尺寸开发通用的安装附件。由于这一点以及特定机箱类型应用的选择，决定了所选定的 1*U* 机箱的适用性和气流要求能够由设计者提出。

多倍单元高度设备的相似属性可从本部分衍生。本部分的经济价值在于，可预先开发适用于已确定了机箱接口尺寸的附件。此外，由于所选用的安装支撑的原因，也预示了冷却的可能性。

电子设备机械结构 482.6 mm(19 in)系列机械结构尺寸 第3-105部分:1U高度机箱的尺寸和设计要求

1 范围

GB/T 19520的本部分规定了安装在符合IEC 60297-3-100机架和机柜上的1U机箱的尺寸、承载重量和可达到要求的不同安装方法。

本部分提供了冷却的指南,以及涉及GB/T 18663系列标准中的电磁兼容、地震、气候、机械要求及试验的有关规定。

本部分中的图无意于指导产品设计,只应采用规定的那些尺寸。

本部分使用的术语符合IEC 60917-1的规定。

2 规范性引用文件

下列文件对于本文件的应用是必不可少的。凡是注日期的引用文件,仅注日期的版本适用于本文件。凡是不注日期的引用文件,其最新版(包括所有的修改单)适用于本文件。

IEC 60050-581 国际电工词汇 第581章:电子设备机电元件(International electrotechnical vocabulary—Part 581:Electromechanical components for electronic equipment)

IEC 60297-3-100 电子设备机械结构 482.6 mm(19 in)系列机械结构尺寸 第3-100部分:面板、插箱、机箱、机架和机柜的基本尺寸(Mechanical structures for electronic equipment—Dimensions of mechanical structures of the 482.6 mm (19 in) series—Part 3-100:Basic dimensions of front panels, subracks, chassis, racks and cabinets)

IEC 60917-1 发展中的电子设备构体机械结构模数序列 第1部分:总规范(Modular order for the development of mechanical structures for electronic equipment practices—Part 1:Generic standard)

IEC 61587-1 电子设备机械结构 IEC 60917和IEC 60297的试验 机柜、机架、插箱和机箱的气候、机械试验及安全要求(Mechanical structures for electronic equipment—Tests for IEC 60917 and IEC 60297—Part 1:Climatic, mechanical tests and safety aspects for cabinets, racks, subracks and chassis)

IEC 61587-2 电子设备机械结构 IEC 60917和IEC 60297的试验 第2部分:机柜和机架的地震试验(Mechanical structures for electronic equipment—Tests for IEC 60917 and IEC 60297—Part 2:Seismic tests for cabinets and racks)

IEC 61587-3 电子设备机械结构 IEC 60917和IEC 60297的试验 第3部分:机柜、机架和插箱的电磁屏蔽性能试验(Mechanical structures for electronic equipment—Tests for IEC 60917 and IEC 60297—Part 3:Electromagnetic shielding performance tests for cabinets, racks and subracks)

3 术语和定义

IEC 60917-1和IEC 60050-581界定的以及下列术语和定义适用于本文件。

3.1

19 in 机柜　19 in cabinet

符合 IEC 60297-3-100 的机柜。

3.2

19 in 垂直构件　19 in vertical members

具有面板、机箱和插箱所用安装孔的机柜部件。

3.3

机箱滑轨　chassis slides

安装于机柜中以支撑重的或深的机箱的角形零件(也可见 IEC 60917-1)。

3.4

伸缩式滑轨　telescopic slide

机柜内可伸缩的安装支撑件,以便在伸出的位置接近重的或深的机箱的后部。

3.5

机柜的框口　aperture of a cabinet

两个 19 in 垂直构件之间的水平开口尺寸。

3.6

高度格距线　height pitch line

U($1U$=44.45 mm)的任何增量之间的理论线。

3.7

电缆配线　cable management

在机柜内安装到设备的电缆布线。

3.8

机箱安装凸缘　chassis mounting flanges

可以是与机箱一体的完整部分或附加于机箱的独立支架。

3.9

电缆拉力因素　cable pull factor

连接到机箱的电缆重量的综合作用。

4　布置概览

图 1 中的布置概览以图解方式说明了机箱装入典型的 19 in 机柜的方法。

$1U$ 机箱尺寸的不同取决于机箱类型的选择和因此而产生的安装尺寸。装入机柜之内的主要方法决定了有三种类型的机箱。此三种类型的机箱规定如下:

A 型机箱:此类机箱装入无机箱支撑的机架(机柜)之内(重量轻,具有低的电缆拉力因素的浅型设备,IEC 61587-1 中 DL1 的冲击和振动环境)。装入机柜时,仅机箱的安装凸缘用螺栓固定在 19 in 垂直构件上。此类型的机箱提供了在 $1U$ 断面内最大的可用宽度和高度,见图 1。

B 型机箱:此类机箱具有较重负载能力(机箱后部具有高的电缆拉力因素,IEC 61587-1 中 DL1 的冲击和振动环境),因此应使用机箱滑轨。机箱两侧应设计凹进区以作为机柜上安装机箱滑轨的空间,见图 2。

C 型机箱:此类机箱用于安装在伸缩式滑轨上的可伸出的设备(可接近顶盖和/或通过后部电缆配线的 I/O,IEC 61587-1 中 DL1 的环境)。伸缩式滑轨可为两段或三段伸出,这取决于需要伸出的设备。机箱应在两侧设计凹进区,这取决于伸缩式滑轨所需的空间。

注:伸缩式滑轨尚无标准,安装尺寸宜由设备的设计予以规定,见图 3。

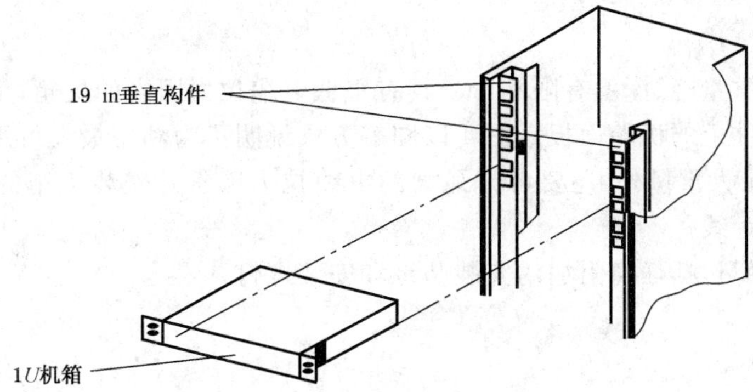

图 1　A 型机箱

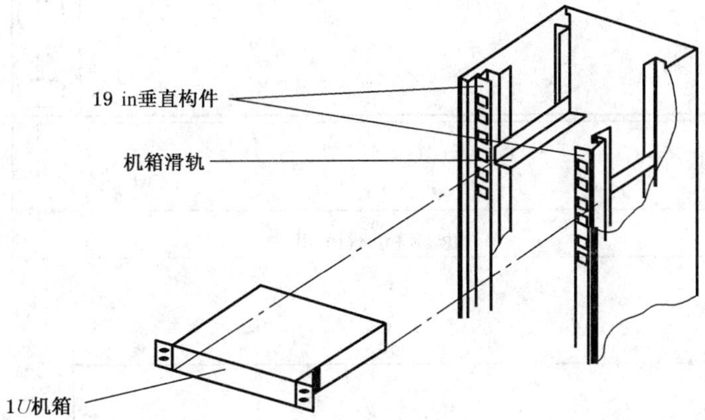

图 2　B 型机箱

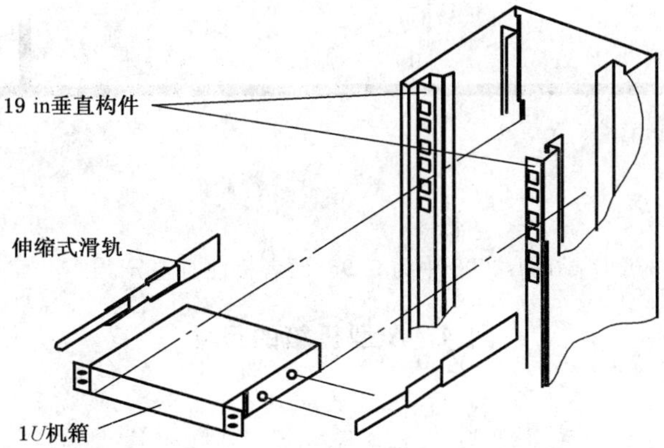

图 3　C 型机箱

5　1*U* 机箱的尺寸

IEC 60297-3-100 规定了面板尺寸和机架(机柜)的框口尺寸。

5.1 A 型机箱

此类机箱是典型的重量轻、深度有限和(或)具有很低电缆拉力因素的机箱,重心相对靠近以螺钉安装在机架(机柜)垂直构件上的机箱面板。图 4 以图解方式说明了为利用最大可用机柜框口尺寸而推荐的 1U 机箱尺寸。除了最大重量外,还要考虑最大的电缆拉力因素。安装机箱的垂直挠度不应超过机架(机柜)高度的理论格距线。

图 4 所示的最大宽度包括任何附加的安装凸缘和安装螺钉。

尺寸单位为毫米

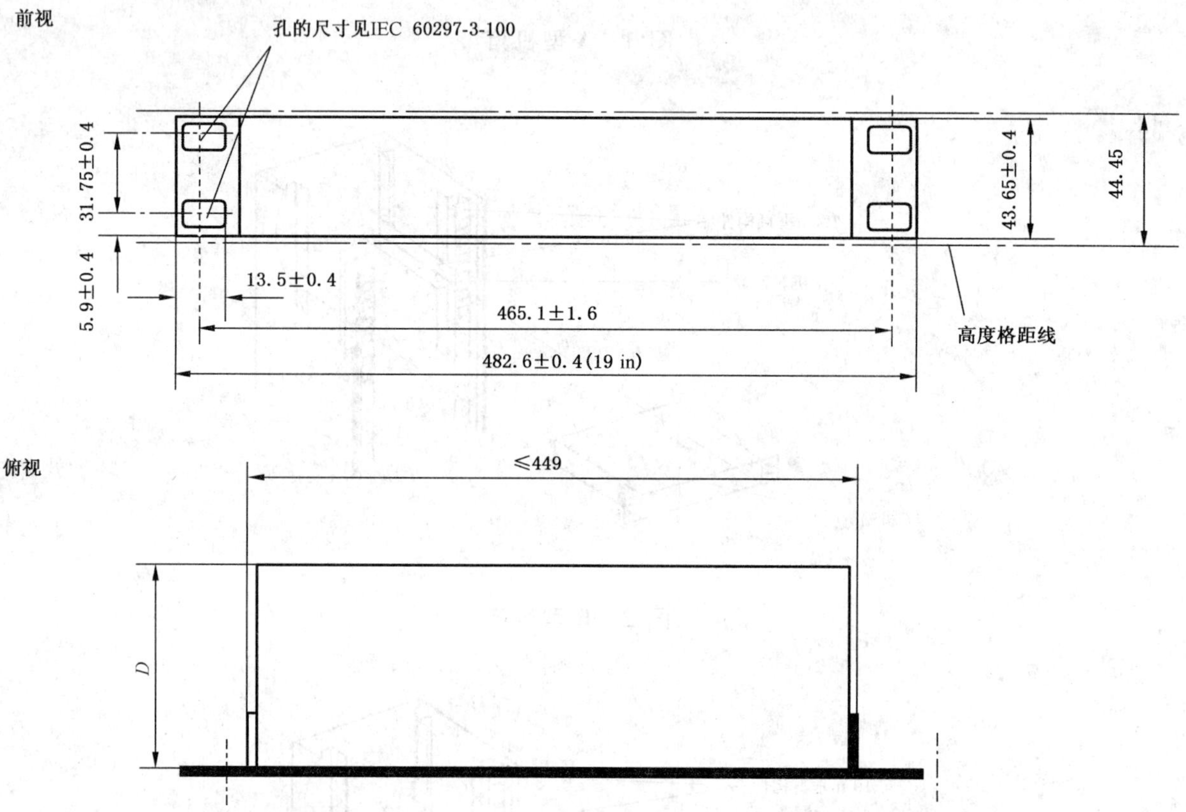

未注尺寸见 IEC 60297-3-100。

注：图中的尺寸 5.9 在 IEC 60297-3-100:2008 中为 5.95,两者标注有差异。[1)]

图 4 A 型机箱的尺寸

5.2 B 型机箱

对于图 5 所示的 B 型机箱,机箱高度尺寸应在机箱底部缩减 2 mm,以便为机箱提供支撑空间,这也为在机架(机柜)中安装多个和(或)不同的机箱或插箱提供了避免干涉的方法。

在需要最大可用机箱高度的地方,只应关注机箱与安装支撑的接口。

出于安全方面的原因以及机箱滑轨载荷的计算,总重不应超过 25 kg。

1) IEC 原文并无此注。

尺寸单位为毫米

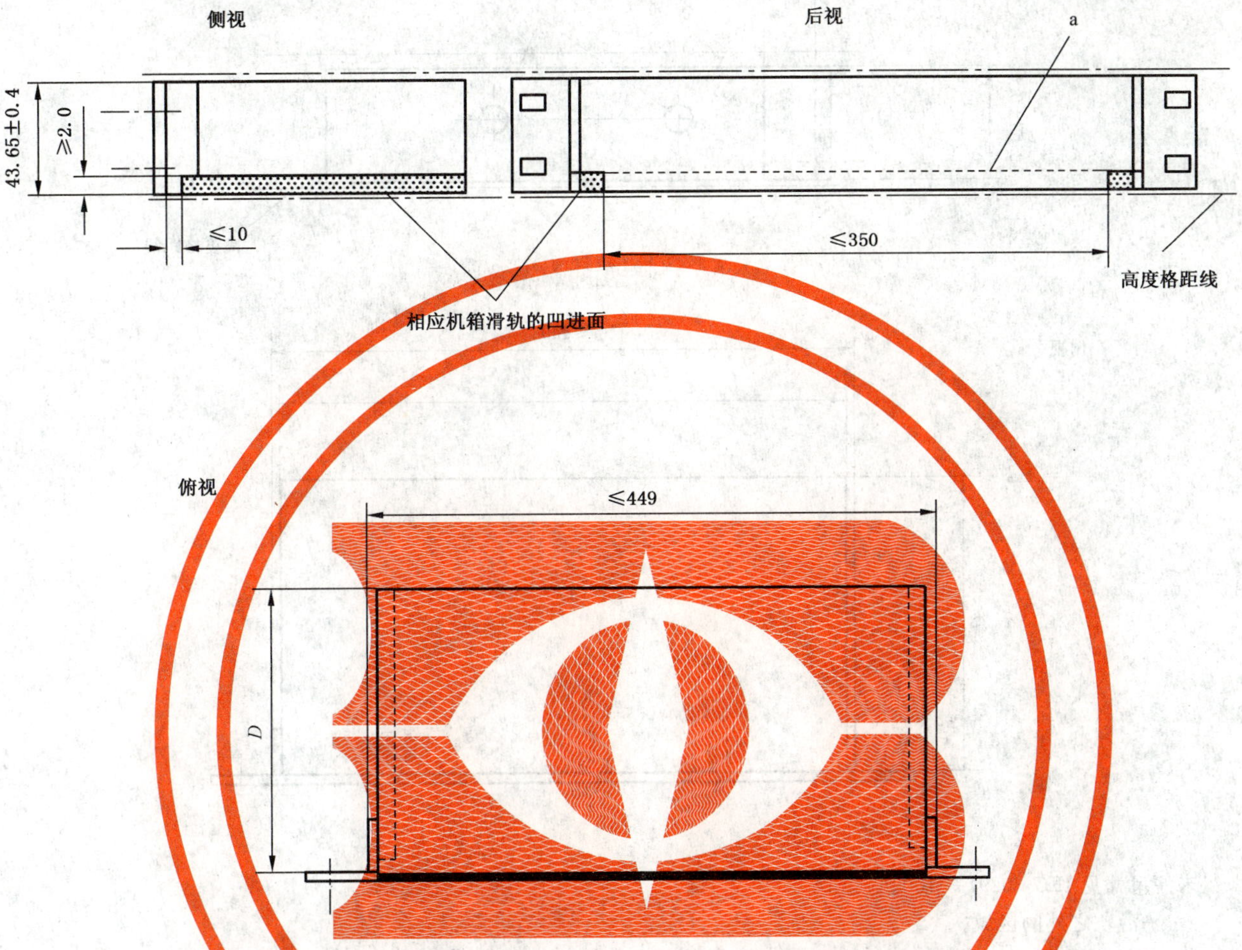

未注尺寸见 IEC 60297-3-100。

a——虚线是指凹进处可贯穿整个宽度。

图 5　B 型机箱的尺寸

5.3　C 型机箱

对于图 6 所示的 C 型机箱，机箱宽度尺寸予以缩减，从而为单段、双段或三段伸出的伸缩式滑轨提供空间。

C 型机箱在其后部与机架(机柜)接口之间可能需要电缆配线。

C 型机箱尺寸基于三段的伸缩设计，并且伸缩式滑轨位于 1*U* 机箱尺寸之内。

当完全从机架(机柜)伸出时，必须关注 C 型机箱的负载对自由站立的机架(机箱)可能存在危险倾斜的影响。推荐的最大机箱宽度为 425 mm，以便为伸缩式滑轨的伸出部分留出$(2\times12)\text{mm}^2$ 的空间(见附录 A 中的 A.2)。伸缩式滑轨尚无标准，但推荐的 12 mm 尺寸符合电子市场中以及与最大负载相关的非常普遍的产品。

注： 出于安全方面的原因(机柜受到完全伸出机箱的倾斜影响)以及伸缩式滑轨载荷方面的计算，机箱不应超过 25 kg。

尺寸单位为毫米

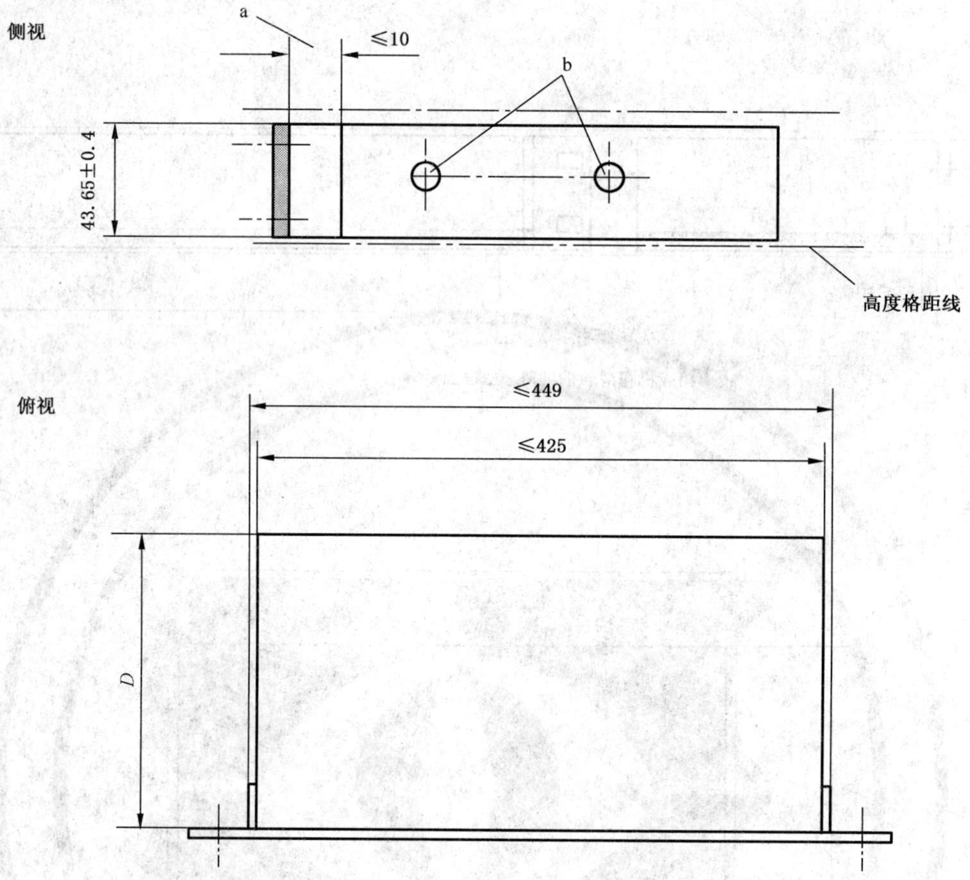

未注尺寸见 IEC 60297-3-100。

a——滑轨之外的区域。

b——安装孔的确定取决于所选的伸缩式滑轨。

图 6　C 型机箱的尺寸

6　气候、机械、安全、电磁兼容性、地震要求和试验[2)]

专用的气候、机械、安全、电磁屏蔽、地震等的完整性试验描述在 GB/T 18663 系列标准中[3)]。本部分宜作为 1*U* 设备设计特性的通用基础的技术规范予以参考。1*U* 机箱并未在上述涉及的标准中予以明确地描述。因此，机箱的试验宜根据插箱进行。

2）　为完整体现本章内容而更改了标题。

3）　IEC 原文只提及机械试验。考虑到标题和试验的完整性，改为现在的表述方式。

附 录 A
（资料性附录）
机箱和机架（机柜）的关系

A.1 B型机箱与机架（机柜）的关系

B型机箱与机架（机柜）的关系见图A.1。

尺寸单位为毫米

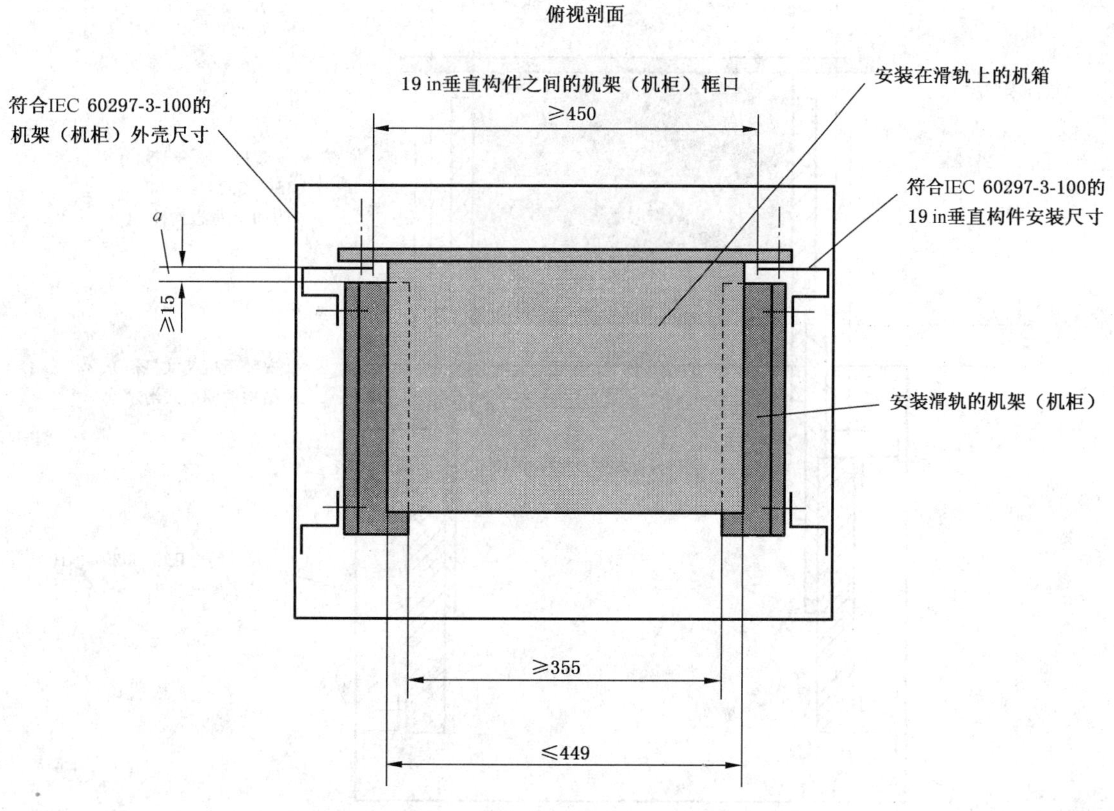

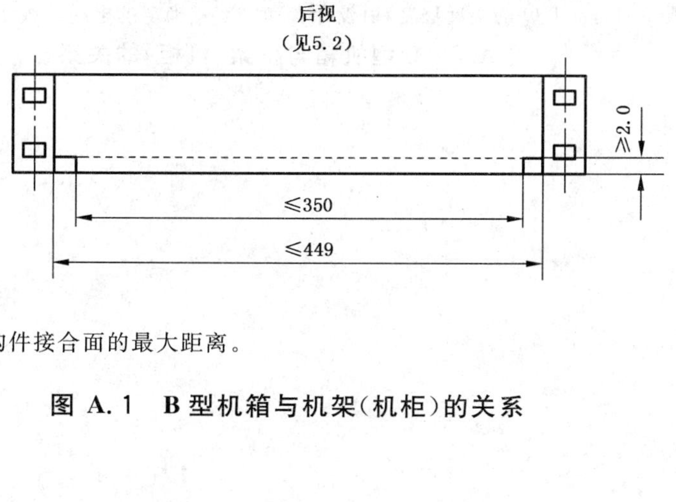

a——为滑轨至19 in垂直构件接合面的最大距离。

图 A.1　B型机箱与机架（机柜）的关系

A.2 C型机箱与机架(机柜)的关系

C型机箱与机架(机柜)的关系见图A.2。

尺寸单位为毫米

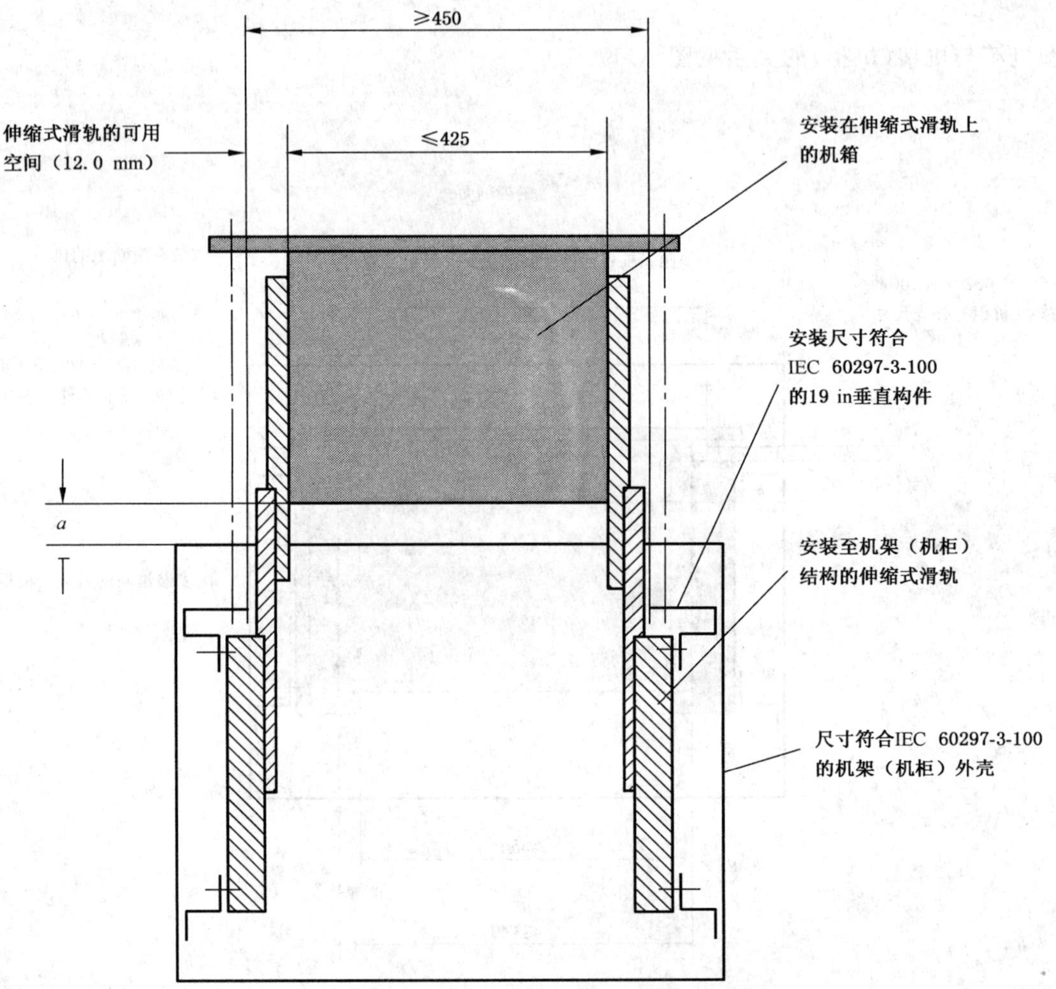

a——C型机箱的顶部和后部I/O的接近程度，由设计者和安装者确定的电缆配线予以规定。

图A.2 C型机箱与机架(机柜)的关系

附 录 B
（资料性附录）
冷却气流

为了更好地控制机柜内部的热交换，气流宜以相同的方向穿过多层的内置式机箱或插箱。1*U* 机箱的首选气流方向是由前面到后面（见图 B.1）。作为可供选择的方法，也可考虑从侧面到侧面或从侧面到后面的气流方向。这些可供选择的气流方案主要用作立式安装的独立设备。这些规则适用于带强制通风的机箱。

在自然对流的情况下，宜考虑将机柜内的某些空间作为空气的进口和出口（从底部到顶部的气流）。在对流和强制空气冷却时，理想的方案是冷却空气从机箱的前面进入而从机箱的后面排出。

考虑到机箱类型（A、B、C）和最终的应用设施，冷却空气可以选择在任何点进入机箱和离开机箱。详细的应用标准、规范和（或）剖面图等应规定气流方向。

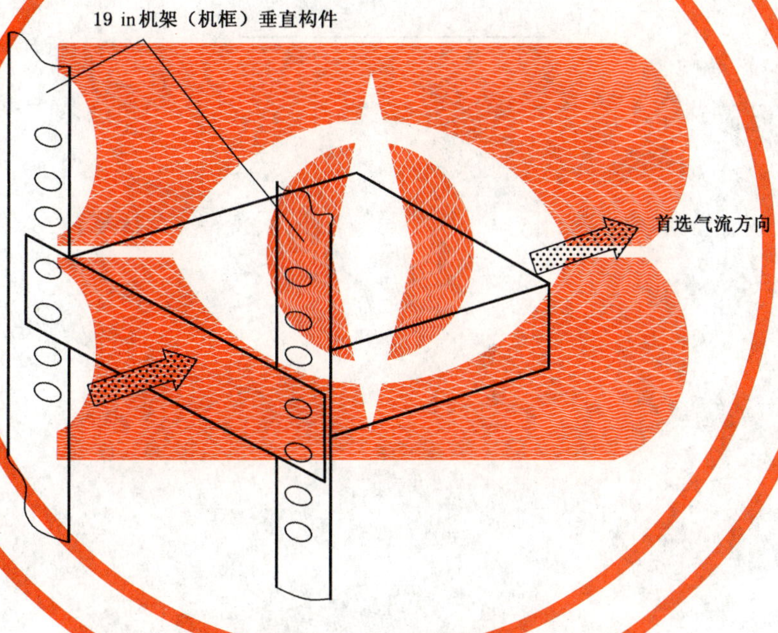

图 B.1 冷却气流方向

附 录 C
（资料性附录）
机箱深度与机架（机柜）的关系

机箱深度与相应的机柜深度的关系见表 C.1。

表 C.1 最大深度 *D* 与相应机柜深度的关系

单位为毫米

A 型机箱	√	√	—	—	—	—
B 型和 C 型机箱	√	√	√	√	√	√
机箱深度 $D\leqslant$	250	500	600	700	800	1 000
机柜深度（见 IEC 60297-3-100）	300	600	800	900	1 000	1 200
注：符号“√”表示可选择的机箱类型。[4]						

4） 为表述更清楚，增加该表注，并将符号“◎”改为“√”。

ICS 03.160
R 80

中华人民共和国国家标准

GB 19522—2010
代替 GB 19522—2004

车辆驾驶人员血液、呼气酒精含量阈值与检验

Blood & breath alcohol concentration and examination for vehicle drivers

2011-01-27 发布　　　　2011-07-01 实施

中华人民共和国国家质量监督检验检疫总局
中国国家标准化管理委员会　发布

前言

本标准的第4章、5.2、5.3为强制性的，其余为推荐性的。

本标准按照GB/T 1.1—2009给出的规则起草。

本标准代替GB 19522—2004《车辆驾驶人员血液、呼气酒精含量阈值与检验》，与GB 19522—2004相比主要技术变化如下：

——删除了规范性引用文件中的GA 307，增加了GB/T 21254、GA/T 842和GA/T 843（见第2章，2004年版的第2章）；

——删除了术语和定义中的“饮酒驾车”、“醉酒驾车”（2004年版的3.3、3.4）；

——4.1表1中的表述修改：“饮酒驾车”修改为：“饮酒后驾驶”，“醉酒驾车”修改为：“醉酒后驾驶”（见表1，2004年版的表1）；

——在血液酒精含量检验中，增加了“检验结果应当出具书面报告”（见5.3.1）；

——增加了血液酒精含量检验（见5.3.2）；

——增加了唾液酒精检测（见5.4）；

——修改了“呼出气体酒精含量探测器”的名称（见5.2，2004年版5.1、6.1）。

本标准由中华人民共和国公安部提出并归口。

本标准起草单位：重庆市公安局交通管理局。

本标准主要起草人：赵新才、蒋志全、曹峻华、万驰。

本标准所代替标准的历次版本发布情况为：

——GB 19522—2004。

车辆驾驶人员血液、呼气酒精含量阈值与检验

1 范围

本标准规定了车辆驾驶人员饮酒后及醉酒后驾车时血液、呼气中的酒精含量值和检验方法。

本标准适用于驾车中的车辆驾驶人员。

2 规范性引用文件

下列文件对于本文件的应用是必不可少的。凡是注日期的引用文件，仅注日期的版本适用于本文件。凡是不注日期的引用文件，其最新版本（包括所有的修改单）适用于本文件。

GB/T 21254 呼出气体酒精含量检测仪

GA/T 105 血、尿中乙醇、甲醇、正丙醇、乙醛、丙酮、异丙酮、正丁醇、异戊醇的定性分析及乙醇、甲醇、正丙醇的定量分析方法

GA/T 842—2009 血液酒精含量的检验方法

GA/T 843—2009 唾液酒精检测试纸条

3 术语和定义

下列术语和定义适用于本文件。

3.1

车辆驾驶人员 vehicle drivers

机动车驾驶人员和非机动车驾驶人员。

3.2

酒精含量 alcohol concentration

车辆驾驶人员血液或呼气中的酒精浓度。

4 酒精含量值

4.1 酒精含量阈值

车辆驾驶人员饮酒后或者醉酒后驾车血液中的酒精含量阈值见表1。

表1 车辆驾驶人员血液酒精含量阈值

驾驶行为类别	阈值/(mg/100 mL)
饮酒后驾车	≥20，<80
醉酒后驾车	≥80

4.2 血液与呼气酒精含量换算

车辆驾驶人员呼气酒精含量按 1∶2 200 的比例关系换算成血液酒精含量，即呼气酒精含量值乘以 2 200 等于血液酒精含量值。

5 检验方法

5.1 一般规定

车辆驾驶人员饮酒后或者醉酒后驾车时的酒精含量检验应进行呼气酒精含量检验或者血液酒精含量检验。对不具备呼气或者血液酒精含量检验条件的，可进行唾液酒精定性检测或者人体平衡试验评价驾驶能力。

5.2 呼气酒精含量检验

5.2.1 呼气酒精含量采用呼出气体酒精含量检测仪进行检验。检验结果应记录并签字。

5.2.2 呼出气体酒精含量检测仪的技术指标和性能应符合 GB/T 21254 的规定。

5.2.3 呼气酒精含量检验的具体操作步骤，按照呼出气体酒精含量检测仪的操作要求进行。

5.3 血液酒精含量检验

5.3.1 对需要检验血液中酒精含量的，应及时抽取血样。抽取血样应由专业人员按要求进行，不应采用醇类药品对皮肤进行消毒；抽出血样中应添加抗凝剂，防止血液凝固；装血样的容器应洁净、干燥，按检验规范封装，低温保存，及时送检。检验结果应当出具书面报告。

5.3.2 血液酒精含量检验方法按照 GA/T 105 或者 GA/T 842—2009 的规定。

5.4 唾液酒精检测

5.4.1 唾液酒精检测采用唾液酒精检测试纸条进行定性检测。检测结果应记录并签字。

5.4.2 唾液酒精检测试纸条的技术指标、性能应符合 GA/T 843—2009 的规定。

5.4.3 唾液酒精检测的具体操作步骤按照唾液酒精检测试纸条的操作要求进行。

5.5 人体平衡试验

人体平衡试验采用步行回转试验或者单腿直立试验，评价驾驶能力。步行回转试验、单腿直立试验的具体方法、要求和评价标准，见附录 A。

附 录 A
（规范性附录）
人体平衡试验

A.1 平衡试验的要求

步行回转试验和单腿直立试验应在结实、干燥、不滑、照明良好的环境下进行。对年龄超过60岁、身体有缺陷影响自身平衡的人不进行此项试验。被试人员鞋后跟不应高于5 cm。在试验时，试验人员与被试人员应保持1 m以上距离。

A.2 步行回转试验

A.2.1 步行回转试验即被试人员沿着一条直线行走九步，边走边大声数步数(1,2,3,…,9)，然后转身按原样返回。试验时，分讲解和行走两个阶段进行。讲解阶段，被试人员按照脚跟对脚尖的方式站立在直线的一端，两手在身体两侧自然下垂，听试验人员的试验过程讲解；行走阶段，被试人员在得到试验人员行走指令后，开始行走。

A.2.2 试验中，试验人员观察以下八个指标，符合二个以上的，视为暂时丧失驾驶能力：

a) 在讲解过程中，被试人员失去平衡(失去原来的脚跟对脚尖的姿态)；

b) 讲解结束之前，开始行走；

c) 为保持自身平衡，在行走时停下来；

d) 行走时，脚跟与脚尖不能互相碰撞，至少间隔1.5 cm；

e) 行走时偏离直线；

f) 用手臂进行平衡(手臂离开原位置15 cm以上)；

g) 失去平衡或转弯不当；

h) 走错步数。

A.3 单腿直立试验

A.3.1 单腿直立试验即被试人员一只脚站立，向前提起另一只脚距地面15 cm以上，脚趾向前，脚底平行地面，并大声用千位数计数(1 001,1 002,1 003,…)，持续30 s。试验时，分讲解、平衡与计数两个阶段。讲解阶段，被试人员双脚同时站立，两手在身体两侧自然下垂，听试验人员的试验过程讲解。平衡与计数阶段，被试人员一只脚站立并开始计数。

A.3.2 试验中，试验人员观察以下四个指标，符合二个以上的，视为暂时丧失驾驶能力：

a) 在平衡时发生摇晃，前后、左右摇摆15 cm以上；

b) 用手臂进行平衡，手臂离开原位置15 cm以上；

c) 为保持平衡单脚跳；

d) 放下提起的脚。

ICS 35.240.15
A 11

中华人民共和国国家标准

GB/T 19584—2010
代替 GB/T 19584—2004

银行卡磁条信息格式和使用规范

Specification on magnetic stripe data content and application for bank card

2011-01-14 发布　　2011-05-01 实施

中华人民共和国国家质量监督检验检疫总局
中国国家标准化管理委员会　发布

前言

本标准是对 GB/T 19584—2004《银行卡磁条信息格式和使用规范》的修订。

本标准与 GB/T 19584—2004 相比，主要变化如下：

a) 重新起草前言并增加引言；

b) 根据技术及业务的发展对 3.1、3.5、3.8、6.3 的内容进行了重新定义；

c) 将 6.6 中的“当 YYMM 为 0000 时，表示此卡无失效日期”修改为“当卡无失效日期时，YYMM 写入 4912”；

d) 将表述不一致的文字进行了修改；

e) 替换附录 B 中的算法示例为银联标准卡；

f) 增加附录 C 并重新编排附录顺序；

g) 增加参考文献。

本标准代替 GB/T 19584—2004《银行卡磁条信息格式和使用规范》。

本标准的附录 A 至附录 C 为资料性附录。

本标准由中国人民银行提出。

本标准由全国金融标准化技术委员会归口。

本标准负责起草单位：中国人民银行、中国金融电子化公司。

本标准参与起草单位：中国工商银行、中国农业银行、中国建设银行、华夏银行、中国银联股份有限公司、银行卡检测中心、中钞信用卡产业发展有限公司。

本标准主要起草人：姜云兵、杜宁、李曙光、赵志兰、刘启滨、马小琼、张艳、刘运、赵宏鑫、袁红斌、袁国能、曹瀛、黄发国、刘志刚、王飞。

本标准所代替标准的历次版本发布情况为：

——GB/T 19584—2004。

引　言

本标准以 GB/T 17552《识别卡　金融交易卡》为基础，参照 GB/T 15694.1《识别卡　发卡者标识　第1部分：编号体系》、GB/T 15120.2《识别卡　记录技术　第2部分：磁条》等相关标准编制。

本标准引用并符合 GB/T 17552《识别卡　金融交易卡》的规定，对磁条卡第1磁道、第2磁道和第3磁道的数据内容进行了详细描述并对我国银行卡各磁道的使用做出了规定。

银行卡磁条信息格式和使用规范

1 范围

本标准规定了银行卡磁条的信息格式和使用规范。

本标准适用于中华人民共和国境内发行和使用的各种银行卡。

2 规范性引用文件

下列文件中的条款通过本标准的引用而成为本标准的条款。凡是注日期的引用文件，其随后所有的修改单(不包括勘误的内容)或修订版均不适用于本标准，然而，鼓励根据本标准达成协议的各方研究是否可使用这些文件的最新版本。凡是不注日期的引用文件，其最新版本适用于本标准。

GB/T 2659　世界各国和地区名称代码(GB/T 2659—2000,eqv ISO 3166-1:1997)

GB/T 12406　表示货币和资金的代码(GB/T 12406—2008,ISO 4217:2001,IDT)

GB/T 15120.2　识别卡　记录技术　第2部分:磁条(GB/T 15120.2—1994,idt ISO 7811-2:1985)

JR/T 0008　银行卡发卡行标识代码及卡号

3 术语和定义

下列术语和定义适用于本标准。

3.1

银行卡　bank card

由商业银行等金融机构向社会发行的，具有消费信用、转账结算、存取现金等全部或部分功能的支付工具。

3.2

主账号　primary account number

PAN

用于标识发卡机构及卡片的号码，由发卡机构标识代码、发卡机构自定义位和校验位组成。主账号等同于JR/T 0008中的卡号。

3.3

发卡机构标识代码　issuer identification number

标识发卡机构的代码。

3.4

校验位　check digit

位于主账号的最后一位数字。该数字根据校验位前的全部数字计算得出，用以检验主账号的正确性。

3.5

第1辅助账号　first subsidiary account number

SAN-1

除主账号之外的第1个可供选用的辅助账户标识。

3.6

第2辅助账号　second subsidiary account number

SAN-2

除主账号和第1辅助账号之外的第2个可供选用的辅助账户标识。

3.7

个人识别码　personal identification number

PIN

持卡人持有的用于身份验证的代码或口令。

3.8

卡片验证码　card verification number

CVN

对磁条信息合法性进行验证的代码。

3.9

PIN 验证码　PIN verification number

PVN

对个人识别码进行验证的代码。

4　磁条

银行卡磁条的特性、编码技术及编码字符集参见 GB/T 15120.2。

5　磁道的数据内容

5.1　第1磁道的数据内容

第1磁道数据编码最大记录长度为79个字符，数据字段的顺序和长度应与表1给出的第1磁道数据格式一致。

第1磁道为只读磁道。动态字段在交易过程中可由交换者根据情况修改字段内容，静态字段只能由发卡机构修改字段内容[1)]。

表1　第1磁道数据格式

字段		D=动态 S=静态	字段长度	备　注
序号	名称			
1	起始标志	S	1	“%”，见 6.1
2	格式代码	S	1	“B”，见 6.2
3	主账号	S	13～19	见 6.3
4	字段分隔符	S	1	“∧”，见 6.4
5	姓名	S	2～26	见 6.5
6	字段分隔符	S	1	“∧”，见 6.4
7	失效日期	S	4	YYMM，见 6.6
8	服务代码	S	3	见 6.7
9	附加数据	S	可变	见 6.8
10	结束标志	S	1	“?”，见 6.9
11	纵向冗余校验码	S	1	见 GB/T 15120.2

1)　第2、3磁道对动态字段与静态字段的写入要求与第1磁道相同。

5.2 第2磁道的数据内容

第2磁道数据编码最大记录长度为40个字符，数据字段的顺序和长度应与表2给出的第2磁道数据格式一致。

第2磁道为只读磁道。

表2 第2磁道数据格式

字段		D=动态 S=静态	字段长度	备注
序号	名称			
1	起始标志	S	1	“;”,见6.1
2	主账号	S	13～19	见6.3
3	字段分隔符	S	1	“=”,见6.4
4	失效日期	S	4	YYMM,见6.6
5	服务代码	S	3	见6.7
6	附加数据	S	可变	见6.8
7	结束标志	S	1	“?”,见6.9
8	纵向冗余校验码	S	1	见GB/T 15120.2

5.3 第3磁道的数据内容

第3磁道的数据内容参见附录A。

6 字段说明

6.1 起始标志(STX)

用途：标明数据的开始。

格式：1个字符。

内容：第1磁道为“%”,第2磁道和第3磁道为“;”。

6.2 格式代码(FC)

用途：标明该磁道的数据格式类型。

格式：第1磁道为1个字符，第3磁道为2位数字。

内容：第1磁道为“B”;第3磁道为“99”。

6.3 主账号(PAN)

用途：标明持卡者及可以处理交易的发卡机构。

格式：13位～19位数字。

内容：等同于JR/T 0008标准的卡号。

6.4 字段分隔符(FS)

用途：标明前一字段的结束。

格式：1个字符。

内容：第1磁道为“∧”,第2磁道和第3磁道为“=”。

6.5 姓名(NM)

用途：标明持卡者的姓氏、名字、称谓等。

格式：2个～26个字符。

内容：由姓氏、姓氏分隔符、名字或首写字母、分隔符(如需要时)、中间名或首写字母、结尾圆点(当其后为称谓时)、称谓组成。最小编码数据应为一个字母字符(如姓氏)加上姓氏分隔符。

6.6 失效日期(ED)

用途：表示卡失效的日期。

格式：YYMM 形式的 4 位数字，其中：

YY——卡失效年度的后 2 个字符。

MM——年度内月份的顺序号。规定在该月份的最后一天后，卡失效。

当卡无失效日期时，YYMM 写入 4912[2]。

6.7 服务代码(SC)

用途：标明银行卡可使用的服务类型。

格式：3 位数字。

内容：

第 1 位：

0——保留待分配；

1——国际使用；

2——国际使用—指明卡片有集成电路芯片，如集成电路芯片可以使用，金融交易应由集成电路处理；

3——保留待分配；

4——保留待分配；

5——国内使用；

6——国内使用—指明卡片有集成电路芯片，如集成电路芯片可以使用，金融交易应由集成电路处理；

7——专用—不用于交换；

8——保留待分配；

9——测试。

第 2 位：

0——普通授权；

1——保留待分配；

2——必须获得发卡行或发卡行代理的联机授权；

3——保留待分配；

4——除非另有双方协议明确规定，必须获得发卡行或发卡行代理的联机授权；

5——保留待分配；

6——保留待分配；

7——保留待分配；

8——保留待分配；

9——保留待分配。

第 3 位：

0——服务领域无限制，要求输入 PIN；

1——服务领域无限制；

2——仅用于商品和服务；

3——仅用于 ATM，要求输入 PIN；

4——仅现金；

5——仅用于商品和服务，要求输入 PIN；

6——服务领域无限制，当有 PIN 输入设备时，提示输入 PIN；

7——仅用于商品和服务，当有 PIN 输入设备时，提示输入 PIN；

2） 为与当前国际通行惯例保持一致，减少国内银行卡在境外受理时的障碍，当卡无失效日期时，YYMM 定义为 4912。

8——保留待分配；

9——保留待分配。

6.8 附加数据

用途：存放卡片验证码(CVN)及对发卡机构有意义的任意数据。

格式：可变，但应保证该磁道字符总数不得超过最大编码长度。

内容：卡片验证码(CVN，算法参见附录B)，位置及其他内容由发卡机构自行规定。

6.9 结束标志(ETX)

用途：标明磁道上有意义数据的结束。

格式：1个字符。

内容："?"。

6.10 纵向冗余校验码(LRC)

用途/内容：参见GB/T 15120.2。

格式：1个字符。

7 使用规范

所有银行磁条卡必须使用第2磁道。第1、3磁道是否使用由各发卡机构自行规定。

金融终端进行处理时，应同时读入并完整上送第2、3磁道信息(如果第3磁道信息存在)，各交易参与方在识别、信息交换及交易处理时应以第2磁道为准。

PIN验证码(PVN)是否使用及存放位置由各发卡机构自行规定，具体算法参见附录C。

附　录　A
（资料性附录）
第3磁道的数据内容

A.1　第3磁道数据格式

第3磁道数据编码最大记录长度为107个字符，数据字段的顺序和长度应与表A.1给出的第3磁道数据格式一致。

第3磁道为读写磁道。

表A.1　第3磁道数据格式

字段		D=动态 S=静态	字段 长度	备　注
序号	名称			
1	起始标志	S	1	“;”，见6.1
2	格式代码	S	2	“99”，见6.2
3	主账号	S	13～19	见6.3
4	字段分隔符	S	1	“=”，见6.4
5	国家代码	S	3	“156”，见A.2.1，可选
6	货币代码	S	3	见A.2.2
7	金额指数	S	1	见A.2.3
8	周期授权量	S	4	发卡机构自行规定，见A.2.4
9	本周期余额	D	4	见A.2.5
10	周期开始日期	D	4	YDDD，见A.2.6
11	周期长度	S	2	见A.2.7
12	密码重输次数	D	1	见A.2.8
13	个人授权控制参数	D	6	发卡机构自行规定，见A.2.9
14	交换控制符	S	1	见A.2.10
15	PAN的TA和SR	S	2	见A.2.11
16	SAN-1的TA和SR	S	2	见A.2.12
17	SAN-2的TA和SR	S	2	见A.2.13
18	失效日期	S	4	YYMM，见6.6
19	卡序列号	S	1	见A.2.14
20	卡保密号	D	1	见A.2.15
21	SAN-1	S	最大12	见A.2.16
22	字段分隔符	S	1	“=”，见6.4
23	SAN-2	S	最大12	见A.2.17
24	字段分隔符	S	1	“=”，见6.4
25	传递标志	S	1	见A.2.18
26	加密校验数	S	6	发卡机构自行规定，见A.2.19
27	附加数据	D	可变	见6.8
28	结束标志	S	1	“?”，见6.9
29	纵向冗余校验码	D	1	见GB/T 15120.2

A.2 字段说明

A.2.1 国家代码

用途:标明可以处理由银行卡产生交易的国家。

格式:3 位数字。

内容:"156"(参见 GB/T 2659)。

A.2.2 货币代码

用途:标明结算时使用的货币类型。

格式:3 位数字。

内容:参见 GB/T 12406。

A.2.3 金额指数

用途:决定周期授权量(A.2.4)与本周期余额(A.2.5)两字段的基值。

格式:1 位数字。

内容:表示周期授权量(A.2.4)与本周期余额(A.2.5)两字段必须乘以 10 的一个幂指数的值,以此表示货币金额。

A.2.4 周期授权量

用途:表示在一个周期内累积交易不能超过的金额。

格式:4 位数字。

内容:由发卡机构自行规定授权量。

A.2.5 本周期余额

用途:表示当前周期内的可用金额。

格式:4 位数字。

内容:在新的周期开始时,该字段等于周期授权量(A.2.4),消费后逐次递减,余额存本字段。

A.2.6 周期开始日期

用途:表示一个新周期开始的日期。

格式:YDDD 形式的 4 位数字,其中:

Y——年度最后一个有效字符。

DDD——年度内天数的顺序号,其范围为 001～366。

A.2.7 周期长度

用途:表示所有交易的累积值不能超过授权量的时间期限。

格式:2 位数字。

内容:

00——本周期余额只能减少,但不能重置的一种银行卡;

01～79——本周期的天数;

80——周期为 7 天;

81——周期为 14 天;

82——周期为半个月;

83——周期为一个月;

84——周期为三个月;

85——周期为六个月;

86——周期为一年;

87～99——保留待分配。

A.2.8 密码重输次数

用途:记录允许未成功输入密码的次数。

格式:1位数字。

内容:该字段在发卡和正确输入密码时被赋初值,初值由各发卡机构自定义;当输入密码不正确时该字段减1。

A.2.9 个人授权控制参数

用途:提供一种可选择的安全性能。

格式:6位数字。

内容:保密算法由各发卡机构自行规定。

A.2.10 交换控制符

用途:标明银行卡适用于交换的范围。

格式:1位数字。

内容:

0——无限制;

1——国际使用;

2——限制在国内、跨系统交换;

3——限制在省内、跨系统交换;

4——限制在市内、跨系统交换;

5——限制在国内系统内交换;

6——限制在省内系统内交换;

7——限制在市内系统内交换;

8——管理卡,不适用于交换;

9——系统测试卡。

A.2.11 主账号的账户类型(TA)和服务约束(SR)

用途:定义主账号(PAN)的账户类型和可提供的服务。

格式:2位数字。

内容:

第1位——账户类型

0——主账号(PAN)未在第3磁道上编码;

1——储蓄或结算账户;

2——现金或支票账户;

3——信用卡账户;

4——适用于多种账户类型的通用账户;

5——付息现金或支票账户;

6~8——保留待分配;

9——发卡机构内部使用,但不能交换。

第2位——服务约束

0——无约束;

1——无现金服务;

2——无销售点(POS)服务;

3——无现金和销售点(POS)服务;

4——要求肯定的授权;

5~7——保留待分配;

8～9——发卡机构内部使用。

A.2.12　第1辅助账号的账户类型和服务约束

用途：同A.2.11中的定义一致，但此字段内容涉及第1辅助账号(SAN-1)(A.2.16)中包含的账号。

格式：2位数字。

内容：同A.2.11。

A.2.13　第2辅助账号的账户类型和服务约束

用途：同A.2.11中的定义一致，但此字段内容涉及第2辅助账号(SAN-2)(A.2.17)中包含的账号。

格式：2位数字。

内容：同A.2.11。

A.2.14　卡序列号

用途：区别具有相同主账号(PAN)的卡(同时或连续发行)。

格式：1位数字。

内容：由发卡机构定义，在最初发卡或卡失效后换卡时赋值。每次增加卡或发新卡时，该字段值加1。

A.2.15　卡保密号

用途：用于建立磁条所含数据与物理卡的联系。

格式：字段分隔符(FS)。

内容：FS——表示卡保密号字段不出现在第3磁道上。

A.2.16　第1辅助账号(SAN-1)

用途：标明第1个可选用的辅助账号。

格式：最大12位数字。

内容：由发卡机构酌情使用。长度为0位数字时，表示不使用第1辅助账号。

A.2.17　第2辅助账号(SAN-2)

用途：标明第2个可选用的辅助账号。

格式：最大12位数字。

内容：由发卡机构酌情使用。长度为0位数字时，表示不使用第2辅助账号。

A.2.18　传递标志

用途：提供可减少传送交换信息长度的功能。它表明交换信息是否包含附加数据的内容。

格式：1位数字。

内容：

0——包括所有附加数据；

1——不包括附加数据；

2～9——无效。

A.2.19　加密校验数(CCD)

用途：通过使用加密公式提供一种校验该磁道上数据完整性的方法。

格式：6位数字。

内容：加密方法由各发卡机构自行规定。

附 录 B
（资料性附录）
卡片验证码（CVN）的算法

CVN 的计算步骤如下：

计算 CVN 时，使用 2 个 64 位的验证密钥，KeyA 和 KeyB。

1） 计算 CVN 的数据源包括：

主账号（PAN）、卡失效日期和服务代码，从左至右顺序编排。

例如：16 位 PAN、4 位卡失效日期和 3 位服务代码组成 23 个字符 CVN 数据源。

2） 将上述数据源扩展成 128 位二进制数据（不足 128 位右补二进制 0）。

3） 将 128 位二进制数据分成两个 64 位的数据块（Block）。最左边的 64 位为 Block1，最右边的 64 位为 Block2。

4） 使用 KeyA 对 Block1 进行加密。

5） 将 Block1 的加密结果与 Block2 进行异或。使用 KeyA 对异或结果进行加密。

6） 使用 KeyB 对加密结果进行解密。

7） 使用 KeyA 对解密结果进行加密。

8） 从左至右将加密结果中的数字（0～9）抽出，组成一组数字。

9） 从左至右将加密结果中的字符（A～F）抽出，减 10 后将余数组成一组数字，排列在步骤 8）的数字之后。

10） 步骤 9）的左边第 1 组 3 位数即为 CVN 值。

示例：

主账号：6228 8888 8888 8888　KeyA：0123 4567 89AB CDEF

有效期：1010　KeyB：FEDC BA98 7654 3210

服务代码：101

第 1 步：数据源为 6228 8888 8888 8888 1010 101

第 2 步：扩展为 6228 8888 8888 8888 1010 1010 0000 0000

第 3 步：Block1＝6228 8888 8888 8888

Block2＝1010 1010 0000 0000

第 4 步：用 KeyA 对 Block1 加密；结果为：C573 6F43 9169 0290

第 5 步：将结果与 Block2 异或，结果为：D563 7F53 9169 0290；再用 KeyA 加密，结果为：7D71 8A08 9D3E D5F9

第 6 步：用 KeyB 解密，结果为：6352 05BF 4B97 EFB1

第 7 步：用 KeyA 加密，结果为：4A4A 421A D41C 0319

第 8 步：抽出结果中的数字，结果为：444 2141 0319

第 9 步：抽出结果中的字符，结果为：AAAD C

减 10 后，结果为：00032

连接到第 8 步的结果之后为：4442 1410 3190 0032

第 10 步：最左边三位数就是 CVN＝444。

附 录 C
（资料性附录）
PIN 验证码(PVN)的算法

发卡机构使用至多 16 个 128 位 PVN 加/解密密钥，在不同卡种中选择使用，每个密钥的索引号为 0～F 之间的某个数值，随同密钥一起存放在加密机中。

PVN 的计算步骤如下：

1） 取双方约定的某个 128 位长的密钥 Key，Key 的左侧 64 位为 KeyA，右侧 64 位为 KeyB。

2） 取主账号右端除校验位以外的 11 位数字、密钥 Key 的索引号 I、PIN 明文左端 4 位数字，依次构成一个 16 位数字串，每位数字用压缩 BCD 码表示，形成 1 个 64 位长的二进制计算块 Block。

3） 用 KeyA 对 Block 做加密运算，得到结果 Block1。

4） 用 KeyB 对 Block1 做解密运算，得到结果 Block2。

5） 用 KeyA 对 Block2 做加密运算，得到结果 Block3。

6） 从左到右抽取出 Block3 中所有的数字(0～9)。

7） 从左到右抽取出 Block3 所有的十六进制字符(A～F)，并对每一个十六进制字符减十进制 10，使之变为数字。

8） 将步骤 6 和 7 得出的数字依次从左至右排列，步骤 7 得出的数字放在步骤 6 得出的数字之后。

9） 取步骤 8 结果的前 4 位数字，即为 PVN。

示例：

主账号 PAN＝6228 8888 8888 8888

密钥 Key＝0123 4567 89AB CDEF FEDC BA98 7654 3210

密钥索引号 I＝3

个人识别码 PIN＝123456

第 1 步：

KeyA＝0123 4567 89AB CDEF

KeyB＝FEDC BA98 7654 3210

第 2 步：

Block＝888 8888 8888 3 1234（注：实际运算中无需空格）

第 3 步：

Block1＝DES(Encrypt，Block，KeyA)＝ 573F 946B FDDE DCB3

第 4 步：

Block2＝DES(Decrypt，Block1，KeyB)＝ D502 CA5A D7ED CD34

第 5 步：

Block3＝DES(Encrypt，Block2，KeyA)＝ CB51 EB69 7ABD CB1C

第 6 步：

抽取 Block3 中的数字＝51 6971

第 7 步：

抽取 Block3 中的十六进制字符(CB EBAB DCBC)，并作数值化处理＝21 4101 3212

第 8 步：

组合第 6 步和第 7 步＝5169 7121 4101 3212

第 9 步：

取第 8 步的前 4 位数字，PVN＝5169

参 考 文 献

[1] GB/T 17552—2008 信息技术 识别卡 金融交易卡(ISO/IEC 7813:2006,IDT)
[2] ISO 4909:2006 识别卡 金融交易卡 磁条第3磁道数据内容

中华人民共和国国家标准

GB 19644—2010

食品安全国家标准
乳　　粉

National food safety standard

Milk powder

2010-03-26 发布　　2010-12-01 实施

中华人民共和国卫生部 发布

前　言

本标准对应于国际食品法典委员会(CAC)的标准 Codex Stan 207—1999 Codex Standard for Milk Powders and Cream Powder,本标准与 Codex Stan 207—1999 的一致性程度为非等效。

本标准代替 GB 19644—2005《乳粉卫生标准》以及 GB/T 5410—2008《乳粉(奶粉)》中的部分指标,GB/T 5410—2008《乳粉(奶粉)》中涉及到本标准的指标以本标准为准。

本标准与 GB 19644—2005 相比,主要变化如下:

——标准名称改为《乳粉》;

——修改了“范围”的描述;

——明确了“术语和定义”;

——修改了“感官要求”;

——取消了对全脂加糖乳粉指标的要求;

——取消了对脱脂乳粉及部分脱脂乳粉的脂肪要求;

——增加了以羊乳为原料的乳粉产品的复原乳酸度指标;

——增加了杂质度指标;

——“污染物限量”直接引用 GB 2762 的规定;

——“真菌毒素限量”直接引用 GB 2761 的规定;

——修改了“微生物指标”的表示方法;

——增加了对营养强化剂的要求。

本标准所代替标准的历次版本发布情况为:

——GB 19644—2005。

食品安全国家标准
乳　　粉

1　范围

本标准适用于全脂、脱脂、部分脱脂乳粉和调制乳粉。

2　规范性引用文件

本标准中引用的文件对于本标准的应用是必不可少的。凡是注日期的引用文件，仅所注日期的版本适用于本标准。凡是不注日期的引用文件，其最新版本(包括所有的修改单)适用于本标准。

3　术语和定义

3.1　乳粉　milk powder

以生牛(羊)乳为原料，经加工制成的粉状产品。

3.2　调制乳粉　formulated milk powder

以生牛(羊)乳或及其加工制品为主要原料，添加其他原料，添加或不添加食品添加剂和营养强化剂，经加工制成的乳固体含量不低于70%的粉状产品。

4　技术要求

4.1　原料要求

4.1.1　生乳：应符合 GB 19301 的规定。

4.1.2　其他原料：应符合相应的安全标准和/或有关规定。

4.2　感官要求：应符合表1规定。

表1　感官要求

项　　目	要　　求		检 验 方 法
	乳粉	调制乳粉	
色泽	呈均匀一致的乳黄色。	具有应有的色泽。	取适量试样置于 50 mL 烧杯中，在自然光下观察色泽和组织状态。闻其气味，用温开水漱口，品尝滋味。
滋味、气味	具有纯正的乳香味。	具有应有的滋味、气味。	
组织状态	干燥均匀的粉末。		

4.3　理化指标：应符合表2规定。

表2　理化指标

项　　目	指　　标		检 验 方 法
	乳粉	调制乳粉	
蛋白质/(%)　　≥	非脂乳固体[a] 的 34%	16.5	GB 5009.5
脂肪[b]/(%)　　≥	26.0	—	GB 5413.3
复原乳酸度/(°T) 牛乳　　≤ 羊乳	 18 7～14	 — —	GB 5413.34

表 2（续）

项　　目	指标		检验方法
	乳粉	调制乳粉	
杂质度/(mg/kg)　　≤	16	—	GB 5413.30
水分/(%)　　≤	5.0		GB 5009.3

[a] 非脂乳固体(%)=100%－脂肪(%)－水分(%)。

[b] 仅适用于全脂乳粉。

4.4　**污染物限量**：应符合 GB 2762 的规定。

4.5　**真菌毒素限量**：应符合 GB 2761 的规定。

4.6　**微生物限量**：应符合表 3 规定。

表 3　微生物限量

项　　目	采样方案[a] 及限量(若非指定，均以 CFU/g 表示)				检验方法
	n	c	m	M	
菌落总数[b]	5	2	50 000	200 000	GB 4789.2
大肠菌群	5	1	10	100	GB 4789.3 平板计数法
金黄色葡萄球菌	5	2	10	100	GB 4789.10 平板计数法
沙门氏菌	5	0	0/25 g	—	GB 4789.4

[a] 样品的分析及处理按 GB 4789.1 和 GB 4789.18 执行。

[b] 不适用于添加活性菌种(好氧和兼性厌氧益生菌)的产品。

4.7　食品添加剂和营养强化剂

4.7.1　食品添加剂和营养强化剂质量应符合相应的安全标准和有关规定。

4.7.2　食品添加剂和营养强化剂的使用应符合 GB 2760 和 GB 14880 的规定。

中华人民共和国国家标准

GB 19645—2010

食品安全国家标准
巴氏杀菌乳

National food safety standard

Pasteurized milk

2010-03-26 发布　　2010-12-01 实施

中华人民共和国卫生部 发布

前　言

本标准代替 GB 19645—2005《巴氏杀菌、灭菌乳卫生标准》以及 GB 5408.1—1999《巴氏杀菌乳》中的部分指标，GB 5408.1—1999《巴氏杀菌乳》中涉及到本标准的指标以本标准为准。

本标准与 GB 19645—2005 相比，主要变化如下：

——将《巴氏杀菌、灭菌乳卫生标准》分为《巴氏杀菌乳》、《灭菌乳》、《调制乳》三个标准，本标准为《巴氏杀菌乳》；

——修改了“范围”的描述；

——明确了“术语和定义”；

——修改了“感官指标”；

——取消了脱脂、部分脱脂产品的脂肪要求；

——增加了羊乳的蛋白质要求；

——将“理化指标”中酸度值的限量要求修改为范围值；

——取消了“兽药残留指标 ”；

——取消了“农药残留指标 ”；

——“污染物限量”直接引用 GB 2762 的规定；

——“真菌毒素限量”直接引用 GB 2761 的规定；

——修改了“微生物指标”的表示方法；

——取消了“食品添加剂”的要求；

——修改了“标识”的规定。

本标准所代替标准的历次版本发布情况为：

——GB 19645—2005。

食品安全国家标准
巴氏杀菌乳

1 范围

本标准适用于全脂、脱脂和部分脱脂巴氏杀菌乳。

2 规范性引用文件

本标准中引用的文件对于本标准的应用是必不可少的。凡是注日期的引用文件，仅所注日期的版本适用于本标准。凡是不注日期的引用文件，其最新版本（包括所有的修改单）适用于本标准。

3 术语和定义

3.1

巴氏杀菌乳 pasteurized milk

仅以生牛（羊）乳为原料，经巴氏杀菌等工序制得的液体产品。

4 技术要求

4.1 **原料要求**：生乳应符合 GB 19301 的要求。

4.2 **感官要求**：应符合表 1 的规定。

表 1 感官要求

项 目	要 求	检 验 方 法
色泽	呈乳白色或微黄色。	取适量试样置于 50 mL 烧杯中，在自然光下观察色泽和组织状态。闻其气味，用温开水漱口，品尝滋味。
滋味、气味	具有乳固有的香味，无异味。	
组织状态	呈均匀一致液体，无凝块、无沉淀、无正常视力可见异物。	

4.3 **理化指标**：应符合表 2 的规定。

表 2 理化指标

项 目		指 标	检 验 方 法
脂肪[a]/(g/100 g)	≥	3.1	GB 5413.3
蛋白质/(g/100 g)			GB 5009.5
牛乳	≥	2.9	
羊乳	≥	2.8	
非脂乳固体/(g/100 g)	≥	8.1	GB 5413.39
酸度/(°T)			GB 5413.34
牛乳		12～18	
羊乳		6～13	

a 仅适用于全脂巴氏杀菌乳。

4.4 **污染物限量**：应符合 GB 2762 的规定。

4.5 **真菌毒素限量**：应符合 GB 2761 的规定。

4.6 **微生物限量**:应符合表3的规定。

表3 微生物限量

项　目	采样方案[a]及限量(若非指定,均以CFU/g或CFU/mL表示)				检验方法
	n	c	m	M	
菌落总数	5	2	50 000	100 000	GB 4789.2
大肠菌群	5	2	1	5	GB 4789.3 平板计数法
金黄色葡萄球菌	5	0	0/25 g(mL)	—	GB 4789.10 定性检验
沙门氏菌	5	0	0/25 g(mL)	—	GB 4789.4

[a] 样品的分析及处理按GB 4789.1和GB 4789.18执行。

5 其他

5.1 应在产品包装主要展示面上紧邻产品名称的位置,使用不小于产品名称字号且字体高度不小于主要展示面高度五分之一的汉字标注“鲜牛(羊)奶”或“鲜牛(羊)乳”。

中华人民共和国国家标准

GB 19646—2010

食品安全国家标准
稀奶油、奶油和无水奶油

National food safety standard

Cream, butter and anhydrous milkfat

2010-03-26 发布　　　　2010-12-01 实施

中华人民共和国卫生部　发布

前　言

本标准对应于国际食品法典委员会(CAC)的标准 Codex Stan 279—1971(Revision 1999,Amendment 2003, 2006)Codex Standard for Butter,Codex Stan 280—1973(Revision 1999,Amendment 2006) Codex Standard for Milkfat Products,Codex Stan 288—1976(Revision 2003,Amendment 2008)Codex Standard for Cream and Prepared Creams,本标准与 Codex Stan 279—1971(Revision 1999,Amendment 2003,2006)、Codex Stan 280—1973(Revision 1999,Amendment 2006)、Codex Stan 288—1976 (Revision 2003,Amendment 2008)的一致性程度为非等效。

本标准代替 GB 19646—2005《奶油、稀奶油卫生标准》以及 GB/T 5415—2008《奶油》中的部分指标,GB/T 5415—2008《奶油》中涉及到本标准的指标以本标准为准。

本标准与 GB 19646—2005 相比,主要变化如下:

——标准名称改为《稀奶油、奶油和无水奶油》;

——修改了"范围"的描述;

——增加了"术语和定义";

——修改了"感官指标";

——增加了稀奶油的酸度指标;

——增加了非脂乳固体指标;

——"污染物限量"直接引用 GB 2762 的规定;

——"真菌毒素限量"直接引用 GB 2761 的规定;

——修改了"微生物指标"的表示方法;

——增加了对营养强化剂的要求。

本标准所代替标准的历次版本发布情况为:

——GB 19646—2005。

食品安全国家标准
稀奶油、奶油和无水奶油

1 范围

本标准适用于稀奶油、奶油和无水奶油。

2 规范性引用文件

本标准中引用的文件对于本标准的应用是必不可少的。凡是注日期的引用文件,仅所注日期的版本适用于本标准。凡是不注日期的引用文件,其最新版本(包括所有的修改单)适用于本标准。

3 术语和定义

3.1 稀奶油 cream

以乳为原料,分离出的含脂肪的部分,添加或不添加其他原料、食品添加剂和营养强化剂,经加工制成的脂肪含量10.0%～80.0%的产品。

3.2 奶油(黄油) butter

以乳和(或)稀奶油(经发酵或不发酵)为原料,添加或不添加其他原料、食品添加剂和营养强化剂,经加工制成的脂肪含量不小于80.0%产品。

3.3 无水奶油(无水黄油) anhydrous milkfat

以乳和(或)奶油或稀奶油(经发酵或不发酵)为原料,添加或不添加食品添加剂和营养强化剂,经加工制成的脂肪含量不小于99.8%的产品。

4 技术要求

4.1 原料要求

4.1.1 生乳:应符合GB 19301的要求。

4.1.2 其他原料:应符合相应的安全标准和/或有关规定。

4.2 感官要求:应符合表1的规定。

表1 感官要求

项目	要求	检验方法
色泽	呈均匀一致的乳白色、乳黄色或相应辅料应有的色泽。	取适量试样置于50 mL烧杯中,在自然光下观察色泽和组织状态。闻其气味,用温开水漱口,品尝滋味。
滋味、气味	具有稀奶油、奶油、无水奶油或相应辅料应有的滋味和气味,无异味。	
组织状态	均匀一致,允许有相应辅料的沉淀物,无正常视力可见异物。	

4.3 理化指标:应符合表2的规定。

表 2 理化指标

项目		指标		检验方法
	稀奶油	奶油	无水奶油	
水分/(%) ≤	—	16.0	0.1	奶油按 GB 5009.3 的方法测定; 无水奶油按 GB 5009.3 中的卡尔·费休法测定
脂肪/(%) ≥	10.0	80.0	99.8	GB 5413.3[a]
酸度[b]/(°T) ≤	30.0	20.0	—	GB 5413.34
非脂乳固体[c]/(%) ≤	—	2.0	—	—

[a] 无水奶油的脂肪(%)=100%-水分(%)。

[b] 不适用于以发酵稀奶油为原料的产品。

[c] 非脂乳固体(%)=100%-脂肪(%)-水分(%)(含盐奶油还应减去食盐含量)。

4.4 污染物限量:应符合 GB 2762 规定。

4.5 真菌毒素限量:应符合 GB 2761 的规定。

4.6 微生物限量

4.6.1 以罐头工艺或超高温瞬时灭菌工艺加工的稀奶油产品应符合商业无菌的要求,按 GB/T 4789.26 规定的方法检验。

4.6.2 其他产品应符合表 3 的规定。

表 3 微生物限量

项目	采样方案[a]及限量(若非指定,均以 CFU/g 或 CFU/mL 表示)				检验方法
	n	*c*	*m*	*M*	
菌落总数[b]	5	2	10 000	100 000	GB 4789.2
大肠菌群	5	2	10	100	GB 4789.3 平板计数法
金黄色葡萄球菌	5	1	10	100	GB 4789.10 平板计数法
沙门氏菌	5	0	0/25 g(mL)	—	GB 4789.4
霉菌 ≤	90				GB 4789.15

[a] 样品的分析及处理按 GB 4789.1 和 GB 4789.18 执行。

[b] 不适用于以发酵稀奶油为原料的产品。

4.7 食品添加剂和营养强化剂

4.7.1 食品添加剂和营养强化剂质量应符合相应的安全标准和有关规定。

4.7.2 食品添加剂和营养强化剂的使用应符合 GB 2760 和 GB 14880 的规定。

ICS 25.040.40
L 67

中华人民共和国国家标准

GB/T 19659.5—2010/ISO 15745-5:2007

工业自动化系统与集成 开放系统应用集成框架 第5部分:基于HDLC控制系统的参考描述

**Industrial automation systems and integration—
Open systems application integration framework—
Part 5: Reference description for ISO HDLC-based control systems**

(ISO 15745-5:2007,IDT)

2010-12-01 发布　　　　2011-05-01 实施

中华人民共和国国家质量监督检验检疫总局
中国国家标准化管理委员会　发布

前　言

GB/T 19659《工业自动化系统与集成　开放系统应用集成框架》分为如下几部分：

——第1部分：通用的参考描述；

——第2部分：基于ISO 11898控制系统的参考描述；

——第3部分：基于IEC 61158控制系统的参考描述；

——第4部分：基于以太网控制系统的参考描述；

——第5部分：基于HDLC控制系统的参考描述。

GB/T 19659的本部分为GB/T 19659的第5部分。

本部分等同采用ISO 15745-5:2007《工业自动化系统与集成　开放系统应用集成框架　第5部分：基于HDLC控制系统的参考描述》(英文版)。

本部分的技术内容和组成结构与ISO 15745-5:2007相一致，在编写格式上符合我国国家标准GB/T 1.1—2000《标准化工作导则　第1部分：标准的结构和编写规则》。只根据我国国家标准的制定要求和为方便使用，做了如下编辑性的改动：

a)　大写的英文缩写保留英文原名，去掉ISO前言。

b)　将"本国际标准"和ISO 15745改为"GB/T 19659"。将"ISO 15745-5"改为"GB/T 19659的本部分"或"GB/T 19659.5"。

c)　将规范性引用文件中已转化为国家标准的国际标准编号改为国家标准编号，并将相应的国家标准采用的国际标准版本号放在国家标准编号后的括弧内，便于使用和查阅。未转化的国际标准保留。

d)　删去了原文中不符合我国标准编写的字句。

本部分的附录A是规范性附录、附录B是资料性附录。

本部分由中国机械工业联合会提出。

本部分由全国自动化系统与集成标准化技术委员会(SAC/TC 159)归口。

本部分负责起草单位：北京机械工业自动化所。

本部分主要起草人：刘云男、黎晓东、杨书评、远铮。

引　言

在 GB/T 19659 中所定义的应用集成框架(AIF)定义了一些元素和规则,以便于:

——利用集成模型系统地组织和表达应用系统的集成需求;

——采用应用互操作专规(AIP)开发接口规范,这样可以从“已构建”的应用系统中选择适用的资源和文档。

GB/T 19659.1—2005 定义了描述集成模型和 AIP 的通用元素及规则,还有它们的组件专规,即:过程专规、信息交换专规和资源专规。GB/T 19659.1—2005 的图 1 给出了 GB/T 19659 的背景,以及 AIP 的组成部分的结构概况。

GB/T 19659 的本部分扩展了 GB/T 19659.1—2005 中所描述的通用 AIF,它通过定义特定技术的元素及规则来描述通信网络专规和特定基于 HDLC[1] 的控制系统(CC-LINK[2])的设备专规中有关通信方面的功能。CC-LINK 基于 HDLC 技术。

特别地,GB/T 19659 的本部分描述设备专规和通信网络专规的特定技术专规模板。在 AIP 内,设备专规实例或通信网络专规实例属于 GB/T 19659.1—2005 中所定义的资源专规的组成部分。设备专规和通信网络专规 XML 实例文件包含在采用 GB/T 19659.1—2005 的 7.2.5 中规定的 ProfileHandle_DataType 所构建的的资源专规 XML 实例中。

利用 GB/T 19659.1—2005 的元素及规则定义的 AIF 能够容易地与由本部分标准所规定的元素及规则定义的组件专规集成。

1) 在本部分中 HDLC 作为 GB/T 7421 的同义词。

2) CC-LINK 是 CC-LINK 用户协会(CLPA)的商标名称。此处的说明只是为了便利本部分的用户,而不表示对商标持有者或其产品的支持。符合本部分并不需要使用商标名称 CC-LINK。但若使用商标名称 CC-LINK 则需得到 CC-LINK 用户协会(CLPA)的许可。

工业自动化系统与集成 开放系统应用集成框架 第5部分:基于HDLC控制系统的参考描述

1 范围

GB/T 19659 的本部分定义了为描述通信网络专规和特定基于 HDLC 控制系统的设备专规中有关通信方面的功能所采用的特定技术的元素和规则。

注:用于描述集成模型和应用互操作性专规的通用元素和规则以及它们的组件专规(过程专规、信息交换专规和资源专规)已在 GB/T 19659.1—2005 中规定。

本部分拟与 GB/T 19659.1—2005 一起使用来描述应用集成框架。

2 规范性引用文件

下列文件中的条款通过 GB/T 19659 的本部分的引用而成为本部分的条款。凡是注日期的引用文件,其随后所有的修改单(不包括勘误的内容)或修订版均不适用于本部分,然而,鼓励根据本部分达成协议的各方研究是否可使用这些文件的最新版本。凡是不注日期的引用文件,其最新版本适用于本部分。

GB/T 19659.1—2005 工业自动化系统与集成 开放系统应用集成框架 第1部分:通用的参考描述(ISO 15745-1:2003,IDT)

GB/T 7421 信息技术 系统间远程通信和信息交换 高级数据链路控制(HDLC)规程(GB/T 7421—2008,ISO/IEC 13239:2002,IDT)

REC-xml-20040204 可扩展标记语言(XML) 1.0 第3版 W3C 于 2004 年 2 月 4 日推荐

REC-xmlschema-1-20010502 XML 模式 第1部分:结构 W3C 于 2001 年 5 月 2 日推荐

REC-xmlschema-2-20010502 XML 模式 第2部分:数据类型 W3C 于 2001 年 5 月 2 日推荐

UML V1.4 OMG 统一建模语言规范(版本 1.4,2001 年 9 月)

3 术语和定义

GB/T 19659.1—2005 确立的术语和定义适用于 GB/T 19659 的本部分。

注:本文中所使用的 UML 术语和符号已在 GB/T 19659.1—2005 的附录 A 和本部分的附录 B 中说明。

4 缩略语

下列缩略语适用于 GB/T 19659 的本部分。

AIF 应用集成框架 Application Integration Framework

AIP 应用互操作性专规 Application Interoperability Profile

ASCII 美国信息交换标准码 American Standard Code for Information Interchange

CSP CC-LINK 系统专规 CC-LINK System Profile(见 BAP-05028)

HDLC 高级数据链路控制 High-level Data Link Control(见 GB/T 7421)

IAS 工业自动化系统 Industrial Automation Systems

I/O 输入/输出 Input and Output

LT　　CC-LINK/LT
OSI　　开放系统互连　Open System Interconnection
RWr　　远程寄存器读　Remote register for read
RWw　　远程寄存器写　Remote register for write
RX　　远程输入　Remote input
RY　　远程输出　Remote output
SEMI　　半导体设备及材料国际组织　Semiconductor Equipment and Meterials International（此处参考 SEMI 标准，SEMI E54.12-0701）
UML　　统一建模语言　Unified Modelling Language（见 UML V1.4）
XML　　可扩展标记语言　Extensible Markup Language（见 REC-xml-20040204）

5 特定技术元素及规则

5.1 集成模型和 IAS 接口

AIP 开发者应采用 GB/T 19659.1—2005 中所描述的规则来开发集成模型，并且应确保基于 HDLC 的设备和通信网络专规（无论是表达接口的需求，还是来自现有设备/通信网络的需求）包含必要的 IAS 接口。包含在专规中的 IAS 接口应在首部给以标识（见 GB/T 19659.1—2005 的 7.2.2）。

注：IAS 接口已在 GB/T 19659.1—2005 的附录 B 中予以说明。

5.2 专规模板

5.2.1 概述

基于 HDLC 的特定技术专规模板来自于 GB/T 19659.1—2005 中第 7 章所规定的通用专规模板。

5.2.2 内容及语法

GB/T 19659 规定了采用 XML 模式（REC-xmlschema-1-20010502 和 REC-xmlschema-2-20010502）及通用结构的专规模板。基于这些模板的设备和通信网络专规主要包括：

——标识接入设备所需的信息；
——通过网络可访问的设备数据的描述；
——设备所支持的通信能力的描述；
——附加的制造商专用的信息。

但是，CC-LINK 技术仍使用特殊的遗留 ASCII 语法。因此，出于向下兼容性考虑，其模板定义（见附录 A）包含下列各项：

——通信网络和设备专规模板，在 GB/T 19659.1—2005 中定义；
——GB/T 19659 模板，以封装包含遗留 ASCII 语法（“wrapper”）的文件。

5.2.3 首部

在 GB/T 19659.1—2005 的 7.2.2 中所定义的专规头模板用于基于 HDLC 专用技术专规模板。每种技术采用一个或若干个名称来标识该技术或其特定组件（见表 1）。所选择的名称应保存在首部的属性 ProfileTechnology（专规技术）中。

表 1 ProfileTechnology（专规技术）名称

ProfileTechnology（专规技术）名称	技　术
CC-LINK	CC-LINK
CSP	CC-LINK

5.3 特定技术专规

基于 HDLC 技术的特定技术通信网络专规结构和设备专规结构中有关通信的功能在第 6 章中予以说明。所包括的技术是 CC-LINK（见 6.2）。

相关的专规模板定义在附录 A 中规定。

6 基于 HDLC 控制系统的设备和通信网络专规

6.1 概述

CC-LINK 特定技术的设备专规和通信网络专规在 6.2 中予以说明。

6.2 CC-Link

6.2.1 设备专规

6.2.1.1 概述

图 1 说明了 CC-LINK 设备专规的类结构。

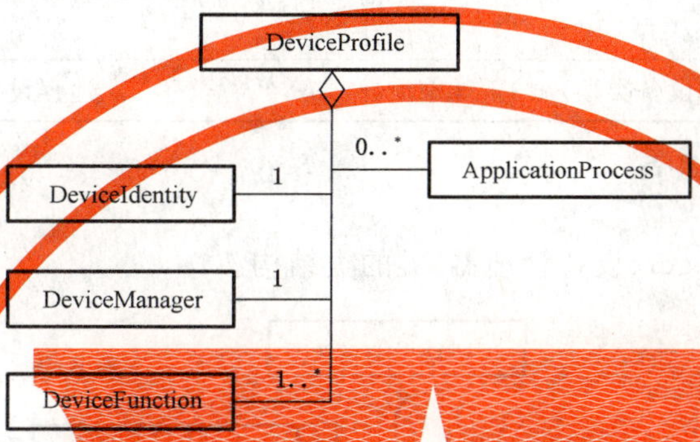

图 1 CC-LINK 设备专规类图

CC-LINK 中任何版本(不包括 LT)的 DeviceProfile(设备专规)类都可以包含 ApplicaionProcess(应用过程)类。

CC-LINK/LT 版本的 DeviceProfile(设备专规)类应不包含 ApplicaionProcess(应用过程)类。

CC-LINK 设备专规的可用格式在 A.2 中说明。

描述 CC-LINK 设备专规模板的 XML 模式见 A.2.1.3。此 XML 模式的文件名为“CC-LINK _DeviceProfile. xsd”。

描述将 CC-LINK CSP 封装到 GB/T 19659 设备专规模板的 XML 模式在 A.2.2.2 中定义。此 XML 模式的文件名为“CSP_DeviceProfile_wrapper. xsd”。

遗留的 CSP ASCII 语法本身在 A.4 中说明。

6.2.1.2 设备标识

图 2 说明了 DeviceIdentity(设备标识)类的类结构。

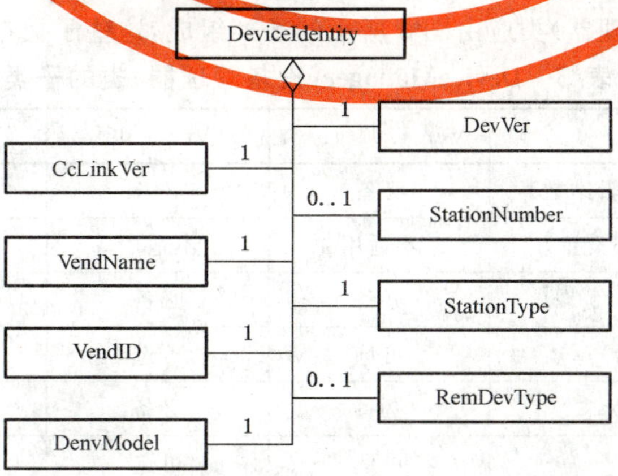

图 2 CC-LINK DeviceIdentity (设备标识)类图

DeviceIdentity (设备标识)类应由图 2 所示的子类组成,这些子类在表 2 中列出。DeviceIdentity (设备标识)类的子类适用于专规、类型和实例。

表 2 DeviceIdentity(设备标识)类的子类

类	说　明
CcLinkVer(CC-LINK 版本)	设备所使用的 CC-Link 版本
VendName(制造商名)	制造商名
VendID(制造商代码)	制造商代码
DevModel(设备型号)	设备型号名
DevVer(设备版本)	版本
StationNumber(站号)	设备标识符
StationType(站类型)	从站的类型代码
RemDevType(远程设备类型)	远程设备站类型代码

6.2.1.3 设备管理器

6.2.1.3.1 概述

图 3 说明了 DeviceManager(设备管理器)类的类结构。

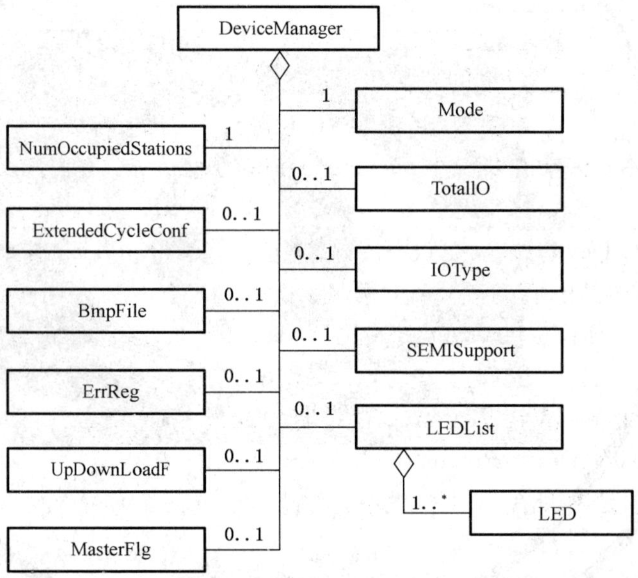

图 3 CC-LINK DeviceManager 类图

DeviceManager(设备管理器)类应由图 3 所示的子类组成,这些子类在表 3 中列出。

表 3 DeviceManager(设备管理器)类的子类

类	Ver. 1.00/1.10	Ver. 1.11	Ver. 2.00	Ver. LT
NumOccupiedStations(占用逻辑站数)	必备	必备	必备	必备
ExtendedCycleConf(扩展循环设置)	不适用	不适用	可选	不适用
BmpFile(位图文件名)	必备	必备	必备	不适用
ErrReg(错误代码寄存器)	可选	可选	可选	不适用
UpDownLoadF(上传/下载标志)	必备	必备	必备	不适用
MasterFlg(主站标志)	可选	可选	可选	不适用
Mode(支持的运行模式)	必备	必备	必备	必备
TotalIO(总链接容量)	可选	可选可选	可选	可选

表 3（续）

类	Ver. 1.00/1.10	Ver. 1.11	Ver. 2.00	Ver. LT
IOType(IO 类型)	可选	可选	可选	可选
SEMISupport(是否支持 SEMI 标准功能)	不适用	可选	可选	不适用
LEDList(LED 列表)	可选	可选	可选	可选
注：表中的右 4 列指出，对于某个特定 CC-LINK 版本的设备专规，该子类是必备的、可选的还是不适用的。				

6.2.1.3.2 **NumOccupiedStations**

NumOccupiedStations 是占用的逻辑站数。

6.2.1.3.3 **ExtendedCycleConf**

ExtendedCycleConf 是在扩展循环通信中所用链接容量(I/O 点数)的扩展等级。

6.2.1.3.4 **ExtendedCycleConf**

BmpFile 是有关的位图文件名。

6.2.1.3.5 **ErrReg**

ErrReg 是用于存储错误代码的寄存器。

6.2.1.3.6 **UpDownLoadF**

UpDownLoadF 指示设备是否支持上传/下载。

6.2.1.3.7 **MasterFlg**

MasterFlg 指示设备是否可以用作备用主站。

6.2.1.3.8 **Mode**

Mode 指示所支持的运行模式(见表 A.3)。

6.2.1.3.9 **TotalIO**

TotalIO 是总链接容量(I/O 位数)(见表 A.4)。

6.2.1.3.10 **IOType**

IOType 是 I/O 的类型(见表 A.5)。

6.2.1.3.11 **SEMISupport**

SEMISupport 指示是否支持 SEMI 标准功能。

6.2.1.3.12 **LEDList，LED**

LEDList 是可用的 LED 列表。LED 描述了设备上 LED 的名称和可能的状态(见表 A.6)。

6.2.1.4 **设备功能**

图 4 说明了 DeviceFunction(设备功能)类的结构。

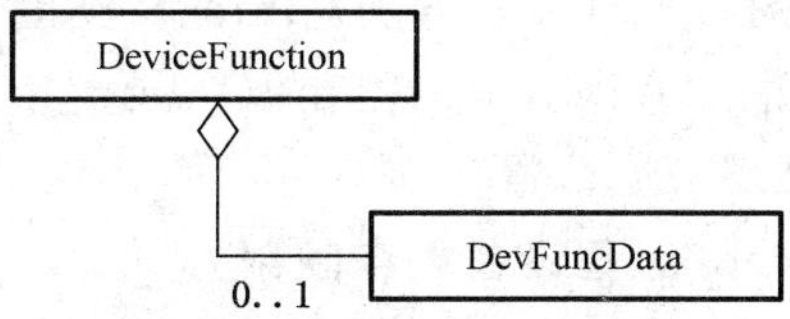

图 4 CC-LINK DeviceFunction(设备功能)类图

注：DevFunction(设备功能)中 DevFuncData(设备功能数据)的定义不属本部分的范围。

6.2.1.5 **应用过程**

6.2.1.5.1 **概述**

图 5 说明了 ApplicationProcess(应用过程)类的类结构。

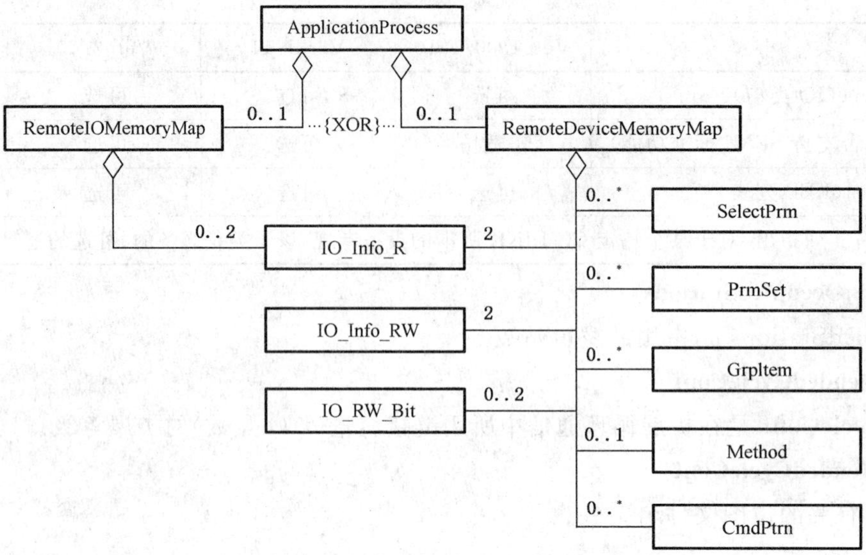

图 5　CC-LINK ApplicationProcess(应用过程)类图

6.2.1.5.2　**RemoteIOMemoryMap(远程 IO 内存映射)**

6.2.1.5.2.1　**概述**

RemoteIOMemoryMap(远程 IO 内存映射)是用于远程 I/O 设备的 CSP 专规。CSP 专规在附录 A.4 中描述。

6.2.1.5.2.2　IO_Info_R

图 6 说明了 IO_Info_R 类的类结构。

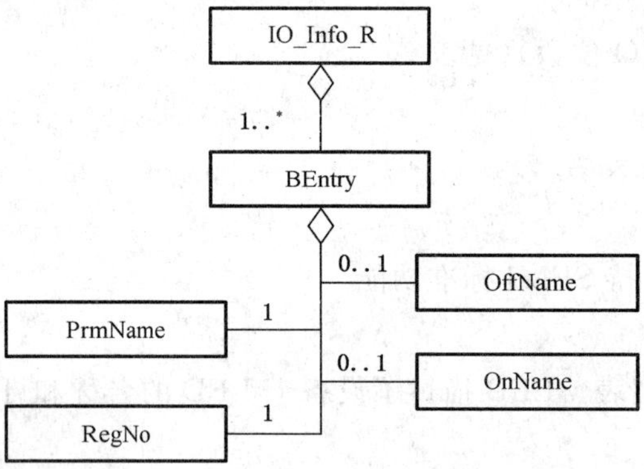

图 6　CC-LINK IO_Info_R 类图

IO_Info_R 描绘了 CSP 专规中的 IO_Info_RX 段和 IO_Info_RY 段。BEntry(位寄存器标识项)应包含图 6 所示的子类,详见 A.2.1.2.4.1。

6.2.1.5.3　**RemoteDeviceMemoryMap(远程设备内存映射)**

6.2.1.5.3.1　**概述**

RemoteDeviceMemoryMap(远程设备内存映射)是用于远程设备的 CSP 专规。

6.2.1.5.3.2　**IO_Info_R**

IO_Info_R 类的类结构已在 6.2.1.5.2.2 中说明。

6.2.1.5.3.3　**IO_Info_RW**

图 7 说明了 IO_Info_RW 类的类结构。

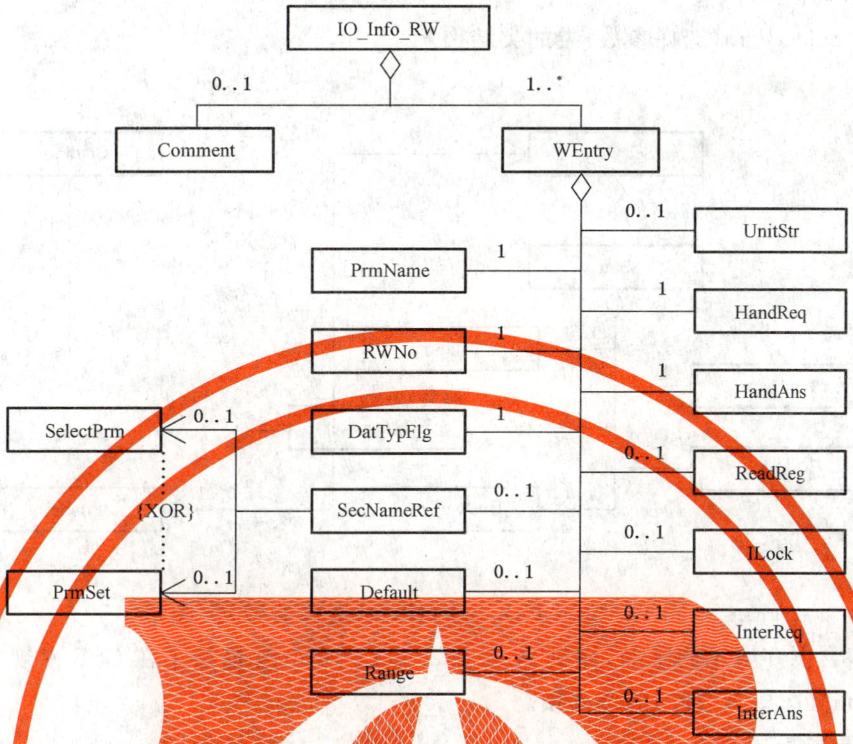

图 7　CC-LINK IO_Info_RW 类图

Comment(注释)类用于注释。WEntry 类应包含图 7 所示的子类,详见 A.2.1.2.4.2。WEntry(字寄存器标识项)描绘了字寄存器中的参数。

6.2.1.5.3.4　**IO_RW_Bit**

图 8 说明了 IO_RW_Bit 类的类结构。

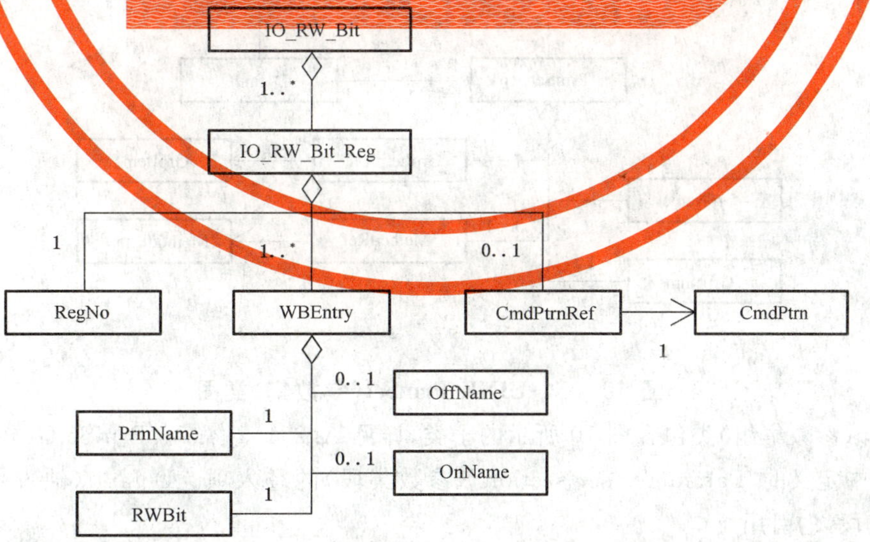

图 8　CC-LINK IO_RW_Bit 类图

IO_RW_Bit_Reg 类是相关子类的容器(container)。RegNo 类表示寄存器号。WBEntry 类应包含图 8 所示的子类,详见 A.2.1.2.4.3。WBEntry 描绘了在字寄存器中所使用的各个位的参数。CmdPtrnRef 是 CmdPtrn 的引用。

6.2.1.5.3.5 **选择参数**

图 9 说明了 SelectPrm(选择参数)类的类结构。

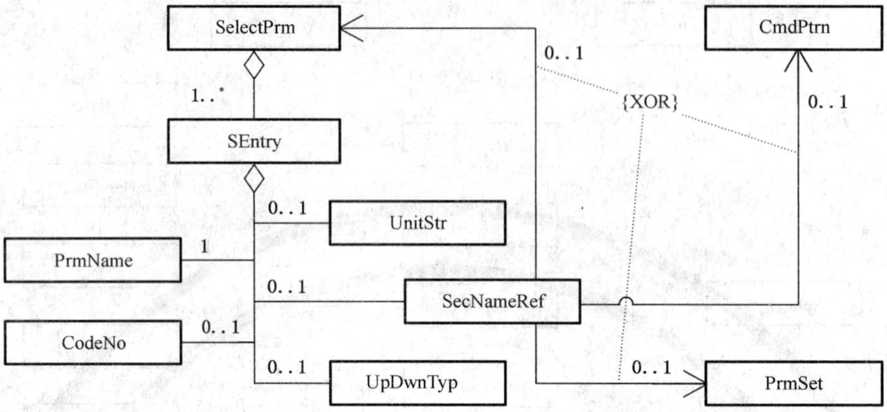

图 9 CC-LINK SelectPrm(选择参数)类图

SEntry 类包含图 9 所示的子类,详见 A.2.1.2.4.4。SEntry 描绘了在 CSP 专规中定义的"Select parameter section"(选择参数段)的登入项。

6.2.1.5.3.6 **参数集**

图 10 说明了 PrmSet(参数集)类的类结构。

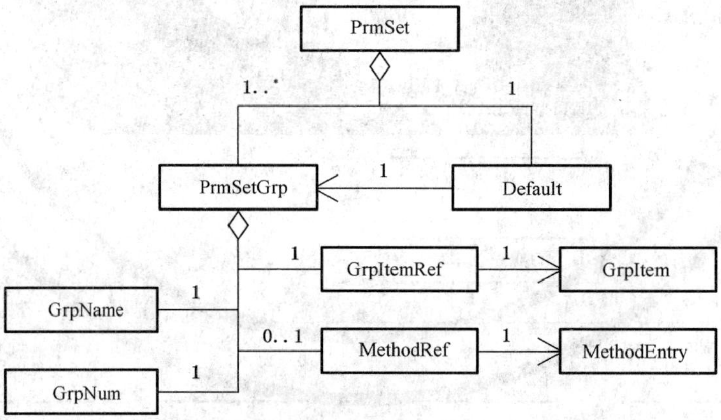

图 10 CC-LINK PrmSet(参数集)类图

PrmSetGrp(参数集组)类包含图 10 所示的子类,详见 A.2.1.2.4.5。PrmSetGrp(参数集组)描绘了在 CSP 专规中定义的"Parameter set section"(参数集段)的登入项。Default(缺省)类是缺省 PrmSetGrp(参数集段)的引用。

6.2.1.5.3.7 **组项**

图 11 说明了 GrpItem(组项)类的类结构。

PEntry 包含图 11 所示的子类,详见 A.2.1.2.4.6。PEntry 描绘了在 CSP 专规中定义的"Parameter entry"(参数登入项)的条目(Item)。

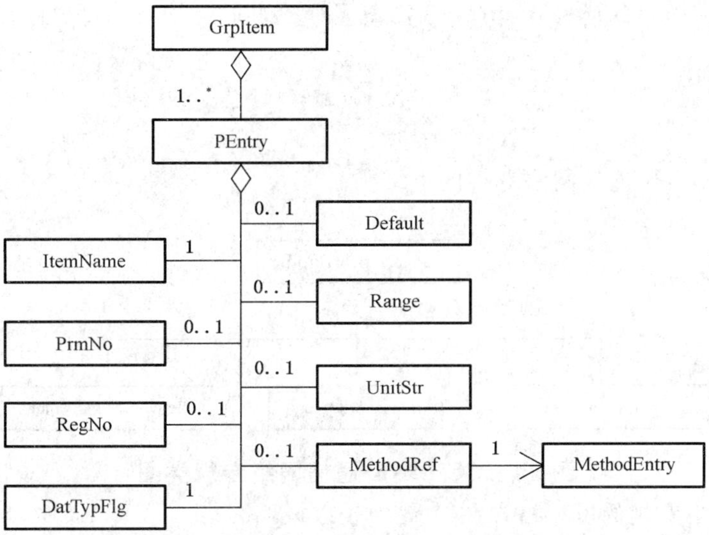

图 11 CC-LINK GrpItem(组项)类图

6.2.1.5.3.8 方法

图 12 说明了 Method(方法)类的类结构。

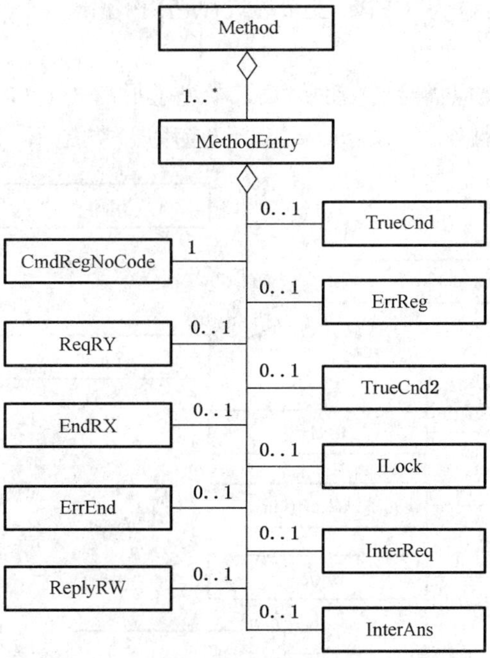

图 12 CC-LINK Method(方法)类图

MethodEntry(方法登入项)包含图 12 所示的子类,详见 A.2.1.2.4.7。MethodEntry(方法登入项)描绘了在 CSP 专规中定义的"Method"(方法)。

6.2.1.5.3.9 命令模式

图 13 说明了 CmdPtrn(命令模式)类的类结构。

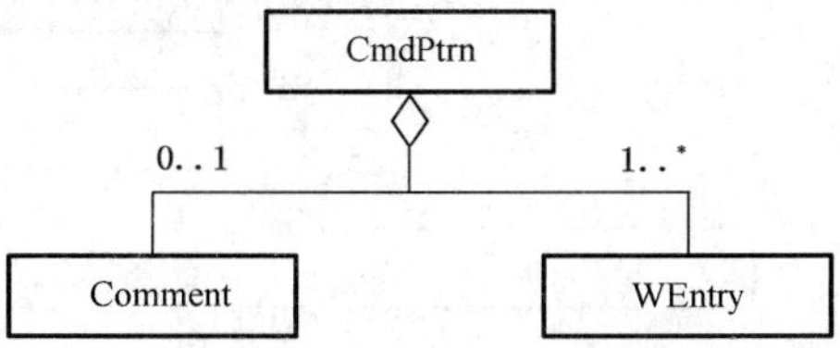

图 13 CC-LINK CmdPtrn(命令模式)类图

Comment(注释)类用于注释。WEntry 包含图 7 所示的子类,详见 A.2.1.2.4.2。A WEntry 描绘字寄存器中的参数。

6.2.2 通信网络专规

6.2.2.1 概述

图 14 说明了 CC-LINK 通信网络专规的类结构。

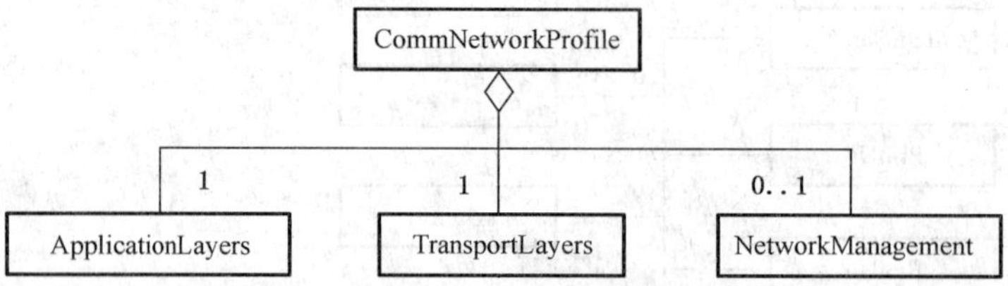

图 14 CC-LINK 通信网络专规类图

CC-LINK 通信网络专规的可用格式在 A.3 中予以说明。

描述 CC-LINK 通信网络专规模板的 XML 模式在 A.3.1.3 中予以规定。此 XML 模式的文件名应为"CC-LINK _CommNetworkProfile.xsd"。

描述将封装 CC-LINK CSP 文件到 GB/T 19659 通信网络专规模板的 XML 模式在 A.3.2.2 中予以规定。此 XML 模式的文件名应为"CSP _CommNetworkProfile_wrapper.xsd"。

6.2.2.2 应用层

ApplicationLayer (应用层)类应描绘通信网络集成模型上层的 3 个 OSI 层的综合专规。它说明所支持的应用服务元素以及它们的相关服务。ApplicationLayer (应用层)类由图 15 所示的子类组成,详见表 4。

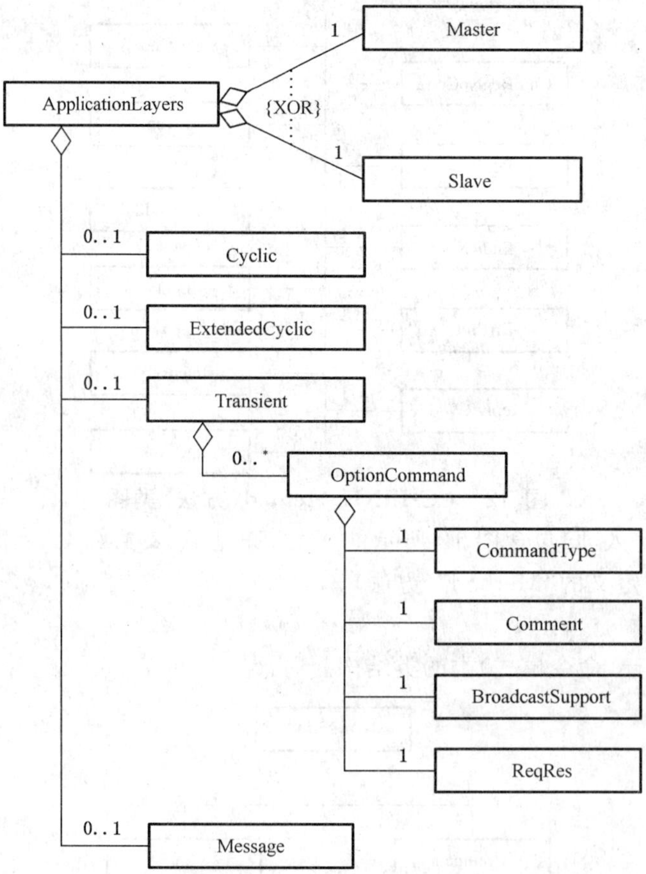

图 15 CC-LINK ApplicationLayer(应用层)类图

表 4　ApplicationLayer(应用层)类的子类的约束

类	Ver. 1.00/1.10	Ver. 1.11	Ver. 2.00	Ver. LT
Master(主站)	必备	必备	必备	必备
Slave(从站)	必备	必备	必备	必备
Cyclic(循环传输)	必备	必备	可选	必备
ExtendedCycle(扩展循环传输)	不适用	不适用	必备	不适用
Transient(瞬时传输)	可选	可选	可选	不适用
Message(报文传输)	不适用	必备	可选	不适用
注：表中的右 4 列说明，在规定的 CC-LINK 版本的设备专规中某个子类是必备的、可选的还是不适用的。				

对 ApplicationLayer (应用层)类的子类描述如下：

——Master(主站)指示，该设备是主站；

——Slave(从站)指示，该设备是从站；

——Cyclic(循环传输)指示，该设备支持循环通信；

——ExtendedCycle(扩展循环传输)指示，该设备支持扩展循环通信；

——Transient(瞬时传输)指示，该设备支持瞬时传输以及由制造商规定的文本可选命令；

——Message(报文传输)指示，该设备是否支持报文通信。

6.2.2.3　**传输层**

6.2.2.3.1　**概述**

TransportLayer(传输层)类应描绘 CC-LINK 通信网络集成模型中下层的 4 个 OSI 层综合专规。TransportLayer(传输层)类应由图 16 所示的子类组成。

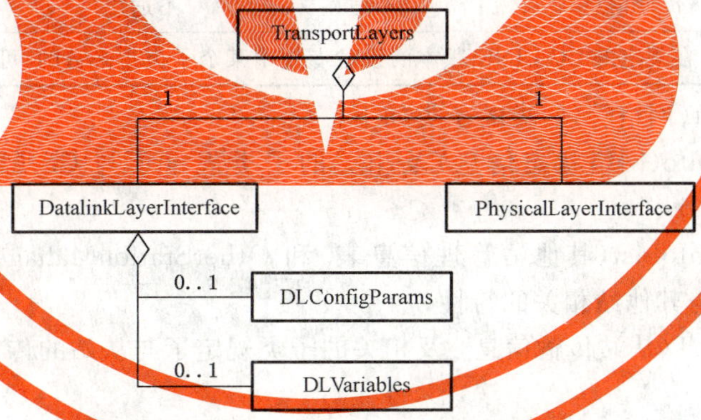

图 16　**CC-LINK TransportLayer(传输层)类图**

6.2.2.3.2　**物理层接口**

PhysicalLayerInerface(物理层接口)类规定了与 CC-LINK 的物理层相关的特性。

6.2.2.3.3　**数据链路层接口**

DataLinkLayerInterface(数据链路层接口)类规定了与 CC-LINK 的数据链路层相关的特性。对 DataLinkLayerInterface(数据链路层接口)的子类描述如下：

——DLConfigParams(数据链路层配置参数)规定了与数据链路层配置相关的特性；

——DLVariables(数据链路层变量)规定了与数据链路层监控相关的特性。

6.2.2.4　**网络管理**

NetworkManagement(网络管理)类应描绘了与 CC-LINK 通信网络集成模型中网络管理相关的特性。NetworkManagement(网络管理)类由图 17 所示的字类组成，见表 5。

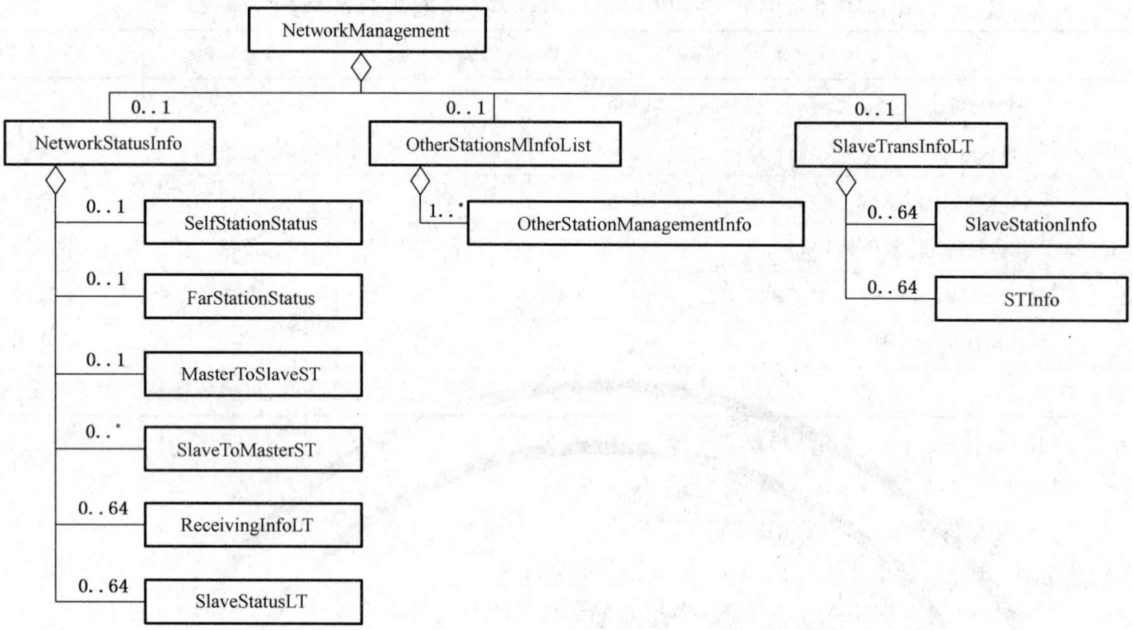

图 17　CC-LINK NetworkManagement(网络管理)类图

表 5　CC-LINK NetworkManagement(网络管理)类的子类的约束

类	Ver. 1.00/1.10	Ver. 1.11	Ver. 2.00	Ver. LT
NetworkStatusInfo(网络状态信息)	可选	可选	可选	可选
OtherStationMInfoList(其他站管理信息表)	可选	可选	可选	不适用
SlaveTransInfoLT(从站传输信息)	不适用	不适用	不适用	可选
注：表中的右 4 列说明，在规定的 CC-LINK 版本的设备专规中某个子类是必备的、可选的还是不适用的。				

NetworkManagement(网络管理)类的子类如下：

——NetworkStatusInfo(网络状态信息)及相关的子类规定了与 CC-LINK 网络的状态相关的特性；

——OtherStationMInfoList(其他站管理信息表)和 OtherStationManagementInfoList(其他站管理信息)规定了与其他站相关的特性；

——SlaveTransInfoLT(从站传输信息)及相关的子类规定了与从站的传输信息相关的特性。

附 录 A
（规范性附录）
CC-LINK 专规模板

A.1 概述

目前为 CC-LINK 设备提供的组态工具使用特定格式的 ASCII 文件即 CSP(CC-Link System Profile,CC-Link 系统专规)文件。CSP 提供设备以下信息：

——标识接入设备所需的信息；

——通过网络可访问的设备数据的描述(例如：可配置的参数)；

——设备所支持的硬件连接能力的描述(例如：连接)；

——附加的制造商特定的信息。

CSP 允许组态工具自动完成设备组态过程。CSP 要求为执行设备组态提供了一种开放的、一致性及兼容性途径。

CSP 信息非常类似于在通信网络和设备专规中所需要的信息，因此，在 A.2、A.3 和 A.4 中为如下方面分别规定了相关格式：

——通信网络和设备专规模板，在 GB/T 19659.1—2005 中定义；

——将遗留 CSP 文件封装到 GB/T 19659.1—2005 模板(“wrapper”)；

——遗留 CSP 文件格式，包括通用语义信息。

A.2 设备专规模板描述

A.2.1 设备专规模板描述——基于 XML

A.2.1.1 概述

设备专规 XML 文件应遵从 A.2.1.3 中所规定的设备专规 XML 模式。

此 XML 模式的内容出自 6.2.1 中所示的设备专规类图。

A.2.1.2 XML 模式元素的语义

A.2.1.2.1 专规主体

此主要元素与提供专规文件的附加信息的一组属性有关。这些属性列于表 A.1。这些属性的语义在表 A.35 中予以描述。

表 A.1 ProfileBody 的属性

属 性	描 述	约 束
FileComment	文件注释	可选
CreatDate	文件创建日期	必备
CreatTime	文件创建时间	必备
ModDate	最后一次修改日期	可选
ModTime	最后一次修改时间	可选
Version	CSP 文件版本	必备

A.2.1.2.2 设备标识

A.2.1.2.2.1 CC-LINK 版本

此元素规定设备所使用的 CC-LINK 版本。

A.2.1.2.2.2 制造商名

此元素规定设备的制造商名(见表 A.37)。

A.2.1.2.2.3 制造商代码

此元素规定设备的制造商代码(见 Vendor identification 表 A.37)。

A.2.1.2.2.4 设备型号名

此元素规定设备的型号名(见表 A.37 中"设备型号名")。

A.2.1.2.2.5 设备版本

此元素规定设备的版本号(见表 A.37 中"版本")。

A.2.1.2.2.6 站号

此元素规定,在 CC-LINK 网络中彼此相连的设备中该设备的唯一标识符。

A.2.1.2.2.7 站类型

此元素规定从站的类型(见表 A.37 中"站类型")。

A.2.1.2.2.8 远程设备站类型

此元素规定远程设备站的类型(见表 A.37 和 A.38 中"远程设备站类型")。

A.2.1.2.3 设备管理器

A.2.1.2.3.1 占用逻辑站数

此元素规定一台设备所占用的逻辑站数。

A.2.1.2.3.2 扩展循环设置

此元素规定在扩展循环通信中链接容量(I/O 位数)的多倍设置策略。表 A.2 列出了 ExtendedCycleConf(扩展循环设置)的语义。

表 A.2 ExtendedCycleConf(扩展循环设置)元素

值	描 述
0	1 倍设置
1	2 倍设置
2	4 倍设置
3	8 倍设置

A.2.1.2.3.3 位图文件

此元素规定相关的位图文件名。

A.2.1.2.3.4 错误代码存储寄存器

此元素规定了用于存储错误代码的存储寄存器。

A.2.1.2.3.5 上传/下载标志

此元素是上传/下载识别标志,指示设备是否支持 CSP 文件上传/下载。

值 0 表示不支持,值 1 表示支持。

A.2.1.2.3.6 备用主站标志符

此元素是备用主站标志符,指示设备是否可以用作备用主站。智能设备类型的从站设备也能成为备用主站。

值 0 表示,该设备不能用作备用主站;

值 1 表示,该设备能用作备用主站。

A.2.1.2.3.7 运行模式

此元素规定设备的运行模式。表 A.3 列出了 Mode(运行模式)元素的语义。

表 A.3 Mode(运行模式)元素

值	描　述
“OnLine”	数据链路工作正常
“LineTest1”	检查主站设备与所有从站设备的通信是否正常
“LineTest2”	检查主站设备与特定从站设备的通信是否正常
“ParamCheckTest”	检查参数的内容
“HardwareTest”	检查硬件是否正常工作

A.2.1.2.3.8 链接容量

此元素规定链接容量(I/O 位数)。表 A.4 列出了 TotalIO(链接容量)元素的语义。

表 A.4 TotalIO(链接容量)元素

值	描　述
0	由所占用的逻辑站数而定
1	8 位
2	32 位
3	16 位

A.2.1.2.3.9 IO 类型

此元素规定 I/O 的类型。表 A.5 列出了 IOType(IO 类型)元素的语义。

表 A.5 IOType(IO 类型)元素

值	描　述
0	设备使用输入和输出,对于输入(RX)和输出(RY)使用相同的编号(分别从 RX0 和 RY0 开始)
1	输入
2	输出
3	设备使用输入和输出,对于输入(RX)和输出(RY)不使用相同的编号

A.2.1.2.3.10 支持 SEMI

此元素(其类型是 Boolean)规定是否支持 SEMI 标准功能。值 TRUE 表示支持 SEMI 标准功能;值 FALSE 表示不支持 SEMI 标准功能。

A.2.1.2.3.11 LEDList,LED

表 A.6 列出了 LED 类的属性。

注:这些值的语义在 BAP-05027 中予以规定。对于 CC-LINK/LT 版本,这些值的语义在 BAP-05031 中予以规定。

表 A.6 LED 类的属性

属　性	描　述	值
Name	LED 的名称	“PW” “RUN” “ERR” “MST” “S MST” “LOCAL”

表 A.6（续）

属　性	描　述	值
Name	LED 的名称	"CPU R/W" "SW" "M/S" "PRM" "TIME" "LINE" "L RUN" "L ERR" "SD" "RD"
State	LED 的状态	"ON" "OFF" "BLINK"

A.2.1.2.4　应用过程

A.2.1.2.4.1　位寄存器标识项

BEntry(位寄存器标识项)元素在表 A.7 中予以规定。

表 A.7　BEntry(位寄存器标识项)元素

元　素	描　述
PrmName	信号名(参数名)
RegNo	寄存器号
OffName	值为 0 时参数的标号
OnName	值为 1 时参数的标号

A.2.1.2.4.2　字寄存器标识项

WEntry(字寄存器标识项)元素在表 A.8 中予以规定。

表 A.8　WEntry(字寄存器标识项)元素

元　素	描　述
PrmName	信号名(参数名)
RWNo	寄存器号
DatTypFlg	数据类型
SecNameRef	不用时为空，用时为以下情况之一： · 选择参数段名(SelectPrm) · 参数集段名(PrmSet)
Default	缺省值
Range	参数值的设置范围
UnitStr	表示单位的字符串
HandReq	握手寄存器(请求 RY)及其状态
HandAns	握手寄存器(响应 RX)及其状态

表 A.8（续）

元　　素	描　　述
ReadReg	用于读取的字寄存器
ILock	互锁
InterReg	顺控过程中请求寄存器
InterAns	顺控过程中响应寄存器

A.2.1.2.4.3　**WBEntry**

WBEntry 元素在表 A.9 中予以规定。

表 A.9　WBEntry 元素

元　　素	描　　述
PrmName	信号名(参数名)
RWBit	位寄存器号
OffName	值为 0 时参数的标号
OnName	值为 1 时参数的标号

A.2.1.2.4.4　**选择参数标识项**

SEntry(选择参数标识项)元素在表 A.10 中予以规定。

表 A.10　SEntry(选择参数标识项)元素

元　　素	描　　述
PrmName	信号名(参数名)
CodeNo	代码号
UnitStr	表示单位的字符串
SecNameRef	不用时为空，用时为以下情况之一： • 选择参数段名(SelectPrm) • 参数集段名(PrmSet)
UpDownTyp	上传/下载类型

A.2.1.2.4.5　**参数集组标识项**

PrmSetGrp(参数集组标识项)元素在表 A.11 中予以规定。

表 A.11　PrmSetGrp(参数集组标识项)元素

元　　素	描　　述
GrpName	组名
GrpNum	参数组的个数
GrpItemRef	对 GrpItem(组项段名)的引用
MethodRef	对 MethodEntry(参数集切换方法名)的引用

A.2.1.2.4.6　**参数标识项**

PEntry(参数标识项)元素在表 A.12 中予以规定。

表 A.12　PEntry(参数标识项)元素

元　　素	描　　述
ItemName	参数项名
PrmNo	参数号
RegNo	寄存器号
DatTypFlg	数据类型标志
Default	缺省值
Range	设置范围
UnitStr	表示(参数)单位的字符串
MethodRef	对 MethodEntry(参数集切换方法名)的引用

A.2.1.2.4.7　方法标识项

MethodEntry(方法标识项)元素在表 A.13 中予以规定。

表 A.13　MethodEntry(方法标识项)元素

元　　素	描　　述
CmdRegNoCode	设置命令的寄存器和命令代码
RegRY	命令执行请求
EndRX	命令执行结束
ErrEnd	命令执行异常结束
ReplyRW	响应代码存放寄存器
TrueCnd	命令正常结束的成功判断条件(将返回值于用户设置值进行比较来判断)
ErrReg	存放错误代码的寄存器
TrueCnd2	命令正常结束的成功判断条件(用于进一步评估设备状况)
ILock	互锁
InterReg	顺控过程中请求寄存器
InterAns	顺控过程中响应寄存器

A.2.1.3　XML 模式:CC-LINK_DeviceProfile.xsd

```
<?xml version="1.0" encoding="UTF-8"?>
<xsd:schema
targetNamespace="http://www.cc-link.org/ISO 15745/DeviceProfile"
elementFormDefault="qualified" attributeFormDefault="unqualified"
xmlns="http://www.cc-link.org/ISO 15745/DeviceProfile"
xmlns:xsd="http://www.w3.org/2001/XMLSchema">
    <xsd:element name="ISO 15745Profile">
        <xsd:complexType>
            <xsd:sequence>
                <xsd:element ref="ProfileHeader"/>
                <xsd:element ref="ProfileBody"/>
            </xsd:sequence>
        </xsd:complexType>
    </xsd:element>

<xsd:annotation>
```

```
        <xsd:documentation> * HEADER SECTION * </xsd:documentation>
    </xsd:annotation>

    <xsd:element name="ProfileHeader">
        <xsd:complexType>
            <xsd:sequence>
                <xsd:element name="ProfileIdentification" type="xsd:string"/>
                <xsd:element name="ProfileRevision" type="xsd:string"/>
                <xsd:element name="ProfileName" type="xsd:string"/>
                <xsd:element name="ProfileSource" type="xsd:string"/>
                <xsd:element name="ProfileClassID" type="ProfileClassID_DataType" fixed="Device"/>
                <xsd:element name="ProfileDate" type="xsd:date" minOccurs="0"/>
                <xsd:element name="AdditionalInformation" type="xsd:anyURI" minOccurs="0"/>
                <xsd:element name="ISO15745Reference" type="ISO 15745Reference_DataType"/>
                <xsd:element name="IASInterfaceType" type="IASInterface_DataType" minOccurs="0"
maxOccurs="unbounded"/>
                </xsd:sequence>
            </xsd:complexType>

        </xsd:element>

        <xsd:annotation>
            <xsd:documentation> * HEADER DATA TYPES * </xsd:documentation>
        </xsd:annotation>

        <xsd:simpleType name="ProfileClassID_DataType">
            <xsd:restriction base="xsd:string">
                <xsd:enumeration value="AIP" />
                <xsd:enumeration value="Process" />
                <xsd:enumeration value="InformationExchange" />
                <xsd:enumeration value="Resource" />
                <xsd:enumeration value="Device" />
                <xsd:enumeration value="CommunicationNetwork" />
                <xsd:enumeration value="Equipment" />
                <xsd:enumeration value="Human" />
                <xsd:enumeration value="Material" />
            </xsd:restriction>
        </xsd:simpleType>

    <xsd:complexType name="ISO 15745Reference_DataType">
        <xsd:sequence>
            <xsd:element name="ISO 15745Part" type="xsd:positiveInteger" />
            <xsd:element name="ISO 15745Edition" type="xsd:positiveInteger" />
            <xsd:element name="ProfileTechnology" type="xsd:string" />
        </xsd:sequence>
    </xsd:complexType>

    <xsd:simpleType name="IASInterface_DataType">
        <xsd:union>
            <xsd:simpleType>
                <xsd:restriction base="xsd:string">
                    <xsd:enumeration value="CSI" />
                    <xsd:enumeration value="HCI" />
                    <xsd:enumeration value="ISI" />
                    <xsd:enumeration value="API" />
                    <xsd:enumeration value="CMI" />
```

```
                <xsd:enumeration value="ESI" />
                <xsd:enumeration value="FSI" />
                <xsd:enumeration value="MTI" />
                <xsd:enumeration value="SEI" />
                <xsd:enumeration value="USI" />
            </xsd:restriction>
        </xsd:simpleType>
        <xsd:simpleType>
            <xsd:restriction base="xsd:string">
                <xsd:length value="4" />
            </xsd:restriction>
        </xsd:simpleType>
    </xsd:union>
</xsd:simpleType>

<xsd:annotation>
    <xsd:documentation> * BODY SECTION * </xsd:documentation>
</xsd:annotation>

<xsd:element name="ProfileBody">
    <xsd:complexType>
        <xsd:sequence>
            <xsd:element ref="DeviceIdentity"/>
            <xsd:element ref="DeviceManager"/>
            <xsd:element ref="DeviceFunction" maxOccurs="unbounded"/>
            <xsd:element ref="ApplicationProcess" minOccurs="0" maxOccurs="unbounded"/>
            <xsd:element name="ExternalProfileHandle" type="ProfileHandle_DataType" minOccurs="0"
maxOccurs="unbounded"/>
        </xsd:sequence>
        <xsd:attribute name="FileComment" type="xsd:string" use="optional"/>
        <xsd:attribute name="CreateDate" type="xsd:date" use="required"/>
        <xsd:attribute name="CreateTime" type="xsd:time" use="required"/>
        <xsd:attribute name="ModDate" type="xsd:date" use="optional"/>
        <xsd:attribute name="ModTime" type="xsd:time" use="optional"/>
        <xsd:attribute name="Version" type="xsd:string" use="required"/>
    </xsd:complexType>
</xsd:element>

<xsd:annotation>
    <xsd:documentation> * ISO 15745 CC-LINK DEFINED ELEMENTS * </xsd:documentation>
</xsd:annotation>

<!-- DeviceProfile -->

<xsd:element name="DeviceIdentity" type="DeviceIdentityTYPE"/>
<xsd:element name="DeviceManager" type="DeviceManagerTYPE"/>
<xsd:element name="DeviceFunction" type="DeviceFunctionTYPE"/>
<xsd:element name="ApplicationProcess" type="ApplicationProcessTYPE"/>

<!-- DeviceIdentity -->

<xsd:element name="CcLinkVer">
    <xsd:simpleType>
        <xsd:restriction base="xsd:string">
            <xsd:maxLength value="8"/>
        </xsd:restriction>
```

```
    〈/xsd:simpleType〉
〈/xsd:element〉

〈xsd:element name="VendName"〉
    〈xsd:simpleType〉
        〈xsd:restriction base="xsd:string"〉
            〈xsd:maxLength value="65"/〉
        〈/xsd:restriction〉
    〈/xsd:simpleType〉
〈/xsd:element〉

〈xsd:element name="VendID"〉
    〈xsd:simpleType〉
        〈xsd:restriction base="xsd:hexBinary"〉
            〈xsd:maxLength value="4"/〉
        〈/xsd:restriction〉
    〈/xsd:simpleType〉
〈/xsd:element〉

〈xsd:element name="DevModel"〉
    〈xsd:simpleType〉
        〈xsd:restriction base="xsd:string"〉
            〈xsd:maxLength value="65"/〉
        〈/xsd:restriction〉
    〈/xsd:simpleType〉
〈/xsd:element〉

〈xsd:element name="DevVer"〉
    〈xsd:simpleType〉
        〈xsd:restriction base="xsd:string"〉
            〈xsd:maxLength value="8"/〉
        〈/xsd:restriction〉
    〈/xsd:simpleType〉
〈/xsd:element〉

〈xsd:element name="StationNumber" nillable="true"〉
    〈xsd:simpleType〉
        〈xsd:restriction base="xsd:short"〉
            〈xsd:minInclusive value="0"/〉
            〈xsd:maxInclusive value="64"/〉
        〈/xsd:restriction〉
    〈/xsd:simpleType〉
〈/xsd:element〉

〈xsd:element name="StationType" type="xsd:short"〉
    〈xsd:annotation〉
        〈xsd:documentation〉
            0: Remote I/O station
            1: Remote device station
            2: Intelligent device station (includes local stations and standby master station)
        〈/xsd:documentation〉
    〈/xsd:annotation〉
〈/xsd:element〉

〈xsd:element name="RemDevType"〉
    〈xsd:annotation〉
```

```
        <xsd:documentation>
            1: PLC
            2: Personal computer
            3: Digital I/O
            4: Analog I/O
            5: Positioning
            6: Thermostat
            7: HMI
            8: ID
            09: Serial converting device
            1D: CC-Link - CC-Link/LT bridge
            1F: Protocol converting device
            20: Inverter
            21: Servo
            22: NC
            23: Robot
            24: Power distribution control device
            30: Sensor
            31: Actuator
            32: Barcode
            33: Indicator (weight)
            34: High-speed counter
            35: Key switch
            36: Protocol analyzer
            37: Aerial transmitter
            38: Conveyor control device
            39: Power supply control device
            3A: Welding machine control device
            3B: Gas detector
            3C: Solenoid valve
            3D: Robot (multi-purpose I/O)
            3E: Printer control device
            3F: Motor control device
            40: Vacuum pump
            41: Multi-axis controller
            42: Multi-purpose VME board
            43: Power supply (for mass flow controller)
            44: Mass flow controller
            45: Power reception and distribution device
            46: Control centre
            47: Welding control device
            48: Indicator (multi-purpose)
            49: PID controller
            4A: Vacuum gauge
            4B: Wireless device
            4C: Digital / Analog I/O
        </xsd:documentation>
    </xsd:annotation>
    <xsd:simpleType>
        <xsd:restriction base="xsd:hexBinary">
            <xsd:maxLength value="2"/>
        </xsd:restriction>
    </xsd:simpleType>
</xsd:element>

<!-- DeviceManager -->
```

```
<xsd:element name="NumOccupiedStations">
    <xsd:simpleType>
        <xsd:restriction base="xsd:short">
            <xsd:minInclusive value="1"/>
        </xsd:restriction>
    </xsd:simpleType>
</xsd:element>

<xsd:element name="ExtendedCycleConf">
    <xsd:annotation>
        <xsd:documentation>
            0: Single
            1: Double
            2: Quadruple
            3: Octuple
        </xsd:documentation>
    </xsd:annotation>
    <xsd:simpleType>
        <xsd:restriction base="xsd:hexBinary">
            <xsd:maxLength value="1"/>
        </xsd:restriction>
    </xsd:simpleType>
</xsd:element>

<xsd:element name="BmpFile">
    <xsd:simpleType>
        <xsd:restriction base="xsd:string">
            <xsd:maxLength value="257"/>
        </xsd:restriction>
    </xsd:simpleType>
</xsd:element>

<xsd:element name="ErrReg">
    <xsd:simpleType>
        <xsd:restriction base="xsd:string">
            <xsd:maxLength value="8"/>
        </xsd:restriction>
    </xsd:simpleType>
</xsd:element>

<xsd:element name="UpDownLoadF" type="xsd:short">
    <xsd:annotation>
        <xsd:documentation>
            0: not supported
            1: supported
        </xsd:documentation>
    </xsd:annotation>
</xsd:element>

<xsd:element name="MasterFlg" type="xsd:short">
    <xsd:annotation>
        <xsd:documentation>
            0: not capable of being a standby master station
            1: capable of being a standby master station
        </xsd:documentation>
    </xsd:annotation>
```

```
</xsd:element>

<xsd:element name="Mode">
    <xsd:simpleType>
        <xsd:list>
            <xsd:simpleType>
                <xsd:restriction base="xsd:string">
                    <xsd:enumeration value="Online"/>
                    <xsd:enumeration value="LineTest1"/>
                    <xsd:enumeration value="LineTest2"/>
                    <xsd:enumeration value="ParamCheckTest"/>
                    <xsd:enumeration value="HardwareTest"/>
                </xsd:restriction>
            </xsd:simpleType>
        </xsd:list>
    </xsd:simpleType>
</xsd:element>

<xsd:element name="TotalIO">
    <xsd:annotation>
        <xsd:documentation>
            0: Dependent on the number of occupied stations
            1: 8 points
            2: 32 points
            3: 16 points
        </xsd:documentation>
    </xsd:annotation>
    <xsd:simpleType>
        <xsd:restriction base="xsd:hexBinary">
            <xsd:maxLength value="1"/>
        </xsd:restriction>
    </xsd:simpleType>
</xsd:element>

<xsd:element name="IOType">
    <xsd:annotation>
        <xsd:documentation>
            0: Both front and back are mixed
            1: Input
            2: Output
            3: Mixed
        </xsd:documentation>
    </xsd:annotation>
    <xsd:simpleType>
        <xsd:restriction base="xsd:hexBinary">
            <xsd:maxLength value="1"/>
        </xsd:restriction>
    </xsd:simpleType>
</xsd:element>

<xsd:element name="ErrReg">
    <xsd:simpleType>
        <xsd:restriction base="xsd:string">
            <xsd:maxLength value="8"/>
        </xsd:restriction>
    </xsd:simpleType>
```

```
</xsd:element>

<xsd:element name="UpDownLoadF" type="xsd:short">
    <xsd:annotation>
        <xsd:documentation>
            0: not supported
            1: supported
        </xsd:documentation>
    </xsd:annotation>
</xsd:element>

<xsd:element name="MasterFlg" type="xsd:short">
    <xsd:annotation>
        <xsd:documentation>
            0: not capable of being a standby master station
            1: capable of being a standby master station
        </xsd:documentation>
    </xsd:annotation>
</xsd:element>

<xsd:element name="Mode">
    <xsd:simpleType>
        <xsd:list>
            <xsd:simpleType>
                <xsd:restriction base="xsd:string">
                    <xsd:enumeration value="Online"/>
                    <xsd:enumeration value="LineTest1"/>
                    <xsd:enumeration value="LineTest2"/>
                    <xsd:enumeration value="ParamCheckTest"/>
                    <xsd:enumeration value="HardwareTest"/>
                </xsd:restriction>
            </xsd:simpleType>
        </xsd:list>
    </xsd:simpleType>
</xsd:element>

<xsd:element name="TotalIO">
    <xsd:annotation>
        <xsd:documentation>
            0: Dependent on the number of occupied stations
            1: 8 points
            2: 32 points
            3: 16 points
        </xsd:documentation>
    </xsd:annotation>
    <xsd:simpleType>
        <xsd:restriction base="xsd:hexBinary">
            <xsd:maxLength value="1"/>
        </xsd:restriction>
    </xsd:simpleType>
</xsd:element>

<xsd:element name="IOType">
    <xsd:annotation>
        <xsd:documentation>
            0: Both front and back are mixed
```

```
            1: Input
            2: Output
            3: Mixed
        </xsd:documentation>
    </xsd:annotation>
    <xsd:simpleType>
        <xsd:restriction base="xsd:hexBinary">
            <xsd:maxLength value="1"/>
        </xsd:restriction>
    </xsd:simpleType>
</xsd:element>

<xsd:element name="SEMISupport" type="xsd:boolean"/>

<xsd:element name="LEDList">
    <xsd:complexType>
        <xsd:sequence>
            <xsd:element ref="LED" maxOccurs="unbounded"/>
        </xsd:sequence>
    </xsd:complexType>
</xsd:element>

<xsd:element name="LED">
    <xsd:complexType>
        <xsd:attribute name="Name" use="required">
            <xsd:simpleType>
                <xsd:restriction base="xsd:string">
                    <xsd:enumeration value="PW"/>
                    <xsd:enumeration value="RUN"/>
                    <xsd:enumeration value="ERR."/>
                    <xsd:enumeration value="MST"/>
                    <xsd:enumeration value="S MST"/>
                    <xsd:enumeration value="LOCAL"/>
                    <xsd:enumeration value="CPU R/W"/>
                    <xsd:enumeration value="SW"/>
                    <xsd:enumeration value="M/S"/>
                    <xsd:enumeration value="PRM"/>
                    <xsd:enumeration value="TIME"/>
                    <xsd:enumeration value="LINE"/>
                    <xsd:enumeration value="L RUN"/>
                    <xsd:enumeration value="L ERR."/>
                    <xsd:enumeration value="SD"/>
                    <xsd:enumeration value="RD"/>
                </xsd:restriction>
            </xsd:simpleType>
        </xsd:attribute>
        <xsd:attribute name="State" use="optional">
            <xsd:simpleType>
                <xsd:restriction base="xsd:string">
                    <xsd:enumeration value="ON"/>
                    <xsd:enumeration value="OFF"/>
                    <xsd:enumeration value="BLINK"/>
                </xsd:restriction>
            </xsd:simpleType>
        </xsd:attribute>
    </xsd:complexType>
```

```
〈/xsd:element〉

〈! -- ApplicationProcess --〉
〈xsd:element name="RemoteIOMemoryMap"〉
    〈xsd:complexType〉
        〈xsd:sequence〉
            〈xsd:element ref="IO_Info_R" minOccurs="0" maxOccurs="2"/〉
        〈/xsd:sequence〉
    〈/xsd:complexType〉
    〈xsd:key name="Key_RemoteIOMemoryMap_IO_Info_R"〉
        〈xsd:selector xpath="IO_Info_R"/〉
        〈xsd:field xpath="@CSPSecName"/〉
    〈/xsd:key〉
〈/xsd:element〉

〈xsd:element name="RemoteDeviceMemoryMap"〉
    〈xsd:complexType〉
        〈xsd:sequence〉
            〈xsd:element ref="IO_Info_R" minOccurs="2" maxOccurs="2"/〉
            〈xsd:element ref="IO_Info_RW" minOccurs="2" maxOccurs="2"/〉
            〈xsd:element ref="IO_RW_Bit" minOccurs="0" maxOccurs="2"/〉
            〈xsd:element ref="SelectPrm" minOccurs="0" maxOccurs="unbounded"/〉
            〈xsd:element ref="PrmSet" minOccurs="0" maxOccurs="unbounded"/〉
            〈xsd:element ref="GrpItem" minOccurs="0" maxOccurs="unbounded"/〉
            〈xsd:element ref="Method" minOccurs="0"/〉
            〈xsd:element ref="CmdPtrn" minOccurs="0" maxOccurs="unbounded"/〉
        〈/xsd:sequence〉
    〈/xsd:complexType〉
    〈xsd:key name="Key_SelectPrm_PrmSet"〉
        〈xsd:selector xpath="SelectPrm|PrmSet"/〉
        〈xsd:field xpath="@id"/〉
            〈/xsd:key〉
            〈xsd:keyref name="Keyref_SelectPrm_PrmSet" refer="Key_SelectPrm_PrmSet"〉
                〈xsd:selector xpath="IO_Info_RW/WEntry/SecNameRef|CmdPtrn/WEntry/SecNameRef"/〉
                〈xsd:field xpath="@ref"/〉
            〈/xsd:keyref〉
            〈xsd:key name="Key_CmdPtrn"〉
                〈xsd:selector xpath="CmdPtrn"/〉
                〈xsd:field xpath="@id"/〉
            〈/xsd:key〉
            〈xsd:keyref name="Keyref_CmdPtrn" refer="Key_CmdPtrn"〉
                〈xsd:selector xpath="IO_RW_Bit/CmdPtrnRef"/〉
                〈xsd:field xpath="@ref"/〉
            〈/xsd:keyref〉
            〈xsd:key name="Key_SelectPrm_PrmSet_CmdPtrn"〉
                〈xsd:selector xpath="SelectPrm|PrmSet|CmdPtrn"/〉
                〈xsd:field xpath="@id"/〉
            〈/xsd:key〉
            〈xsd:keyref name="Keyref_SelectPrm_PrmSet_CmdPtrn" refer="Key_SelectPrm_PrmSet_CmdPtrn"〉
                〈xsd:selector xpath="SelectPrm/SecNameRef"/〉
                〈xsd:field xpath="@ref"/〉
            〈/xsd:keyref〉
            〈xsd:key name="Key_GrpItem"〉
                〈xsd:selector xpath="GrpItem"/〉
                〈xsd:field xpath="@id"/〉
            〈/xsd:key〉
```

```
            <xsd:keyref name="Keyref_GrpItem" refer="Key_GrpItem">
                <xsd:selector xpath="PrmSet/PrmSetGrp/GrpItemRef"/>
                <xsd:field xpath="@ref"/>
            </xsd:keyref>
            <xsd:key name="Key_RemoteDeviceMemoryMap_IO_Info_R">
                <xsd:selector xpath="IO_Info_R"/>
                <xsd:field xpath="@CSPSecName"/>
            </xsd:key>
            <xsd:key name="Key_IO_Info_RW">
                <xsd:selector xpath="IO_Info_RW"/>
                <xsd:field xpath="@CSPSecName"/>
            </xsd:key>
            <xsd:key name="Key_IO_RW_Bit">
                <xsd:selector xpath="IO_RW_Bit"/>
                <xsd:field xpath="@CSPSecName"/>
            </xsd:key>
            <xsd:key name="Key_MethodEntry">
                <xsd:selector xpath="Method/MethodEntry"/>
                <xsd:field xpath="@id"/>
            </xsd:key>
            <xsd:keyref name="Keyref_MethodEntry" refer="Key_MethodEntry">
                <xsd:selector xpath="PrmSet/PrmSetGrp/MethodRef|GrpItem/Pentry/MethodRef"/>
                <xsd:field xpath="@ref"/>
            </xsd:keyref>
        </xsd:element>

<!-- ApplicationProcess - IO_Info_R -->
<xsd:element name="IO_Info_R">
    <xsd:complexType>
        <xsd:sequence>
            <xsd:element ref="BEntry" maxOccurs="unbounded"/>
        </xsd:sequence>
        <xsd:attribute name="CSPSecName" use="required">
            <xsd:simpleType>
                <xsd:restriction base="xsd:string">
                    <xsd:enumeration value="IO_Info_RX"/>
                    <xsd:enumeration value="IO_Info_RY"/>
                </xsd:restriction>
            </xsd:simpleType>
        </xsd:attribute>
        <xsd:attribute name="EntryNum" type="xsd:short" use="required"/>
    </xsd:complexType>
    <xsd:key name="Key_BEntry">
        <xsd:selector xpath="BEntry"/>
        <xsd:field xpath="@id"/>
    </xsd:key>
</xsd:element>

<xsd:element name="BEntry">
    <xsd:complexType>
        <xsd:sequence>
    <xsd:element name="PrmName">
        <xsd:simpleType>
            <xsd:restriction base="xsd:string">
                <xsd:maxLength value="65"/>
            </xsd:restriction>
```

```
            </xsd:simpleType>
        </xsd:element>
        <xsd:element name="RegNo">
            <xsd:simpleType>
                <xsd:restriction base="xsd:string">
                    <xsd:maxLength value="9"/>
                </xsd:restriction>
            </xsd:simpleType>
        </xsd:element>
        <xsd:element name="OffName" minOccurs="0">
            <xsd:simpleType>
                <xsd:restriction base="xsd:string">
                    <xsd:maxLength value="65"/>
                </xsd:restriction>
            </xsd:simpleType>
        </xsd:element>
        <xsd:element name="OnName" minOccurs="0">
            <xsd:simpleType>
                <xsd:restriction base="xsd:string">
                    <xsd:maxLength value="65"/>
                    </xsd:restriction>
                </xsd:simpleType>
                </xsd:element>
            </xsd:sequence>
            <xsd:attribute name="id" type="xsd:string" use="required"/>
        </xsd:complexType>
    </xsd:element>

    <!-- ApplicationProcess - IO_Info_RW -->
    <xsd:element name="IO_Info_RW">
        <xsd:complexType>
            <xsd:sequence>
                <xsd:element name="Comment" minOccurs="0">
                    <xsd:simpleType>
                        <xsd:restriction base="xsd:string">
                            <xsd:maxLength value="65"/>
                        </xsd:restriction>
                    </xsd:simpleType>
                </xsd:element>
                <xsd:sequence>
                    <xsd:element ref="WEntry" maxOccurs="unbounded"/>
                </xsd:sequence>
            </xsd:sequence>
            <xsd:attribute name="CSPSecName" use="required">
                <xsd:simpleType>
                    <xsd:restriction base="xsd:string">
                        <xsd:enumeration value="IO_Info_RWw"/>
                        <xsd:enumeration value="IO_Info_RWr"/>
                    </xsd:restriction>
                </xsd:simpleType>
            </xsd:attribute>
            <xsd:attribute name="EntryNum" type="xsd:short" use="required"/>
        </xsd:complexType>
        <xsd:key name="Key_IO_Info_RW_WEntry">
            <xsd:selector xpath="WEntry"/>
            <xsd:field xpath="@id"/>
```

```
    </xsd:key>
</xsd:element>

<xsd:element name="WEntry">
    <xsd:complexType>
        <xsd:sequence>
            <xsd:element name="PrmName">
                <xsd:simpleType>
                    <xsd:restriction base="xsd:string">
                        <xsd:maxLength value="65"/>
                    </xsd:restriction>
                </xsd:simpleType>
            </xsd:element>
            <xsd:element name="RWNo">
        <xsd:simpleType>

            <xsd:restriction base="xsd:string">
                <xsd:maxLength value="129"/>
            </xsd:restriction>
        </xsd:simpleType>
    </xsd:element>
    <xsd:element name="DatTypFlg" type="xsd:unsignedShort">
        <xsd:annotation>
            <xsd:documentation>
                0: Used as 16-bit unsigned hexadecimal data.
                1: Used as 16-bit signed decimal data.
                2: Used as 16-bit unsigned decimal data.
                3: Used as bit data.
                4: Used as 8-bit unsigned hexadecimal data. (Upper 8 bits)
                5: Used as 8-bit unsigned hexadecimal data. (Lower 8 bits)
                6: Used as 32-bit signed decimal data.
                7: Used as 32-bit unsigned decimal data.
                8: Used as 32-bit unsigned hexadecimal data.
                9: Used as a floating point value (32-bit data).
                10: Used as 4-bit unsigned hexadecimal data 1).
                11: Used as 4-bit unsigned hexadecimal data 2).
                12: Used as 4-bit unsigned hexadecimal data 3).
                13: Used as 4-bit unsigned hexadecimal data 4).
                14: Byte array
                15: Word array
                16: Dummy data type
            </xsd:documentation>
        </xsd:annotation>
    </xsd:element>
    <xsd:element name="SecNameRef" minOccurs="0">
        <xsd:complexType>
            <xsd:attribute name="ref" type="xsd:string" use="required"/>
        </xsd:complexType>
    </xsd:element>
    <xsd:element name="Default" minOccurs="0">
        <xsd:simpleType>
            <xsd:union>
                <xsd:simpleType>
                    <xsd:restriction base="xsd:integer"/>
                </xsd:simpleType>
                <xsd:simpleType>
```

```
                〈xsd:restriction base="xsd:hexBinary"/〉
            〈/xsd:simpleType〉
            〈xsd:simpleType〉
                〈xsd:restriction base="xsd:float"/〉
            〈/xsd:simpleType〉
        〈/xsd:union〉
    〈/xsd:simpleType〉
〈/xsd:element〉
〈xsd:element name="Range" minOccurs="0"〉
    〈xsd:simpleType〉
        〈xsd:restriction base="xsd:string"〉
            〈xsd:maxLength value="129"/〉
        〈/xsd:restriction〉
    〈/xsd:simpleType〉
〈/xsd:element〉
〈xsd:element name="UnitStr" minOccurs="0"〉
    〈xsd:simpleType〉
        〈xsd:restriction base="xsd:string"〉
            〈xsd:maxLength value="17"/〉
        〈/xsd:restriction〉
    〈/xsd:simpleType〉
〈/xsd:element〉
〈xsd:element name="HandReq"〉
    〈xsd:complexType〉
        〈xsd:simpleContent〉
            〈xsd:restriction base="StringWithOptOnOffTYPE"〉
                〈xsd:maxLength value="9"/〉
            〈/xsd:restriction〉
        〈/xsd:simpleContent〉
    〈/xsd:complexType〉
〈/xsd:element〉
〈xsd:element name="HandAns"〉
    〈xsd:complexType〉
        〈xsd:simpleContent〉
            〈xsd:restriction base="StringWithOptOnOffTYPE"〉
                〈xsd:maxLength value="9"/〉
            〈/xsd:restriction〉
        〈/xsd:simpleContent〉
    〈/xsd:complexType〉
〈/xsd:element〉
〈xsd:element name="ReadReg" minOccurs="0"〉
    〈xsd:simpleType〉
        〈xsd:restriction base="xsd:string"〉
            〈xsd:maxLength value="8"/〉
        〈/xsd:restriction〉
    〈/xsd:simpleType〉
〈/xsd:element〉
〈xsd:element name="ILock" type="ILockTYPE" minOccurs="0"/〉
〈xsd:element name="InterReq" minOccurs="0"〉
    〈xsd:complexType〉
        〈xsd:simpleContent〉
            〈xsd:restriction base="StringWithOnOffTYPE"〉
                〈xsd:maxLength value="9"/〉
            〈/xsd:restriction〉
        〈/xsd:simpleContent〉
    〈/xsd:complexType〉
```

```
        </xsd:element>
        <xsd:element name="InterAns" minOccurs="0">
            <xsd:complexType>
                <xsd:simpleContent>
                    <xsd:restriction base="StringWithOnOffTYPE">
                        <xsd:maxLength value="9"/>
                    </xsd:restriction>
                </xsd:simpleContent>
            </xsd:complexType>
        </xsd:element>
        </xsd:sequence>
            <xsd:attribute name="id" type="xsd:string" use="required"/>
        </xsd:complexType>
</xsd:element>

<!-- ApplicationProcess - IO_RW_Bit -->
<xsd:element name="IO_RW_Bit">
    <xsd:complexType>
        <xsd:sequence>
            <xsd:element ref="IO_RW_Bit_Reg" maxOccurs="unbounded"/>
        </xsd:sequence>
        <xsd:attribute name="CSPSecName" use="required">
            <xsd:simpleType>
                <xsd:restriction base="xsd:string">
                    <xsd:enumeration value="IO_RWw_Bit"/>
                    <xsd:enumeration value="IO_RWr_Bit"/>
                </xsd:restriction>
            </xsd:simpleType>
        </xsd:attribute>
    </xsd:complexType>
</xsd:element>

<xsd:element name="IO_RW_Bit_Reg">
    <xsd:complexType>
        <xsd:sequence>
            <xsd:element name="CmdPtrnRef" minOccurs="0">
                <xsd:complexType>
                    <xsd:attribute name="ref" type="xsd:string" use="required"/>
                </xsd:complexType>
            </xsd:element>
            <xsd:element name="RegNo">
                <xsd:simpleType>
                    <xsd:restriction base="xsd:hexBinary">
                        <xsd:maxLength value="1"/>
                    </xsd:restriction>
                </xsd:simpleType>
            </xsd:element>
            <xsd:sequence>
                <xsd:element ref="WBEntry" maxOccurs="unbounded"/>
            </xsd:sequence>
        </xsd:sequence>
        <xsd:attribute name="EntryNum" type="xsd:short" use="required"/>
    </xsd:complexType>
    <xsd:key name="Key_WBEntry">
            <xsd:selector xpath="WBEntry"/>
        <xsd:field xpath="@id"/>
```

```
        </xsd:key>
    </xsd:element>

    <xsd:element name="WBEntry">

        <xsd:complexType>
            <xsd:sequence>
                <xsd:element name="PrmName">
                    <xsd:simpleType>
                        <xsd:restriction base="xsd:string">
                            <xsd:maxLength value="65"/>
                        </xsd:restriction>
                    </xsd:simpleType>
            </xsd:element>
            <xsd:element name="RWBit">
                <xsd:simpleType>
                    <xsd:restriction base="xsd:string">
                        <xsd:maxLength value="9"/>
                    </xsd:restriction>
                </xsd:simpleType>
            </xsd:element>
            <xsd:element name="OffName" minOccurs="0">
                <xsd:simpleType>
                    <xsd:restriction base="xsd:string">
                        <xsd:maxLength value="65"/>
                    </xsd:restriction>
                </xsd:simpleType>
            </xsd:element>
            <xsd:element name="OnName" minOccurs="0">
                <xsd:simpleType>
                    <xsd:restriction base="xsd:string">
                        <xsd:maxLength value="65"/>
                    </xsd:restriction>
                </xsd:simpleType>
            </xsd:element>
        </xsd:sequence>
        <xsd:attribute name="id" type="xsd:string" use="required"/>
    </xsd:complexType>
</xsd:element>

<!-- ApplicationProcess - SelectPrm -->
<xsd:element name="SelectPrm">
    <xsd:complexType>
        <xsd:sequence>
            <xsd:element ref="SEntry" maxOccurs="unbounded"/>
        </xsd:sequence>
        <xsd:attribute name="id" type="xsd:string" use="required"/>
        <xsd:attribute name="EntryNum" type="xsd:short" use="required"/>
    </xsd:complexType>
    <xsd:key name="Key_SEntry">
        <xsd:selector xpath="SEntry"/>
        <xsd:field xpath="@id"/>
    </xsd:key>
</xsd:element>

<xsd:element name="SEntry">
```

```
    〈xsd:complexType〉
        〈xsd:sequence〉
            〈xsd:element name="PrmName"〉
                〈xsd:simpleType〉
                    〈xsd:restriction base="xsd:string"〉
                        〈xsd:maxLength value="65"/〉
                    〈/xsd:restriction〉
                〈/xsd:simpleType〉
            〈/xsd:element〉
            〈xsd:element name="CodeNo" type="xsd:hexBinary" minOccurs="0"/〉
            〈xsd:element name="UnitStr" minOccurs="0"〉
                〈xsd:simpleType〉
                    〈xsd:restriction base="xsd:string"〉
                        〈xsd:maxLength value="17"/〉
                    〈/xsd:restriction〉
                〈/xsd:simpleType〉
            〈/xsd:element〉
            〈xsd:element name="SecNameRef" minOccurs="0"〉
        〈xsd:complexType〉
            〈xsd:attribute name="ref" type="xsd:string" use="required"/〉
        〈/xsd:complexType〉
    〈/xsd:element〉
    〈xsd:element name="UpDwnTyp" type="xsd:short" minOccurs="0"〉
        〈xsd:annotation〉
            〈xsd:documentation〉
                0: Not supproted
                1: Upload
                2: Download
                3: Both upload and download are supported
            〈/xsd:documentation〉
        〈/xsd:annotation〉
    〈/xsd:element〉
〈/xsd:sequence〉

        〈xsd:attribute name="id" type="xsd:string" use="required"/〉
    〈/xsd:complexType〉
〈/xsd:element〉

〈! -- ApplicationProcess - PrmSet --〉
〈xsd:element name="PrmSet"〉
    〈xsd:complexType〉
        〈xsd:sequence〉
            〈xsd:element name="Default"〉
                〈xsd:complexType〉
                    〈xsd:attribute name="ref" type="xsd:string" use="required"/〉
                〈/xsd:complexType〉
            〈/xsd:element〉
            〈xsd:sequence〉
                〈xsd:element ref="PrmSetGrp" maxOccurs="unbounded"/〉
            〈/xsd:sequence〉
        〈/xsd:sequence〉
        〈xsd:attribute name="id" type="xsd:string" use="required"/〉
        〈xsd:attribute name="GrpNum" type="xsd:short" use="required"/〉
    〈/xsd:complexType〉
    〈xsd:key name="Key_PrmSetGrp"〉
        〈xsd:selector xpath="PrmSetGrp"/〉
```

```
            <xsd:field xpath="@id"/>
        </xsd:key>
        <xsd:keyref name="Keyref_PrmSetGrp" refer="Key_PrmSetGrp">
            <xsd:selector xpath="Default"/>
            <xsd:field xpath="@ref"/>
        </xsd:keyref>
    </xsd:element>

    <xsd:element name="PrmSetGrp">
        <xsd:complexType>
            <xsd:sequence>
                <xsd:element name="GrpName">
                    <xsd:simpleType>
                        <xsd:restriction base="xsd:string">
                            <xsd:maxLength value="65"/>
                        </xsd:restriction>
                    </xsd:simpleType>
                </xsd:element>
                <xsd:element name="GrpNum" type="xsd:short"/>
                <xsd:element name="GrpItemRef">
                    <xsd:complexType>
                        <xsd:attribute name="ref" type="xsd:string" use="required"/>
                    </xsd:complexType>
                </xsd:element>
                <xsd:element name="MethodRef" minOccurs="0">
                    <xsd:complexType>
                        <xsd:attribute name="ref" type="xsd:string" use="required"/>
                    </xsd:complexType>
                </xsd:element>
            </xsd:sequence>
            <xsd:attribute name="id" type="xsd:string" use="required"/>
        </xsd:complexType>
    </xsd:element>

    <!-- ApplicationProcess - GrpItem -->
    <xsd:element name="GrpItem">
        <xsd:complexType>
            <xsd:sequence>
                <xsd:element ref="PEntry" maxOccurs="unbounded"/>
            </xsd:sequence>
            <xsd:attribute name="id" type="xsd:string" use="required"/>
            <xsd:attribute name="EntryNum" type="xsd:short" use="required"/>
        </xsd:complexType>
        <xsd:key name="Key_PEntry">
            <xsd:selector xpath="PEntry"/>
            <xsd:field xpath="@id"/>
        </xsd:key>
    </xsd:element>

    <xsd:element name="PEntry">
        <xsd:complexType>
            <xsd:sequence>
                <xsd:element name="ItemName">
                    <xsd:simpleType>
                        <xsd:restriction base="xsd:string">
                            <xsd:maxLength value="65"/>
```

```
                </xsd:restriction>
            </xsd:simpleType>
        </xsd:element>
        <xsd:element name="PrmNo" minOccurs="0">
            <xsd:simpleType>
                <xsd:restriction base="xsd:string">
                    <xsd:maxLength value="17"/>
                </xsd:restriction>
            </xsd:simpleType>
        </xsd:element>
        <xsd:element name="RegNo" minOccurs="0">
            <xsd:complexType>
                <xsd:sequence>
                    <xsd:element name="ReadRegNos" type="xsd:string" minOccurs="0"
maxOccurs="unbounded"/>
                    <xsd:element name="WriteRegNos" type="xsd:string" minOccurs="0"
maxOccurs="unbounded"/>
                </xsd:sequence>
            </xsd:complexType>
        </xsd:element>
        <xsd:element name="DatTypFlg" type="xsd:short"/>
        <xsd:element name="Default" minOccurs="0">
            <xsd:simpleType>
                <xsd:union>
                    <xsd:simpleType>
                        <xsd:restriction base="xsd:integer"/>
                    </xsd:simpleType>
                    <xsd:simpleType>
                        <xsd:restriction base="xsd:hexBinary"/>
                    </xsd:simpleType>
                    <xsd:simpleType>
                        <xsd:restriction base="xsd:float"/>
                    </xsd:simpleType>
                </xsd:union>
            </xsd:simpleType>
        </xsd:element>
        <xsd:element name="Range" minOccurs="0">
            <xsd:simpleType>
                <xsd:restriction base="xsd:string">
                    <xsd:maxLength value="129"/>
                </xsd:restriction>
            </xsd:simpleType>
        </xsd:element>
        <xsd:element name="UnitStr" minOccurs="0">
            <xsd:simpleType>
                <xsd:restriction base="xsd:string">
                    <xsd:maxLength value="17"/>
                </xsd:restriction>
            </xsd:simpleType>
        </xsd:element>
        <xsd:element name="MethodRef" minOccurs="0">
            <xsd:complexType>
                <xsd:attribute name="ref" type="xsd:string" use="required"/>
            </xsd:complexType>
        </xsd:element>
    </xsd:sequence>
```

```
            <xsd:attribute name="id" type="xsd:string" use="required"/>
        </xsd:complexType>
</xsd:element>

<!-- ApplicationProcess - Method -->
<xsd:element name="Method">
    <xsd:complexType>
        <xsd:sequence>
            <xsd:element ref="MethodEntry" maxOccurs="unbounded"/>
        </xsd:sequence>
        <xsd:attribute name="EntryNum" type="xsd:short" use="required"/>
    </xsd:complexType>
</xsd:element>

<xsd:element name="MethodEntry">
    <xsd:complexType>
        <xsd:sequence>
            <xsd:element name="CmdRegNoCode">
                <xsd:complexType>
                    <xsd:sequence>
                        <xsd:element ref="RegNoCode" maxOccurs="unbounded"/>
                    </xsd:sequence>
                </xsd:complexType>
            </xsd:element>
            <xsd:element name="ReqRY" minOccurs="0">
                <xsd:complexType>
                    <xsd:simpleContent>
                        <xsd:restriction base="StringWithOnOffTYPE">
                            <xsd:maxLength value="9"/>
                        </xsd:restriction>
                    </xsd:simpleContent>
                </xsd:complexType>
            </xsd:element>
            <xsd:element name="EndRX" minOccurs="0">
                <xsd:complexType>
                    <xsd:simpleContent>
                        <xsd:restriction base="StringWithOnOffTYPE">
                            <xsd:maxLength value="9"/>
                        </xsd:restriction>
                    </xsd:simpleContent>
                </xsd:complexType>
            </xsd:element>
            <xsd:element name="ErrEnd" minOccurs="0">
                <xsd:complexType>
                    <xsd:simpleContent>
                        <xsd:restriction base="StringWithOnOffTYPE">
                            <xsd:maxLength value="9"/>
                        </xsd:restriction>
                    </xsd:simpleContent>
                </xsd:complexType>
            </xsd:element>
            <xsd:element name="ReplyRW" minOccurs="0">
                <xsd:simpleType>
                    <xsd:restriction base="xsd:string">
                        <xsd:maxLength value="16"/>
                    </xsd:restriction>
```

```
        </xsd:simpleType>
    </xsd:element>
    <xsd:element name="TrueCnd" minOccurs="0">
        <xsd:annotation>
            <xsd:documentation>
                lt: less than
                le: less than or equal
                gt: greater than
                ge: greater than or equal
                ==: equality
                !=: inequality
            </xsd:documentation>
        </xsd:annotation>
        <xsd:simpleType>
            <xsd:restriction base="xsd:string">
                <xsd:maxLength value="16"/>
            </xsd:restriction>
        </xsd:simpleType>
    </xsd:element>
    <xsd:element name="ErrReg" minOccurs="0">
        <xsd:simpleType>
            <xsd:restriction base="xsd:string">
                <xsd:maxLength value="8"/>
            </xsd:restriction>
        </xsd:simpleType>
    </xsd:element>
    <xsd:element name="TrueCnd2" minOccurs="0">
        <xsd:complexType>
            <xsd:simpleContent>
                <xsd:restriction base="StringWithOnOffTYPE">
                    <xsd:maxLength value="9"/>
                </xsd:restriction>
            </xsd:simpleContent>
        </xsd:complexType>
    </xsd:element>
    <xsd:element name="ILock" type="ILockTYPE" minOccurs="0"/>
    <xsd:element name="InterReq" minOccurs="0">
        <xsd:complexType>
            <xsd:simpleContent>
                <xsd:restriction base="StringWithOnOffTYPE">
                    <xsd:maxLength value="9"/>
                </xsd:restriction>
            </xsd:simpleContent>
        </xsd:complexType>
    </xsd:element>
    <xsd:element name="InterAns" minOccurs="0">
        <xsd:complexType>
            <xsd:simpleContent>
                <xsd:restriction base="StringWithOnOffTYPE">
                    <xsd:maxLength value="9"/>
                </xsd:restriction>
            </xsd:simpleContent>
        </xsd:complexType>
    </xsd:element>
</xsd:sequence>
<xsd:attribute name="id" type="xsd:string" use="required"/>
```

```
      </xsd:complexType>
  </xsd:element>

      <xsd:element name="RegNoCode">
          <xsd:complexType>
              <xsd:sequence>
                  <xsd:element name="RegNo" type="xsd:string"/>
                  <xsd:choice>
                      <xsd:element name="Code" type="xsd:string"/>
                      <xsd:sequence>
                          <xsd:element name="ReadCode" type="xsd:string"/>
                          <xsd:element name="WriteCode" type="xsd:string"/>
                      </xsd:sequence>
                  </xsd:choice>
              </xsd:sequence>
          </xsd:complexType>
      </xsd:element>

      <!-- ApplicationProcess - CmdPtrn -->
      <xsd:element name="CmdPtrn">
          <xsd:complexType>
              <xsd:sequence>
                  <xsd:element name="Comment" minOccurs="0">
                      <xsd:simpleType>
                          <xsd:restriction base="xsd:string">
                              <xsd:maxLength value="65"/>
                          </xsd:restriction>
                      </xsd:simpleType>
                  </xsd:element>
                  <xsd:sequence>
                      <xsd:element ref="WEntry" maxOccurs="unbounded"/>
                  </xsd:sequence>
              </xsd:sequence>
              <xsd:attribute name="id" type="xsd:string" use="required"/>
              <xsd:attribute name="EntryNum" type="xsd:short" use="required"/>
          </xsd:complexType>
          <xsd:key name="Key_CmdPtrn_WEntry">
              <xsd:selector xpath="WEntry"/>
              <xsd:field xpath="@id"/>
          </xsd:key>
      </xsd:element>

      <xsd:annotation>
          <xsd:documentation> * ISO 15745 DEFINED DATA TYPES * </xsd:documentation>
      </xsd:annotation>

      <xsd:complexType name="ProfileHandle_DataType">
          <xsd:sequence>
              <xsd:element name="ProfileIdentification" type="xsd:string" />
              <xsd:element name="ProfileRevision" type="xsd:string" />
              <xsd:element name="ProfileLocation" type="xsd:anyURI" minOccurs="0" maxOccurs="1" />
          </xsd:sequence>
      </xsd:complexType>

      <xsd:annotation>
          <xsd:documentation> * ISO 15745 CC-LINK DEFINED DATA TYPES * </xsd:documentation>
```

```
</xsd:annotation>

<!-- ProfileBody -->
<xsd:complexType name="DeviceIdentityTYPE">
    <xsd:sequence>
        <xsd:element ref="CcLinkVer"/>
        <xsd:element ref="VendName"/>
        <xsd:element ref="VendID"/>
        <xsd:element ref="DevModel"/>
        <xsd:element ref="DevVer"/>
        <xsd:element ref="StationNumber" minOccurs="0"/>
        <xsd:element ref="StationType"/>
        <xsd:element ref="RemDevType" minOccurs="0"/>
    </xsd:sequence>
</xsd:complexType>

<xsd:complexType name="DeviceManagerTYPE">
        <xsd:sequence>
        <xsd:element ref="NumOccupiedStations"/>
        <xsd:element ref="ExtendedCycleConf" minOccurs="0"/>
        <xsd:element ref="BmpFile" minOccurs="0"/>
        <xsd:element ref="ErrReg" minOccurs="0"/>
        <xsd:element ref="UpDownLoadF" minOccurs="0"/>
        <xsd:element ref="MasterFlg" minOccurs="0"/>
        <xsd:element ref="Mode"/>
        <xsd:element ref="TotalIO" minOccurs="0"/>
        <xsd:element ref="IOType" minOccurs="0"/>
        <xsd:element ref="SEMISupport" minOccurs="0"/>
        <xsd:element ref="LEDList" minOccurs="0"/>
    </xsd:sequence>
</xsd:complexType>

<xsd:complexType name="DeviceFunctionTYPE">
    <xsd:sequence>
        <xsd:element name="DevFuncData" type="xsd:string" minOccurs="0"/>
    </xsd:sequence>
</xsd:complexType>

<xsd:complexType name="ApplicationProcessTYPE">
    <xsd:choice>
        <xsd:element ref="RemoteIOMemoryMap" minOccurs="0"/>
        <xsd:element ref="RemoteDeviceMemoryMap" minOccurs="0"/>
    </xsd:choice>
</xsd:complexType>

<!-- Utility types -->
<xsd:complexType name="StringWithOptOnOffTYPE">
    <xsd:simpleContent>
        <xsd:extension base="xsd:string">
            <xsd:attribute name="onoff" type="OnOffTYPE"/>
        </xsd:extension>
    </xsd:simpleContent>
</xsd:complexType>

<xsd:complexType name="StringWithOnOffTYPE">
    <xsd:simpleContent>
```

```
        <xsd:extension base="xsd:string">
            <xsd:attribute name="onoff" type="OnOffTYPE" use="required"/>
        </xsd:extension>
    </xsd:simpleContent>
</xsd:complexType>

<xsd:complexType name="ILockTYPE">
    <xsd:sequence>
        <xsd:element name="DevName" maxOccurs="unbounded">
            <xsd:complexType>
                <xsd:simpleContent>
                    <xsd:extension base="xsd:string">
                        <xsd:attribute name="onoff" type="OnOffTYPE" use="required"/>
                    </xsd:extension>
                </xsd:simpleContent>
            </xsd:complexType>
        </xsd:element>
    </xsd:sequence>
</xsd:complexType>

<xsd:simpleType name="OnOffTYPE">
    <xsd:restriction base="xsd:string">
        <xsd:enumeration value="on"/>
    <xsd:enumeration value="off"/>
    </xsd:restriction>
</xsd:simpleType>
</xsd:schema>
```

A.2.2 设备专规模板描述——CSP 文件的 XML 封装

A.2.2.1 概述

用于封装 CSP 文件的设备专规 XML 文件应遵从 A.2.2.2 中所规定的设备专规 XML 模式。

ExternalProfileHandle(外部专规处理)元素的子元素的语义(用于引用现有 CSP 文件),在表 A.14 中予以规定。

表 A.14 ExternalProfileHandle(方法标识项)元素

XML 模式元素	CSP 元素
ProfileIdentification(专规标识)	CSP 文件名(见 A.4.2)
ProfileRevision(专规版本)	版本(见 CSP file version 表 A.35)

如果出现下述元素 DeviceIdentity(设备标识)、DeviceManager(设备管理器)、DeviceFunction(设备功能)以及 ApplicationProcess(应用过程),则这些元素应遵从 A.2.1.3 中所规定的格式。

A.2.2.2 XML 模式:CSP_DeviceProfile_wrapper.xsd

```
<?xml version="1.0" encoding="UTF-8"?>
<xsd:schema xmlns:xsd="http://www.w3.org/2001/XMLSchema">
    <xsd:element name="ISO 15745Profile">
        <xsd:complexType>
            <xsd:sequence>
                <xsd:element ref="ProfileHeader"/>
                <xsd:element ref="ProfileBody"/>
            </xsd:sequence>
        </xsd:complexType>
    </xsd:element>

    <xsd:annotation>
```

```
        <xsd:documentation> * HEADER SECTION * </xsd:documentation>
    </xsd:annotation>

    <xsd:element name="ProfileHeader">

    <xsd:complexType>
        <xsd:sequence>
            <xsd:element name="ProfileIdentification" type="xsd:string"/>
            <xsd:element name="ProfileRevision" type="xsd:string"/>
            <xsd:element name="ProfileName" type="xsd:string"/>
            <xsd:element name="ProfileSource" type="xsd:string"/>
            <xsd:element name="ProfileClassID" type="ProfileClassID_DataType" fixed="Device"/>
            <xsd:element name="ProfileDate" type="xsd:date" minOccurs="0"/>
            <xsd:element name="AdditionalInformation" type="xsd:anyURI" minOccurs="0"/>
            <xsd:element name="ISO 15745Reference" type="ISO 15745Reference_DataType"/>
            <xsd:element name="IASInterfaceType" type="IASInterface_DataType" minOccurs="0"
maxOccurs="unbounded"/>
            </xsd:sequence>
        </xsd:complexType>
    </xsd:element>

    <xsd:annotation>
        <xsd:documentation> * BODY SECTION * </xsd:documentation>
    </xsd:annotation>

    <xsd:element name="ProfileBody">
        <xsd:complexType>
            <xsd:sequence>
                <xsd:element name="DeviceIdentity" minOccurs="0" maxOccurs="1">
                    <xsd:complexType>
                        <xsd:sequence>
                            <xsd:any namespace="##any"/>
                        </xsd:sequence>
                    </xsd:complexType>
                </xsd:element>
                <xsd:element name="DeviceManager" minOccurs="0" maxOccurs="1">
                    <xsd:complexType>
                        <xsd:sequence>
                            <xsd:any namespace="##any"/>
                        </xsd:sequence>
                    </xsd:complexType>
                </xsd:element>
                <xsd:element name="DeviceFunction" minOccurs="1" maxOccurs="unbounded">
                    <xsd:complexType>
                        <xsd:sequence>
                            <xsd:any namespace="##any"/>
                        </xsd:sequence>
                    </xsd:complexType>
                </xsd:element>
                <xsd:element name="ApplicationProcess" minOccurs="0" maxOccurs="unbounded">
                    <xsd:complexType>
                        <xsd:sequence>
                            <xsd:any namespace="##any"/>
                        </xsd:sequence>
                    </xsd:complexType>
                </xsd:element>
```

```
            <xsd:element name="ExternalProfileHandle" type="ProfileHandle_DataType" minOccurs="0"
maxOccurs="unbounded"/>
          </xsd:sequence>
        </xsd:complexType>
      </xsd:element>

      <xsd:simpleType name="ProfileClassID_DataType">
        <xsd:restriction base="xsd:string">
          <xsd:enumeration value="AIP" />
          <xsd:enumeration value="Process" />
          <xsd:enumeration value="InformationExchange" />
          <xsd:enumeration value="Resource" />
          <xsd:enumeration value="Device" />
          <xsd:enumeration value="CommunicationNetwork" />
          <xsd:enumeration value="Equipment" />
          <xsd:enumeration value="Human" />
          <xsd:enumeration value="Material" />
        </xsd:restriction>
      </xsd:simpleType>

      <xsd:complexType name="ISO15745Reference_DataType">
          <xsd:sequence>
            <xsd:element name="ISO15745Part" type="xsd:positiveInteger" />
            <xsd:element name="ISO15745Edition" type="xsd:positiveInteger" />
            <xsd:element name="ProfileTechnology" type="xsd:string" />
        </xsd:sequence>
      </xsd:complexType>

        <xsd:simpleType name="IASInterface_DataType">
        <xsd:union>
          <xsd:simpleType>
            <xsd:restriction base="xsd:string">
              <xsd:enumeration value="CSI" />
              <xsd:enumeration value="HCI" />
              <xsd:enumeration value="ISI" />
              <xsd:enumeration value="API" />
              <xsd:enumeration value="CMI" />
              <xsd:enumeration value="ESI" />
              <xsd:enumeration value="FSI" />
              <xsd:enumeration value="MTI" />
              <xsd:enumeration value="SEI" />
              <xsd:enumeration value="USI" />
            </xsd:restriction>
          </xsd:simpleType>
          <xsd:simpleType>
            <xsd:restriction base="xsd:string">
              <xsd:length value="4" />
            </xsd:restriction>
          </xsd:simpleType>
        </xsd:union>
      </xsd:simpleType>

      <xsd:annotation>
        <xsd:documentation> * ISO 15745 DEFINED DATA TYPES * </xsd:documentation>
      </xsd:annotation>
```

```
    <xsd:complexType name="ProfileHandle_DataType">
        <xsd:sequence>
            <xsd:element name="ProfileIdentification" type="xsd:string" />
            <xsd:element name="ProfileRevision" type="xsd:string" />
            <xsd:element name="ProfileLocation" type="xsd:anyURI" minOccurs="0" maxOccurs="1" />
        </xsd:sequence>
    </xsd:complexType>
</xsd:schema>
```

A.3 通信网络专规模板描述

A.3.1 通信网络专规模板描述——基于 XML

A.3.1.1 概述

通信网络专规 XML 文件应遵从 A.3.1.3 中所规定的通信网络专规 XML 模式。

此 XML 模式的内容出自 6.2.2 中所示的通信网络专规类图，并通过附加元素对其进行扩展，从而实现对通信网络需求或能力的全面描述。

A.3.1.2 XML 模式元素的语义

A.3.1.2.1 应用层

OptionCommand(命令选项)元素的语义在表 A.15 中予以规定。

注：这些语义的详细描述参见 BAP-05026。

表 A.15 OptionCommand(命令选项)元素

元　素	描述及语义
CommandType(命令类型)	命令的类型(0x60h～0x7Fh)
Comment(注释)	命令的含义
BroadcastSupport(支持广播)	是否支持广播
ReqRes(请求/响应)	是否支持请求或响应；或二者都支持

A.3.1.2.2 传输层

A.3.1.2.2.1 物理层接口

PhysicalLayerInterface(物理层接口)元素的语义在表 A.16 中予以规定。PhysicalLayerInterface(物理层接口)类由 CC-LINK 的各个版本使用。

注：这些语义的详细描述参见 BAP-05027 和 BAP-05031。

表 A.16 PhysicalLayerInterface(物理层接口)元素

元　素	描述及语义
ConnectorType(连接器类型)	连接器的类型
InterfaceSpeed(接口速率)	物理层接口支持的速率是 “156 kbit/s”、“625 kbit/s”、“2.5 Mbit/s”、“5 Mbit/s”、“10 Mbit/s”
Speed(速率)	物理层接口当前的速率设置可以选择下述任一种： “156 kbit/s”、“625 kbit/s”、“2.5 Mbit/s”、“5 Mbit/s”、“10 Mbit/s”

A.3.1.2.2.2 数据链路层接口

DataLinkLayerInterface(数据链路层接口)元素的语义在表 A.17 中予以规定。表 A.18 列出了 DLConfigParam(数据链路组态参数)元素的约束。

注：这些语义的详细描述参见 BAP-05026。

表 A.17 DLConfigParam(数据链路组态参数)元素

元　素	描述及语义
NumModules(连接节点数)	连接到主站的从站数(含预留站)
NumIntelligentDevs(智能设备站数)	本地站和智能设备站的数量
NumAutoRecoveryModules(自动恢复节点数)	一次链接扫描中可恢复的从站数
RetryCount(重试次数)	通信异常时的重试次数
DelayTime(延迟时间)	规定链接扫描间隔
OperationAbnormal(异常是的运行规定)	用户应用程序发生异常时规定数据链接状态
DataCleanAbnormal(异常时的数据清零规定)	主站:通信异常时规定输入数据的保持/清除 从站:通信异常时规定输出数据的保持/清除
ScanMode(扫描模式规定)	规定数据链循环与用户程序循环同步/异步
ReservedStation(预留站规定)	连接节点数中包括预留站,但是实际未连接的从站不会被认为数据链接异常
ErrInvalidStation(错误无效站规定)	主站及本地站不会将无法进行数据链接的从站认定为数据连接的异常站
ExtensionCycle(扩展循环设置)	扩展循环设置: 0×0:设置为 1 倍 0×1:设置为 2 倍 1×0: 设置为 4 倍 1×1: 设置为 8 倍
PointsMode(位模式)	每个从站的输入/输出位数: 0:4 位 1:8 位 2:16 位
IOPointsNumber(输入/输出位数)	输入/输出位数由主站控制

表 A.18 DLConfigParam(数据链路组态参数)元素的约束

元　素	Ver. 1.00/1.10	Ver. 1.11	Ver. 2.00	Ver. LT
NumModules(连接节点数)	可选	可选	可选	可选
NumIntelligentDevs(智能设备站数)	可选	可选	可选	不适用
NumAutoRecoveryModules(自动恢复节点数)	可选	可选	可选	不适用
RetryCount(重试次数)	可选	可选	可选	不适用
DelayTime(延迟时间)	可选	可选	可选	不适用
OperationAbnormal(异常是的运行规定)	可选	可选	可选	不适用
DataCleanAbnormal(异常时的数据清零规定)	可选	可选	可选	可选
ScanMode(扫描模式规定)	可选	可选	可选	不适用
ReservedStation(预留站规定)	可选	可选	可选	不适用
ErrInvalidStation(错误无效站规定)	可选	可选	可选	不适用
ExtensionCycle(扩展循环设置)	不适用	不适用	可选	不适用
PointsMode(位模式)	不适用	不适用	不适用	可选
IOPointsNumber(输入/输出位数)	不适用	不适用	不适用	可选
注:右 4 列说明,在规定的 CC-LINK 版本的设备专规中某个子类是必备的、可选的还是不适用的。				

DLVaribles (数据链路变量)元素的语义在表 A.19 中予以规定。表 A.20 列出了 DLVaribles(数据链路变量)元素的约束。

注：这些语义的详细描述参见 BAP-05026。

表 A.19　DLVaribles(数据链路变量)元素

元　　素	描述及语义
Address(地址)	HDLC 帧中的源地址
FrameIntervals(帧间隔设定)	当前传输帧间隔
RefreshIntervals(刷新间隔设定)	当前刷新帧间隔
NumRYInfoPoint(RY 信息传输位数)	RY 信息传输位数： 0×0:0 0×1:256 0×2:512 0×3:768 0×4:1024 0×5:1280 0×6:1536 0×7:1792 0×8:2048
NumRWwInfoPoints(RWw 信息传输位数)	RWw 信息传输位数： 0×0:0 0×1:32 0×2:64 0×3:96 0×4:128 0×5:160 0×6:192 0×7:224 0×8:256
StationInfo(站信息)	站信息(站类型属性,占用的逻辑站数)
CurrentLinkScanTime(当前链接扫描时间)	链接扫描时间的当前值
MinLinkScanTime(最小链接扫描时间)	链接扫描时间的最小值
MaxLinkScanTime(最大链接扫描时间)	链接扫描时间的最大值

表 A.20　DLVaribles(数据链路变量)元素的约束

元　　素	Ver. 1.00/1.10	Ver. 1.11	Ver. 2.00	Ver. LT
Address(地址)	可选	可选	可选	可选
FrameIntervals(帧间隔设定)	可选	可选	可选	不适用
RefreshIntervals(刷新间隔设定)	可选	可选	可选	不适用
NumRYInfoPoint(RY 信息传输位数)	可选	可选	可选	不适用
NumRWwInfoPoints(RWw 信息传输位数)	可选	可选	可选	不适用
StationInfo(站信息)	可选	可选	可选	不适用
CurrentLinkScanTime(当前链接扫描时间)	可选	可选	可选	不适用
MinLinkScanTime(最小链接扫描时间)	可选	可选	可选	不适用
MaxLinkScanTime(最大链接扫描时间)	可选	可选	可选	不适用
注：右 4 列说明,在规定的 CC-LINK 版本的设备专规中某个子类是必备的、可选的还是不适用的。				

A.3.1.2.3 网络管理

A.3.1.2.3.1 网络状态信息

表 A.21 列出了 NetworkStatusInfo(网络状态信息)元素子类的约束。

表 A.21 NetworkStatusInfo(网络状态信息)元素子类的约束

元　素	Ver.1.00/1.10	Ver.1.11	Ver.2.00	Ver.LT
SelfStationStaus(本站状态)	可选	可选	可选	不适用
FarStationStatus(远程站状态)	可选	可选	可选	不适用
MasterToSlaveST(自主站到从站 ST 信息)	可选	可选	可选	不适用
SlaveTOMasterST(自从站到主站 ST 信息)	可选	可选	可选	不适用
ReceivingInfoLT(接收的信息 LT)	不适用	不适用	不适用	可选
SlaveStationLT(从站 LT)	不适用	不适用	不适用	可选
注：右 4 列说明，在规定的 CC-LINK 版本的设备专规中某个子类是必备的、可选的还是不适用的。				

SelfStationStaus(本站状态)元素的语义在表 A.22 中予以规定。

注：这些语义的详细描述参见 BAP-05026。

表 A.22 SelfStationStaus(本站状态)元素

元　素	描述及语义
FrameIntervalAbnormalityFlag(帧间隔异常标志)	“编址为本站的帧”正常接收的间隔时间监视定时器超时 0:No 1:Yes
RefreshFrameAbnormalityFlag(刷新帧异常标志)	“刷新帧接收”的间隔时间监视定时器超时 0:No 1:Yes
SuccessiveTransTimeMonitoring(连续发送时间监视)	连续发送的时间监视定时器超时 0:No 1:Yes
SuccessiveReceivingMonitoring(连续接收时间监视)	连续接收的时间监视定时器超时 0:No 1:Yes
TransPathMonitoring1Flag(传输路径监视 1 标志)	传输路径监视 1 的监视定时器超时 0:No 1:Yes
TransPathMonitoring2Flag(传输路径监视 2 标志)	传输路径监视 2 的监视定时器超时 0:No 1:Yes
MasterSwitchingRequest(主站切换请求)	请求将主站切换到备用主站 0:No 1:Yes

FarStationStatus(远程站状态)元素的语义在表 A.23 中予以规定。

注：这些语义的详细描述参见 BAP-05026。

表 A.23　FarStationStatus(远程站状态)元素

元　　素	描述及语义
PollingStatusBit(轮询状态判断位)	从站轮询响应 0:异常 1:正常
CRCErrFlag(CRC 差错校验)	出现了 CRC 差错 0:No 1:Yes
AbortErrFlag(Abort 差错校验)	接收到不少于 7 个连续为"1"的位 0:No 1:Yes
TimeOutFlag(定时器超时错误标志)	在预定时间内不能接收轮询响应 0:No 1:Yes
BufferOverErrFlag(缓冲区溢出错误标志)	接收数据超过接收缓冲区的大小 0:No 1:Yes
ReceivingFrameAddrFlag(接收帧地址标志)	接收到的帧格式的地址信息无效 0:No 1:Yes
RetryFlag(重试标志)	发生了重试 0:No 1:Yes

MasterToSlaveST(自主站到从站 ST 信息)元素的语义在表 A.24 和表 A.25 中予以规定。

注：这些语义的详细描述参见 BAP-05026。

表 A.24　MasterToSlaveST(自主站到从站 ST 信息)元素的语义

元　　素	描述及语义
MasterStationUserApp(主站用户应用)	主站的用户应用程序运行状态： 0:停止 1:运行
MasterStationUserAppErr(主站用户应用错误)	主站的用户应用程序十分正常 0:正常 1:异常
RefreshStartup(刷型启动)	链接刷新状态 0:停止 1:运行
TransientData(瞬时数据)	是否存在瞬时数据 0:不存在 1:存在
TransientDataEnable(瞬时数据接收使能/不能)	接收瞬时数据的能力 0:使能 1:不能

表 A.24（续）

元　　素	描述及语义
MasterStationType（主站类型）	主站的站类型 0:主站 1:备用主站
NumRYInfoPoints（RY 信息传输位数）	RY 信息传输位数 0×0:0 0×1:256 0×2:512 0×3:768 0×4:1024 0×5:1280 0×6:1536 0×7:1792 0×8:2048
NumRWwInfoPoints（RWw 信息传输位数）	RWw 信息传输位数 0×0:0 0×1:32 0×2:64 0×3:96 0×4:128 0×5:160 0×6:192 0×7:224 0×8:256
ST3	ST3 信息

表 A.25　MasterToSlaveST（自主站到从站 ST 信息）元素的约束

元素	Ver. 1.00/1.10	Ver. 1.11	Ver. 2.00	Ver. LT
MasterStationUserApp（主站用户应用）	可选	可选	可选	不适用
MasterStationUserAppErr（主站用户应用错误）	可选	可选	可选	不适用
RefreshStartup（刷型启动）	可选	可选	可选	不适用
TransientData（瞬时数据）	可选	可选	可选	不适用
TransientDataEnable（瞬时数据接收使能/不能）	可选	可选	可选	不适用
MasterStationType（主站类型）	可选	可选	可选	不适用
NumRYInfoPoints（RY 信息传输位数）	可选	可选	可选	不适用
NumRWwInfoPoints（RWw 信息传输位数）	可选	可选	可选	不适用
ST3	不适用	不适用	可选	不适用
注：右 4 列说明，在规定的 CC-LINK 版本的设备专规中某个子类是必备的、可选的还是不适用的。				

SlaveToMasterST（自从站到主站 ST 信息）元素的语义在表 A.26 和表 A.27 中予以规定。

注：这些语义的详细描述参见 BAP-05026。

表 A.26 SlaveToMasterST(自从站到主站 ST 信息)元素

元 素	描述及语义
FuseBlowout(保险丝状态)	从站的保险丝断 0:未断 1:断开
UnitErr(模块差错)	远程 I/O 站的模块差错或从站(包括远程 I/O 站)的标志存在无效数据量 0:未出现 1:出现
RerfreshNotReceived(未接收到刷新)	从主站接收刷新传输的状态 0:接收到 1:未接收到
ParamNotReceived(未接收到参数)	从主站接收参数信息的状态 0:接收到 1:未接收到
SwitchChangeDetection(切换状态检测)	在电源打开后或取消复位后,开关设置变化检测 0:未改变 1:改变
CyclicComm(循环通信)	循环通信能力 0:使能 1:不能
WDTErr(WDT 错误)	是否出现 WDT 错误 0:未出现 1:出现
TransientData(瞬时数据)	瞬时数据 0:未出现 1:出现
TransientCommEnable(瞬时通信使能/不能)	瞬时数据接收能力 0:使能 1:不能
TransientType(瞬时类型)	0:1:n 通信(智能设备站) 1:n:n 通信(本地站)
TransmissionPathStatus(传输路径状态)	传输路径状态 0:正常 1:错误
ExtensionCycle(扩展循环)	扩展循环 0×0:1 倍设置 0×1:2 倍设置 0×2:4 倍设置 0×3:8 倍设置
ST3	ST3 信息

表 A.27 SlaveToMasterST(自从站到主站 ST 信息)元素的约束

元素	Ver. 1.00/1.10	Ver. 1.11	Ver. 2.00	Ver. LT
FuseBlowout(保险丝状态)	可选	可选	可选	不适用
UnitErr(模块差错)	可选	可选	可选	不适用
RerfreshNotReceived(未接收到刷新)	可选	可选	可选	不适用
ParamNotReceived(未接收到参数)	可选	可选	可选	不适用
SwitchChangeDetection(切换状态检测	可选	可选	可选	不适用
CyclicComm(循环通信)	可选	可选	可选	不适用
WDTErr(WDT 错误)	可选	可选	可选	不适用
TransientData(瞬时数据)	可选	可选	可选	不适用
TransientCommEnable(瞬时通信使能/不能)	可选	可选	可选	不适用
TransientType(瞬时类型)	可选	可选	可选	不适用
TransmissionPathStatus(传输路径状态)	可选	可选	可选	不适用
ExtensionCycle(扩展循环)	不适用	不适用	可选	不适用
ST3	不适用	不适用	可选	不适用
注：右 4 列说明,在规定的 CC-LINK 版本的设备专规中某个子类是必备的、可选的还是不适用的。				

ReceivingInfoLT(接收的信息 LT)元素的语义在表 A.28 中予以规定。

注：这些语义的详细描述参见 BAP-05031。

表 A.28 ReceivingInfoLT(接收的信息 LT)元素的语义

元素	描述及语义
CRCErrFlag(CRC 差错校验标志)	出现 CRC 差错 0:No 1:Yes
ParityErrFlag(奇偶差错校验标志)	出现奇偶差错 0:No 1:Yes
AbortErrFlag(Abort 差错校验标志)	接收到不少于 7 个连续为“1”的位 0:No 1:Yes
NoResponseErrFlag(未响应差错标志)	主站在规定时段内未接收到响应 0:No 1:Yes

SlaveStatusLT(从站状态 LT)元素的语义在表 A.29 中予以规定。

注：这些语义的详细描述参见 BAP-05031。

表 A.29 SlaveStatusLT(从站状态 LT)元素的语义

元素	描述及语义
ConnectionInfo(连接信息)	接收到对全部站信息测试的测试响应 0:离线 1:在线
InAbnormal(异常)	出现 CRC 差错或奇偶校验差错或定时器超时差错,或者在 31 个连续重试后仍未接收到响应 0:正常 1:异常

A.3.1.2.3.2 其他站管理信息

OtherStationMInfoList(其他站管理信息)元素的语义在表 A.30 中予以规定。

表 A.30 OtherStationMInfoList(其他站管理信息)元素

元 素	描述及语义
StationNumber(站号)	设备的唯一标识符
VendorCode(制造商代码)	制造商代码
ModelCode(型号代码)	型号代码
SoftwareVersion(软件版本)	软件版本

A.3.1.2.3.3 从站传输信息 LT

SlaveTransInfoLT(从站传输信息 LT)元素的语义在表 A.31 中予以规定。

注：这些语义的详细描述参见 BAP-05031。

表 A.31 SlaveTransInfoLT(从站传输信息 LT)元素

元 素	描述及语义
OutputHldClr(保持/清除输出)	指示在通信异常时保持/清除输出
InputConstant(输入时间常数)	指示输入时间常数是高速率还是常规速率
HeadStationFlag(首站标志)	指示当一个从站包含若干个站时它是否是首站
WordDataStationFlag(字数据站标志)	指示某个从站是否是字数据站
InputFlag(输入标志)	指示数据是远程输入还是远程输入/输出
OutputFlag(输出标志)	指示数据是远程输出还是远程输入/输出
IOPoint(I/O 位数)	从站的 I/O 位数

STInfo 元素的语义在表 A.32 中予以规定。

表 A.32 STInfo 元素

元 素	描述及语义
Transmitted(发送)	指示站信息是否已被发送
RemoteIOErr(远程 I/O 错误)	指示是否出现从站 I/O 错误

A.3.1.3 XML 模式:CC-link_CommNetworkProfile.xsd

```
<?xml version="1.0" encoding="UTF-8"?>
<xsd:schema targetNamespace="http://www.cc-link.org/ISO 15745/CommNetworkProfile"
elementFormDefault="qualified" attributeFormDefault="unqualified"
xmlns="http://www.cc-link.org/ISO 15745/CommNetworkProfile"
xmlns:xsd="http://www.w3.org/2001/XMLSchema">
    <xsd:element name="ISO 15745Profile">
        <xsd:complexType>
            <xsd:sequence>
                <xsd:element ref="ProfileHeader"/>
                <xsd:element ref="ProfileBody"/>
            </xsd:sequence>
        </xsd:complexType>
    </xsd:element>

    <xsd:annotation>
        <xsd:documentation> * HEADER SECTION * </xsd:documentation>
    </xsd:annotation>
```

```
    <xsd:element name="ProfileHeader">
        <xsd:complexType>
            <xsd:sequence>
                <xsd:element name="ProfileIdentification" type="xsd:string"/>
                <xsd:element name="ProfileRevision" type="xsd:string"/>
                <xsd:element name="ProfileName" type="xsd:string"/>
                <xsd:element name="ProfileSource" type="xsd:string"/>
                <xsd:element name="ProfileClassID" type="ProfileClassID_DataType"
fixed="CommunicationNetwork"/>
                <xsd:element name="ProfileDate" type="xsd:date" minOccurs="0"/>
                <xsd:element name="AdditionalInformation" type="xsd:anyURI" minOccurs="0"/>
                <xsd:element name="ISO 15745Reference" type="ISO 15745Reference_DataType"/>
                <xsd:element name="IASInterfaceType" type="IASInterface_DataType" minOccurs="0"
maxOccurs="unbounded"/>
            </xsd:sequence>
        </xsd:complexType>
    </xsd:element>

    <xsd:annotation>
        <xsd:documentation> * HEADER DATA TYPES * </xsd:documentation>
    </xsd:annotation>

    <xsd:simpleType name="ProfileClassID_DataType">
        <xsd:restriction base="xsd:string">
            <xsd:enumeration value="AIP" />
            <xsd:enumeration value="Process" />
            <xsd:enumeration value="InformationExchange" />
            <xsd:enumeration value="Resource" />
            <xsd:enumeration value="Device" />
            <xsd:enumeration value="CommunicationNetwork" />
            <xsd:enumeration value="Equipment" />
            <xsd:enumeration value="Human" />
            <xsd:enumeration value="Material" />
        </xsd:restriction>
    </xsd:simpleType>

    <xsd:complexType name="ISO 15745Reference_DataType">
        <xsd:sequence>
            <xsd:element name="ISO 15745Part" type="xsd:positiveInteger" />
            <xsd:element name="ISO 15745Edition" type="xsd:positiveInteger" />
            <xsd:element name="ProfileTechnology" type="xsd:string" />
        </xsd:sequence>
    </xsd:complexType>

    <xsd:simpleType name="IASInterface_DataType">
        <xsd:union>
            <xsd:simpleType>
                <xsd:restriction base="xsd:string">
                    <xsd:enumeration value="CSI" />
                    <xsd:enumeration value="HCI" />
                    <xsd:enumeration value="ISI" />
                    <xsd:enumeration value="API" />
                    <xsd:enumeration value="CMI" />
                    <xsd:enumeration value="ESI" />
                    <xsd:enumeration value="FSI" />
                    <xsd:enumeration value="MTI" />
```

```
                    <xsd:enumeration value="SEI" />
                    <xsd:enumeration value="USI" />
                </xsd:restriction>
            </xsd:simpleType>
            <xsd:simpleType>
                <xsd:restriction base="xsd:string">
            <xsd:length value="4" />
        </xsd:restriction>
    </xsd:simpleType>
        </xsd:union>
    </xsd:simpleType>

    <xsd:annotation>
        <xsd:documentation> * BODY SECTION * </xsd:documentation>
            </xsd:annotation>

    <xsd:element name="ProfileBody">
        <xsd:complexType>
            <xsd:sequence>
                <xsd:element ref="ApplicationLayers"/>
                <xsd:element ref="TransportLayers"/>
                <xsd:element ref="NetworkManagement" minOccurs="0"/>
            </xsd:sequence>
        </xsd:complexType>
    </xsd:element>

    <xsd:annotation>
        <xsd:documentation> * ISO 15745 CC-LINK DEFINED ELEMENTS * </xsd:documentation>
    </xsd:annotation>

    <! -- ProfileBody -->

    <xsd:element name="ApplicationLayers" type="ApplicationLayersTYPE"/>
    <xsd:element name="TransportLayers" type="TransportLayersTYPE"/>
    <xsd:element name="NetworkManagement" type="NetworkManagementTYPE"/>

    <! -- ApplicationLayers -->
    <xsd:element name="Cyclic"/>
    <xsd:element name="ExtendedCyclic"/>
    <xsd:element name="Transient" type="TransientTYPE">
        <xsd:unique name="OptionCommand">
            <xsd:selector xpath="OptionCommand"/>
            <xsd:field xpath="CommandType"/>
        </xsd:unique>
    </xsd:element>
    <xsd:element name="Message"/>

    <xsd:annotation>
        <xsd:documentation> * ISO 15745 DEFINED DATA TYPES * </xsd:documentation>
    </xsd:annotation>

    <xsd:complexType name="ProfileHandle_DataType">
        <xsd:sequence>
            <xsd:element name="ProfileIdentification" type="xsd:string" />
            <xsd:element name="ProfileRevision" type="xsd:string" />
            <xsd:element name="ProfileLocation" type="xsd:anyURI" minOccurs="0" maxOccurs="1" />
```

```
    </xsd:sequence>
  </xsd:complexType>

  <xsd:annotation>
    <xsd:documentation> * ISO 15745 CC-LINK DEFINED DATA TYPES * </xsd:documentation>

  </xsd:annotation>

    <! -- ApplicationLayers -->
    <xsd:complexType name="ApplicationLayersTYPE">
      <xsd:sequence>
        <xsd:choice>
          <xsd:element name="Master"/>
          <xsd:element name="Slave" type="StationTYPE"/>
        </xsd:choice>
        <xsd:element ref="Cyclic" minOccurs="0"/>
        <xsd:element ref="ExtendedCyclic" minOccurs="0"/>
        <xsd:element ref="Transient" minOccurs="0"/>
        <xsd:element ref="Message" minOccurs="0"/>
      </xsd:sequence>
    </xsd:complexType>

  <xsd:complexType name="TransientTYPE">
    <xsd:sequence>
      <xsd:element name="OptionCommand" minOccurs="0" maxOccurs="unbounded">
        <xsd:complexType>
          <xsd:sequence>
            <xsd:element name="CommandType" type="xsd:hexBinary">
              <xsd:annotation>
                <xsd:documentation>The range of CommandType is from 60h to
7Fh</xsd:documentation>
              </xsd:annotation>
            </xsd:element>
            <xsd:element name="Comment" type="xsd:string"/>
            <xsd:element name="BroadcastSupport" type="xsd:boolean"/>
            <xsd:element name="ReqRes" type="xsd:short">
              <xsd:annotation>
                <xsd:documentation>
                  0: request
                  1: response
                  2: both request and response
                </xsd:documentation>
              </xsd:annotation>
            </xsd:element>
          </xsd:sequence>
        </xsd:complexType>
      </xsd:element>
    </xsd:sequence>
  </xsd:complexType>

  <xsd:simpleType name="StationTYPE">
    <xsd:restriction base="xsd:short">
      <xsd:annotation>
        <xsd:documentation>
          0: Remote I/O station
          1: Remote device station
```

```
                2: Intelligent device station (includes local stations and standby master station)
            </xsd:documentation>
        </xsd:annotation>
    </xsd:restriction>
</xsd:simpleType>

<!-- TransportLayers -->
<xsd:complexType name="TransportLayersTYPE">
    <xsd:sequence>
        <xsd:element name="PhysicalLayerInterface" type="PhysicalLayerInterfaceTYPE"/>
        <xsd:element name="DatalinkLayerInterface" type="DatalinkLayerInterfaceTYPE"/>
    </xsd:sequence>
</xsd:complexType>

<xsd:complexType name="PhysicalLayerInterfaceTYPE">
    <xsd:sequence>
        <xsd:element name="ConnectorType" type="xsd:string" minOccurs="0"/>
        <xsd:element name="InterfaceSpeed">
            <xsd:simpleType>
                <xsd:list itemType="SpeedTYPE"/>
            </xsd:simpleType>
        </xsd:element>
        <xsd:element name="Speed" type="SpeedTYPE" minOccurs="0" nillable="true"/>
    </xsd:sequence>
</xsd:complexType>

<xsd:complexType name="DatalinkLayerInterfaceTYPE">
    <xsd:sequence>
        <xsd:element name="DLConfigParams" type="DLConfigParamsTYPE" minOccurs="0"/>
        <xsd:element name="DLVariables" type="DLVariablesTYPE" minOccurs="0"/>
    </xsd:sequence>
</xsd:complexType>

<xsd:complexType name="DLConfigParamsTYPE">
    <xsd:sequence>
        <xsd:element name="NumModules" minOccurs="0">
            <xsd:simpleType>
                <xsd:restriction base="xsd:unsignedShort">
                    <xsd:minInclusive value="1"/>
                    <xsd:maxInclusive value="64"/>
                </xsd:restriction>
            </xsd:simpleType>
        </xsd:element>

        <xsd:element name="NumIntelligentDevs" minOccurs="0">
            <xsd:simpleType>
                <xsd:restriction base="xsd:unsignedShort">
                    <xsd:minInclusive value="0"/>
                    <xsd:maxInclusive value="26"/>
                </xsd:restriction>
            </xsd:simpleType>
        </xsd:element>
        <xsd:element name="NumAutoRecoveryModules" minOccurs="0">
            <xsd:simpleType>
                <xsd:restriction base="xsd:unsignedShort">
                    <xsd:minInclusive value="1"/>
```

```
                <xsd:maxInclusive value="10"/>
            </xsd:restriction>
        </xsd:simpleType>
    </xsd:element>
    <xsd:element name="RetryCount" minOccurs="0">
        <xsd:simpleType>
            <xsd:restriction base="xsd:unsignedShort">
                <xsd:minInclusive value="1"/>
                <xsd:maxInclusive value="7"/>
            </xsd:restriction>
        </xsd:simpleType>
    </xsd:element>
    <xsd:element name="DelayTime" minOccurs="0">
        <xsd:simpleType>
            <xsd:restriction base="xsd:unsignedShort">
                <xsd:minInclusive value="0"/>
                <xsd:maxInclusive value="5000"/>
            </xsd:restriction>
        </xsd:simpleType>
    </xsd:element>
    <xsd:element name="OperationInAbnormal" type="xsd:unsignedShort" minOccurs="0"/>
    <xsd:element name="DataClearInAbnormal" type="xsd:unsignedShort" minOccurs="0"/>
    <xsd:element name="ScanMode" type="xsd:unsignedShort" minOccurs="0"/>
    <xsd:element name="ReservedStation" minOccurs="0">
        <xsd:simpleType>
            <xsd:restriction base="xsd:hexBinary">
                <xsd:maxLength value="16"/>
            </xsd:restriction>
        </xsd:simpleType>
    </xsd:element>
    <xsd:element name="ErrInvalidStation" minOccurs="0">
        <xsd:simpleType>
            <xsd:restriction base="xsd:hexBinary">
                <xsd:maxLength value="16"/>
            </xsd:restriction>
        </xsd:simpleType>
    </xsd:element>
    <xsd:element name="ExtendedCycle" type="ExtendedCycleTYPE" minOccurs="0" nillable="true"/>
    <xsd:element name="PointsMode" type="xsd:unsignedShort" minOccurs="0">
        <xsd:annotation>
        <xsd:documentation>
            0: 4 points
            1: 8 points
            2: 16 points
        </xsd:documentation>
    </xsd:annotation>

    </xsd:element>
    <xsd:element name="IOPointsNumber" type="xsd:unsignedShort" minOccurs="0"/>
  </xsd:sequence>
</xsd:complexType>

<xsd:complexType name="DLVariablesTYPE">
  <xsd:sequence>
    <xsd:element name="Address" minOccurs="0" nillable="true">
        <xsd:simpleType>
```

```
                <xsd:restriction base="xsd:hexBinary">
                    <xsd:maxLength value="2"/>
                </xsd:restriction>
            </xsd:simpleType>
        </xsd:element>
        <xsd:element name="FrameIntervals" type="xsd:float" minOccurs="0" nillable="true"/>
        <xsd:element name="RefreshIntervals" type="xsd:float" minOccurs="0" nillable="true"/>
        <xsd:element name="NumRYInfoPoints" type="NumRYInfoPointsTYPE" minOccurs="0"
nillable="true"/>
        <xsd:element name="NumRWwInfoPoints" type="NumRWwInfoPointsTYPE" minOccurs="0"
nillable="true"/>
        <xsd:element name="StationInfo" minOccurs="0" nillable="true">
            <xsd:simpleType>
                <xsd:restriction>
                    <xsd:simpleType>
                        <xsd:list itemType="xsd:unsignedShort"/>
                            </xsd:simpleType>
                            <xsd:maxLength value="64">
                            </xsd:maxLength>
                        </xsd:restriction>
                    </xsd:simpleType>
                </xsd:element>
                <xsd:element name="CurrentLinkScanTime" type="xsd:unsignedShort" minOccurs="0"
nillable="true"/>
        <xsd:element name="MinLinkScanTime" type="xsd:unsignedShort" minOccurs="0"
nillable="true"/>
        <xsd:element name="MaxLinkScanTime" type="xsd:unsignedShort" minOccurs="0"
nillable="true"/>
    </xsd:sequence>
</xsd:complexType>

<!-- NetworkManagment -->
<xsd:complexType name="NetworkManagementTYPE">
    <xsd:sequence minOccurs="0">
        <xsd:element name="NetworkStatusInfo" type="NetworkStatusInfoTYPE" minOccurs="0"/>
        <xsd:element name="OtherStationsMInfoList" minOccurs="0">
            <xsd:complexType>
                <xsd:sequence>
                    <xsd:element name="OtherStationManagementInfo"
type="OtherStationManagementInfoTYPE" maxOccurs="unbounded"/>
                    </xsd:sequence>
                </xsd:complexType>
            </xsd:element>
        <xsd:element name="SlaveTransInfoLT" type="SlaveTransInfoLTTYPE" minOccurs="0"/>
    </xsd:sequence>
</xsd:complexType>

<xsd:complexType name="NetworkStatusInfoTYPE">
    <xsd:sequence>
        <xsd:element name="SelfStationStatus" type="SelfStationStatusTYPE" minOccurs="0"/>
        <xsd:element name="FarStationStatus" type="FarStationStatusTYPE" minOccurs="0"/>
        <xsd:element name="MasterToSlaveST" type="MasterToSlaveSTTYPE" minOccurs="0"/>
        <xsd:element name="SlaveToMasterST" type="SlaveToMasterSTTYPE" minOccurs="0"/>
        <xsd:element name="ReceivingInfoLT" type="ReceivingInfoLTTYPE" minOccurs="0"
maxOccurs="64"/>
        <xsd:element name="SlaveStatusLT" type="SlaveStatusLTTYPE" minOccurs="0" maxOccurs="64"/>
```

```
        </xsd:sequence>
    </xsd:complexType>

    <xsd:complexType name="SlaveTransInfoLTTYPE">
        <xsd:sequence>
            <xsd:element name="SlaveStationInfo" type="SlaveStationInfoTYPE" minOccurs="0" maxOccurs="64" nillable="true"/>
            <xsd:element name="STInfo" type="STInfoTYPE" minOccurs="0" maxOccurs="64" nillable="true"/>
        </xsd:sequence>
    </xsd:complexType>

    <xsd:simpleType name="bitTYPE">
        <xsd:restriction base="xsd:int">
            <xsd:minInclusive value="0"/>
            <xsd:maxInclusive value="1"/>
        </xsd:restriction>
    </xsd:simpleType>

    <xsd:complexType name="OtherStationManagementInfoTYPE">
        <xsd:sequence>
            <xsd:element name="StationNumber" type="xsd:hexBinary" minOccurs="0" nillable="true"/>
            <xsd:element name="VendorCode" type="xsd:hexBinary" minOccurs="0" nillable="true"/>
            <xsd:element name="ModelCode" type="xsd:hexBinary" minOccurs="0" nillable="true"/>
            <xsd:element name="SoftwareVersion" type="xsd:hexBinary" minOccurs="0" nillable="true"/>
        </xsd:sequence>
    </xsd:complexType>

    <xsd:complexType name="SelfStationStatusTYPE">
        <xsd:sequence>
            <xsd:element name="FrameIntervalAbnormalityFlag" type="bitTYPE" minOccurs="0" nillable="true"/>
            <xsd:element name="RefreshFrameAbnormalityFlag" type="bitTYPE" minOccurs="0" nillable="true"/>
            <xsd:element name="SuccessiveTransTimeMonitoring" type="bitTYPE" minOccurs="0" nillable="true"/>
            <xsd:element name="SuccessiveReceivingMonitoring" type="bitTYPE" minOccurs="0" nillable="true"/>
            <xsd:element name="TransPathMonitoring1Flag" type="bitTYPE" minOccurs="0" nillable="true"/>
            <xsd:element name="TransPathMonitoring2Flag" type="bitTYPE" minOccurs="0" nillable="true"/>
            <xsd:element name="MasterSwitchingRequest" type="bitTYPE" minOccurs="0" nillable="true"/>
        </xsd:sequence>
    </xsd:complexType>

    <xsd:complexType name="FarStationStatusTYPE">
        <xsd:sequence>
            <xsd:element name="PollingStatusBit" type="bitTYPE" minOccurs="0" nillable="true"/>
            <xsd:element name="CRCErrFlag" type="bitTYPE" minOccurs="0" nillable="true"/>
            <xsd:element name="AbortErrFlag" type="bitTYPE" minOccurs="0" nillable="true"/>
            <xsd:element name="TimeOutErrFlag" type="bitTYPE" minOccurs="0" nillable="true"/>
            <xsd:element name="BufferOverErrFlag" type="bitTYPE" minOccurs="0" nillable="true"/>
            <xsd:element name="ReceivingFrameAddrFlag" type="bitTYPE" minOccurs="0" nillable="true"/>
            <xsd:element name="RetryFlag" type="bitTYPE" minOccurs="0" nillable="true"/>
        </xsd:sequence>
    </xsd:complexType>
```

```
<xsd:complexType name="MasterToSlaveSTTYPE">
    <xsd:sequence>
        <xsd:element name="MasterStationUserApp" type="bitTYPE" minOccurs="0" nillable="true"/>
        <xsd:element name="MasterStationUserAppErr" type="bitTYPE" minOccurs="0" nillable="true"/>
        <xsd:element name="RefreshStartup" type="bitTYPE" minOccurs="0" nillable="true"/>
        <xsd:element name="TransientData" type="bitTYPE" minOccurs="0" nillable="true"/>
        <xsd:element name="TransientDataEnable" type="bitTYPE" minOccurs="0" nillable="true"/>
        <xsd:element name="MasterStationType" type="bitTYPE" minOccurs="0" nillable="true"/>
        <xsd:element name="NumRYInfoPoints" type="NumRYInfoPointsTYPE" minOccurs="0"
nillable="true"/>
        <xsd:element name="NumRWwInfoPoints" type="NumRWwInfoPointsTYPE" minOccurs="0"
nillable="true"/>
        <xsd:element name="ST3" type="xsd:hexBinary" minOccurs="0" nillable="true"/>
    </xsd:sequence>
</xsd:complexType>

<xsd:complexType name="SlaveToMasterSTTYPE">
    <xsd:sequence>
        <xsd:element name="FuseBlowout" type="bitTYPE" minOccurs="0" nillable="true"/>
        <xsd:element name="UnitErr" type="bitTYPE" minOccurs="0" nillable="true"/>
        <xsd:element name="RefreshNotReceived" type="bitTYPE" minOccurs="0" nillable="true"/>
        <xsd:element name="ParamNotReceived" type="bitTYPE" minOccurs="0" nillable="true"/>
        <xsd:element name="SwitchChangeDetection" type="bitTYPE" minOccurs="0" nillable="true"/>
        <xsd:element name="CyclicComm" type="bitTYPE" minOccurs="0" nillable="true"/>
        <xsd:element name="WDTErr" type="bitTYPE" minOccurs="0" nillable="true"/>
        <xsd:element name="TransientData" type="bitTYPE" minOccurs="0" nillable="true"/>
        <xsd:element name="TransientCommEnable" type="bitTYPE" minOccurs="0" nillable="true"/>
        <xsd:element name="TransientType" type="bitTYPE" minOccurs="0" nillable="true"/>
        <xsd:element name="TransmissionPathStatus" type="bitTYPE" minOccurs="0" nillable="true"/>
        <xsd:element name="ST3" type="xsd:hexBinary" minOccurs="0" nillable="true"/>
        <xsd:element name="ExtendedCycle" type="ExtendedCycleTYPE" minOccurs="0" nillable="true"/>
    </xsd:sequence>
</xsd:complexType>

<xsd:complexType name="ReceivingInfoLTTYPE">
    <xsd:sequence>
        <xsd:element name="CRCErrFlag" type="bitTYPE" minOccurs="0" nillable="true"/>
        <xsd:element name="ParityErrFlag" type="bitTYPE" minOccurs="0" nillable="true"/>
        <xsd:element name="AbortErrFlag" type="bitTYPE" minOccurs="0" nillable="true"/>
        <xsd:element name="NoResponseErrFlag" type="bitTYPE" minOccurs="0" nillable="true"/>
    </xsd:sequence>
</xsd:complexType>

<xsd:complexType name="SlaveStatusLTTYPE">
    <xsd:sequence>
        <xsd:element name="ConnectionInfo" type="bitTYPE" minOccurs="0" nillable="true"/>
        <xsd:element name="InAbnormal" type="bitTYPE" minOccurs="0" nillable="true"/>
    </xsd:sequence>
</xsd:complexType>

<xsd:complexType name="SlaveStationInfoTYPE">
    <xsd:sequence>
        <xsd:element name="OutputHldClr" type="bitTYPE" minOccurs="0" nillable="true"/>
        <xsd:element name="InputConstant" type="bitTYPE" minOccurs="0" nillable="true"/>
        <xsd:element name="HeadStationFlag" type="bitTYPE" minOccurs="0" nillable="true"/>
```

```
        <xsd:element name="WordDataStationFlag" type="bitTYPE" minOccurs="0" nillable="true"/>
        <xsd:element name="InputFlag" type="bitTYPE" minOccurs="0" nillable="true"/>
        <xsd:element name="OutputFlag" type="bitTYPE" minOccurs="0" nillable="true"/>
        <xsd:element name="IOPoints" type="bitTYPE" minOccurs="0" nillable="true"/>
    </xsd:sequence>
</xsd:complexType>

<xsd:complexType name="STInfoTYPE">
    <xsd:sequence>
        <xsd:element name="Transmitted" type="bitTYPE" minOccurs="0" nillable="true"/>
        <xsd:element name="RemoteIOErr" type="bitTYPE" minOccurs="0" nillable="true"/>
    </xsd:sequence>
</xsd:complexType>

<xsd:simpleType name="SpeedTYPE">
    <xsd:restriction base="xsd:string">
        <xsd:enumeration value="156kbps"/>
        <xsd:enumeration value="625kbps"/>
        <xsd:enumeration value="2.5Mbps"/>
        <xsd:enumeration value="5Mbps"/>
        <xsd:enumeration value="10Mbps"/>
    </xsd:restriction>
</xsd:simpleType>

<xsd:simpleType name="NumRYInfoPointsTYPE">
    <xsd:annotation>
        <xsd:documentation>
            0: 0 point
            1: 256 points (32 bytes)
            2: 512 points (64 bytes)
            3: 768 points (96 bytes)
            4: 1024 points (128 bytes)
            5: 1280 points (160 bytes)
            6: 1536 points (192 bytes)
            7: 1792 points (224 bytes)
            8: 2048 points (256 bytes)
        </xsd:documentation>
    </xsd:annotation>
    <xsd:restriction base="xsd:hexBinary">
        <xsd:maxLength value="1">
        </xsd:maxLength>
    </xsd:restriction>
</xsd:simpleType>

<xsd:simpleType name="NumRWwInfoPointsTYPE">
    <xsd:annotation>
        <xsd:documentation>
            0: 0 point
            1: 32 points (64 bytes)
            2: 64 points (128 bytes)
            3: 96 points (192 bytes)
            4: 128 points (256 bytes)
            5: 160 points (320 bytes)
            6: 192 points (384 bytes)
            7: 224 points (448 bytes)
            8: 256 points (512 bytes)
```

```
            </xsd:documentation>
        </xsd:annotation>
        <xsd:restriction base="xsd:hexBinary">
            <xsd:maxLength value="1">
            </xsd:maxLength>
        </xsd:restriction>
    </xsd:simpleType>

    <xsd:simpleType name="ExtendedCycleTYPE">
        <xsd:annotation>
            <xsd:documentation>
                0: Single
                1: Double
                2: Quadruple
                3: Octuple
            </xsd:documentation>
        </xsd:annotation>
        <xsd:restriction base="xsd:hexBinary">
            <xsd:maxLength value="1"/>
        </xsd:restriction>
    </xsd:simpleType>

</xsd:schema>
```

A.3.2 通信网络专规模板描述——CSP 文件的 XML 封装

A.3.2.1 概述

用来封装 CSP 文件的通信网络专规 XML 文件应遵从 A.3.2.2 中所规定的通信网络专规 XML 模式。

元素 ExternalProfileHandle(外部专规处理)的子元素(用于引用现有 CSP 文件)的语义在表 A.14 中规定。

A.3.2.2 XML 模式:CSP_CommNetworkProfile_wrapper.xsd

```
<?xml version="1.0" encoding="UTF-8"?>
<xsd:schema xmlns:xsd="http://www.w3.org/2001/XMLSchema">
    <xsd:element name="ISO 15745Profile">
        <xsd:complexType>
            <xsd:sequence>
                <xsd:element ref="ProfileHeader"/>
                <xsd:element ref="ProfileBody"/>
            </xsd:sequence>
        </xsd:complexType>
    </xsd:element

    <xsd:annotation>
        <xsd:documentation> * HEADER SECTION * </xsd:documentation>
    </xsd:annotation>

    <xsd:element name="ProfileHeader">
        <xsd:complexType>
            <xsd:sequence>
                <xsd:element name="ProfileIdentification" type="xsd:string"/>
                <xsd:element name="ProfileRevision" type="xsd:string"/>
                <xsd:element name="ProfileName" type="xsd:string"/>
                <xsd:element name="ProfileSource" type="xsd:string"/>
                <xsd:element name="ProfileClassID" type="ProfileClassID_DataType" fixed="Device"/>
                <xsd:element name="ProfileDate" type="xsd:date" minOccurs="0"/>
```

```
                <xsd:element name="AdditionalInformation" type="xsd:anyURI" minOccurs="0"/>
                <xsd:element name="ISO 15745Reference" type="ISO 15745Reference_DataType"/>
                <xsd:element name="IASInterfaceType" type="IASInterface_DataType" minOccurs="0"
maxOccurs="unbounded"/>
            </xsd:sequence>
        </xsd:complexType>
    </xsd:element>

    <xsd:annotation>
        <xsd:documentation> * BODY SECTION * </xsd:documentation>
    </xsd:annotation>

    <xsd:element name="ProfileBody">
        <xsd:complexType>
            <xsd:sequence>
                <xsd:element name="ExternalProfileHandle" type="ProfileHandle_DataType" minOccurs="0"
maxOccurs="unbounded"/>
            </xsd:sequence>
        </xsd:complexType>
    </xsd:element>

    <xsd:simpleType name="ProfileClassID_DataType">
        <xsd:restriction base="xsd:string">
            <xsd:enumeration value="AIP" />
            <xsd:enumeration value="Process" />
            <xsd:enumeration value="InformationExchange" />
            <xsd:enumeration value="Resource" />
            <xsd:enumeration value="Device" />
            <xsd:enumeration value="CommunicationNetwork" />
            <xsd:enumeration value="Equipment" />
            <xsd:enumeration value="Human" />
            <xsd:enumeration value="Material" />
        </xsd:restriction>
    </xsd:simpleType>

    <xsd:complexType name="ISO 15745Reference_DataType">
        <xsd:sequence>
            <xsd:element name="ISO 15745Part" type="xsd:positiveInteger" />
            <xsd:element name="ISO 15745Edition" type="xsd:positiveInteger" />
            <xsd:element name="ProfileTechnology" type="xsd:string" />
        </xsd:sequence>
    </xsd:complexType>

    <xsd:simpleType name="IASInterface_DataType">
        <xsd:union>
            <xsd:simpleType>
                <xsd:restriction base="xsd:string">
                    <xsd:enumeration value="CSI" />
                    <xsd:enumeration value="HCI" />
                    <xsd:enumeration value="ISI" />
                    <xsd:enumeration value="API" />
                    <xsd:enumeration value="CMI" />
                    <xsd:enumeration value="ESI" />
                    <xsd:enumeration value="FSI" />
                    <xsd:enumeration value="MTI" />
                    <xsd:enumeration value="SEI" />
                    <xsd:enumeration value="USI" />
                </xsd:restriction>
            </xsd:simpleType>
```

```
            <xsd:simpleType>
                <xsd:restriction base="xsd:string">
                    <xsd:length value="4" />
                </xsd:restriction>
            </xsd:simpleType>
        </xsd:union>
    </xsd:simpleType>

    <xsd:annotation>
        <xsd:documentation> * ISO 15745 DEFINED DATA TYPES * </xsd:documentation>
    </xsd:annotation>

    <xsd:complexType name="ProfileHandle_DataType">
        <xsd:sequence>
            <xsd:element name="ProfileIdentification" type="xsd:string" />
            <xsd:element name="ProfileRevision" type="xsd:string" />
            <xsd:element name="ProfileLocation" type="xsd:anyURI" minOccurs="0" maxOccurs="1" />
        </xsd:sequence>
    </xsd:complexType>
</xsd:schema>
```

A.4 CSP(CC-Link 系统专规)

A.4.1 概述

本条款描述了 CSP (CC-Link System Profile)文件的结构。在提供 CC-Link 设备时,必须提供一份按照本条款规定的要求而创建的 CSP 文件。CSP 文件是一种可通过通用的文本编辑器来创建的文本文件。

A.4.2 CSP 文件名

CSP 文件名应按如下格式:

[DistinguishableName]DeviceModelName_NumberOfOccupiedStations.csp

([标识符]设备型号名_占用逻辑站数.csp)

DistinguishableName(标识符)是可选的,并且只有在该 DeviceModelName(设备型号名)与另一个 DeviceModelName(设备型号名)相同时才能用该标识符。

NumberOfOccupiedStations(占用逻辑站数)对于某些设备并非固定不变而是可变的。某些设备具有不止一个有效的"占用逻辑站数"值。在此情况下,可以为每个有效的"占用逻辑站数"值创建一个单独的 CSP 文件。

示例 1:占用 2 个逻辑站名称为"ADCONV2000-64AD"的模/数转换模块的 CSP 文件名为:

ADCONV2000-64AD_2.csp

示例 2:占用的个逻辑站数为 2 或 4,名称为"ADCONV2001-D75P2-S3"的定位模块的 CSP 文件名为:

ADCONV2001-D75P2-S3_2.csp

ADCONV2001-D75P2-S3_4.csp

示例 3:DistinguishableName(标识符)是"S-ABC-"、DeviceModelName(设备型号名)是"CC1",为了使它区别于其他具有相同设备型号名的设备,其 CSP 文件名是:

S-ABC-CC1_1.csp

CSP 文件名的最大长度是 64 字符(最后的"空"字符除外)。此外,注意标识符和设备型号名中不能使用下划线"_"。

A.4.3 CSP 内容

A.4.3.1 CSP 文件结构

一个单独的 CSP 文件应包含整个的 CSP。一个 CSP 由表 A.33 所列的段组成。这些段的位置安排应按表 A.33 所示的顺序。

表 A.33 CSP 文件结构

段(节)名	分界符	必备/可选	
		远程 I/O 站	远程设备站
File section (文件段)	[File]	必备	必备
Device (设备段)	[Device]	必备	必备
RX section (RX 段)	[IO_Info_RX]	可选	必备
RY section (RY 段)	[IO_Info_RY]	可选	必备
RWw section (RWw 段)	[IO_Info_RWw]	不适用	必备
RWw bit register section (RWw 位寄存器段)	[IO_RWw_Bit]	不适用	可选
RWr section (RWr 段)	[IO_Info_RWr]	不适用	必备
RWr bit register section (RWr 位寄存器段)	[IO_RWr_Bit]	不适用	可选
Select parameter section (选择参数段)	[SelectPrm]	不适用	可选
Parameter setting section (参数集段)	[PrmSet*n*][1]	不适用	可选
Group Item section (组项段)	[GrpItem*n*][1]	不适用	可选
Method section (方法段)	[Method]	不适用	可选
Command pattern section (命令模式段)	[CmdPtm*n*][1]	不适用	可选
注：该分界符应由字符数组和表示阿拉伯数字的"*n*"(十进制数)组成。十进制数应从 1 开始，其后每增加一个段加 1。			

如果远程 I/O 站的 CSP 文件包含不适用于远程 I/O 站的段，那么这些段没有意义，应被忽略。

示例：

[File]

FileComment = Analog to digital converter module (number of occupied stations: 2);

CreateDate = 1999/01/19;

CreateTime = 18:50:00;

ModDate = 1999/01/20;

ModTime = 13:30:00

Version = 1.0;

[Device]

VendName = A name of vendor

VendID = 0x0;

StationType = 1;

RemDevType = 0x4;

DevModel = ADCONV1999;

DevVer = A;

Senyuu = 2;

BmpFile = remote_dv. bmp;

ErrReg = ;

UpDownLoadF = 1;

MasterFlg = 0;

[IO_Info_RX]

EntryNum = 8;

BEntry1 = CH. 1 A/D conversion complete flag, RX0, , A/D conversion complete;

BEntry2 = CH. 2 A/D conversion complete flag, RX1, , A/D conversion complete;

BEntry3 = CH. 3 A/D conversion complete flag, RX2, , A/D conversion complete;

BEntry4 = CH. 4 A/D conversion complete flag, RX3, , A/D conversion complete;

BEntry5 = Initial data processing request flag, RX18, , Initial data processing request;

BEntry6 = Initial data setting complete flag, RX19, , Initial data setting complete;

BEntry7 = Error status flag, RX1A, No error, Error;

BEntry8 = Remote READY, RX1B, , Ready;

[IO_Info_RY]

EntryNum = 5;

BEntry1 = Offset/gain value selection, RY0, User setting, factory setting;

BEntry2 = Voltage/current selection, RY1, Voltage, current;

BEntry3 = Initial data processing request flag, RY18, , initial data processing complete;

BEntry4 = Initial data setting request flag, RY19, , initial data setting;

BEntry5 = Error reset request flag, RY1A, , Error reset;

[IO_Info_RWw]

Comment = Analog to digital converter module (number of occupied stations: 2);

EntryNum = 4;

WEntry1 = CH1, RWw1, 2, PrmSet1, 0, ,-,-, , , , ;

WEntry2 = CH2, RWw2, 2, PrmSet2, 0, ,-,-, , , , ;

WEntry3 = Data format, RWw5, 3, , 0, , -,-, , , , ;

WEntry4 = A/D conversion enable/disable specification, RWw6, 3, , 0, , -,-, ;

[IO_RWw_Bit]

RegNo = 5;

EntryNum = 4;

BEntry1 = Setting data format CH1, RWwBit0, 0～4000, —2000 to 2000;

BEntry2 = Setting data format CH2, RWwBit1, 0～4000, —2000 to 2000;

BEntry3 = Setting data format CH3, RWwBit2, 0～4000, —2000 to 2000;

BEntry4 = Setting data format CH4, RWwBit3, 0～4000, —2000 to 2000;

RegNo = 6;

EntryNum = 4;

BEntry1 = A/D conversion enable/disable specification CH1, RWwBit0, A/DA/D conversion disable, A/DA/D conversion enable;

BEntry2 = A/D conversion enable/disable specification CH2, RWwBit1, A/DA/D conversion disable, A/DA/D conversion enable;

BEntry3 = A/D conversion enable/disable specification CH3, RWwBit1, A/DA/D conversion disable, A/DA/D conversion enable;

BEntry4 = A/D conversion enable/disable specification CH4, RWwBit1, A/DA/D conversion disable, A/DA/D conversion enable;

[IO_Info_RWr]

Comment = Analog to digital converter module;

EntryNum = 5;

WEntry1 = CH. 1 Digital output value, RWr0, 1, , 0, , -,-, , , , ;

WEntry2 = CH. 2 Digital output value, RWr1, 1, , 0, , -, -, , , , ;

WEntry3 = CH. 3 Digital output value, RWr2, 1, , 0, , -,-, , , , ;

WEntry4 = CH. 4 Digital output value, RWr3, 1, , 0, , -, -, , , , ;

WEntry5 = CH. 5 Digital output value, RWr4, 1, , 0, , -, -, , , , ;

[PrmSet1]

Default = PrmSetGrp1;
GrpNum = 1;
PrmSetGrp1 = CH1, 3, GrpItem1, ;
[PrmSet2]
Default = PrmSetGrp2;
GrpNum = 1;
PrmSetGrp2 = CH2, 3, GrpItem2, ;
[GrpItem1]
PEntry1 = Sampling processing, , 〈-〉 | 〈RWw1〉, 2, 0, , , Method1;
PEntry2 = Average processing/count average, , 〈-〉 | 〈RWw1〉, 2, 0, 1 to 10 000, ms, Method2;
PEntry3 = Average processing/time average, , 〈-〉 | 〈RWw1〉, 2, 0, 4 to 10 000, times, Method3;
[GrpItem2]
PEntry1 = Sampling processing, , 〈-〉 | 〈RWw1〉, 2, 0, , , Method4;
PEntry2 = Average processing/count average, , 〈-〉 | 〈RWw1〉, 2, 0, 1 to 10 000, ms, Method5;
PEntry3 = Average processing/time average, , 〈-〉 | 〈RWw1〉, 2, 0, 4 to 10 000, times, Method6;
[Method]
Method1 = 〈RWw0Bit8〉〈RWw0Bit0〉〈RWw1〉, 〈0〉〈0〉〈0〉, , , , , , , , , , , ;
Method2 = 〈RWw0Bit8〉〈RWw0Bit0〉〈RWw1〉, 〈1〉〈0〉〈Input〉, , , , , , , , , , , ;
Method3 = 〈RWw0Bit8〉〈RWw0Bit0〉〈RWw1〉, 〈1〉〈1〉〈Input〉, , , , , , , , , , , ;
Method4 = 〈RWw0Bit9〉〈RWw0Bit1〉〈RWw2〉, 〈0〉〈0〉〈0〉, , , , , , , , , , , ;
Method5 = 〈RWw0Bit9〉〈RWw0Bit1〉〈RWw2〉, 〈1〉〈0〉〈Input〉, , , , , , , , , , , ;

A.4.3.2 CSP 编辑规则

CSP 文件应由段(Section)、登入项(Entry)、字段(Field)、注释(Comment)和空白字符组成。

A.4.3.2.1 段

对于 CSP 文件中的每个段,必须用表 A.33 中定义的分界符进行分隔。一个段应包含一个或多个登入项(Entry)。

A.4.3.2.2 登入项

每个登入项应以一个登入项关键字开始,其后跟随一个等号"="、一个或多个字段,最后必须由一个分号结束。登入项关键字在 A.4.4 中规定。CSP 文件的一个行中不允许有多个登入项。一行的最大长度为 512 字节,包括结尾处的〈CR〉(回车)和〈LF〉(换行)字符。每个登入项的最大长度为 1 024 字节。超过最大长度的字符被丢弃。一个登入项可以延续若干行。

A.4.3.2.3 字段

逗号(,)分界应分隔所有的字段。可选字段应以字段数据、空格符(Space)、制表符(Tab)等填入。包含单字节连字符"-"的字段用于指示没有特定初始值的必备字段。

A.4.3.2.4 注释

注释应以"#"字符开始,并以该行的换行符终止。跟随有"\"字符的"#"字符,应被视为该注释的组成部分,而不是表示该注释开始的字符。

A.4.3.2.5 空白字符

CSP 文件中使用的空白字符应为:

——Space 字符;

——Tab 字符。

A.4.3.3 CSP 数据类型

A.4.3.3.1 字符串

String(字符串)是以 NULL 字符结尾的字符数组。其长度包括 NULL 字符。

A.4.3.3.2 CSP 日期

数据类型 CSPDate 应为 yyyy/mm/dd(年/月/日)格式,其中"yyyy"是年份(4 位数字值),"mm/"是月份(2 位数字值),"dd"是该月份中的日期(2 位数字值)。该串的长度应为 11 字节。

示例:1999 年 1 月 19 日被表示为 1999/01/19。

A.4.3.3.3 CSP 时间

数据类型 CSPTime 应为 hh:mm:ss(小时/分/秒)格式,其中"hh"是 24 小时计时格式中的小时(2 位数字值),"mm"是分(2 位数字值),ss 是秒(2 位数字值)。

示例:时间下午 6:23:44 被表示为 18:23:44。

A.4.3.3.4 整数

INT 是 16 位整数值(十进制记数法、十六进制记数法,或 Hex2 记数法)。在十六进制记数法中,应在整数值前加前置字符数组"0X";而 Hex2 记数法不使用前置字符数组"0X"。

A.4.3.3.5 CSP 文件版本

数据类型 CSPFileVersion 应为 major_version. minor_version(主版本号.副版本号)格式。major_version(主版本号)和 minor_versio(副版本号)都是十进制记数法的正整数。

major_version(主版本号)值较大的文件版本比 major_version(主版本号)值较小的文件版本新。如果 major_version(主版本号)值相同,则 minor_version(副版本号)值较大的文件版本比 minor_version(副版本号)值较小的文件版本新。

A.4.4 CSP 要求

A.4.4.1 文件段

File(文件)段包含了 CSP 文件的有关信息,其段分界符应是[File]。表 A.34 给出了 File(文件)段格式。

表 A.34 File(文件)段格式

登入项名称	登入项关键字	数据类型	必备/可选
File coment(文件注释)	FileComment	字符串(最长 65 字节)	可选
File creation date(文件创建日期)	CreateDate	CSPDate	必备
File creation time(文件创建时间)	CreateTime	CSPTime	必备
Last modified date(最后一次修改日期)	ModDate	CSPDate	可选
Last modified time(最后一次修改时间)	ModTime	CSPTime	可选
CSP file version(CSP 文件版本)	Version	CSPFileVersion	必备

表 A.35 给出了每个登入项所提供的信息。

表 A.35 File(文件)段登入项

登入项名称	描　述
File coment(文件注释)	CC-LINK 软件工具显示的文本
File creation date(文件创建日期)	CSP 文件创建日期由 CSP 文件创建者设置。CSP 软件工具使用此值来显示文件创建日期
File creation time(文件创建时间)	CSP 文件创建时间由 CSP 文件创建者设置。CSP 软件工具使用此值来显示文件创建时间
Last modified date(最后一次修改日期)	此日期定义最后一次修改 CSP 文件的日期。使用 CSP 软件工具件和文本编辑器都可以修改 CSP 文件中的"ModDate"
Last modified time(最后一次修改时间)	此时间定义最后一次修改 CSP 文件的时间。使用 CSP 软件工具件和文本编辑器都可以修改 CSP 文件中的"ModTime"
CSP file version(CSP 文件版本)	CSP 文件版本由 CSP 文件创建者设置。该数据被用于文件管理。版本比较规则在 A.4.3.3.5 中予以描述

示例：

[File]

FileComment ＝ AD Convert Unit CSP File；

CreateDate ＝ 1999/01/19；

CreateTime ＝ 18:50:00；

ModDate ＝ 1999/01/20；

ModTime ＝ 13:30:00；

Version ＝ 1.1；

A.4.4.2 设备段

Device（设备）段包含从站设备的信息，其段关键字是[Device]。表 A.36 给出了 Device（设备）段格式。

表 A.36 Device（设备）段格式

登入项名称	登入项关键字	数据类型	必备/可选
Vendor name（制造商名称）	VendName	字符串（最长 65 字节）	必备
Vendor identification（制造商代码）	VendID	INT（十六进制）	必备
Station type（站类型）	StationType	INT（十进制）	必备
Remote station type（远程设备类型）	RemDevType	INT（十六进制）	必备/可选[a]
Device model name（设备型号名）	DevModel	字符串（最长 65 字节）	必备
Version（版本）	DevVer	字符串（最长 8 字节）	必备
Number of occupied stations（占用逻辑站数）	Senyuu	INT（十六进制）	必备
Bitmap file（位图文件）	BmpFile	字符串（最长 257 字节）	必备
Error code stoage register（错误代码存储寄存器）	ErrReg	字符串（最长 8 字节）	可选
Upload/download flag（上传/下载标志）	UpDownLoadF	INT（十六进制）	必备
Standby master flag（备用主站标志）	MasterFlg	INT（十六进制）	可选
[a] 如果 StationType 为远程设备站则此处为必备，否则为可选。			

表 A.37 给出了每个登入项所提供的信息。

表 A.37 Device（设备）段登入项

登入项名称	描　　述
Vendor name（制造商名称）	文本格式的制造商名称
Vendor identification（制造商代码）	制造商代码。每个制造商分配一个代码
Station type（站类型）	从站类型代码 0:远程 I/O 站 1:远程设备站 2:智能设备站（包括本地站和备用主站）
Remote station type（远程设备类型）	远程设备站类型代码。该代码应从 0x1 开始，不得使用 0x0。所用代码列于表 A.38
Device model name（设备型号名）	设备型号名
Version（版本）	设备版本号
Number of occupied stations（占用逻辑站数）	设备占用的逻辑站数
Bitmap file（位图文件）	与 CSP 文件有关的位图的文件

表 A.37（续）

登入项名称	描　述
Error code stoage register（错误代码存储寄存器）	用于显示错误代码的错误代码存储寄存器
Upload/download flag（上传/下载标志）	此登入项的值指示设备是否支持 CSP 文件上传/下载功能 0：不支持 1：支持
Standby master flag（备用主站标志）	此登入项的值指示该站是否可以用作备用主站 0：能用作备用主站 1：不能用作备用主站

表 A.38 给出了远程设备类型的列表。

表 A.38　远程设备类型的列表

远程设备类型	描　述	代　码	描　述
0x00	未使用	0x36	协议分析器
0x01	PLC	0x37	空间传输模块
0x02	个人计算机	0x38	传送控制模块
0x03	数字 I/O	0x39	供电控制模块
0x04	模拟 I/O	0x3A	焊接控制模块
0x05	定位	0x3B	气体探测器
0x06	温度调节器	0x3C	电磁阀
0x07	HMI	0x3D	机器人（通用目的）
0x08	ID	0x3E	打印机控制模块
0x09	串行转换模块	0x3F	电机控制模块
0x1D	CC-Link-CC-Link/LT 网桥	0x40	真空泵
0x1F	协议转换模块	0x41	多轴控制器
0x20	变频器	0x42	通用 VME 板
0x21	伺服机构	0x43	电源模块（用于质量流量控制器）
0x22	NC	0x44	质量流量控制器
0x23	机器人	0x45	电源配电模块
0x24	配电控制设备	0x46	控制中心
0x30	传感器	0x47	焊接控制模块
0x31	执行器	0x48	指示器（通用）
0x32	条形码阅读器	0x49	PID 控制模块
0x33	指示器（称重）	0x4A	真空计
0x34	高速计数器	0x4B	无线模块
0x35	按键/开关	0x4C	数字/模拟 I/O

示例：

[Device]

```
VendName = X Corporation;          # Vendor name
VendID = 0x0;                      # Vendor code
StationType = 1;                   # Station type (0: I/O, 1: Remote device, 2: Intelligent device)
RemDevType = 0x4;                  # Remote device type
DevModel = AJ65BT-64AD;            # Device model name
DevVer = A;                        # Device version data
Senyuu = 2;                        # Number of occupied stations
BmpFile = remote_dv.bmp;           # Applicable Bmp filename
ErrReg = ;                         # For error display
UpDownLoadF = 1;                   # Load applicable
MasterFlg = 0;                     # Cannot function as a standby master station
```

A.4.4.3 RX 段和 RY 段

RX 段包含与 RX 有关的参数，其段分界符应是[IO_Info_RX]；RY 段包含与 RY 有关的参数，其段分界符应是[IO_Info_RY]。RX 段与 RY 段具有相同的格式。表 A.39 给出了其段格式。

表 A.39 RX 和 RY 的段格式

登入项名	登入项关键字	数据类型	必备/可选
Number of entries(登入项数)	EntryNum	INT(十进制)	必备
Register(寄存器)	Bentry$n$[a]	由字段组成(见表 A.40)	必备/可选[b]

a “n”是十进制阿拉伯数字。十进制数应从 1 开始，其后每增加一个登入项加 1。该登入项关键字的最大长度应是 10 字节。

b 如果登入项数为 0，则可省略 Register(寄存器)登入项；否则 Register(寄存器)登入项是必备的。

“Number of entries”登入项的字段应包含以十进制数表示的登入项“Register”的编号。“Register”登入项定义了每个位寄存器的用法。如果未使用位寄存器，则可以省略“Register”的相应登入项。

表 A.40 给出了“Register”登入项的字段格式。

表 A.40 RX 段和 RY 段中 Register 登入项的字段格式

字段号	字段名	数据类型	必备/可选
1	PrmName	字符串(最长 65 字节)	必备
2	RegNo	字符串(最长 9 字节)	必备
3	OffName	字符串(最长 65 字节)	可选
4	OnName	字符串(最长 65 字节)	可选

表 A.41 给出了“Register”登入项的字段。

表 A.41 RX 段和 RY 段中 Register 登入项的字段

字段名	描　述
PrmName	RX 或 RY 的信号名
RegNo	RX 或 RY 的寄存器号 用于 RX 的字段应由字符串“RX”和一个位寄存器号(十六进制)组成 RY 的字段应以字符串 RY(而不是 RX)开始
OffName	寄存器的值为 0 时规定的名称
OnName	寄存器的值为 1 时规定的名称

示例：
[IO_Info_RX]
EntryNum = 5；
BEntry1 = CH.1 A/D conversion complete flag，RX0，，A/D conversion complete；
BEntry2 = CH.2 A/D conversion complete flag，RX1，，A/D conversion complete；
BEntry3 = CH.3 A/D conversion complete flag，RX2，，A/D conversion complete；
BEntry4 = CH.4 A/D conversion complete flag，RX3，，A/D conversion complete；
BEntry5 = Initial data processing request flag，RX18，，initial data processing request；
[IO_Info_RY]
EntryNum = 4；
BEntry1 = Offset/gain value，RYO，user setting，factory setting；
BEntry2 = Voltage/current value，RY1，voltage，current；
BEntry3 = Initial data processing complete flag，RY18，，initial data processing complete；
BEntry4 = Initial data setting complete flag，RY19，，initial data setting complete；

A.4.4.4 RWr 段和 RWw 段

A.4.4.4.1 概述

RWr 段包含与 RWr 相关的参数，其段分界符应是[IO_Info_RWr]；RWw 段包含与 RWw 相关的参数，其段分界符应是[IO_Info_RWw]。

根据 RWr 或 RWw 的应用，RWr 段和 RWw 段可以与其他段一起使用。这些段之间的关系通过引用名称来描述。

注：其他用法在 BAP-05028 中描述。

使用这些段的如下组合：

——RWr 段或 RWw 段；
——RWr 段或 RWw 段，Bit register(位寄存器)段；
——RWr 段或 RWw 段，Select parameter(选择参数)段；
——RWr 段或 RWw 段，Select parameter(选择参数)段，Select parameter(选择参数)段；
——RWr 段或 RWw 段，Select parameter(选择参数)段，Parameter set(参数集)段，Group item(组项)段；
——RWr 段或 RWw 段，Select parameter(选择参数)段，Parameter set(参数集)段，Group item(组项)段，方法段；
——RWr 段或 RWw 段，Select parameter(选择参数)段，Command pattern(命令模式)段；
——RWr 段或 RWw 段，Select parameter(选择参数)段，Command pattern(命令模式)段，Bit register(位寄存器)段；
——RWr 段或 RWw 段，Parameter set(参数集)段，Group item(组项)段；
——RWr 段或 RWw 段，Parameter set(参数集)段，Group item(组项)段，Method(方法)段。

A.4.4.4.2 RWr 和 RWw 的段格式

RWr 段与 RWw 段具有相同的格式。表 A.42 给出了 RWr 和 RWw 的段格式。

表 A.42 RWr 和 RWw 的段格式

登入项名	登入项关键字	数据类型	必备/可选
Comment(注释)	Comment	字符串(最长 65 字节)	可选
Number of entries(登入项数)	EntryNum	INT(十进制)	必备
Register(寄存器)	BEntry$n$[a]	由字段组成(见表 A.43)	必备/可选[b]

[a] 登入项关键字应由字符数组和表示阿拉伯数字的"n"(十进制数)组成。十进制数应从 1 开始，其后每增加一个登入项加 1。该登入项关键字的最大长度应是 10 字节。

[b] 如果登入项数为 0，则可省略 Register (寄存器) 登入项；否则 Register(寄存器)登入项是必备的。

“Comment”登入项用于注释。“Number of entries”(登入项数)登入项的字段应包含以十进制表示的“Register”(寄存器)登入项的编号。“Register”(寄存器)登入项定义了每个字寄存器的用法。如果未使用字寄存器,则可以省略“Register”的相应登入项。如果存在多个登入项而且它们具有相同的登入项关键字,则应认为第一个登入项有效,其余登入项应被忽略。

表 A.43 给出了“Register”(寄存器)登入项的字段格式。

表 A.43 在 RWr 段和 RWw 段中寄存器登入项的字段格式

字段号	字段	数据类型	必备/可选
1	PrmName	字符串(最长 65 字节)	必备
2	RWwNo	字符串(最长 129 字节)	必备
3	DatTypFlg	INT(十进制)	必备
4	SecName	字符串(最长 16 字节)	可选
5	Default	由 DatTypFlg 字段表示的数据类型而定	可选
6	Range	字符串(最长 129 字节)	可选
7	Unitstr	字符串(最长 17 字节)	可选
8	HandReq	字符串(最长 9 字节)	必备
9	HandAns	字符串(最长 9 字节)	必备
10	ReadReg	字符串(最长 8 字节)	可选
11	ILock	字符串(最长 129 字节)	可选
12	InterReq	字符串(最长 9 字节)	可选
13	InterAns	字符串(最长 9 字节)	可选

表 A.44 给出了“Register”(寄存器)登入项的描述。

表 A.44 RWr 段和 RWw 段的“Register”登入项的字段描述

字 段	描 述
PrmName	RWr 或 RWw 的信号名
RWwNo	RWr 或 RWw 的寄存器号 RWw 的字段应由字符串“RWw”和一个字寄存器号(十六进制数)组成。RWr 的字段应由字符串“RWr”和一个字寄存器号(十六进制数)组成 可以用两个连续的字寄存器存放一个 32 位数据值(DatTypFlg 的值 6~9)。为此,该字段的组成应是,带有前置字符串的第 1 个寄存器号、符号“+”和带有前置字符串的第 2 个寄存器号。符号“+”和带有前置字符串的第 2 个寄存器号可被忽略。如果登入项含有重复的寄存器号,那么此重复的登入项应无效,并被忽略
DatTypFlg	用于 RWr 寄存器或 RWw 寄存器的数据类型的语义。应使用值 0~16,不得使用值 17~65 535 0:无符号十六进制 16 位数据 1:有符号十进制 16 位数据 2:无符号十进制 16 位数据 3:位数据,与位寄存器段一起使用(参见 A.4.4.5) 4:无符号十六进制 8 位数据(高 8 位),用于字寄存器 5:无符号十六进制 8 位数据(低 8 位),用于字寄存器 6:有符号十进制 32 位数据 7:无符号十进制 32 位数据

表 A.44(续)

字段	描述
DatTypFlg	8:无符号十六进制 32 位数据 9:浮点数(32 位数据) 10:无符号十六进制 4 位数据(bit 0～bit 3) 11:无符号十六进制 4 位数据(bit 4～bit 7) 12:无符号十六进制 4 位数据(bit 8～bit 11) 13:无符号十六进制 4 位数据(bit 12～bit 15) 14:字节数组 15:字数组 16:空数据
SecName	有关的段名 该字段应是选择参数段名、参数集段名,或者为空 选择参数段名应由字符串数组"SelectPrm"和十进制数构成 参数集段名应由字符串数组"PrmSet"和十进制数构成 如果不存在数据,则"Register"登入项没有相关的段
Default	为字寄存器规定的缺省值。其设置单位由 DatTypFlg 字段表示的数据类型而定
Range	设置范围 范围应由值、起点和终点组成,在值的起点与终点之间用字符"～"分隔。当存在多个范围时,应用空格符作为分界符
Unitstr	用一个字符串来表示数值的单位
HandReq	RY 握手寄存器名及其操作状态(ON/OFF) 该字段的组成依次是,字符串 RY 和位寄存器号(十六进制数)、一个冒号(:)以及 ON 或 OFF。如果不存在握手寄存器,则输入一个连字符('-')
HandAns	RX 握手寄存器名及其操作状态(ON/OFF) 该字段的组成是,字符串 RX 和位寄存器号(十六进制数)、一个冒号(:)以及 ON 或 OFF。如果不存在握手寄存器,则输入一个连字符('-')
ReadReg	要读出的字寄存器号 该字段的组成是,字符串 RWr 和 RWr 号(十六进制数)
ILock	互锁寄存器及其操作状态(ON/OFF) 互锁寄存器及其状态的表达格式是,RY*n*:Status 或 RX*n*:Status,其中,*n* 是寄存器号(Hex2),Status 是 ON/OFF 该字段可以有多个互锁寄存器名和状态。当存在多个互锁寄存器时,应将每个互锁寄存器名和状态放在"〈"和"〉"之间,在该字段中列表表示
InterReq	在一个顺控过程中所用的请求寄存器名及其操作状态(ON/OFF) 该字段的组成依次是,字符串 RY 和位寄存器号(十六进制数)、一个冒号(:)以及 ON 或 OFF
InterAns	在一个顺控过程中所用的响应寄存器名及其操作状态(ON/OFF) 该字段的组成依次是,字符串 RX 和位寄存器号(十六进制数)、一个冒号(:)以及 ON 或 OFF

示例 1:RWNo 的字段值

RWw2

RWw2+RWw3

示例 2:32 位数据的登入项

WEntry1 = A, RWw1+RWw2, 6, , 0, , , -, -, , , , , ;

WEntry2 = B, RWw2, 0, , 0, , , -, -, , , , , ; # This entry shall be ignored.

示例 3:32 位数据的登入项

WEntry1 = A, RWw1, 0, , 0, , , -, -, , , , , ;

WEntry2 = B, RWw1+RWw2, 6, , 0, , , -, -, , , , , ; # This entry shall be ignored.

示例 4:32 位数据的登入项

WEntry1 = A, RWw1, 0, , 0, , , -, -, , , , , ;

WEntry2 = B, RWw1+RWw2, 6, , 0, , , -, -, , , , , ; # This entry shall be ignored.

WEntry3 = C, RWw2, 0, , 0, , , -, -, , , , , ; # This entry shall not be ignored.

示例 5:Range 的字段值

100

100～200

100 150～200 300

示例 6:ILock 的字段值

RYC:on

RXC:off

〈RYC:on〉〈RXE:off〉

示例 7:RWw 段的示例

```
[IO_Info_RWw]
Comment = Positioning module (number of occupied stations: 4) ; # Comment
EntryNum = 5 ; # Number of entries
WEntry1 = One axis positioning start number, # Signal (parameter) name
        RWw0,      # Register number "RWw" + Arabic numerals "0"
        2,         # As 16 bit unsigned decimal data
        ,          # Parameter selection usage is not used
        0, ,       # Default value, no specific setting range
        ,          # String for unit display
        -, -,      # no handshake registers for RX and RY
        ,          # Word register for read
        ,          # Interlock
        , ;        # Inter-sequence request and answer registers
WEntry2 = One axis overwrite, RWw1, 0, , 100, 0 to 300, %, -, -, , , , , ;
WEntry3 = One axis current position change value, RWw2+RWw3, 6, , 0, , , -, -, , , , , ;
WEntry4 = One axis speed change value, RWw4+RWw5, 7, , 0, , , -, -, , , , , ;
WEntry5 = One axis JOG speed, RWw6+RWw7, 7, , 0, , , -, -, , , , , ;
```

A.4.4.5 RWw 和 RWr 的位寄存器段

RWw 位寄存器段包含与 RWw 有关的参数(按位使用),其段分界符应是[IO_RWw_Bit]。RWr 位寄存器段包含与 RWr 有关的参数(按位使用),其段分界符应是[IO_RWr_Bit]。这些段应与 DatTypFlg 字段一起使用,表 A.43 的 WEntry 中的 DatTypFlg 项设置为 3。RWw 与 RWr 的位寄存器段的段格式相同。

表 A.45 给出其段格式。

表 A.45　RWw/RWr 位寄存器段格式

登入项名	登入项关键字	数据类型	必备/可选
Pattern number(模式号)	CmdPtrn	INT(十进制)	可选
Register number(寄存器号)	RegNo	INT(Hex2)	必备
Number of entries(登入项数)	EntryNum	INT(十进制)	必备
Bit register(位寄存器)	BEntry*n*[a]	字段的组合(见表 A.46)	必备

[a] 登入项关键字由字符数组和阿拉伯数字"*n*"(十进制数)组成。十进制数应从 1 开始,其后每增加一个登入项加 1。该登入项关键字的最大长度应是 10 字节。

"Pattern number"(模式号)的字段包含一个命令参数段的名称。当该段被按位使用时,该字段应与命令参数段一起使用。

"Register number"(寄存器号)的字段应包含用于 RWw 位寄存器段的 RWw 字寄存器号,以及用于 RWr 位寄存器段的 RWr 字寄存器号。该字段的值应是 0～F。

"Number of entries"(登入项数)的字段应包含"Bit register"(位寄存器)登入项的个数(十进制数)。

"Bit register"(位寄存器)的字段规定了在字寄存器中某个位的用法。如果不使用字寄存器中的某个位,则可以省略该位的相应登入项。

表 A.46 给出了"Bit register"(位寄存器)登入项中的字段格式。

表 A.46　RWw/RWr 位寄存器段中"Bit register"登入项的字段格式

字段号	字段	数据类型	必备/可选
1	PrmName	字符串(最长 65 字节)	必备
2	RWBit	字符串(最长 9 字节)	必备
3	OffName	字符串(最长 65 字节)	可选
4	OnName	字符串(最长 65 字节)	可选

表 A.47 给出了"Bit register"(位寄存器)登入项中的字段描述。

表 A.47　RWw/RWr 位寄存器段中"Bit register"登入项的字段描述

字　段	描　　述
PrmName	该位的信号名
RWBit	位号 该字段由用于 RWw 位寄存器段的字符串"RWwBit"和一个位号(十六进制数)组成。对于 RWr 位寄存器段,该字段由字符串"RWrBit"和一个位号(十六进制数)组成十六进制数应从 1 开始,其后每增加一个登入项加 1 直至 F。如果登入项有重复的位号,则重复的登入项无效,并被忽略
OffName	当位寄存器的值为 0 时的对应名称
OnName	当位寄存器的值为 1 时的对应名称

示例:

```
[IO_Info_RWw]
Comment = AD converter module (number of occupied stations: 2);      # Comment
EntryNum = 2;                              # Number of entries
WEntry1 = Data format,                     # Signal (parameter) name
        RWw1,                              # Register number
```

```
    3,                            # Data type flag
    ,                             # Section name
    0, ,                          # Default vale, setting range
    ,                             # String for unit display
    -, -,                         # Handshake RX, RY
    ,                             # Word register for read
    ,                             # Interlock
    , ;                           Inter-sequence request and answer registers
WEntry2 = A/D conversion enable/disable specification, RWw2, 3, , 0, , , -, -, , , , ;
[IO_RWw_Bit]
RegNo = 1;
EntryNum = 4;
BEntry1 = Data format setting CH1, RWwBit0, 0 to 4000, -2000 to 2000;
BEntry2 = Data format setting CH2, RWwBit1, 0 to 4000, -2000 to 2000;
BEntry3 = Data format setting CH3, RWwBit2, 0 to 4000, -2000 to 2000;
BEntry4 = Data format setting CH4, RWwBit3, 0 to 4000, -2000 to 2000;
RegNo = 2;
EntryNum = 4;
BEntry1 = A/D conversion enable/disable CH1, RWwBit0, A/D conversion disable, A/D conversion enable;
BEntry2 = A/D conversion enable/disable CH2, RWwBit1, A/D conversion disable, A/D conversion enable;
BEntry3 = A/D conversion enable/disable CH3, RWwBit2, A/D conversion disable, A/D conversion enable;
BEntry4 = A/D conversion enable/disable CH4, RWwBit3, A/D conversion disable, A/D conversion enable;
```

A.4.4.6 选择参数段

Select parameter (选择参数)段包含远程寄存器用法的规定,其段分界符应是[SelectPrm *n*],其中 *n* 是阿拉伯数字(十进制数)。十进制数应从 1 开始,其后每增加一个 Select parameter(选择参数)段加 1。表 A.48 给出了其段格式。

表 A.48 选择参数段格式

登入项名	登入项关键字	数据类型	必备/可选
Number of entries(登入项数)	EntryNum	INT(十进制)	可选
Select parameter (选择参数)	Entry*n*[a]	字段的组合(见表 A.49)	必备

[a] 登入项关键字由字符数组和阿拉伯数字"*n*"(十进制数)组成。十进制数应从 1 开始,其后每增加一个登入项加 1。该登入项关键字的最大长度应是 16 字节。

"Number of entries"(登入项数)登入项的字段应是"Select parameter"(选择参数)登入项的个数(十进制数)。"Select parameter"(选择参数)登入项规定了远程寄存器用法的选择。

表 A.49 给出了"Select parameter"(选择参数)登入项的字段格式。

表 A.49 "Select parameter"(选择参数)登入项的字段格式

字段号	字段	数据类型	必备/可选
1	PrmName	字符串(最长 65 字节)	必备
2	CodeNo	INT(十进制)	可选
3	Unitstr	字符串(最长 65 字节)	可选
4	SecName	字符串(最长 65 字节)	可选
5	UpDwnTyp	INT(十进制)	可选

表 A.50 给出了"Select parameter"(选择参数)登入项的字段描述。

表 A.50 “Select parameter”(选择参数)登入项的字段描述

字 段	描 述
PrmName	表示选择参数段的项目名
CodeNo	代码号 远程寄存器的值,或者是十进制表示法,或者是十六进制表示法
Unitstr	表示数据值的单位
SecName	有关段的名称 该字段包含选择参数段名、参数集段名、命令模式段名,或者为空 选择参数段名由字符串数组“SelectPrm”和一个十进制数组成 参数集段名由字符串数组“PrmSet”和一个十进制数组成 命令模式段名由字符串数组“CmdPtrn”和一个十进制数组成 如果不存在数据,则该金村器登入项就没有有关的段
UpDwnTyp	指示是否支持上传/下载类型 该字段指示是否支持上传/下载 0:上传/下载两者都不支持 1:支持上传 2:支持下载 3:支持上传和下载

示例:Select parameter(选择参数)段的示例

```
#Example Remote Register Select Parameter section
[SelectPrm1]
EntryNum = 3;
SEntry1 = No monitoring,     # Selection name
0x0,                # Code number
,                   # Unit
,                   # Relating section name
0;                  # Upload/download indicator
SEntry2 = Output frequency, 0x1, 0.01Hz, , 0;
SEntry3 = Output current, 0x2, 0.01A, , 0;
```

A.4.4.7 参数集段

Parameter set(参数集)段包含远程寄存器所使用的一组参数设置,其段分界符应是[PrmSet *n*],其中 *n* 是阿拉伯数字(十进制数)。十进制数应从 1 开始,其后每增加一个 Parameter set(参数集)段加 1。表 A.51 给出了其段格式。

表 A.51 Parameter set(参数集)段格式

登入项名	登入项关键字	数据类型	必备/可选
Default parameter set(缺省参数集)	Default	字符串(最长 65 字节)	必备
Number of parameter set group(参数集组数)	GrpNum	INT(十进制)	必备
Parameter set(参数集)	PrmSetGrp*n*[a]	字段的组合(见表 A.52)	必备

[a] 登入项关键字由字符数组和阿拉伯数字“*n*”(十进制数)组成。十进制数应从 1 开始,其后每增加一个登入项加 1。该登入项关键字的最大长度应是 16 字节。

“Default parameter set”(缺省参数集)登入项的字段应包含缺省参数集的名称。“Number of parameter set group”(参数集组数)登入项的字段应包含“Parameter set”(参数集)登入项的个数(十进制数)。"Parameter set"(参数集)登入项给出了有关的段信息,此处规定实际参数设置。

表 A.52 给出了"Parameter set"(参数集)登入项的字段格式。

表 A.52 "Parameter set"(参数集)登入项的字段格式

字段号	字段	数据类型	必备/可选
1	GrpName	字符串(最长 65 字节)	必备
2	GrpNum	INT	必备
3	GrpItem	字符串(最长 16 字节)	必备
4	Method	字符串(最长 16 字节)	可选

表 A.53 给出了"Parameter set"(参数集)登入项的字段描述。

表 A.53 "Parameter set"(参数集)登入项的字段描述

字 段	描 述
GrpName	组名
GrpNum	在字段"GrpItem"中指定的组项段中规定的登入项数
GrpItem	组项段名 该字段包含组项段名。该段由字符串"GrpItem"和一个十进制数来表示
Method	用于变更参数集的方法名 该字段包含方法登入项名。该登入项名由字符串"Method"和一个十进制数来表示

示例:

```
[PrmSet1]
Default = PrmSetGrp1;        # Default parameter set
GrpNum = 4;                  # Number of parameter set groups to be defined
PrmSetGrp1 =
Pr. 0 to 99,                 # Item name
89,                          # Number of entries defined in the section GrpItem1
GrpItem1,                    # Group item section name
Method1;                     # Method name of changing parameter sets
PrmSetGrp2 = Pr. 100 to 159/Pr. 200 to 231/Pr. 900 to 905, 91, GrpItem2, Method2;
PrmSetGrp3 = Pr. 160 to 199/Pr. 232 to 285, 59, GrpItem3, Method3;
```

A.4.4.8 组项段

Group item(组项)段包含与 Parameter set(参数集)段有关的参数。其段分界符应是[GrpItemn],其中 n 是阿拉伯数字(十进制数)。十进制数应从 1 开始,其后每增加一个 Group item(组项)段加 1。

Group item(组项)段有一种"必备"(Required)的登入项类型,称为"Parameter entry"(参数登入项)。该登入项关键字应由字符数组"PEntry"和一个十进制数组成。十进制数应从 1 开始,其后每增加一个参数登入项加 1。登入项关键字的最大长度应为 16 字节。

表 A.54 给出了该"Parameter entry"(参数登入项)的字段格式。

表 A.54 Group item(组项)段 parameter entry(参数登入项)的字段格式

字段号	字段	数据类型	必备/可选
1	ItemName	字符串(最长 65 字节)	必备
2	PrmNo	字符串(最长 17 字节)	可选
3	RegNo	字符串(最长 257 字节)	可选
4	DatTypFlg	INT(十进制)	必备

表 A.54（续）

字段号	字段	数据类型	必备/可选
5	Default	由 DatTypFlg 字段表示的数据类型而定	可选
6	Range	字符串(最长 129 字节)	可选
7	UnitStr	字符串(最长 17 字节)	可选
8	Method	字符串(最长 16 字节)	可选

表 A.55 给出了该"Parameter entry"(参数登入项)的字段描述。

表 A.55　Group item(组项)段 parameter entry(参数登入项)的字段描述

字　段	描　　述
ItemName	参数项名
PrmNo	参数号
RegNo	读数据寄存器号和写数据寄存器号 该字段包含读数据寄存器的一个列表和写数据寄存器的一个列表。这些列表通过"｜"字符来分隔。这些列表应包含一个或多个数据寄存器 读数据寄存器由字符串"RWr"和读数据寄存器号(十六进制数)组成,并将它们用括号"〈"和"〉"括起来。写数据寄存器由字符串"RWw"和写数据寄存器号(十六进制数)组成,也将它们用括号"〈"和"〉"括起来。如果某个数据寄存器不存在,则用"〈-〉"来表示
DatTypFlg	该参数的数据类型的语义(参见表 A.44 中的 DatTypFlg)
Default	为参数规定的缺省值。它的设置单位随 DatTypFlg 指示的数据类型而定
Range	设置范围(见表 A.44 中 Range)
UnitStr	表示数据值的单位
Method	用于变更参数集的方法名 该字段包含在 Method 段中所使用的登入项关键字(见 A.4.9)

示例 1:RegNo 字段值的示例

〈RWr3〉|〈RWw3〉

〈RWr3〉〈RWr4〉|〈RWw3〉

〈RWr3〉|〈-〉

示例 2:组项段(group item section)的示例

```
[GrpItem1]
PEntry1 =
Torque boost,                  # parameter name
0,                             # parameter number
〈RWr3〉 | 〈RWw3〉,              # register number (〈read data register〉 | 〈write data register〉)
2,                             # data type flag 2: 16-bit unsigned decimal data
6, 0～30,                      # default value, setting range
%,                             # unit to be displayed
Method1001;                    # method name to change parameter set
PEntry2 = High limit frequency,  1, 〈RWr3〉 | 〈RWw3〉, 1, 120, 0～120, Hz, Method1002;
PEntry3 = Low limit frequency,   2, 〈RWr3〉 | 〈RWw3〉, 1, 0, 0～120, Hz, Method1003;
```

A.4.4.9　方法段

Method (方法)段包含了用于变更参数集而定义的参数(程序或步骤),其段关键字是[Method]。

Method (方法)段有一种必备的(Required)登入项类型,称为"Method entry"(方法登入项)。该登入项关键字应由字符数组“Method”和一个十进制数组成。登入项关键字的最大长度应为16字节。

表A.56给出了Method(方法)登入项的字段格式。

表A.56 Method(方法)登入项的字段格式

字段号	字段名	数据类型	必备/可选
1	RegNo	字符串(最长256字节)	必备
2	Code	字符串(最长32字节)	必备
3	RegRY	字符串(最长65字节)	可选
4	EndRX	字符串(最长9字节)	可选
5	ErrEnd	字符串(最长9字节)	可选
6	ReplyRW	字符串(最长16字节)	可选
7	TrueCnd	字符串(最长16字节)	可选
8	ErrReg	字符串(最长8字节)	可选
9	TrueCnd2	字符串(最长9字节)	可选
10	ILock	字符串(最长128字节)	可选
11	InterReg	字符串(最长9字节)	可选
12	InterAns	字符串(最长9字节)	可选

表A.57给出了Method(方法)登入项的字段描述。

表A.57 Method(方法)登入项的字段描述

字段名	描述
RegNo	用于设置命令的寄存器名 寄存器名应由字符串“RWw/或RWr,以及寄存器号(十六进制数)组成 该字段可以有多个寄存器名。当存在几个寄存器时,应把每个寄存器名放在括号“〈”和“〉”之间,在该字段中列出 当命令设置仅使用寄存器的一个位时,寄存器名的组成应依次是,字符串“RWw”或RWr,寄存器号(十进制数),字符串“Bit”和位寄存器号
Code	命令代码 该字段中的命令代码对应于RegNo中规定的寄存器 命令代码应是带有前置“0x”或“Input”一个十六进制数。字符串“Input”表示为命令设置寄存器设置一个输入值(用户输入一个值) 该字段可以有多个命令代码。如果存在多个命令代码,则应把每个命令代码放在括号“〈”和“〉”之间,在该字段中列出 可以对单独一个寄存器同时定义读/写两种命令代码,对于这些命令要用一个“|”字符将它们分隔开
RegRY	命令执行请求RY 该字段应由字符串RY、位寄存器号(十六进制数)、寄存器名、冒号(:)和字符串ON或OFF组成
EndRX	命令执行结束RX 该字段应由字符串RX、位寄存器号(十六进制数)、冒号(:)和字符串ON或OFF组成
ErrEnd	命令执行异常结束RX 该字段应由字符串RX、位寄存器号(十六进制数)、冒号(:)和字符串ON或OFF组成
ReplyRW	响应代码存放寄存器 该字段应由字符串RWr或RX,以及寄存器号(十六进制数)组成

表 A.57(续)

字段名	描　述
TrueCnd	命令正常结束的成功判断条件 对应于字寄存器中 ReplyRW 的该字段应由比较操作符和值组成。比较操作符应是下述任一种,它们是:= =(等于)、! =(不等于)、〈(小于)、〉(大于)、〈=(小于或等于)、〉=(大于或等于) 对应于位寄存器中 ReplyRW 的该字段应由比较操作符“= =”和字符串 ON 或 OFF 组成。若该字段无内容,则应被解释为判断成功
ErrReg	错误代码存储寄存器 该字段应由字符串 RWr 和寄存器号(十六进制数)组成
TrueCnd2	命令正常结束时所需要的成功判断条件 该字段应由字符串 RX、位寄存器号(十六进制数)、冒号(:)和字符串 ON 或 OFF 组成
ILock	互锁寄存器名及其操作 ON/OFF 状态(见表 A.44)
InterReg	在一个顺控过程中所用的请求寄存器及其操作状态 ON/OFF(见表 A.44)
InterAns	在一个顺控过程中所用的响应寄存器及其操作状态 ON/OFF(见表 A.44)

示例:

```
[Method]
Method1 =
〈RWw2〉〈RWw3〉,                # Command setting register
〈0x7F | 0xFF〉〈0x00〉,         # 〈Read code | Write code〉 setting for RWw2, code for RWw3
RYF,                           # Read request RY | Write request RY
RXF,                           # Read completion RX | Write completion RX
,                              # Command operation abnormal completion RX
RWr2,                          # Read result storage (RWr) | Write result storage (RWr)
== 0,                          # Success judgement condition
,                              # Error code storage register
,                              # Success judgement condition upon command normal completion
,                              # Interlock
,;                             # Inter-sequence request and answer registers
Method2 = 〈RWw2〉〈RWw3〉,〈0x7F | 0xFF〉〈0x01〉, RXF:ON, RYF:ON, , RWr2, == 0, , , , , ;
Method3 = 〈RWw2〉〈RWw3〉,〈0x7F | 0xFF〉〈0x02〉, RXF:ON, RYF:ON, , RWr2, == 0, , , , , ;
Method101 = 〈RWw2〉〈RWw3〉,〈0x00 | 0x80〉〈0 | Input〉, RXF:ON, RYF:ON, , RWr2, == 0, , , , , ;
Method102 = 〈RWw2〉〈RWw3〉,〈0x01 | 0x81〉〈0 | Input〉, RXF:ON, RYF:ON, , RWr2, == 0, , , , , ;
Method103 = 〈RWw2〉〈RWw3〉,〈0x02 | 0x82〉〈0 | Input〉, RXF:ON, RYF:ON, , RWr2, == 0, , , , , ;
Method201 = 〈RWw0Bit8〉〈RWw0Bit0〉〈RWw1〉,〈0〉〈0〉〈0〉, , , , , , , , , , ;
Method202 = 〈RWw0Bit8〉〈RWw0Bit0〉〈RWw1〉,〈1〉〈0〉〈Input〉, , , , , , , , , , ;
Method203 = 〈RWw0Bit8〉〈RWw0Bit0〉〈RWw1〉,〈1〉〈1〉〈Input〉, , , , , , , , , , ;
Method204 = 〈RWw0Bit9〉〈RWw0Bit1〉〈RWw2〉,〈0〉〈0〉〈0〉, , , , , , , , , , ;
Method205 = 〈RWw0Bit9〉〈RWw0Bit1〉〈RWw2〉,〈1〉〈0〉〈Input〉, , , , , , , , , , ;
Method206 = 〈RWw0Bit9〉〈RWw0Bit1〉〈RWw2〉,〈1〉〈1〉〈Input〉, , , , , , , , , , ;
```

A.4.4.10　命令模式段

Command pattern (命令模式)段包含远程字寄存器的一组语义,其段分界符应是[CmdPtrn *n*],其中 *n* 是阿拉伯数字(十进制数)。十进制数应从 1 开始,其后每增加一个 Command pattern (命令模式)段加 1。

Command pattern (命令模式)段的格式与 RWr/RWw 段的格式相同(见 A.4.4.4.2)。

示例：

[CmdPtrn1]

Comment = Initial setting；

EntryNum = 2；

WEntry1 = Initial setting，RWw0，4，，0，，，-，-，，，，；

WEntry2 = HMI internal device use enable/disable，RWw0，3，，0，，，-，-，，，，；

[CmdPtrn2]

Comment = Continuous read setting；

EntryNum = 3；

WEntry1 = Continuous read setting，-，16，PrmSet2，，，，RY39：ON，RX39：ON，，，，；

WEntry2 = Number of HMI internal device points to read from，RWw0，5，，，1～6，points，-，-，，，，；

WEntry3 = Number for the head HMI internal device to read from，RWw1，2，，，0～1023，，-，-，，，，；

附 录 B
（资料性附录）
UML 术语和表示法

B.1 概述

本附录解释说明在 GB/T 19659 的本部分中使用但在 GB/T 19659.1 中未解释说明的 UML 表示法。提供此附录是为了有助于读者理解 GB/T 19659 的本部分。

注：其他表示法已在 GB/T 19659.1—2005 Amendment 1 中予以说明。

B.2 UML 表示法

在 UML 类图中使用表 B.1 中描述的表示法。

表 B.1 UML 表示法

符 号	描 述
	导航 在箭头尾部的模型元素与箭头头部的模型元素存在方向关系

参 考 文 献

[1] BAP-05026 CC-Link 规范(概述,协议),CC-Link 协会

[2] BAP-05027 CC-Link 规范(实现),CC-Link 协会

[3] BAP-05028 CC-Link 规范(行规),CC-Link 协会

[4] BAP-05031 CC-Link/LT 规范,CC-Link 协会

[5] SEMI E54.12-0701 用于 CC-Link 传感器/执行器网络通信的规范,半导体设备和材料国际组织(SEMI),SEMI 标准

ICS 17.220.20
N 22

中华人民共和国国家标准

GB/T 19882.211—2010

自动抄表系统
第211部分：低压电力线载波抄表系统 系统要求

Automatic meter reading system—
Part 211: Distribution line carrier meter reading system—
System requirements

2011-01-14 发布　　2011-06-01 实施

中华人民共和国国家质量监督检验检疫总局
中国国家标准化管理委员会　发布

前言

GB/T 19882.21X《低压电力线载波抄表系统》分为4个部分：

——第211部分：系统要求；

——第212部分：载波集中器；

——第213部分：载波采集器；

——第214部分：静止式载波电能表特殊要求。

本部分为GB/T 19882.211—2010 自动抄表系统 第211部分 低压电力线载波抄表系统 系统要求；

下面列出《自动抄表系统》国家标准的颁布和预计结构及对应的国际标准：

a) GB/T 19882.1—2005 总则。

b) GB/T 19882.2X 抄表系统

——第2-1部分：低压电力线载波抄表系统；

——第2-2部分：无线通信抄表系统；

——第2-3部分：基于IP网络的抄表系统。

c) GB/T 19882.3X—2007 应用层数据交换协议

——第3-1部分：对象标识系统(GB/T 19882.31—2007/IDT IEC 62056-61:2002)；

——第3-2部分：接口类(GB/T 19882.32—2007/IDT IEC 62056-62:2002)；

——第3-3部分：COSEM应用层(GB/T 19882.33—2007/IDT IEC 62056-53:2002)。

d) GB/T 19897.X—2005 低层通信协议

——第1部分：直接本地数据交换(GB/T 19897.1—2005/IEC 62056-21:2002)。

——第2部分：基于双绞线载波信号的局域网使用(GB/T 19897.2—2005/IDT IEC 62056-31:1999)。

——第3部分：面向连接的异步数据交换的物理层服务进程(GB/T 19897.3—2005/IEC 62056-42:2002)。

——第4部分：基于HDLC协议的链路层(GB/T 19897.4—2005/IEC 62056-46:2002)。

本部分由中国机械工业联合会提出。

本部分由全国电工仪器仪表标准化技术委员会(SAC/TC 104)归口。

本部分起草的单位：哈尔滨电工仪表研究所、漳州科能电器有限公司、青岛东软电脑技术有限公司、西安旌旗电子有限公司、深圳市泰瑞捷电子有限公司、北京福星晓程电子科技股份有限公司、北京纳思电器有限公司、美国埃施朗股份有限公司、深圳市力合微电子有限公司、黑龙江省电力有限公司、华北电力科学研究院有限责任公司、江苏林洋电子有限公司、长沙威胜信息技术有限公司、深圳市龙电电气有限公司、杭州百富电子技术有限公司、华立仪表集团股份有限公司、深圳浩宁达仪表股份有限公司、上海英孚特电子技术有限公司、深圳科陆电子科技股份有限公司、宁波三星科技有限公司、天正集团有限公司、广东浩迪创新科技有限公司、怀化建南机器厂有限公司。

本部分主要起草人：李万宏、潘之凯、兰铁岩、王思彤、胡亚军、张志忠、郭永林、徐茂林、胡生、夏亚莉、黄深喜、饶烜攀、肖伟峰、姚礼本、蒋周金、薛德晋、陈声荣、张绍衡、刘鲲、易思杏、黎洪、戴恋、关文举。

自动抄表系统
第211部分:低压电力线载波抄表系统 系统要求

1 范围

GB/T 19882的本部分描述了低压电力线载波抄表系统的系统总体结构;规定了低压电力线载波抄表系统的术语和定义、基本概念、系统的结构体系、基本功能和性能指标,以及系统的开放性要求和数据操作流程。

本部分适用于采用低压电力线载波通信方式的电能计量仪表数据抄收系统,对采用低压电力线载波通信方式的非电能计量仪表数据抄收系统也可参照使用。

2 规范性引用文件

下列文件中的条款通过GB/T 19882的本部分的引用而成为本部分的条款。凡是注日期的引用文件,其随后所有的修改单(不包括勘误的内容)或修订版均不适用于本部分,然而,鼓励根据本部分达成协议的各方研究是否可使用这些文件的最新版本。凡是不注日期的引用文件,其最新版本适用于本部分。

GB/T 9387.1—1998 信息技术 开放系统互连 基本参考模型 第1部分:基本模型(idt ISO/IEC 7498-1:1994)

GB/T 9387.2—1995 信息处理系统 开放系统互连 基本参考模型 第2部分:安全体系结构(idt ISO/IEC 7498-2:1989)

GB/T 9387.3—2008 信息技术 开放系统互连 基本参考模型 第3部分:命名与编址(ISO/IEC 7498-3:1997,IDT)

GB/T 9387.4—1996 信息处理系统 开放系统互连 基本参考模型 第4部分:管理框架(idt ISO/IEC 7498-4:1989)

GB/T 17463—1998 远动设备及系统 第4部分:性能要求(idt IEC 60870-4:1990)

GB/T 19882.1—2005 自动抄表系统 总则

3 术语和定义

GB/T 19882.1—2005确立的术语和定义以及下列术语和定义适用于本部分。

3.1

低压电力线载波 Distribute Line Carrier

以交流400 V及其以下的配电线路为传输介质的一种数据载波通信方式,简称为DLC。

3.2

低压电力线载波抄表 DLC Meter Reading

在低压配电网路内,使用电力线载波通信技术,对网路内的电能表计量数据进行非现场自动抄收,并将抄收到的数据集中传送到远方主站。

3.3

主站 master station

能够通过远方通信网路收集载波集中器所采集的电能信息,以及经由载波集中器采集计量仪表的瞬时信息,并进行处理和管理的监控中心。

3.4

载波采集器 DLC acquisition unit

能够通过 RS-485 通信方式或 M-bus 通信方式收集多个用户电能表的计量数据,并将其以低压电力线载波通信方式传送到上一级设备(集中器)的装置。在本部分中也简称为采集器。

3.5

载波电能表 DLC electricity meter

能够以电力线为信道进行载波通信从而实现数据交换的电能计量仪表。

3.6

手持设备 hand-held unit

能够在现场直接与单台电能表、采集器、集中器或者主站进行数据交换的设备。手持设备也称手持装置。

3.7

兼容性 compatibility

在同一分布式应用中,两个或两个以上设备能够一起工作的能力。

3.8

共存性 coexistence

不同制造商提供的两个或两个以上设备,在同一通信网路中相互独立地运行,或使用相同通信协议的部分或全部一起运行而不影响网络上其他设备的功能的能力。

3.9

互连性 interconnectability

不同制造商提供的两个或两个以上设备,使用相同的通信协议和通信接口相互一起运行的能力。

3.10

协作性 interworkability

不同制造商提供的两个或两个以上设备,在拥有数据输入、数据输出和参数等数据类型的设备间支持设备参数传送的能力。

3.11

互操作性 interoperability

不同制造商提供的两个或两个以上设备,在一个或多个分布式应用中一起工作的能力。设备的数据输入、数据输出、参数、它们的语义和设备间相关功能性的应用程序定义之后,如果其中任意一个设备被另一个制造商类似的设备所替换,除了动态响应可能会有不同外,包括被替换设备的所有分布式应用仍会如替换前一样继续运行。

3.12

互换性 interchangeability

不同制造商提供的两个或两个以上设备,在一个或多个分布式应用中具有可互操作性,且具有同样的分布式应用的动态响应能力。

3.13

数据完整性 data integrity

信源和信宿之间的信息内容的不变性。它与有错报文残留概率(残留差错率)有关,包括有错报文残留概率和未发现的报文丢失概率。

3.14

响应时间 response time

系统从发送站发送信息(或命令)到接收站最终信息显示或命令执行完毕所需的时间。它是信息采集时间、信息传递时间、发送站处理时间和接收站处理时间的总和。

4 系统的体系结构

4.1 低压电力线载波抄表系统逻辑结构图(见图 1)

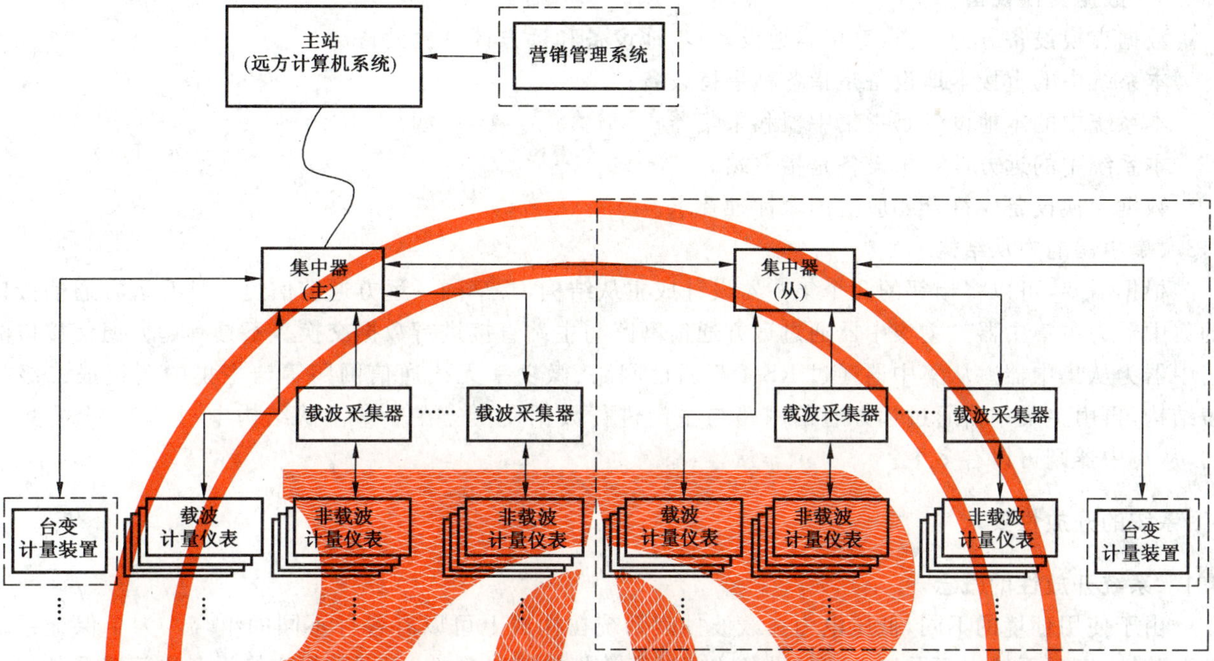

图 1 低压电力线载波抄表系统逻辑结构图

4.2 低压电力线载波抄表系统结构说明

低压电力线载波抄表系统主要由三部分组成:计量仪表、抄表通信网路以及数据交换设备。

4.2.1 计量仪表

计量仪表的数据内容和性能指标应符合相关的国家标准。

4.2.1.1 载波计量仪表

载波计量仪表是指对于能量计量数据具有计算和存储能力,并能通过自身具备的低压电力线载波通信信道进行数据交换的计量仪表。

4.2.1.2 非载波计量仪表

非载波计量仪表是指不具备低压电力线载波通信信道的计量仪表。非载波计量仪表通过载波采集器实现低压电力线载波通信功能。

4.2.2 抄表通信网路

系统中的通信网路是各种无线、有线通道,具有覆盖面广、传输信道公开、通用的特点,且具有相应的通信协议。主站与集中器之间的通信网路为远方通信网路,通常是公共交换电话网路(PSTN)、光纤通信网路、宽带通信网路或无线通信网路等;集中器与载波计量仪表之间的通信网路为低压电力线载波通信网路;主集中器与从集中器之间、集中器与台变计量装置(计量仪表或电能计量管理终端)之间的通信网路为 RS-485 通信网路、微功率无线通信网路等;载波采集器与非载波计量仪表之间的通信网路为 RS-485 通信网路、M-Bus 通信网路等;手持设备在现场直接与单台计量仪表进行数据交换的通信网路为直接本地通信网路,可以是红外光通信、RS-232 通信或微功率无线通信等。

低压电力线载波抄表系统的作用,就是将计量仪表的数据通过通信网路与主站(远方计算机系统)进行数据交换,并为计量仪表管理提供服务。主站通过集中器和手持设备与计量仪表构成低压电力线载波抄表系统,集中器作为低压电力线载波抄表系统中的网络节点;采集器通过 RS-485 接口、M-Bus

接口等方式与非载波计量仪表连接，通过低压电力线载波通信通道与集中器连接，实现非载波计量仪表与集中器的数据交换。本地抄表环节中工业计量仪表应以能量计量配套规范 COSEM 为主，民用计量仪表可以使用简化的 COSEM 协议子集或直接本地数据交换协议，以求在完成数据传输的同时，尽量不增加计量仪表在进行数据交换时的复杂性。

4.2.3 数据交换设备

数据交换设备分为三类：直接本地设备、本地设备和远方计算机设备。

本系统中的直接本地设备是指各种手持设备；

本系统中的本地设备是指集中器和采集器；

本系统中的远方计算机设备是指主站。

数据交换设备应符合相应的国家标准要求。

4.3 集中器的主从结构

根据需要，可以将相邻的几个集中器设计成主从结构，共享同一远方通信信道。具有远方通信接口的集中器为主集中器。主集中器通过远方通信网路与主站直接进行数据交换。不具有远方通信接口的集中器为从集中器。从集中器通过 RS-485 通信网路、微功率无线通信网路等与主集中器组成二级抄表结构，再由主集中器通过远方通信网路与主站进行数据交换。在一个主从结构中，只有一个主集中器，从集中器则可以有多个。

5 系统的开放性要求

5.1 系统开放性的概念

由于使用环境的不同，低压电力线载波抄表系统在构成上可以有各种不同的组合。为了保证系统的开放性，实现系统内不同制造商的设备之间的互连性和互操作性，不同数据交换设备之间以及数据交换设备与计量仪表之间必须遵循一定的数据交换协议。

在各种数据交换协议中，为保证自动抄表系统中不同设备之间的互操作性，应该以能量计量配套规范（COSEM）以及对象标识系统（OBIS）作为数据交换协议的核心。

图 2 和表 1 描述了控制网络中不同制造商的设备之间所具有的共存性、互连性、协作性、互操作性和互换性的逻辑关系。

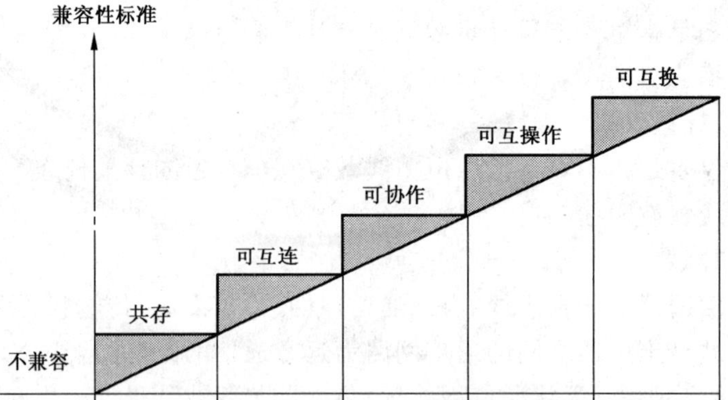

	不兼容	共存	可互连	可协作	可互操作	可互换	
动态性能						√	应用行规
应用功能性					√	√	应用行规
参数语义					√	√	应用行规
数据类型、数据访问				√	√	√	应用行规
通信接口			√	√	√	√	通信行规
通信协议		√	√	√	√	√	通信行规

图 2 设备的兼容性

表 1 功能特性

特性		描述
通信行规	通信协议	该特性由 GB/T 9387 中的 OSI 参考模型 1 到 7 层的所有协议来定义，即从物理媒体访问到应用层协议
	通信接口	该特性由包含了服务和服务参数的应用层通信服务定义来定义。可能需要附加的映射机制。通信系统的动态性能是该特性的一部分
应用行规	数据类型	该特性由功能块的数据输入、数据输出或参数的数据类型来定义
	参数语义	该特性由数据的典型特性来定义，它可以是数据名，数据描述，数据范围，数据的替代值，默认值，失电和恢复电源后的数据保持
	应用功能性	该特性由功能块内部变量间的依从关系和一致性规则来定义，并在数据描述部分或在单独的行为段内进行
	动态性能	该特性由时间约束来定义，它影响数据或整个设备的行为。例如，过程值的更新速率会影响到控制算法

5.2 系统开放性的实现

低压电力线载波抄表系统制造商提供的能源计量抄收系统设备可以通过下面的途径达到互操作性的要求。

5.2.1 统一数据标识

使用对象标识系统(OBIS)表示数据，使不同制造商的计量仪表中相同计量值、检测量或控制量(即每一项数据)具有唯一的标识码。

5.2.2 统一应用层协议规范

不同制造商的低压电力线载波抄表系统使用统一的能量计量配套规范(COSEM)。

5.2.3 统一链路层协议

不同制造商的低压电力线载波抄表系统统一使用高级数据链路控制(HDLC)协议，用来规范集中器应用层与通信信道物理层之间的连接，高级数据链路层可以支持多种常规的物理层传输协议，如 232 串口、USB 口、光电口、电话线、以太网、GPRS/CDMA/TD-SCDMA/WCDMA/CDMA2000 无线网路等；TCP/IP 传输方式需要有各自独立的物理层和链路层数据传输协议。

由于历史和各种物理层通信技术的现实原因，不同制造商的计量仪表、集中器、中继器可能使用不同的链路层协议。一方面，制造商应努力达到使用 HDLC 协议；另一方面，允许制造商通过在自己已有的链路层协议之上附加协议转换层，转换到统一链路层协议。从而与其他制造商的系统或未来的设备互连，进而实现客户操作要求。

5.2.4 规范的物理层

制造商的低压电力线载波抄表系统无论使用何种物理层通信信道，应使设备符合行业统一的物理层接口规范。

5.2.5 规范的系统接口

不同制造商的低压电力线载波抄表系统应使用统一的对外数据接口，便于不同系统(可能应用层规范不统一)之间可以实现数据汇总和交换。不符合本规范的旧有系统也可采用该途径升级。

6 功能要求

6.1 远程参数设置功能

可对集中器自动抄表时间、抄收间隔、电能表档案等参数进行远程设置，并自动记录设置操作信息。

6.2 抄表功能

按设定的自动抄表时间和抄收间隔自动抄收集中器中的各用户电能表的带时标的累计电能量及其他信息，并具有实时随机抄读及按地址选抄功能。

6.3 未抄读到数据补抄、提示、统计功能

系统对在规定的抄读间隔时间内未抄读数据的电能表应有补抄功能。系统能自动提示在规定的抄读间隔时间内未抄读到数据的电能表，可按小时、日和月统计未抄读到数据的电能表总次数。

6.4 校时功能

系统应具有校时功能，主站可对集中器校时，集中器可对下联的带有时钟功能的载波采集器和计量仪表校时。

6.5 报警功能

可自动进行系统自检，发现设备(包括通信)异常应有记录和报警。可监控电能表的运行情况，对电能表运行中异常情况进行自动报警。对用户用电量进行自动分析，对可疑的用电现象自动报警。可根据人工指定的条件对用户用电量进行分析筛选，对满足条件的用户进行列表显示。可通过统计线损波动情况，根据设定限值自动提示报警。

6.6 与营销管理系统接口

系统应具有与电力营销管理系统进行接口的功能，实现数据交换。数据交换接口的实现应不影响原营销管理系统功能的正常运行。

系统应具有电能表换表、电流互感器(台变)变比更换的信息参数设置、记录功能及换表、电流互感器(台变)变比更换的电量数据处理功能。

6.7 扩展功能

6.7.1 统计分析功能

用电负荷曲线：指定台区，绘制台区的日、月、年用电负荷曲线，并绘制成图表进行分析。

电量比较：统计用户或台区本年用电量与历年同期用电量，绘制比较曲线。

线损计算：在具有台变计量装置(计量仪表或电能计量管理终端)的前提下，计算台区日、月、年线损，并绘制成图表进行线损分析。

异常用电统计：

——连续未用电：在指定的时间段内，统计连续未用电用户信息。

——用电量异常：在指定的时间段内，指定用电异常系数(百分数)，统计本月用电量与月平均用电量相差达到及超过用电异常系数的用户信息。

故障信息统计：统计设备故障报警信息和通信异常信息。

6.7.2 特殊数据处理功能

可根据需要提供分时电量、阶梯电量、付费数据处理功能模块。

6.7.3 其他增值服务功能

可根据需要由用户与制造商添加其他的增值服务功能。

7 系统的性能要求

7.1 载波信号传输特性要求

7.1.1 信号频带

低压电力线载波通信，其载波信号频率范围应为 3 kHz～500 kHz。

7.1.2 最大输出信号电平

以下的电平测量均在图 3 的 50 mH 与 5 Ω 的串联回路和 50 Ω 并联的 V 型人工电源网络上。

——3 kHz～9 kHz 频带的最大输出信号电平为 134 dB(μV)。

——9 kHz～95 kHz 频带的最大输出信号电平：

- 小于 5 kHz 带宽的窄带载波的最大输出信号电平：9 kHz 时为 134 dB(μV)，95 kHz 时为 120 dB(μV)，9 kHz～95 kHz 时随频率呈线性下降；
- 等于或大于 5 kHz 带宽的宽带载波的最大输出信号电平为 134 dB(μV)；
- 用 200 Hz 带宽的峰值检测器测出的最大输出信号电平为 120 dB(μV)。

——95 kHz～148.5 kHz 频带的最大输出信号电平：一般为 116 dB(μV)，工业区应用时不应超过 134 dB(μV)。

——148.5 kHz～500 kHz 频带的最大输出信号电平不大于 120 dB(μV)。

7.1.3 使用频带外的干扰电平

——9 kHz～150 kHz 频带的最大干扰电平不大于 60 dB(μV)。

——150 kHz～500 kHz 频带的最大干扰电平不大于 50 dB(μV)。

——大于 500 kHz 频带的最大干扰电平不大于 46 dB(μV)。

7.2 数据完整性

应符合 GB/T 17463—1998 中 3.5 数据完整性等级 I_1 的要求，残留信息差错率(R)$\leqslant 10^{-6}$，未检出差错的平均时间(T)$\geqslant$1 d。

注：R 和 T 计算的条件是传输 100 bits 的报文块，信道比特差错率 $P=10^4$。

7.3 响应时间

低压电力线载波抄表系统的响应时间应不大于 60 s。

7.4 信息交换的安全性

应符合 GB/T 19882.1—2005 中 6.2.9 规定。

7.5 系统可靠性

正常工作条件下，系统中各设备的平均无故障工作时间(MTBF)应不少于 2.6×10^4 h。

7.6 系统可用性

系统可用性 A 可由下列公式计算：

$$A=\frac{\text{系统工作时间}}{(\text{工作时间}+\text{不工作时间})} \qquad (1)$$

不工作时间包括故障检修和预防性检修的时间和。

系统可用性以运行和检修记录提供的统计资料为依据进行计算。记录所覆盖的时限应不少于 6 个月，从第一次故障消失并恢复工作时起算。一般统计年可用率，并按主站年可用率和集中器年可用率分别统计，如下式计算：

$$\text{主站年可用率}=\frac{\text{主站设备工作时间(h)}}{\text{全年日历时间(h)}}\times100\% \qquad (2)$$

$$\text{集中器年可用率}=\frac{\text{全年日历小时数}\times\text{集中器数}-\sum\text{每台集中器故障及停用小时数}}{\text{全年日历小时数}\times\text{集中器数}}\times100\% \qquad (3)$$

主站和集中器的年可用率应不小于 99.5%。

8 低压电力线载波抄表系统数据操作流程

按 GB/T 19882.1—2005 中 6.3 规定。

9 试验方法

9.1 试验系统的组成

试验系统应包含一个测试主站、一台载波集中器、若干台计量仪表和/或载波采集器。其中计量仪表和载波采集器的选取数量及其在试验系统中的连接应遵循下列原则：

a) 若试验系统中不包含载波采集器，则应包含至少 9 台载波计量仪表；

若试验系统中不包含载波计量仪表，则应包含至少 6 台载波采集器；

若试验系统中既包含载波计量仪表又包含载波采集器，则二者数量之和应不少于9台。

b) 每台载波采集器应当连接至少2台非载波计量仪表。

c) 这些载波计量仪表和载波采集器应当尽可能均匀地连接到试验电源的每一相。

注：载波计量仪表和载波采集器的连接相是指其载波通信信道所在的相。

9.2 气候环境条件

试验应在下述气候环境条件中进行，并在每一项目的试验期间应相对稳定：

——环境温度：+15 ℃～+35 ℃；

——相对湿度：25%～75%；

——大气压力：86 kPa～106 kPa。

9.3 试验电源条件

频率：交流 50 Hz，允许偏差±0.5%；

电压：3×220/380 V，允许偏差±1%，正弦失真度<3%。

9.4 功能试验

——设置功能；

——校时功能；

——抄表功能；

——报警功能。

9.5 通信功能试验

9.5.1 主站与集中器通信试验

用测试主站随时发出召测指令采集被试集中器的各种数据和信息，并周期性定时自动采集被试集中器的各种数据和信息(定时采集的时间间隔可设置为10 min～60 min)，集中器应准确无误地向主站发送召测的数据和信息。具有主动上报功能的集中器，应按定时发送数据任务设置的发送周期自动发送所设定的数据项。

9.5.2 集中器与计量仪表通信试验

在通过9.5.1试验的前提下，由测试主站向集中器发出各种召抄计量仪表瞬时数据的指令，集中器应准确地返回计量仪表的相应数据。

9.6 电力线载波信道性能试验

9.6.1 载波信号频率和电平的测试电路

图3中虚线框内T网络为50 mH与5 Ω的串联回路和50 Ω并联的V型人工电源网络，频率9 kHz～800 kHz的各元件值如表2。

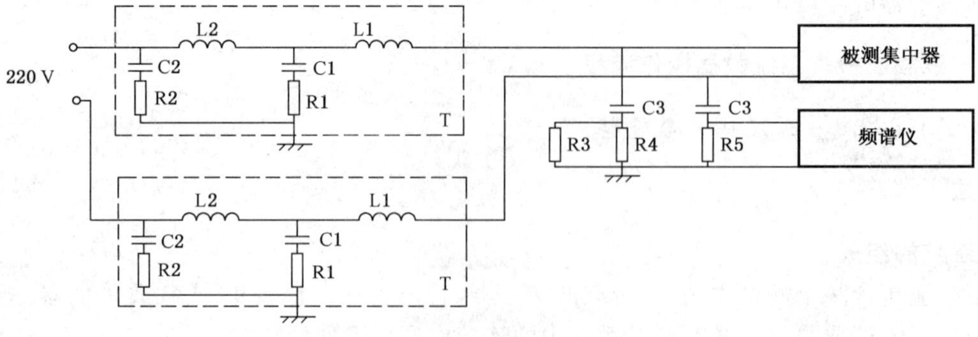

图3 载波信号频率和电平的测试电路

表 2 元件值

元件	R1	R2	R3	R4	R5	L1	L2	C1	C2	C3
值	5 Ω	10 Ω	1 000 Ω	50 Ω	50 Ω	50 μH	250 μH	8 μF	4 μF	0.25 μF

9.6.2 载波信号最大输出电平和频带外干扰电平的测量

使被试设备处于连续发送状态，用频谱仪在载频频带内找出输出电平最高点，此时的电平值记作 V_1。在载频频带外找出输出电平最高点，此时的电平值记作 V_2。V_1 和 V_2 的值应符合本部分 7.1.2 和 7.1.3。

9.6.3 载波信号频带

按本部分 9.6.2 的方法测量出载波信号最大输出电平 V_1 后，找出较 V_1 低 20 dB 的上下两个频率分别记作 f_1 和 f_2，$B=f_2-f_1$ 即为载波信号频带，应符合本部分 7.1.1。

ICS 17.140
A 59

中华人民共和国国家标准

GB/T 19889.14—2010/ISO 140-14:2004

声学 建筑和建筑构件隔声测量 第14部分：特殊现场测量导则

Acoustics—Measurement of sound insulation in buildings and of building elements—Part 14: Guidelines for special situations in the field

(ISO 140-14:2004, IDT)

2010-09-02 发布 2011-04-01 实施

中华人民共和国国家质量监督检验检疫总局
中国国家标准化管理委员会 发布

前　言

GB/T 19889《声学　建筑和建筑构件隔声测量》分为以下部分：

——第1部分：侧向传声受抑制的实验室测试设施要求；

——第2部分：数据精密度的确定、验证和应用；

——第3部分：建筑构件空气声隔声的实验室测量；

——第4部分：房间之间空气声隔声的现场测量；

——第5部分：外墙构件和外墙空气声隔声的现场测量；

——第6部分：楼板撞击声隔声的实验室测量；

——第7部分：楼板撞击声隔声的现场测量；

——第8部分：重质标准楼板覆面层撞击声改善量的实验室测量；

——第10部分：小建筑构件空气声隔声的实验室测量；

——第14部分：特殊现场测量导则。

本部分为GB/T 19889第14部分。本部分等同采用ISO 140-14:2004《声学　建筑和建筑构件隔声测量　第14部分：特殊现场测量导则》。

本部分按GB/T 1.1的要求对ISO 140-14:2004做了一些编辑性修改。

本部分的附录A、附录B、附录C、附录D和附录E为资料性附录。

本部分由中国科学院提出。

本部分由全国声学标准化技术委员会(SAC/TC 17)归口。

本部分起草单位：中国建筑科学研究院、中国科学院声学研究所、同济大学、湖南省建筑科学研究院、东南大学、南京大学。

本部分主要起草人：谭华、吕亚东、钟祥璋、王季卿、谭正炎、柳孝图、吴启学、傅秀章、林杰、徐欣。

声学 建筑和建筑构件隔声测量 第14部分:特殊现场测量导则

1 范围

GB/T 19889的本部分规定了涉及空气声隔声和撞击声隔声的现场测量,本部分是对GB/T 19889.4和GB/T 19889.7的补充,给出了在GB/T 19889.4和GB/T 19889.7中未直接涵盖的特殊现场条件下隔声测量的导则。

注:标准GB/T 19889.4和GB/T 19889.7(统称基本标准)详细规定了理想现场条件下的测量方法,但对如何在非长方形房间、尺度与普通居室差别较大的房间中进行适宜的测量设置,尚未提供信息,并且也未给出对很大的房间、长条形房间、楼梯和耦合房间等场合下的测量导则。本部分的制定及其应用将有助于改善建筑隔声现场测量的再现性,并且可避免在实际测量现场的耗时安排考虑,使一些特殊现场条件下测量工作的实施更为规范。

本部分主要适用于住宅、学校和旅馆等建筑中容积小于250 m^3 的房间的隔声测量。

按GB/T 19889.4和GB/T 19889.7测量时并不要求使用本部分,除非另有约定。

2 规范性引用文件

下列文件中的条款通过GB/T 19889的本部分的引用而成为本部分的条款。凡是注日期的引用文件,其随后所有的修改单(不包括勘误的内容)或修订版均不适用于本部分,然而,鼓励根据本部分达成协议的各方研究是否可使用这些文件的最新版本。凡是不注日期的引用文件,其最新版本适用于本部分。

GB/T 19889.4—2005 声学 建筑和建筑构件隔声测量 第4部分:房间之间空气声隔声的现场测量(ISO 140-4:1998,IDT)

GB/T 19889.7—2005 声学 建筑和建筑构件隔声测量 第7部分:楼板撞击声隔声的现场测量(ISO 140-7:1998,IDT)

3 技术背景

本部分的依据为诺德测试技术报告203(NT Technical Report 203 建筑物的声学性能测量 附加导则,1992-11通过),本部分吸收了该技术报告的内容精髓。

注:原文为依据ISO的技术报告ISO/TR 140-13:1997《建筑和建筑构件隔声测量 第13部分:导则》。ISO/TR 140-13即为诺德测试技术报告203,ISO/TR 140-13已于2007年撤销。

本部分是根据一定的理论研究、实验调查成果和大量现场测量经验制定的。

本部分给出了适宜测量设置示例的示意简图。大部分现场条件下,均可参照示例建立适宜的测量设置。考虑到现场的适宜测量设置与示例可能不完全相同,本部分将示例的示意简图列为资料性附录。

简图标出的位置是放置扬声器和传声器的示意位置,各位置应满足GB/T 19889.4规定的包括扬声器与房间界面的距离等所有涉及距离的要求。

本部分列出的简图并没有包括所有的情况,未列内容可待今后补充。

注意:下列两种情况下可能与基本标准不一致。

a) GB/T 19889.4测量空气声隔声的方法中,假定声源室和接收室的声场近似为扩散声场,因此要求传声器位置均匀地分布在整个室内空间。

例如:如果声源室是一个很长并有吸声天花板和地面地毯的狭窄走廊,那么,从一端到另一端的声压级衰减相当可观，可能有 10 dB 至 20 dB。按 GB/T 19889.4 的规定，原则上就不能进行测量。因为在声场不扩散、声压级衰减很大的情况下，其室内平均声压级已失去意义。

在此情况下，若需进行测量，本部分建议将声源放置在离声源室和接收室的共同间壁的某一极大距离处，即按照本导则确定出走廊中紧靠共同间壁的一个"虚拟"的有限容积的声源室空间。

b) 在声源室楼板面积很大的现场条件下测量撞击声隔声时，按照本部分测量与按照基本标准测量，所得结果可能会有差异。按照本部分，撞击器在声源室楼板上的撞击位置不宜远离接收室，这会导致一些情况下接收室内的声压级高于按 GB/T 19889.7 测量得到的值，因为 GB/T 19889.7中要求撞击器位置均匀分布在声源室的整个楼板面上。

4 测试报告

测试报告应包括 GB/T 19889.4 和 GB/T 19889.7 规定的测试报告的信息。依据本导则测量时，宜在测试报告中"测量步骤和测量仪器的简述"（见 GB/T 19889.4—2005 第 9 章第 i 项和 GB/T 19889.7—2005第 8 章第 h 项）的栏目内说明，并简述测量细节和报告与 GB/T 19889.4 或 GB/T 19889.7的要求有偏离的所有内容。

5 附录

本部分包括两个不同的应用领域：空气声隔声和撞击声隔声。为了方便实际应用，本部分在附录中，以图形示意或者图形解释的方式列出了适宜测量设置的示例。

资料性附录见附录 A 至附录 E。

附 录 A
（资料性附录）
空气声隔声

A.1 通则

本附录是对 GB/T 19889.4 的补充。

分隔声源室和接收室的公共间壁部分称为“共同间壁”，它们可以是隔墙或楼板。在水平方向测量和垂直方向测量中，这种分隔间壁的整个面统称为“间壁”（见附录 E 对这些术语的解释）。

A.2 概述

A.2.1 测量频率范围

隔声测量宜采用 1/3 倍频程滤波器，测量的最小频率范围为 100 Hz 至 3 150 Hz。

本附录中所用的频率范围为 100 Hz 至 3 150 Hz，但导则的基本原则同样适用按 GB/T 19889.4 的附录 D 进行的频率在 50 Hz 至 80 Hz 以及 4 000 Hz 至 5 000 Hz 的测量。

本附录适用于 1/3 倍频程和倍频程测量。

A.2.2 房间条件

房间容积不宜超过 250 m^3。但不满足此条件的两房间之间的隔声测量也可参照本部分。

水平方向测量只作单方向测量，通常选取较大的房间作为声源室。如果一个房间是规则房间，另一个房间的几何形状复杂，则宜取规则房间作为接收室，即使规则房间是两者之中的大房间，也应如此。

注：按照 GB/T 19889.4 可以在相反的方向交替进行 2 次测量，最后取平均值。然而，双向测量相当耗时，因为要建立两套完整的测量设置，并且混响时间也要测量 2 次。

垂直方向测量，宜优先选取下层房间作为声源室。如果采用无指向性扬声器，并且扬声器置于楼板上方离地有足够的距离，可以避免直达声的影响，此时上层房间也可以作为声源室。立式便携扬声器宜放在柔软的材料上面，以防固体声传入楼板。

计算隔声量时，需要用到接收室容积和共同间壁面积。接收室内由非吸声表面组成的物体的体积要从总体积中扣除，这类物体如衣橱、橱柜和管道井等。如果共同间壁上安装有覆盖了部分间壁面积的柜子、壁橱等物体，则无需扣除面积。

A.2.3 传声器和扬声器位置的数量

表 A.1 列出了声源室与接收室中传声器和扬声器位置的推荐数量。

表 A.1 根据声源室和接收室楼板面积确定的传声器和扬声器位置的数量

测量设置	房间的楼板面积 m^2	传声器和扬声器位置的数量		
		扬声器（声源室）	固定传声器	旋转传声器
A	＜50	2	5(10)	1(2)
B	50～100	2	10(10)	2(2)
C	＞100	3	15(15)	3(3)

注：括号中的数值是测量室内声压级的位置总数量。

楼板面积小于 50 m^2 时，如果能够满足 GB/T 19889.4 规定的两个扬声器之间的距离至少 1.4 m 的要求，对 2 个扬声器位置可使用相同的 5 个固定传声器位置或相同的旋转传声器扫测路径（测量设置 A）；否则，则宜采用测量设置 B。

楼板面积在 50 m^2～100 m^2 时，宜使用 2 个扬声器位置，但对 2 个扬声器位置不可使用相同的 5 个固定传声器位置或相同的旋转传声器扫测路径，即总共需要 10 个固定传声器位置或 2 个旋转传声器位置(测量设置 B)。

为了在所有测量条件下获得尽可能高的准确度，一般推荐采用测量设置 B,这同样适用于面积小于 50 m^2 的房间，这对矩形或类似的房间尤其重要。

楼板面积大于 100 m^2 时，推荐采用 3 个扬声器位置，15 个固定传声器位置或 3 个旋转传声器位置。

声源室和接收室中声场采样的要求与 GB/T 19889.4 相同，即固定传声器位置均匀地分布在允许的空间范围内，如使用移动传声器，需要在可能的全部空间内均匀地采样。

体积小于 10 m^3 的小房间，采用固定传声器位置进行测量，测量位置数量等于非相关位置总数量。

A.2.4　水平方向测量

附录 C 例 1 至例 14(符号见 C.2)提供了水平方向测量时扬声器和传声器适宜位置的示例。

在考虑到满足 GB/T 19889.4 规定的最小距离后，扬声器位置一般要尽可能靠近声源室内共同间壁对面的两个墙角。楼板面积大于 50 m^2 的声源室，扬声器距共同间壁的距离不宜超过声源室内间壁宽度的 2.5 倍或 10 m,即不超过二者中的最短距离(见附录 C 例 1、例 2 和例 3)。如果声源室楼板面积受到限制(参见例 2),则依可用的有限面积从表 A.1 中选择扬声器和传声器位置的数量。

如果通过某侧向墙体或侧向围护结构的传声显著，则扬声器不宜放在靠近该构件的地方。

A.2.5　垂直方向测量

附录 C 例 15 至例 28(符号见 C.2)提供了垂直方向测量时扬声器和传声器适宜位置的示例。

在考虑到满足 GB/T 19889.4 规定的最小距离后，扬声器位置一般要尽可能靠近房间的墙角。

如果通过某侧向墙体或侧向围护结构的传声显著，扬声器不宜放在靠近该构件的地方。

如果接收室小于声源室，且声源室楼板面积超过 50 m^2,则扬声器不宜放在紧靠共同间壁的地方(见附录 C 例 21、例 23 和例 25)。

A.3　非常规房间

A.3.1　有局部隔断墙的房间

对有局部隔断墙的房间，如果隔断的开口面积小于或等于其所在位置的房间垂直断面面积的三分之一，作为一个约定规则，该房间被视为两个独立的房间。但如果房间被视为一个整体房间更为合适，则宜采用测量设置 B。扬声器位置要尽可能使声辐射完全覆盖整个共同间壁(最好从 2 个扬声器位置都能看到整个共同间壁)。上述原则也适用于房间分隔墙高度小于房间高度的情况。

有局部隔断墙的房间之间水平方向测量的示例见附录 C 例 9、例 10、例 11、例 12、和例 13。

如果垂直测量的一个或两个房间中有局部隔断墙，宜采用与水平测量同样的原则测量(见附录 C 例 26、例 27、例 28、例 30 和例 31)。

最好将两个耦合房间之间的开口采用胶合板或石膏板封闭，以形成一个确定的房间。

A.3.2　有阻尼的房间

在大的强阻尼(短混响时间)的房间中，声压级会随距声源距离的增加而显著衰减。

示例：一个装有吸声天花板和地面铺地毯的狭长走廊。

在强阻尼的接收室中，有必要限制声压级采样所用的那部分接收室的容积，接收室内那些声压级比共同间壁附近的参考位置处低 6 dB 或更多的地方不宜包括在内。水平方向测量的参考位置：距共同间壁中央 0.5 m、地板上方 1.5 m 处；垂直方向测量的参考位置：共同间壁中部的上方 1.5 m 处(见附录 E 中的术语解释)。

开启声源室的扬声器后，可采用便携式声级计测量参考位置及从该位置起增加距离后的位置上的 A 计权声压级来估算声压级的衰减。接收室的这部分容积用于测量和计算隔声量。

在强阻尼的声源室中，从声源前 1 m 的位置到共同间壁前 0.5 m 的位置(参考位置)上的声压级衰减不宜超过 6 dB,否则,宜将扬声器移至离间壁近一点的位置。

A.3.3 交错排列的房间

如果房间交错排列,并且声源室楼板面积超过 50 m^2,则扬声器宜放在声源室中紧靠共同间壁的地方。

对于垂直方向测量,扬声器离端墙(见附录 E)的距离不宜超过声源室宽度的 2.5 倍或 10 m,即不超过二者中的最短距离(见附录 C 例 17、例 21 和例 23)。

对于水平方向测量,如果共同间壁的宽度小于声源室内间壁宽度的一半,扬声器位置之间的距离则宜减小到近似等于共同间壁宽度的 2.5 倍(这在接收室比声源室小得多,或者房间交错排列的情况下会涉及)。靠近共同间壁区域放置扬声器时,其位置间距不宜小于 5 m(见附录 C 例 4 和例 5)。宜避免将扬声器位置选在房间对称线上,如果两个房间完全错开(无共同间壁),2 个扬声器位置的间距也不宜减少(见附录 C 的例 6)。

垂直方向测量的示例见附录 C 例 17、例 18 和例 19。

A.3.4 几何形状很复杂的房间

导则没有具体规定在几何形状很复杂的房间(例如有开敞面的房间、错层住宅的房间)之间的测量细则。这些房间或多或少由几个耦合空间组成,在这些场合下,几乎不可能规定接收室的容积和共同间壁的面积。此外,扬声器和传声器位置的选择通常也很困难,此时的基本原则是将扬声器放在住宅中紧靠所界定的共同间壁的区域,通常需要 3 至 4 个扬声器位置,接收室内传声器位置应均匀分布在测量所允许的最大空间内,见 GB/T 19889.4,接收室的容积宜按 A.3.2 规定的 6 dB 法则来限定。

A.4 门的测量

A.4.1 扬声器和传声器位置

一般情况下,门的一面可认为是室外(例如:面向走廊或楼梯间的那一面),此时宜将走廊或楼梯间作为声源室,采用 2 个扬声器位置,扬声器在声源室内宜放在门对面墙角的地面上,其放置位置既不宜靠近门,也不宜靠近安装门的墙体。

使用固定传声器测量,声源室和接收室均宜采用 5 个位置。

使用旋转传声器测量,声源室和接收室均宜采用 1 个位置。

注:测量安装在两个规则房间之间的门(例如:客房或教室),无法定义室内和室外时,以上原则同样适用。

A.4.2 走廊和房间之间的门(例如:大厅入口)

在走廊中,扬声器位置之间宜采用约 6 m 的间距,所选位置宜避免对称,例如,可将一位置设在门右边 2.5 m 处,而另一位置设在门左边 3.5 m 处(见附录 C 例 14)。

A.4.3 楼梯间和房间之间的门

在没有合适的墙角的狭窄楼梯间内,宜将扬声器分别放在楼梯的上半层和下半层,不论是在楼梯的台阶上还是在平台上均可。

A.4.4 建筑物中门的隔声量的测量

首先,测量门的表观隔声量。

按 GB/T 19889.4—2005 中 4.1 至 4.3 进行测量,门的表观隔声量 R'_d,由式(A.1)确定:

$$R'_d = L_1 - L_2 + 10\lg(S_d/A) \quad \cdots\cdots\cdots\cdots (A.1)$$

式中:

R'_d——门的表观隔声量,单位为分贝(dB);

L_1——声源室平均声压级,单位为分贝(dB);

L_2——接收室平均声压级,单位为分贝(dB);

A——接收室吸声量,单位为平方米(m^2);

S_d——用于安装门及门框开口面积,单位为平方米(m^2)。

如果所有的声音均是通过门洞开口面积 S_d 传递的，那么，R'_d即为门的隔声量。否则应对 R'_d进行修正。

其次，采取隔声措施将门处的隔声量大大提高，以检验侧向传声，采取隔声措施后门处的表观隔声量 R'_{di}由式(A.2)确定：

$$R'_{di}=L_{1i}-L_{2i}+10\lg(S_d/A) \qquad (A.2)$$

式中：L_{1i}和 L_{2i}分别为采取隔声措施后声源室和接收室的平均声压级，单位为分贝(dB)。

注：假设采取的隔声措施是理想的，即采取隔声措施后通过门处的声传递与通过周围墙体和其他途径的侧向传声相比可忽略不计。

比较式(A.1)和式(A.2)，可发生以下 3 种中的一种情况：

a) $R'_{di}-R'_d \geqslant 15$ dB

此时，由式(A.1)得出的门的隔声量是正确的，无需修正。

b) 6 dB$<R'_{di}-R'_d<$15 dB

通过门的声传递比通过周围结构的声传递要大一些。此结论是在假设采取了理想的隔声措施的前提下得出的，即采取隔声措施后通过门处的声传递与通过周围墙体的声传递相比可忽略不计。

此时，门的隔声量用式(A.3)计算：

$$R'_{d,app}=-10\lg[10^{-R'_d/10}-10^{-R'_{di}/10}] \qquad (A.3)$$

c) $R'_{di}-R'_d \leqslant 6$ dB

由于周围墙体的隔声太差，导致不能准确地测出门的隔声量。与 b)的前提相同，此处假设所用的隔声措施足够有效。

此时，可用下式估算门隔声量的低限：

$$R'_{d,app}>R'_d+1.3 \text{ dB}$$

如果测试目的只是为了检验门是否满足一定的隔声要求，并且表观隔声量 R'_d已达到相应要求，那么，采取隔声措施和测 $R'_{d,app}$的第二步测量就没有必要了，因为下式总成立：

$$R'_{d,app} \geqslant R'_d$$

本条文中引入的门隔声量的不同下标不宜在测试报告中使用，它们仅为解释清楚本条文而采用。

注：在某些情况下，也可通过测量与另一相邻接收室之间的没有门的同种墙体来确定周围墙体的传声。另外，也可采用声强技术测量门的隔声(详细内容参见 ISO 15186-2)。

A.5 扩散场的评估方法

本方法可用于评估不容易理解的测量结果或由于测量不满足扩散声场条件而引起的问题。

测量 2 个扬声器情况下 10 个固定传声器位置上的声压级(对应每一扬声器有 5 个传声器位置)。声源室内，2 个扬声器的位置宜同于隔声测量。接收室内，可用 2 个扬声器直接测量，或者将扬声器放在声源室内发声，测量建筑结构的声辐射。传声器位置宜均匀分布在整个房间空间内。

可测出 10 次测量样本的标准偏差，并可与图 A.1 所示的理论期望值进行比较。

图 A.1 和表 A.2 中列出标准偏差值旨在优化测量设置，其值不宜作为所需满足的要求。

如果超过了理论值，宜作如下考虑：

a) 如果超出的数值是在低频出现，宜考虑增加传声器或扬声器位置的数量。

b) 对于以典型的建筑材料建造的硬表面空房间，标准偏差有一限值。在比空房间的混响时间短的房间内(如有吸声天花板或厚地毯的房间)，空间标准偏差会提高，可能超出理论值，尤其在高频段。

c) 在中高频范围内限值的超出可能是由于阻尼房间内声压级的空间衰减，这可以通过在接收室内垂直于共同间壁的直线上不同位置声压级的系统测量，或者在声源室内逐渐增加与声源的距离的系统测量来检查。如果出现较大的声级衰减，宜增加扬声器和传声器位置，并应用A.3.2中给出的6 dB规则。

d) 尤其在小的阻尼房间中扬声器的近场影响是一项风险，如果这被证实是引起超过限值的原因，可能的话要把传声器位置移到离扬声器较远的地方。

e) 在有局部隔断墙的房间内，限值可能被超过的原因是在某些传声器位置隔断墙形成了声屏障。

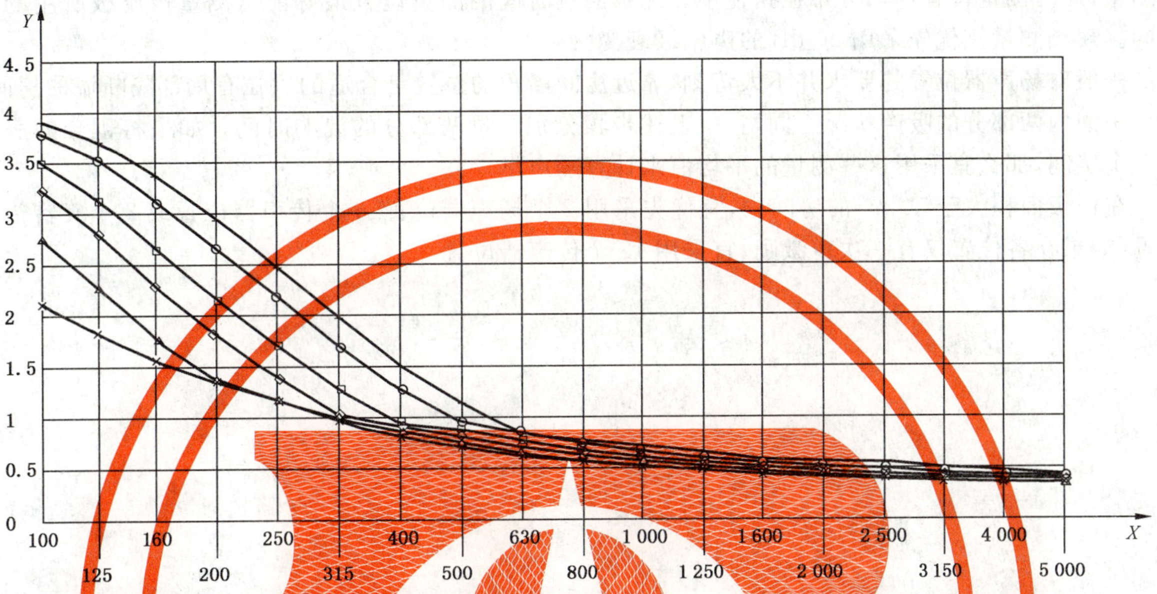

注：X——频率，单位：Hz　　Y——标准偏差，单位：dB

—+— 10 m³　　—○— 15 m³　　—□— 30 m³

—◇— 50 m³　　—△— 100 m³　　—×— 250 m³

图 A.1　不同容积的空房间中，采用十个传声器位置测量声压级的空间标准偏差的理论值

表 A.2　图 A.1 曲线的具体数值

单位：dB

频率/Hz	容积/m³					
	10	15	30	50	100	250
100	3.92	3.79	3.50	3.24	2.78	2.12
125	3.70	3.52	3.13	2.80	2.30	1.82
160	3.36	3.12	2.64	2.27	1.78	1.55
200	2.95	2.66	2.15	1.81	1.37	1.36
250	2.47	2.18	1.70	1.39	1.19	1.16
315	1.98	1.70	1.28	1.03	1.01	0.96
400	1.50	1.27	0.94	0.92	0.88	0.81
500	1.14	0.95	0.88	0.81	0.77	0.70
630	0.84	0.85	0.77	0.70	0.66	0.62
800	0.76	0.73	0.67	0.63	0.58	0.56
1 000	0.72	0.66	0.60	0.57	0.53	0.52
1 250	0.64	0.59	0.56	0.53	0.49	0.48
1 600	0.57	0.55	0.50	0.47	0.45	0.45
2 000	0.54	0.52	0.47	0.44	0.42	0.44
2 500	0.55	0.49	0.44	0.43	0.41	0.41
3 150	0.49	0.44	0.41	0.41	0.39	0.39
4 000	0.47	0.42	0.39	0.37	0.37	0.39
5 000	0.43	0.41	0.38	0.35	0.38	0.40

A.6 混响时间测量

接收室混响时间测量宜按 GB/T 19889.4 或 ISO 3382-2 的规定进行。

按照 GB/T 19889.4 的规定,应至少采用 3 个传声器位置和一个扬声器位置,在每个位置有 2 次声激励;或者采用 6 个传声器位置,在每个位置有一次声激励。如果使用旋转传声器,可在装置转动过程中测量,此时测量位置均匀分布在路径中。测量混响时间的测量位置最好能与测量声压级所用的位置相同。现场测量宜优先采用 20 dB 的声压级衰变。

一般对扬声器位置的要求并不太苛刻,靠近房间墙角的位置是合适的。在有局部隔断墙的房间内,如果房间内两部分的吸声状况不同,宜按上述步骤分别测量两部分的混响时间。如果将耦合的房间看作一个房间,那么宜采用这些测量的平均值来计算隔声量。

在楼板面积大于 50 m^2 的房间中,宜优先采用 2 个扬声器位置、6 个传声器位置或 2 个旋转传声器位置(如果在各位置仅有一次声激励,宜采用 12 个传声器位置)。

附 录 B
（资料性附录）
撞击声隔声

B.1 通则

本附录是对 GB/T 19889.7 的补充。

分隔声源室和接收室的公共间壁部分称为“共同间壁”，它们可以是隔墙或楼板。在水平方向测量和垂直方向测量中，这种分隔间壁的整个面统称为“间壁”（见附录 E 对这些术语的解释）。

放置撞击器的房间为声源室，在垂直方向的测量中上层为声源室，下层为接收室。

B.2 概述

B.2.1 测量频率范围

宜采用 1/3 倍频程滤波器测量撞击声隔声，测量的最小频率范围为 100 Hz 至 3 150 Hz。

本附录中所用的频率范围为 100 Hz 至 3 150 Hz，但本部分的基本原则同时也适用按 GB/T 19889.7的附录 C 进行的频率在 50 Hz 至 80 Hz 以及 4 000 Hz 至 5 000 Hz 的测量。

本附录适用于 1/3 倍频程和倍频程测量。

B.2.2 楼板面层

如果同一房间中使用了不同的楼板面层（例如厨房区和起居室区），宜对两种不同的楼板分别测量和报告，各楼板区域宜按下列导则测量。

测量软质楼板面层（例如地毯和 PVC 地板面层）可采用小样品（例如 1 m^2），将样品移动到不同的撞击位置上测量。注意：如果实际面层需要用粘接剂固定，但测量时未使用粘接剂固定，那么其测量结果会产生误导。

宜避免在轻质木搁栅楼板上采用荷重显著的重地毯的小样品测量，因其可能未能计及地毯满铺时产生的对楼板弯曲运动的阻尼或约束的影响。

如果采用小样品测量，宜在测试报告中说明。

对于测量软质楼板面层，要注意到有些材料的撞击声隔声性能与温度有关，如果在不同于一般室温的条件下测量，则宜估算温度对测量结果的影响。

在粗糙、铺砖的地面上测量时，应调整撞击器的位置，使锤子不至于打在砖的边缘，以防地砖破损，同时可防止测量结果受到楼板的非特征性激励的影响。

B.2.3 撞击器和传声器位置数量

撞击器和传声器位置数量应按表 B.1 确定。附录 D 给出了表 B.1 中撞击器位置和传声器位置的各种组合的示意图，附录 C 给出了表 B.1 定义的 2 型分隔楼板上撞击器位置的示例。如果是 1 型分隔楼板，且面积为 20 m^2 至 50 m^2，根据表 B.1 的要求，还应增加撞击器位置数量。

对于 1 型分隔楼板，宜至少有一个撞击器位置位于梁的上方，并与梁的方向成 45°角。

对于面积很小的楼板（例如，卫生间），由于考虑撞击器位置之间以及撞击器离开楼板边界的距离的最小要求，会使得可供安排四个撞击器位置的面积非常有限，无论如何，此时仍然要满足表 B.1 中撞击器位置最小数量的要求，宜将撞击器置于允许面积内，并且各测量位置上宜采用不同的锤连线方向。

对于有局部隔断墙的房间，如果隔断墙的开口面积小于其所在位置的房间纵断面面积的三分之一，则应将该房间视为两个房间（见 A.3.1）（见附录 C 例 30 和例 31）。

表 B.1 根据声源室和接收室楼板面积确定的撞击器和传声器位置的数量

声源室楼板面积/m^2	位置的数量	接收室楼板面积/m^2			
		≤50		>50	
		1 型分隔楼板[a]	2 型分隔楼板[b]	1 型分隔楼板	2 型分隔楼板
<20	撞击器	4	4	4	4
	固定传声器	4	4	8	8
	旋转传声器	1	1	2	2
20～50	撞击器	8	4	8	4
	固定传声器	4	4	8	8
	旋转传声器	1	1	2	2
>50	撞击器	8	8	8	8
	固定传声器	4	4	8	8
	旋转传声器	1	1	2	2

[a] 1 型分隔楼板：木结构搁栅楼板，带肋和梁的混凝土楼板，以及厚度小于 100 mm 的实心混凝土楼板，楼板上可以是任何面层。

[b] 2 型分隔楼板：厚度大于或等于 100 mm 的实心混凝土楼板，矿渣混凝土或多孔混凝土楼板，楼板上可以是任何面层。

B.3 垂直方向测量

B.3.1 通则

下文中“非交错排列的房间”是指小房间横断面的轮廓线完全位于大房间横断面的轮廓线之内的房间。

B.3.2 非交错排列的房间

B.3.2.1 声源室楼板面积小于或等于接收室楼板面积的房间

撞击器位置和传声器位置数量，宜直接从表 B.1 中选择。撞击器位置宜分布到整个楼板面上（见附录 C 例 29）。

B.3.2.2 声源室楼板面积大于接收室楼板面积的房间

如果声源室楼板面积小于或等于 20 m^2，宜直接采用表 B.1 中的值。如果声源室楼板面积大于 20 m^2，并且共同间壁面积小于或等于 20 m^2，测量宜采用 20 m^2 的限定面积，在该限定面积中超出接收室的区域上宜放置撞击器（见附录 C 例 32）。如果共同间壁的面积大于 20 m^2，撞击器位置宜均匀分布到整个共同间壁上。

B.3.3 交错排列的房间

如果共同间壁的面积大于 20 m^2，宜采用 B.3.2.1 和 B.3.2.2。

如果共同间壁的面积小于或等于 20 m^2，或存在非共同部分，宜采用 20 m^2 的限定区域（见附录 C 例 33 至例 35）。

B.4 水平方向测量

如果声源室楼板面积小于或等于 20 m^2，可直接采用表 B.1 中的值。如果声源室楼板面积大于 20 m^2，宜采用 20 m^2 的限定区域。测量设置宜满足下述建议要求：楼板限定区域中，垂直于间壁的尺度不小于声源室内间壁宽度的一半，另一尺度不小于接收室内间壁的宽度。这意味着在某些特殊情况下将不可能采用 20 m^2 的限定区域（见附录 C 例 36 至例 45）。

B.5 走廊和楼梯

B.5.1 走廊撞击声隔声测量

测量走廊与同层或下层房间之间的撞击声隔声时，宜将撞击器置于走廊内紧靠接收室的一个限定区域中，该区宽度宜为整个走廊的宽度，长度宜取与 10 m^2 走廊面积对应的长度。

撞击器位置宜采用 4 个，传声器位置数量宜按表 B.1 选择(见附录 C 例 45)。

B.5.2 公寓楼的公用楼梯以及公寓楼和联排住宅的套内楼梯撞击声隔声测量

宜对楼梯和平台分别进行测量，并宜各自采用 4 个撞击器位置，传声器位置数量宜按表 B.1 选择。楼梯上的 4 个撞击器位置宜按下述要求选择：距离楼梯顶部 2 节踏步的台阶上设一个，距离楼梯底部 2 节踏步的台阶上设一个，另 2 个位置宜均匀分布在前 2 个位置之间。

当踏步狭窄放不下撞击器时，可用一专门的支撑装置来延伸撞击器一侧的支撑腿，即允许撞击器立于两节踏步之上，采用这样的支撑装置时，要注意确保锤头的下落高度和保持撞击器的水平平衡。如果测量采用了上述调整措施，要在测试报告中明示。

通常要在与楼梯平台相邻并预期有最高声压级的房间内测量平台所产生的撞击声压级。例如，如果相邻房间的楼板与平台处于同一楼层，且楼板构造为混凝土楼板上铺带龙骨的木地板，那么，平台下层房间内的撞击声压级可能是最高的，因为木地板降低了混凝土楼板向上面房间的声辐射。

测量来自楼梯的撞击声压级时，如果楼梯未固定到楼梯间的墙上，接收室宜选与测量来自平台的撞击声压级相同的房间；如果楼梯固定到楼梯间的墙上，接收室宜选最靠近连接点的房间。

上述导则也适用于套内楼梯(如，两层的复式套房)。

B.6 撞击器对空气声的贡献

撞击器对空气声的贡献可按下述方法评估：

将扬声器置于声源室辐射粉红噪声信号，测量声源室和接收室之间声压级差($L_{D,spk}$)；

在声源室内测量撞击器声压级($L_{S,tm}$)；

在接收室内测量撞击器声压级($L_{R,tm}$)；

如果在测量的所有频带内，差值($L_{S,tm}-L_{D,spk}$)比 $L_{R,tm}$ 低 10 dB 或更多，说明来自撞击器的空气声可忽略不计。

B.7 房间容积和混响时间的测量

接收室容积的确定见 A.2.2。

接收室混响时间的测量见 A.6。

附 录 C
（资料性附录）
扬声器、撞击器和传声器适宜位置示例

C.1 扬声器、撞击器和传声器适宜位置示例

例 1 至例 14 适用于水平方向空气声隔声测量。

例 15 至例 28 适用于垂直方向空气声隔声测量。

例 29 至例 35 适用于垂直方向撞击声隔声测量。

例 36 至例 45 适用于水平方向撞击声隔声测量。

C.2 符号

本附录采用下列符号：

○ 扬声器位置；

(○) 备选扬声器位置；

● 撞击器位置；

× 固定传声器位置；

△ 旋转传声器位置；

——— 房间轮廓线(U=上房间，L=下房间)；

········ 与上房间有关的下房间恰当位置的轮廓线；

═══ 共同间壁；

--------- 限定的楼板面积。

全部示例均为水平剖面。

示例中标出的以米为单位的房间尺寸仅是示例而已，画出背景栅格线是为了和本部分所表述的具体导则内容进行对比。

单位为米

例 1：

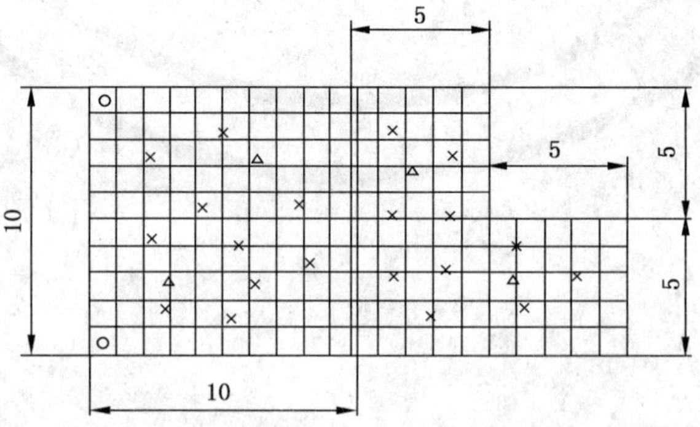

例 2：

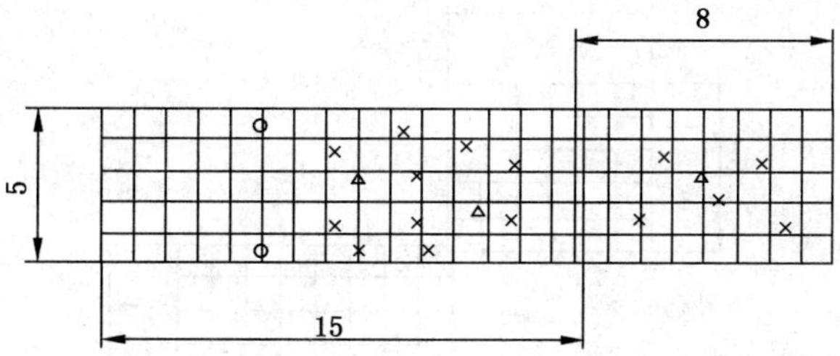

例 3：

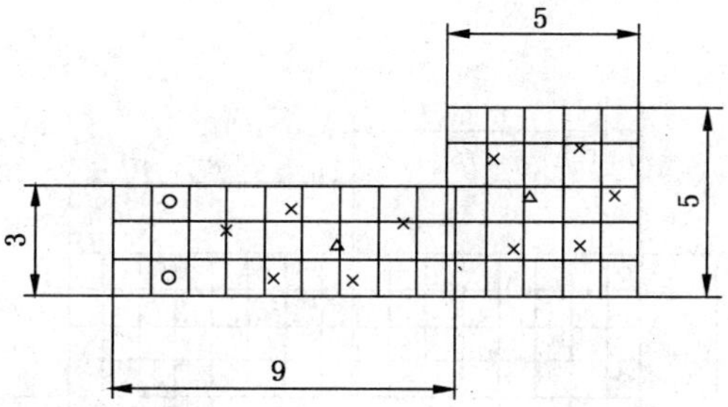

例 4：

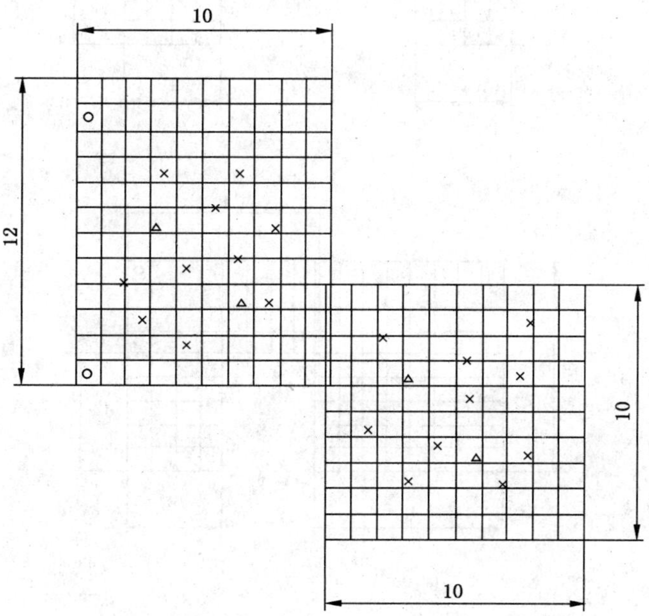

例 5：

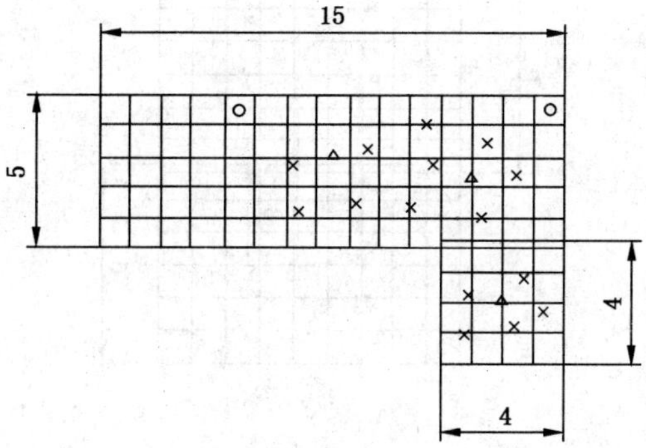

例 6：

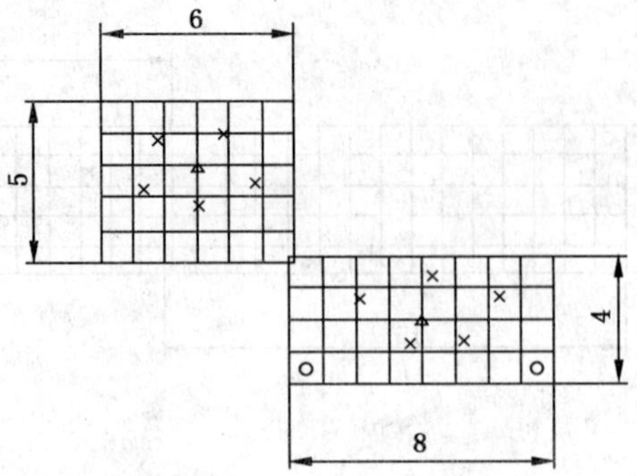

例 7：

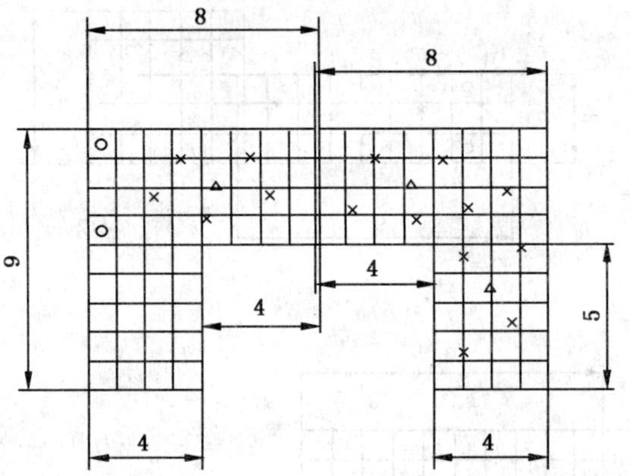

例 8：

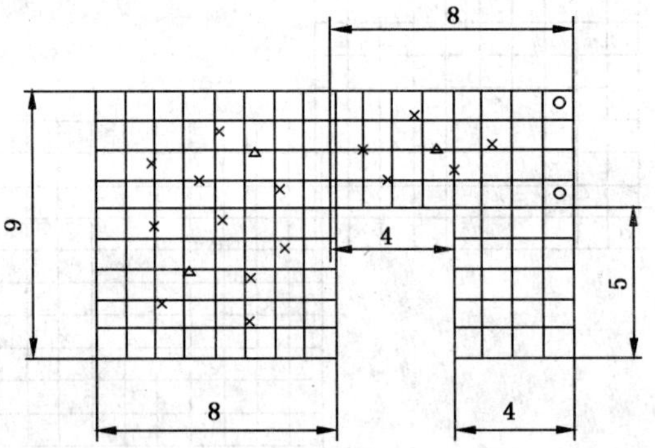

例 9：

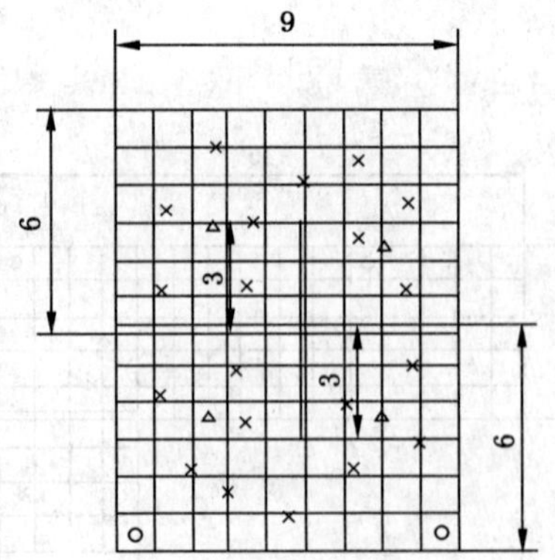

例 10：

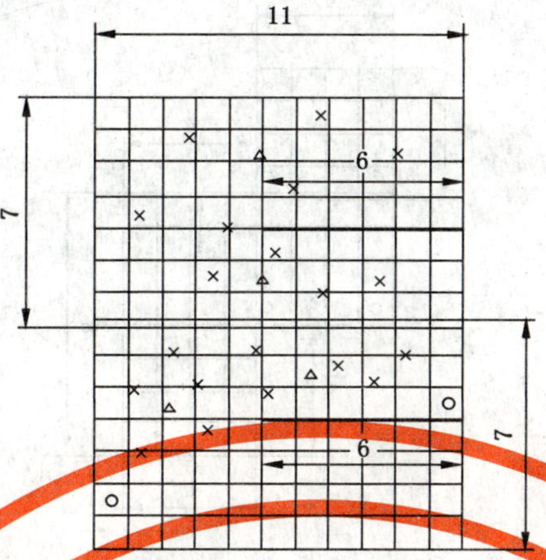

例 11：

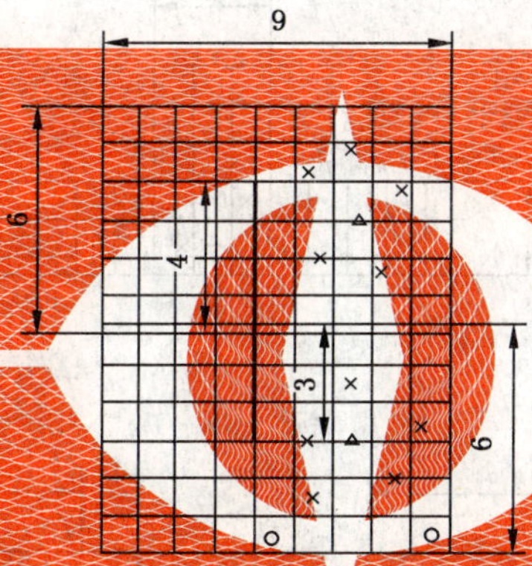

例 12：

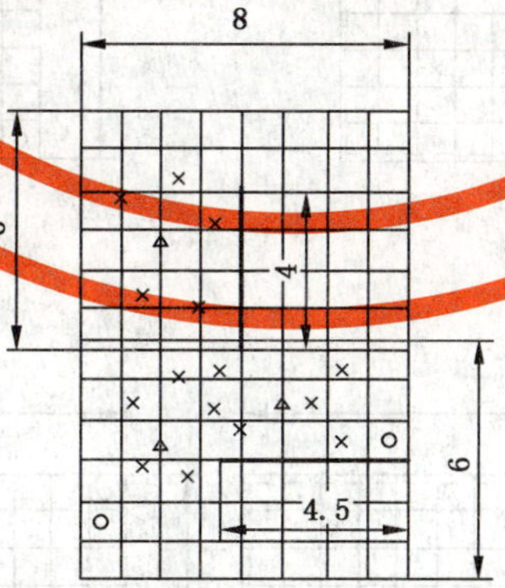

例 13：

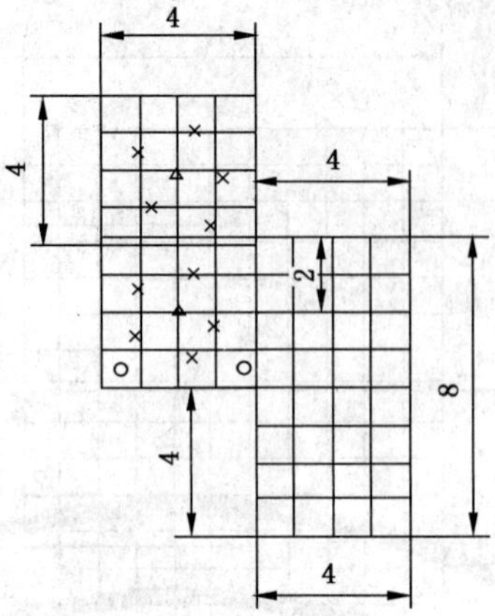

例 14：

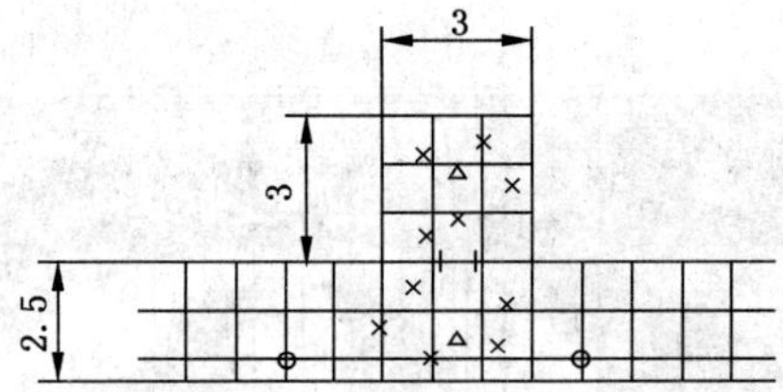

例 15：

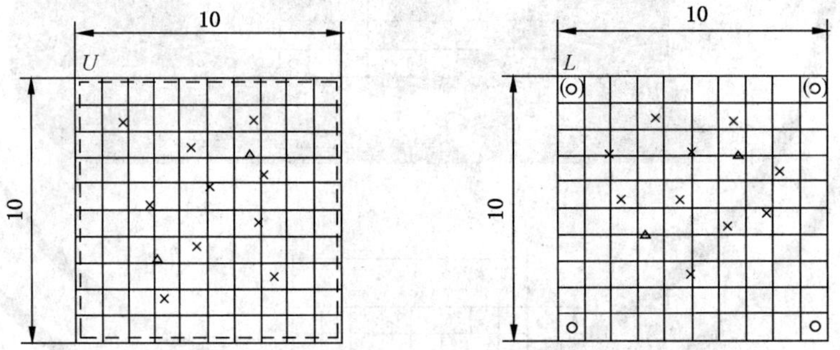

例 16：

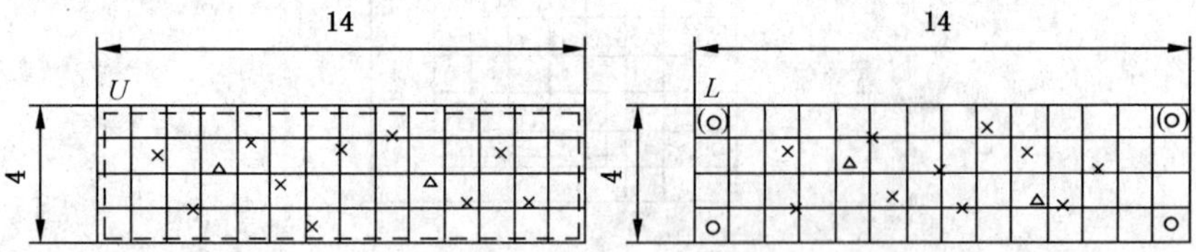

例 17：

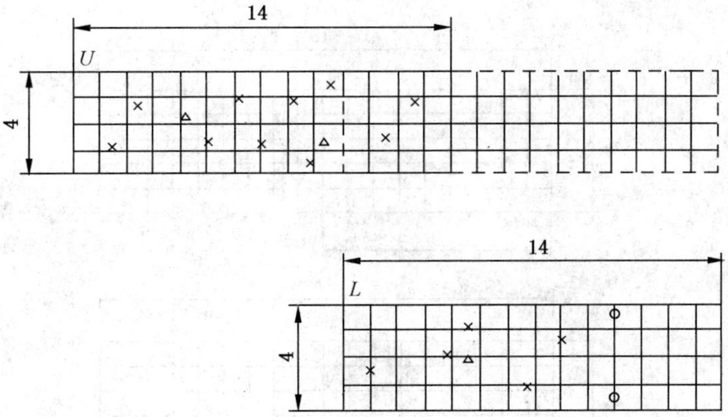

例 18：

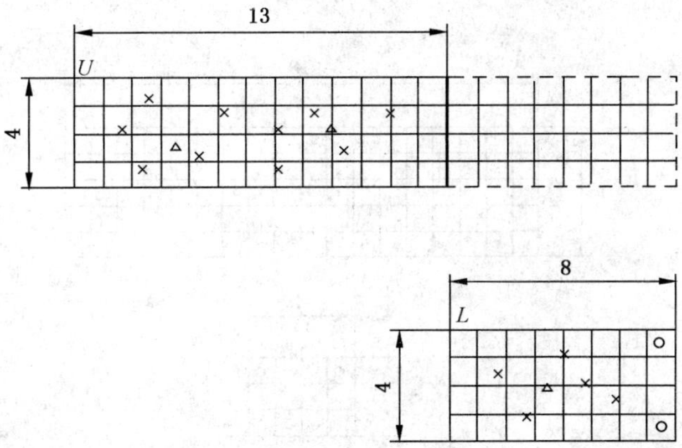

例 19：

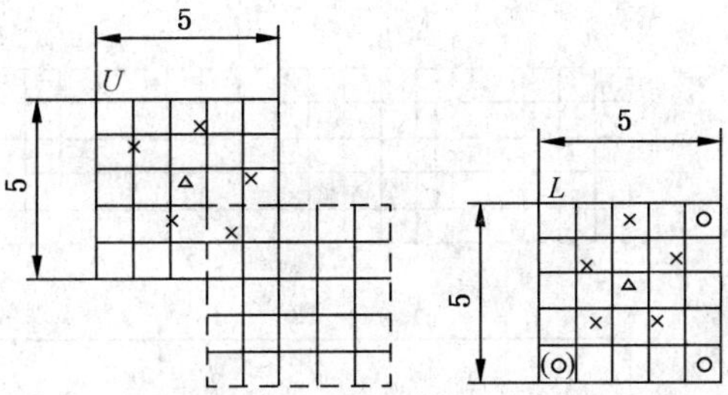

例 20：

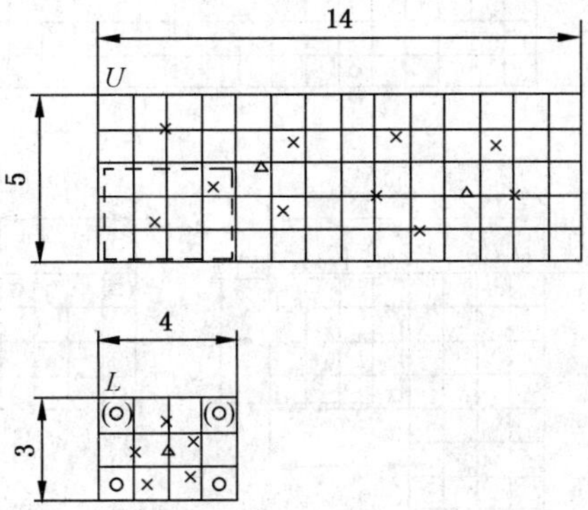

例 21：

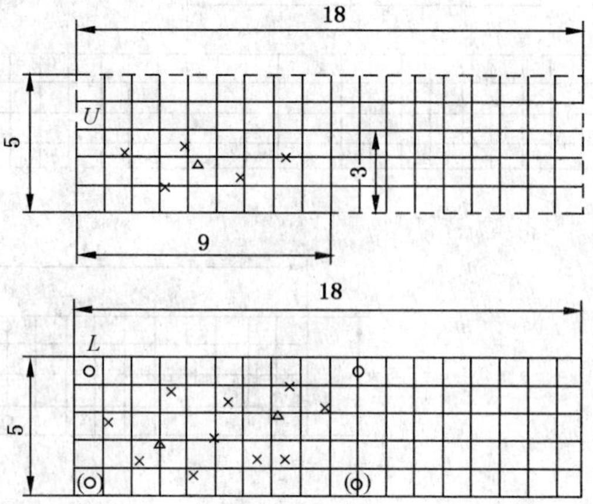

例 22：

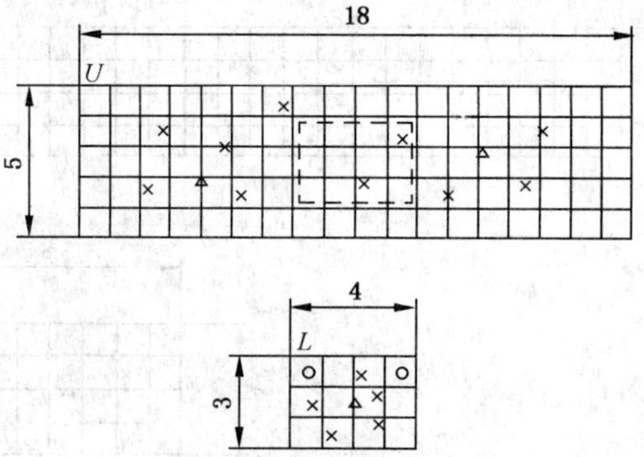

例 23：

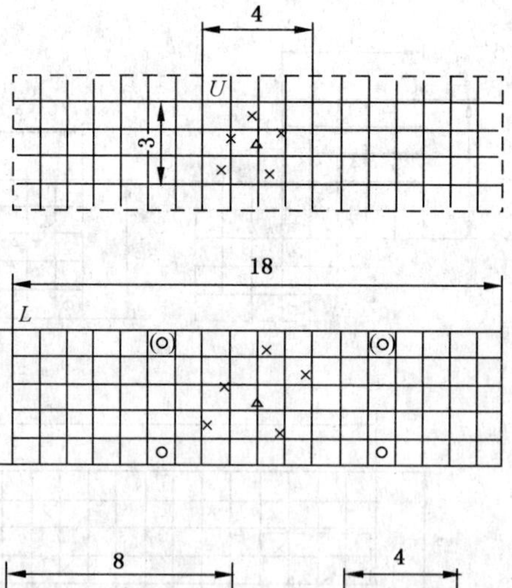

例 24：

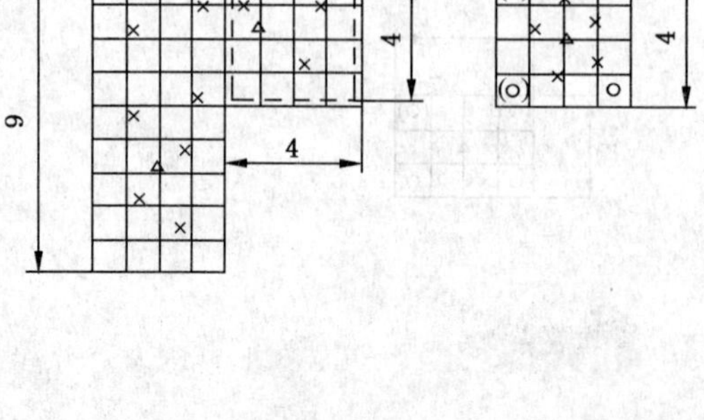

例 25：

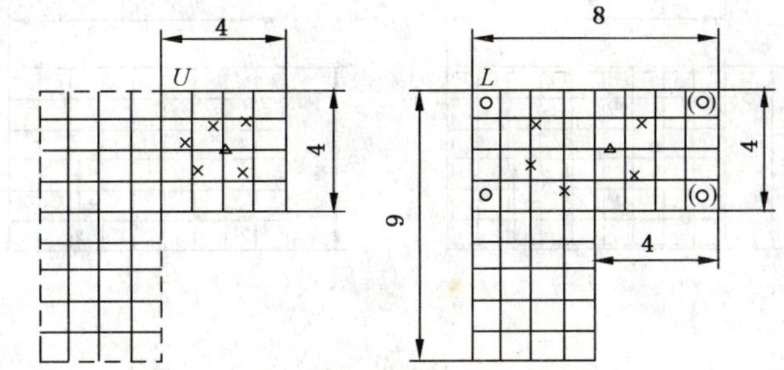

例 26：

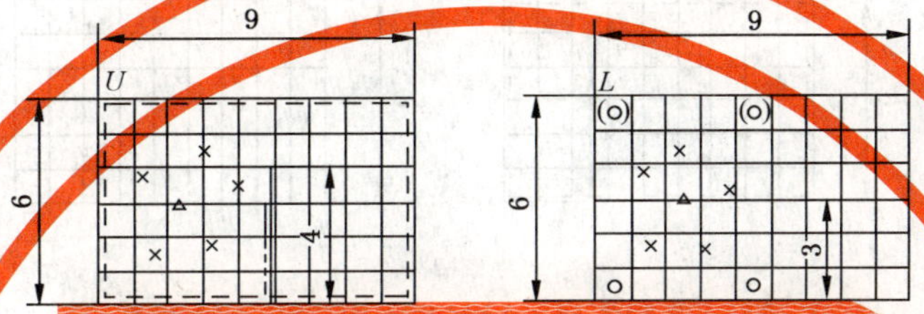

例 27：

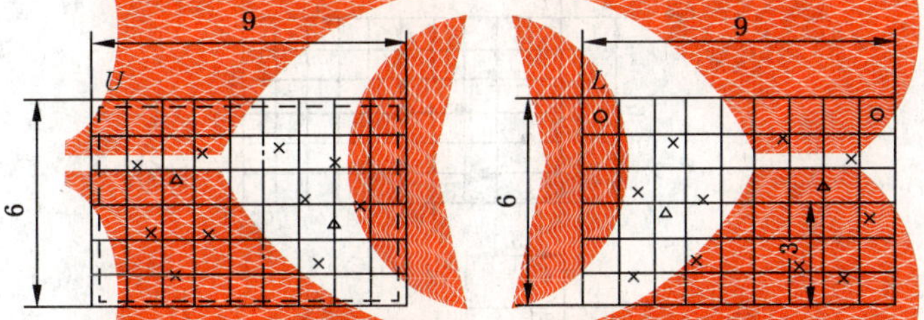

例 28：

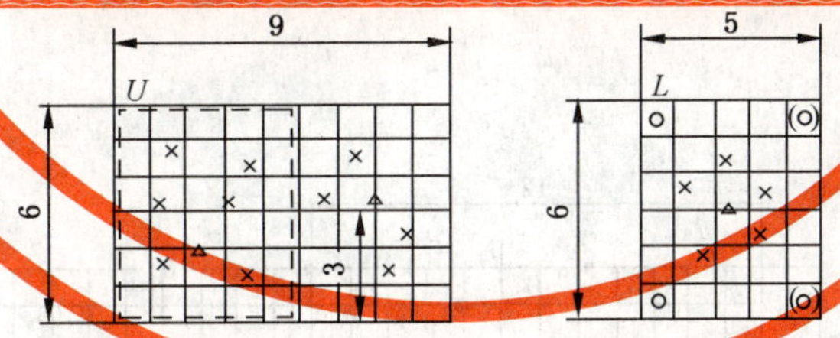

例 29：

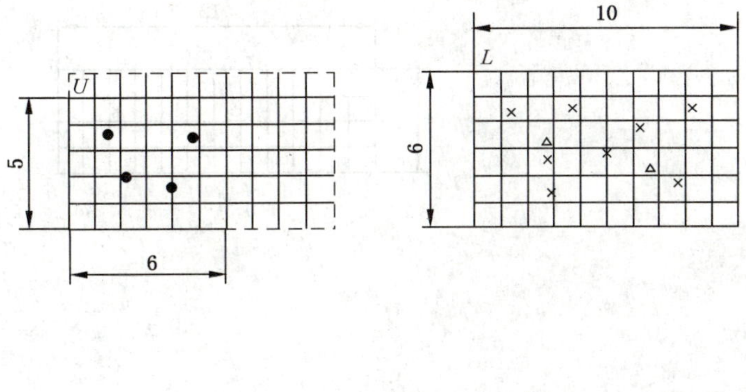

例 30：

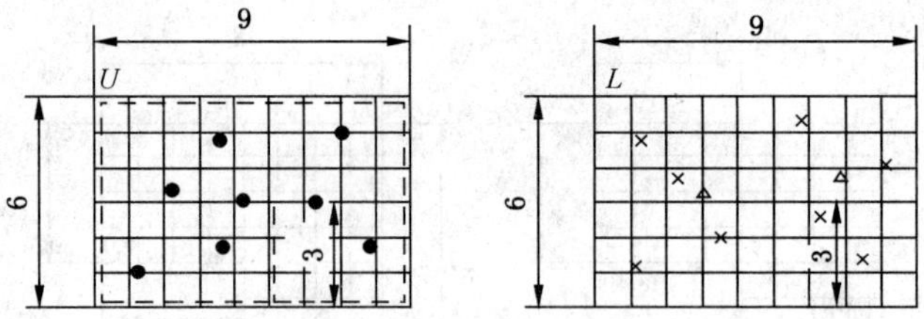

例 31：

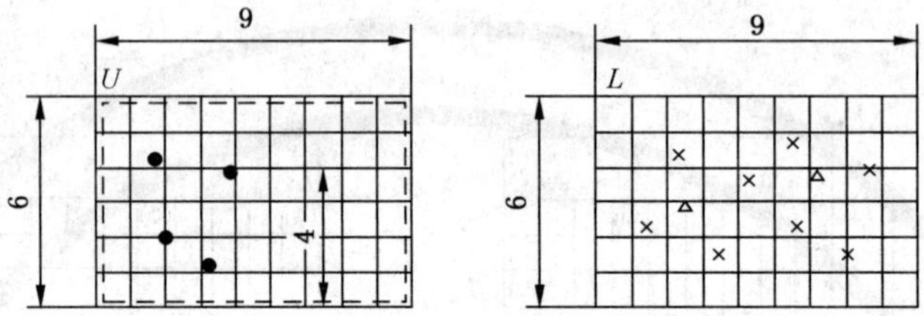

例 32：

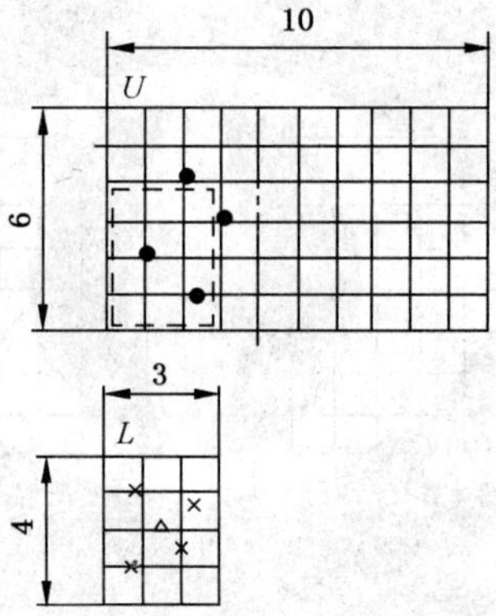

例 33：

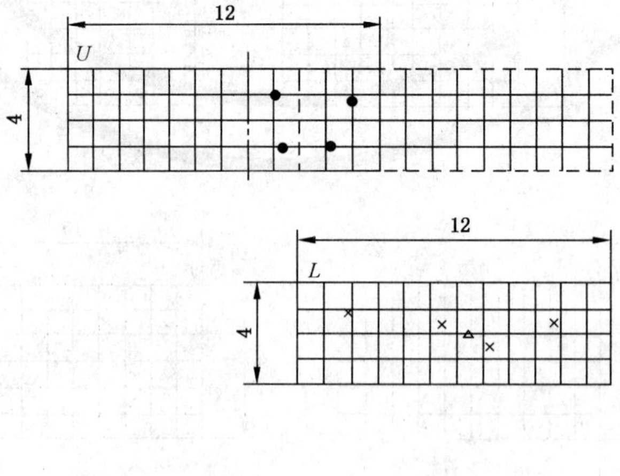

例 34：

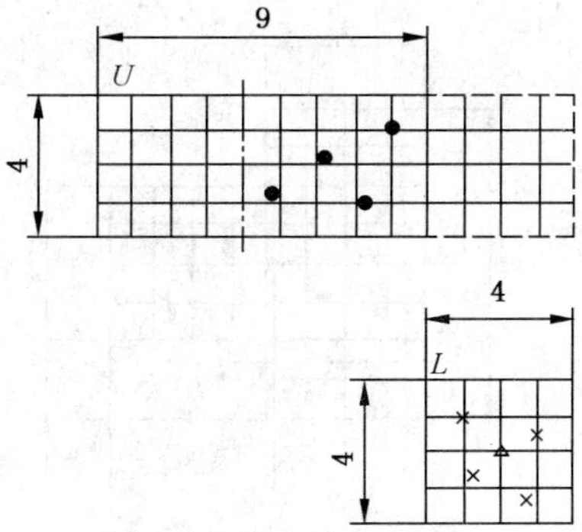

例 35：

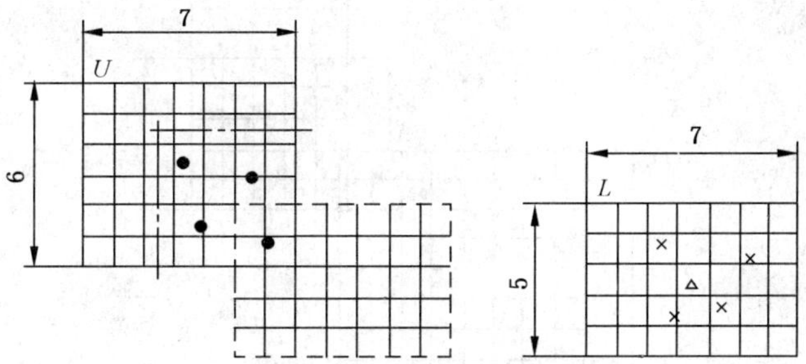

例 36：

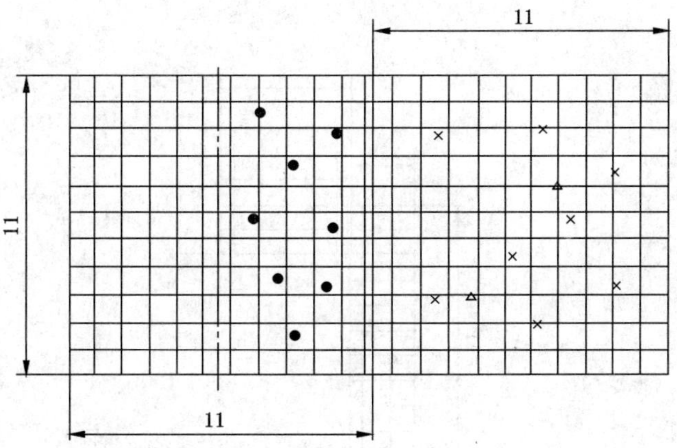

例 37：

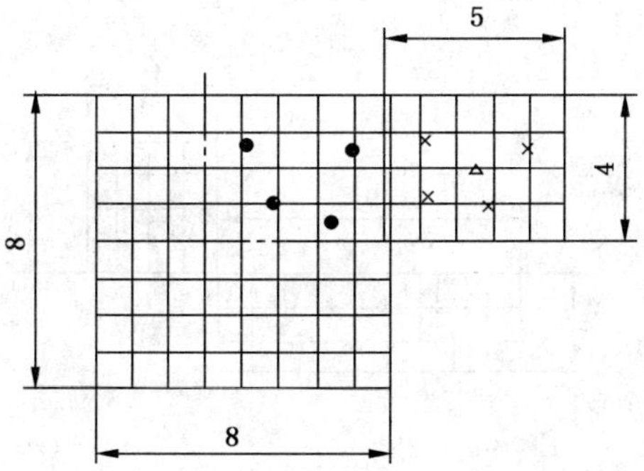

例 38：

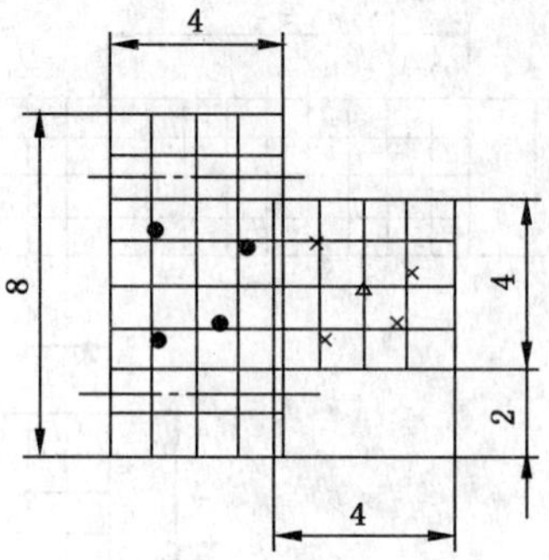

例 39：

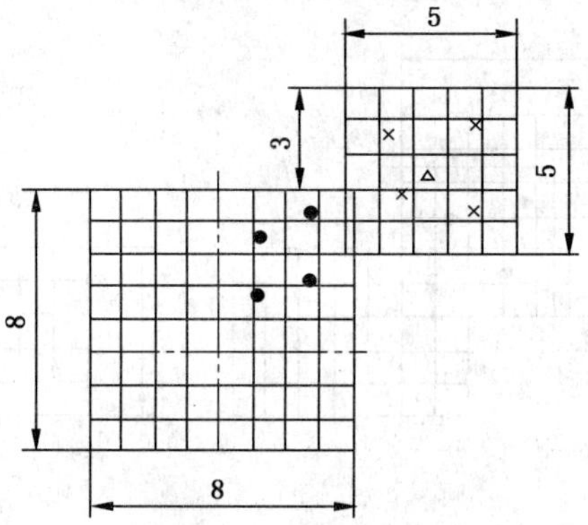

例 40：

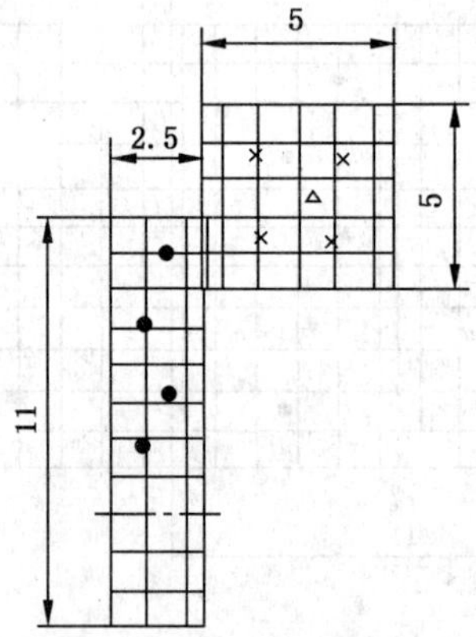

例 41：

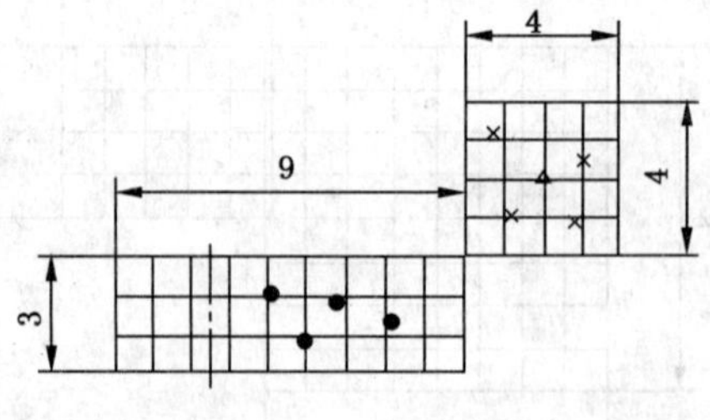

例 42：

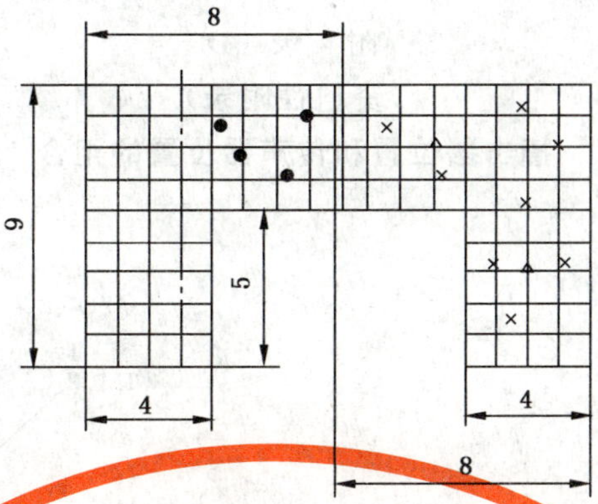

例 43：

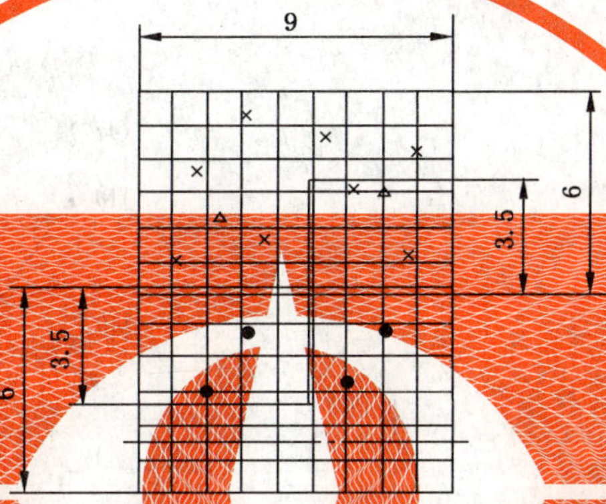

例 44：

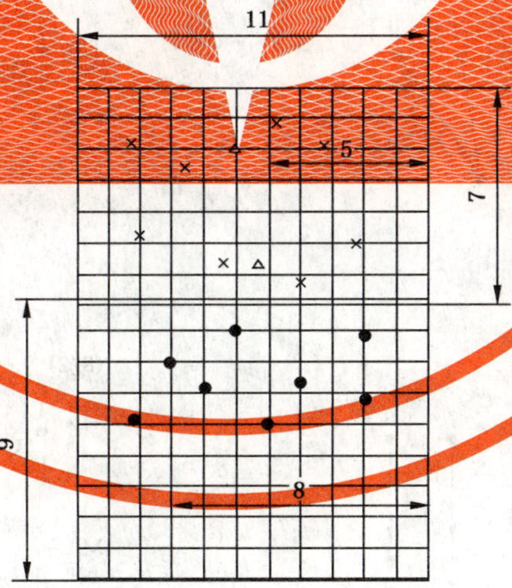

例 45：

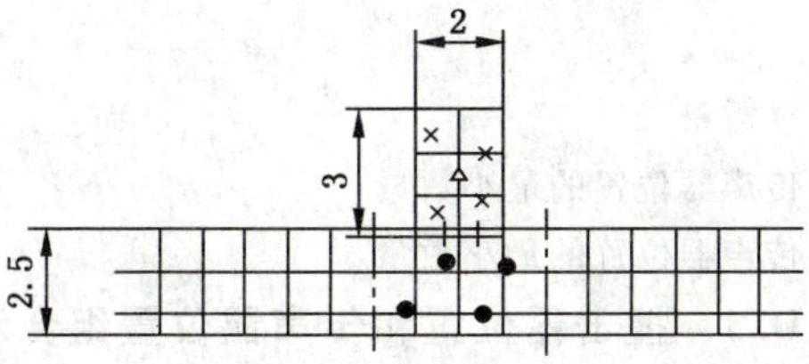

附　录　D
（资料性附录）
撞击器位置和传声器位置的组合

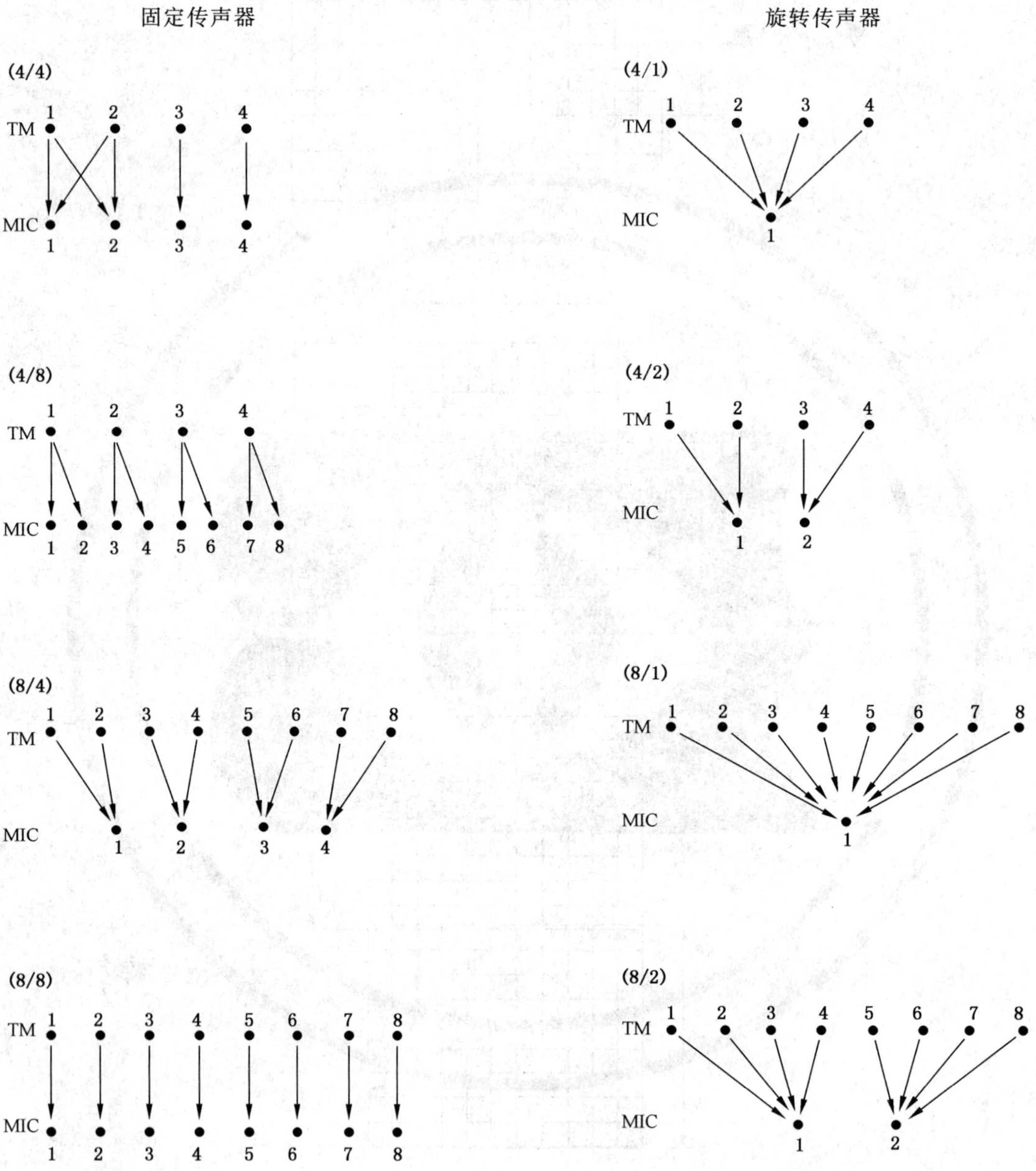

TM　撞击器位置

MIC　传声器位置

(x/x)撞击器位置数量/传声器位置数量

(4/4)GB/T 19889.7 规定的固定传声器位置的最小数量

(4/1)GB/T 19889.7 规定的旋转传声器位置的最小数量

图 D.1　撞击器位置和传声器位置组合示例

附 录 E
（资料性附录）
术语解释

水平方向测量所用术语如图 E.1 所示。

垂直方向测量所用术语如图 E.2 所示。

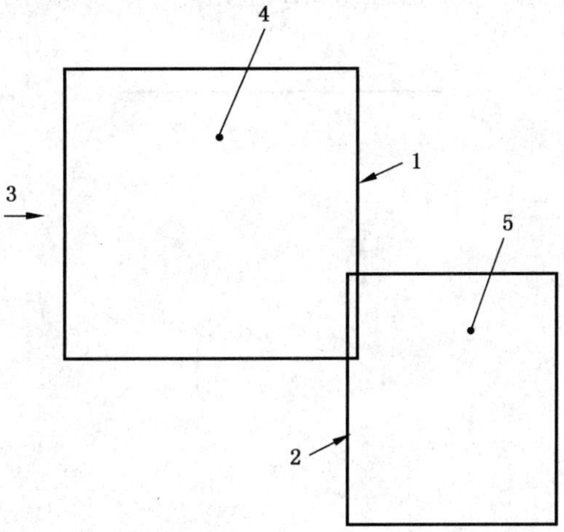

═══ 共同间壁；

1——声源室间壁；

2——接收室间壁；

3——端墙；

4——声源室；

5——接收室。

图 E.1 水平方向测量

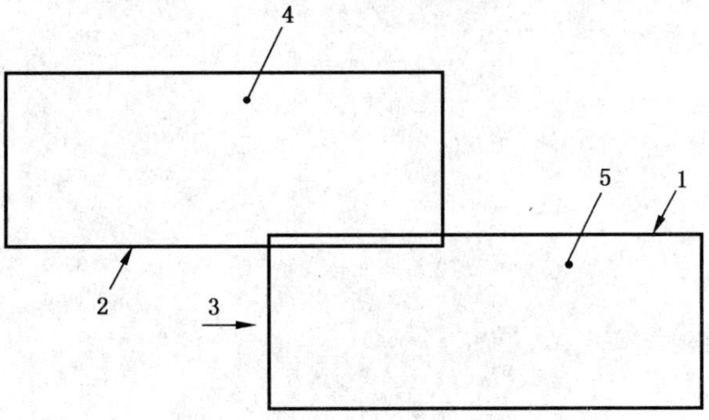

═══ 共同间壁；

1——声源室间壁；

2——接收室间壁；

3——端墙；

4——接收室；

5——声源室。

注：图中所示为垂直方向测量空气声隔声的情况。测量撞击声隔声时，1 和 2 交换、4 和 5 交换。

图 E.2 垂直方向测量

参 考 文 献

[1] Olesen, H. S. 1992. Measurements of the acoustical properties of buildings-additional guidelines. Espoo, Nordtest. NT Technical Report 203.

[2] ISO 3382-2, Acoustics—Measurement of reverberation time—Part 2: Ordinary rooms.

[3] ISO 15186-2, Acoustics—Measurement of sound insulation in buildings and of building elements using sound intensity—Part 2: Field measurements.

ICS 25.040
L 67

中华人民共和国国家标准

GB/T 19902.4—2010/ISO 16100-4:2006

工业自动化系统与集成 制造软件互操作性能力建规 第4部分:一致性测试方法、判则及报告

Industrial automation systems and integration—Manufacturing software capability profiling for interoperability—Part 4:Conformance test methods,criteria and reports

(ISO 16100-4:2006,IDT)

2010-12-01 发布　　2011-05-01 实施

中华人民共和国国家质量监督检验检疫总局
中国国家标准化管理委员会　发布

前　言

GB/T 19902《工业自动化系统与集成　制造软件互操作性能力建规》分为如下几部分：

——第1部分：框架；

——第2部分：建规方法论；

——第3部分：接口服务、协议与能力模板；

——第4部分：一致性测试方法、判则及报告；

——第5部分：基于多能力类结构进行专规匹配的方法学。

GB/T 19902的本部分为GB/T 19902的第4部分。

本部分等同采用ISO 16100-4:2006《工业自动化系统与集成　制造软件互操作性能力建规　第4部分：一致性测试方法、判则及报告》(英文版)。

本部分的技术内容和组成结构与ISO 16100-4:2006相一致，在编写格式上符合我国国家标准GB/T 1.1—2000《标准化工作导则　第1部分：标准的结构和编写规则》。只根据我国国家标准的制定要求和为方便使用，做了如下编辑性的改动：

a) 大写的英文缩写保留英文原名，去掉ISO前言。

b) 将"本国际标准"和ISO 16100改为"GB/T 19902"。将"ISO 16100-4"改为"GB/T 19902的本4部分"或"GB/T 19902.4"。

c) 将规范性引用文件中已转化为国家标准的国际标准编号改为国家标准编号，并将相应的国家标准采用的国际标准版本号放在国家标准编号后的括弧内，便于使用和查阅。未转化的国际标准保留。

d) 删去了原文中不符合我国标准编写的字句。

本部分的附录A、附录B是资料性附录。

本部分由中国机械工业联合会提出。

本部分由全国自动化系统与集成标准化技术委员会(SAC/TC 159)归口。

本部分负责起草单位：北京机械工业自动化所、东南大学。

本部分主要起草人：王茜、高雪芹、杨书评、黎晓东、远铮。

引　言

GB/T 19902(ISO 16100)源自于ISO/TC 184/SC 5的战略计划中描述的工业和经济环境，特别是：

a) 日益增长的供应商特有的解决方案；

b) 应用标准时用户遇到的困难；

c) 需要向系统集成工具模块集迁移；

d) 认识到应用软件及使用该软件的专业知识乃是企业的资产。

GB/T 19902是用于对软件能力进行规范化专规的国家标准，这种描述是可计算机表达，人可读取的。它的目标提供一个用于描述制造软件能力的方法，这些能力与其在整个制造业领域生命周期中的任务相关，不依赖于特定的系统体系结构或实现平台。

GB/T 19902中本部分的某些图表是根据UML的约定构造的。因为并不是图表中所有的概念在文章中都有解释，故假定本部分的读者对UML应有一定的认识。

工业自动化系统与集成 制造软件互操作性能力建规 第4部分:一致性测试方法、判则及报告

1 范围

GB/T 19902的本部分详细描述了测试方法,相关测试判则以及用于评价和表明一个实现一致性程度的声明格式,比如,一个UUT同GB/T 19902其他部分中特定要求的一致性程度。

本部分包括一些用来帮助制造商或供应商(第一团体),用户或买方(第二团体)或者一个独立组织(第三团体)进行一致性评估的详细定义。

GB/T 19902的本部分应包括以下内容:

——一致性元素的列表,可用来判断一个实现是否与GB/T 19902相一致;

——一致性测试和声明的定义,用来表明一个实现满足了哪些一致性元素;

——一致性声明中包含的各元素的描述;

——一整套规则用来判断多个一致性元素组合的合法性。

GB/T 19902的本部分不包括以下内容:

——涉及一致性的标号或标签,授权以及制造者或供应商有关一致性声明的内容;

——实现的日期或利用标准的不同团体之间责任分配问题;

——对生产,制作和交付过程的要求,除非如果没有这些要求时不能充分说明一致性的产品、过程或服务;

——对生产、运行和交付产品、过程及服务的质量控制要求。

2 规范性引用文件

下列文件中的条款通过GB/T 19902的本部分的引用而成为本部分的条款。凡是注日期的引用文件,其随后所有的修改单(不包括勘误的内容)或修订版均不适用于本部分,然而,鼓励根据本部分达成协议的各方研究是否可使用这些文件的最新版本。凡是不注日期的引用文件,其最新版本适用于本部分。

GB/T 19902.1—2005 工业自动化系统与集成 制造软件互操作性能力建规 第1部分:框架(ISO 16100-1:2002,IDT)

GB/T 19902.2—2005 工业自动化系统与集成 制造软件互操作性能力建规 第2部分:建规方法论(ISO 16100-2:2003,IDT)

GB/T 19902.3—2006 工业自动化系统与集成 制造软件互操作性能力建规 第3部分:接口服务、协议及能力模板(ISO 16100-3:2005,IDT)

REC-xml-20000814 可扩展标记语言(XML)1.0 W3C推荐

REC-xmlschema-1-20010502 XML Schema 第1部分:框架

REC-xmlschema-2-20010502 XML Schema 第2部分:数据类型

3 术语和定义

为了更好地描述本部分,使用如下术语和定义。其中的某些术语和定义是从其他标准中完全引用

或改编过来的,文章中用括号标明了所引用的标准详细部分和条目。

3.1

抽象测试项 abstract test case

一项规定,至少包含一个测试目的,独立于实现平台、参数值和方法。

[GB/T 16656.31—1997,3.2.1]

3.2

抽象测试用例集 abstract test suite

抽象测试用例的集合。

3.3

能力 capability

〈软件〉能力提供者所能提供的功能和服务以及一组对性能评价的标准。

[GB/T 19902.1—2005,3.3]

注:该定义与 GB/T 19114.1—2003 和 ISO/DIS 19439 中的定义不同。在 GB/T 19114.1—2003 和 ISO/DIS 19439 中,能力被定义为能够执行给定活动的品质。参见 GB/T 20720.1—2006。

3.4

能力类 capability class

能力建规方法中的元素,描述了制造活动中与软件单元的任务相关的功能和行为。

[GB/T 19902.2—2005,3.3]

3.5

能力建规 capability profiling

在软件互操作框架中选择一组由指定接口定义的已提供的服务。

[GB/T 19902.1—2005,3.4]

3.6

一致性 conformance;conformity

规范和一次真实的实现之间的一种关系,即规范中任何论点为真时,在真实的实现中也为真。

例:一个专规实现与根据 GB/T 19902 中规则创建的模板规范是一致的。

3.7

一致性测试点 conformance point

在 GB/T 19902 部分子条款中包含的特定需求,作为进行测试并确定一次实现是否一致的基本原则。

3.8

一致性声明 conformance statement

一个陈述,它标识出规范的一致性点以及在这些点上必须满足的行为。

[根据 GB/T 18714.2—2002,15.1 改写]

3.9

一致性测试 conformance test;conformity assessment

按照标准所规定的具体特性对待产品(候选产品)的测试,以便确定该产品一致性实现的程度。

[GB/T 16656.31—1997,3.2.22]

3.10

一致性测试报告 conformance test report

一致性评估过程结束时产生的文件,该文件应该提供对 UUT 按照标准进行一致性测试的结果汇总以及测试的细节。

[GB/T 16656.31—1997,3.2.23]

3.11

一致性的实现　conforming implementation

满足一致性要求的实现,并符合在CSI中所声明的能力。

[根据GB/T 16656.31—1997,3.2.24改写]

3.12

可执行测试用例　executable test case

ATC的实现,它是平台相关的,并且与参数值和特定的测试方法有关。

3.13

可执行测试集　executable test suite

可执行测试用例ETC的集合。

3.14

证伪测试　falsification testing

查找实现中错误的一种测试方法。

[根据GB/T 16656.31—1997,3.2.32改写]

3.15

接口　interface

对象行为的抽象,包括对象交互作用的子集及交互作用的约束。

3.16

制造软件单元　manufacturing software unit

一类软件资源,由一个或多个制造软件组件组成,在制造活动中执行一个特定的功能或任务,同时支持与其他单元的公共信息交换的机制。

[GB/T 19902.1—2005,3.12]

注:一个软件单元能用UML建模成一个软件对象。

3.17

匹配器　matcher

按照请求的能力专规与提供的能力专规进行比较的机制。

[GB/T 19902.3—2006,3.1.6]

3.18

匹配等级　matching level

〈专规〉定性评价一个MSU能力专规满足一个制造活动的软件功能性需求的程度。

[GB/T 19902.3—2006,3.1.7]

3.19

MSU可互操作性　MSU interoperability

一个MSU在与另一个MSU交换一组应用信息的过程中,支持一个接口规范的特殊用途的能力。

[GB/T 19902.3—2006,3.1.8]

3.20

专规　profile

一个或多个基础规范和/或子专规的集合。例如,所选择的类的标识、一致的子集、那些基础规范的选项和参数,或为完成具体的功能、活动或关系所必需的子专规。

[GB/T 19902.2—2005,3.10]

3.21

参考能力类结构　reference capability class structure

用于能力建规的能力类层次表示的模式。

[GB/T 19902.3—2006,3.1.11]

3.22

模板　template

制造软件能力专规的模式。

[GB/T 19902.3—2006,3.1.14]

3.23

测试的单元　unit under test

测试的单元可以是能力专规、能力模板、能力类结构或专规匹配器,对它们进行测试来判断是否满足或提供 GB/T 19902 中所描述的特定特性。

4　缩略语

ATC	抽象测试用例　Abstract test case
ATG	抽象测试组　Abstract test group
ATS	抽象测试用例集　Abstract test suite
CITI	测试实现的一致性信息　Conformance information for testing the implementation
CSI	实现的一致性声明　Conformance statement for the implementation
ETC	可执行测试用例　Executable test case
ETG	可执行的测试组　Executable test group
ETS	可执行测试用例集　Executable test suite
MSU	制造软件单元　Manufacturing software unit
UML	统一建模语言　Unified Modeling Language
UUT	测试单元　Unit under test
XIPI	平台实现的附加信息　Extra information for platform implementation
XITI	测试实现的附加信息　Extra information for testing the implementation
XML	可扩展标记语言　Extensible Markup Language

5　一致性框架

5.1　一致性测试

如果 UUT(例如能力专规,模板,参考能力类结构或专规匹配器)的行为与 GB/T 19902 中该部分特定的一致性需求相符时,就称该 UUT 是一致的。

一致性测试是用来验证一个实现是否满足标准或规范的要求。一致性测试是实现软件互操作必经的一步,但只有它并不能完全保证互操作性,因为一致性测试仅仅向开发者和用户保证满足一致性的 UUT 具有预期的行为,比如执行已知的功能或是有指定的接口或格式。

GB/T 19902 一致性测试最基本的策略应该是证伪性测试,它是指一个实现接收有效和无效输入的多种组合,然后通过比较测试输出和判则中预期的输出内容来判定一致性的程度。当一个测试输出与预期输出不符时，就可得出实现与规范不一致的推论。然而，即使一致性测试的输出是正确时，也并不意味着完全的一致，故证伪性测试只能证明不一致性的存在。另外，使用多样化的输入可提高一致的可能性。

5.2 UUT 类型

制造软件的互操作可通过 GB/T 19902.2 的能力建规方法来实现，对需求活动与制造软件单元进行能力建规的主要阶段如下：

a) 创建能力类结构并注册入数据库；

b) 根据制造业应用的需求在数据库中寻找能力类结构；

c) 从参考能力类结构数据库中选择能力类；

d) 创建能力模板并注册入数据库；

e) 在数据库中寻找能力类相应的能力模板；

f) 通过用具体值填充能力模板中各个域，创建一个能力专规，并注册入数据库；

g) 利用基于能力专规的匹配器来对需求和制造软件单元 MSU 的专规进行匹配。

在 a)、d)和 f)步中对 UUT 进行注册之前，应先对 UUT 类型进行一致性测试。

只有当多个 MSU 各自的能力专规都通过用能力类结构，能力类及能力专规模板验证有效时，它们之间的互操作性才能得到保证。

只有通过一致性测试才能保证互操作可能性的四个 UUT 类型是：

——参考能力类结构；

——能力模板；

——能力专规；

——能力专规匹配器。

5.3 一致性测试方法

如图 1 所示，下列活动应该形成一致性测试的过程：

a) 创建实现的一致性声明 CSI；

b) 创建抽象测试用例 ATC；

c) 创建可执行测试用例 ETC；

d) 测试 UUT。

测试过程是从创建实现的一致性声明 CSI 开始的，CSI 基于对一致性测试点的分析和 GB/T 19902 所包括的一致性测试判则。

通过增加测试执行的附加信息 XITI 和实现的一致性声明 CSI，可创建一个 ATC，其中测试执行的附加信息 XITI 应该用 UUT 类型描述并且包括表 2 中为每个 UUT 类型所列出的所有项。

每个 ATC 都应可追溯到相应实现的一致性声明 CSI，并可作为可执行测试用例 ETCs 的一个集合来实现。对于一个特定的测试平台，在表 3 中列出的附加信息应当与可执行测试用例 ETCs 相结合形成可执行的测试用例集 ETS。

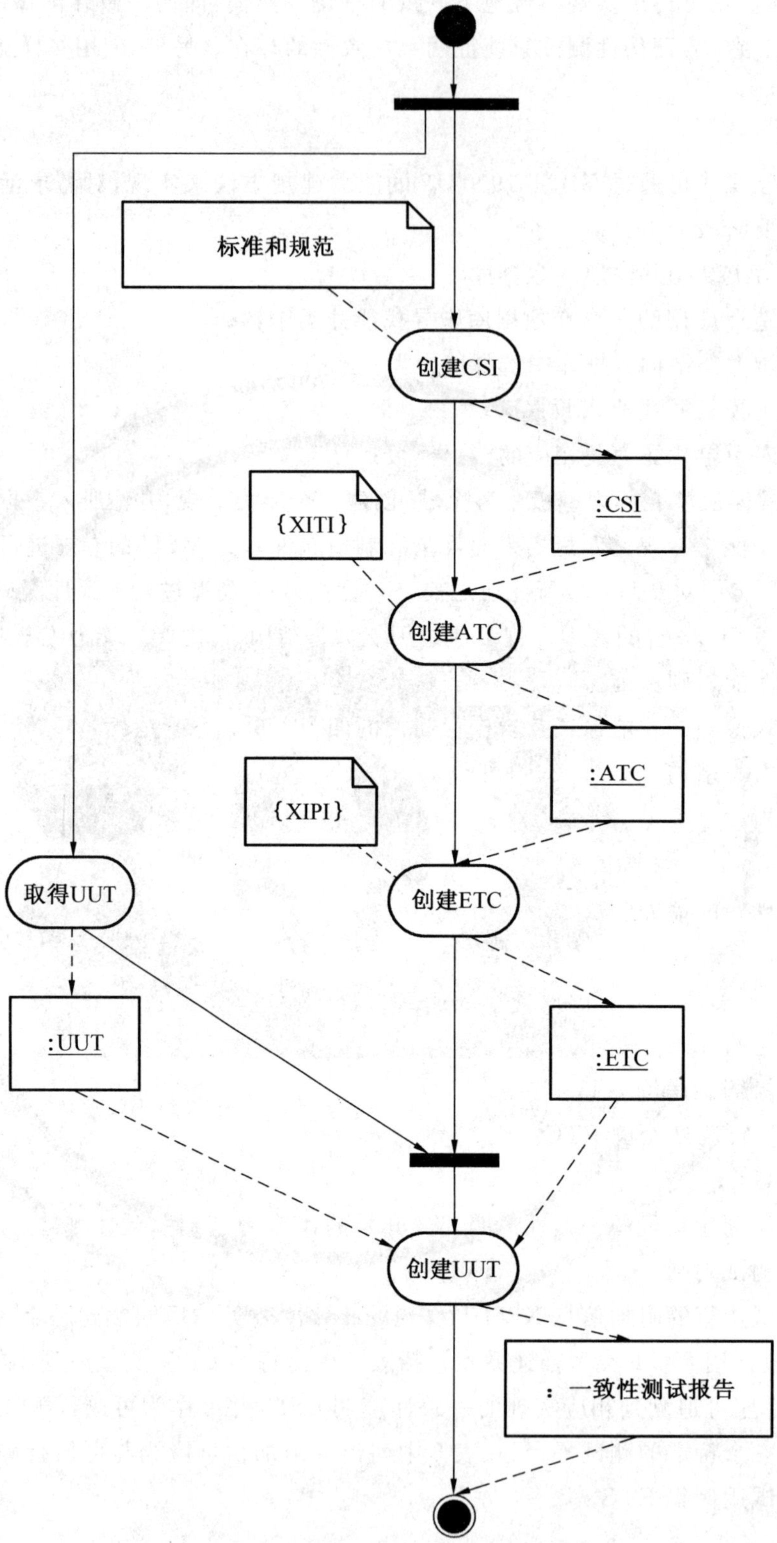

图 1　开发一致性测试过程的方法学

当在某个特定的 UUT 上执行 ETS(可执行测试用例集)时,测试的结果集应由这个特定的 ETS 中的每个 ETC(可执行的测试用例)的执行结果组合而成。每个可执行测试用例 ETC 的测试结果有通过和失败两种情况。当一个 UUT 的特定可执行测试用例 ETC 结果失败时,就意味着其与相应的 ATC 不符合,其中的 ATC 可映射到一致性测试点集和相关测试判则。当至少有一个属于 ETS 的 ETC 测试结果失败时,则称该 ETS 是不完全一致的。

对每一个 UUT 类型,都有对于一致性测试中所有活动的输入和输出。这些输入和输出的详细描述如下:

a) “创建 CSI(实现的一致性声明)”活动——见表 1;

b) “创建 ATC(抽象测试用例)”活动——见表 2;

c) “创建 ETC(可执行测试用例)”活动——见表 3;

d) “测试 UUT(测试中的单元)”活动——见表 4。

表 1 “创建 CSI”的输入和输出

输入/输出 \ 测试单元类型		能力类结构	能力类模板	能力专规	能力专规匹配器
输入	标准或规范	应用领域 本体 字典和分类法	能力类 字典和分类法 路径连续性	模板	定义完好的制造软件单元 MSU 和需求的专规中元素集
输出		表 6 中关于能力类结构的实现的一致性声明 CSI	表 7 中的关于模板的实现的一致性声明 CSI	表 8 中关于能力专规的实现的一致性声明 CSI	表 9 中关于专规适配器的实现的一致性声明 CSI

表 2 “创建 ATC”的输入和输出

输入/输出 \ 测试单元类型		能力类结构	能力模板	能力专规	能力专规匹配器
输入	测试实现的一致性信息	测试实现的一致性信息	测试实现的一致性信息	测试实现的一致性信息	测试实现的一致性信息
	测试实现的附加信息	• 相关范围以及在树中的深度 • 能力类及相互关系的 UML 图	• 能力类结构 • 字典和分类法	• 模板 • 字典和分类法	• 模板 • 字典和分类法
输出	ATC	• ATC • 抽象测试用例集 ATS	• ATC • 抽象测试用例集 ATS (参见附录 B)	• ATC • 抽象测试用例集 ATS(参见附录 A)	• ATC • 抽象测试用例集 ATS

表 3 “创建可执行用例”的输入和输出

输入/输出 \ 测试单元类型		能力类结构	能力模板	能力专规	能力专规匹配器
输入	ATC	• ATC • 抽象测试声明 ATS	• ATC • 抽象测试声明 ATS	• ATC • 抽象测试声明 ATS	• ATC • 抽象测试声明 ATS
	平台实现的附加信息	• 平台 • 应用领域本体 • 字典和分类法	• 平台 • 模板模式	• 平台 • 模板	• 平台 • 能力类结构
输出		• 可执行测试用例 ETC • 可执行测试用例集 ETS	• 可执行测试用例 ETC • 可执行测试用例集 ETS	• 可执行测试用例 ETC • 可执行测试用例集 ETS	• 可执行测试用例 ETC • 可执行测试用例集 ETS

表 4 “测试 UUT”输入和输出

输入/输出 \ 测试单元类型		能力类结构	能力模板	能力专规	能力专规匹配器
输入	可执行测试用例 ETC	• 可执行测试用例 ETC • 可执行测试用例集 ETS	• 可执行测试用例 ETC • 可执行测试用例集 ETS	• 可执行测试用例 ETC • 可执行测试用例集 ETS	• 可执行测试用例 ETC • 可执行测试用例集 ETS
	UUT	• 参考类结构文件 • 不同参数的输入	• 模板文件 • 不同参数的输入	• 专规文件 • 不同参数的输入	• 匹配器 • 不同参数的输入
输出		• 一致性测试报告	• 一致性测试报告	• 一致性测试报告	• 一致性测试报告

6 一致性测试过程

6.1 “创建实现的一致性声明”活动

6.1.1 实现的一致性声明

对每个 UUT,应该用一个特定的一致性测试声明 CSI 集合来标示每个一致性测试点,从而对每个一致性测试点可用相应的标准来进行测试。一个实现的一致性声明 CSI 应该有如图 2 中的结构。

可以利用实现的一致性声明 CSI 来更好地理解一致性评估,并确定测试领域边界。一致性声明可以是肯定或否定的,其中表明应该做什么的声明是肯定的,反之,规定不该(禁止)做什么的声明则是否定的。

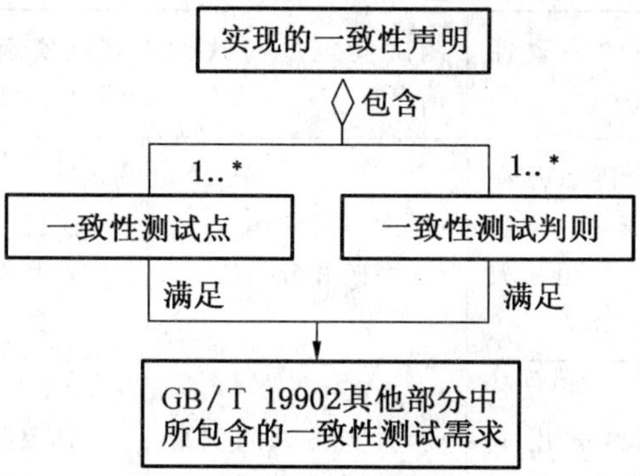

图 2 实现的一致性声明结构

6.1.2 一致性测试点的类型

一致性测试点是标准或规范中的一致性需求说明。测试是用来判断实现在这一点上是否满足一致性的判则。有四种一致性测试点的类型,如表 5 所示。

表 5 一致性测试点类型

类　型	在 UUT 中实现	应该测试	ATC 结果
A	是	是	通过
B	是	是	通过或失败
C	可选	是,若已实现	通过
D	可选	是,若已实现	通过或失败

6.1.3 实现的一致性声明模式

每个实现的一致性声明 CSI 都是一致性声明表中的一条记录,其中包含如下内容:

a) 一致性集标号——每个一致性集的唯一标识,其中该一致性集由一些逻辑上相关的一致性测试点组成;

b） 一致性测试点标号——每个一致性测试点所具有的唯一标识；

c） 一致性测试点描述——对即将测试的一致性测试点的简短描述；

d） 描述参考——一致性测试点所参考的条款/子条款和 GB/T 19902 章条编号；

e） 一致性测试点类型——表 5 中一致性测试点类型之一；

f） 抽象测试判则——所期望的性能。

6.2 “创建 ATC”活动

对每个 UUT 类型，利用多个基于 UUT 集的 ATCs 来对 UUT 进行测试。每个 ATC 都应该与图 3 中列出的其他一致性测试元素相关联，并且包含如下的元素：

a） UUT 类型；

b） 一致性测试点标识；

c） 一致性测试点集标识；

d） 对每个一致性测试点的测试结果。

每个 ATC 对于检测和验证特定 UUT 行为，都具有单独的测试目标；多个 ATCs 在逻辑上可根据 CSI 集分成多个抽象测试组 ATGs；对给定的 UUT 类型，所有的抽象测试组 ATGs 则形成相应的抽象测试用例集 ATS。

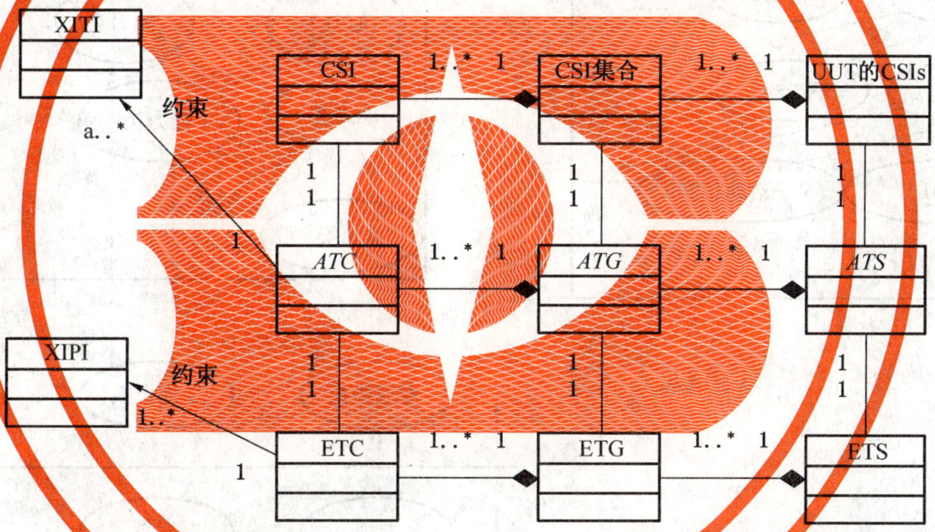

图 3 一致性测试元素的类图

6.3 “创建 ETC”活动

对每个 UUT 类型，可用基于 UUT 说明 ATCs 的 ETCs 集来形成与平台相关的 ATCs 的实现；与平台相关的因素包括计算机硬件，软件，通讯网络以及编程语言。一些 ETCs 可按照 ATC 形成 ATGs 的相应方式来形成可执行测试组 ETGs；对一个给定的 UUT 类型，所有的 ETGs 则形成可执行测试用例集 ETS，如图 3 所示。

6.4 “测试 UUT”活动

对每个 UUT 类型，ETS 可用来管理一致性测试；测试的输入包括一个 UUT 和其他与 UUT 相关的用于执行属于该 ETS 的每个可 ETC 的信息；测试的输出应是一个一致性测试报告，包含如下内容：

a） 一致性级别，如下所示：

1） 完全一致(FULL CONFORMANCE)——所有类型的一致性测试点都通过 ETS 测试；

2） 最小一致(MINIMAL CONFORMANCE)——所有的 A 和 C 类型的一致性测试点都通过 ETS 测试；

3） 不一致(NO CONFORMANCE)——任意一个 A 或 C 类的一致性测试点没有通过 ETS 测试；

注：当 ETS 并不完全从 ATS 中取得时，结果的一致性的级别可能不可靠。

b) 相应的信息应该包含一致性测试点列表，每个 ETC 的测试结果，以及最小一致和不一致情况下的详细信息。

7 UUT 的一致性

7.1 能力类结构的一致性

7.1.1 参考能力类结构

如 GB/T 19902.3—2006 图 B.1 所示，一个制造业应用领域可建模成一个活动树结构，其中每个活动与制造软件单元 MSU 所提供的能力类相关联。多个能力类也可通过与相应的活动树结构一一映射，形成参考能力类树结构。

应用中的活动树到能力类结构的映射如图 4 所示。

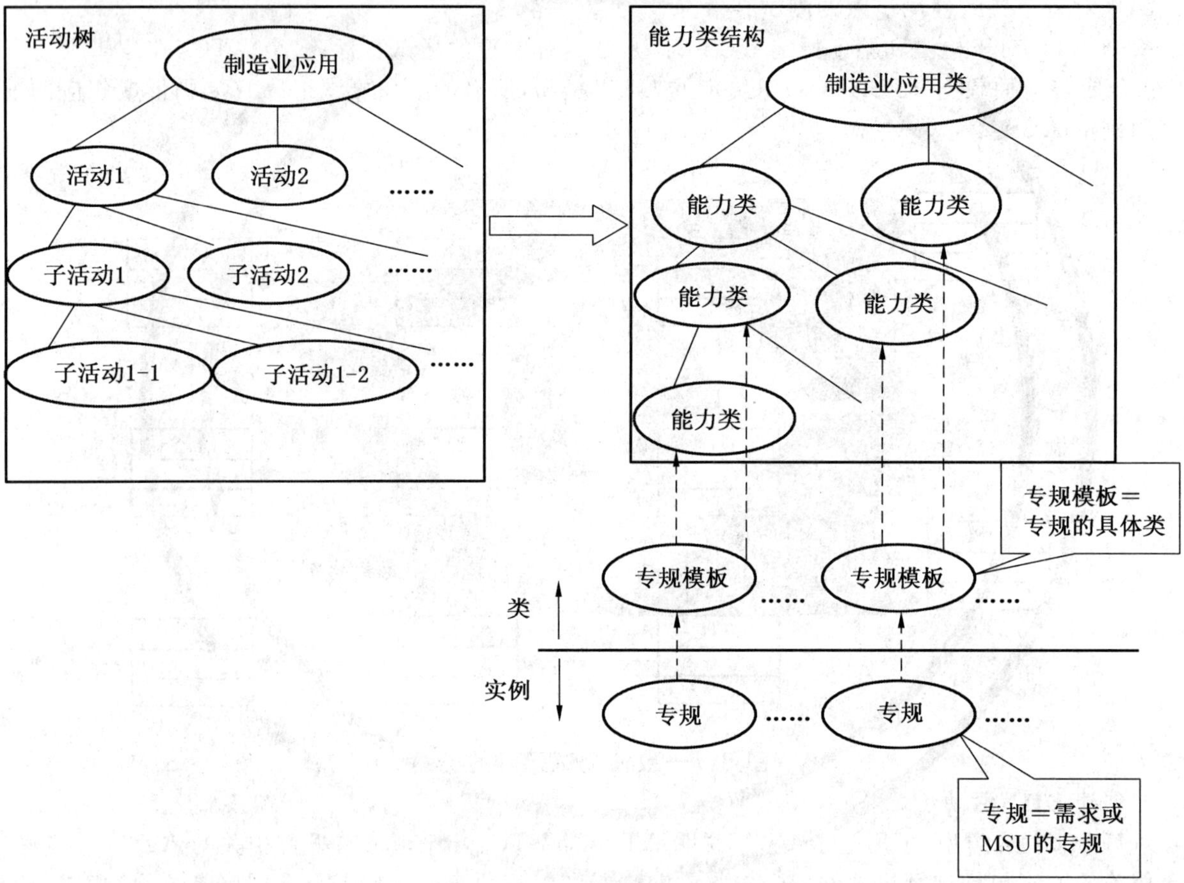

图 4 显示了从应用活动树到能力类结构的映射

7.1.2 参考能力类结构的 CSIs

利用表 6 来产生“参考能力类结构”的 ATC。

表 6 参考能力类结构实现的一致性声明 CSIs

一致性测试点（或集）的编号	一致性测试点描述	描述的参考	一致性测试点类型（见表 5）	抽象测试判则
Index_1	XML Format	GB/T 19902.2—2005，6.2	A	参考类结构用 XML 模式的格式描述
Index_2	Capability class tree structure	GB/T 19902.2—2005，6.2		

表 6（续）

一致性测试点（或集）的编号	一致性测试点描述	描述的参考	一致性测试点类型（见表 5）	抽象测试判则
Index_2.1	Single parent pernode	GB/T 19902.2—2005,6.2	A	除根节点外的每个节点都只有一个父节点
Index_2.2	Tree depth	GB/T 19902.2—2005,6.2	D	树具有深度的值
Index_2.3	Tree Width	GB/T 19902.2—2005,6.2	D	树具有宽度的值
Index_2.4	Node ID	GB/T 19902.2—2005,6.2.2	A	树中节点存在唯一标识符，用来标识与能力类相关的该功能活动在活动树中的位置，尤其是当该功能或能力类被多次实例化的情况
Index_2.5	Tree structure ID	GB/T 19902.3—2006,7.1.2[a]	A	结构组件具有唯一的标识符
Index_2.6	Tree structure type	GB/T 19902.3—2006,7.1.2[a]	A	结构组件具有唯一的类型
Index_2.7	CapabilityClassID	GB/T 19902.3—2006,7.1.2[b]	A	具有标识符

[a] The tree structure ID 和 tree structure type 与 GB/T 19902.3—2006 中 7.1.2 的模式中“CapabilityProfiling”元素相对应；

[b] CapabilityClassID 与 GB/T 19902.3—2006 中 7.2.2 的模式中“templateID”元素相对应。

7.2 能力模板的一致性

7.2.1 能力模板

能力类结构是在 GB/T 19902.2—2005 的 6.2.1 中描述的，GB/T 19902.3—2006 的第 7 章则是描述的能力模板，而能力类到能力模板的映射的描述在 GB/T 19902.2—2005 的 6.3 中。

能力模板的一致性测试应该验证模板的：

a) 定义完好的 XML 模式；

b) 根据 GB/T 19902.3—2006 中第 7 章的描述进行验证。

7.2.2 能力模板的 CSI

利用表 7 中可产生“能力模板”的 ATCs。

表 7 能力模板的 CSIs

一致性测试点或集的标号	一致性测试点描述	描述参考	一致性测试点类型（见表 5）	抽象测试判则
Index_1	XML format	GB/T 19902.3—2006,7	A	能力模板用 XML 模式的格式描述
Index_2	Schema component header elements	GB/T 19902.3—2006,7.1		
Index_2.1	XML version and target namespaces	GB/T 19902.3—2006,7.1	A	存在 XML 的版本和域名空间，而且其值与 GB/T 19902.3—2006 中 7.1 相一致

表 7(续)

一致性测试点或集的标号	一致性测试点描述	描述参考	一致性测试点类型(见表5)	抽象测试判则
Index_2.2	Capability Profiling	GB/T 19902.3—2006,7.1	A	存在该模式元素
Index_2.2.1	Type	GB/T 19902.3—2006,7.1	A	存在该模式元素
Index_2.2.2	Capability Profile	GB/T 19902.3—2006,7.1	A	存在该模式元素
Index_2.2.2.1	PkgType and version	GB/T 19902.3—2006,7.1	A	存在该模式元素
Index_2.2.2.2	CommonPartType and SpecificPartType	GB/T 19902.3—2006,7.1	A	存在该模式元素
Index_3	CommonPartType	GB/T 19902.3—2006,7.2		
Index_3.1	Choice of Capability Profile type	GB/T 19902.3—2006,7.2	A	存在"Requirement"或"MSU_Capability"模式元素
Index_3.2	Reference CapabilityClass Structure	GB/T 19902.3—2006,7.2.1	A	存在属性"id","name" "version","url"
Index_3.3	TemplateID	GB/T 19902.3—2006,7.2.1	A	存在该模式元素
Index_3.4	Additional Reference CapabilityClass Structure and TemplateID pair(s)	GB/T 19902.3—2006,7.2.1	C	存在另外的参考能力类结构和模板ID,满足Index_3.2和Index_3.3的要求
Index_3.5	Version	GB/T 19902.3—2006,7.2	C	存在该模式元素
Index_3.6	Owner	GB/T 19902.3—2006,7.2	C	存在该模式元素
Index_3.7	Computing Facilities	GB/T 19902.3—2006,7.2	C	存在模式元素:"Processor0","OperatingSystem0","Language","Memory","DiskSpace"
Index_3.8	Additional Computing Facilities elements	GB/T 19902.3—2006,7.2	C	存在其他的模式元素,满足Index_3.7的判则
Index_3.9	Performance	GB/T 19902.3—2006,7.2	D	存在"ElapsedTime"和"TransactionsPerUnitTime"属性
Index_3.10	Additional Performance Elements	GB/T 19902.3—2006,7.2	D	存在其他的元素,满足Index_3.9的判则
Index_3.11	ReliabilityData	GB/T 19902.3—2006,7.2	D	存在模式元素"UsageHistory","Shipments","IntendedSafetyIntegrity","Certification"
Index_3.12	Additional ReliabilityData Element	GB/T 19902.3—2006,7.2	D	存在其他的模式元素,满足Index_3.11的判则
Index_3.13	SupportPolicy	GB/T 19902.3—2006,7.2	D	存在属性"index"
Index_3.14	Additional SupportPolicy Elements	GB/T 19902.3—2006,7.2	D	存在其他的模式元素,满足Index_3.13的判则
Index_3.15	PriceData	GB/T 19902.3—2006,7.2	D	存在属性"invest","annual Support","unit"
Index_3.16	Additional PriceData Elements	GB/T 19902.3—2006,7.2	D	存在其他的元素,满足Index_3.15的判则

7.3 能力专规的一致性

7.3.1 能力专规

一个能力专规是至少被实例化的能力模板。其他项则根据规范的级别来填充。

能力专规的一致性测试应检测能力专规的：

a) 定义完好的 XML 文档；

b) 完全按照 GB/T 19902.3—2006 中第 7 章描述的规范进行验证。

7.3.2 能力专规的 CSIs

利用表 8 可产生“能力专规”的抽象测试案例 ATGs。

表 8 能力专规的 CSIs

一致性测试点(或集)的标号	一致性测试点描述	描述参考	一致性测试点类型(见表 5)	抽象测试判则
Index_1	XML Format	GB/T 19902.3—2006,7	A	能力专规用 XML 模式的格式描述
Index_2	Schema component header elements	GB/T 19902.3—2006,7.1	A	
Index_2.1	XML version and target namespaces	GB/T 19902.3—2006,7.1	A	存在 XML 的版本和域名空间且其值与 GB/T 19902.3—2006 中 7.1.2 相一致
Index_2.2	CapabilityProfiling	GB/T 19902.3—2006,7.1	A	存在模式元素
Index_2.2.1	Type	GB/T 19902.3—2006,7.1	A	存在属性“id”;值属于“string”类型,且是“unqualified”形式,标明“需求能力专规”和“MSU 能力专规”
Index_2.2.2	CapabilityProfile	GB/T 19902.3—2006,7.1	A	存在元素“Pkgtype”,“Common”,“Specific”;存在属性“date”,其类型为“string”,是“unqualified”的形式
Index_2.2.2.1	PkgType and version	GB/T 19902.3—2006,7.1	A	存在值,且值类型为“string”,是“unqualified”的形式
Index_2.2.2.2	CommonPartType And SpecificPartType	GB/T 19902.3—2006,7.1.2	A	属于 Common 部分的值在 CommonPartType 中;属于 Specific 部分的值在 SpecificPartType 中
Index_3	CommonPartType	GB/T 19902.3—2006,7.2.2	A	
Index_3.1	Profile ID	GB/T 19902.3—2006,7.2.2	A	Requirement ID 或 MSU_Capability ID 值的类型都为“String”和“unqualified”的形式
Index_3.2	ReferenceCapability ClassStructure	GB/T 19902.3—2006,7.2.2	A	存在属性“id”,“name”,“version”和“url”
Index_3.2.1	id	GB/T 19902.3—2006,7.2.2	A	id 类型为“string”,且是“unqualified”的形式

表 8（续）

一致性测试点（或集）的标号	一致性测试点描述	描述参考	一致性测试点类型(见表 5)	抽象测试判则
Index_3.2.2	name	GB/T 19902.3—2006，7.2.2	A	name 类型为“string”，且是“unqualified”的形式
Index_3.2.3	version	GB/T 19902.3—2006，7.2.2	A	version 类型为“string”，且是“unqualified”的形式
Index_3.2.4	uri	GB/T 19902.3—2006，7.2.2	A	uri 类型为“string”，且是“unqualified”的形式
Index_3.3	TemplateID	GB/T 19902.3—2006，7.2.2	A	Template ID 类型为“string”，且是“unqualified”的形式；当能力专规匹配中需要全部的参考能力类结构时，该值为 NULL
Index_3.4	Additional ReferenceCapability ClassStructure and TemplateID pair(s)	GB/T 19902.3—2006，7.2.1	C	满足 Index_3.2 和 Index_3.3 的判则
Index_3.5	Version	GB/T 19902.3—2006，7.2.2	C	存在属性“Major”，“minor”
Index_3.5.1	major	GB/T 19902.3—2006，7.2.2	C	值为“string”类型和“unqualified”的形式
Index_3.5.2	minor	GB/T 19902.3—2006，7.2.2	C	值为“string”类型和“unqualified”的形式
Index_3.6	Owner	GB/T 19902.3—2006，7.2.2	C	对 MSU 能力建规，存在模式元素 Name，Street，City，Zip，State，Country 和 Comment；但不需要对要求能力建规
Index_3.6.1	name	GB/T 19902.3—2006，7.2.2	C	值为“string”类型
Index_3.6.2	street	GB/T 19902.3—2006，7.2.2	D	值为“string”类型
Index_3.6.3	city	GB/T 19902.3—2006，7.2.2	D	值为“string”类型
Index_3.6.4	zip	GB/T 19902.3—2006，7.2.2	D	值为“string”类型
Index_3.6.5	state	GB/T 19902.3—2006，7.2.2	D	值为“string”类型
Index_3.6.6	country	GB/T 19902.3—2006，7.2.2	D	值为“string”类型
Index_3.6.7	comment	GB/T 19902.3—2006，7.2.2	D	值为“string”类型
Index_3.7	ComputingFacilities	GB/T 19902.3—2006，7.2.2	C	存在模式元素“Processor0”，“OperatingSystem0”，“Language”，“Memory”，“DiskSpace”
Index_3.7.1	type	GB/T 19902.3—2006，7.2.2	C	值为“string”类型和“unqualified”的形式
Index_3.7.2	Processor type	GB/T 19902.3—2006，7.2.2	C	值为“string”类型和“unqualified”的形式
Index_3.7.3	OperatingSystem type	GB/T 19902.3—2006，7.2.2	C	值为“string”类型和“unqualified”形式

表 8（续）

一致性测试点（或集）的标号	一致性测试点描述	描述参考	一致性测试点类型（见表 5）	抽象测试判则
Index_3.7.4	Language name	GB/T 19902.3—2006，7.2.2	C	值为“string”类型和“unqualified”的形式
Index_3.7.5.	Memory	GB/T 19902.3—2006，7.2.2	C	存在属性“Memory size”和“Memory unit”
Index_3.7.5.1	Memory size	GB/T 19902.3—2006，7.2.2	C	“Memory size”值为“string”类型和“unqualified”的形式
Index_3.7.5.2	Memory unit	GB/T 19902.3—2006，7.2.2	C	“Memory unit”值为“string”类型和“unqualified”的形式
Index_3.7.6	DiskSpace	GB/T 19902.3—2006，7.2.2	C	存在属性“DiskSpace size”和“DiskSpace unit”
Index_3.7.6.1	DiskSpace size	GB/T 19902.3—2006，7.2.2	C	“DiskSpace size”值为“string”类型和“unqualified”的形式
Index_3.7.6.2	DiskSpace unit	GB/T 19902.3—2006，7.2.2	C	“DiskSpace unit”值为“string”类型和“unqualified”的形式
Index_3.8	Additional ComputingFacility elements	GB/T 19902.3—2006，7.2	C	满足 index_3.7 的判则
Index_3.9	Performance	GB/T 19902.3—2006，7.2.2	D	存在元素“ElapsedTime”和“TransactionsPerUnitTime”
Index_3.9.1	ElapsedTime	GB/T 19902.3—2006，7.2.2	D	“Elapsed Time”值为“string”类型和“unqualified”的形式
Index_3.9.2	TransactionsPerUnit Time	GB/T 19902.3—2006，7.2.2	D	“TransactionsPerUnitTime”值为“string”类型和“unqualified”的形式
Index_3.10	Additional Performance elements	GB/T 19902.3—2006，7.2.2	D	满足 index_3.9 的判则
Index_3.11	ReliabilityData	GB/T 19902.3—2006，7.2.2	D	存在元素“UsageHistory”，“Shipments”，“IntendedSafetyIntegrity”和“Certification”
Index_3.11.1	UsageHistory	GB/T 19902.3—2006，7.2.2	D	值为“string”类型和“unqualified”的形式
Index_3.11.2	Shipments number	GB/T 19902.3—2006，7.2.2	D	值为“string”类型和“unqualified”的形式
Index_3.11.3	IntendedSafetyIntegrity level	GB/T 19902.3—2006，7.2.2	D	值为“string”类型和“unqualified”的形式
Index_3.11.4	Certification no1	GB/T 19902.3—2006，7.2.2	D	值为“string”类型和“unqualified”的形式
Index_3.12	Additional ReliabilityData elements	GB/T 19902.3—2006，7.2	D	满足 index_3.11 的判则
Index_3.13	SupportPolicy	GB/T 19902.3—2006，7.2.2	D	存在属性“index”

表 8（续）

一致性测试点（或集）的标号	一致性测试点描述	描述参考	一致性测试点类型(见表 5)	抽象测试判则
Index_3.13.1	index	GB/T 19902.3—2006，7.2.2	D	值是"string"类型，"unqualified"形式
Index_3.14	Additional SupportPolicy elements	GB/T 19902.3—2006，7.2	D	满足 index_3.13 的判则
index_3.15	PriceData	GB/T 19902.3—2006，7.2.2	D	存在属性"invest"，"annualSupport"和"unit"
index_3.15.1	invest	GB/T 19902.3—2006，7.2.2	D	值为"string"类型和"unqualified"的形式
index_3.15.2	annualSupport	GB/T 19902.3—2006，7.2.2	D	值为"string"类型和"unqualified"的形式
index_3.15.3	unit	GB/T 19902.3—2006，7.2.2	D	值为"string"类型和"unqualified"的形式
Index_3.16	Additional PriceData elements	GB/T 19902.3—2006，7.2	D	满足 index_3.15 的判则

7.4 基于能力专规匹配器一致性

7.4.1 类型 1 匹配器

GB/T 19902 本部分中"基于能力专规匹配器"仅指类型 1 的匹配器。一致性测试应检测匹配器的：

a) 能接受两个有效的专规和能力模板；

b) 能获得所需要有效的专规；

c) 能提供一个 GB/T 19902.3—2006 的 6.1.2 中描述的匹配级别的报告。

该一致性测试不包含检测类型 1 匹配器的行为。

7.4.2 能力专规匹配器的 CSIs

利用表 9 可产生"能力专规匹配器"的 ATCs。

表 9 能力专规匹配器的 CSIs

一致性测试点或集的标号	一致性测试点描述	描述参考	一致性测试点类型(见表 5)	抽象测试判则
Index_1	XML Format	GB/T 19902.3—2006，7	A	能力专规用 XML 模式格式描述
Index_2	Capability Profile Conformity	GB/T 19902.3—2006，5.3	A	需求的能力专规和 MSU 能力专规都要与能力模板一致
Index _3	MatchingResultReport	GB/T 19902.3—2006，6.1.3 和 7.4	A	存在模式元素"Matching level"和"Detail List Report"
Index_3.1	MatchingLevel	GB/T 19902.3—2006，6.1.2 和 7.4	A	匹配级别为下列之一： —完全匹配； —全必要判则匹配； —部分必要判则匹配； —无必要判则匹配
Index_3.2	DetailListReport	GB/T 19902.3—2006，6.1.2 和 7.4	A	显示匹配和不匹配的功能

附　录　A
（资料性附录）
能力专规的一致性测试

注：抽象测试样例采用下列惯例描述：

if（条件真）

执行　行动

A.1　抽象测试样例

与能力专规CSIs对应的ATCs如下：

```
if（! Index_1）
  output message “Capability Profile should be in XML format”
if（! Index_2）
  output message “The schema component of the header elements should be in conformance with GB/T 19902.3—
                 2006, 7.1.2.”
else {
    if（! Index _2.1）
      output message “XML version and target namespaces should be in conformance with GB/T 19902.3—
                     2006, 7.1.2”
    if（! Index_2.2）
       output message “schema component should be in conformance with GB/T 19902.3—2006, 7.1.2.”
      else {
        if（! Index_2.2.1）
           output message “Type should have attribute id”
        if（! Index_2.2.2）
           Output message “CapabilityProfile should have components ‘PKgtype’, ‘Common’,‘Specific’
                          and attribute date.”
          else {
              if（! Index_2.2.2.1）
                 output message “‘PKgtype’ should have version”
              if（! Index_2.2.2.2）
                output message “‘Common’ should be in ‘CommonPartType’ and ‘Specific’ should be in
                               ‘SpecificPartType’.”
          }
      }
    }
if（ ! Index_3）
   output message “Common part should exist and be in ‘CommonPartType’.”
else {
     if（! Index_3.1）
        output message “The profile should have profile ID but only one ID should be appeared, either
                       Requirement ID or MSU_Capability ID and each ID should have the value in
                       ‘string’type and ‘unqualified’ form”
     if（! Index_3.2）
        output message “Each profile should have at least one element
                       ‘ReferenceCapabilityClassStructure’.
                       The value of ReferenceCapabilityClassStructure should be Complex Type”
     else {
        if（! Index _3.2.1）
            output message “The value of id should be in ‘string’ type and ‘unqualified’ form”
        if（! Index _3.2.2）
             output message “The value of name should be in ‘string’ type and ‘unqualified’ form”
```

```
            if (! Index _3.2.3)
                output message "The value of version should be in 'string' type and 'unqualified' form"
            if (! Index _3.2.4)
                output message "The value of uri should be in 'tring' type and 'unqualified' form"
            }
        if (! Index_3.3)
            output message "A Profile should have a TemplateID, the value should be in "string" type and
                         "unqualified" form. It should distinguish the start class within a Capability
                         Class Structure. Typically, the value is NULL if capability profile matching is
                         required for the full capability class structure."
            }
        if (Index _3.5) { //Index_3.5 is type C conformance point
            // "It is necessary to fill the value for MSU capability profiling, but it is not necessary for
            requirement capability profiling. The value of Version is Complex Type"
            if (! Index _3.5.1)
                output message "The value of major should be in "string" type and "unqualified" form"
            if (! Index _3.5.2)
                output message "The value of minor should be in "string" type and "unqualified" form"
            }
        if (Index_3.6) { // Index _3.6 is type C conformance point
            // "it is not necessary for requirement capability profiling, but. It is necessary to fill the
            value for MSU capability profiling. If 'Owner' is empty, it means that the profile is for re-
            quirement capability profiling"
            if (! Index _3.6.1)
                output message "The value of name should be in "string" type and "unqualified" form"
            if (! Index _3.6.2)
                output message "The value of street should be in "string" type and "unqualified" form"
            if (! Index _3.6.3)
                output message "The value of city should be in "string" type and "unqualified" form"
            if (! Index _3.6.4)
                output message "The value of zip should be in "string" type and "unqualified" form"
            if (! Index _3.6.5)
                output message "The value of state should be in "string" type and "unqualified" form"
            if (! Index _3.6.6)
                output message "The value of country should be in "string" type and "unqualified" form"
            if (! Index _3.6.7)
                output message "The value of comments should be in "string" type and "unqualified"
                form"
            }
        if (Index _3.7) { // Index _3.7 is type C conformance point
            if (! Index _3.7.1)
                output message "The value of ComputingFacilities type should be in "string" type and
                             "unqualified" form"
            if (! Index _3.7.2)
                output message "The value of Processor type should be in "string" type and "unqualified"
                             form"
            if (! Index _3.7.3)
                output message "The value of OperatingSystem type should be in "string" type and "unquali-
                             fied" form"
            if (! Index _3.7.4)
                output message "The value of Language type should be in "string" type and "unqualified"
                             form"
            if (Index_3.7.5) {
                if (! Index _3.7.5.1)
                    output message "The value of Memory size should be in "string" type and "unqual-
                                 ified" form"
```

```
        if (! Index _3.7.5.2)
                output message "The value of Memory unit should be in "string" type and "unqual-
                        ified" form"
        }
    if (Index _3.7.6) {
        if (! Index _3.7.6.1)
              output message "The value of DiskSpace size should be in "string" type and "unqual-
                        ified" form"
        if (! Index _3.7.6.2)
              output message "The value of DiskSpace unit should be in "string" type and "unqual-
                        ified" form"
        }
    }
if (Index _3.9) { // Index _3.9 is type D conformance point
    if (! Index _3.9.1)
        output message "The value of ElapsedTime should be in "string" type and "unqualified"
                form"
    if (! Index _3.9.2)
        output message "The value of TransactionPerUnitTime should be in "string" type and
                "unqualified" form"
    }
if (Index _3.11 ) { // Index _3.11 is type D conformance point
    if (! Index _3.11.1)
          output message "The value of UsageHistory should be in "string" type and "unquali-
                fied" form"
    if (! Index _3.11.2)
          output message "The value of Shipments number should be in "string" type and "un-
                qualified" form"
    if (! Index _3.11.3)
          output message "The value of IntendedSafetyIntegrity level should be in "string"
                type and "unqualified" form"
    if (! Index _3.11.4)
        output message "The value of Certification no1 should be in "string" type and "unquali-
                fied" form"
    }
if (Index _3.13) { // Index _3.13 is type D conformance point
    if (! Index _3.13.1)
        output message "The value of SupportPolicy index should be in "string" type and "unqual-
                ified" form"
    }
if (Index _3.15 exists ) { // Index _3.15 is type D conformance point
    if (! Index _3.15.1)
        output message "The value of PriceData invest should be in "string" type and "unquali-
                fied" form"
    if (! Index _3.15.2)
        output message "The value of PriceData annualSupport should be in "string" type and
                "unqualified" form"
    if (! Index _3.15.3)
        output message "The value of PriceData unit should be in "string" type and "unqualified"
                form"
            }
    }
```

模板是相应专规的模式(参考 GB/T 19902.3—2006,7.1.2,或如下所示),下面是用于能力专规一致性测试的附加信息。

<CapabilityProfiling xmlns:xsi = "http://www.w3.org/2001/XMLSchema - instance"
xsi:noNamespaceSchemaLocation = "C:\...\ ISO16100 - General.xsd">

A.2 测试框架

测试步骤和顺序如图 A.1 所示：

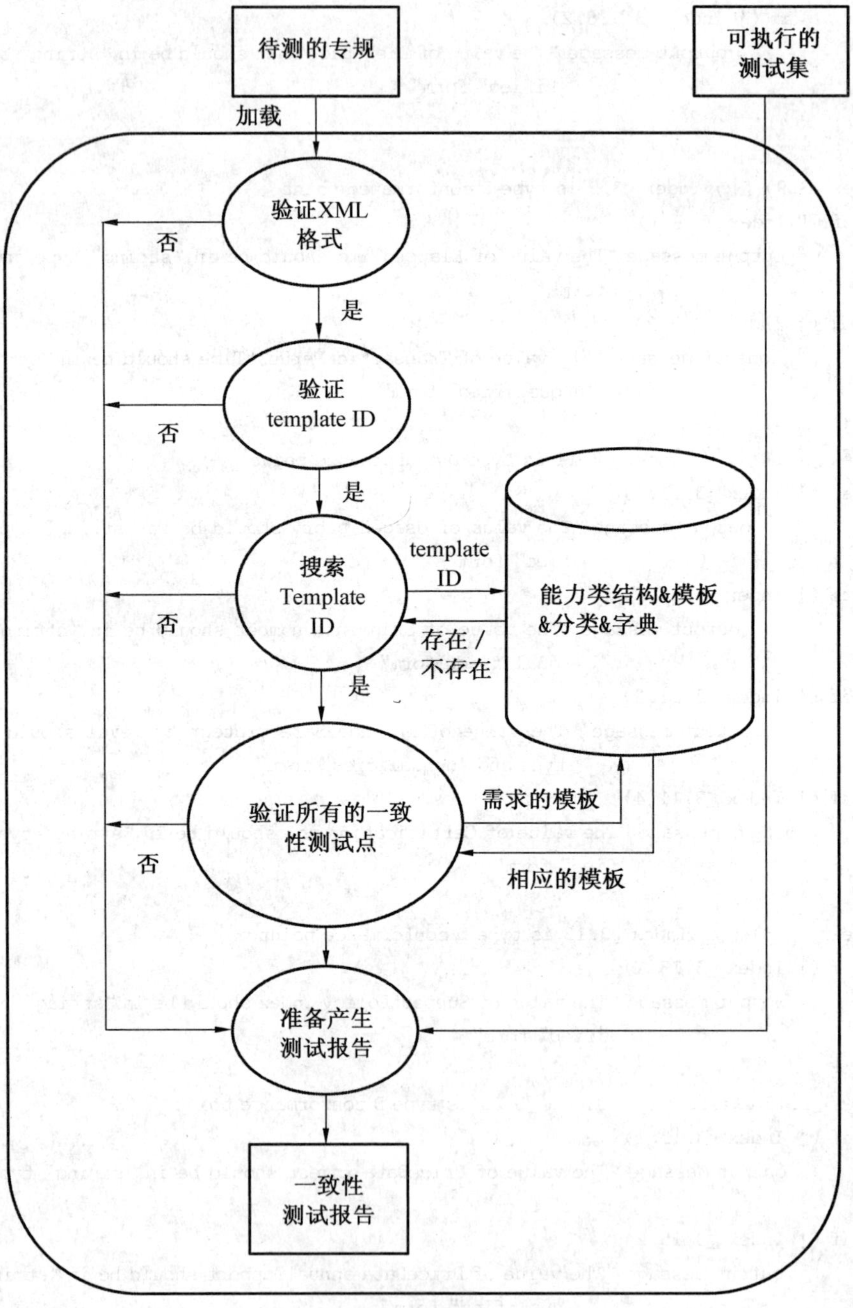

图 A.1 能力专规测试 UUT 活动

A.3 一致性测试报告格式

推荐的报告格式如下(见 6.4)：

a) Validation of XML format

Name of UUT: {name of profile }

XML format validation result: {PASS or FAIL }

The format error occurs as: {NO ERROR or description and exact location of error }

Suggested error correction: {NO CORRECTION NEEDED or description of corrected format }

b) Validation of the Conformance Point:

Name of UUT: {name of profile }

Conformance point validation result: {PASS or FAIL }

The error occurs as: {NO ERROR or description and exact location of error }

Suggested error correction: {NO CORRECTION NEEDED or description of corrected error }

附　录　B
（资料性附录）
类型1匹配器的一致性测试

注：抽象测试样例采用下列惯例描述：

if（条件真）

执行　行动

B.1　抽象测试样例

与类型1匹配器用于验证接受和获得专规的 CSIs 对应的 ATCs 如下：

```
// accept the required profile
 if (! Index_1) // Validate whether the profile is in XML format
      output message "Any Capability profile should be in XML format"
 if (! Index_2)
      output message "Both Required Capability Profile and MSU's Capability Profile should be in conform-
                     ance with the Capability Profile."

 // search for MSU profile according to Reference capability class ID and the Template ID
 if (! Find the profile according to Reference capability class ID and the Template ID)
      output message "Cannot find the msu profile to match"
 if (! msu profile is accessible)
      output message "the msu profile is not accessible"
```

与类型1匹配器用于验证匹配报告语法的 CSIs 对应的 ATCs 如下：

```
if (! Index_3)
// validate if the report has 4 items: the MSU profile ID; required profile ID; the matching level and the
detail list
      output message " The MatchingLevel and a detail list report should be in the result report."
else {
      if (MatchingLevel = = "Complete Match") && (DetailListReport does not include any mandatory match
                           or optional match)
           output message "the matching level is invalid."
      if (MatchingLevel = = "All Mandatory") && (DetailListReport does not include all mandatory match)
           output message "the matching level is invalid."
      if (MatchingLevel = = " Some_Mandatory") && (DetailListReport does not include any mandatory match)
            output message "the matching level is invalid."
      if (MatchingLevel = = "No_Mandatory") && (DetailListReport includes at least one mandatory match)
            output message "the matching level is invalid."
    }
```

与类型1匹配器用于验证匹配程度是否与详细描述清单相一致的 CSIs 对应的 ATCs 如下：

```
counterAllFail = 0, counterAllPass = 0,
while (Review the detail list of the matching report) // for mandatory point counting
    {
      if (mandatory point XX is no match) {
           output message "Mandatory point XX does not match"
           counterAllFail = countertAllFail + 1
         }
```

```
    else
        countertAllPass = counterAllPass + 1
  }
 if ((counterAllFail = = 0 ) && (MatchingLevel ! = All_Mandatory match) && (MatchingLevel ! = Complete
        match))
    output message "The matching level is not in accordance with the detail list"
 else if( (counterAllPass = = 0 ) && (MatchingLevel = = Some_Mandatory match))
    output message "The matching level is not in accordance with the detail list"
   else if ((counterAllPass = = 0) && (MatchingLevel ! = No_Mandatory match)
      output message "The matching level is not in accordance with the detail list"
```

B.2 能力专规匹配报告的参考模式

匹配报告的格式如下：

```
<? xml version = "1.0" encoding = "utf - 8" ? >
<! - - Inline XSD schema - - >
<xs:schema xmlns:xs = "http://www.w3.org/2001/XMLSchema">
  <xs:element name = "MatchingReport">
    <xs:complexType>
      <xs:sequence>
        <xs:element name = " reqirement_ capability_profileID">
          <xs:complexType>
            <xs:sequence>
              <xs:element name = "ID" type = "xs:string" />
            </xs:sequence>
            <xs:attribute name = "Validated" type = "xs:string" />
              //this reqirement_ capability_profile has been validated
            <xs:attribute name = "HasMSU" type = "xs:string" />
              //MSU with the required ID has been found
          </xs:complexType>
        </xs:element>
        <xs:element name = "capability_msu_profileID" type = "xs:string" />
        <xs:element name = "the_matching_level">
          <xs:complexType>
            <xs:choice>
              <xs:element name = "Complete_Match" />
              <xs:element name = "All_Mandatory_Match" />
              <xs:element name = "Some_Mandatory_Match" />
              <xs:element name = "No_Mandatory_Match" />
            </xs:choice>
          </xs:complexType>
        </xs:element>
        <xs:element name = "the_matching_comment" type = "xs:string" />
      </xs:sequence>
      <xs:attribute name = "date" type = "xs:string" />
    </xs:complexType>
  </xs:element>
</xs:schema>
```

B.3 匹配报告一致性测试流程图

如图 B.1 所示：

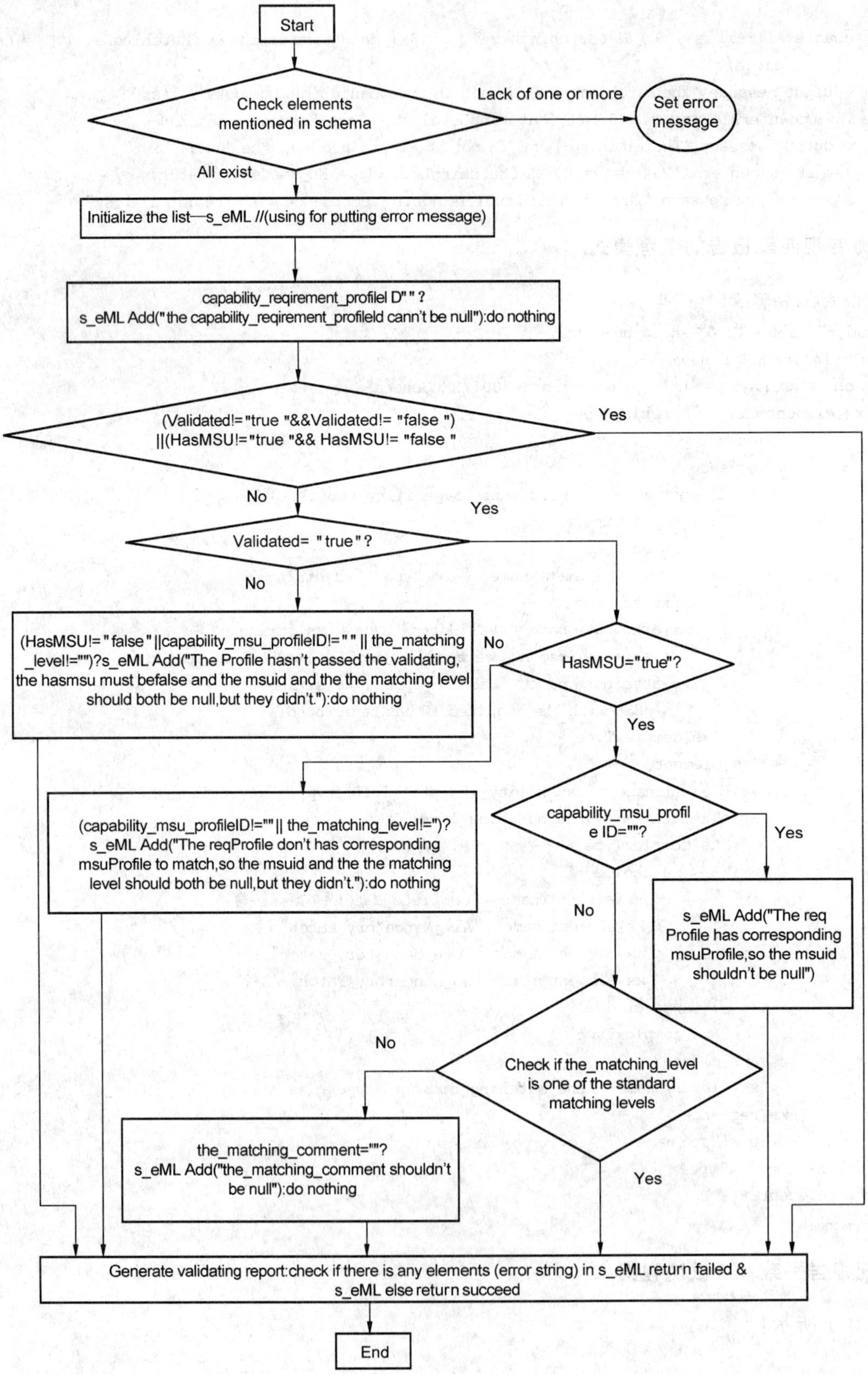

图 B.1 匹配报告一致性测试流程图样例

B.4 匹配报告一致性测试

测试步骤与顺序如图B.2所示：

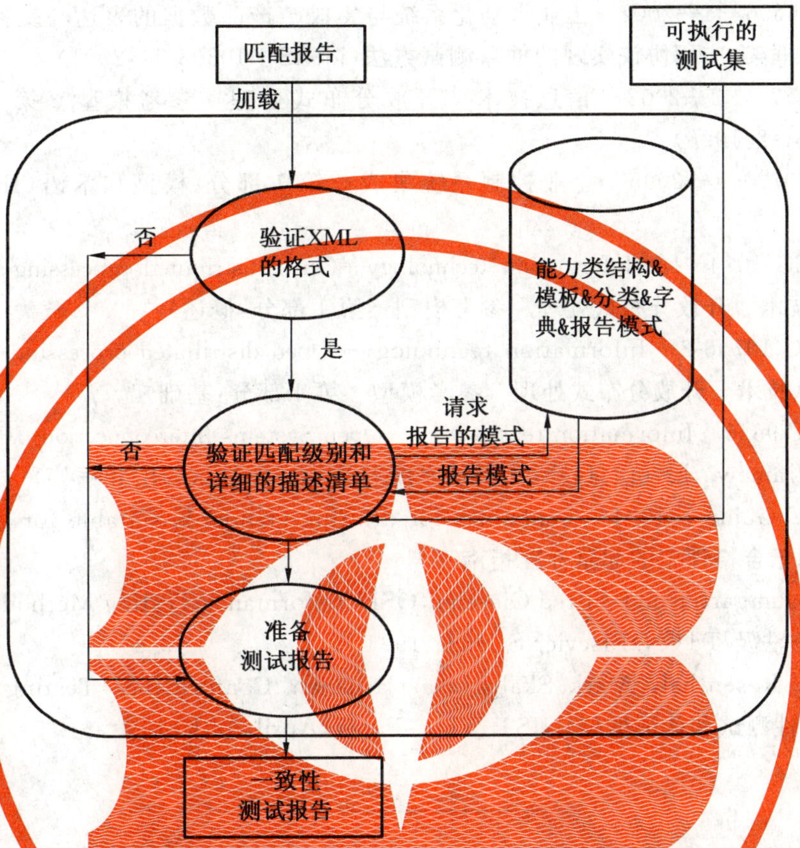

图 B.2 匹配报告测试 UUT 活动

参考文献

[1] GB/T 16656.31—1997 工业自动化系统与集成 产品数据的表达与交换 第31部分:一致性测试方法论与框架:基本概念(idt ISO 10303-31:1994)

[2] GB/T 16656.34—2002 工业自动化系统与集成 产品数据的表达与交换 第34部分:一致性测试方法论与框架:应用协议实现的抽象测试方法(idt ISO 10303-34:2001)

[3] GB/T 18714.2—2002 信息技术 开放分布式处理 参考模型 第2部分:基本概念(idt ISO/IEC 10746-2:1996)

[4] GB/T 20720.1—2006 企业控制系统集成 第1部分:模型和术语(IEC 62264-1:2003,IDT)

[5] ISO/IEC 10746-1 Information technology—Open distributed processing—Reference model: Overview.(信息技术 开放分布式处理 参考模型 第1部分:概述)

[6] ISO/IEC 10746-2 Information technology—Open distributed processing—Reference model: Foundations.(信息技术 开放分布式处理 参考模型 第1部分:基础)

[7] ISO/IEC 9646 Information technology—Open Systems Interconnection—Conformance testing methodology and framework.(信息技术 开放系统互连 一致性试验法和框架)

[8] ISO/IEC Guide 7:1994 Guidelines for drafting standards suitable for use for conformity assessment.(适用于合格评定的起草标准指南)

[9] Bernd Baumgarten and Alfred Giessler,OSI Conformance Testing Methodology and TTCN,(OSI一致性测试方法及TTCN)Elsevier Science,1994

[10] Lynne Rosenthal, Mark Skall, Lisa Carnahan. Conformance Testing and Certification Framework,(一致性测试和认证框架)NIST White Paper,April 2001

ICS 35.040
L 71

中华人民共和国国家标准

GB 19967.2—2010

信息技术　通用多八位编码字符集（基本多文种平面）　汉字24点阵字型 第2部分:黑体

Information technology—Universal multiple-octet coded character set (Basic Multilingual plane)—24-dots matrix font of Chinese ideogram—Part 2:Hei Ti

2011-01-10 发布　　　　2011-11-01 实施

中华人民共和国国家质量监督检验检疫总局
中国国家标准化管理委员会　发布

前　言

GB 19967 的本部分的全部技术内容为强制性。

GB 19967《信息技术　通用多八位编码字符集(基本多文种平面)　汉字 24 点阵字型》分为如下两个部分：

——第 1 部分：宋体；

——第 2 部分：黑体。

本部分为 GB 19967 的第 2 部分。

本部分依据 GB 13000—2010 的基本多文种平面中 CJK 统一汉字及其扩充 A 所提供的汉字图形字符，以《第一批异体字整理表》、《简化字总表》、《印刷通用汉字字形表》和《现代汉语通用字表》(见参考文献)规定的规范字形为基础，并按照整理汉字字形的原则，具体设计了汉字信息系统用 24 点阵黑体字型。

本部分规定的点阵字型还适用于 GB 18030—2005《信息技术　中文编码字符集》的汉字强制部分。

本部分的附录 A 和附录 B 是规范性附录。

本部分由中华人民共和国工业和信息化部提出。

本部分由全国信息技术标准化技术委员会(SAC/TC 28)归口。

本部分起草单位：中国电子技术标准化研究所、成都中科院计算所、北京仓颉博雅信息技术有限公司。

本部分主要起草人：王立建、戴涌、魏励、代红、熊涛、周济萍、翟广臣、王颜尊。

引　　言

有关字型数据的授权转让使用事宜，字型标准数据的维护、更新及修订工作，统一由归口单位负责。

地　　址：北京市东城区安定门东大街 1 号（北京市 1101 信箱）
邮　　编：100007
电　　话：64007689、84029173
传　　真：64007681
E-mail：daihong@cesi.ac.cn

信息技术　通用多八位编码字符集（基本多文种平面）　汉字24点阵字型 第2部分：黑体

1　范围

GB 19967的本部分规定了GB 13000—2010基本多文种平面中CJK统一汉字及其扩充A的24点阵黑体字型。

本部分适用于各种电子信息产品、各种数字化产品，也可用于其他有关设备。

2　规范性引用文件

下列文件中的条款通过GB 19967的本部分的引用而成为本部分的条款。凡是注日期的引用文件，其随后所有的修改单（不包括勘误的内容）或修订版均不适用于本部分，然而，鼓励根据本部分达成协议的各方研究是否可使用这些文件的最新版本。凡是不注日期的引用文件，其最新版本适用于本部分。

GB 13000—2010　信息技术　通用多八位编码字符集（UCS）（ISO/IEC 10646:2003，IDT）

3　术语和定义

下列术语和定义适用于GB 19967的本部分。

3.1

字形　glyph

一种可辨认的抽象的图形符号，它不依赖于任何特定的设计。

3.2

字型　font

具有同一基本设计的字形图像的集合，如：黑体。

3.3

点阵字型　dot matrix font

以点的集合来表现图形字符的（型）形。

3.4

字序　character order

图形字符在集合中按一定规则排列的次序。

4　点阵字型的排列次序

本部分按GB 13000—2010基本多文种平面的CJK统一汉字及其扩充A的次序排列各汉字点阵字型。

5　标准数据的管理

为加强对信息技术产品用汉字字型与字模标准数据的管理，保证本部分在实施中数据的一致性和正确性，有关字型数据的授权转让使用事宜，字型标准数据的维护、更新及修订工作，统一由归口单位负责。

6 点阵字型的表示方法

6.1 栅格

栅格由若干条等距离的垂直线与水平线相交叉而形成。

本部分规定的是24点阵字型,其栅格是横向24格,纵向24格。每个方格的中心定为点的中心位置。

栅格仅对构成点阵字型的各点进行定位,24点阵的栅格如图1所示。

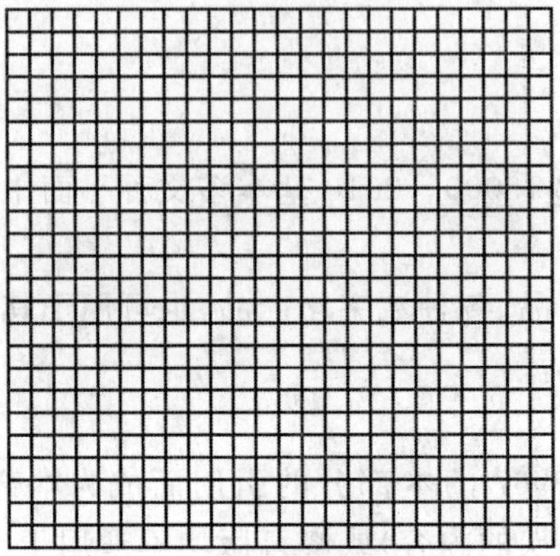

图1 24点阵栅格图

6.2 点

点是构成点阵字型的最小单位,以圆形表示,它是位于各方格内的黑色区域。

6.3 点阵字样

汉字点阵字型的字样,由置于栅格内的若干个点的集合来表示。汉字"永"的点阵字样如图2所示。

永 6C38

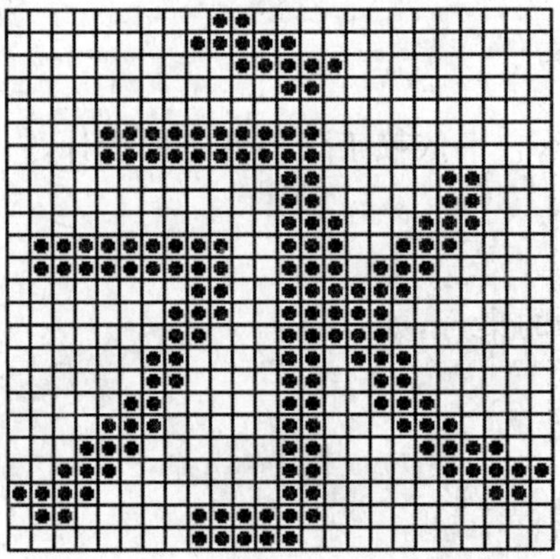

图2 24点阵汉字"永"字型

7 汉字点阵字型

7.1 字数

本部分按GB 13000—2010基本多文种平面CJK统一汉字及其扩充集A提供了27 484个24点阵黑体字型。

7.2 汉字字型数据

汉字24点阵字型数据的表示,见附录A。

7.3 减省笔画的汉字

在本部分中,有35个汉字受点阵栅格限制进行了减省笔画处理,见附录B。

7.4 汉字点阵字型表

本部分规定的24点阵黑体字型如下:

	0	1	2	3	4	5	6	7	8	9	A	B	C	D	E	F
4E0	一	丁	丂	七	丄	丅	丆	万	丈	三	上	下	丌	不	与	丏
4E1	丐	丑	丒	专	且	丕	世	丗	丘	丙	业	丛	东	丝	丞	丟
4E2	丠	両	丢	丣	两	严	並	丧	丨	丩	个	丫	丬	中	丮	丯
4E3	丰	丱	串	丳	临	丵	丶	丷	丸	丹	为	主	丼	丽	举	丿
4E4	乀	乁	乂	乃	乄	久	乆	乇	么	义	乊	之	乌	乍	乎	乏
4E5	乐	乑	乒	乓	乔	乕	乖	乗	乘	乙	乚	乛	乜	九	乞	也
4E6	习	乡	乢	乣	乤	乥	书	乧	乨	乩	乪	乫	乬	乭	乮	乯
4E7	买	乱	乲	乳	乴	乵	乶	乷	乸	乹	乺	乻	乼	乽	乾	乿
4E8	亀	亁	亂	亃	亄	亅	了	亇	予	争	亊	事	二	亍	于	亏
4E9	亐	云	互	亓	五	井	亖	亗	亘	亙	亚	些	亜	亝	亞	亟
4EA	亠	亡	亢	亣	交	亥	亦	产	亨	亩	亪	享	京	亭	亮	亯
4EB	亰	亱	亲	亳	亴	亵	亶	亷	亸	亹	人	亻	亼	亽	亾	亿
4EC	什	仁	仂	仃	仄	仅	仆	仇	仈	仉	今	介	仌	仍	从	仏
4ED	仐	仑	仒	仓	仔	仕	他	仗	付	仙	仚	仛	仜	仝	仞	仟
4EE	仠	仡	仢	代	令	以	仦	仧	仨	仩	仪	仫	们	仭	仮	仯
4EF	仰	仱	仲	仳	仴	仵	件	价	仸	仹	仺	任	仼	份	仾	仿
4F0	伀	企	伂	伃	伄	伅	伆	伇	伈	伉	伊	伋	伌	伍	伎	伏
4F1	伐	休	伒	伓	伔	伕	伖	众	优	伙	会	伛	伜	伝	伞	伟
4F2	传	伡	伢	伣	伤	伥	伦	伧	伨	伩	伪	伫	伬	伭	伮	伯
4F3	估	伱	伲	伳	伴	伵	伶	伷	伸	伹	伺	伻	似	伽	伾	伿

	0	1	2	3	4	5	6	7	8	9	A	B	C	D	E	F
4F4	佀	佁	佂	佃	佄	佅	但	佇	佈	佉	佊	佋	佌	位	低	住
4F5	佐	佑	佒	体	佔	何	佖	佗	佘	余	佚	佛	作	佝	佞	佟
4F6	你	佡	佢	佣	佤	佥	佦	佧	佨	佩	佪	佫	佬	佭	佮	佯
4F7	佰	佱	佲	佳	佴	併	佶	佷	佸	佹	佺	佻	佼	佽	佾	使
4F8	侀	侁	侂	侃	侄	侅	來	侇	侈	侉	侊	例	侌	侍	侎	侏
4F9	侐	侑	侒	侓	侔	侕	侖	侗	侘	侙	侚	供	侜	依	侞	侟
4FA	侠	価	侢	侣	侤	侥	侦	侧	侨	侩	侪	侫	侬	侭	侮	侯
4FB	侰	侱	侲	侳	侴	侵	侶	侷	侸	侹	侺	侻	侼	侽	侾	便
4FC	俀	俁	係	促	俄	俅	俆	俇	俈	俉	俊	俋	俌	俍	俎	俏
4FD	俐	俑	俒	俓	俔	俕	俖	俗	俘	俙	俚	俛	俜	保	俞	俟
4FE	俠	信	俢	俣	俤	俥	俦	俧	俨	俩	俪	俫	俬	俭	修	俯
4FF	俰	俱	俲	俳	俴	俵	俶	俷	俸	俹	俺	俻	俼	俽	俾	俿
500	倀	倁	倂	倃	倄	倅	倆	倇	倈	倉	倊	個	倌	倍	倎	倏
501	倐	們	倒	倓	倔	倕	倖	倗	倘	候	倚	倛	倜	倝	倞	借
502	倠	倡	倢	倣	値	倥	倦	倧	倨	倩	倪	倫	倬	倭	倮	倯
503	倰	倱	倲	倳	倴	倵	倶	倷	倸	倹	债	倻	值	倽	倾	倿
504	偀	偁	偂	偃	偄	偅	偆	假	偈	偉	偊	偋	偌	偍	偎	偏
505	偐	偑	偒	偓	偔	偕	偖	偗	偘	偙	做	偛	停	偝	偞	偟
506	偠	偡	偢	偣	偤	健	偦	偧	偨	偩	偪	偫	偬	偭	偮	偯
507	偰	偱	偲	偳	側	偵	偶	偷	偸	偹	偺	偻	偼	偽	偾	偿

	0	1	2	3	4	5	6	7	8	9	A	B	C	D	E	F
508	傀	傁	傂	傃	傄	傅	傆	傇	傈	傉	傊	傋	傌	傍	傎	傏
509	傐	傑	傒	傓	傔	傕	傖	傗	傘	備	傚	傛	傜	傝	傞	傟
50A	傠	傡	傢	傣	傤	傥	傦	傧	储	傩	傪	傫	催	傭	傮	傯
50B	傰	傱	傲	傳	傴	債	傶	傷	傸	傹	傺	傻	傼	傽	傾	傿
50C	僀	僁	僂	僃	僄	僅	僆	僇	僈	僉	僊	僋	僌	働	僎	像
50D	僐	僑	僒	僓	僔	僕	僖	僗	僘	僙	僚	僛	僜	僝	僞	僟
50E	僠	僡	僢	僣	僤	僥	僦	僧	僨	僩	僪	僫	僬	僭	僮	僯
50F	僰	僱	僲	僳	僴	僵	僶	僷	僸	價	僺	僻	僼	僽	僾	僿
510	儀	儁	儂	儃	億	儅	儆	儇	儈	儉	儊	儋	儌	儍	儎	儏
511	儐	儑	儒	儓	儔	儕	儖	儗	儘	儙	儚	儛	儜	儝	儞	償
512	儠	儡	儢	儣	儤	儥	儦	儧	儨	儩	優	儫	儬	儭	儮	儯
513	儰	儱	儲	儳	儴	儵	儶	儷	儸	儹	儺	儻	儼	儽	儾	儿
514	兀	允	兂	元	兄	充	兆	兇	先	光	兊	克	兌	免	兎	兏
515	児	兑	兒	兓	兔	兕	兖	兗	兘	兙	党	兛	兜	兝	兞	兟
516	兠	兡	兢	兣	兤	入	兦	內	全	兩	兪	八	公	六	兮	兯
517	兰	共	兲	关	兴	兵	其	具	典	兹	兺	养	兼	兽	兾	兿
518	冀	冁	冂	冃	冄	内	円	冇	冈	冉	冊	冋	册	再	冎	冏
519	冐	冑	冒	冓	冔	冕	冖	冗	冘	写	冚	军	农	冝	冞	冟
51A	冠	冡	冢	冣	冤	冥	冦	冧	冨	冩	冪	冫	冬	冭	冮	冯
51B	冰	冱	冲	决	冴	况	冶	冷	冸	冹	冺	冻	冼	冽	冾	冿

	0	1	2	3	4	5	6	7	8	9	A	B	C	D	E	F
51C	净	凁	凂	凃	凄	凅	准	凇	凈	凉	凊	凋	凌	凍	凎	减
51D	凐	凑	凒	凓	凔	凕	凖	凗	凘	凙	凚	凛	凜	凝	凞	凟
51E	几	凡	凢	凣	凤	凥	処	凧	凨	凩	凪	凫	凬	凭	凮	凯
51F	凰	凱	凲	凳	凴	凵	凶	凷	凸	凹	出	击	凼	函	凾	凿
520	刀	刁	刂	刃	刄	刅	分	切	刈	刉	刊	刋	刌	刍	刎	刏
521	刐	刑	划	刓	刔	刕	刖	列	刘	则	刚	创	刜	初	刞	刟
522	删	刡	刢	刣	判	別	刦	刧	刨	利	刪	别	刬	刭	刮	刯
523	到	刱	刲	刳	刴	刵	制	刷	券	刹	刺	刻	刼	刽	刾	刿
524	剀	剁	剂	剃	剄	剅	剆	則	剈	剉	削	剋	剌	前	剎	剏
525	剐	剑	剒	剓	剔	剕	剖	剗	剘	剙	剚	剛	剜	剝	剞	剟
526	剠	剡	剢	剣	剤	剥	剦	剧	剨	剩	剪	剫	剬	剭	剮	副
527	剰	剱	割	剳	剴	創	剶	剷	剸	剹	剺	剻	剼	剽	剾	剿
528	劀	劁	劂	劃	劄	劅	劆	劇	劈	劉	劊	劋	劌	劍	劎	劏
529	劐	劑	劒	劓	劔	劕	劖	劗	劘	劙	劚	力	劜	劝	办	功
52A	加	务	劢	劣	劤	劥	劦	劧	动	助	努	劫	劬	劭	劮	劯
52B	劰	励	劲	劳	労	劵	劶	劷	劸	効	劺	劻	劼	劽	劾	势
52C	勀	勁	勂	勃	勄	勅	勆	勇	勈	勉	勊	勋	勌	勍	勎	勏
52D	勐	勑	勒	勓	勔	動	勖	勗	勘	務	勚	勛	勜	勝	勞	募
52E	勠	勡	勢	勣	勤	勥	勦	勧	勨	勩	勪	勫	勬	勭	勮	勯
52F	勰	勱	勲	勳	勴	勵	勶	勷	勸	勹	勺	勻	勼	勽	勾	勿

	0	1	2	3	4	5	6	7	8	9	A	B	C	D	E	F
530	匀	匁	匂	匃	匄	包	匆	匇	匈	匉	匊	匋	匌	匍	匎	匏
531	匐	匑	匒	匓	匔	匕	化	北	匘	匙	匚	匛	匜	匝	匞	匟
532	匠	匡	匢	匣	匤	匥	匦	匧	匨	匩	匪	匫	匬	匭	匮	匯
533	匰	匱	匲	匳	匴	匵	匶	匷	匸	匹	区	医	匼	匽	匾	匿
534	區	十	卂	千	卄	卅	卆	升	午	卉	半	卋	卌	卍	华	协
535	卐	卑	卒	卓	協	单	卖	南	単	卙	博	卛	卜	卝	卞	卟
536	占	卡	卢	卣	卤	卥	卦	卧	卨	卩	卪	卫	卬	卭	卮	卯
537	印	危	卲	即	却	卵	卶	卷	卸	卹	卺	卻	卼	卽	卾	卿
538	厀	厁	厂	厃	厄	厅	历	厇	厈	厉	厊	压	厌	厍	厎	厏
539	厐	厑	厒	厓	厔	厕	厖	厗	厘	厙	厚	厛	厜	厝	厞	原
53A	厠	厡	厢	厣	厤	厥	厦	厧	厨	厩	厪	厫	厬	厭	厮	厯
53B	厰	厱	厲	厳	厴	厵	厶	厷	厸	厹	厺	去	厼	厽	厾	县
53C	叀	叁	参	參	叄	叅	叆	叇	又	叉	及	友	双	反	収	叏
53D	叐	发	叒	叓	叔	叕	取	受	变	叙	叚	叛	叜	叝	叞	叟
53E	叠	叡	叢	口	古	句	另	叧	叨	叩	只	叫	召	叭	叮	可
53F	台	叱	史	右	叴	叵	叶	号	司	叹	叺	叻	叼	叽	叾	叿
540	吀	吁	吂	吃	各	吅	吆	吇	合	吉	吊	吋	同	名	后	吏
541	吐	向	吒	吓	吔	吕	吖	吗	吘	吙	吚	君	吜	吝	吞	吟
542	吠	吡	吢	吣	吤	吥	否	吧	吨	吩	吪	含	听	吭	吮	启
543	吰	吱	吲	吳	吴	吵	吶	吷	吸	吹	吺	吻	吼	吽	吾	告

	0	1	2	3	4	5	6	7	8	9	A	B	C	D	E	F
544	呀	呁	呂	呃	呄	呅	呆	呇	呈	呉	告	呋	呌	呍	呎	呏
545	呐	呑	呒	呓	呔	呕	呖	呗	员	呙	呚	呛	呜	呝	呞	呟
546	呠	呡	呢	呣	呤	呥	呦	呧	周	呩	呪	呫	呬	呭	呮	呯
547	呰	呱	呲	味	呴	呵	呶	呷	呸	呹	呺	呻	呼	命	呾	呿
548	咀	咁	咂	咃	咄	咅	咆	咇	咈	咉	咊	咋	和	咍	咎	咏
549	咐	咑	咒	咓	咔	咕	咖	咗	咘	咙	咚	咛	咜	咝	咞	咟
54A	咠	咡	咢	咣	咤	咥	咦	咧	咨	咩	咪	咫	咬	咭	咮	咯
54B	咰	咱	咲	咳	咴	咵	咶	咷	咸	咹	咺	咻	咼	咽	咾	咿
54C	哀	品	哂	哃	哄	哅	哆	哇	哈	哉	哊	哋	哌	响	哎	哏
54D	哐	哑	哒	哓	哔	哕	哖	哗	哘	哙	哚	哛	哜	哝	哞	哟
54E	哠	員	哢	哣	哤	哥	哦	哧	哨	哩	哪	哫	哬	哭	哮	哯
54F	哰	哱	哲	哳	哴	哵	哶	哷	哸	哹	哺	哻	哼	哽	哾	哿
550	唀	唁	唂	唃	唄	唅	唆	唇	唈	唉	唊	唋	唌	唍	唎	唏
551	唐	唑	唒	唓	唔	唕	唖	唗	唘	唙	唚	唛	唜	唝	唞	唟
552	唠	唡	唢	唣	唤	唥	唦	唧	唨	唩	唪	唫	唬	唭	售	唯
553	唰	唱	唲	唳	唴	唵	唶	唷	唸	唹	唺	唻	唼	唽	唾	唿
554	啀	啁	啂	啃	啄	啅	商	啇	啈	啉	啊	啋	啌	啍	啎	問
555	啐	啑	啒	啓	啔	啕	啖	啗	啘	啙	啚	啛	啜	啝	啞	啟
556	啠	啡	啢	啣	啤	啥	啦	啧	啨	啩	啪	啫	啬	啭	啮	啯
557	啰	啱	啲	啳	啴	啵	啶	啷	啸	啹	啺	啻	啼	啽	啾	啿

	0	1	2	3	4	5	6	7	8	9	A	B	C	D	E	F
558	喀	喁	喂	喃	善	喅	喆	喇	喈	喉	喊	喋	喌	喍	喎	喏
559	喐	喑	喒	喓	喔	喕	喖	喗	喘	喙	喚	喛	喜	喝	喞	喟
55A	喠	喡	喢	喣	喤	喥	喦	喧	喨	喩	喪	喫	喬	喭	單	喯
55B	喰	喱	喲	喳	喴	喵	営	喷	喸	喹	喺	喻	喼	喽	喾	喿
55C	嗀	嗁	嗂	嗃	嗄	嗅	嗆	嗇	嗈	嗉	嗊	嗋	嗌	嗍	嗎	嗏
55D	嗐	嗑	嗒	嗓	嗔	嗕	嗖	嗗	嗘	嗙	嗚	嗛	嗜	嗝	嗞	嗟
55E	嗠	嗡	嗢	嗣	嗤	嗥	嗦	嗧	嗨	嗩	嗪	嗫	嗬	嗭	嗮	嗯
55F	嗰	嗱	嗲	嗳	嗴	嗵	嗶	嗷	嗸	嗹	嗺	嗻	嗼	嗽	嗾	嗿
560	嘀	嘁	嘂	嘃	嘄	嘅	嘆	嘇	嘈	嘉	嘊	嘋	嘌	嘍	嘎	嘏
561	嘐	嘑	嘒	嘓	嘔	嘕	嘖	嘗	嘘	嘙	嘚	嘛	嘜	嘝	嘞	嘟
562	嘠	嘡	嘢	嘣	嘤	嘥	嘦	嘧	嘨	嘩	嘪	嘫	嘬	嘭	嘮	嘯
563	嘰	嘱	嘲	嘳	嘴	嘵	嘶	嘷	嘸	嘹	嘺	嘻	嘼	嘽	嘾	嘿
564	噀	噁	噂	噃	噄	噅	噆	噇	噈	噉	噊	噋	噌	噍	噎	噏
565	噐	噑	噒	噓	噔	噕	噖	噗	噘	噙	噚	噛	噜	噝	噞	噟
566	噠	噡	噢	噣	噤	噥	噦	噧	器	噩	噪	噫	噬	噭	噮	噯
567	噰	噱	噲	噳	噴	噵	噶	噷	噸	噹	噺	噻	噼	噽	噾	噿
568	嚀	嚁	嚂	嚃	嚄	嚅	嚆	嚇	嚈	嚉	嚊	嚋	嚌	嚍	嚎	嚏
569	嚐	嚑	嚒	嚓	嚔	嚕	嚖	嚗	嚘	嚙	嚚	嚛	嚜	嚝	嚞	嚟
56A	嚠	嚡	嚢	嚣	嚤	嚥	嚦	嚧	嚨	嚩	嚪	嚫	嚬	嚭	嚮	嚯
56B	嚰	嚱	嚲	嚳	嚴	嚵	嚶	嚷	嚸	嚹	嚺	嚻	嚼	嚽	嚾	嚿

	0	1	2	3	4	5	6	7	8	9	A	B	C	D	E	F
56C	囀	囁	囂	囃	囄	囅	囆	囇	囈	囉	囊	囋	囌	囍	囎	囏
56D	囐	囑	囒	囓	囔	囕	囖	囗	囘	囙	囚	四	囜	囝	回	囟
56E	因	囡	团	団	囤	囥	囦	囧	囨	囩	囪	囫	囬	园	囮	囯
56F	困	囱	囲	図	围	囵	囶	囷	囸	囹	固	囻	囼	国	图	囿
570	圀	圁	圂	圃	圄	圅	圆	圇	圈	圉	圊	國	圌	圍	圎	圏
571	圐	圑	園	圓	圔	圕	圖	圗	團	圙	圚	圛	圜	圝	圞	土
572	圠	圡	圢	圣	圤	圥	圦	圧	在	圩	圪	圫	圬	圭	圮	圯
573	地	圱	圲	圳	圴	圵	圶	圷	圸	圹	场	圻	圼	圽	圾	圿
574	址	坁	坂	坃	坄	坅	坆	均	坈	坉	坊	坋	坌	坍	坎	坏
575	坐	坑	坒	坓	坔	坕	坖	块	坘	坙	坚	坛	坜	坝	坞	坟
576	坠	坡	坢	坣	坤	坥	坦	坧	坨	坩	坪	坫	坬	坭	坮	坯
577	坰	坱	坲	坳	坴	坵	坶	坷	坸	坹	坺	坻	坼	坽	坾	坿
578	垀	垁	垂	垃	垄	垅	垆	垇	垈	垉	垊	型	垌	垍	垎	垏
579	垐	垑	垒	垓	垔	垕	垖	垗	垘	垙	垚	垛	垜	垝	垞	垟
57A	垠	垡	垢	垣	垤	垥	垦	垧	垨	垩	垪	垫	垬	垭	垮	垯
57B	垰	垱	垲	垳	垴	垵	垶	垷	垸	垹	垺	垻	垼	垽	垾	垿
57C	埀	埁	埂	埃	埄	埅	埆	埇	埈	埉	埊	埋	埌	埍	城	埏
57D	埐	埑	埒	埓	埔	埕	埖	埗	埘	埙	埚	埛	埜	埝	埞	域
57E	埠	埡	埢	埣	埤	埥	埦	埧	埨	埩	埪	埫	埬	埭	埮	埯
57F	埰	埱	埲	埳	埴	埵	埶	執	埸	培	基	埻	埼	埽	埾	埿

	0	1	2	3	4	5	6	7	8	9	A	B	C	D	E	F
580	堀	堁	堂	堃	堄	堅	堆	堇	堈	堉	堊	堋	堌	堍	堎	堏
581	堐	堑	堒	堓	堔	堕	堖	堗	堘	堙	堚	堛	堜	堝	堞	堟
582	堠	堡	堢	堣	堤	堥	堦	堧	堨	堩	堪	堫	堬	堭	堮	堯
583	堰	報	堲	堳	場	堵	堶	堷	堸	堹	堺	堻	堼	堽	堾	堿
584	塀	塁	塂	塃	塄	塅	塆	塇	塈	塉	塊	塋	塌	塍	塎	塏
585	塐	塑	塒	塓	塔	塕	塖	塗	塘	塙	塚	塛	塜	塝	塞	塟
586	塠	塡	塢	塣	塤	塥	塦	塧	塨	塩	塪	填	塬	塭	塮	塯
587	塰	塱	塲	塳	塴	塵	塶	塷	塸	塹	塺	塻	塼	塽	塾	塿
588	墀	墁	墂	境	墄	墅	墆	墇	墈	墉	墊	墋	墌	墍	墎	墏
589	墐	墑	墒	墓	墔	墕	墖	増	墘	墙	墚	墛	墜	墝	增	墟
58A	墠	墡	墢	墣	墤	墥	墦	墧	墨	墩	墪	墫	墬	墭	墮	墯
58B	墰	墱	墲	墳	墴	墵	墶	墷	墸	墹	墺	墻	墼	墽	墾	墿
58C	壀	壁	壂	壃	壄	壅	壆	壇	壈	壉	壊	壋	壌	壍	壎	壏
58D	壐	壑	壒	壓	壔	壕	壖	壗	壘	壙	壚	壛	壜	壝	壞	壟
58E	壠	壡	壢	壣	壤	壥	壦	壧	壨	壩	壪	士	壬	壭	壮	壯
58F	声	壱	売	壳	壴	壵	壶	壷	壸	壹	壺	壻	壼	壽	壾	壿
590	夀	夁	夂	夃	处	夅	夆	备	夈	変	夊	夋	夌	复	夎	夏
591	夐	夑	夒	夓	夔	夕	外	夗	夘	夙	多	夛	夜	夝	夞	够
592	夠	夡	夢	夣	夤	夥	夦	大	夨	天	太	夫	夬	夭	央	夯
593	夰	失	夲	夳	头	夵	夶	夷	夸	夹	夺	夻	夼	夽	夾	夿

	0	1	2	3	4	5	6	7	8	9	A	B	C	D	E	F
594	奀	奁	奂	奃	奄	奅	奆	奇	奈	奉	奊	奋	奌	奍	奎	奏
595	奐	契	奒	奓	奔	奕	奖	套	奘	奙	奚	奛	奜	奝	奞	奟
596	奠	奡	奢	奣	奤	奥	奦	奧	奨	奩	奪	奫	奬	奭	奮	奯
597	奰	奱	奲	女	奴	奵	奶	奷	奸	她	奺	奻	奼	好	奾	奿
598	妀	妁	如	妃	妄	妅	妆	妇	妈	妉	妊	妋	妌	妍	妎	妏
599	妐	妑	妒	妓	妔	妕	妖	妗	妘	妙	妚	妛	妜	妝	妞	妟
59A	妠	妡	妢	妣	妤	妥	妦	妧	妨	妩	妪	妫	妬	妭	妮	妯
59B	妰	妱	妲	妳	妴	妵	妶	妷	妸	妹	妺	妻	妼	妽	妾	妿
59C	姀	姁	姂	姃	姄	姅	姆	姇	姈	姉	姊	始	姌	姍	姎	姏
59D	姐	姑	姒	姓	委	姕	姖	姗	姘	姙	姚	姛	姜	姝	姞	姟
59E	姠	姡	姢	姣	姤	姥	姦	姧	姨	姩	姪	姫	姬	姭	姮	姯
59F	姰	姱	姲	姳	姴	姵	姶	姷	姸	姹	姺	姻	姼	姽	姾	姿
5A0	娀	威	娂	娃	娄	娅	娆	娇	娈	娉	娊	娋	娌	娍	娎	娏
5A1	娐	娑	娒	娓	娔	娕	娖	娗	娘	娙	娚	娛	娜	娝	娞	娟
5A2	娠	娡	娢	娣	娤	娥	娦	娧	娨	娩	娪	娫	娬	娭	娮	娯
5A3	娰	娱	娲	娳	娴	娵	娶	娷	娸	娹	娺	娻	娼	娽	娾	娿
5A4	婀	婁	婂	婃	婄	婅	婆	婇	婈	婉	婊	婋	婌	婍	婎	婏
5A5	婐	婑	婒	婓	婔	婕	婖	婗	婘	婙	婚	婛	婜	婝	婞	婟
5A6	婠	婡	婢	婣	婤	婥	婦	婧	婨	婩	婪	婫	婬	婭	婮	婯
5A7	婰	婱	婲	婳	婴	婵	婶	婷	婸	婹	婺	婻	婼	婽	婾	婿

	0	1	2	3	4	5	6	7	8	9	A	B	C	D	E	F
5A8	媀	媁	媂	媃	媄	媅	媆	媇	媈	媉	媊	媋	媌	媍	媎	媏
5A9	媐	媑	媒	媓	媔	媕	媖	媗	媘	媙	媚	媛	媜	媝	媞	媟
5AA	媠	媡	媢	媣	媤	媥	媦	媧	媨	媩	媪	媫	媬	媭	媮	媯
5AB	媰	媱	媲	媳	媴	媵	媶	媷	媸	媹	媺	媻	媼	媽	媾	媿
5AC	嫀	嫁	嫂	嫃	嫄	嫅	嫆	嫇	嫈	嫉	嫊	嫋	嫌	嫍	嫎	嫏
5AD	嫐	嫑	嫒	嫓	嫔	嫕	嫖	嫗	嫘	嫙	嫚	嫛	嫜	嫝	嫞	嫟
5AE	嫠	嫡	嫢	嫣	嫤	嫥	嫦	嫧	嫨	嫩	嫪	嫫	嫬	嫭	嫮	嫯
5AF	嫰	嫱	嫲	嫳	嫴	嫵	嫶	嫷	嫸	嫹	嫺	嫻	嫼	嫽	嫾	嫿
5B0	嬀	嬁	嬂	嬃	嬄	嬅	嬆	嬇	嬈	嬉	嬊	嬋	嬌	嬍	嬎	嬏
5B1	嬐	嬑	嬒	嬓	嬔	嬕	嬖	嬗	嬘	嬙	嬚	嬛	嬜	嬝	嬞	嬟
5B2	嬠	嬡	嬢	嬣	嬤	嬥	嬦	嬧	嬨	嬩	嬪	嬫	嬬	嬭	嬮	嬯
5B3	嬰	嬱	嬲	嬳	嬴	嬵	嬶	嬷	嬸	嬹	嬺	嬻	嬼	嬽	嬾	嬿
5B4	孀	孁	孂	孃	孄	孅	孆	孇	孈	孉	孊	孋	孌	孍	孎	孏
5B5	子	孑	孒	孓	孔	孕	孖	字	存	孙	孚	孛	孜	孝	孞	孟
5B6	孠	孡	孢	季	孤	孥	学	孧	孨	孩	孪	孫	孬	孭	孮	孯
5B7	孰	孱	孲	孳	孴	孵	孶	孷	學	孹	孺	孻	孼	孽	孾	孿
5B8	宀	宁	宂	它	宄	宅	宆	宇	守	安	宊	宋	完	宍	宎	宏
5B9	宐	宑	宒	宓	宔	宕	宖	宗	官	宙	定	宛	宜	宝	实	実
5BA	宠	审	客	宣	室	宥	宦	宧	宨	宩	宪	宫	宬	宭	宮	宯
5BB	宰	宱	宲	害	宴	宵	家	宷	宸	容	宺	宻	宼	宽	宾	宿

	0	1	2	3	4	5	6	7	8	9	A	B	C	D	E	F
5BC	寀	寁	寂	寃	寄	寅	密	寇	寈	寉	寊	寋	富	寍	寎	寏
5BD	寐	寑	寒	寓	寔	寕	寖	寗	寘	寙	寚	寛	寜	寝	寞	察
5BE	寠	寡	寢	寣	寤	寥	實	寧	寨	審	寪	寫	寬	寭	寮	寯
5BF	寰	寱	寲	寳	寴	寵	寶	寷	寸	对	寺	寻	导	寽	対	寿
5C0	尀	封	専	尃	射	尅	将	將	專	尉	尊	尋	尌	對	導	小
5C1	尐	少	尒	尓	尔	尕	尖	尗	尘	尙	尚	尛	尜	尝	尞	尟
5C2	尠	尡	尢	尣	尤	尥	尦	尧	尨	尩	尪	尫	尬	尭	尮	尯
5C3	尰	就	尲	尳	尴	尵	尶	尷	尸	尹	尺	尻	尼	尽	尾	尿
5C4	局	屁	层	屃	屄	居	屆	屇	屈	屉	届	屋	屌	屍	屎	屏
5C5	屐	屑	屒	屓	屔	展	屖	屗	屘	屙	屚	屛	屜	屝	属	屟
5C6	屠	屡	屢	屣	層	履	屦	屧	屨	屩	屪	屫	屬	屭	屮	屯
5C7	屰	山	屲	屳	屴	屵	屶	屷	屸	屹	屺	屻	屼	屽	屾	屿
5C8	岀	岁	岂	岃	岄	岅	岆	岇	岈	岉	岊	岋	岌	岍	岎	岏
5C9	岐	岑	岒	岓	岔	岕	岖	岗	岘	岙	岚	岛	岜	岝	岞	岟
5CA	岠	岡	岢	岣	岤	岥	岦	岧	岨	岩	岪	岫	岬	岭	岮	岯
5CB	岰	岱	岲	岳	岴	岵	岶	岷	岸	岹	岺	岻	岼	岽	岾	岿
5CC	峀	峁	峂	峃	峄	峅	峆	峇	峈	峉	峊	峋	峌	峍	峎	峏
5CD	峐	峑	峒	峓	峔	峕	峖	峗	峘	峙	峚	峛	峜	峝	峞	峟
5CE	峠	峡	峢	峣	峤	峥	峦	峧	峨	峩	峪	峫	峬	峭	峮	峯
5CF	峰	峱	峲	峳	峴	峵	島	峷	峸	峹	峺	峻	峼	峽	峾	峿

	0	1	2	3	4	5	6	7	8	9	A	B	C	D	E	F
5D0	崀	崁	崂	崃	崄	崅	崆	崇	崈	崉	崊	崋	崌	崍	崎	崏
5D1	崐	崑	崒	崓	崔	崕	崖	崗	崘	崙	崚	崛	崜	崝	崞	崟
5D2	崠	崡	崢	崣	崤	崥	崦	崧	崨	崩	崪	崫	崬	崭	崮	崯
5D3	崰	崱	崲	崳	崴	崵	崶	崷	崸	崹	崺	崻	崼	崽	崾	崿
5D4	嵀	嵁	嵂	嵃	嵄	嵅	嵆	嵇	嵈	嵉	嵊	嵋	嵌	嵍	嵎	嵏
5D5	嵐	嵑	嵒	嵓	嵔	嵕	嵖	嵗	嵘	嵙	嵚	嵛	嵜	嵝	嵞	嵟
5D6	嵠	嵡	嵢	嵣	嵤	嵥	嵦	嵧	嵨	嵩	嵪	嵫	嵬	嵭	嵮	嵯
5D7	嵰	嵱	嵲	嵳	嵴	嵵	嵶	嵷	嵸	嵹	嵺	嵻	嵼	嵽	嵾	嵿
5D8	嶀	嶁	嶂	嶃	嶄	嶅	嶆	嶇	嶈	嶉	嶊	嶋	嶌	嶍	嶎	嶏
5D9	嶐	嶑	嶒	嶓	嶔	嶕	嶖	嶗	嶘	嶙	嶚	嶛	嶜	嶝	嶞	嶟
5DA	嶠	嶡	嶢	嶣	嶤	嶥	嶦	嶧	嶨	嶩	嶪	嶫	嶬	嶭	嶮	嶯
5DB	嶰	嶱	嶲	嶳	嶴	嶵	嶶	嶷	嶸	嶹	嶺	嶻	嶼	嶽	嶾	嶿
5DC	巀	巁	巂	巃	巄	巅	巆	巇	巈	巉	巊	巋	巌	巍	巎	巏
5DD	巐	巑	巒	巓	巔	巕	巖	巗	巘	巙	巚	巛	巜	川	州	巟
5DE	巠	巡	巢	巣	巤	工	左	巧	巨	巩	巪	巫	巬	巭	差	巯
5DF	巰	己	已	巳	巴	巵	巶	巷	巸	巹	巺	巻	巼	巽	巾	巿
5E0	帀	币	市	布	帄	帅	帆	帇	师	帉	帊	帋	希	帍	帎	帏
5E1	帐	帑	帒	帓	帔	帕	帖	帗	帘	帙	帚	帛	帜	帝	帞	帟
5E2	帠	帡	帢	帣	帤	帥	带	帧	帨	帩	帪	師	帬	席	帮	帯
5E3	帰	帱	帲	帳	帴	帵	帶	帷	常	帹	帺	帻	帼	帽	帾	帿

	0	1	2	3	4	5	6	7	8	9	A	B	C	D	E	F
5E4	幀	幁	幂	幃	幄	幅	幆	幇	幈	幉	幊	幋	幌	幍	幎	幏
5E5	幐	幑	幒	幓	幔	幕	幖	幗	幘	幙	幚	幛	幜	幝	幞	幟
5E6	幠	幡	幢	幣	幤	幥	幦	幧	幨	幩	幪	幫	幬	幭	幮	幯
5E7	幰	幱	干	平	年	幵	并	幷	幸	幹	幺	幻	幼	幽	幾	广
5E8	庀	庁	庂	広	庄	庅	庆	庇	庈	庉	床	庋	庌	庍	庎	序
5E9	庐	庑	庒	库	应	底	庖	店	庘	庙	庚	庛	府	庝	庞	废
5EA	庠	庡	庢	庣	庤	庥	度	座	庨	庩	庪	庫	庬	庭	庮	庯
5EB	庰	庱	庲	庳	庴	庵	庶	康	庸	庹	庺	庻	庼	庽	庾	庿
5EC	廀	廁	廂	廃	廄	廅	廆	廇	廈	廉	廊	廋	廌	廍	廎	廏
5ED	廐	廑	廒	廓	廔	廕	廖	廗	廘	廙	廚	廛	廜	廝	廞	廟
5EE	廠	廡	廢	廣	廤	廥	廦	廧	廨	廩	廪	廫	廬	廭	廮	廯
5EF	廰	廱	廲	廳	廴	廵	延	廷	廸	廹	建	廻	廼	廽	廾	廿
5F0	开	弁	异	弃	弄	弅	弆	弇	弈	弉	弊	弋	弌	弍	弎	式
5F1	弐	弑	弒	弓	弔	引	弖	弗	弘	弙	弚	弛	弜	弝	弞	弟
5F2	张	弡	弢	弣	弤	弥	弦	弧	弨	弩	弪	弫	弬	弭	弮	弯
5F3	弰	弱	弲	弳	弴	張	弶	強	弸	弹	强	弻	弼	弽	弾	弿
5F4	彀	彁	彂	彃	彄	彅	彆	彇	彈	彉	彊	彋	彌	彍	彎	彏
5F5	彐	彑	归	当	彔	录	彖	彗	彘	彙	彚	彛	彜	彝	彞	彟
5F6	彠	彡	形	彣	彤	彥	彦	彧	彨	彩	彪	彫	彬	彭	彮	彯
5F7	彰	影	彲	彳	彴	彵	彶	彷	彸	役	彺	彻	彼	彽	彾	彿

	0	1	2	3	4	5	6	7	8	9	A	B	C	D	E	F
5F8	往	征	徂	徃	径	待	徆	徇	很	徉	徊	律	後	徍	徎	徏
5F9	徐	徑	徒	従	徔	徕	徖	得	徘	徙	徚	徛	徜	徝	從	徟
5FA	徠	御	徢	徣	徤	徥	徦	徧	徨	復	循	徫	徬	徭	微	徯
5FB	徰	徱	徲	徳	徴	徵	徶	德	徸	徹	徺	徻	徼	徽	徾	徿
5FC	忀	忁	忂	心	忄	必	忆	忇	忈	忉	忊	忋	忌	忍	忎	忏
5FD	忐	忑	忒	忓	忔	忕	忖	志	忘	忙	忚	忛	応	忝	忞	忟
5FE	忠	忡	忢	忣	忤	忥	忦	忧	忨	忩	忪	快	忬	忭	忮	忯
5FF	忰	忱	忲	忳	忴	念	忶	忷	忸	忹	忺	忻	忼	忽	忾	忿
600	怀	态	怂	怃	怄	怅	怆	怇	怈	怉	怊	怋	怌	怍	怎	怏
601	怐	怑	怒	怓	怔	怕	怖	怗	怘	怙	怚	怛	怜	思	怞	怟
602	怠	怡	怢	怣	怤	急	怦	性	怨	怩	怪	怫	怬	怭	怮	怯
603	怰	怱	怲	怳	怴	怵	怶	怷	怸	怹	怺	总	怼	怽	怾	怿
604	恀	恁	恂	恃	恄	恅	恆	恇	恈	恉	恊	恋	恌	恍	恎	恏
605	恐	恑	恒	恓	恔	恕	恖	恗	恘	恙	恚	恛	恜	恝	恞	恟
606	恠	恡	恢	恣	恤	恥	恦	恧	恨	恩	恪	恫	恬	恭	恮	息
607	恰	恱	恲	恳	恴	恵	恶	恷	恸	恹	恺	恻	恼	恽	恾	恿
608	悀	悁	悂	悃	悄	悅	悆	悇	悈	悉	悊	悋	悌	悍	悎	悏
609	悐	悑	悒	悓	悔	悕	悖	悗	悘	悙	悚	悛	悜	悝	悞	悟
60A	悠	悡	悢	患	悤	悥	悦	悧	您	悩	悪	悫	悬	悭	悮	悯
60B	悰	悱	悲	悳	悴	悵	悶	悷	悸	悹	悺	悻	悼	悽	悾	悿

	0	1	2	3	4	5	6	7	8	9	A	B	C	D	E	F
60C	惀	惁	惂	惃	惄	情	惆	惇	惈	惉	惊	惋	惌	惍	惎	惏
60D	惐	惑	惒	惓	惔	惕	惖	惗	惘	惙	惚	惛	惜	惝	惞	惟
60E	惠	惡	惢	惣	惤	惥	惦	惧	惨	惩	惪	惫	惬	惭	惮	惯
60F	惰	惱	惲	想	惴	惵	惶	惷	惸	惹	惺	惻	惼	惽	惾	惿
610	愀	愁	愂	愃	愄	愅	愆	愇	愈	愉	愊	愋	愌	愍	愎	意
611	愐	愑	愒	愓	愔	愕	愖	愗	愘	愙	愚	愛	愜	愝	愞	感
612	愠	愡	愢	愣	愤	愥	愦	愧	愨	愩	愪	愫	愬	愭	愮	愯
613	愰	愱	愲	愳	愴	愵	愶	愷	愸	愹	愺	愻	愼	愽	愾	愿
614	慀	慁	慂	慃	慄	慅	慆	慇	慈	慉	慊	態	慌	慍	慎	慏
615	慐	慑	慒	慓	慔	慕	慖	慗	慘	慙	慚	慛	慜	慝	慞	慟
616	慠	慡	慢	慣	慤	慥	慦	慧	慨	慩	慪	慫	慬	慭	慮	慯
617	慰	慱	慲	慳	慴	慵	慶	慷	慸	慹	慺	慻	慼	慽	慾	慿
618	憀	憁	憂	憃	憄	憅	憆	憇	憈	憉	憊	憋	憌	憍	憎	憏
619	憐	憑	憒	憓	憔	憕	憖	憗	憘	憙	憚	憛	憜	憝	憞	憟
61A	憠	憡	憢	憣	憤	憥	憦	憧	憨	憩	憪	憫	憬	憭	憮	憯
61B	憰	憱	憲	憳	憴	憵	憶	憷	憸	憹	憺	憻	憼	憽	憾	憿
61C	懀	懁	懂	懃	懄	懅	懆	懇	懈	應	懊	懋	懌	懍	懎	懏
61D	懐	懑	懒	懓	懔	懕	懖	懗	懘	懙	懚	懛	懜	懝	懞	懟
61E	懠	懡	懢	懣	懤	懥	懦	懧	懨	懩	懪	懫	懬	懭	懮	懯
61F	懰	懱	懲	懳	懴	懵	懶	懷	懸	懹	懺	懻	懼	懽	懾	懿

	0	1	2	3	4	5	6	7	8	9	A	B	C	D	E	F
620	戀	戁	戂	戃	戄	戅	戆	戇	戈	戉	戊	戋	戌	戍	戎	戏
621	成	我	戒	戓	戔	戕	或	戗	战	戙	戚	戛	戜	戝	戞	戟
622	戠	戡	戢	戣	戤	戥	戦	戧	戨	戩	截	戫	戬	戭	戮	戯
623	戰	戱	戲	戳	戴	戵	户	戶	戸	戹	戺	戻	戼	戽	戾	房
624	所	扁	扂	扃	扄	扅	扆	扇	扈	扉	扊	手	扌	才	扎	扏
625	扐	扑	扒	打	扔	払	扖	扗	托	扙	扚	扛	扜	扝	扞	扟
626	扠	扡	扢	扣	扤	扥	扦	执	扨	扩	扪	扫	扬	扭	扮	扯
627	扰	扱	扲	扳	扴	扵	扶	扷	扸	批	扺	扻	扼	扽	找	承
628	技	抁	抂	抃	抄	抅	抆	抇	抈	抉	把	抋	抌	抍	抎	抏
629	抐	抑	抒	抓	抔	投	抖	抗	折	抙	抚	抛	抜	抝	択	抟
62A	抠	抡	抢	抣	护	报	抦	抧	抨	抩	抪	披	抬	抭	抮	抯
62B	抰	抱	抲	抳	抴	抵	抶	抷	抸	抹	抺	抻	押	抽	抾	抿
62C	拀	拁	拂	拃	拄	担	拆	拇	拈	拉	拊	拋	拌	拍	拎	拏
62D	拐	拑	拒	拓	拔	拕	拖	拗	拘	拙	拚	招	拜	拝	拞	拟
62E	拠	拡	拢	拣	拤	拥	拦	拧	拨	择	拪	拫	括	拭	拮	拯
62F	拰	拱	拲	拳	拴	拵	拶	拷	拸	拹	拺	拻	拼	拽	拾	拿
630	挀	持	挂	挃	挄	挅	挆	指	挈	按	挊	挋	挌	挍	挎	挏
631	挐	挑	挒	挓	挔	挕	挖	挗	挘	挙	挚	挛	挜	挝	挞	挟
632	挠	挡	挢	挣	挤	挥	挦	挧	挨	挩	挪	挫	挬	挭	挮	振
633	挰	挱	挲	挳	挴	挵	挶	挷	挸	挹	挺	挻	挼	挽	挾	挿

	0	1	2	3	4	5	6	7	8	9	A	B	C	D	E	F
634	捀	捁	捂	捃	捄	捅	捆	捇	捈	捉	捊	捋	捌	捍	捎	捏
635	捐	捑	捒	捓	捔	捕	捖	捗	捘	捙	捚	捛	捜	捝	捞	损
636	捠	捡	换	捣	捤	捥	捦	捧	捨	捩	捪	捫	捬	捭	据	捯
637	捰	捱	捲	捳	捴	捵	捶	捷	捸	捹	捺	捻	捼	捽	捾	捿
638	掀	掁	掂	掃	掄	掅	掆	掇	授	掉	掊	掋	掌	掍	掎	掏
639	掐	掑	排	掓	掔	掕	掖	掗	掘	掙	掚	掛	掜	掝	掞	掟
63A	掠	採	探	掣	掤	接	掦	控	推	掩	措	掫	掬	掭	掮	掯
63B	掰	掱	掲	掳	掴	掵	掶	掷	掸	掹	掺	掻	掼	掽	掾	掿
63C	揀	揁	揂	揃	揄	揅	揆	揇	揈	揉	揊	揋	揌	揍	揎	描
63D	提	揑	插	揓	揔	揕	揖	揗	揘	揙	揚	換	揜	揝	揞	揟
63E	揠	握	揢	揣	揤	揥	揦	揧	揨	揩	揪	揫	揬	揭	揮	揯
63F	揰	揱	揲	揳	援	揵	揶	揷	揸	揹	揺	揻	揼	揽	揾	揿
640	搀	搁	搂	搃	搄	搅	搆	搇	搈	搉	搊	搋	搌	損	搎	搏
641	搐	搑	搒	搓	搔	搕	搖	搗	搘	搙	搚	搛	搜	搝	搞	搟
642	搠	搡	搢	搣	搤	搥	搦	搧	搨	搩	搪	搫	搬	搭	搮	搯
643	搰	搱	搲	搳	搴	搵	搶	搷	搸	搹	携	搻	搼	搽	搾	搿
644	摀	摁	摂	摃	摄	摅	摆	摇	摈	摉	摊	摋	摌	摍	摎	摏
645	摐	摑	摒	摓	摔	摕	摖	摗	摘	摙	摚	摛	摜	摝	摞	摟
646	摠	摡	摢	摣	摤	摥	摦	摧	摨	摩	摪	摫	摬	摭	摮	摯
647	摰	摱	摲	摳	摴	摵	摶	摷	摸	摹	摺	摻	摼	摽	摾	摿

	0	1	2	3	4	5	6	7	8	9	A	B	C	D	E	F
648	撀	撁	撂	撃	撄	撅	撆	撇	撈	撉	撊	撋	撌	撍	撎	撏
649	撐	撑	撒	撓	撔	撕	撖	撗	撘	撙	撚	撛	撜	撝	撞	撟
64A	撠	撡	撢	撣	撤	撥	撦	撧	撨	撩	撪	撫	撬	播	撮	撯
64B	撰	撱	撲	撳	撴	撵	撶	撷	撸	撹	撺	撻	撼	撽	撾	撿
64C	擀	擁	擂	擃	擄	擅	擆	擇	擈	擉	擊	擋	擌	操	擎	擏
64D	擐	擑	擒	擓	擔	擕	擖	擗	擘	擙	據	擛	擜	擝	擞	擟
64E	擠	擡	擢	擣	擤	擥	擦	擧	擨	擩	擪	擫	擬	擭	擮	擯
64F	擰	擱	擲	擳	擴	擵	擶	擷	擸	擹	擺	擻	擼	擽	擾	擿
650	攀	攁	攂	攃	攄	攅	攆	攇	攈	攉	攊	攋	攌	攍	攎	攏
651	攐	攑	攒	攓	攔	攕	攖	攗	攘	攙	攚	攛	攜	攝	攞	攟
652	攠	攡	攢	攣	攤	攥	攦	攧	攨	攩	攪	攫	攬	攭	攮	支
653	攰	攱	攲	攳	攴	攵	收	攷	攸	改	攺	攻	攼	攽	放	政
654	敀	敁	敂	敃	敄	故	敆	敇	效	敉	敊	敋	敌	敍	敎	敏
655	敐	救	敒	敓	敔	敕	敖	敗	敘	教	敚	敛	敜	敝	敞	敟
656	敠	敡	敢	散	敤	敥	敦	敧	敨	敩	敪	敫	敬	敭	敮	敯
657	数	敱	敲	敳	整	敵	敶	敷	數	敹	敺	敻	敼	敽	敾	敿
658	斀	斁	斂	斃	斄	斅	斆	文	斈	斉	斊	斋	斌	斍	斎	斏
659	斐	斑	斒	斓	斔	斕	斖	斗	斘	料	斚	斛	斜	斝	斞	斟
65A	斠	斡	斢	斣	斤	斥	斦	斧	斨	斩	斪	斫	斬	断	斮	斯
65B	新	斱	斲	斳	斴	斵	斶	斷	斸	方	斺	斻	於	施	斾	斿

	0	1	2	3	4	5	6	7	8	9	A	B	C	D	E	F
65C	旀	旁	旂	旃	旄	旅	旆	旇	旈	旉	旊	旋	旌	旍	旎	族
65D	旐	旑	旒	旓	旔	旕	旖	旗	旘	旙	旚	旛	旜	旝	旞	旟
65E	无	旡	既	旣	旤	日	旦	旧	旨	早	旪	旫	旬	旭	旮	旯
65F	旰	旱	旲	旳	旴	旵	时	旷	旸	旹	旺	旻	旼	旽	旾	旿
660	昀	昁	昂	昃	昄	昅	昆	昇	昈	昉	昊	昋	昌	昍	明	昏
661	昐	昑	昒	易	昔	昕	昖	昗	昘	昙	昚	昛	昜	昝	昞	星
662	映	昡	昢	昣	昤	春	昦	昧	昨	昩	昪	昫	昬	昭	昮	是
663	昰	昱	昲	昳	昴	昵	昶	昷	昸	昹	昺	昻	昼	昽	显	昿
664	晀	晁	時	晃	晄	晅	晆	晇	晈	晉	晊	晋	晌	晍	晎	晏
665	晐	晑	晒	晓	晔	晕	晖	晗	晘	晙	晚	晛	晜	晝	晞	晟
666	晠	晡	晢	晣	晤	晥	晦	晧	晨	晩	晪	晫	晬	晭	普	景
667	晰	晱	晲	晳	晴	晵	晶	晷	晸	晹	智	晻	晼	晽	晾	晿
668	暀	暁	暂	暃	暄	暅	暆	暇	暈	暉	暊	暋	暌	暍	暎	暏
669	暐	暑	暒	暓	暔	暕	暖	暗	暘	暙	暚	暛	暜	暝	暞	暟
66A	暠	暡	暢	暣	暤	暥	暦	暧	暨	暩	暪	暫	暬	暭	暮	暯
66B	暰	暱	暲	暳	暴	暵	暶	暷	暸	暹	暺	暻	暼	暽	暾	暿
66C	曀	曁	曂	曃	曄	曅	曆	曇	曈	曉	曊	曋	曌	曍	曎	曏
66D	曐	曑	曒	曓	曔	曕	曖	曗	曘	曙	曚	曛	曜	曝	曞	曟
66E	曠	曡	曢	曣	曤	曥	曦	曧	曨	曩	曪	曫	曬	曭	曮	曯
66F	曰	曱	曲	曳	更	曵	曶	曷	書	曹	曺	曻	曼	曽	曾	替

	0	1	2	3	4	5	6	7	8	9	A	B	C	D	E	F
670	最	朁	朂	會	朄	朅	朆	朇	月	有	朊	朋	朌	服	朎	朏
671	朐	朑	朒	朓	朔	朕	朖	朗	朘	朙	朚	望	朜	朝	朞	期
672	朠	朡	朢	朣	朤	朥	朦	朧	木	朩	未	末	本	札	朮	术
673	朰	朱	朲	朳	朴	朵	朶	朷	朸	朹	机	朻	朼	朽	朾	朿
674	杀	杁	杂	权	杄	杅	杆	杇	杈	杉	杊	杋	杌	杍	李	杏
675	材	村	杒	杓	杔	杕	杖	杗	杘	杙	杚	杛	杜	杝	杞	束
676	杠	条	杢	杣	杤	来	杦	杧	杨	杩	杪	杫	杬	杭	杮	杯
677	杰	東	杲	杳	杴	杵	杶	杷	杸	杹	杺	杻	杼	杽	松	板
678	枀	极	枂	枃	构	枅	枆	枇	枈	枉	枊	枋	枌	枍	枎	枏
679	析	枑	枒	枓	枔	枕	枖	林	枘	枙	枚	枛	果	枝	枞	枟
67A	枠	枡	枢	枣	枤	枥	枦	枧	枨	枩	枪	枫	枬	枭	枮	枯
67B	枰	枱	枲	枳	枴	枵	架	枷	枸	枹	枺	枻	枼	枽	枾	枿
67C	柀	柁	柂	柃	柄	柅	柆	柇	柈	柉	柊	柋	柌	柍	柎	柏
67D	某	柑	柒	染	柔	柕	柖	柗	柘	柙	柚	柛	柜	柝	柞	柟
67E	柠	柡	柢	柣	柤	查	柦	柧	柨	柩	柪	柫	柬	柭	柮	柯
67F	柰	柱	柲	柳	柴	柵	柶	柷	柸	柹	柺	査	柼	柽	柾	柿
680	栀	栁	栂	栃	栄	栅	栆	标	栈	栉	栊	栋	栌	栍	栎	栏
681	栐	树	栒	栓	栔	栕	栖	栗	栘	栙	栚	栛	栜	栝	栞	栟
682	栠	校	栢	栣	栤	栥	栦	栧	栨	栩	株	栫	栬	栭	栮	栯
683	栰	栱	栲	栳	栴	栵	栶	样	核	根	栺	栻	格	栽	栾	栿

	0	1	2	3	4	5	6	7	8	9	A	B	C	D	E	F
684	桀	桁	桂	桃	桄	桅	框	桇	案	桉	桊	桋	桌	桍	桎	桏
685	桐	桑	桒	桓	桔	桕	桖	桗	桘	桙	桚	桛	桜	桝	桞	桟
686	桠	桡	桢	档	桤	桥	桦	桧	桨	桩	桪	桫	桬	桭	桮	桯
687	桰	桱	桲	桳	桴	桵	桶	桷	桸	桹	桺	桻	桼	桽	桾	桿
688	梀	梁	梂	梃	梄	梅	梆	梇	梈	梉	梊	梋	梌	梍	梎	梏
689	梐	梑	梒	梓	梔	梕	梖	梗	梘	梙	梚	梛	梜	條	梞	梟
68A	梠	梡	梢	梣	梤	梥	梦	梧	梨	梩	梪	梫	梬	梭	梮	梯
68B	械	梱	梲	梳	梴	梵	梶	梷	梸	梹	梺	梻	梼	梽	梾	梿
68C	检	棁	棂	棃	棄	棅	棆	棇	棈	棉	棊	棋	棌	棍	棎	棏
68D	棐	棑	棒	棓	棔	棕	棖	棗	棘	棙	棚	棛	棜	棝	棞	棟
68E	棠	棡	棢	棣	棤	棥	棦	棧	棨	棩	棪	棫	棬	棭	森	棯
68F	棰	棱	棲	棳	棴	棵	棶	棷	棸	棹	棺	棻	棼	棽	棾	棿
690	椀	椁	椂	椃	椄	椅	椆	椇	椈	椉	椊	椋	椌	植	椎	椏
691	椐	椑	椒	椓	椔	椕	椖	椗	椘	椙	椚	椛	検	椝	椞	椟
692	椠	椡	椢	椣	椤	椥	椦	椧	椨	椩	椪	椫	椬	椭	椮	椯
693	椰	椱	椲	椳	椴	椵	椶	椷	椸	椹	椺	椻	椼	椽	椾	椿
694	楀	楁	楂	楃	楄	楅	楆	楇	楈	楉	楊	楋	楌	楍	楎	楏
695	楐	楑	楒	楓	楔	楕	楖	楗	楘	楙	楚	楛	楜	楝	楞	楟
696	楠	楡	楢	楣	楤	楥	楦	楧	楨	楩	楪	楫	楬	業	楮	楯
697	楰	楱	楲	楳	楴	極	楶	楷	楸	楹	楺	楻	楼	楽	楾	楿

	0	1	2	3	4	5	6	7	8	9	A	B	C	D	E	F
698	榀	榁	概	榃	榄	榅	榆	榇	榈	榉	榊	榋	榌	榍	榎	榏
699	榐	榑	榒	榓	榔	榕	榖	榗	榘	榙	榚	榛	榜	榝	榞	榟
69A	榠	榡	榢	榣	榤	榥	榦	榧	榨	榩	榪	榫	榬	榭	榮	榯
69B	榰	榱	榲	榳	榴	榵	榶	榷	榸	榹	榺	榻	榼	榽	榾	榿
69C	槀	槁	槂	槃	槄	槅	槆	槇	槈	槉	槊	構	槌	槍	槎	槏
69D	槐	槑	槒	槓	槔	槕	槖	槗	様	槙	槚	槛	槜	槝	槞	槟
69E	槠	槡	槢	槣	槤	槥	槦	槧	槨	槩	槪	槫	槬	槭	槮	槯
69F	槰	槱	槲	槳	槴	槵	槶	槷	槸	槹	槺	槻	槼	槽	槾	槿
6A0	樀	樁	樂	樃	樄	樅	樆	樇	樈	樉	樊	樋	樌	樍	樎	樏
6A1	樐	樑	樒	樓	樔	樕	樖	樗	樘	標	樚	樛	樜	樝	樞	樟
6A2	樠	模	樢	樣	樤	樥	樦	樧	樨	権	横	樫	樬	樭	樮	樯
6A3	樰	樱	樲	樳	樴	樵	樶	樷	樸	樹	樺	樻	樼	樽	樾	樿
6A4	橀	橁	橂	橃	橄	橅	橆	橇	橈	橉	橊	橋	橌	橍	橎	橏
6A5	橐	橑	橒	橓	橔	橕	橖	橗	橘	橙	橚	橛	橜	橝	橞	機
6A6	橠	橡	橢	橣	橤	橥	橦	橧	橨	橩	橪	橫	橬	橭	橮	橯
6A7	橰	橱	橲	橳	橴	橵	橶	橷	橸	橹	橺	橻	橼	橽	橾	橿
6A8	檀	檁	檂	檃	檄	檅	檆	檇	檈	檉	檊	檋	檌	檍	檎	檏
6A9	檐	檑	檒	檓	檔	檕	檖	檗	檘	檙	檚	檛	檜	檝	檞	檟
6AA	檠	檡	検	檣	檤	檥	檦	檧	檨	檩	檪	檫	檬	檭	檮	檯
6AB	檰	檱	檲	檳	檴	檵	檶	檷	檸	檹	檺	檻	檼	檽	檾	檿

	0	1	2	3	4	5	6	7	8	9	A	B	C	D	E	F
6AC	櫀	櫁	櫂	櫃	櫄	櫅	櫆	櫇	櫈	櫉	櫊	櫋	櫌	櫍	櫎	櫏
6AD	櫐	櫑	櫒	櫓	櫔	櫕	櫖	櫗	櫘	櫙	櫚	櫛	櫜	櫝	櫞	櫟
6AE	櫠	櫡	櫢	櫣	櫤	櫥	櫦	櫧	櫨	櫩	櫪	櫫	櫬	櫭	櫮	櫯
6AF	櫰	櫱	櫲	櫳	櫴	櫵	櫶	櫷	櫸	櫹	櫺	櫻	櫼	櫽	櫾	櫿
6B0	欀	欁	欂	欃	欄	欅	欆	欇	欈	欉	權	欋	欌	欍	欎	欏
6B1	欐	欑	欒	欓	欔	欕	欖	欗	欘	欙	欚	欛	欜	欝	欞	欟
6B2	欠	次	欢	欣	欤	欥	欦	欧	欨	欩	欪	欫	欬	欭	欮	欯
6B3	欰	欱	欲	欳	欴	欵	欶	欷	欸	欹	欺	欻	欼	欽	款	欿
6B4	歀	歁	歂	歃	歄	歅	歆	歇	歈	歉	歊	歋	歌	歍	歎	歏
6B5	歐	歑	歒	歓	歔	歕	歖	歗	歘	歙	歚	歛	歜	歝	歞	歟
6B6	歠	歡	止	正	此	步	武	歧	歨	歩	歪	歫	歬	歭	歮	歯
6B7	歰	歱	歲	歳	歴	歵	歶	歷	歸	歹	歺	死	歼	歽	歾	歿
6B8	殀	殁	殂	殃	殄	殅	殆	殇	殈	殉	殊	残	殌	殍	殎	殏
6B9	殐	殑	殒	殓	殔	殕	殖	殗	殘	殙	殚	殛	殜	殝	殞	殟
6BA	殠	殡	殢	殣	殤	殥	殦	殧	殨	殩	殪	殫	殬	殭	殮	殯
6BB	殰	殱	殲	殳	殴	段	殶	殷	殸	殹	殺	殻	殼	殽	殾	殿
6BC	毀	毁	毂	毃	毄	毅	毆	毇	毈	毉	毊	毋	毌	母	毎	每
6BD	毐	毑	毒	毓	比	毕	毖	毗	毘	毙	毚	毛	毜	毝	毞	毟
6BE	毠	毡	毢	毣	毤	毥	毦	毧	毨	毩	毪	毫	毬	毭	毮	毯
6BF	毰	毱	毲	毳	毴	毵	毶	毷	毸	毹	毺	毻	毼	毽	毾	毿

	0	1	2	3	4	5	6	7	8	9	A	B	C	D	E	F
6C0	氀	氁	氂	氃	氄	氅	氆	氇	氈	氉	氊	氋	氌	氍	氎	氏
6C1	氐	民	氒	氓	气	氕	氖	気	氘	氙	氚	氛	氜	氝	氞	氟
6C2	氠	氡	氢	氣	氤	氥	氦	氧	氨	氩	氪	氫	氬	氭	氮	氯
6C3	氰	氱	氲	氳	水	氵	氶	氷	永	氹	氺	氻	氼	氽	氾	氿
6C4	汀	汁	求	汃	汄	汅	汆	汇	汈	汉	汊	汋	汌	汍	汎	汏
6C5	汐	汑	汒	汓	汔	汕	汖	汗	汘	汙	汚	汛	汜	汝	汞	江
6C6	池	污	汢	汣	汤	汥	汦	汧	汨	汩	汪	汫	汬	汭	汮	汯
6C7	汰	汱	汲	汳	汴	汵	汶	汷	汸	汹	決	汻	汼	汽	汾	汿
6C8	沀	沁	沂	沃	沄	沅	沆	沇	沈	沉	沊	沋	沌	沍	沎	沏
6C9	沐	沑	沒	沓	沔	沕	沖	沗	沘	沙	沚	沛	沜	沝	沞	沟
6CA	沠	没	沢	沣	沤	沥	沦	沧	沨	沩	沪	沫	沬	沭	沮	沯
6CB	沰	沱	沲	河	沴	沵	沶	沷	沸	油	沺	治	沼	沽	沾	沿
6CC	泀	況	泂	泃	泄	泅	泆	泇	泈	泉	泊	泋	泌	泍	泎	泏
6CD	泐	泑	泒	泓	泔	法	泖	泗	泘	泙	泚	泛	泜	泝	泞	泟
6CE	泠	泡	波	泣	泤	泥	泦	泧	注	泩	泪	泫	泬	泭	泮	泯
6CF	泰	泱	泲	泳	泴	泵	泶	泷	泸	泹	泺	泻	泼	泽	泾	泿
6D0	洀	洁	洂	洃	洄	洅	洆	洇	洈	洉	洊	洋	洌	洍	洎	洏
6D1	洐	洑	洒	洓	洔	洕	洖	洗	洘	洙	洚	洛	洜	洝	洞	洟
6D2	洠	洡	洢	洣	洤	津	洦	洧	洨	洩	洪	洫	洬	洭	洮	洯
6D3	洰	洱	洲	洳	洴	洵	洶	洷	洸	洹	洺	活	洼	洽	派	洿

	0	1	2	3	4	5	6	7	8	9	A	B	C	D	E	F
6D4	浀	流	浂	浃	浄	浅	浆	浇	浈	浉	浊	测	浌	浍	济	浏
6D5	浐	浑	浒	浓	浔	浕	浖	浗	浘	浙	浚	浛	浜	浝	浞	浟
6D6	浠	浡	浢	浣	浤	浥	浦	浧	浨	浩	浪	浫	浬	浭	浮	浯
6D7	浰	浱	浲	浳	浴	浵	浶	海	浸	浹	浺	浻	浼	浽	浾	浿
6D8	涀	涁	涂	涃	涄	涅	涆	涇	消	涉	涊	涋	涌	涍	涎	涏
6D9	涐	涑	涒	涓	涔	涕	涖	涗	涘	涙	涚	涛	涜	涝	涞	涟
6DA	涠	涡	涢	涣	涤	涥	润	涧	涨	涩	涪	涫	涬	涭	涮	涯
6DB	涰	涱	液	涳	涴	涵	涶	涷	涸	涹	涺	涻	涼	涽	涾	涿
6DC	淀	淁	淂	淃	淄	淅	淆	淇	淈	淉	淊	淋	淌	淍	淎	淏
6DD	淐	淑	淒	淓	淔	淕	淖	淗	淘	淙	淚	淛	淜	淝	淞	淟
6DE	淠	淡	淢	淣	淤	淥	淦	淧	淨	淩	淪	淫	淬	淭	淮	淯
6DF	淰	深	淲	淳	淴	淵	淶	混	淸	淹	淺	添	淼	淽	淾	淿
6E0	渀	渁	渂	渃	渄	清	渆	渇	済	渉	渊	渋	渌	渍	渎	渏
6E1	渐	渑	渒	渓	渔	渕	渖	渗	渘	渙	渚	減	渜	渝	渞	渟
6E2	渠	渡	渢	渣	渤	渥	渦	渧	渨	温	渪	渫	測	渭	渮	港
6E3	渰	渱	渲	渳	渴	渵	渶	渷	游	渹	渺	渻	渼	渽	渾	渿
6E4	湀	湁	湂	湃	湄	湅	湆	湇	湈	湉	湊	湋	湌	湍	湎	湏
6E5	湐	湑	湒	湓	湔	湕	湖	湗	湘	湙	湚	湛	湜	湝	湞	湟
6E6	湠	湡	湢	湣	湤	湥	湦	湧	湨	湩	湪	湫	湬	湭	湮	湯
6E7	湰	湱	湲	湳	湴	湵	湶	湷	湸	湹	湺	湻	湼	湽	湾	湿

	0	1	2	3	4	5	6	7	8	9	A	B	C	D	E	F
6E8	満	溁	溂	溃	溄	溅	溆	溇	溈	溉	溊	溋	溌	溍	溎	溏
6E9	源	溑	溒	溓	溔	溕	準	溗	溘	溙	溚	溛	溜	溝	溞	溟
6EA	溠	溡	溢	溣	溤	溥	溦	溧	溨	溩	溪	溫	溬	溭	溮	溯
6EB	溰	溱	溲	溳	溴	溵	溶	溷	溸	溹	溺	溻	溼	溽	溾	溿
6EC	滀	滁	滂	滃	滄	滅	滆	滇	滈	滉	滊	滋	滌	滍	滎	滏
6ED	滐	滑	滒	滓	滔	滕	滖	滗	滘	滙	滚	滛	滜	滝	滞	滟
6EE	滠	满	滢	滣	滤	滥	滦	滧	滨	滩	滪	滫	滬	滭	滮	滯
6EF	滰	滱	滲	滳	滴	滵	滶	滷	滸	滹	滺	滻	滼	滽	滾	滿
6F0	漀	漁	漂	漃	漄	漅	漆	漇	漈	漉	漊	漋	漌	漍	漎	漏
6F1	漐	漑	漒	漓	演	漕	漖	漗	漘	漙	漚	漛	漜	漝	漞	漟
6F2	漠	漡	漢	漣	漤	漥	漦	漧	漨	漩	漪	漫	漬	漭	漮	漯
6F3	漰	漱	漲	漳	漴	漵	漶	漷	漸	漹	漺	漻	漼	漽	漾	漿
6F4	潀	潁	潂	潃	潄	潅	潆	潇	潈	潉	潊	潋	潌	潍	潎	潏
6F5	潐	潑	潒	潓	潔	潕	潖	潗	潘	潙	潚	潛	潜	潝	潞	潟
6F6	潠	潡	潢	潣	潤	潥	潦	潧	潨	潩	潪	潫	潬	潭	潮	潯
6F7	潰	潱	潲	潳	潴	潵	潶	潷	潸	潹	潺	潻	潼	潽	潾	潿
6F8	澀	澁	澂	澃	澄	澅	澆	澇	澈	澉	澊	澋	澌	澍	澎	澏
6F9	澐	澑	澒	澓	澔	澕	澖	澗	澘	澙	澚	澛	澜	澝	澞	澟
6FA	澠	澡	澢	澣	澤	澥	澦	澧	澨	澩	澪	澫	澬	澭	澮	澯
6FB	澰	澱	澲	澳	澴	澵	澶	澷	澸	澹	澺	澻	澼	澽	澾	澿

	0	1	2	3	4	5	6	7	8	9	A	B	C	D	E	F
6FC	激	濁	濂	濃	濄	濅	濆	濇	濈	濉	濊	濋	濌	濍	濎	濏
6FD	濐	濑	濒	濓	濔	濕	濖	濗	濘	濙	濚	濛	濜	濝	濞	濟
6FE	濠	濡	濢	濣	濤	濥	濦	濧	濨	濩	濪	濫	濬	濭	濮	濯
6FF	濰	濱	濲	濳	濴	濵	濶	濷	濸	濹	濺	濻	濼	濽	濾	濿
700	瀀	瀁	瀂	瀃	瀄	瀅	瀆	瀇	瀈	瀉	瀊	瀋	瀌	瀍	瀎	瀏
701	瀐	瀑	瀒	瀓	瀔	瀕	瀖	瀗	瀘	瀙	瀚	瀛	瀜	瀝	瀞	瀟
702	瀠	瀡	瀢	瀣	瀤	瀥	瀦	瀧	瀨	瀩	瀪	瀫	瀬	瀭	瀮	瀯
703	瀰	瀱	瀲	瀳	瀴	瀵	瀶	瀷	瀸	瀹	瀺	瀻	瀼	瀽	瀾	瀿
704	灀	灁	灂	灃	灄	灅	灆	灇	灈	灉	灊	灋	灌	灍	灎	灏
705	灐	灑	灒	灓	灔	灕	灖	灗	灘	灙	灚	灛	灜	灝	灞	灟
706	灠	灡	灢	灣	灤	灥	灦	灧	灨	灩	灪	火	灬	灭	灮	灯
707	灰	灱	灲	灳	灴	灵	灶	灷	灸	灹	灺	灻	灼	災	灾	灿
708	炀	炁	炂	炃	炄	炅	炆	炇	炈	炉	炊	炋	炌	炍	炎	炏
709	炐	炑	炒	炓	炔	炕	炖	炗	炘	炙	炚	炛	炜	炝	炞	炟
70A	炠	炡	炢	炣	炤	炥	炦	炧	炨	炩	炪	炫	炬	炭	炮	炯
70B	炰	炱	炲	炳	炴	炵	炶	炷	炸	点	為	炻	炼	炽	炾	炿
70C	烀	烁	烂	烃	烄	烅	烆	烇	烈	烉	烊	烋	烌	烍	烎	烏
70D	烐	烑	烒	烓	烔	烕	烖	烗	烘	烙	烚	烛	烜	烝	烞	烟
70E	烠	烡	烢	烣	烤	烥	烦	烧	烨	烩	烪	烫	烬	热	烮	烯
70F	烰	烱	烲	烳	烴	烵	烶	烷	烸	烹	烺	烻	烼	烽	烾	烿

	0	1	2	3	4	5	6	7	8	9	A	B	C	D	E	F
710	焀	焁	焂	焃	焄	焅	焆	焇	焈	焉	焊	焋	焌	焍	焎	焏
711	焐	焑	焒	焓	焔	焕	焖	焗	焘	焙	焚	焛	焜	焝	焞	焟
712	焠	無	焢	焣	焤	焥	焦	焧	焨	焩	焪	焫	焬	焭	焮	焯
713	焰	焱	焲	焳	焴	焵	然	焷	焸	焹	焺	焻	焼	焽	焾	焿
714	煀	煁	煂	煃	煄	煅	煆	煇	煈	煉	煊	煋	煌	煍	煎	煏
715	煐	煑	煒	煓	煔	煕	煖	煗	煘	煙	煚	煛	煜	煝	煞	煟
716	煠	煡	煢	煣	煤	煥	煦	照	煨	煩	煪	煫	煬	煭	煮	煯
717	煰	煱	煲	煳	煴	煵	煶	煷	煸	煹	煺	煻	煼	煽	煾	煿
718	熀	熁	熂	熃	熄	熅	熆	熇	熈	熉	熊	熋	熌	熍	熎	熏
719	熐	熑	熒	熓	熔	熕	熖	熗	熘	熙	熚	熛	熜	熝	熞	熟
71A	熠	熡	熢	熣	熤	熥	熦	熧	熨	熩	熪	熫	熬	熭	熮	熯
71B	熰	熱	熲	熳	熴	熵	熶	熷	熸	熹	熺	熻	熼	熽	熾	熿
71C	燀	燁	燂	燃	燄	燅	燆	燇	燈	燉	燊	燋	燌	燍	燎	燏
71D	燐	燑	燒	燓	燔	燕	燖	燗	燘	燙	燚	燛	燜	燝	燞	營
71E	燠	燡	燢	燣	燤	燥	燦	燧	燨	燩	燪	燫	燬	燭	燮	燯
71F	燰	燱	燲	燳	燴	燵	燶	燷	燸	燹	燺	燻	燼	燽	燾	燿
720	爀	爁	爂	爃	爄	爅	爆	爇	爈	爉	爊	爋	爌	爍	爎	爏
721	爐	爑	爒	爓	爔	爕	爖	爗	爘	爙	爚	爛	爜	爝	爞	爟
722	爠	爡	爢	爣	爤	爥	爦	爧	爨	爩	爪	爫	爬	爭	爮	爯
723	爰	爱	爲	爳	爴	爵	父	爷	爸	爹	爺	爻	爼	爽	爾	爿

	0	1	2	3	4	5	6	7	8	9	A	B	C	D	E	F
724	牀	牁	牂	牃	牄	牅	牆	片	版	牉	牊	牋	牌	牍	牎	牏
725	牐	牑	牒	牓	牔	牕	牖	牗	牘	牙	牚	牛	牜	牝	牞	牟
726	牠	牡	牢	牣	牤	牥	牦	牧	牨	物	牪	牫	牬	牭	牮	牯
727	牰	牱	牲	牳	牴	牵	牶	牷	牸	特	牺	牻	牼	牽	牾	牿
728	犀	犁	犂	犃	犄	犅	犆	犇	犈	犉	犊	犋	犌	犍	犎	犏
729	犐	犑	犒	犓	犔	犕	犖	犗	犘	犙	犚	犛	犜	犝	犞	犟
72A	犠	犡	犢	犣	犤	犥	犦	犧	犨	犩	犪	犫	犬	犭	犮	犯
72B	犰	犱	犲	犳	犴	犵	状	犷	犸	犹	犺	犻	犼	犽	犾	犿
72C	狀	狁	狂	狃	狄	狅	狆	狇	狈	狉	狊	狋	狌	狍	狎	狏
72D	狐	狑	狒	狓	狔	狕	狖	狗	狘	狙	狚	狛	狜	狝	狞	狟
72E	狠	狡	狢	狣	狤	狥	狦	狧	狨	狩	狪	狫	独	狭	狮	狯
72F	狰	狱	狲	狳	狴	狵	狶	狷	狸	狹	狺	狻	狼	狽	狾	狿
730	猀	猁	猂	猃	猄	猅	猆	猇	猈	猉	猊	猋	猌	猍	猎	猏
731	猐	猑	猒	猓	猔	猕	猖	猗	猘	猙	猚	猛	猜	猝	猞	猟
732	猠	猡	猢	猣	猤	猥	猦	猧	猨	猩	猪	猫	猬	猭	献	猯
733	猰	猱	猲	猳	猴	猵	猶	猷	猸	猹	猺	猻	猼	猽	猾	猿
734	獀	獁	獂	獃	獄	獅	獆	獇	獈	獉	獊	獋	獌	獍	獎	獏
735	獐	獑	獒	獓	獔	獕	獖	獗	獘	獙	獚	獛	獜	獝	獞	獟
736	獠	獡	獢	獣	獤	獥	獦	獧	獨	獩	獪	獫	獬	獭	獮	獯
737	獰	獱	獲	獳	獴	獵	獶	獷	獸	獹	獺	獻	獼	獽	獾	獿

	0	1	2	3	4	5	6	7	8	9	A	B	C	D	E	F
738	玀	玁	玂	玃	玄	玅	玆	率	玈	玉	玊	王	玌	玍	玎	玏
739	玐	玑	玒	玓	玔	玕	玖	玗	玘	玙	玚	玛	玜	玝	玞	玟
73A	玠	玡	玢	玣	玤	玥	玦	玧	玨	玩	玪	玫	玬	玭	玮	环
73B	现	玱	玲	玳	玴	玵	玶	玷	玸	玹	玺	玻	玼	玽	玾	玿
73C	珀	珁	珂	珃	珄	珅	珆	珇	珈	珉	珊	珋	珌	珍	珎	珏
73D	珐	珑	珒	珓	珔	珕	珖	珗	珘	珙	珚	珛	珜	珝	珞	珟
73E	珠	珡	珢	珣	珤	珥	珦	珧	珨	珩	珪	珫	珬	班	珮	珯
73F	珰	珱	珲	珳	珴	珵	珶	珷	珸	珹	珺	珻	珼	珽	現	珿
740	琀	琁	琂	球	琄	琅	理	琇	琈	琉	琊	琋	琌	琍	琎	琏
741	琐	琑	琒	琓	琔	琕	琖	琗	琘	琙	琚	琛	琜	琝	琞	琟
742	琠	琡	琢	琣	琤	琥	琦	琧	琨	琩	琪	琫	琬	琭	琮	琯
743	琰	琱	琲	琳	琴	琵	琶	琷	琸	琹	琺	琻	琼	琽	琾	琿
744	瑀	瑁	瑂	瑃	瑄	瑅	瑆	瑇	瑈	瑉	瑊	瑋	瑌	瑍	瑎	瑏
745	瑐	瑑	瑒	瑓	瑔	瑕	瑖	瑗	瑘	瑙	瑚	瑛	瑜	瑝	瑞	瑟
746	瑠	瑡	瑢	瑣	瑤	瑥	瑦	瑧	瑨	瑩	瑪	瑫	瑬	瑭	瑮	瑯
747	瑰	瑱	瑲	瑳	瑴	瑵	瑶	瑷	瑸	瑹	瑺	瑻	瑼	瑽	瑾	瑿
748	璀	璁	璂	璃	璄	璅	璆	璇	璈	璉	璊	璋	璌	璍	璎	璏
749	璐	璑	璒	璓	璔	璕	璖	璗	璘	璙	璚	璛	璜	璝	璞	璟
74A	璠	璡	璢	璣	璤	璥	璦	璧	璨	璩	璪	璫	璬	璭	璮	璯
74B	環	璱	璲	璳	璴	璵	璶	璷	璸	璹	璺	璻	璼	璽	璾	璿

	0	1	2	3	4	5	6	7	8	9	A	B	C	D	E	F
74C	瓀	瓁	瓂	瓃	瓄	瓅	瓆	瓇	瓈	瓉	瓊	瓋	瓌	瓍	瓎	瓏
74D	瓐	瓑	瓒	瓓	瓔	瓕	瓖	瓗	瓘	瓙	瓚	瓛	瓜	瓝	瓞	瓟
74E	瓠	瓡	瓢	瓣	瓤	瓥	瓦	瓧	瓨	瓩	瓪	瓫	瓬	瓭	瓮	瓯
74F	瓰	瓱	瓲	瓳	瓴	瓵	瓶	瓷	瓸	瓹	瓺	瓻	瓼	瓽	瓾	瓿
750	甀	甁	甂	甃	甄	甅	甆	甇	甈	甉	甊	甋	甌	甍	甎	甏
751	甐	甑	甒	甓	甔	甕	甖	甗	甘	甙	甚	甛	甜	甝	甞	生
752	甠	甡	產	産	甤	甥	甦	甧	用	甩	甪	甫	甬	甭	甮	甯
753	田	由	甲	申	甴	电	甶	男	甸	甹	町	画	甼	甽	甾	甿
754	畀	畁	畂	畃	畄	畅	畆	畇	畈	畉	畊	畋	界	畍	畎	畏
755	畐	畑	畒	畓	畔	畕	畖	畗	畘	留	畚	畛	畜	畝	畞	畟
756	畠	畡	畢	畣	畤	略	畦	畧	畨	畩	番	畫	畬	畭	畮	畯
757	異	畱	畲	畳	畴	畵	當	畷	畸	畹	畺	畻	畼	畽	畾	畿
758	疀	疁	疂	疃	疄	疅	疆	疇	疈	疉	疊	疋	疌	疍	疎	疏
759	疐	疑	疒	疓	疔	疕	疖	疗	疘	疙	疚	疛	疜	疝	疞	疟
75A	疠	疡	疢	疣	疤	疥	疦	疧	疨	疩	疪	疫	疬	疭	疮	疯
75B	疰	疱	疲	疳	疴	疵	疶	疷	疸	疹	疺	疻	疼	疽	疾	疿
75C	痀	痁	痂	痃	痄	病	痆	症	痈	痉	痊	痋	痌	痍	痎	痏
75D	痐	痑	痒	痓	痔	痕	痖	痗	痘	痙	痚	痛	痜	痝	痞	痟
75E	痠	痡	痢	痣	痤	痥	痦	痧	痨	痩	痪	痫	痬	痭	痮	痯
75F	痰	痱	痲	痳	痴	痵	痶	痷	痸	痹	痺	痻	痼	痽	痾	痿

	0	1	2	3	4	5	6	7	8	9	A	B	C	D	E	F
760	瘀	瘁	瘂	瘃	瘄	瘅	瘆	瘇	瘈	瘉	瘊	瘋	瘌	瘍	瘎	瘏
761	瘐	瘑	瘒	瘓	瘔	瘕	瘖	瘗	瘘	瘙	瘚	瘛	瘜	瘝	瘞	瘟
762	瘠	瘡	瘢	瘣	瘤	瘥	瘦	瘧	瘨	瘩	瘪	瘫	瘬	瘭	瘮	瘯
763	瘰	瘱	瘲	瘳	瘴	瘵	瘶	瘷	瘸	瘹	瘺	瘻	瘼	瘽	瘾	瘿
764	癀	癁	療	癃	癄	癅	癆	癇	癈	癉	癊	癋	癌	癍	癎	癏
765	癐	癑	癒	癓	癔	癕	癖	癗	癘	癙	癚	癛	癜	癝	癞	癟
766	癠	癡	癢	癣	癤	癥	癦	癧	癨	癩	癪	癫	癬	癭	癮	癯
767	癰	癱	癲	癳	癴	癵	癶	癷	癸	癹	発	登	發	白	百	癿
768	皀	皁	皂	皃	的	皅	皆	皇	皈	皉	皊	皋	皌	皍	皎	皏
769	皐	皑	皒	皓	皔	皕	皖	皗	皘	皙	皚	皛	皜	皝	皞	皟
76A	皠	皡	皢	皣	皤	皥	皦	皧	皨	皩	皪	皫	皬	皭	皮	皯
76B	皰	皱	皲	皳	皴	皵	皶	皷	皸	皹	皺	皻	皼	皽	皾	皿
76C	盀	盁	盂	盃	盄	盅	盆	盇	盈	盉	益	盋	盌	盍	盎	盏
76D	盐	监	盒	盓	盔	盕	盖	盗	盘	盙	盚	盛	盜	盝	盞	盟
76E	盠	盡	盢	監	盤	盥	盦	盧	盨	盩	盪	盫	盬	盭	目	盯
76F	盰	盱	盲	盳	直	盵	盶	盷	相	盹	盺	盻	盼	盽	盾	盿
770	眀	省	眂	眃	眄	眅	眆	眇	眈	眉	眊	看	県	眍	眎	眏
771	眐	眑	眒	眓	眔	眕	眖	眗	眘	眙	眚	眛	眜	眝	眞	真
772	眠	眡	眢	眣	眤	眥	眦	眧	眨	眩	眪	眫	眬	眭	眮	眯
773	眰	眱	眲	眳	眴	眵	眶	眷	眸	眹	眺	眻	眼	眽	眾	眿

	0	1	2	3	4	5	6	7	8	9	A	B	C	D	E	F
774	着	睁	睂	睃	睄	睅	睆	睇	睈	睉	睊	睋	睌	睍	睎	睏
775	睐	睑	睒	睓	睔	睕	睖	睗	睘	睙	睚	睛	睜	睝	睞	睟
776	睠	睡	睢	督	睤	睥	睦	睧	睨	睩	睪	睫	睬	睭	睮	睯
777	睰	睱	睲	睳	睴	睵	睶	睷	睸	睹	睺	睻	睼	睽	睾	睿
778	瞀	瞁	瞂	瞃	瞄	瞅	瞆	瞇	瞈	瞉	瞊	瞋	瞌	瞍	瞎	瞏
779	瞐	瞑	瞒	瞓	瞔	瞕	瞖	瞗	瞘	瞙	瞚	瞛	瞜	瞝	瞞	瞟
77A	瞠	瞡	瞢	瞣	瞤	瞥	瞦	瞧	瞨	瞩	瞪	瞫	瞬	瞭	瞮	瞯
77B	瞰	瞱	瞲	瞳	瞴	瞵	瞶	瞷	瞸	瞹	瞺	瞻	瞼	瞽	瞾	瞿
77C	矀	矁	矂	矃	矄	矅	矆	矇	矈	矉	矊	矋	矌	矍	矎	矏
77D	矐	矑	矒	矓	矔	矕	矖	矗	矘	矙	矚	矛	矜	矝	矞	矟
77E	矠	矡	矢	矣	矤	知	矦	矧	矨	矩	矪	矫	矬	短	矮	矯
77F	矰	矱	矲	石	矴	矵	矶	矷	矸	矹	矺	矻	矼	矽	矾	矿
780	砀	码	砂	砃	砄	砅	砆	砇	砈	砉	砊	砋	砌	砍	砎	砏
781	砐	砑	砒	砓	研	砕	砖	砗	砘	砙	砚	砛	砜	砝	砞	砟
782	砠	砡	砢	砣	砤	砥	砦	砧	砨	砩	砪	砫	砬	砭	砮	砯
783	砰	砱	砲	砳	破	砵	砶	砷	砸	砹	砺	砻	砼	砽	砾	砿
784	础	硁	硂	硃	硄	硅	硆	硇	硈	硉	硊	硋	硌	硍	硎	硏
785	硐	硑	硒	硓	硔	硕	硖	硗	硘	硙	硚	硛	硜	硝	硞	硟
786	硠	硡	硢	硣	硤	硥	硦	硧	硨	硩	硪	硫	硬	硭	确	硯
787	硰	硱	硲	硳	硴	硵	硶	硷	硸	硹	硺	硻	硼	硽	硾	硿

	0	1	2	3	4	5	6	7	8	9	A	B	C	D	E	F
788	碀	碁	碂	碃	碄	碅	碆	碇	碈	碉	碊	碋	碌	碍	碎	碏
789	碐	碑	碒	碓	碔	碕	碖	碗	碘	碙	碚	碛	碜	碝	碞	碟
78A	碠	碡	碢	碣	碤	碥	碦	碧	碨	碩	碪	碫	碬	碭	碮	碯
78B	碰	碱	碲	碳	碴	碵	碶	碷	碸	碹	確	碻	碼	碽	碾	碿
78C	磀	磁	磂	磃	磄	磅	磆	磇	磈	磉	磊	磋	磌	磍	磎	磏
78D	磐	磑	磒	磓	磔	磕	磖	磗	磘	磙	磚	磛	磜	磝	磞	磟
78E	磠	磡	磢	磣	磤	磥	磦	磧	磨	磩	磪	磫	磬	磭	磮	磯
78F	磰	磱	磲	磳	磴	磵	磶	磷	磸	磹	磺	磻	磼	磽	磾	磿
790	礀	礁	礂	礃	礄	礅	礆	礇	礈	礉	礊	礋	礌	礍	礎	礏
791	礐	礑	礒	礓	礔	礕	礖	礗	礘	礙	礚	礛	礜	礝	礞	礟
792	礠	礡	礢	礣	礤	礥	礦	礧	礨	礩	礪	礫	礬	礭	礮	礯
793	礰	礱	礲	礳	礴	礵	礶	礷	礸	礹	示	礻	礼	礽	社	礿
794	祀	祁	祂	祃	祄	祅	祆	祇	祈	祉	祊	祋	祌	祍	祎	祏
795	祐	祑	祒	祓	祔	祕	祖	祗	祘	祙	祚	祛	祜	祝	神	祟
796	祠	祡	祢	祣	祤	祥	祦	祧	票	祩	祪	祫	祬	祭	祮	祯
797	祰	祱	祲	祳	祴	祵	祶	祷	祸	祹	祺	祻	祼	祽	祾	祿
798	禀	禁	禂	禃	禄	禅	禆	禇	禈	禉	禊	禋	禌	禍	禎	福
799	禐	禑	禒	禓	禔	禕	禖	禗	禘	禙	禚	禛	禜	禝	禞	禟
79A	禠	禡	禢	禣	禤	禥	禦	禧	禨	禩	禪	禫	禬	禭	禮	禯
79B	禰	禱	禲	禳	禴	禵	禶	禷	禸	禹	禺	离	禼	禽	禾	禿

	0	1	2	3	4	5	6	7	8	9	A	B	C	D	E	F
79C	秀	私	秂	秃	秄	秅	秆	秇	秈	秉	秊	秋	秌	种	秎	秏
79D	秐	科	秒	秓	秔	秕	秖	秗	秘	秙	秚	秛	秜	秝	秞	租
79E	秠	秡	秢	秣	秤	秥	秦	秧	秨	秩	秪	秫	秬	秭	秮	积
79F	称	秱	秲	秳	秴	秵	秶	秷	秸	秹	秺	移	秼	秽	秾	秿
7A0	稀	稁	稂	稃	稄	稅	稆	稇	稈	稉	稊	程	稌	稍	税	稏
7A1	稐	稑	稒	稓	稔	稕	稖	稗	稘	稙	稚	稛	稜	稝	稞	稟
7A2	稠	稡	稢	稣	稤	稥	稦	稧	稨	稩	稪	稫	稬	稭	種	稯
7A3	稰	稱	稲	稳	稴	稵	稶	稷	稸	稹	稺	稻	稼	稽	稾	稿
7A4	穀	穁	穂	穃	穄	穅	穆	穇	穈	穉	穊	穋	穌	積	穎	穏
7A5	穐	穑	穒	穓	穔	穕	穖	穗	穘	穙	穚	穛	穜	穝	穞	穟
7A6	穠	穡	穢	穣	穤	穥	穦	穧	穨	穩	穪	穫	穬	穭	穮	穯
7A7	穰	穱	穲	穳	穴	穵	究	穷	穸	穹	空	穻	穼	穽	穾	穿
7A8	窀	突	窂	窃	窄	窅	窆	窇	窈	窉	窊	窋	窌	窍	窎	窏
7A9	窐	窑	窒	窓	窔	窕	窖	窗	窘	窙	窚	窛	窜	窝	窞	窟
7AA	窠	窡	窢	窣	窤	窥	窦	窧	窨	窩	窪	窫	窬	窭	窮	窯
7AB	窰	窱	窲	窳	窴	窵	窶	窷	窸	窹	窺	窻	窼	窽	窾	窿
7AC	竀	竁	竂	竃	竄	竅	竆	竇	竈	竉	竊	立	竌	竍	竎	竏
7AD	竐	竑	竒	竓	竔	竕	竖	竗	竘	站	竚	竛	竜	竝	竞	竟
7AE	章	竡	竢	竣	竤	童	竦	竧	竨	竩	竪	竫	竬	竭	竮	端
7AF	竰	竱	竲	竳	竴	竵	競	竷	竸	竹	竺	竻	竼	竽	竾	竿

	0	1	2	3	4	5	6	7	8	9	A	B	C	D	E	F
7B0	笀	笁	笂	笃	笄	笅	笆	笇	笈	笉	笊	笋	笌	笍	笎	笏
7B1	笐	笑	笒	笓	笔	笕	笖	笗	笘	笙	笚	笛	笜	笝	笞	笟
7B2	笠	笡	笢	笣	笤	笥	符	笧	笨	笩	笪	笫	第	笭	笮	笯
7B3	笰	笱	笲	笳	笴	笵	笶	笷	笸	笹	笺	笻	笼	笽	笾	笿
7B4	筀	筁	筂	筃	筄	筅	筆	筇	筈	等	筊	筋	筌	筍	筎	筏
7B5	筐	筑	筒	筓	答	筕	策	筗	筘	筙	筚	筛	筜	筝	筞	筟
7B6	筠	筡	筢	筣	筤	筥	筦	筧	筨	筩	筪	筫	筬	筭	筮	筯
7B7	筰	筱	筲	筳	筴	筵	筶	筷	筸	筹	筺	筻	筼	筽	签	筿
7B8	简	箁	箂	箃	箄	箅	箆	箇	箈	箉	箊	箋	箌	箍	箎	箏
7B9	箐	箑	箒	箓	箔	箕	箖	算	箘	箙	箚	箛	箜	箝	箞	箟
7BA	箠	管	箢	箣	箤	箥	箦	箧	箨	箩	箪	箫	箬	箭	箮	箯
7BB	箰	箱	箲	箳	箴	箵	箶	箷	箸	箹	箺	箻	箼	箽	箾	箿
7BC	節	篁	篂	篃	範	篅	篆	篇	篈	築	篊	篋	篌	篍	篎	篏
7BD	篐	篑	篒	篓	篔	篕	篖	篗	篘	篙	篚	篛	篜	篝	篞	篟
7BE	篠	篡	篢	篣	篤	篥	篦	篧	篨	篩	篪	篫	篬	篭	篮	篯
7BF	篰	篱	篲	篳	篴	篵	篶	篷	篸	篹	篺	篻	篼	篽	篾	篿
7C0	簀	簁	簂	簃	簄	簅	簆	簇	簈	簉	簊	簋	簌	簍	簎	簏
7C1	簐	簑	簒	簓	簔	簕	簖	簗	簘	簙	簚	簛	簜	簝	簞	簟
7C2	簠	簡	簢	簣	簤	簥	簦	簧	簨	簩	簪	簫	簬	簭	簮	簯
7C3	簰	簱	簲	簳	簴	簵	簶	簷	簸	簹	簺	簻	簼	簽	簾	簿

	0	1	2	3	4	5	6	7	8	9	A	B	C	D	E	F
7C4	籀	籁	籂	籃	籄	籅	籆	籇	籈	籉	籊	籋	籌	籍	籎	籏
7C5	籐	籑	籒	籓	籔	籕	籖	籗	籘	籙	籚	籛	籜	籝	籞	籟
7C6	籠	籡	籢	籣	籤	籥	籦	籧	籨	籩	籪	籫	籬	籭	籮	籯
7C7	籰	籱	籲	米	籴	籵	籶	籷	籸	籹	籺	类	籼	籽	籾	籿
7C8	粀	粁	粂	粃	粄	粅	粆	粇	粈	粉	粊	粋	粌	粍	粎	粏
7C9	粐	粑	粒	粓	粔	粕	粖	粗	粘	粙	粚	粛	粜	粝	粞	粟
7CA	粠	粡	粢	粣	粤	粥	粦	粧	粨	粩	粪	粫	粬	粭	粮	粯
7CB	粰	粱	粲	粳	粴	粵	粶	粷	粸	粹	粺	粻	粼	粽	精	粿
7CC	糀	糁	糂	糃	糄	糅	糆	糇	糈	糉	糊	糋	糌	糍	糎	糏
7CD	糐	糑	糒	糓	糔	糕	糖	糗	糘	糙	糚	糛	糜	糝	糞	糟
7CE	糠	糡	糢	糣	糤	糥	糦	糧	糨	糩	糪	糫	糬	糭	糮	糯
7CF	糰	糱	糲	糳	糴	糵	糶	糷	糸	糹	糺	系	糼	糽	糾	糿
7D0	紀	紁	紂	紃	約	紅	紆	紇	紈	紉	紊	紋	紌	納	紎	紏
7D1	紐	紑	紒	紓	純	紕	紖	紗	紘	紙	級	紛	紜	紝	紞	紟
7D2	素	紡	索	紣	紤	紥	紦	紧	紨	紩	紪	紫	紬	紭	紮	累
7D3	細	紱	紲	紳	紴	紵	紶	紷	紸	紹	紺	紻	紼	紽	紾	紿
7D4	絀	絁	終	絃	組	絅	絆	絇	絈	絉	絊	絋	経	絍	絎	絏
7D5	結	絑	絒	絓	絔	絕	絖	絗	絘	絙	絚	絛	絜	絝	絞	絟
7D6	絠	絡	絢	絣	絤	絥	給	絧	絨	絩	絪	絫	絬	絭	絮	絯
7D7	絰	統	絲	絳	絴	絵	絶	絷	絸	絹	絺	絻	絼	絽	絾	絿

	0	1	2	3	4	5	6	7	8	9	A	B	C	D	E	F
7D8	綀	綁	綂	綃	綄	綅	綆	綇	綈	綉	綊	綋	綌	綍	綎	綏
7D9	綐	綑	綒	經	綔	綕	綖	綗	綘	継	続	綛	綜	綝	綞	綟
7DA	綠	綡	綢	綣	綤	綥	綦	綧	綨	綩	綪	綫	綬	維	綮	綯
7DB	綰	綱	網	綳	綴	綵	綶	綷	綸	綹	綺	綻	綼	綽	綾	綿
7DC	緀	緁	緂	緃	緄	緅	緆	緇	緈	緉	緊	緋	緌	緍	緎	総
7DD	緐	緑	緒	緓	緔	緕	緖	緗	緘	緙	線	緛	緜	緝	緞	緟
7DE	締	緡	緢	緣	緤	緥	緦	緧	編	緩	緪	緫	緬	緭	緮	緯
7DF	緰	緱	緲	緳	練	緵	緶	緷	緸	緹	緺	緻	緼	緽	緾	緿
7E0	縀	縁	縂	縃	縄	縅	縆	縇	縈	縉	縊	縋	縌	縍	縎	縏
7E1	縐	縑	縒	縓	縔	縕	縖	縗	縘	縙	縚	縛	縜	縝	縞	縟
7E2	縠	縡	縢	縣	縤	縥	縦	縧	縨	縩	縪	縫	縬	縭	縮	縯
7E3	縰	縱	縲	縳	縴	縵	縶	縷	縸	縹	縺	縻	縼	總	績	縿
7E4	繀	繁	繂	繃	繄	繅	繆	繇	繈	繉	繊	繋	繌	繍	繎	繏
7E5	繐	繑	繒	繓	織	繕	繖	繗	繘	繙	繚	繛	繜	繝	繞	繟
7E6	繠	繡	繢	繣	繤	繥	繦	繧	繨	繩	繪	繫	繬	繭	繮	繯
7E7	繰	繱	繲	繳	繴	繵	繶	繷	繸	繹	繺	繻	繼	繽	繾	繿
7E8	纀	纁	纂	纃	纄	纅	纆	纇	纈	纉	纊	纋	續	纍	纎	纏
7E9	纐	纑	纒	纓	纔	纕	纖	纗	纘	纙	纚	纛	纜	纝	纞	纟
7EA	纠	纡	红	纣	纤	纥	约	级	纨	纩	纪	纫	纬	纭	纮	纯
7EB	纰	纱	纲	纳	纴	纵	纶	纷	纸	纹	纺	纻	纼	纽	纾	线

	0	1	2	3	4	5	6	7	8	9	A	B	C	D	E	F
7EC	绀	绁	绂	练	组	绅	细	织	终	绉	绊	绋	绌	绍	绎	经
7ED	绐	绑	绒	结	绔	绕	绖	绗	绘	给	绚	绛	络	绝	绞	统
7EE	绠	绡	绢	绣	绤	绥	绦	继	绨	绩	绪	绫	绬	续	绮	绯
7EF	绰	绱	绲	绳	维	绵	绶	绷	绸	绹	绺	绻	综	绽	绾	绿
7F0	缀	缁	缂	缃	缄	缅	缆	缇	缈	缉	缊	缋	缌	缍	缎	缏
7F1	缐	缑	缒	缓	缔	缕	编	缗	缘	缙	缚	缛	缜	缝	缞	缟
7F2	缠	缡	缢	缣	缤	缥	缦	缧	缨	缩	缪	缫	缬	缭	缮	缯
7F3	缰	缱	缲	缳	缴	缵	缶	缷	缸	缹	缺	缻	缼	缽	缾	缿
7F4	罀	罁	罂	罃	罄	罅	罆	罇	罈	罉	罊	罋	罌	罍	罎	罏
7F5	罐	网	罒	罓	罔	罕	罖	罗	罘	罙	罚	罛	罜	罝	罞	罟
7F6	罠	罡	罢	罣	罤	罥	罦	罧	罨	罩	罪	罫	罬	罭	置	罯
7F7	罰	罱	署	罳	罴	罵	罶	罷	罸	罹	罺	罻	罼	罽	罾	罿
7F8	羀	羁	羂	羃	羄	羅	羆	羇	羈	羉	羊	羋	羌	羍	美	羏
7F9	羐	羑	羒	羓	羔	羕	羖	羗	羘	羙	羚	羛	羜	羝	羞	羟
7FA	羠	羡	羢	羣	群	羥	羦	羧	羨	義	羪	羫	羬	羭	羮	羯
7FB	羰	羱	羲	羳	羴	羵	羶	羷	羸	羹	羺	羻	羼	羽	羾	羿
7FC	翀	翁	翂	翃	翄	翅	翆	翇	翈	翉	翊	翋	翌	翍	翎	翏
7FD	翐	翑	習	翓	翔	翕	翖	翗	翘	翙	翚	翛	翜	翝	翞	翟
7FE	翠	翡	翢	翣	翤	翥	翦	翧	翨	翩	翪	翫	翬	翭	翮	翯
7FF	翰	翱	翲	翳	翴	翵	翶	翷	翸	翹	翺	翻	翼	翽	翾	翿

	0	1	2	3	4	5	6	7	8	9	A	B	C	D	E	F
800	耀	老	耂	考	耄	者	耆	耇	耈	耉	耊	耋	而	耍	耎	耏
801	耐	耑	耒	耓	耔	耕	耖	耗	耘	耙	耚	耛	耜	耝	耞	耟
802	耠	耡	耢	耣	耤	耥	耦	耧	耨	耩	耪	耫	耬	耭	耮	耯
803	耰	耱	耲	耳	耴	耵	耶	耷	耸	耹	耺	耻	耼	耽	耾	耿
804	聀	聁	聂	聃	聄	聅	聆	聇	聈	聉	聊	聋	职	聍	聎	聏
805	聐	聑	聒	聓	联	聕	聖	聗	聘	聙	聚	聛	聜	聝	聞	聟
806	聠	聡	聢	聣	聤	聥	聦	聧	聨	聩	聪	聫	聬	聭	聮	聯
807	聰	聱	聲	聳	聴	聵	聶	職	聸	聹	聺	聻	聼	聽	聾	聿
808	肀	肁	肂	肃	肄	肅	肆	肇	肈	肉	肊	肋	肌	肍	肎	肏
809	肐	肑	肒	肓	肔	肕	肖	肗	肘	肙	肚	肛	肜	肝	肞	肟
80A	肠	股	肢	肣	肤	肥	肦	肧	肨	肩	肪	肫	肬	肭	肮	肯
80B	肰	肱	育	肳	肴	肵	肶	肷	肸	肹	肺	肻	肼	肽	肾	肿
80C	胀	胁	胂	胃	胄	胅	胆	胇	胈	胉	胊	胋	背	胍	胎	胏
80D	胐	胑	胒	胓	胔	胕	胖	胗	胘	胙	胚	胛	胜	胝	胞	胟
80E	胠	胡	胢	胣	胤	胥	胦	胧	胨	胩	胪	胫	胬	胭	胮	胯
80F	胰	胱	胲	胳	胴	胵	胶	胷	胸	胹	胺	胻	胼	能	胾	胿
810	脀	脁	脂	脃	脄	脅	脆	脇	脈	脉	脊	脋	脌	脍	脎	脏
811	脐	脑	脒	脓	脔	脕	脖	脗	脘	脙	脚	脛	脜	脝	脞	脟
812	脠	脡	脢	脣	脤	脥	脦	脧	脨	脩	脪	脫	脬	脭	脮	脯
813	脰	脱	脲	脳	脴	脵	脶	脷	脸	脹	脺	脻	脼	脽	脾	脿

	0	1	2	3	4	5	6	7	8	9	A	B	C	D	E	F
814	腀	腁	腂	腃	腄	腅	腆	腇	腈	腉	腊	腋	腌	腍	腎	腏
815	腐	腑	腒	腓	腔	腕	腖	腗	腘	腙	腚	腛	腜	腝	腞	腟
816	腠	腡	腢	腣	腤	腥	腦	腧	腨	腩	腪	腫	腬	腭	腮	腯
817	腰	腱	腲	腳	腴	腵	腶	腷	腸	腹	腺	腻	腼	腽	腾	腿
818	膀	膁	膂	膃	膄	膅	膆	膇	膈	膉	膊	膋	膌	膍	膎	膏
819	膐	膑	膒	膓	膔	膕	膖	膗	膘	膙	膚	膛	膜	膝	膞	膟
81A	膠	膡	膢	膣	膤	膥	膦	膧	膨	膩	膪	膫	膬	膭	膮	膯
81B	膰	膱	膲	膳	膴	膵	膶	膷	膸	膹	膺	膻	膼	膽	膾	膿
81C	臀	臁	臂	臃	臄	臅	臆	臇	臈	臉	臊	臋	臌	臍	臎	臏
81D	臐	臑	臒	臓	臔	臕	臖	臗	臘	臙	臚	臛	臜	臝	臞	臟
81E	臠	臡	臢	臣	臤	臥	臦	臧	臨	臩	自	臫	臬	臭	臮	臯
81F	臰	臱	臲	至	致	臵	臶	臷	臸	臹	臺	臻	臼	臽	臾	臿
820	舀	舁	舂	舃	舄	舅	舆	與	興	舉	舊	舋	舌	舍	舎	舏
821	舐	舑	舒	舓	舔	舕	舖	舗	舘	舙	舚	舛	舜	舝	舞	舟
822	舠	舡	舢	舣	舤	舥	舦	舧	舨	舩	航	舫	般	舭	舮	舯
823	舰	舱	舲	舳	舴	舵	舶	舷	舸	船	舺	舻	舼	舽	舾	舿
824	艀	艁	艂	艃	艄	艅	艆	艇	艈	艉	艊	艋	艌	艍	艎	艏
825	艐	艑	艒	艓	艔	艕	艖	艗	艘	艙	艚	艛	艜	艝	艞	艟
826	艠	艡	艢	艣	艤	艥	艦	艧	艨	艩	艪	艫	艬	艭	艮	良
827	艰	艱	色	艳	艴	艵	艶	艷	艸	艹	艺	艻	艼	艽	艾	艿

	0	1	2	3	4	5	6	7	8	9	A	B	C	D	E	F
828	芀	芁	节	芃	芄	芅	芆	芇	芈	芉	芊	芋	芌	芍	芎	芏
829	芐	芑	芒	芓	芔	芕	芖	芗	芘	芙	芚	芛	芜	芝	芞	芟
82A	芠	芡	芢	芣	芤	芥	芦	芧	芨	芩	芪	芫	芬	芭	芮	芯
82B	芰	花	芲	芳	芴	芵	芶	芷	芸	芹	芺	芻	芼	芽	芾	芿
82C	苀	苁	苂	苃	苄	苅	苆	苇	苈	苉	苊	苋	苌	苍	苎	苏
82D	苐	苑	苒	苓	苔	苕	苖	苗	苘	苙	苚	苛	苜	苝	苞	苟
82E	苠	苡	苢	苣	苤	若	苦	苧	苨	苩	苪	苫	苬	苭	苮	苯
82F	苰	英	苲	苳	苴	苵	苶	苷	苸	苹	苺	苻	苼	苽	苾	苿
830	茀	茁	茂	范	茄	茅	茆	茇	茈	茉	茊	茋	茌	茍	茎	茏
831	茐	茑	茒	茓	茔	茕	茖	茗	茘	茙	茚	茛	茜	茝	茞	茟
832	茠	茡	茢	茣	茤	茥	茦	茧	茨	茩	茪	茫	茬	茭	茮	茯
833	茰	茱	茲	茳	茴	茵	茶	茷	茸	茹	茺	茻	茼	茽	茾	茿
834	荀	荁	荂	荃	荄	荅	荆	荇	荈	草	荊	荋	荌	荍	荎	荏
835	荐	荑	荒	荓	荔	荕	荖	荗	荘	荙	荚	荛	荜	荝	荞	荟
836	荠	荡	荢	荣	荤	荥	荦	荧	荨	荩	荪	荫	荬	荭	荮	药
837	荰	荱	荲	荳	荴	荵	荶	荷	荸	荹	荺	荻	荼	荽	荾	荿
838	莀	莁	莂	莃	莄	莅	莆	莇	莈	莉	莊	莋	莌	莍	莎	莏
839	莐	莑	莒	莓	莔	莕	莖	莗	莘	莙	莚	莛	莜	莝	莞	莟
83A	莠	莡	莢	莣	莤	莥	莦	莧	莨	莩	莪	莫	莬	莭	莮	莯
83B	莰	莱	莲	莳	莴	莵	莶	获	莸	莹	莺	莻	莼	莽	莾	莿

	0	1	2	3	4	5	6	7	8	9	A	B	C	D	E	F
83C	菀	菁	菂	菃	菄	菅	菆	菇	菈	菉	菊	菋	菌	菍	菎	菏
83D	菐	菑	菒	菓	菔	菕	菖	菗	菘	菙	菚	菛	菜	菝	菞	菟
83E	菠	菡	菢	菣	菤	菥	菦	菧	菨	菩	菪	菫	菬	菭	菮	華
83F	菰	菱	菲	菳	菴	菵	菶	菷	菸	菹	菺	菻	菼	菽	菾	菿
840	萀	萁	萂	萃	萄	萅	萆	萇	萈	萉	萊	萋	萌	萍	萎	萏
841	萐	萑	萒	萓	萔	萕	萖	萗	萘	萙	萚	萛	萜	萝	萞	萟
842	萠	萡	萢	萣	萤	营	萦	萧	萨	萩	萪	萫	萬	萭	萮	萯
843	萰	萱	萲	萳	萴	萵	萶	萷	萸	萹	萺	萻	萼	落	萾	萿
844	葀	葁	葂	葃	葄	葅	葆	葇	葈	葉	葊	葋	葌	葍	葎	葏
845	葐	葑	葒	葓	葔	葕	葖	著	葘	葙	葚	葛	葜	葝	葞	葟
846	葠	葡	葢	董	葤	葥	葦	葧	葨	葩	葪	葫	葬	葭	葮	葯
847	葰	葱	葲	葳	葴	葵	葶	葷	葸	葹	葺	葻	葼	葽	葾	葿
848	蒀	蒁	蒂	蒃	蒄	蒅	蒆	蒇	蒈	蒉	蒊	蒋	蒌	蒍	蒎	蒏
849	蒐	蒑	蒒	蒓	蒔	蒕	蒖	蒗	蒘	蒙	蒚	蒛	蒜	蒝	蒞	蒟
84A	蒠	蒡	蒢	蒣	蒤	蒥	蒦	蒧	蒨	蒩	蒪	蒫	蒬	蒭	蒮	蒯
84B	蒰	蒱	蒲	蒳	蒴	蒵	蒶	蒷	蒸	蒹	蒺	蒻	蒼	蒽	蒾	蒿
84C	蓀	蓁	蓂	蓃	蓄	蓅	蓆	蓇	蓈	蓉	蓊	蓋	蓌	蓍	蓎	蓏
84D	蓐	蓑	蓒	蓓	蓔	蓕	蓖	蓗	蓘	蓙	蓚	蓛	蓜	蓝	蓞	蓟
84E	蓠	蓡	蓢	蓣	蓤	蓥	蓦	蓧	蓨	蓩	蓪	蓫	蓬	蓭	蓮	蓯
84F	蓰	蓱	蓲	蓳	蓴	蓵	蓶	蓷	蓸	蓹	蓺	蓻	蓼	蓽	蓾	蓿

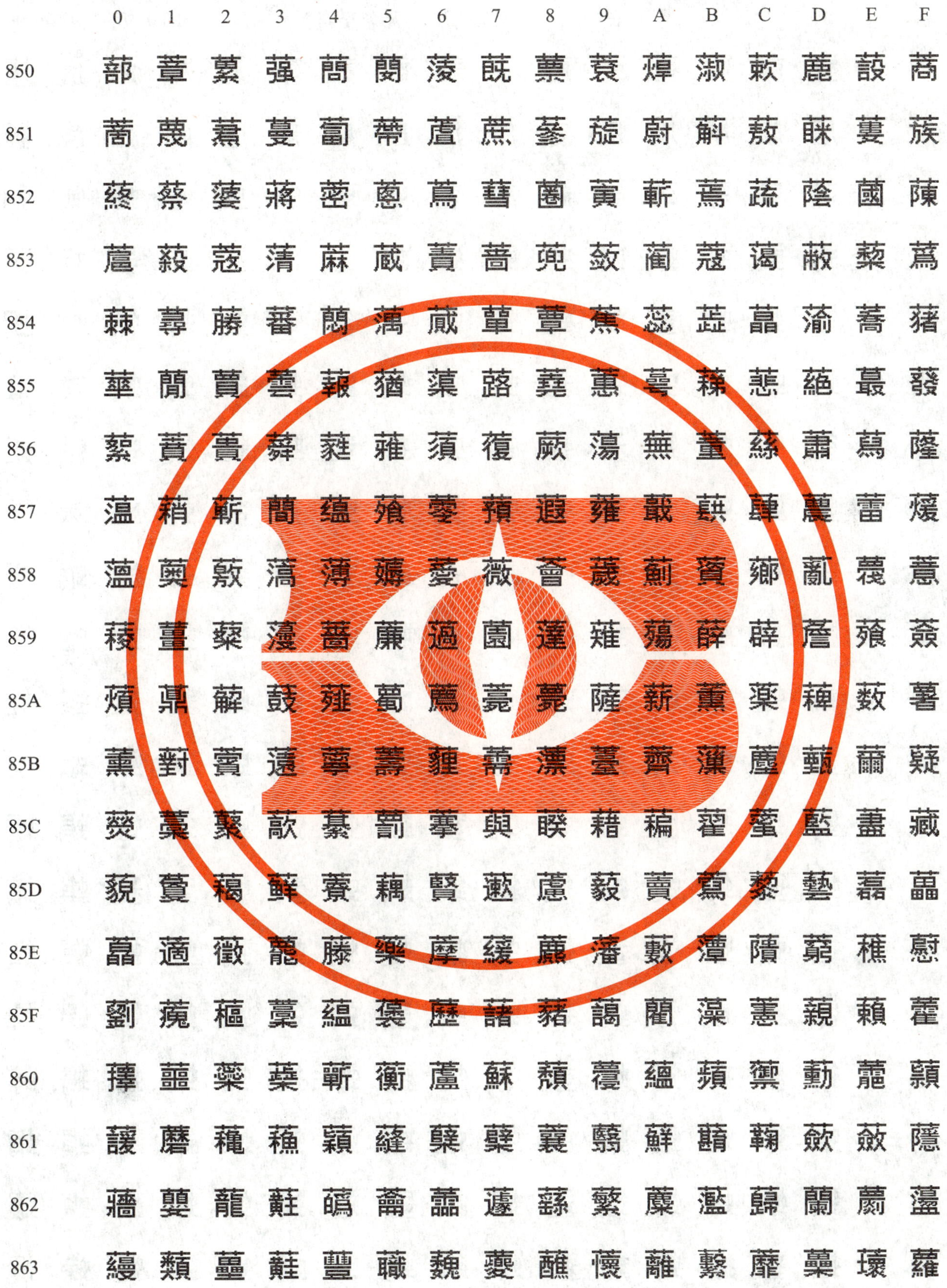

	0	1	2	3	4	5	6	7	8	9	A	B	C	D	E	F
864	虀	虁	虂	虃	虄	虅	虆	虇	虈	虉	虊	虋	虌	虍	虎	虏
865	虐	虑	虒	虓	虔	處	虖	虗	虘	虙	虚	虛	虜	虝	虞	號
866	虠	虡	虢	虣	虤	虥	虦	虧	虨	虩	虪	虫	虬	虭	虮	虯
867	虰	虱	虲	虳	虴	虵	虶	虷	虸	虹	虺	虻	虼	虽	虾	虿
868	蚀	蚁	蚂	蚃	蚄	蚅	蚆	蚇	蚈	蚉	蚊	蚋	蚌	蚍	蚎	蚏
869	蚐	蚑	蚒	蚓	蚔	蚕	蚖	蚗	蚘	蚙	蚚	蚛	蚜	蚝	蚞	蚟
86A	蚠	蚡	蚢	蚣	蚤	蚥	蚦	蚧	蚨	蚩	蚪	蚫	蚬	蚭	蚮	蚯
86B	蚰	蚱	蚲	蚳	蚴	蚵	蚶	蚷	蚸	蚹	蚺	蚻	蚼	蚽	蚾	蚿
86C	蛀	蛁	蛂	蛃	蛄	蛅	蛆	蛇	蛈	蛉	蛊	蛋	蛌	蛍	蛎	蛏
86D	蛐	蛑	蛒	蛓	蛔	蛕	蛖	蛗	蛘	蛙	蛚	蛛	蛜	蛝	蛞	蛟
86E	蛠	蛡	蛢	蛣	蛤	蛥	蛦	蛧	蛨	蛩	蛪	蛫	蛬	蛭	蛮	蛯
86F	蛰	蛱	蛲	蛳	蛴	蛵	蛶	蛷	蛸	蛹	蛺	蛻	蛼	蛽	蛾	蛿
870	蜀	蜁	蜂	蜃	蜄	蜅	蜆	蜇	蜈	蜉	蜊	蜋	蜌	蜍	蜎	蜏
871	蜐	蜑	蜒	蜓	蜔	蜕	蜖	蜗	蜘	蜙	蜚	蜛	蜜	蜝	蜞	蜟
872	蜠	蜡	蜢	蜣	蜤	蜥	蜦	蜧	蜨	蜩	蜪	蜫	蜬	蜭	蜮	蜯
873	蜰	蜱	蜲	蜳	蜴	蜵	蜶	蜷	蜸	蜹	蜺	蜻	蜼	蜽	蜾	蜿
874	蝀	蝁	蝂	蝃	蝄	蝅	蝆	蝇	蝈	蝉	蝊	蝋	蝌	蝍	蝎	蝏
875	蝐	蝑	蝒	蝓	蝔	蝕	蝖	蝗	蝘	蝙	蝚	蝛	蝜	蝝	蝞	蝟
876	蝠	蝡	蝢	蝣	蝤	蝥	蝦	蝧	蝨	蝩	蝪	蝫	蝬	蝭	蝮	蝯
877	蝰	蝱	蝲	蝳	蝴	蝵	蝶	蝷	蝸	蝹	蝺	蝻	蝼	蝽	蝾	蝿

	0	1	2	3	4	5	6	7	8	9	A	B	C	D	E	F
878	螀	螁	螂	螃	螄	螅	螆	螇	螈	螉	螊	螋	螌	融	螎	螏
879	螐	螑	螒	螓	螔	螕	螖	螗	螘	螙	螚	螛	螜	螝	螞	螟
87A	螠	螡	螢	螣	螤	螥	螦	螧	螨	螩	螪	螫	螬	螭	螮	螯
87B	螰	螱	螲	螳	螴	螵	螶	螷	螸	螹	螺	螻	螼	螽	螾	螿
87C	蟀	蟁	蟂	蟃	蟄	蟅	蟆	蟇	蟈	蟉	蟊	蟋	蟌	蟍	蟎	蟏
87D	蟐	蟑	蟒	蟓	蟔	蟕	蟖	蟗	蟘	蟙	蟚	蟛	蟜	蟝	蟞	蟟
87E	蟠	蟡	蟢	蟣	蟤	蟥	蟦	蟧	蟨	蟩	蟪	蟫	蟬	蟭	蟮	蟯
87F	蟰	蟱	蟲	蟳	蟴	蟵	蟶	蟷	蟸	蟹	蟺	蟻	蟼	蟽	蟾	蟿
880	蠀	蠁	蠂	蠃	蠄	蠅	蠆	蠇	蠈	蠉	蠊	蠋	蠌	蠍	蠎	蠏
881	蠐	蠑	蠒	蠓	蠔	蠕	蠖	蠗	蠘	蠙	蠚	蠛	蠜	蠝	蠞	蠟
882	蠠	蠡	蠢	蠣	蠤	蠥	蠦	蠧	蠨	蠩	蠪	蠫	蠬	蠭	蠮	蠯
883	蠰	蠱	蠲	蠳	蠴	蠵	蠶	蠷	蠸	蠹	蠺	蠻	蠼	蠽	蠾	蠿
884	血	衁	衂	衃	衄	衅	衆	衇	衈	衉	衊	衋	行	衍	衎	衏
885	衐	衑	衒	術	衔	衕	衖	街	衘	衙	衚	衛	衜	衝	衞	衟
886	衠	衡	衢	衣	衤	补	衦	衧	表	衩	衪	衫	衬	衭	衮	衯
887	衰	衱	衲	衳	衴	衵	衶	衷	衸	衹	衺	衻	衼	衽	衾	衿
888	袀	袁	袂	袃	袄	袅	袆	袇	袈	袉	袊	袋	袌	袍	袎	袏
889	袐	袑	袒	袓	袔	袕	袖	袗	袘	袙	袚	袛	袜	袝	袞	袟
88A	袠	袡	袢	袣	袤	袥	袦	袧	袨	袩	袪	被	袬	袭	袮	袯
88B	袰	袱	袲	袳	袴	袵	袶	袷	袸	袹	袺	袻	袼	袽	袾	袿

	0	1	2	3	4	5	6	7	8	9	A	B	C	D	E	F
88C	裀	裁	裂	裃	裄	装	裆	裇	裈	裉	裊	裋	裌	裍	裎	裏
88D	裐	裑	裒	裓	裔	裕	裖	裗	裘	裙	裚	裛	補	裝	裞	裟
88E	裠	裡	裢	裣	裤	裥	裦	裧	裨	裩	裪	裫	裬	裭	裮	裯
88F	裰	裱	裲	裳	裴	裵	裶	裷	裸	裹	裺	裻	裼	製	裾	裿
890	褀	褁	褂	褃	褄	褅	褆	複	褈	褉	褊	褋	褌	褍	褎	褏
891	褐	褑	褒	褓	褔	褕	褖	褗	褘	褙	褚	褛	褜	褝	褞	褟
892	褠	褡	褢	褣	褤	褥	褦	褧	褨	褩	褪	褫	褬	褭	褮	褯
893	褰	褱	褲	褳	褴	褵	褶	褷	褸	褹	褺	褻	褼	褽	褾	褿
894	襀	襁	襂	襃	襄	襅	襆	襇	襈	襉	襊	襋	襌	襍	襎	襏
895	襐	襑	襒	襓	襔	襕	襖	襗	襘	襙	襚	襛	襜	襝	襞	襟
896	襠	襡	襢	襣	襤	襥	襦	襧	襨	襩	襪	襫	襬	襭	襮	襯
897	襰	襱	襲	襳	襴	襵	襶	襷	襸	襹	襺	襻	襼	襽	襾	西
898	覀	要	覂	覃	覄	覅	覆	覇	覈	覉	覊	見	覌	覍	覎	規
899	覐	覑	覒	覓	覔	覕	視	覗	覘	覙	覚	覛	覜	覝	覞	覟
89A	覠	覡	覢	覣	覤	覥	覦	覧	覨	覩	親	覫	覬	覭	覮	覯
89B	覰	覱	覲	観	覴	覵	覶	覷	覸	覹	覺	覻	覼	覽	覾	覿
89C	觀	见	观	觃	规	觅	视	觇	览	觉	觊	觋	觌	觍	觎	觏
89D	觐	觑	角	觓	觔	觕	觖	觗	觘	觙	觚	觛	觜	觝	觞	觟
89E	觠	觡	觢	解	觤	觥	触	觧	觨	觩	觪	觫	觬	觭	觮	觯
89F	觰	觱	觲	觳	觴	觵	觶	觷	觸	觹	觺	觻	觼	觽	觾	觿

	0	1	2	3	4	5	6	7	8	9	A	B	C	D	E	F
8A0	言	訁	訂	訃	訄	訅	訆	訇	計	訉	訊	訋	訌	訍	討	訏
8A1	訐	訑	訒	訓	訔	訕	訖	託	記	訙	訚	訛	訜	訝	訞	訟
8A2	訠	訡	訢	訣	訤	訥	訦	訧	訨	訩	訪	訫	訬	設	訮	訯
8A3	訰	許	訲	訳	訴	訵	訶	訷	訸	訹	診	註	証	訽	訾	訿
8A4	詀	詁	詂	詃	詄	詅	詆	詇	詈	詉	詊	詋	詌	詍	詎	詏
8A5	詐	詑	詒	詓	詔	評	詖	詗	詘	詙	詚	詛	詜	詝	詞	詟
8A6	詠	詡	詢	詣	詤	詥	試	詧	詨	詩	詪	詫	詬	詭	詮	詯
8A7	詰	話	該	詳	詴	詵	詶	詷	詸	詹	詺	詻	詼	詽	詾	詿
8A8	誀	誁	誂	誃	誄	誅	誆	誇	誈	誉	誊	誋	誌	認	誎	誏
8A9	誐	誑	誒	誓	誔	誕	誖	誗	誘	誙	誚	誛	誜	誝	語	誟
8AA	誠	誡	誢	誣	誤	誥	誦	誧	誨	誩	說	誫	説	読	誮	誯
8AB	誰	誱	課	誳	誴	誵	誶	誷	誸	誹	誺	誻	誼	誽	誾	調
8AC	諀	諁	諂	諃	諄	諅	諆	談	諈	諉	諊	請	諌	諍	諎	諏
8AD	諐	諑	諒	諓	諔	諕	論	諗	諘	諙	諚	諛	諜	諝	諞	諟
8AE	諠	諡	諢	諣	諤	諥	諦	諧	諨	諩	諪	諫	諬	諭	諮	諯
8AF	諰	諱	諲	諳	諴	諵	諶	諷	諸	諹	諺	諻	諼	諽	諾	諿
8B0	謀	謁	謂	謃	謄	謅	謆	謇	謈	謉	謊	謋	謌	謍	謎	謏
8B1	謐	謑	謒	謓	謔	謕	謖	謗	謘	謙	謚	講	謜	謝	謞	謟
8B2	謠	謡	謢	謣	謤	謥	謦	謧	謨	謩	謪	謫	謬	謭	謮	謯
8B3	謰	謱	謲	謳	謴	謵	謶	謷	謸	謹	謺	謻	謼	謽	謾	謿

	0	1	2	3	4	5	6	7	8	9	A	B	C	D	E	F
8B4	譀	譁	譂	譃	譄	譅	譆	譇	譈	證	譊	譋	譌	譍	譎	譏
8B5	譐	譑	譒	譓	譔	譕	譖	譗	識	譙	譚	譛	譜	譝	譞	譟
8B6	譠	譡	譢	譣	譤	譥	警	譧	譨	譩	譪	譫	譬	譭	譮	譯
8B7	議	譱	譲	譳	譴	譵	譶	護	譸	譹	譺	譻	譼	譽	譾	譿
8B8	讀	讁	讂	讃	讄	讅	讆	讇	讈	讉	變	讋	讌	讍	讎	讏
8B9	讐	讑	讒	讓	讔	讕	讖	讗	讘	讙	讚	讛	讜	讝	讞	讟
8BA	讠	计	订	讣	认	讥	讦	讧	讨	让	讪	讫	讬	训	议	讯
8BB	记	讱	讲	讳	讴	讵	讶	讷	许	讹	论	讻	讼	讽	设	访
8BC	诀	证	诂	诃	评	诅	识	诇	诈	诉	诊	诋	诌	词	诎	诏
8BD	诐	译	诒	诓	诔	试	诖	诗	诘	诙	诚	诛	诜	话	诞	诟
8BE	诠	诡	询	诣	诤	该	详	诧	诨	诩	诪	诫	诬	语	诮	误
8BF	诰	诱	诲	诳	说	诵	诶	请	诸	诹	诺	读	诼	诽	课	诿
8C0	谀	谁	谂	调	谄	谅	谆	谇	谈	谉	谊	谋	谌	谍	谎	谏
8C1	谐	谑	谒	谓	谔	谕	谖	谗	谘	谙	谚	谛	谜	谝	谞	谟
8C2	谠	谡	谢	谣	谤	谥	谦	谧	谨	谩	谪	谫	谬	谭	谮	谯
8C3	谰	谱	谲	谳	谴	谵	谶	谷	谸	谹	谺	谻	谼	谽	谾	谿
8C4	豀	豁	豂	豃	豄	豅	豆	豇	豈	豉	豊	豋	豌	豍	豎	豏
8C5	豐	豑	豒	豓	豔	豕	豖	豗	豘	豙	豚	豛	豜	豝	豞	豟
8C6	豠	象	豢	豣	豤	豥	豦	豧	豨	豩	豪	豫	豬	豭	豮	豯
8C7	豰	豱	豲	豳	豴	豵	豶	豷	豸	豹	豺	豻	豼	豽	豾	豿

	0	1	2	3	4	5	6	7	8	9	A	B	C	D	E	F
8C8	貀	貁	貂	貃	貄	貅	貆	貇	貈	貉	貊	貋	貌	貍	貎	貏
8C9	貐	貑	貒	貓	貔	貕	貖	貗	貘	貙	貚	貛	貜	貝	貞	貟
8CA	負	財	貢	貣	貤	貥	貦	貧	貨	販	貪	貫	責	貭	貮	貯
8CB	貰	貱	貲	貳	貴	貵	貶	買	貸	貹	貺	費	貼	貽	貾	貿
8CC	賀	賁	賂	賃	賄	賅	賆	資	賈	賉	賊	賋	賌	賍	賎	賏
8CD	賐	賑	賒	賓	賔	賕	賖	賗	賘	賙	賚	賛	賜	賝	賞	賟
8CE	賠	賡	賢	賣	賤	賥	賦	賧	賨	賩	質	賫	賬	賭	賮	賯
8CF	賰	賱	賲	賳	賴	賵	賶	賷	賸	賹	賺	賻	購	賽	賾	賿
8D0	贀	贁	贂	贃	贄	贅	贆	贇	贈	贉	贊	贋	贌	贍	贎	贏
8D1	贐	贑	贒	贓	贔	贕	贖	贗	贘	贙	贚	贛	贜	贝	贞	负
8D2	贠	贡	财	责	贤	败	账	货	质	贩	贪	贫	贬	购	贮	贯
8D3	贰	贱	贲	贳	贴	贵	贶	贷	贸	费	贺	贻	贼	贽	贾	贿
8D4	赀	赁	赂	赃	资	赅	赆	赇	赈	赉	赊	赋	赌	赍	赎	赏
8D5	赐	赑	赒	赓	赔	赕	赖	赗	赘	赙	赚	赛	赜	赝	赞	赟
8D6	赠	赡	赢	赣	赤	赥	赦	赧	赨	赩	赪	赫	赬	赭	赮	赯
8D7	走	赱	赲	赳	赴	赵	赶	起	赸	赹	赺	赻	赼	赽	赾	赿
8D8	趀	趁	趂	趃	趄	超	趆	趇	趈	趉	越	趋	趌	趍	趎	趏
8D9	趐	趑	趒	趓	趔	趕	趖	趗	趘	趙	趚	趛	趜	趝	趞	趟
8DA	趠	趡	趢	趣	趤	趥	趦	趧	趨	趩	趪	趫	趬	趭	趮	趯
8DB	趰	趱	趲	足	趴	趵	趶	趷	趸	趹	趺	趻	趼	趽	趾	趿

	0	1	2	3	4	5	6	7	8	9	A	B	C	D	E	F
8DC	跀	跁	跂	跃	跄	跅	跆	跇	跈	跉	跊	跋	跌	跍	跎	跏
8DD	跐	跑	跒	跓	跔	跕	跖	跗	跘	跙	跚	跛	跜	距	跞	跟
8DE	跠	跡	跢	跣	跤	跥	跦	跧	跨	跩	跪	跫	跬	跭	跮	路
8DF	跰	跱	跲	跳	跴	践	跶	跷	跸	跹	跺	跻	跼	跽	跾	跿
8E0	踀	踁	踂	踃	踄	踅	踆	踇	踈	踉	踊	踋	踌	踍	踎	踏
8E1	踐	踑	踒	踓	踔	踕	踖	踗	踘	踙	踚	踛	踜	踝	踞	踟
8E2	踠	踡	踢	踣	踤	踥	踦	踧	踨	踩	踪	踫	踬	踭	踮	踯
8E3	踰	踱	踲	踳	踴	踵	踶	踷	踸	踹	踺	踻	踼	踽	踾	踿
8E4	蹀	蹁	蹂	蹃	蹄	蹅	蹆	蹇	蹈	蹉	蹊	蹋	蹌	蹍	蹎	蹏
8E5	蹐	蹑	蹒	蹓	蹔	蹕	蹖	蹗	蹘	蹙	蹚	蹛	蹜	蹝	蹞	蹟
8E6	蹠	蹡	蹢	蹣	蹤	蹥	蹦	蹧	蹨	蹩	蹪	蹫	蹬	蹭	蹮	蹯
8E7	蹰	蹱	蹲	蹳	蹴	蹵	蹶	蹷	蹸	蹹	蹺	蹻	蹼	蹽	蹾	蹿
8E8	躀	躁	躂	躃	躄	躅	躆	躇	躈	躉	躊	躋	躌	躍	躎	躏
8E9	躐	躑	躒	躓	躔	躕	躖	躗	躘	躙	躚	躛	躜	躝	躞	躟
8EA	躠	躡	躢	躣	躤	躥	躦	躧	躨	躩	躪	身	躬	躭	躮	躯
8EB	躰	躱	躲	躳	躴	躵	躶	躷	躸	躹	躺	躻	躼	躽	躾	躿
8EC	軀	軁	軂	軃	軄	軅	軆	軇	軈	軉	車	軋	軌	軍	軎	軏
8ED	軐	軑	軒	軓	軔	軕	軖	軗	軘	軙	軚	軛	軜	軝	軞	軟
8EE	軠	軡	転	軣	軤	軥	軦	軧	軨	軩	軪	軫	軬	軭	軮	軯
8EF	軰	軱	軲	軳	軴	軵	軶	軷	軸	軹	軺	軻	軼	軽	軾	軿

	0	1	2	3	4	5	6	7	8	9	A	B	C	D	E	F
8F0	輀	輁	輂	較	輄	輅	輆	輇	輈	載	輊	輋	輌	輍	輎	輏
8F1	輐	輑	輒	輓	輔	輕	輖	輗	輘	輙	輚	輛	輜	輝	輞	輟
8F2	輠	輡	輢	輣	輤	輥	輦	輧	輨	輩	輪	輫	輬	輭	輮	輯
8F3	輰	輱	輲	輳	輴	輵	輶	輷	輸	輹	輺	輻	輼	輽	輾	輿
8F4	轀	轁	轂	轃	轄	轅	轆	轇	轈	轉	轊	轋	轌	轍	轎	轏
8F5	轐	轑	轒	轓	轔	轕	轖	轗	轘	轙	轚	轛	轜	轝	轞	轟
8F6	轠	轡	轢	轣	轤	轥	车	轧	轨	轩	轪	轫	转	轭	轮	软
8F7	轰	轱	轲	轳	轴	轵	轶	轷	轸	轹	轺	轻	轼	载	轾	轿
8F8	辀	辁	辂	较	辄	辅	辆	辇	辈	辉	辊	辋	辌	辍	辎	辏
8F9	辐	辑	辒	输	辔	辕	辖	辗	辘	辙	辚	辛	辜	辝	辞	辟
8FA	辠	辡	辢	辣	辤	辥	辦	辧	辨	辩	辪	辫	辬	辭	辮	辯
8FB	辰	辱	農	辳	辴	辵	辶	辷	辸	边	辺	辻	込	辽	达	辿
8FC	迀	迁	迂	迃	迄	迅	迆	过	迈	迉	迊	迋	迌	迍	迎	迏
8FD	运	近	迒	迓	返	迕	迖	迗	还	这	迚	进	远	违	连	迟
8FE	迠	迡	迢	迣	迤	迥	迦	迧	迨	迩	迪	迫	迬	迭	迮	迯
8FF	述	迱	迲	迳	迴	迵	迶	迷	迸	迹	迺	迻	迼	追	迾	迿
900	退	送	适	逃	逄	逅	逆	逇	逈	选	逊	逋	逌	逍	逎	透
901	逐	逑	递	逓	途	逕	逖	逗	逘	這	通	逛	逜	逝	逞	速
902	造	逡	逢	連	逤	逥	逦	逧	逨	逩	逪	逫	逬	逭	逮	逯
903	逰	週	進	逳	逴	逵	逶	逷	逸	逹	逺	逻	逼	逽	逾	逿

	0	1	2	3	4	5	6	7	8	9	A	B	C	D	E	F
904	遀	遁	遂	遃	遄	遅	遆	遇	遈	遉	遊	運	遌	遍	過	遏
905	遐	遑	遒	道	達	違	遖	遗	遘	遙	遚	遛	遜	遝	遞	遟
906	遠	遡	遢	遣	遤	遥	遦	遧	遨	適	遪	遫	遬	遭	遮	遯
907	遰	遱	遲	遳	遴	遵	遶	遷	選	遹	遺	遻	遼	遽	遾	避
908	邀	邁	邂	邃	還	邅	邆	邇	邈	邉	邊	邋	邌	邍	邎	邏
909	邐	邑	邒	邓	邔	邕	邖	邗	邘	邙	邚	邛	邜	邝	邞	邟
90A	邠	邡	邢	那	邤	邥	邦	邧	邨	邩	邪	邫	邬	邭	邮	邯
90B	邰	邱	邲	邳	邴	邵	邶	邷	邸	邹	邺	邻	邼	邽	邾	邿
90C	郀	郁	郂	郃	郄	郅	郆	郇	郈	郉	郊	郋	郌	郍	郎	郏
90D	郐	郑	郒	郓	郔	郕	郖	郗	郘	郙	郚	郛	郜	郝	郞	郟
90E	郠	郡	郢	郣	郤	郥	郦	郧	部	郩	郪	郫	郬	郭	郮	郯
90F	郰	郱	郲	郳	郴	郵	郶	郷	郸	郹	郺	郻	郼	都	郾	郿
910	鄀	鄁	鄂	鄃	鄄	鄅	鄆	鄇	鄈	鄉	鄊	鄋	鄌	鄍	鄎	鄏
911	鄐	鄑	鄒	鄓	鄔	鄕	鄖	鄗	鄘	鄙	鄚	鄛	鄜	鄝	鄞	鄟
912	鄠	鄡	鄢	鄣	鄤	鄥	鄦	鄧	鄨	鄩	鄪	鄫	鄬	鄭	鄮	鄯
913	鄰	鄱	鄲	鄳	鄴	鄵	鄶	鄷	鄸	鄹	鄺	鄻	鄼	鄽	鄾	鄿
914	酀	酁	酂	酃	酄	酅	酆	酇	酈	酉	酊	酋	酌	配	酎	酏
915	酐	酑	酒	酓	酔	酕	酖	酗	酘	酙	酚	酛	酜	酝	酞	酟
916	酠	酡	酢	酣	酤	酥	酦	酧	酨	酩	酪	酫	酬	酭	酮	酯
917	酰	酱	酲	酳	酴	酵	酶	酷	酸	酹	酺	酻	酼	酽	酾	酿

	0	1	2	3	4	5	6	7	8	9	A	B	C	D	E	F
918	醀	醁	醂	醃	醄	醅	醆	醇	醈	醉	醊	醋	醌	醍	醎	醏
919	醐	醑	醒	醓	醔	醕	醖	醗	醘	醙	醚	醛	醜	醝	醞	醟
91A	醠	醡	醢	醣	醤	醥	醦	醧	醨	醩	醪	醫	醬	醭	醮	醯
91B	醰	醱	醲	醳	醴	醵	醶	醷	醸	醹	醺	醻	醼	醽	醾	醿
91C	釀	釁	釂	釃	釄	釅	釆	采	釈	釉	释	釋	里	重	野	量
91D	釐	金	釒	釓	釔	釕	釖	釗	釘	釙	釚	釛	釜	針	釞	釟
91E	釠	釡	釢	釣	釤	釥	釦	釧	釨	釩	釪	釫	釬	釭	釮	釯
91F	釰	釱	釲	釳	釴	釵	釶	釷	釸	釹	釺	釻	釼	釽	釾	釿
920	鈀	鈁	鈂	鈃	鈄	鈅	鈆	鈇	鈈	鈉	鈊	鈋	鈌	鈍	鈎	鈏
921	鈐	鈑	鈒	鈓	鈔	鈕	鈖	鈗	鈘	鈙	鈚	鈛	鈜	鈝	鈞	鈟
922	鈠	鈡	鈢	鈣	鈤	鈥	鈦	鈧	鈨	鈩	鈪	鈫	鈬	鈭	鈮	鈯
923	鈰	鈱	鈲	鈳	鈴	鈵	鈶	鈷	鈸	鈹	鈺	鈻	鈼	鈽	鈾	鈿
924	鉀	鉁	鉂	鉃	鉄	鉅	鉆	鉇	鉈	鉉	鉊	鉋	鉌	鉍	鉎	鉏
925	鉐	鉑	鉒	鉓	鉔	鉕	鉖	鉗	鉘	鉙	鉚	鉛	鉜	鉝	鉞	鉟
926	鉠	鉡	鉢	鉣	鉤	鉥	鉦	鉧	鉨	鉩	鉪	鉫	鉬	鉭	鉮	鉯
927	鉰	鉱	鉲	鉳	鉴	鉵	鉶	鉷	鉸	鉹	鉺	鉻	鉼	鉽	鉾	鉿
928	銀	銁	銂	銃	銄	銅	銆	銇	銈	銉	銊	銋	銌	銍	銎	銏
929	銐	銑	銒	銓	銔	銕	銖	銗	銘	銙	銚	銛	銜	銝	銞	銟
92A	銠	銡	銢	銣	銤	銥	銦	銧	銨	銩	銪	銫	銬	銭	銮	銯
92B	銰	銱	銲	銳	銴	銵	銶	銷	銸	銹	銺	銻	銼	銽	銾	銿

	0	1	2	3	4	5	6	7	8	9	A	B	C	D	E	F
92C	鋀	鋁	鋂	鋃	鋄	鋅	鋆	鋇	鋈	鋉	鋊	鋋	鋌	鋍	鋎	鋏
92D	鋐	鋑	鋒	鋓	鋔	鋕	鋖	鋗	鋘	鋙	鋚	鋛	鋜	鋝	鋞	鋟
92E	鋠	鋡	鋢	鋣	鋤	鋥	鋦	鋧	鋨	鋩	鋪	鋫	鋬	鋭	鋮	鋯
92F	鋰	鋱	鋲	鋳	鋴	鋵	鋶	鋷	鋸	鋹	鋺	鋻	鋼	鋽	鋾	鋿
930	錀	錁	錂	錃	錄	錅	錆	錇	錈	錉	錊	錋	錌	錍	錎	錏
931	錐	錑	錒	錓	錔	錕	錖	錗	錘	錙	錚	錛	錜	錝	錞	錟
932	錠	錡	錢	錣	錤	錥	錦	錧	錨	錩	錪	錫	錬	錭	錮	錯
933	錰	錱	録	錳	錴	錵	錶	錷	錸	錹	錺	錻	錼	錽	錾	錿
934	鍀	鍁	鍂	鍃	鍄	鍅	鍆	鍇	鍈	鍉	鍊	鍋	鍌	鍍	鍎	鍏
935	鍐	鍑	鍒	鍓	鍔	鍕	鍖	鍗	鍘	鍙	鍚	鍛	鍜	鍝	鍞	鍟
936	鍠	鍡	鍢	鍣	鍤	鍥	鍦	鍧	鍨	鍩	鍪	鍫	鍬	鍭	鍮	鍯
937	鍰	鍱	鍲	鍳	鍴	鍵	鍶	鍷	鍸	鍹	鍺	鍻	鍼	鍽	鍾	鍿
938	鎀	鎁	鎂	鎃	鎄	鎅	鎆	鎇	鎈	鎉	鎊	鎋	鎌	鎍	鎎	鎏
939	鎐	鎑	鎒	鎓	鎔	鎕	鎖	鎗	鎘	鎙	鎚	鎛	鎜	鎝	鎞	鎟
93A	鎠	鎡	鎢	鎣	鎤	鎥	鎦	鎧	鎨	鎩	鎪	鎫	鎬	鎭	鎮	鎯
93B	鎰	鎱	鎲	鎳	鎴	鎵	鎶	鎷	鎸	鎹	鎺	鎻	鎼	鎽	鎾	鎿
93C	鏀	鏁	鏂	鏃	鏄	鏅	鏆	鏇	鏈	鏉	鏊	鏋	鏌	鏍	鏎	鏏
93D	鏐	鏑	鏒	鏓	鏔	鏕	鏖	鏗	鏘	鏙	鏚	鏛	鏜	鏝	鏞	鏟
93E	鏠	鏡	鏢	鏣	鏤	鏥	鏦	鏧	鏨	鏩	鏪	鏫	鏬	鏭	鏮	鏯
93F	鏰	鏱	鏲	鏳	鏴	鏵	鏶	鏷	鏸	鏹	鏺	鏻	鏼	鏽	鏾	鏿

	0	1	2	3	4	5	6	7	8	9	A	B	C	D	E	F
940	鐀	鐁	鐂	鐃	鐄	鐅	鐆	鐇	鐈	鐉	鐊	鐋	鐌	鐍	鐎	鐏
941	鐐	鐑	鐒	鐓	鐔	鐕	鐖	鐗	鐘	鐙	鐚	鐛	鐜	鐝	鐞	鐟
942	鐠	鐡	鐢	鐣	鐤	鐥	鐦	鐧	鐨	鐩	鐪	鐫	鐬	鐭	鐮	鐯
943	鐰	鐱	鐲	鐳	鐴	鐵	鐶	鐷	鐸	鐹	鐺	鐻	鐼	鐽	鐾	鐿
944	鑀	鑁	鑂	鑃	鑄	鑅	鑆	鑇	鑈	鑉	鑊	鑋	鑌	鑍	鑎	鑏
945	鑐	鑑	鑒	鑓	鑔	鑕	鑖	鑗	鑘	鑙	鑚	鑛	鑜	鑝	鑞	鑟
946	鑠	鑡	鑢	鑣	鑤	鑥	鑦	鑧	鑨	鑩	鑪	鑫	鑬	鑭	鑮	鑯
947	鑰	鑱	鑲	鑳	鑴	鑵	鑶	鑷	鑸	鑹	鑺	鑻	鑼	鑽	鑾	鑿
948	钀	钁	钂	钃	钄	钅	钆	钇	针	钉	钊	钋	钌	钍	钎	钏
949	钐	钑	钒	钓	钔	钕	钖	钗	钘	钙	钚	钛	钜	钝	钞	钟
94A	钠	钡	钢	钣	钤	钥	钦	钧	钨	钩	钪	钫	钬	钭	钮	钯
94B	钰	钱	钲	钳	钴	钵	钶	钷	钸	钹	钺	钻	钼	钽	钾	钿
94C	铀	铁	铂	铃	铄	铅	铆	铇	铈	铉	铊	铋	铌	铍	铎	铏
94D	铐	铑	铒	铓	铔	铕	铖	铗	铘	铙	铚	铛	铜	铝	铞	铟
94E	铠	铡	铢	铣	铤	铥	铦	铧	铨	铩	铪	铫	铬	铭	铮	铯
94F	铰	铱	铲	铳	铴	铵	银	铷	铸	铹	铺	铻	铼	铽	链	铿
950	销	锁	锂	锃	锄	锅	锆	锇	锈	锉	锊	锋	锌	锍	锎	锏
951	锐	锑	锒	锓	锔	锕	锖	锗	锘	错	锚	锛	锜	锝	锞	锟
952	锠	锡	锢	锣	锤	锥	锦	锧	锨	锩	锪	锫	锬	锭	键	锯
953	锰	锱	锲	锳	锴	锵	锶	锷	锸	锹	锺	锻	锼	锽	锾	锿

	0	1	2	3	4	5	6	7	8	9	A	B	C	D	E	F
954	镀	镁	镂	镃	镄	镅	镆	镇	镈	镉	镊	镋	镌	镍	镎	镏
955	镐	镑	镒	镓	镔	镕	镖	镗	镘	镙	镚	镛	镜	镝	镞	镟
956	镠	镡	镢	镣	镤	镥	镦	镧	镨	镩	镪	镫	镬	镭	镮	镯
957	镰	镱	镲	镳	镴	镵	镶	長	镸	镹	镺	镻	镼	镽	镾	长
958	門	閁	閂	閃	閄	閅	閆	閇	閈	閉	閊	開	閌	閍	閎	閏
959	閐	閑	閒	間	閔	閕	閖	閗	閘	閙	閚	閛	閜	閝	閞	閟
95A	閠	閡	関	閣	閤	閥	閦	閧	閨	閩	閪	閫	閬	閭	閮	閯
95B	閰	閱	閲	閳	閴	閵	閶	閷	閸	閹	閺	閻	閼	閽	閾	閿
95C	闀	闁	闂	闃	闄	闅	闆	闇	闈	闉	闊	闋	闌	闍	闎	闏
95D	闐	闑	闒	闓	闔	闕	闖	闗	闘	闙	闚	闛	關	闝	闞	闟
95E	闠	闡	闢	闣	闤	闥	闦	闧	门	闩	闪	闫	闬	闭	问	闯
95F	闰	闱	闲	闳	间	闵	闶	闷	闸	闹	闺	闻	闼	闽	闾	闿
960	阀	阁	阂	阃	阄	阅	阆	阇	阈	阉	阊	阋	阌	阍	阎	阏
961	阐	阑	阒	阓	阔	阕	阖	阗	阘	阙	阚	阛	阜	阝	阞	队
962	阠	阡	阢	阣	阤	阥	阦	阧	阨	阩	阪	阫	阬	阭	阮	阯
963	阰	阱	防	阳	阴	阵	阶	阷	阸	阹	阺	阻	阼	阽	阾	阿
964	陀	陁	陂	陃	附	际	陆	陇	陈	陉	陊	陋	陌	降	陎	陏
965	限	陑	陒	陓	陔	陕	陖	陗	陘	陙	陚	陛	陜	陝	陞	陟
966	陠	陡	院	陣	除	陥	陦	陧	陨	险	陪	陫	陬	陭	陮	陯
967	陰	陱	陲	陳	陴	陵	陶	陷	陸	陹	険	陻	陼	陽	陾	隀

	0	1	2	3	4	5	6	7	8	9	A	B	C	D	E	F
968	隀	隁	隂	隃	隄	隅	隆	隇	隈	隉	隊	隋	隌	隍	階	随
969	隐	隑	隒	隓	隔	隕	隖	隗	隘	隙	隚	際	障	隝	隞	隟
96A	隠	隡	隢	隣	隤	隥	隦	隧	隨	隩	險	隫	隬	隭	隮	隯
96B	隰	隱	隲	隳	隴	隵	隶	隷	隸	隹	隺	隻	隼	隽	难	隿
96C	雀	雁	雂	雃	雄	雅	集	雇	雈	雉	雊	雋	雌	雍	雎	雏
96D	雐	雑	雒	雓	雔	雕	雖	雗	雘	雙	雚	雛	雜	雝	雞	雟
96E	雠	雡	離	難	雤	雥	雦	雧	雨	雩	雪	雫	雬	雭	雮	雯
96F	雰	雱	雲	雳	雴	雵	零	雷	雸	雹	雺	電	雼	雽	雾	雿
970	需	霁	霂	霃	霄	霅	霆	震	霈	霉	霊	霋	霌	霍	霎	霏
971	霐	霑	霒	霓	霔	霕	霖	霗	霘	霙	霚	霛	霜	霝	霞	霟
972	霠	霡	霢	霣	霤	霥	霦	霧	霨	霩	霪	霫	霬	霭	霮	霯
973	霰	霱	露	霳	霴	霵	霶	霷	霸	霹	霺	霻	霼	霽	霾	霿
974	靀	靁	靂	靃	靄	靅	靆	靇	靈	靉	靊	靋	靌	靍	靎	靏
975	靐	靑	青	靓	靔	靕	靖	靗	靘	静	靚	靛	靜	靝	非	靟
976	靠	靡	面	靣	靤	靥	靦	靧	靨	革	靪	靫	靬	靭	靮	靯
977	靰	靱	靲	靳	靴	靵	靶	靷	靸	靹	靺	靻	靼	靽	靾	靿
978	鞀	鞁	鞂	鞃	鞄	鞅	鞆	鞇	鞈	鞉	鞊	鞋	鞌	鞍	鞎	鞏
979	鞐	鞑	鞒	鞓	鞔	鞕	鞖	鞗	鞘	鞙	鞚	鞛	鞜	鞝	鞞	鞟
97A	鞠	鞡	鞢	鞣	鞤	鞥	鞦	鞧	鞨	鞩	鞪	鞫	鞬	鞭	鞮	鞯
97B	鞰	鞱	鞲	鞳	鞴	鞵	鞶	鞷	鞸	鞹	鞺	鞻	鞼	鞽	鞾	鞿

	0	1	2	3	4	5	6	7	8	9	A	B	C	D	E	F
97C	韀	韁	韂	韃	韄	韅	韆	韇	韈	韉	韊	韋	韌	韍	韎	韏
97D	韐	韑	韒	韓	韔	韕	韖	韗	韘	韙	韚	韛	韜	韝	韞	韟
97E	韠	韡	韢	韣	韤	韥	韦	韧	韨	韩	韪	韫	韬	韭	韮	韯
97F	韰	韱	韲	音	韴	韵	韶	韷	韸	韹	韺	韻	韼	韽	韾	響
980	頀	頁	頂	頃	頄	項	順	頇	須	頉	頊	頋	頌	頍	頎	頏
981	預	頑	頒	頓	頔	頕	頖	頗	領	頙	頚	頛	頜	頝	頞	頟
982	頠	頡	頢	頣	頤	頥	頦	頧	頨	頩	頪	頫	頬	頭	頮	頯
983	頰	頱	頲	頳	頴	頵	頶	頷	頸	頹	頺	頻	頼	頽	頾	頿
984	顀	顁	顂	顃	顄	顅	顆	顇	顈	顉	顊	顋	題	額	顎	顏
985	顐	顑	顒	顓	顔	顕	顖	顗	願	顙	顚	顛	顜	顝	類	顟
986	顠	顡	顢	顣	顤	顥	顦	顧	顨	顩	顪	顫	顬	顭	顮	顯
987	顰	顱	顲	顳	顴	页	顶	顷	顸	项	顺	须	顼	顽	顾	顿
988	颀	颁	颂	颃	预	颅	领	颇	颈	颉	颊	颋	颌	颍	颎	颏
989	颐	频	颒	颓	颔	颕	颖	颗	题	颙	颚	颛	颜	额	颞	颟
98A	颠	颡	颢	颣	颤	颥	颦	颧	風	颩	颪	颫	颬	颭	颮	颯
98B	颰	颱	颲	颳	颴	颵	颶	颷	颸	颹	颺	颻	颼	颽	颾	颿
98C	飀	飁	飂	飃	飄	飅	飆	飇	飈	飉	飊	飋	飌	飍	风	飏
98D	飐	飑	飒	飓	飔	飕	飖	飗	飘	飙	飚	飛	飜	飝	飞	食
98E	飠	飡	飢	飣	飤	飥	飦	飧	飨	飩	飪	飫	飬	飭	飮	飯
98F	飰	飱	飲	飳	飴	飵	飶	飷	飸	飹	飺	飻	飼	飽	飾	飿

	0	1	2	3	4	5	6	7	8	9	A	B	C	D	E	F
990	餀	餁	餂	餃	餄	餅	餆	餇	餈	餉	養	餋	餌	餍	餎	餏
991	餐	餑	餒	餓	餔	餕	餖	餗	餘	餙	餚	餛	餜	餝	餞	餟
992	餠	餡	餢	餣	餤	餥	餦	餧	館	餩	餪	餫	餬	餭	餮	餯
993	餰	餱	餲	餳	餴	餵	餶	餷	餸	餹	餺	餻	餼	餽	餾	餿
994	饀	饁	饂	饃	饄	饅	饆	饇	饈	饉	饊	饋	饌	饍	饎	饏
995	饐	饑	饒	饓	饔	饕	饖	饗	饘	饙	饚	饛	饜	饝	饞	饟
996	饠	饡	饢	饣	饤	饥	饦	饧	饨	饩	饪	饫	饬	饭	饮	饯
997	饰	饱	饲	饳	饴	饵	饶	饷	饸	饹	饺	饻	饼	饽	饾	饿
998	馀	馁	馂	馃	馄	馅	馆	馇	馈	馉	馊	馋	馌	馍	馎	馏
999	馐	馑	馒	馓	馔	馕	首	馗	馘	香	馚	馛	馜	馝	馞	馟
99A	馠	馡	馢	馣	馤	馥	馦	馧	馨	馩	馪	馫	馬	馭	馮	馯
99B	馰	馱	馲	馳	馴	馵	馶	馷	馸	馹	馺	馻	馼	馽	馾	馿
99C	駀	駁	駂	駃	駄	駅	駆	駇	駈	駉	駊	駋	駌	駍	駎	駏
99D	駐	駑	駒	駓	駔	駕	駖	駗	駘	駙	駚	駛	駜	駝	駞	駟
99E	駠	駡	駢	駣	駤	駥	駦	駧	駨	駩	駪	駫	駬	駭	駮	駯
99F	駰	駱	駲	駳	駴	駵	駶	駷	駸	駹	駺	駻	駼	駽	駾	駿
9A0	騀	騁	騂	騃	騄	騅	騆	騇	騈	騉	騊	騋	騌	騍	騎	騏
9A1	騐	騑	騒	験	騔	騕	騖	騗	騘	騙	騚	騛	騜	騝	騞	騟
9A2	騠	騡	騢	騣	騤	騥	騦	騧	騨	騩	騪	騫	騬	騭	騮	騯
9A3	騰	騱	騲	騳	騴	騵	騶	騷	騸	騹	騺	騻	騼	騽	騾	騿

	0	1	2	3	4	5	6	7	8	9	A	B	C	D	E	F
9A4	驀	驁	驂	驃	驄	驅	驆	驇	驈	驉	驊	驋	驌	驍	驎	驏
9A5	驐	驑	驒	驓	驔	驕	驖	驗	驘	驙	驚	驛	驜	驝	驞	驟
9A6	驠	驡	驢	驣	驤	驥	驦	驧	驨	驩	驪	驫	马	驭	驮	驯
9A7	驰	驱	驲	驳	驴	驵	驶	驷	驸	驹	驺	驻	驼	驽	驾	驿
9A8	骀	骁	骂	骃	骄	骅	骆	骇	骈	骉	骊	骋	验	骍	骎	骏
9A9	骐	骑	骒	骓	骔	骕	骖	骗	骘	骙	骚	骛	骜	骝	骞	骟
9AA	骠	骡	骢	骣	骤	骥	骦	骧	骨	骩	骪	骫	骬	骭	骮	骯
9AB	骰	骱	骲	骳	骴	骵	骶	骷	骸	骹	骺	骻	骼	骽	骾	骿
9AC	髀	髁	髂	髃	髄	髅	髆	髇	髈	髉	髊	髋	髌	髍	髎	髏
9AD	髐	髑	髒	髓	體	髕	髖	髗	高	髙	髚	髛	髜	髝	髞	髟
9AE	髠	髡	髢	髣	髤	髥	髦	髧	髨	髩	髪	髫	髬	髭	髮	髯
9AF	髰	髱	髲	髳	髴	髵	髶	髷	髸	髹	髺	髻	髼	髽	髾	髿
9B0	鬀	鬁	鬂	鬃	鬄	鬅	鬆	鬇	鬈	鬉	鬊	鬋	鬌	鬍	鬎	鬏
9B1	鬐	鬑	鬒	鬓	鬔	鬕	鬖	鬗	鬘	鬙	鬚	鬛	鬜	鬝	鬞	鬟
9B2	鬠	鬡	鬢	鬣	鬤	鬥	鬦	鬧	鬨	鬩	鬪	鬫	鬬	鬭	鬮	鬯
9B3	鬰	鬱	鬲	鬳	鬴	鬵	鬶	鬷	鬸	鬹	鬺	鬻	鬼	鬽	鬾	鬿
9B4	魀	魁	魂	魃	魄	魅	魆	魇	魈	魉	魊	魋	魌	魍	魎	魏
9B5	魐	魑	魒	魓	魔	魕	魖	魗	魘	魙	魚	魛	魜	魝	魞	魟
9B6	魠	魡	魢	魣	魤	魥	魦	魧	魨	魩	魪	魫	魬	魭	魮	魯
9B7	魰	魱	魲	魳	魴	魵	魶	魷	魸	魹	魺	魻	魼	魽	魾	魿

	0	1	2	3	4	5	6	7	8	9	A	B	C	D	E	F
9B8	鮀	鮁	鮂	鮃	鮄	鮅	鮆	鮇	鮈	鮉	鮊	鮋	鮌	鮍	鮎	鮏
9B9	鮐	鮑	鮒	鮓	鮔	鮕	鮖	鮗	鮘	鮙	鮚	鮛	鮜	鮝	鮞	鮟
9BA	鮠	鮡	鮢	鮣	鮤	鮥	鮦	鮧	鮨	鮩	鮪	鮫	鮬	鮭	鮮	鮯
9BB	鮰	鮱	鮲	鮳	鮴	鮵	鮶	鮷	鮸	鮹	鮺	鮻	鮼	鮽	鮾	鮿
9BC	鯀	鯁	鯂	鯃	鯄	鯅	鯆	鯇	鯈	鯉	鯊	鯋	鯌	鯍	鯎	鯏
9BD	鯐	鯑	鯒	鯓	鯔	鯕	鯖	鯗	鯘	鯙	鯚	鯛	鯜	鯝	鯞	鯟
9BE	鯠	鯡	鯢	鯣	鯤	鯥	鯦	鯧	鯨	鯩	鯪	鯫	鯬	鯭	鯮	鯯
9BF	鯰	鯱	鯲	鯳	鯴	鯵	鯶	鯷	鯸	鯹	鯺	鯻	鯼	鯽	鯾	鯿
9C0	鰀	鰁	鰂	鰃	鰄	鰅	鰆	鰇	鰈	鰉	鰊	鰋	鰌	鰍	鰎	鰏
9C1	鰐	鰑	鰒	鰓	鰔	鰕	鰖	鰗	鰘	鰙	鰚	鰛	鰜	鰝	鰞	鰟
9C2	鰠	鰡	鰢	鰣	鰤	鰥	鰦	鰧	鰨	鰩	鰪	鰫	鰬	鰭	鰮	鰯
9C3	鰰	鰱	鰲	鰳	鰴	鰵	鰶	鰷	鰸	鰹	鰺	鰻	鰼	鰽	鰾	鰿
9C4	鱀	鱁	鱂	鱃	鱄	鱅	鱆	鱇	鱈	鱉	鱊	鱋	鱌	鱍	鱎	鱏
9C5	鱐	鱑	鱒	鱓	鱔	鱕	鱖	鱗	鱘	鱙	鱚	鱛	鱜	鱝	鱞	鱟
9C6	鱠	鱡	鱢	鱣	鱤	鱥	鱦	鱧	鱨	鱩	鱪	鱫	鱬	鱭	鱮	鱯
9C7	鱰	鱱	鱲	鱳	鱴	鱵	鱶	鱷	鱸	鱹	鱺	鱻	鱼	鱽	鱾	鱿
9C8	鲀	鲁	鲂	鲃	鲄	鲅	鲆	鲇	鲈	鲉	鲊	鲋	鲌	鲍	鲎	鲏
9C9	鲐	鲑	鲒	鲓	鲔	鲕	鲖	鲗	鲘	鲙	鲚	鲛	鲜	鲝	鲞	鲟
9CA	鲠	鲡	鲢	鲣	鲤	鲥	鲦	鲧	鲨	鲩	鲪	鲫	鲬	鲭	鲮	鲯
9CB	鲰	鲱	鲲	鲳	鲴	鲵	鲶	鲷	鲸	鲹	鲺	鲻	鲼	鲽	鲾	鲿

	0	1	2	3	4	5	6	7	8	9	A	B	C	D	E	F
9CC	鳀	鳁	鳂	鳃	鳄	鳅	鳆	鳇	鳈	鳉	鳊	鳋	鳌	鳍	鳎	鳏
9CD	鳐	鳑	鳒	鳓	鳔	鳕	鳖	鳗	鳘	鳙	鳚	鳛	鳜	鳝	鳞	鳟
9CE	鳠	鳡	鳢	鳣	鳤	鳥	鳦	鳧	鳨	鳩	鳪	鳫	鳬	鳭	鳮	鳯
9CF	鳰	鳱	鳲	鳳	鳴	鳵	鳶	鳷	鳸	鳹	鳺	鳻	鳼	鳽	鳾	鳿
9D0	鴀	鴁	鴂	鴃	鴄	鴅	鴆	鴇	鴈	鴉	鴊	鴋	鴌	鴍	鴎	鴏
9D1	鴐	鴑	鴒	鴓	鴔	鴕	鴖	鴗	鴘	鴙	鴚	鴛	鴜	鴝	鴞	鴟
9D2	鴠	鴡	鴢	鴣	鴤	鴥	鴦	鴧	鴨	鴩	鴪	鴫	鴬	鴭	鴮	鴯
9D3	鴰	鴱	鴲	鴳	鴴	鴵	鴶	鴷	鴸	鴹	鴺	鴻	鴼	鴽	鴾	鴿
9D4	鵀	鵁	鵂	鵃	鵄	鵅	鵆	鵇	鵈	鵉	鵊	鵋	鵌	鵍	鵎	鵏
9D5	鵐	鵑	鵒	鵓	鵔	鵕	鵖	鵗	鵘	鵙	鵚	鵛	鵜	鵝	鵞	鵟
9D6	鵠	鵡	鵢	鵣	鵤	鵥	鵦	鵧	鵨	鵩	鵪	鵫	鵬	鵭	鵮	鵯
9D7	鵰	鵱	鵲	鵳	鵴	鵵	鵶	鵷	鵸	鵹	鵺	鵻	鵼	鵽	鵾	鵿
9D8	鶀	鶁	鶂	鶃	鶄	鶅	鶆	鶇	鶈	鶉	鶊	鶋	鶌	鶍	鶎	鶏
9D9	鶐	鶑	鶒	鶓	鶔	鶕	鶖	鶗	鶘	鶙	鶚	鶛	鶜	鶝	鶞	鶟
9DA	鶠	鶡	鶢	鶣	鶤	鶥	鶦	鶧	鶨	鶩	鶪	鶫	鶬	鶭	鶮	鶯
9DB	鶰	鶱	鶲	鶳	鶴	鶵	鶶	鶷	鶸	鶹	鶺	鶻	鶼	鶽	鶾	鶿
9DC	鷀	鷁	鷂	鷃	鷄	鷅	鷆	鷇	鷈	鷉	鷊	鷋	鷌	鷍	鷎	鷏
9DD	鷐	鷑	鷒	鷓	鷔	鷕	鷖	鷗	鷘	鷙	鷚	鷛	鷜	鷝	鷞	鷟
9DE	鷠	鷡	鷢	鷣	鷤	鷥	鷦	鷧	鷨	鷩	鷪	鷫	鷬	鷭	鷮	鷯
9DF	鷰	鷱	鷲	鷳	鷴	鷵	鷶	鷷	鷸	鷹	鷺	鷻	鷼	鷽	鷾	鷿

	0	1	2	3	4	5	6	7	8	9	A	B	C	D	E	F
9E0	鸀	鸁	鸂	鸃	鸄	鸅	鸆	鸇	鸈	鸉	鸊	鸋	鸌	鸍	鸎	鸏
9E1	鸐	鸑	鸒	鸓	鸔	鸕	鸖	鸗	鸘	鸙	鸚	鸛	鸜	鸝	鸞	鸟
9E2	鸠	鸡	鸢	鸣	鸤	鸥	鸦	鸧	鸨	鸩	鸪	鸫	鸬	鸭	鸮	鸯
9E3	鸰	鸱	鸲	鸳	鸴	鸵	鸶	鸷	鸸	鸹	鸺	鸻	鸼	鸽	鸾	鸿
9E4	鹀	鹁	鹂	鹃	鹄	鹅	鹆	鹇	鹈	鹉	鹊	鹋	鹌	鹍	鹎	鹏
9E5	鹐	鹑	鹒	鹓	鹔	鹕	鹖	鹗	鹘	鹙	鹚	鹛	鹜	鹝	鹞	鹟
9E6	鹠	鹡	鹢	鹣	鹤	鹥	鹦	鹧	鹨	鹩	鹪	鹫	鹬	鹭	鹮	鹯
9E7	鹰	鹱	鹲	鹳	鹴	鹵	鹶	鹷	鹸	鹹	鹺	鹻	鹼	鹽	鹾	鹿
9E8	麀	麁	麂	麃	麄	麅	麆	麇	麈	麉	麊	麋	麌	麍	麎	麏
9E9	麐	麑	麒	麓	麔	麕	麖	麗	麘	麙	麚	麛	麜	麝	麞	麟
9EA	麠	麡	麢	麣	麤	麥	麦	麧	麨	麩	麪	麫	麬	麭	麮	麯
9EB	麰	麱	麲	麳	麴	麵	麶	麷	麸	麹	麺	麻	麼	麽	麾	麿
9EC	黀	黁	黂	黃	黄	黅	黆	黇	黈	黉	黊	黋	黌	黍	黎	黏
9ED	黐	黑	黒	黓	黔	黕	黖	黗	默	黙	黚	黛	黜	黝	點	黟
9EE	黠	黡	黢	黣	黤	黥	黦	黧	黨	黩	黪	黫	黬	黭	黮	黯
9EF	黰	黱	黲	黳	黴	黵	黶	黷	黸	黹	黺	黻	黼	黽	黾	黿
9F0	鼀	鼁	鼂	鼃	鼄	鼅	鼆	鼇	鼈	鼉	鼊	鼋	鼌	鼍	鼎	鼏
9F1	鼐	鼑	鼒	鼓	鼔	鼕	鼖	鼗	鼘	鼙	鼚	鼛	鼜	鼝	鼞	鼟
9F2	鼠	鼡	鼢	鼣	鼤	鼥	鼦	鼧	鼨	鼩	鼪	鼫	鼬	鼭	鼮	鼯
9F3	鼰	鼱	鼲	鼳	鼴	鼵	鼶	鼷	鼸	鼹	鼺	鼻	鼼	鼽	鼾	鼿

	0	1	2	3	4	5	6	7	8	9	A	B	C	D	E	F
9F4	齀	齁	齂	齃	齄	齅	齆	齇	齈	齉	齊	齋	齌	齍	齎	齏
9F5	齐	齑	齒	齓	齔	齕	齖	齗	齘	齙	齚	齛	齜	齝	齞	齟
9F6	齠	齡	齢	齣	齤	齥	齦	齧	齨	齩	齪	齫	齬	齭	齮	齯
9F7	齰	齱	齲	齳	齴	齵	齶	齷	齸	齹	齺	齻	齼	齽	齾	齿
9F8	龀	龁	龂	龃	龄	龅	龆	龇	龈	龉	龊	龋	龌	龍	龎	龏
9F9	龐	龑	龒	龓	龔	龕	龖	龗	龘	龙	龚	龛	龜	龝	龞	龟
9FA	龠	龡	龢	龣	龤	龥										

	0	1	2	3	4	5	6	7	8	9	A	B	C	D	E	F
340	丠	丙	[illegible]	个	[illegible]	乂	[illegible]	[illegible]	[illegible]	[illegible]	[illegible]	[illegible]	[illegible]	[illegible]	[illegible]	[illegible]
341	[illegible]	[illegible]	[illegible]	[illegible]	[illegible]	[illegible]	乱	[illegible]	[illegible]	[illegible]	[illegible]	[illegible]	执	[illegible]	[illegible]	[illegible]
342	[illegible]	[illegible]	[illegible]	[illegible]	[illegible]	[illegible]	[illegible]	[illegible]	[illegible]	卌	夹	[illegible]	充	亩	襄	[illegible]
343	[illegible]	[illegible]	伏	伉	[illegible]	仠	[illegible]	[illegible]	佽	[illegible]	[illegible]	[illegible]	併	佩	伭	[illegible]
344	[illegible]	[illegible]	俩	[illegible]	[illegible]	[illegible]	[illegible]	[illegible]	[illegible]	[illegible]	[illegible]	[illegible]	[illegible]	[illegible]	[illegible]	[illegible]
345	[illegible]	[illegible]	[illegible]	[illegible]	[illegible]	[illegible]	[illegible]	[illegible]	[illegible]	[illegible]	[illegible]	[illegible]	[illegible]	[illegible]	[illegible]	[illegible]
346	[illegible]	[illegible]	[illegible]	[illegible]	[illegible]	[illegible]	[illegible]	[illegible]	[illegible]	[illegible]	[illegible]	[illegible]	[illegible]	[illegible]	[illegible]	[illegible]
347	像	[illegible]	[illegible]	[illegible]	[illegible]	[illegible]	[illegible]	[illegible]	[illegible]	[illegible]	[illegible]	[illegible]	[illegible]	[illegible]	[illegible]	[illegible]
348	[illegible]	[illegible]	[illegible]	[illegible]	[illegible]	[illegible]	[illegible]	[illegible]	[illegible]	[illegible]	[illegible]	[illegible]	[illegible]	[illegible]	[illegible]	[illegible]
349	[illegible]	[illegible]	[illegible]	[illegible]	[illegible]	[illegible]	[illegible]	[illegible]	[illegible]	[illegible]	[illegible]	[illegible]	與	[illegible]	[illegible]	[illegible]
34A	[illegible]	[illegible]	[illegible]	[illegible]	[illegible]	[illegible]	[illegible]	[illegible]	[illegible]	[illegible]	[illegible]	[illegible]	[illegible]	[illegible]	[illegible]	[illegible]
34B	[illegible]	[illegible]	[illegible]	[illegible]	[illegible]	[illegible]	[illegible]	[illegible]	[illegible]	[illegible]	[illegible]	[illegible]	[illegible]	[illegible]	[illegible]	[illegible]
34C	下	[illegible]	[illegible]	[illegible]	[illegible]	汀	[illegible]	沃	[illegible]	活	洞	洪	[illegible]	[illegible]	[illegible]	[illegible]
34D	[illegible]	[illegible]	[illegible]	[illegible]	[illegible]	減	[illegible]	[illegible]	[illegible]	[illegible]	[illegible]	[illegible]	[illegible]	[illegible]	[illegible]	[illegible]
34E	[illegible]	[illegible]	[illegible]	[illegible]	[illegible]	[illegible]	[illegible]	[illegible]	[illegible]	[illegible]	[illegible]	[illegible]	[illegible]	[illegible]	[illegible]	[illegible]
34F	[illegible]	[illegible]	[illegible]	[illegible]	[illegible]	[illegible]	[illegible]	[illegible]	[illegible]	[illegible]	[illegible]	[illegible]	[illegible]	[illegible]	[illegible]	[illegible]
350	[illegible]	[illegible]	[illegible]	[illegible]	[illegible]	[illegible]	[illegible]	[illegible]	[illegible]	[illegible]	[illegible]	[illegible]	[illegible]	[illegible]	[illegible]	[illegible]
351	[illegible]	[illegible]	[illegible]	[illegible]	[illegible]	[illegible]	[illegible]	[illegible]	[illegible]	[illegible]	[illegible]	[illegible]	[illegible]	[illegible]	[illegible]	势
352	[illegible]	[illegible]	[illegible]	[illegible]	[illegible]	[illegible]	[illegible]	[illegible]	[illegible]	[illegible]	[illegible]	[illegible]	[illegible]	[illegible]	[illegible]	[illegible]
353	[illegible]	[illegible]	[illegible]	[illegible]	[illegible]	[illegible]	[illegible]	[illegible]	[illegible]	协	[illegible]	[illegible]	[illegible]	[illegible]	[illegible]	[illegible]

	0	1	2	3	4	5	6	7	8	9	A	B	C	D	E	F
354	㕀	㕁	㕂	㕃	㕄	㕅	㕆	㕇	㕈	㕉	㕊	㕋	㕌	㕍	㕎	㕏
355	㕐	㕑	㕒	㕓	㕔	㕕	㕖	㕗	㕘	㕙	㕚	㕛	㕜	㕝	㕞	㕟
356	㕠	㕡	㕢	㕣	㕤	㕥	㕦	㕧	㕨	㕩	㕪	㕫	㕬	㕭	㕮	㕯
357	㕰	㕱	㕲	㕳	㕴	㕵	㕶	㕷	㕸	㕹	㕺	㕻	㕼	㕽	㕾	㕿
358	㖀	㖁	㖂	㖃	㖄	㖅	㖆	㖇	㖈	㖉	㖊	㖋	㖌	㖍	㖎	㖏
359	㖐	㖑	㖒	㖓	㖔	㖕	㖖	㖗	㖘	㖙	㖚	㖛	㖜	㖝	㖞	㖟
35A	㖠	㖡	㖢	㖣	㖤	㖥	㖦	㖧	㖨	㖩	㖪	㖫	㖬	㖭	㖮	㖯
35B	㖰	㖱	㖲	㖳	㖴	㖵	㖶	㖷	㖸	㖹	㖺	㖻	㖼	㖽	㖾	㖿
35C	㗀	㗁	㗂	㗃	㗄	㗅	㗆	㗇	㗈	㗉	㗊	㗋	㗌	㗍	㗎	㗏
35D	㗐	㗑	㗒	㗓	㗔	㗕	㗖	㗗	㗘	㗙	㗚	㗛	㗜	㗝	㗞	㗟
35E	㗠	㗡	㗢	㗣	㗤	㗥	㗦	㗧	㗨	㗩	㗪	㗫	㗬	㗭	㗮	㗯
35F	㗰	㗱	㗲	㗳	㗴	㗵	㗶	㗷	㗸	㗹	㗺	㗻	㗼	㗽	㗾	㗿
360	㘀	㘁	㘂	㘃	㘄	㘅	㘆	㘇	㘈	㘉	㘊	㘋	㘌	㘍	㘎	㘏
361	㘐	㘑	㘒	㘓	㘔	㘕	㘖	㘗	㘘	㘙	㘚	㘛	㘜	㘝	㘞	㘟
362	㘠	㘡	㘢	㘣	㘤	㘥	㘦	㘧	㘨	㘩	㘪	㘫	㘬	㘭	㘮	㘯
363	㘰	㘱	㘲	㘳	㘴	㘵	㘶	㘷	㘸	㘹	㘺	㘻	㘼	㘽	㘾	㘿
364	㙀	㙁	㙂	㙃	㙄	㙅	㙆	㙇	㙈	㙉	㙊	㙋	㙌	㙍	㙎	㙏
365	㙐	㙑	㙒	㙓	㙔	㙕	㙖	㙗	㙘	㙙	㙚	㙛	㙜	㙝	㙞	㙟
366	㙠	㙡	㙢	㙣	㙤	㙥	㙦	㙧	㙨	㙩	㙪	㙫	㙬	㙭	㙮	㙯
367	㙰	㙱	㙲	㙳	㙴	㙵	㙶	㙷	㙸	㙹	㙺	㙻	㙼	㙽	㙾	㙿

	0	1	2	3	4	5	6	7	8	9	A	B	C	D	E	F
368	㚀	㚁	㚂	㚃	㚄	㚅	㚆	㚇	㚈	㚉	㚊	㚋	㚌	㚍	㚎	㚏
369	㚐	㚑	㚒	㚓	㚔	㚕	㚖	㚗	㚘	㚙	㚚	㚛	㚜	㚝	㚞	㚟
36A	㚠	㚡	㚢	㚣	㚤	㚥	㚦	㚧	㚨	㚩	㚪	㚫	㚬	㚭	㚮	㚯
36B	㚰	㚱	㚲	㚳	㚴	㚵	㚶	㚷	㚸	㚹	㚺	㚻	㚼	㚽	㚾	㚿
36C	㛀	㛁	㛂	㛃	㛄	㛅	㛆	㛇	㛈	㛉	㛊	㛋	㛌	㛍	㛎	㛏
36D	㛐	㛑	㛒	㛓	㛔	㛕	㛖	㛗	㛘	㛙	㛚	㛛	㛜	㛝	㛞	㛟
36E	㛠	㛡	㛢	㛣	㛤	㛥	㛦	㛧	㛨	㛩	㛪	㛫	㛬	㛭	㛮	㛯
36F	㛰	㛱	㛲	㛳	㛴	㛵	㛶	㛷	㛸	㛹	㛺	㛻	㛼	㛽	㛾	㛿
370	㜀	㜁	㜂	㜃	㜄	㜅	㜆	㜇	㜈	㜉	㜊	㜋	㜌	㜍	㜎	㜏
371	㜐	㜑	㜒	㜓	㜔	㜕	㜖	㜗	㜘	㜙	㜚	㜛	㜜	㜝	㜞	㜟
372	㜠	㜡	㜢	㜣	㜤	㜥	㜦	㜧	㜨	㜩	㜪	㜫	㜬	㜭	㜮	㜯
373	㜰	㜱	㜲	㜳	㜴	㜵	㜶	㜷	㜸	㜹	㜺	㜻	㜼	㜽	㜾	㜿
374	㝀	㝁	㝂	㝃	㝄	㝅	㝆	㝇	㝈	㝉	㝊	㝋	㝌	㝍	㝎	㝏
375	㝐	㝑	㝒	㝓	㝔	㝕	㝖	㝗	㝘	㝙	㝚	㝛	㝜	㝝	㝞	㝟
376	㝠	㝡	㝢	㝣	㝤	㝥	㝦	㝧	㝨	㝩	㝪	㝫	㝬	㝭	㝮	㝯
377	㝰	㝱	㝲	㝳	㝴	㝵	㝶	㝷	㝸	㝹	㝺	㝻	㝼	㝽	㝾	㝿
378	㞀	㞁	㞂	㞃	㞄	㞅	㞆	㞇	㞈	㞉	㞊	㞋	㞌	㞍	㞎	㞏
379	㞐	㞑	㞒	㞓	㞔	㞕	㞖	㞗	㞘	㞙	㞚	㞛	㞜	㞝	㞞	㞟
37A	㞠	㞡	㞢	㞣	㞤	㞥	㞦	㞧	㞨	㞩	㞪	㞫	㞬	㞭	㞮	㞯
37B	㞰	㞱	㞲	㞳	㞴	㞵	㞶	㞷	㞸	㞹	㞺	㞻	㞼	㞽	㞾	㞿

	0	1	2	3	4	5	6	7	8	9	A	B	C	D	E	F
37C	㟀	㟁	㟂	㟃	㟄	㟅	㟆	㟇	㟈	㟉	㟊	㟋	㟌	㟍	㟎	㟏
37D	㟐	㟑	㟒	㟓	㟔	㟕	㟖	㟗	㟘	㟙	㟚	㟛	㟜	㟝	㟞	㟟
37E	㟠	㟡	㟢	㟣	㟤	㟥	㟦	㟧	㟨	㟩	㟪	㟫	㟬	㟭	㟮	㟯
37F	㟰	㟱	㟲	㟳	㟴	㟵	㟶	㟷	㟸	㟹	㟺	㟻	㟼	㟽	㟾	㟿
380	㠀	㠁	㠂	㠃	㠄	㠅	㠆	㠇	㠈	㠉	㠊	㠋	㠌	㠍	㠎	㠏
381	㠐	㠑	㠒	㠓	㠔	㠕	㠖	㠗	㠘	㠙	㠚	㠛	㠜	㠝	㠞	㠟
382	㠠	㠡	㠢	㠣	㠤	㠥	㠦	㠧	㠨	㠩	㠪	㠫	㠬	㠭	㠮	㠯
383	㠰	㠱	㠲	㠳	㠴	㠵	㠶	㠷	㠸	㠹	㠺	㠻	㠼	㠽	㠾	㠿
384	㡀	㡁	㡂	㡃	㡄	㡅	㡆	㡇	㡈	㡉	㡊	㡋	㡌	㡍	㡎	㡏
385	㡐	㡑	㡒	㡓	㡔	㡕	㡖	㡗	㡘	㡙	㡚	㡛	㡜	㡝	㡞	㡟
386	㡠	㡡	㡢	㡣	㡤	㡥	㡦	㡧	㡨	㡩	㡪	㡫	㡬	㡭	㡮	㡯
387	㡰	㡱	㡲	㡳	㡴	㡵	㡶	㡷	㡸	㡹	㡺	㡻	㡼	㡽	㡾	㡿
388	㢀	㢁	㢂	㢃	㢄	㢅	㢆	㢇	㢈	㢉	㢊	㢋	㢌	㢍	㢎	㢏
389	㢐	㢑	㢒	㢓	㢔	㢕	㢖	㢗	㢘	㢙	㢚	㢛	㢜	㢝	㢞	㢟
38A	㢠	㢡	㢢	㢣	㢤	㢥	㢦	㢧	㢨	㢩	㢪	㢫	㢬	㢭	㢮	㢯
38B	㢰	㢱	㢲	㢳	㢴	㢵	㢶	㢷	㢸	㢹	㢺	㢻	㢼	㢽	㢾	㢿
38C	㣀	㣁	㣂	㣃	㣄	㣅	㣆	㣇	㣈	㣉	㣊	㣋	㣌	㣍	㣎	㣏
38D	㣐	㣑	㣒	㣓	㣔	㣕	㣖	㣗	㣘	㣙	㣚	㣛	㣜	㣝	㣞	㣟
38E	㣠	㣡	㣢	㣣	㣤	㣥	㣦	㣧	㣨	㣩	㣪	㣫	㣬	㣭	㣮	㣯
38F	㣰	㣱	㣲	㣳	㣴	㣵	㣶	㣷	㣸	㣹	㣺	㣻	㣼	㣽	㣾	㣿

	0	1	2	3	4	5	6	7	8	9	A	B	C	D	E	F
390	㤀	㤁	㤂	㤃	㤄	㤅	㤆	㤇	㤈	㤉	㤊	㤋	㤌	㤍	㤎	㤏
391	㤐	㤑	㤒	㤓	㤔	㤕	㤖	㤗	㤘	㤙	㤚	㤛	㤜	㤝	㤞	㤟
392	㤠	㤡	㤢	㤣	㤤	㤥	㤦	㤧	㤨	㤩	㤪	㤫	㤬	㤭	㤮	㤯
393	㤰	㤱	㤲	㤳	㤴	㤵	㤶	㤷	㤸	㤹	㤺	㤻	㤼	㤽	㤾	㤿
394	㥀	㥁	㥂	㥃	㥄	㥅	㥆	㥇	㥈	㥉	㥊	㥋	㥌	㥍	㥎	㥏
395	㥐	㥑	㥒	㥓	㥔	㥕	㥖	㥗	㥘	㥙	㥚	㥛	㥜	㥝	㥞	㥟
396	㥠	㥡	㥢	㥣	㥤	㥥	㥦	㥧	㥨	㥩	㥪	㥫	㥬	㥭	㥮	㥯
397	㥰	㥱	㥲	㥳	㥴	㥵	㥶	㥷	㥸	㥹	㥺	㥻	㥼	㥽	㥾	㥿
398	㦀	㦁	㦂	㦃	㦄	㦅	㦆	㦇	㦈	㦉	㦊	㦋	㦌	㦍	㦎	㦏
399	㦐	㦑	㦒	㦓	㦔	㦕	㦖	㦗	㦘	㦙	㦚	㦛	㦜	㦝	㦞	㦟
39A	㦠	㦡	㦢	㦣	㦤	㦥	㦦	㦧	㦨	㦩	㦪	㦫	㦬	㦭	㦮	㦯
39B	㦰	㦱	㦲	㦳	㦴	㦵	㦶	㦷	㦸	㦹	㦺	㦻	㦼	㦽	㦾	㦿
39C	㧀	㧁	㧂	㧃	㧄	㧅	㧆	㧇	㧈	㧉	㧊	㧋	㧌	㧍	㧎	㧏
39D	㧐	㧑	㧒	㧓	㧔	㧕	㧖	㧗	㧘	㧙	㧚	㧛	㧜	㧝	㧞	㧟
39E	㧠	㧡	㧢	㧣	㧤	㧥	㧦	㧧	㧨	㧩	㧪	㧫	㧬	㧭	㧮	㧯
39F	㧰	㧱	㧲	㧳	㧴	㧵	㧶	㧷	㧸	㧹	㧺	㧻	㧼	㧽	㧾	㧿
3A0	㨀	㨁	㨂	㨃	㨄	㨅	㨆	㨇	㨈	㨉	㨊	㨋	㨌	㨍	㨎	㨏
3A1	㨐	㨑	㨒	㨓	㨔	㨕	㨖	㨗	㨘	㨙	㨚	㨛	㨜	㨝	㨞	㨟
3A2	㨠	㨡	㨢	㨣	㨤	㨥	㨦	㨧	㨨	㨩	㨪	㨫	㨬	㨭	㨮	㨯
3A3	㨰	㨱	㨲	㨳	㨴	㨵	㨶	㨷	㨸	㨹	㨺	㨻	㨼	㨽	㨾	㨿

	0	1	2	3	4	5	6	7	8	9	A	B	C	D	E	F
3A4	攄	攉	擳	攓	揔	擂	揪	擓	擦	搶	擰	擸	攢	擛	撒	擺
3A5	擣	擠	㩒	擊	擫	擩	擅	攜	攙	擅	擫	擩	擥	擽	擽	擵
3A6	攎	攉	攕	攞	擻	攕	攜	攥	攇	攋	攋	攢	攕	攪	攪	攃
3A7	攥	攨	攉	攫	攫	攩	攡	攥	攟	攟	攱	攲	攳	攴	攵	攸
3A8	攼	攽	敀	敂	敇	敊	敋	敍	敐	敒	敓	敔	敕	敎	敔	敕
3A9	敡	敧	敪	敫	敯	敱	敲	敳	敶	敹	散	敼	敽	敾	敿	斀
3AA	斁	斂	數	斄	斅	斆	斈	斉	斊	斍	斎	斏	斒	斔	斕	斖
3AB	斘	斚	斗	斛	斜	料	斟	斡	斢	斣	斦	斧	斨	斪	斫	斮
3AC	斱	斲	斳	斴	斵	斶	斸	斺	斻	旂	旃	旇	旋	旍	旑	旚
3AD	旇	旊	旐	旔	旕	旖	旘	旙	旚	映	旜	旝	旟	旡	旣	旤
3AE	昄	昅	昈	昐	昑	昒	昖	昗	昘	昚	春	昡	昢	昣	昤	昦
3AF	晑	晘	晙	晜	晞	晠	晢	晣	晥	晧	晩	晪	晫	晬	晭	晰
3B0	暍	暙	暚	暛	暜	暞	暟	暠	暡	暣	暤	暥	暦	暩	暪	暬
3B1	暫	暰	暱	暲	暳	暵	暶	暷	暸	暺	暻	暼	暽	暿	曀	曁
3B2	曂	曃	曄	曅	曆	曇	曈	曉	曊	曋	曌	曍	曎	曏	曑	曒
3B3	曳	朁	朂	肝	朌	朎	朏	朐	朑	朒	朓	朔	朕	朘	朙	朚
3B4	朧	朷	朸	朹	朻	朾	朿	杄	杅	杆	杇	杈	杉	杊	杋	杍
3B5	杒	杕	杘	杙	杚	杛	杝	杢	杣	杤	杦	杧	杫	杬	杮	杰
3B6	枆	枎	枏	枑	枒	枓	枔	枖	枙	枛	枟	枠	枡	枤	枦	枩
3B7	柴	柶	柷	柸	柺	柼	柾	栁	栂	栃	栄	栆	栍	栐	栒	栔

	0	1	2	3	4	5	6	7	8	9	A	B	C	D	E	F
3B8	㮀	㮁	㮂	㮃	㮄	㮅	㮆	㮇	㮈	㮉	㮊	㮋	㮌	㮍	㮎	㮏
3B9	㮐	㮑	㮒	㮓	㮔	㮕	㮖	㮗	㮘	㮙	㮚	㮛	㮜	㮝	㮞	㮟
3BA	㮠	㮡	㮢	㮣	㮤	㮥	㮦	㮧	㮨	㮩	㮪	㮫	㮬	㮭	㮮	㮯
3BB	㮰	㮱	㮲	㮳	㮴	㮵	㮶	㮷	㮸	㮹	㮺	㮻	㮼	㮽	㮾	㮿
3BC	㯀	㯁	㯂	㯃	㯄	㯅	㯆	㯇	㯈	㯉	㯊	㯋	㯌	㯍	㯎	㯏
3BD	㯐	㯑	㯒	㯓	㯔	㯕	㯖	㯗	㯘	㯙	㯚	㯛	㯜	㯝	㯞	㯟
3BE	㯠	㯡	㯢	㯣	㯤	㯥	㯦	㯧	㯨	㯩	㯪	㯫	㯬	㯭	㯮	㯯
3BF	㯰	㯱	㯲	㯳	㯴	㯵	㯶	㯷	㯸	㯹	㯺	㯻	㯼	㯽	㯾	㯿
3C0	㰀	㰁	㰂	㰃	㰄	㰅	㰆	㰇	㰈	㰉	㰊	㰋	㰌	㰍	㰎	㰏
3C1	㰐	㰑	㰒	㰓	㰔	㰕	㰖	㰗	㰘	㰙	㰚	㰛	㰜	㰝	㰞	㰟
3C2	㰠	㰡	㰢	㰣	㰤	㰥	㰦	㰧	㰨	㰩	㰪	㰫	㰬	㰭	㰮	㰯
3C3	㰰	㰱	㰲	㰳	㰴	㰵	㰶	㰷	㰸	㰹	㰺	㰻	㰼	㰽	㰾	㰿
3C4	㱀	㱁	㱂	㱃	㱄	㱅	㱆	㱇	㱈	㱉	㱊	㱋	㱌	㱍	㱎	㱏
3C5	㱐	㱑	㱒	㱓	㱔	㱕	㱖	㱗	㱘	㱙	㱚	㱛	㱜	㱝	㱞	㱟
3C6	㱠	㱡	㱢	㱣	㱤	㱥	㱦	㱧	㱨	㱩	㱪	㱫	㱬	㱭	㱮	㱯
3C7	㱰	㱱	㱲	㱳	㱴	㱵	㱶	㱷	㱸	㱹	㱺	㱻	㱼	㱽	㱾	㱿
3C8	㲀	㲁	㲂	㲃	㲄	㲅	㲆	㲇	㲈	㲉	㲊	㲋	㲌	㲍	㲎	㲏
3C9	㲐	㲑	㲒	㲓	㲔	㲕	㲖	㲗	㲘	㲙	㲚	㲛	㲜	㲝	㲞	㲟
3CA	㲠	㲡	㲢	㲣	㲤	㲥	㲦	㲧	㲨	㲩	㲪	㲫	㲬	㲭	㲮	㲯
3CB	㲰	㲱	㲲	㲳	㲴	㲵	㲶	㲷	㲸	㲹	㲺	㲻	㲼	㲽	㲾	㲿

	0	1	2	3	4	5	6	7	8	9	A	B	C	D	E	F
3CC	浅	汃	沿	淬	次	沶	㳇	没	沭	汌	汷	沍	浀	沛	洴	洩
3CD	洲	洫	浍	洺	洬	洋	浓	泾	流	消	浅	渶	沭	涏	浺	漆
3CE	汰	洏	济	涍	洣	浰	滅	湏	涝	湖	洒	沓	淀	渘	淥	涬
3CF	渀	泗	汏	浣	渷	淎	渄	溜	浠	涬	游	淐	渌	游	浇	漆
3D0	湊	渀	淟	淥	溷	沓	淸	潄	浩	渗	測	浹	湖	潫	渿	溳
3D1	湎	滂	渀	湛	溭	溁	溛	溧	湄	湉	湪	溵	漏	梨	溜	淳
3D2	涵	湣	湍	溸	澍	潲	滀	溘	漢	潰	溴	潭	谢	溜	湄	潛
3D3	滕	滨	滤	滩	濖	溢	漼	澂	潤	迷	漱	滧	溜	潏	漖	湏
3D4	滺	漭	潕	滵	漡	潰	澔	潪	溻	淋	澴	濆	潃	潤	澗	滓
3D5	漒	濆	潰	澧	潹	潻	潔	澴	潾	澘	澄	潽	澜	漓	澂	澈
3D6	濄	澷	澑	激	濚	濫	濱	瀉	濛	濮	濊	澿	瀂	濐	瀆	瀩
3D7	瀕	瀟	瀰	瀴	瀸	瀵	瀐	辯	瀹	瀼	灌	灈	瀉	灥	灝	灞
3D8	灃	灄	灋	灕	灡	灤	灢	灠	灤	灩	灨	灪	灉	灦	還	灜
3D9	灒	灄	灛	灛	灝	灞	灟	爨	灢	灤	灞	灨	灩	灪	灜	灟
3DA	灞	风	灮	灭	灼	灴	炜	炳	炁	炕	炎	炎	炢	炒	炭	炯
3DB	炪	炼	烔	烖	烙	烇	烕	烔	烋	烁	烙	烝	烪	烲	烹	烰
3DC	焭	焐	焑	焘	焙	焚	焯	焱	焰	焲	焚	焱	焺	焾	焬	焚
3DD	煋	煢	煝	熜	煟	煔	照	煛	煤	煸	煻	煲	熄	熐	熅	熓
3DE	熔	熙	熨	熢	熬	熳	熸	熂	熶	熞	熾	熺	燁	燄	燇	燊
3DF	燏	燖	燗	燛	燝	燞	燣	燫	燵	燼	燹	爑	燕	爋	爈	爁

	0	1	2	3	4	5	6	7	8	9	A	B	C	D	E	F
3E0	燱	爗	燧	點	爑	爏	煒	爣	雙	燓	爤	爎	爠	爦	爉	魘
3E1	爇	爨	爭	爯	肴	爮	爼	爾	爭	箸	爻	爿	牀	牃	牂	牄
3E2	牆	牊	牎	牒	牓	牕	牙	牚	牛	牜	牞	牠	牝	牠	牣	牤
3E3	牦	牨	牪	牫	牽	牯	牰	牳	牳	牸	牶	牻	牼	牿	犂	犃
3E4	犄	犅	犂	犇	犆	犈	犋	犌	犎	犑	犓	犔	犕	犙	犚	犛
3E5	犖	犗	犙	犢	犣	犤	犥	犦	犧	犨	犩	犪	犮	犱	犲	犳
3E6	犵	犺	犻	犼	犽	犾	犿	狀	狅	狆	狇	狉	狊	狋	狌	狏
3E7	狑	狓	狔	狕	狖	狘	狚	狛	狜	狝	狟	狢	狣	狤	狥	狦
3E8	狧	狪	狫	狵	狶	狹	狽	狾	狿	猀	猂	猄	猅	猆	猇	猈
3E9	猉	猋	猌	猍	猏	猐	猑	猒	猔	猘	猙	猚	猟	猠	猣	猤
3EA	猦	猧	猨	猭	猰	猲	猳	猵	玜	玔	玕	玗	玘	玚	玝	玞
3EB	玡	玤	玥	玦	玧	玨	玪	玬	玭	玱	玴	玵	玶	玸	玹	玼
3EC	玽	玾	玿	珁	珃	珄	珆	珇	珋	珌	珎	珒	珓	珔	珕	珖
3ED	珗	珘	珚	珛	珜	珝	珟	珡	珢	珣	珤	珦	珨	珪	珫	珬
3EE	珮	珯	珰	珱	珳	珴	珵	珶	珷	珹	珺	珻	珼	珽	現	珿
3EF	琀	琁	琂	琄	琇	琈	琋	琌	琍	琎	琑	琒	琓	琔	琕	琖
3F0	琗	琘	琙	琜	琞	琟	琠	琡	琣	瓝	瓟	瓡	瓥	瓧	瓨	瓩
3F1	瓪	瓫	瓬	瓭	瓰	瓱	瓲	瓳	瓴	瓵	瓸	瓹	瓺	瓻	瓼	瓽
3F2	瓾	甀	甁	甂	甃	甅	甆	甇	甈	甉	甊	甋	甌	甍	甎	甏
3F3	甐	甒	甔	甕	甖	甗	甛	甝	甞	甠	甡	産	産	甤	甦	甧

	0	1	2	3	4	5	6	7	8	9	A	B	C	D	E	F
3F4	㽀	㽁	㽂	㽃	㽄	㽅	㽆	㽇	㽈	㽉	㽊	㽋	㽌	㽍	㽎	㽏
3F5	㽐	㽑	㽒	㽓	㽔	㽕	㽖	㽗	㽘	㽙	㽚	㽛	㽜	㽝	㽞	㽟
3F6	㽠	㽡	㽢	㽣	㽤	㽥	㽦	㽧	㽨	㽩	㽪	㽫	㽬	㽭	㽮	㽯
3F7	㽰	㽱	㽲	㽳	㽴	㽵	㽶	㽷	㽸	㽹	㽺	㽻	㽼	㽽	㽾	㽿
3F8	㾀	㾁	㾂	㾃	㾄	㾅	㾆	㾇	㾈	㾉	㾊	㾋	㾌	㾍	㾎	㾏
3F9	㾐	㾑	㾒	㾓	㾔	㾕	㾖	㾗	㾘	㾙	㾚	㾛	㾜	㾝	㾞	㾟
3FA	㾠	㾡	㾢	㾣	㾤	㾥	㾦	㾧	㾨	㾩	㾪	㾫	㾬	㾭	㾮	㾯
3FB	㾰	㾱	㾲	㾳	㾴	㾵	㾶	㾷	㾸	㾹	㾺	㾻	㾼	㾽	㾾	㾿
3FC	㿀	㿁	㿂	㿃	㿄	㿅	㿆	㿇	㿈	㿉	㿊	㿋	㿌	㿍	㿎	㿏
3FD	㿐	㿑	㿒	㿓	㿔	㿕	㿖	㿗	㿘	㿙	㿚	㿛	㿜	㿝	㿞	㿟
3FE	㿠	㿡	㿢	㿣	㿤	㿥	㿦	㿧	㿨	㿩	㿪	㿫	㿬	㿭	㿮	㿯
3FF	㿰	㿱	㿲	㿳	㿴	㿵	㿶	㿷	㿸	㿹	㿺	㿻	㿼	㿽	㿾	㿿
400	䀀	䀁	䀂	䀃	䀄	䀅	䀆	䀇	䀈	䀉	䀊	䀋	䀌	䀍	䀎	䀏
401	䀐	䀑	䀒	䀓	䀔	䀕	䀖	䀗	䀘	䀙	䀚	䀛	䀜	䀝	䀞	䀟
402	䀠	䀡	䀢	䀣	䀤	䀥	䀦	䀧	䀨	䀩	䀪	䀫	䀬	䀭	䀮	䀯
403	䀰	䀱	䀲	䀳	䀴	䀵	䀶	䀷	䀸	䀹	䀺	䀻	䀼	䀽	䀾	䀿
404	䁀	䁁	䁂	䁃	䁄	䁅	䁆	䁇	䁈	䁉	䁊	䁋	䁌	䁍	䁎	䁏
405	䁐	䁑	䁒	䁓	䁔	䁕	䁖	䁗	䁘	䁙	䁚	䁛	䁜	䁝	䁞	䁟
406	䁠	䁡	䁢	䁣	䁤	䁥	䁦	䁧	䁨	䁩	䁪	䁫	䁬	䁭	䁮	䁯
407	䁰	䁱	䁲	䁳	䁴	䁵	䁶	䁷	䁸	䁹	䁺	䁻	䁼	䁽	䁾	䁿

	0	1	2	3	4	5	6	7	8	9	A	B	C	D	E	F
408	曦	矂	矐	曎	矆	矘	犳	狃	独	猴	豫	犩	獞	獿	獶	䂏
409	䂐	矪	䂓	䂔	䂕	䂖	石	矻	砚	邵	砍	砑	砗	破	泵	砦
40A	砝	砳	硌	砒	砌	砥	砂	砯	砺	硇	硑	硭	碧	硋	碧	硥
40B	硎	硊	碧	硰	硡	硕	硵	硳	碱	硤	碟	碃	碒	碑	硃	碏
40C	碡	碰	碮	碉	碌	碑	碁	碥	碣	碯	碴	碖	碝	碌	碜	碮
40D	碶	礈	碥	磷	碹	礐	碼	磛	磒	磃	磢	磚	礊	礅	磬	磝
40E	磩	磻	礆	礍	礁	礃	礐	礕	礓	礞	礧	礤	礨	礰	礡	礫
40F	礤	礥	礚	礹	礸	礽	礯	礴	礹	礷	礵	礭	礼	祇	礼	祆
410	祅	祉	祐	祑	祻	祭	祮	祲	祵	祴	禂	禆	禄	禇	禈	禊
411	禋	禑	禒	禓	禕	禖	禘	禙	禚	禛	禮	禯	禱	禳	禶	禷
412	禫	禬	禵	禶	禸	禺	秄	秅	秆	秇	秌	秎	秏	秈	秩	秎
413	秝	秞	秥	秮	秱	秤	秲	秳	秴	秹	秺	秼	秶	秶	秾	稆
414	稇	稁	稄	稉	稏	稑	稑	稟	稡	稢	稤	稦	稩	稪	稫	稬
415	稯	稰	稸	穇	稭	稛	稫	稯	稭	稰	稳	稸	稺	稵	稷	稹
416	稺	稹	稽	穃	穁	穆	穇	穈	穓	穄	穅	穇	穈	穗	穐	穋
417	穏	穐	穑	穒	穓	穖	穘	穙	穚	穛	穜	穞	穟	穠	穡	穢
418	穤	穥	穦	穧	穨	穩	穪	穫	穬	穭	穮	穯	穰	穱	穲	穳
419	穵	宇	究	究	穻	实	宏	窃	窜	定	窗	窕	窖	盗	窡	窨
41A	窐	窔	窝	窟	窠	家	窬	窭	窴	窵	窸	窻	窼	窾	竂	竃
41B	竈	竅	竇	竁	竃	竄	竆	竉	竊	竂	竃	竉	竊	竂	竈	竉

	0	1	2	3	4	5	6	7	8	9	A	B	C	D	E	F
41C	䇀	䇁	䇂	䇃	䇄	䇅	䇆	䇇	䇈	䇉	䇊	䇋	䇌	䇍	䇎	䇏
41D	䇐	䇑	䇒	䇓	䇔	䇕	䇖	䇗	䇘	䇙	䇚	䇛	䇜	䇝	䇞	䇟
41E	䇠	䇡	䇢	䇣	䇤	䇥	䇦	䇧	䇨	䇩	䇪	䇫	䇬	䇭	䇮	䇯
41F	䇰	䇱	䇲	䇳	䇴	䇵	䇶	䇷	䇸	䇹	䇺	䇻	䇼	䇽	䇾	䇿
420	䈀	䈁	䈂	䈃	䈄	䈅	䈆	䈇	䈈	䈉	䈊	䈋	䈌	䈍	䈎	䈏
421	䈐	䈑	䈒	䈓	䈔	䈕	䈖	䈗	䈘	䈙	䈚	䈛	䈜	䈝	䈞	䈟
422	䈠	䈡	䈢	䈣	䈤	䈥	䈦	䈧	䈨	䈩	䈪	䈫	䈬	䈭	䈮	䈯
423	䈰	䈱	䈲	䈳	䈴	䈵	䈶	䈷	䈸	䈹	䈺	䈻	䈼	䈽	䈾	䈿
424	䉀	䉁	䉂	䉃	䉄	䉅	䉆	䉇	䉈	䉉	䉊	䉋	䉌	䉍	䉎	䉏
425	䉐	䉑	䉒	䉓	䉔	䉕	䉖	䉗	䉘	䉙	䉚	䉛	䉜	䉝	䉞	䉟
426	䉠	䉡	䉢	䉣	䉤	䉥	䉦	䉧	䉨	䉩	䉪	䉫	䉬	䉭	䉮	䉯
427	䉰	䉱	䉲	䉳	䉴	䉵	䉶	䉷	䉸	䉹	䉺	䉻	䉼	䉽	䉾	䉿
428	䊀	䊁	䊂	䊃	䊄	䊅	䊆	䊇	䊈	䊉	䊊	䊋	䊌	䊍	䊎	䊏
429	䊐	䊑	䊒	䊓	䊔	䊕	䊖	䊗	䊘	䊙	䊚	䊛	䊜	䊝	䊞	䊟
42A	䊠	䊡	䊢	䊣	䊤	䊥	䊦	䊧	䊨	䊩	䊪	䊫	䊬	䊭	䊮	䊯
42B	䊰	䊱	䊲	䊳	䊴	䊵	䊶	䊷	䊸	䊹	䊺	䊻	䊼	䊽	䊾	䊿
42C	䋀	䋁	䋂	䋃	䋄	䋅	䋆	䋇	䋈	䋉	䋊	䋋	䋌	䋍	䋎	䋏
42D	䋐	䋑	䋒	䋓	䋔	䋕	䋖	䋗	䋘	䋙	䋚	䋛	䋜	䋝	䋞	䋟
42E	䋠	䋡	䋢	䋣	䋤	䋥	䋦	䋧	䋨	䋩	䋪	䋫	䋬	䋭	䋮	䋯
42F	䋰	䋱	䋲	䋳	䋴	䋵	䋶	䋷	䋸	䋹	䋺	䋻	䋼	䋽	䋾	䋿

	0	1	2	3	4	5	6	7	8	9	A	B	C	D	E	F
430	紏	縷	緓	緰	縮	緖	緭	緤	緆	綎	䌊	繨	縚	縺	繄	總
431	縸	經	褫	緐	繀	縻	縶	繅	繁	績	縹	繇	繏	繚	繶	辮
432	繁	繿	繜	繒	繡	纕	纙	纏	纀	纖	纗	纜	纝	纞	纚	纛
433	纘	纗	纛	纒	纕	纗	纣	䌷	纭	絅	缉	绷	绕	綵	缡	缊
434	缆	缕	缸	缶	缷	缾	罂	罁	罆	罅	罇	罈	罉	罍	罎	円
435	罕	罘	罛	罜	罡	罠	罨	罬	罧	罯	罳	罶	罹	罾	罽	罿
436	羃	羅	羆	羇	羈	羉	羅	羊	羋	羍	羏	羐	羑	羖	羗	羛
437	羜	羝	羠	羢	羦	羪	羫	羬	羭	羮	羯	羰	羱	羴	翀	翇
438	翊	翋	翍	翎	翏	翐	翓	翔	翕	翖	翗	翙	翛	翜	翝	翞
439	翟	翠	翡	翣	翥	翦	翧	翨	翩	翪	翫	翬	翭	翮	翯	媔
43A	媔	耎	耔	耕	耗	耘	耙	耚	耛	耞	耟	耠	耡	耤	耥	耦
43B	耧	耨	耵	耼	聃	聄	聅	聇	聈	聉	聊	聍	聐	聑	聒	聓
43C	聕	聖	聘	聛	聜	聝	聠	聤	聧	聪	聬	聿	肀	肎	肌	肝
43D	肤	肏	肪	肮	肭	肳	肸	肹	肥	肬	肳	胊	股	肼	肺	胇
43E	胋	胍	胈	胆	胴	胕	胠	胗	胞	胎	胢	胣	胩	胅	胶	胹
43F	脃	脁	脇	脌	脗	脘	脞	脟	脠	脡	脩	脥	脦	脧	脨	脊
440	腒	腞	腂	腘	腄	腃	腇	腉	腊	腦	腍	腒	脊	腆	腱	腊
441	腶	腜	腠	腩	腪	腭	腲	腯	腰	腵	腳	膪	膜	膜	膃	膆
442	膇	膌	膎	膔	膕	膖	膘	膙	膋	膙	膡	膢	膥	膦	膧	膫
443	膬	膰	膱	膲	膴	膵	膶	膹	膻	膼	膾	臀	臇	臈	臋	臐

	0	1	2	3	4	5	6	7	8	9	A	B	C	D	E	F
444	䑇	臂	𦡜	朦	膞	膀	𦢹	膹	臊	臝	䐿	臁	臔	膢	臓	臛
445	眎	瞨	剄	臺	睁	鼠	睫	暘	瞎	䏝	胡	舐	諜	舜	舜	舝
446	舠	舨	航	𦨣	舲	般	𦨴	𦨺	舵	䑳	船	𦩡	䑬	舡	舵	𦩘
447	𦩪	䑱	艁	艑	䑴	艒	艕	艑	艐	艐	颿	艞	艓	䑸	艧	艡
448	艀	𦪇	艢	艁	䑺	艣	艥	艎	艖	𦪽	𦫳	𧈪	𦫷	𦫸	𦫹	艶
449	艷	𦫵	艻	芌	艿	苶	芁	芞	芰	芏	莎	芶	芊	芟	芫	苒
44A	芊	苛	茚	茸	苩	芾	芝	芸	芺	茉	荓	花	𦬾	荨	苀	苋
44B	茥	荾	茊	茱	茩	荈	茰	苦	茍	茉	荼	茈	茁	茻	茮	茾
44C	菩	等	菩	莒	荞	荞	荞	荞	莜	荪	菩	莯	莣	草	莳	菩
44D	菴	荓	萄	菷	菶	菂	菁	菍	菨	菲	萓	菡	菹	菧	萸	菷
44E	菩	茹	菌	萳	葱	葊	萸	葳	莹	葰	葛	葪	葷	葪	葮	毒
44F	堇	葉	葂	葭	葽	葍	萷	蓱	蒴	蓇	蒉	蔻	蒎	蔋	蔞	蔨
450	蔆	蕖	蓻	蒩	蕗	蕣	蕓	蕢	蕢	蕀	蕵	蕥	蕮	萬	蓮	蓪
451	蕿	蔛	蔐	蔣	蕢	蒲	蔆	蘚	蔔	蔚	蕮	蕢	蕛	蔡	蕐	蕵
452	蕕	蕉	蕚	蕐	蔷	蕭	蕃	蕠	蕹	蕍	蕟	蔬	蕡	蕭	蕲	蕴
453	蕾	蕺	薆	蕠	薂	蘭	薖	薅	蕊	蕠	蕎	薂	薀	藹	薚	蕁
454	款	蕖	薳	蕯	薀	薎	薢	薍	藤	薵	藎	薚	薤	藹	薑	羲
455	薸	藧	藹	藝	藛	藩	藗	藞	藴	藏	蘆	藶	藥	藭	藺	蘡
456	蘎	蘭	蘐	蘑	蘄	蘭	蘗	蘖	蘕	蘩	蘖	蘷	蘦	蘧	蘜	蘵
457	蘨	蘫	蘮	蘱	蘳	蘵	護	蘼	蘿	虀	虈	虆	虇	虉	虊	虋

	0	1	2	3	4	5	6	7	8	9	A	B	C	D	E	F
458	䖀	䖁	䖂	䖃	䖄	䖅	䖆	䖇	䖈	䖉	䖊	䖋	䖌	䖍	䖎	䖏
459	䖐	䖑	䖒	䖓	䖔	䖕	䖖	䖗	䖘	䖙	䖚	䖛	䖜	䖝	䖞	䖟
45A	䖠	䖡	䖢	䖣	䖤	䖥	䖦	䖧	䖨	䖩	䖪	䖫	䖬	䖭	䖮	䖯
45B	䖰	䖱	䖲	䖳	䖴	䖵	䖶	䖷	䖸	䖹	䖺	䖻	䖼	䖽	䖾	䖿
45C	䗀	䗁	䗂	䗃	䗄	䗅	䗆	䗇	䗈	䗉	䗊	䗋	䗌	䗍	䗎	䗏
45D	䗐	䗑	䗒	䗓	䗔	䗕	䗖	䗗	䗘	䗙	䗚	䗛	䗜	䗝	䗞	䗟
45E	䗠	䗡	䗢	䗣	䗤	䗥	䗦	䗧	䗨	䗩	䗪	䗫	䗬	䗭	䗮	䗯
45F	䗰	䗱	䗲	䗳	䗴	䗵	䗶	䗷	䗸	䗹	䗺	䗻	䗼	䗽	䗾	䗿
460	䘀	䘁	䘂	䘃	䘄	䘅	䘆	䘇	䘈	䘉	䘊	䘋	䘌	䘍	䘎	䘏
461	䘐	䘑	䘒	䘓	䘔	䘕	䘖	䘗	䘘	䘙	䘚	䘛	䘜	䘝	䘞	䘟
462	䘠	䘡	䘢	䘣	䘤	䘥	䘦	䘧	䘨	䘩	䘪	䘫	䘬	䘭	䘮	䘯
463	䘰	䘱	䘲	䘳	䘴	䘵	䘶	䘷	䘸	䘹	䘺	䘻	䘼	䘽	䘾	䘿
464	䙀	䙁	䙂	䙃	䙄	䙅	䙆	䙇	䙈	䙉	䙊	䙋	䙌	䙍	䙎	䙏
465	䙐	䙑	䙒	䙓	䙔	䙕	䙖	䙗	䙘	䙙	䙚	䙛	䙜	䙝	䙞	䙟
466	䙠	䙡	䙢	䙣	䙤	䙥	䙦	䙧	䙨	䙩	䙪	䙫	䙬	䙭	䙮	䙯
467	䙰	䙱	䙲	䙳	䙴	䙵	䙶	䙷	䙸	䙹	䙺	䙻	䙼	䙽	䙾	䙿
468	䚀	䚁	䚂	䚃	䚄	䚅	䚆	䚇	䚈	䚉	䚊	䚋	䚌	䚍	䚎	䚏
469	䚐	䚑	䚒	䚓	䚔	䚕	䚖	䚗	䚘	䚙	䚚	䚛	䚜	䚝	䚞	䚟
46A	䚠	䚡	䚢	䚣	䚤	䚥	䚦	䚧	䚨	䚩	䚪	䚫	䚬	䚭	䚮	䚯
46B	䚰	䚱	䚲	䚳	䚴	䚵	䚶	䚷	䚸	䚹	䚺	䚻	䚼	䚽	䚾	䚿

	0	1	2	3	4	5	6	7	8	9	A	B	C	D	E	F
46C	䛀	䛁	䛂	䛃	䛄	䛅	䛆	䛇	䛈	䛉	䛊	䛋	䛌	䛍	䛎	䛏
46D	䛐	䛑	䛒	䛓	䛔	䛕	䛖	䛗	䛘	䛙	䛚	䛛	䛜	䛝	䛞	䛟
46E	䛠	䛡	䛢	䛣	䛤	䛥	䛦	䛧	䛨	䛩	䛪	䛫	䛬	䛭	䛮	䛯
46F	䛰	䛱	䛲	䛳	䛴	䛵	䛶	䛷	䛸	䛹	䛺	䛻	䛼	䛽	䛾	䛿
470	䜀	䜁	䜂	䜃	䜄	䜅	䜆	䜇	䜈	䜉	䜊	䜋	䜌	䜍	䜎	䜏
471	䜐	䜑	䜒	䜓	䜔	䜕	䜖	䜗	䜘	䜙	䜚	䜛	䜜	䜝	䜞	䜟
472	䜠	䜡	䜢	䜣	䜤	䜥	䜦	䜧	䜨	䜩	䜪	䜫	䜬	䜭	䜮	䜯
473	䜰	䜱	䜲	䜳	䜴	䜵	䜶	䜷	䜸	䜹	䜺	䜻	䜼	䜽	䜾	䜿
474	䝀	䝁	䝂	䝃	䝄	䝅	䝆	䝇	䝈	䝉	䝊	䝋	䝌	䝍	䝎	䝏
475	䝐	䝑	䝒	䝓	䝔	䝕	䝖	䝗	䝘	䝙	䝚	䝛	䝜	䝝	䝞	䝟
476	䝠	䝡	䝢	䝣	䝤	䝥	䝦	䝧	䝨	䝩	䝪	䝫	䝬	䝭	䝮	䝯
477	䝰	䝱	䝲	䝳	䝴	䝵	䝶	䝷	䝸	䝹	䝺	䝻	䝼	䝽	䝾	䝿
478	䞀	䞁	䞂	䞃	䞄	䞅	䞆	䞇	䞈	䞉	䞊	䞋	䞌	䞍	䞎	䞏
479	䞐	䞑	䞒	䞓	䞔	䞕	䞖	䞗	䞘	䞙	䞚	䞛	䞜	䞝	䞞	䞟
47A	䞠	䞡	䞢	䞣	䞤	䞥	䞦	䞧	䞨	䞩	䞪	䞫	䞬	䞭	䞮	䞯
47B	䞰	䞱	䞲	䞳	䞴	䞵	䞶	䞷	䞸	䞹	䞺	䞻	䞼	䞽	䞾	䞿
47C	䟀	䟁	䟂	䟃	䟄	䟅	䟆	䟇	䟈	䟉	䟊	䟋	䟌	䟍	䟎	䟏
47D	䟐	䟑	䟒	䟓	䟔	䟕	䟖	䟗	䟘	䟙	䟚	䟛	䟜	䟝	䟞	䟟
47E	䟠	䟡	䟢	䟣	䟤	䟥	䟦	䟧	䟨	䟩	䟪	䟫	䟬	䟭	䟮	䟯
47F	䟰	䟱	䟲	䟳	䟴	䟵	䟶	䟷	䟸	䟹	䟺	䟻	䟼	䟽	䟾	䟿

	0	1	2	3	4	5	6	7	8	9	A	B	C	D	E	F
480	䠀	䠁	䠂	䠃	䠄	䠅	䠆	䠇	䠈	䠉	䠊	䠋	䠌	䠍	䠎	䠏
481	䠐	䠑	䠒	䠓	䠔	䠕	䠖	䠗	䠘	䠙	䠚	䠛	䠜	䠝	䠞	䠟
482	䠠	䠡	䠢	䠣	䠤	䠥	䠦	䠧	䠨	䠩	䠪	䠫	䠬	䠭	䠮	䠯
483	䠰	䠱	䠲	䠳	䠴	䠵	䠶	䠷	䠸	䠹	䠺	䠻	䠼	䠽	䠾	䠿
484	䡀	䡁	䡂	䡃	䡄	䡅	䡆	䡇	䡈	䡉	䡊	䡋	䡌	䡍	䡎	䡏
485	䡐	䡑	䡒	䡓	䡔	䡕	䡖	䡗	䡘	䡙	䡚	䡛	䡜	䡝	䡞	䡟
486	䡠	䡡	䡢	䡣	䡤	䡥	䡦	䡧	䡨	䡩	䡪	䡫	䡬	䡭	䡮	䡯
487	䡰	䡱	䡲	䡳	䡴	䡵	䡶	䡷	䡸	䡹	䡺	䡻	䡼	䡽	䡾	䡿
488	䢀	䢁	䢂	䢃	䢄	䢅	䢆	䢇	䢈	䢉	䢊	䢋	䢌	䢍	䢎	䢏
489	䢐	䢑	䢒	䢓	䢔	䢕	䢖	䢗	䢘	䢙	䢚	䢛	䢜	䢝	䢞	䢟
48A	䢠	䢡	䢢	䢣	䢤	䢥	䢦	䢧	䢨	䢩	䢪	䢫	䢬	䢭	䢮	䢯
48B	䢰	䢱	䢲	䢳	䢴	䢵	䢶	䢷	䢸	䢹	䢺	䢻	䢼	䢽	䢾	䢿
48C	䣀	䣁	䣂	䣃	䣄	䣅	䣆	䣇	䣈	䣉	䣊	䣋	䣌	䣍	䣎	䣏
48D	䣐	䣑	䣒	䣓	䣔	䣕	䣖	䣗	䣘	䣙	䣚	䣛	䣜	䣝	䣞	䣟
48E	䣠	䣡	䣢	䣣	䣤	䣥	䣦	䣧	䣨	䣩	䣪	䣫	䣬	䣭	䣮	䣯
48F	䣰	䣱	䣲	䣳	䣴	䣵	䣶	䣷	䣸	䣹	䣺	䣻	䣼	䣽	䣾	䣿
490	䤀	䤁	䤂	䤃	䤄	䤅	䤆	䤇	䤈	䤉	䤊	䤋	䤌	䤍	䤎	䤏
491	䤐	䤑	䤒	䤓	䤔	䤕	䤖	䤗	䤘	䤙	䤚	䤛	䤜	䤝	䤞	䤟
492	䤠	䤡	䤢	䤣	䤤	䤥	䤦	䤧	䤨	䤩	䤪	䤫	䤬	䤭	䤮	䤯
493	䤰	䤱	䤲	䤳	䤴	䤵	䤶	䤷	䤸	䤹	䤺	䤻	䤼	䤽	䤾	䤿

	0	1	2	3	4	5	6	7	8	9	A	B	C	D	E	F
494	鎝	銿	鎵	鑵	鐯	鋻	鏨	鍽	鏻	鋔	鐼	鐛	鑒	鏊	鎬	鐭
495	鏧	鏤	鑍	鍖	鏢	鐅	鏌	鋊	鍇	鏒	鏖	鏍	鐗	鑣	鐓	鍻
496	鑶	鐷	鐾	鑿	鐳	鐮	鑓	鐪	鑭	鐡	鐰	鐵	鑮	鏧	鑐	鑼
497	鑪	鎢	鑯	鑀	鐫	鐃	鑩	鑇	鑾	鑸	钘	钜	钔	钹	钨	钫
498	铏	铘	锔	锗	镶	镨	镬	鬽	鼭	閊	鬿	鬾	閆	閌	閍	閑
499	閛	閞	閣	閊	閶	閞	閸	閸	閬	閿	閪	闀	闇	闋	闉	闋
49A	闍	闇	闒	闍	闞	闟	闦	闚	闌	闃	闔	闑	闋	闍	闍	闞
49B	闥	闖	闛	闢	闤	闌	闸	闽	阈	阡	阠	阤	阦	阧	阬	阣
49C	陆	陏	陌	陑	陓	陕	陜	陖	陋	陧	陪	陧	陵	陷	陭	降
49D	隍	陾	陳	隅	隂	隇	陵	隄	隊	隊	隔	隌	隚	隓	隝	隮
49E	隩	隴	隁	隳	隙	隯	隲	隵	隷	隥	隮	隱	隮	隱	隱	隴
49F	隳	雃	稚	雌	雄	雄	集	雏	雄	雁	雄	雒	雘	稚	雒	雖
4A0	雜	雝	雞	雟	雛	雜	雞	雙	雚	雥	雋	雹	雽	霁	雺	霉
4A1	霫	霙	霸	雷	霓	霈	霄	霉	霓	霆	霐	霏	霸	霄	霱	霳
4A2	霭	霳	霿	霪	霭	霷	霶	露	霾	霜	霾	霰	霖	霸	霻	霳
4A3	霮	霿	靆	靚	靃	靂	靄	靉	靄	靇	靈	靐	靜	靟	靠	靡
4A4	靧	靨	酧	酨	酿	醆	醋	醋	醢	醋	醓	醾	醮	醲	醶	醼
4A5	乾	靪	靬	靮	靳	靵	靷	朝	靸	靻	靼	鞑	鞁	鞃	鞊	鞅
4A6	鞎	鞅	鞝	鞀	鞙	鞡	鞏	鞊	鞕	鞔	鞙	鞛	鞛	鞝	鞣	鞥
4A7	鞬	鞧	鞭	鞍	鞹	鞾	鞿	韀	韄	韊	韏	韉	韈	韊	韇	韥

	0	1	2	3	4	5	6	7	8	9	A	B	C	D	E	F
4A8	𩏈	䪶	𩏃	䪷	鞼	韣	𩏄	䪹	𩏉	𩏍	韚	韇	韄	韊	韉	𩎔
4A9	𩎑	𩎖	韎	𩎘	韛	韝	韟	𩎟	韙	韡	韢	𩏃	𩏆	韄	韮	䪥
4AA	𩐁	𩐃	韱	韲	𩐄	韰	䪫	䪮	韵	䪩	䪬	䪭	䪯	𩐒	𩐝	𩐠
4AB	𩐨	頙	順	預	煩	頚	頣	頜	頤	頸	頡	頩	頔	頪	頿	頟
4AC	頥	頧	頦	頨	頫	頮	頯	頰	頲	頳	頵	頴	頶	頷	頹	頺
4AD	頼	頽	顀	顁	顂	顃	顄	顅	顆	顇	顈	顉	顊	顋	顎	顐
4AE	顑	顒	顓	顔	顕	顖	顗	顙	顚	顛	顜	顝	顟	顠	顡	顢
4AF	顣	顤	顥	顦	顨	顩	顪	顬	颮	颭	颯	颰	颱	颲	颴	颵
4B0	颶	颸	颹	颺	颻	颼	颽	颾	颿	飀	飁	飂	飃	飄	飅	飆
4B1	飇	飈	飉	飊	飋	飌	飍	飊	飏	飐	飑	飒	飓	飔	飕	飗
4B2	飝	飜	飣	飥	飧	飨	飬	飰	飳	飱	飶	飸	飹	飺	飻	飿
4B3	餂	餄	餇	餅	餇	餈	餉	餎	餐	餒	餔	餕	餖	餗	餘	餛
4B4	餜	餞	餠	餡	餢	餣	餥	餦	餧	餩	餪	餫	餭	餯	餰	餱
4B5	餲	餳	餴	餵	餷	餸	餹	餺	餻	餼	餽	餾	餿	饁	饂	饃
4B6	饊	饎	饏	饐	饙	饚	饛	饜	饞	饟	馇	馉	馌	馘	馚	馡
4B7	馞	馦	馣	馨	馬	馭	馯	馲	馶	馹	馻	馽	馾	駀	駃	駄
4B8	駅	駆	駊	駏	駐	駓	駔	駕	駗	駘	駛	駜	駞	駤	駧	駬
4B9	駉	駌	駍	駎	駒	駑	駔	駙	駚	駛	駥	駪	駫	駰	駱	駾
4BA	騙	騢	騬	騯	騳	騺	騻	騼	騾	驀	驄	驆	驇	驉	驊	驐
4BB	驑	驒	驔	驖	驙	驛	驜	驝	驞	驟	驠	驣	驧	驨	驩	驪

	0	1	2	3	4	5	6	7	8	9	A	B	C	D	E	F
4BC	䯀	䯁	䯂	䯃	䯄	䯅	䯆	䯇	䯈	䯉	䯊	䯋	䯌	䯍	䯎	䯏
4BD	䯐	䯑	䯒	䯓	䯔	䯕	䯖	䯗	䯘	䯙	䯚	䯛	䯜	䯝	䯞	䯟
4BE	䯠	䯡	䯢	䯣	䯤	䯥	䯦	䯧	䯨	䯩	䯪	䯫	䯬	䯭	䯮	䯯
4BF	䯰	䯱	䯲	䯳	䯴	䯵	䯶	䯷	䯸	䯹	䯺	䯻	䯼	䯽	䯾	䯿
4C0	䰀	䰁	䰂	䰃	䰄	䰅	䰆	䰇	䰈	䰉	䰊	䰋	䰌	䰍	䰎	䰏
4C1	䰐	䰑	䰒	䰓	䰔	䰕	䰖	䰗	䰘	䰙	䰚	䰛	䰜	䰝	䰞	䰟
4C2	䰠	䰡	䰢	䰣	䰤	䰥	䰦	䰧	䰨	䰩	䰪	䰫	䰬	䰭	䰮	䰯
4C3	䰰	䰱	䰲	䰳	䰴	䰵	䰶	䰷	䰸	䰹	䰺	䰻	䰼	䰽	䰾	䰿
4C4	䱀	䱁	䱂	䱃	䱄	䱅	䱆	䱇	䱈	䱉	䱊	䱋	䱌	䱍	䱎	䱏
4C5	䱐	䱑	䱒	䱓	䱔	䱕	䱖	䱗	䱘	䱙	䱚	䱛	䱜	䱝	䱞	䱟
4C6	䱠	䱡	䱢	䱣	䱤	䱥	䱦	䱧	䱨	䱩	䱪	䱫	䱬	䱭	䱮	䱯
4C7	䱰	䱱	䱲	䱳	䱴	䱵	䱶	䱷	䱸	䱹	䱺	䱻	䱼	䱽	䱾	䱿
4C8	䲀	䲁	䲂	䲃	䲄	䲅	䲆	䲇	䲈	䲉	䲊	䲋	䲌	䲍	䲎	䲏
4C9	䲐	䲑	䲒	䲓	䲔	䲕	䲖	䲗	䲘	䲙	䲚	䲛	䲜	䲝	䲞	䲟
4CA	䲠	䲡	䲢	䲣	䲤	䲥	䲦	䲧	䲨	䲩	䲪	䲫	䲬	䲭	䲮	䲯
4CB	䲰	䲱	䲲	䲳	䲴	䲵	䲶	䲷	䲸	䲹	䲺	䲻	䲼	䲽	䲾	䲿
4CC	䳀	䳁	䳂	䳃	䳄	䳅	䳆	䳇	䳈	䳉	䳊	䳋	䳌	䳍	䳎	䳏
4CD	䳐	䳑	䳒	䳓	䳔	䳕	䳖	䳗	䳘	䳙	䳚	䳛	䳜	䳝	䳞	䳟
4CE	䳠	䳡	䳢	䳣	䳤	䳥	䳦	䳧	䳨	䳩	䳪	䳫	䳬	䳭	䳮	䳯
4CF	䳰	䳱	䳲	䳳	䳴	䳵	䳶	䳷	䳸	䳹	䳺	䳻	䳼	䳽	䳾	䳿

	0	1	2	3	4	5	6	7	8	9	A	B	C	D	E	F
4D0	䴀	䴁	䴂	䴃	䴄	䴅	䴆	䴇	䴈	䴉	䴊	䴋	䴌	䴍	䴎	䴏
4D1	䴐	䴑	䴒	䴓	䴔	䴕	䴖	䴗	䴘	䴙	䴚	䴛	䴜	䴝	䴞	䴟
4D2	䴠	䴡	䴢	䴣	䴤	䴥	䴦	䴧	䴨	䴩	䴪	䴫	䴬	䴭	䴮	䴯
4D3	䴰	䴱	䴲	䴳	䴴	䴵	䴶	䴷	䴸	䴹	䴺	䴻	䴼	䴽	䴾	䴿
4D4	䵀	䵁	䵂	䵃	䵄	䵅	䵆	䵇	䵈	䵉	䵊	䵋	䵌	䵍	䵎	䵏
4D5	䵐	䵑	䵒	䵓	䵔	䵕	䵖	䵗	䵘	䵙	䵚	䵛	䵜	䵝	䵞	䵟
4D6	䵠	䵡	䵢	䵣	䵤	䵥	䵦	䵧	䵨	䵩	䵪	䵫	䵬	䵭	䵮	䵯
4D7	䵰	䵱	䵲	䵳	䵴	䵵	䵶	䵷	䵸	䵹	䵺	䵻	䵼	䵽	䵾	䵿
4D8	䶀	䶁	䶂	䶃	䶄	䶅	䶆	䶇	䶈	䶉	䶊	䶋	䶌	䶍	䶎	䶏
4D9	䶐	䶑	䶒	䶓	䶔	䶕	䶖	䶗	䶘	䶙	䶚	䶛	䶜	䶝	䶞	䶟
4DA	䶠	䶡	䶢	䶣	䶤	䶥	䶦	䶧	䶨	䶩	䶪	䶫	䶬	䶭	䶮	䶯
4DB	䶰	䶱	䶲	䶳	䶴	䶵										

附　录　A
（规范性附录）
汉字 24 点阵字型数据

A.1　汉字点阵字型数据的表示

本部分中，汉字的字型可由其点阵数据来表示。每个字型的点阵数据为 24×24（横行点数×纵列点数），共 576 个二进制位，72 个字节。

A.2　汉字点阵字型数据的记录格式

汉字 24 点阵字型数据的 72 个字节排列次序是以 0 字节开始至 71 字节结束，均用十六进制表示，每行三字节，其记录格式如下：

行数	列　数																							
	0	1	2	3	4	5	6	7	8	9	10	11	12	13	14	15	16	17	18	19	20	21	22	23
0	0 字节								1 字节								2 字节							
1 2 ⋮ 22																								
23	69 字节								70 字节								71 字节							

A.3　汉字 24 点阵字型数据举例

长 957F	治 6CBB	久 4E45	安 5B89
03 00 20	10 03 00	00 C0 00	00 20 00
03 00 70	38 03 00	00 C0 00	00 70 00
03 00 E0	1C 06 00	00 C0 00	00 38 00
03 01 C0	0E 06 00	01 80 00	00 10 00
03 03 80	04 0C 20	01 FF C0	7F FF FE
03 07 00	00 0C 70	03 FF C0	7F FF FE
03 0E 00	40 18 38	03 00 C0	60 00 06
03 1C 00	E0 38 1C	06 00 C0	60 60 06
03 38 00	70 70 0E	0E 01 80	00 60 00
03 10 00	38 FF FF	1C 01 80	00 C0 00
FF FF FF	10 FF FF	78 03 80	7F FF FE
FF FF FF	00 00 02	30 03 00	7F FF FE
03 06 00	00 00 00	00 06 00	01 80 60
03 06 00	00 00 00	00 0E 00	03 80 E0
03 07 00	06 7F FC	00 1F 00	07 01 C0
03 03 00	06 7F FC	00 3B 00	07 C3 80
03 03 80	0E 60 0C	00 71 80	01 E7 00

03 11 C0	0C 60 0C	00 E1 C0	00 7E 00
03 38 E0	1C 60 0C	01 C0 E0	00 3F 00
03 70 70	18 60 0C	03 80 70	00 F3 C0
03 E0 38	38 60 0C	0F 00 38	07 C1 F0
03 C0 1C	30 7F FC	3C 00 1C	7F 80 78
07 80 0F	70 7F FC	F0 00 0F	3C 00 1C
03 00 06	60 60 0C	60 00 06	00 00 08

附 录 B
（规范性附录）
减省笔画处理的汉字

本部分中有些汉字笔画较多，因 24 点阵字型受栅格数的限制，不能完整地表现这些字的笔画，故在保留原字型特征的基础上，进行了必要的减省笔画处理。

减省笔画处理的汉字属非规范字，只限于在本部分和有关的信息设备中使用，不得在正式印刷出版物中出现。减省笔画处理的汉字共 33 个，如下所示：

参 考 文 献

[1] 第一批异体字整理表.中华人民共和国文化部,中国文字改革委员会.1955年12月22日.

[2] 简化字总表.中国文字改革委员会,中华人民共和国文化部,中华人民共和国教育部.1964年3月7日(1986年10月10日国家语言文字工作委员会重新发表).

[3] 印刷通用汉字字形表.中华人民共和国文化部,中国文字改革委员会.1965年1月30日.

[4] 现代汉语通用字表.国家语言文字工作委员会,中华人民共和国新闻出版署.1988年3月25日.

ICS 11.040.50
C 43

中华人民共和国国家标准

GB/T 20013.4—2010/IEC/TR 61948-4:2006

核医学仪器 例行试验
第4部分:放射性核素校准仪

Nuclear medicine instrumentation—Routine tests—
Part 4: Radionuclide calibrator

(IEC/TR 61948-4:2006,IDT)

2010-09-02 发布 2011-02-01 实施

中华人民共和国国家质量监督检验检疫总局
中国国家标准化管理委员会 发布

前　言

GB/T 20013《核医学仪器　例行试验》分为四个部分：

——第1部分：辐射计数系统；

——第2部分：闪烁照相机和单光子发射计算机断层成像装置；

——第3部分：正电子发射断层成像装置；

——第4部分：放射性核素校准仪。

本部分为GB/T 20013的第4部分。

本部分等同采用IEC/TR 61948-4:2006《核医学仪器　例行试验　第4部分：放射性核素校准仪》（英文版）。

为了便于使用，本部分做了下列编辑性修改：

——删去国际标准的前言和引言；

——第3章中删除了每条术语的出处；

——在第2章"规范性引用文件"中，按GB/T 1.1的要求增加了导语；

——对于标准中引用的其他国际标准，若已转化为我国标准，本部分用国家标准号替换相应的国际标准号；

——取消了国际标准的"术语索引"；

——用小数点"."代替小数点","。

本部分由国家食品药品监督管理局提出。

本部分由全国医用电器标准化技术委员会(SAC/TC 10)归口。

本部分起草单位：北京市医疗器械检验所。

本部分主要起草人：陈静、王培臣、宋连有、张新。

核医学仪器　例行试验
第4部分:放射性核素校准仪

1　范围和目的

GB/T 20013的本部分包括核医学中使用的放射性核素校准仪的例行试验。该装置使用井型电离室(直接连接到一个适当的电子电路上(IEC 61145))并以活度为单位直接读数。IEC 61303和IEC 61145中描述了确定性能参数的要求和规定的方法。这些方法主要是为验收试验所设计的。

2　规范性引用文件

下列文件中的条款通过GB/T 20013的本部分的引用而成为本部分的条款。凡是注日期的引用文件,其随后所有的修改单(不包括勘误的内容)或修订版均不适用于本部分,然而,鼓励根据本部分达成协议的各方研究是否可使用这些文件的最新版本。凡是不注日期的引用文件,其最新版本适用于本部分。

GB/T 17857—1999　医用放射学术语(放射治疗、核医学和辐射剂量学设备)(eqv IEC 60788:1984)

GB/T 20013.1—2005　核医学仪器　例行试验　第1部分:辐射计数系统(IEC 61948-1:2001,IDT)

IEC 61145:1992　用于测量放射性核素的电离室系统的校准和使用

IEC 61303:1994　医用电气设备　放射性核素校准仪　描述性能的专用方法

3　术语和定义

GB/T 17857—1999、IEC 61303:1994和IEC 61145:1992界定的以及下列术语和定义适用于GB/T 20013的本部分。

3.1

验收试验　acceptance test

按要求执行的,有用户或用户代表参加的,通过测定合适的性能参数以确定仪器满足卖方所声明的技术参数的试验。

注:验收试验宜在安装时及主要服务完成之后的适当时候进行。在验收试验过程中或验收试验刚刚完成,采集参考数据与以后的例行试验数据进行比较。

3.2

例行试验　routine test

对设备或其部件以规定的时间间隔重复进行的试验,以确定并用文件记录其相对于参考数据所描述初始状态的变化。

注:例行试验可由用户使用简单的方法和设备完成。

3.3

电离室检验源　ionization chamber test source

用于测定电离室长期稳定性的放射源。源的半衰期应大于5 a,除主要放射性核素外,其他放射性核素含量的影响应尽量小,即在此5 a内,检验装置给出的指示值与经过主要放射性核素半衰期校正值之间的偏差不大于0.5%。

注:电离室检验源用于测试规定条件下放射性核素校准仪的功能。

3.4

放射性核素因子　radionuclide factor

与放射性核素有关的因子,系统的响应必须乘以该因子才能得到电离室内源的活度的正确读数。

3.5

系统线性　system linearity

当改变特定的放射源的活度时,观测值与预计值之间的函数关系。

3.6

本底响应　background response

没有放射源时仪器的读数。

注:本底响应由外部的辐射场以及电子噪声和污染所引起。

3.7

标准放射源　radioactive standard source

用于提及下列标准源的通用术语。

3.7.1

检定合格的放射源　certified radioactive standard source

由国家级放射性标准实验室承认的实验室校准并且已由上述实验室检定合格的放射源。

3.7.2

可溯源的标准放射源　traceable radioactive standard source

用一检定合格的标准放射源或另外一个含同样放射性核素的可溯源的标准放射源相比较的方法校准过的放射源。

3.8

参考数据　reference data

采用为例行试验设计的试验方法,在验收试验后立即测得的一组数据。

3.9

放射性核素校准仪(放射性活度计)　radionuclide calibrator

用于测量放射性样品活度的装置。

4　试验方法

4.1　本底响应

应采用与最常用的核素相对应的设定来获得本底响应。测量宜在样品架就位条件下进行。

4.2　仪器响应的稳定性

对于某一特定的放射性核素设定,应通过将电离室检验源放入测量位置的方式来获得放射性核素校准仪的仪器响应稳定性及其校准。仪器的读数应与参考数据进行比较。

4.3　系统线性

4.3.1　概述

系统线性的测试应覆盖用户常用的源活度的范围。所用的放射性核素的样品应放入到受检装置的测量位置。仪器标尺每十进位位至少测量一个数据点。

4.3.2　源衰变法

使用短寿命的放射性核素(如^{99m}Tc)的放射性衰变测量系统线性。单次测量之间的时间间隔,应保证仪器标尺每十进位位至少测量一个数据点。

4.3.3　数据分析

在1 MBq到最高所用活度80%的范围内,用一次函数拟合测量数据,应计算每一测量点活度测量值与期望值的比值。

4.4 附加检查

当操作手册中推荐进行附加检查时，宜按制造商建议的频次进行。

4.5 例行试验频次

应按表1中给定的时间间隔进行例行试验。

表1 例行试验频次

检验项目	条号	频次
本底响应（设定一种放射性核素、带样品架）	4.1	每天 （仪器使用时的每一天）
仪器响应稳定性（设定一种放射性核素）	4.2	每天 （仪器使用时的每一天）
仪器响应稳定性（所用的全部放射性核素）	4.2	每周
系统线性（设定一种放射性核素）	4.3	每年
附加检查（根据操作手册进行）	4.4	按制造商的建议

参 考 文 献

[1] DIN 6855-11, Quality control of nuclear medicine instruments—Part 11:Constancy testing of activity meter.

[2] NPL, Protocol for Establishing and Maintaining the Calibration of Medical Radionuclide Calibrators and their Quality Control.

[3] ÖNORM S 5270:1998, Radionuclide calibrators—Guidelines for the constancy testing in the field/Aktivimeter—Richtlinien für die Konstanzprüfung am Verwendungsort/Calibrateurs de radionucléides—Directives pour l'essai de constance à l'endroit d'utilisation.

[4] Protocolo Nacional del Control de Calidad en la Instrumentación en Medicina Nuclear.